数字逻辑设计项目教程（第2版）

◎ 丁向荣　贾萍　赵慧　朱云鹏　编著

清華大學出版社
北京

内容简介

本书相比传统数字电子技术教材有较大的突破，它将基础数字电子技术知识与高端数字电子技术有机融合，通过 Quartus Ⅱ开发工具软件实施原理图设计、波形仿真与 CPLD 系统测试，帮助学生系统地学习数字逻辑设计的全过程，锻炼学生数字逻辑的设计能力与实践能力。

本次修订除保留与优化 TEMI 数字逻辑设计认证要求的基本内容外，新增了脉冲信号的产生与整形、D/A 转换与 A/D 转换的内容，使本书的知识体系结构更加完善与合理。本书内容包括逻辑代数基础、门电路、数字逻辑开发工具、组合逻辑电路、触发器与数据寄存器、计数器、脉冲信号产生与整形电路、模数转换电路、数字逻辑系统综合设计，以及有限状态机的设计技术，共 10 个项目。本书采用任务驱动模式组织教材内容，按照"任务说明→相关知识→任务实施→知识延伸→任务拓展"体系实施教学，理论与实践相结合，集设计、仿真与实操于一体。

本书实用性和可操作性强，可作为高职高专、职业本科和应用型本科院校电子信息类专业数字电子技术课程教材，也可作为电子爱好者的自学读本以及相应工程技术人员的参考书。

图书在版编目(CIP)数据

数字逻辑设计项目教程/丁向荣等编著. —2 版. —北京：清华大学出版社，2021.5
ISBN 978-7-302-54462-3

Ⅰ. ①数… Ⅱ. ①丁… Ⅲ. ①数字逻辑－逻辑设计－教材 Ⅳ. ①TP302.2

中国版本图书馆 CIP 数据核字(2019)第 265422 号

责任编辑：王剑乔
封面设计：刘 键
责任校对：赵琳爽
责任印制：杨 艳

出版发行：清华大学出版社
网　　址：http://www.tup.com.cn，http://www.wqbook.com
地　　址：北京清华大学学研大厦 A 座　　**邮　　编**：100084
社 总 机：010-62770175　　**邮　　购**：010-62786544
投稿与读者服务：010-62776969，c-service@tup.tsinghua.edu.cn
质量反馈：010-62772015，zhiliang@tup.tsinghua.edu.cn
课件下载：http://www.tup.com.cn，010-83470410
印 装 者：三河市国英印务有限公司
经　　销：全国新华书店
开　　本：185mm×260mm　　**印　张**：24.25　　**字　　数**：558 千字
版　　次：2016 年 3 月第 1 版　2021 年 6 月第 2 版　　**印　　次**：2021 年 6 月第 1 次印刷
定　　价：69.00 元

产品编号：086535-01

FOREWORD

序

中国台湾嵌入式暨单晶片系统发展协会(TEMI)为落实产教融合、校企合作的教育政策,积极推动产业人才培育计划,并依产业需求制订能力标准,培养复合型技术人才,提升电子知识与技能水平,进而拓展、增进单晶片及嵌入式相关产业在国际市场的触角与竞争力。本协会自2006年起结合产业、学术界筹划一系列嵌入式暨单晶片系统技能培训、技能鉴定及技能竞赛机制,辅助传统教学模式,为教师提供课程改革及人才培养方案,提升学生产业需求技术能力,并增进升学及就业的自信心与实力证明。

《数字逻辑设计项目教程》一书为中国台湾TEMI协会所推动的第二项技能鉴定认证——数字逻辑设计能力认证指定教程。本书相关内容经过TEMI协会授权,并对书籍内容进行认可,符合产业界工作人员及教师和学生的学习需求。教材经过实际教学与学生互动,讨论出最佳吸收及快速入门的方式,并依此进行编写,内容包含TEMI相关认证简介、认证内容讲解及模拟练习试题,为准备TEMI相关认证的授课或认证的考生提供了最佳的认证教材。

本人感谢广东轻工职业技术学院信息技术学院秦文胜院长的大力支持,他引进了中国台湾TEMI协会的认证实训基地,更感谢丁向荣及贾萍老师不辞辛劳,投入时间与精力训练学生技能,并将课程中训练学生的心得编写成教材,本人谨代表协会致上谢意。

中国台湾嵌入式暨单晶片系统发展协会秘书长

陈宏昇

2020年6月

PREFACE 前言

本书第 1 版于 2016 年 3 月出版，出版以来深受院校同行的认可与支持，已多次重印，同时，获得中国台湾嵌入式暨单晶片发展协会的大力支持，为首届(2018)、第二届(2019)海峡两岸产业核心技能素养(创新电子)大赛的推荐用书。结合当前教学改革的需要，并广泛征求兄弟院校师生的意见与建议，对第 1 版进行了修订。

第 2 版保留了"将基础数字电子技术知识与高端数字电子技术有机融合，通过 Quartus Ⅱ开发工具软件实施原理图设计、波形仿真与 CPLD 系统测试，帮助学生系统地学习数字逻辑设计的全过程，锻炼学生数字逻辑的设计能力与实践能力。""基于中国台湾嵌入式暨单晶片系统发展协会的'TEMI 数字逻辑设计(专业级)认证项目'开发的，课程体系与职业认证高度融合"的创新特色，相比第 1 版做了如下调整与补充。

(1) 新增了脉冲信号的产生与整形、D/A 转换与 A/D 转换的内容，优化了知识结构，使本课程的知识体系结构更加完善与合理，包括逻辑代数基础、门电路、数字逻辑开发工具、组合逻辑电路、触发器与数据寄存器、计数器、脉冲信号产生与整形电路、模数转换电路、数字逻辑系统综合设计以及有限状态机的设计技术，共 10 个项目。

(2) 优化了各项目的任务实施内容，更加契合学生的认知与学习规律，使本书更具有可操作性与实践性，方便学生实操。

(3) 优化了各项目的习题形式与内容。采用多种习题类型引导与帮助同学理解课堂内容，同时也方便教师组织单元测验与课程考试。

本书对应认证项目深受东南亚地区业界的认可。目前，在广东、福建、浙江、江苏、黑龙江等省份，获得了众多院校的肯定与推广。本书的实操部分是基于"TEMI 数字逻辑设计(专业级)认证项目"认证内容与要求编写的，因此，本书可作为 TEMI 数字逻辑设计认证的培训教材。同时，本书的实操内容，只需稍作调整，同样可在其他可编程开发系统上实施，实现无难度转换。

本书教学资源丰富，包括多媒体教学课件、各任务的原理图与仿真文件、任务实施报告册、TEMI 数字逻辑设计(专业级)认证项目认证资料、常用集成电路器件资料等。有条件的学校可在专业实验室开展"教、学、做"一体化教学，建议项目 1～项目 8 为基本课堂教学内容，项目 9 为集中实训教学内容，项目 10 为选学内容,可根据各院校课时安排以及学生学习的情况酌情选择。

本书由广东轻工职业技术学院丁向荣、贾萍、赵慧和朱云鹏编著,共同策划了全书内容与组织结构,其中丁向荣编写项目 3、项目 5～项目 8 以及附录 D,贾萍编写项目 1、项目 2、项目 4 以及附录 A、附录 B,赵慧编写项目 9、附录 C,朱云鹏编写项目 10,此外,项目 4～项目 6 的任务实施部分由赵慧进行优化,最后由丁向荣负责全书的统稿工作。在这特别要说的是,中国台湾嵌入式暨单晶片系统发展协会在教材的规划、编写过程中给予了大力的支持,尤其是得到中国台湾嵌入式暨单晶片系统发展协会董事长陈宏昇先生、秘书陈怡孜女士的关心与帮助,在此,表示由衷的感谢!

由于编者水平有限,书中难免有疏漏之处,敬请读者批评指正。

编著者

2021 年 1 月

数字逻辑设计项目教程(第 2 版)课件、工程文件和习题答案
(扫描二维码可下载使用)

CONTENTS

目录

绪　论

1. 模拟信号、脉冲信号与数字信号

1）模拟信号

模拟信号在时间上和幅值上都是连续的，即对于任何时间值（t）都有确定的幅值（电压 u 或电流 i），并且其幅值（电压 u 或电流 i）是连续变化的，如图 0-1 所示。最典型的模拟信号是正弦波信号，如图 0-2 所示。

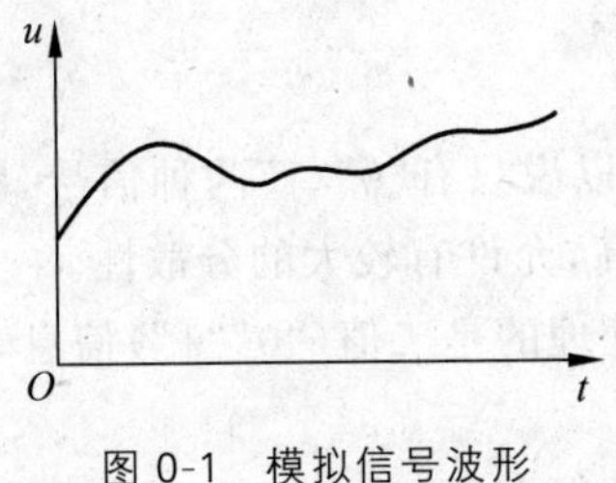

图 0-1　模拟信号波形

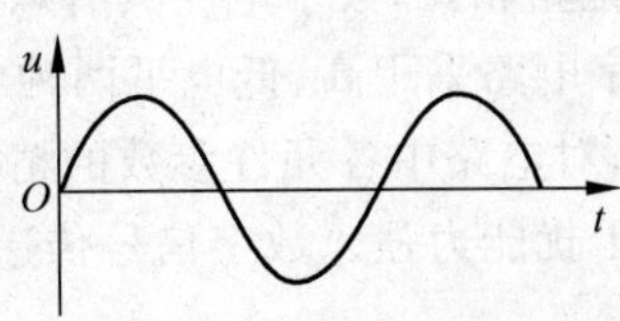

图 0-2　正弦波信号

2）脉冲信号

脉冲信号在时间上和幅值上均具有离散性，其形状多种多样，具有一定的周期性是它的特点。常见的脉冲信号有矩形波、三角波、锯齿波、尖脉冲和阶梯波，如图 0-3 所示。脉冲信号可以用来表示信息，也可以作为载波，例如脉冲调制中的脉冲编码调制（PCM）、脉冲宽度调制（PWM）等，还可以作为各种数字系统、计算机系统的时钟信号。

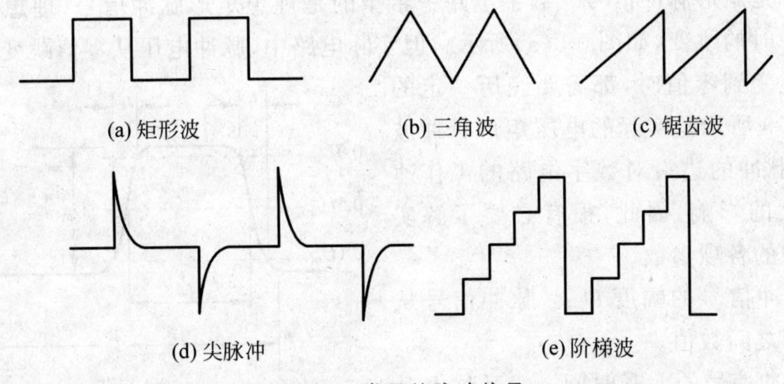

图 0-3　常见的脉冲信号

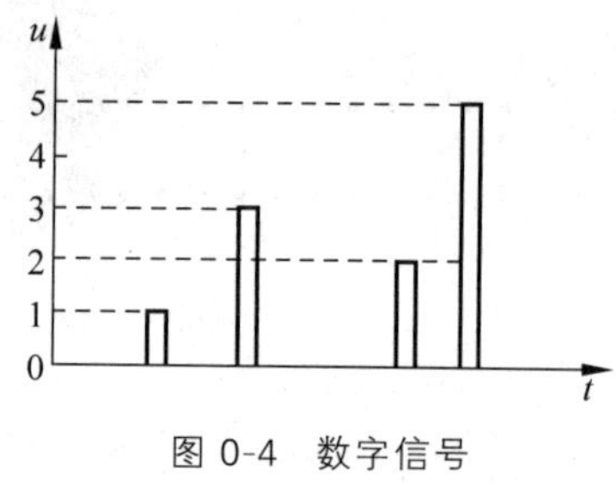

图 0-4　数字信号

3）数字信号

数字信号在时间上和幅值上也是离散的，可以说是经过量化后的脉冲信号，其幅值是一个最小量值的整数倍，如图 0-4 所示。数字信号的大小用有限位二进制数表示。

4）模拟信号与数字信号之间的转换

在大自然中，大多数物理量所转换成的信号为模拟信号。在信号处理时，可以通过电子电路实现模拟信号与数字信号的相互转换。例如，在计算机过程控制中，需要对采集的现场模拟信号转换成计算机能够识别的数字信号，这个转换过程称为模数转换，转换后的数字信号经计算机处理后，输出的数字信号又需要转换为能够驱动负载的模拟信号，这个转换过程则称为数模转换。

2. 数字电路

用于处理数字信号的电路称为数字电路，数字电路与模拟电路是电子电路的两大分支。由于它们传递、加工和处理的信号不同，所以在电路结构、器件的工作状态、输入与输出的关系以及电路分析方法都存在着很大的区别。

与模拟电路相比，数字电路具有以下优势。

(1) 数字电路采用高、低电平两种状态，也可以说只有“0”“1”两种信号，因此，基本单元电路简单，对电路中各元件参数的精度要求不高，允许有较大的分散性。

(2) 抗干扰能力强。数字信号传递、加工和处理的是二值(“0”“1”)信息，不易受外界的干扰。

(3) 数字信号便于长期存储，使大量信息资源得以保存，方便使用。

(4) 保密性好。在数字电路中可以进行加密处理，使信息资源不易被窃取。

(5) 通用性强。可以通过标准的逻辑部件和可编程逻辑器件构成各种各样的数字系统，设计方便，使用灵活。

3. 矩形脉冲的描述

最为常用和重要的脉冲电压波形是矩形波，实际上数字电路中的输入/输出信号以及时钟信号都是矩形脉冲信号。数字电路中希望的是理想矩形脉冲信号，理想矩形波的突变部分是瞬时的跳变，如图 0-3(a)所示。但实际电路中，脉冲电压从零值跳变到最大值或从最大值跳变到零值时，都需要经历一定的时间。图 0-5 所示是实际的电压矩形脉冲波形图，矩形脉冲的边沿对数字电路的工作速度也有很大的影响，因此，很有必要了解实际矩形脉冲的各项参数。

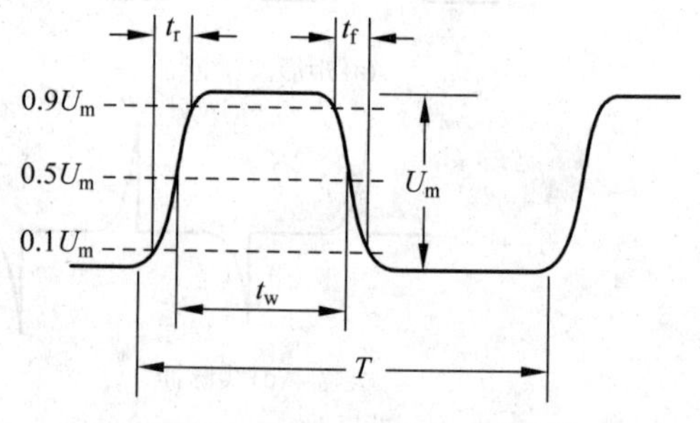

图 0-5　实际矩形脉冲波形图

(1) 脉冲信号的幅度 U_m：脉冲信号从底部到顶部之间数值。

(2) 脉冲信号的上升时间 t_r：又称上升沿或前沿，是指脉冲信号由 $0.1U_m$ 上升至

$0.9U_m$ 时所需要的时间。

(3) 脉冲信号的下降时间 t_f：，又称下降沿或后沿，是指脉冲信号由 $0.9U_m$ 下降至 $0.1U_m$ 所需要的时间。

(4) 脉冲信号的宽度 t_w：又称脉宽，是指从脉冲前沿 $0.5U_m$ 起，到脉冲后沿 $0.5U_m$ 止的时间间隔。

(5) 脉冲信号的重复周期 T：两个相邻脉冲之间的时间间隔，称为脉冲信号的周期，脉冲信号周期的倒数称为脉冲信号的频率 $f(f=1/T)$。

(6) 占空比 q：脉冲宽度 t_w 与脉冲周期 T 的比值，定义为占空比 q。

当矩形波脉冲信号占空比为50%时，称为方波信号。时序逻辑系统不可或缺的时钟信号就是方波信号。

4. 数字电路的发展和分类

数字电路的发展和模拟电路一样，经历了由电子管、半导体分立元件到集成电路(IC)的过程，但数字集成电路比模拟集成电路发展得更快。从20世纪60年代开始，数字集成电路用双极型工艺制成了小规模逻辑器件，随后发展到中、大规模集成器件；20世纪70年代末，超大规模集成电路，即微处理器的出现，使数字集成电路的性能产生了质的飞跃。

近年来，可编程逻辑器件(PLD)特别是复杂可编程逻辑器件(CPLD)与现场可编程逻辑门阵列(FPGA)的飞速发展，为数字电子技术开创了新的局面，片上系统的应用，硬件与软件相结合，使数字集成电路的功能更加趋于完善，使用起来更加灵活。

根据数字集成电路的集成度，即集成电路中包含的门电路或元器件数量，可将数字集成电路分为小规模集成电路(SSI)、中规模集成电路(MSI)、大规模集成电路(LSI)、超大规模集成电路(VLSI)、特大规模集成电路(ULSI)和巨大规模集成电路(GSI)。

(1) 小规模集成电路(SSI)：包含的门电路在10个以内或元器件数在10～100个。

(2) 中规模集成电路(MSI)：包含的门电路为10～100个或元器件数为100～1000个。

(3) 大规模集成电路(LSI)：包含的门电路为100～1000个或元器件数为1000～10000个。

(4) 超大规模集成电路(VLSI)：包含的门电路为1万～10万个或元器件数为100000～1000000个。

(5) 特大规模集成电路(ULSI)：包含的门电路为10万～1亿个或元器件数为1000000～10000000个。

(6) 巨大规模集成电路(GSI)：随着微电子工艺的进步，集成电路的规模越来越大，简单地以集成元件数目来划分类型已经没有多大的意义了，目前暂时以“巨大规模集成电路”来统称集成规模超过1亿个元器件的集成电路。

Project 1

项目1 逻辑代数基础

知识点

◇ 常用数制及其相互转化;
◇ 常用编码;
◇ 基本逻辑关系及电路;
◇ 复合逻辑关系与运算;
◇ 逻辑函数的表示;
◇ 逻辑函数的基本运算规律;
◇ 逻辑函数的化简。

技能点

◇ 不同数制之间的相互转化方法;
◇ 常用的编码方法;
◇ 逻辑关系与运算方法;
◇ 逻辑函数的表示方法;
◇ 逻辑函数基本运算规律的应用;
◇ 逻辑函数的化简方法。

任务 1.1 数制转换

任务说明

本任务让学生了解常用的几种数制,掌握不同数制之间的相互转化方法。

相关知识

1.1.1 数制

数制是一种计数方法,它是计数进位制的总称。采用何种计数进制方法应根据实际需要而定,在数字电路中,常用的计数进制除了十进制外,还有二进制、八进制和十六进制。数制有三个要素：基数、权和进制。

基数：数码的个数。

权：数制中某一位上的 1 所表示数值的大小。

进制：逢基进一。

1. 十进制数

十进制的基数是 10，有 10 个数码，即 0、1、2、…、9；计数规则是“逢十进一”；各位的权是 10 的幂。例如，十进制数 1234.56 的按权展开式为

$$1234.56=1\times10^3+2\times10^2+3\times10^1+4\times10^0+5\times10^{-1}+6\times10^{-2}$$

式中：10^3、10^2、10^1、10^0、10^{-1}、10^{-2} 分别为十进制数各位的权。

2. 二进制数

二进制的基数是 2，只有 0 和 1 两个数码；计数规则是“逢二进一”；各位的权是 2 的幂。在表示时，二进制数的后面加上字母 B，以便和其他进制数区别。例如，二进制数 1101.01 的按权展开式为

$$1101.11B=1\times2^3+1\times2^2+0\times2^1+1\times2^0+1\times2^{-1}+1\times2^{-2}$$

式中：2^3、2^2、2^1、2^0、2^{-1}、2^{-2} 分别为二进制数各位的权。

3. 十六进制数

十六进制的基数是 16，有 16 个数码，即 0、1、2、…、9、A、B、C、D、E、F，其中字母 A、B、C、D、E、F 分别代表 10、11、12、13、14、15；计数规则是“逢十六进一”；各位的权是 16 的幂。在表示时，十六进制数的后面加上字母 H。例如，十六进制数 1A3B.D 的按权展开式为

$$1A3B.DH=1\times16^3+10\times16^2+3\times16^1+11\times16^0+13\times16^{-1}$$

式中：16^3、16^2、16^1、16^0、16^{-1} 分别为十六进制数各位的权。

需要指出的是，除了二进制数、十六进制数外，早期的数字系统中还推出过八进制数，现已淘汰不用。

1.1.2 不同数制之间的转换

在逻辑电路和计算机运算中常用二进制（或十六进制），但人们却熟悉十进制数，所以需要进行这些进制之间的相互转换，才能实现人机交流。

1. 其他进制数→十进制数

通过前面所学的知识可以看出，将其他进制数按权展开，再相加，即可得到对应的十进制数。例如：

$$1010.11B=1\times2^3+0\times2^2+1\times2^1+0\times2^0+1\times2^{-1}+1\times2^{-2}=10.75$$
$$3B.8H=3\times16^1+11\times16^0+8\times16^{-1}=59.5$$

2. 十进制数→二进制数

(1) 整数部分转换：将十进制数的整数部分转换为二进制采用“除 2 取余法”，即将整数部分逐次被 2 除，依次记下余数，直到商为 0 为止，第一个余数为二进制数的最低位，最后一个余数为最高位。

(2) 小数部分转换：将十进制数的整数部分转换为二进制采用“乘 2 取整法”，即将小数部分连续乘以 2，依次取出每一次的整数部分，直至小数部分为 0 或指定的有效数字位为止，第一个整数为二进制数的最高位，最后一个整数为最低位。

【例 1-1-1】 将十进制数 41.3125 转化成二进制数。

解：

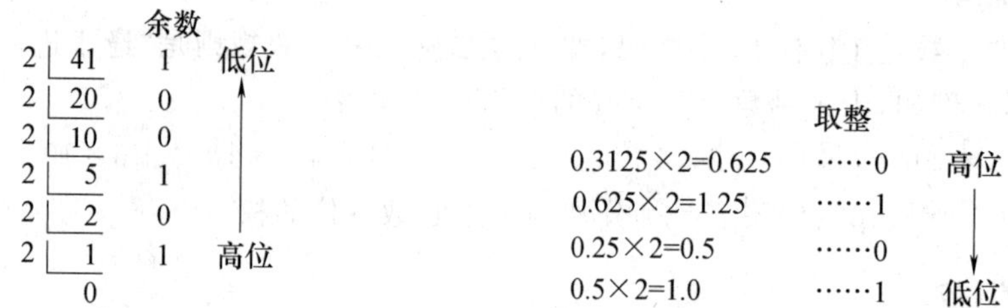

即 41.3125＝101001.0101B。

3. 十进制数→十六进制数

(1) 整数部分转换：将十进制数的整数部分转换为十六进制数采用“除 16 取余法”。

(2) 小数部分转换：将十进制数的整数部分转换为十六进制数采用“乘 16 取整法”。

【例 1-1-2】 将十进制数 8125.78 转化成十六进制数(取三位小数)。

解：

	余数	
16 | 8125	13(D)	低位
16 | 507	11(B)	↑
16 | 31	15(F)	
16 | 1	1	高位
0		

	取整	
0.78×16=12.48	……12(C)	高位
0.48×16=7.68	……7	↓
0.68×16=10.88	……10(A)	低位

即 8125.78＝1FBD.C7AH。

4. 二进制数→十六进制数

转化方法：采用“四位合一位”的方法。整数部分从低位开始，每 4 位二进制数为一组，最后不足 4 位的，在高位加上 0 补足 4 位；小数部分从高位开始，每 4 位二进制数为一组，最后不足 4 位的，在低位加上 0 补足 4 位，然后每组用一个十六进制数代替，按顺序相连即可。

【例 1-1-3】 将二进制数 10111010110.11 转换成十六进制数。

解： 10111010110.11B＝0101 1101 0110.1100 B＝5D6.CH

5 D 6 . C

5. 十六进制数→二进制数

转化方法：采用“一位分四位”的方法，即将每位十六进制数用 4 位二进制数代替，再按原来的顺序排列起来即可。

【例 1-1-4】 将十六进制数 5DF.2E 转换成二进制数。

解： 5DF.2EH＝0101 1101 1111.0010 1110 B＝10111011111.0010111B

5 D F . 2 E

说明： 十进制数和十六进制数之间的转换，可以先转换为二进制数，然后再由二进制数转换为十进制数或十六进制数。

表 1-1-1 为十进制数、十六进制数和二进制数常用数之间的对应关系。

表 1-1-1 常用数据转换

十进制数	十六进制数	二进制数	十进制数	十六进制数	二进制数
0	00H	0000B	11	0BH	1011B
1	01H	0001B	12	0CH	1100B
2	02H	0010B	13	0DH	1101B
3	03H	0011B	14	0EH	1110B
4	04H	0100B	15	0FH	1111B
5	05H	0101B	16	10H	00010000B
6	06H	0110B	17	11H	00010001B
7	07H	0111B	18	12H	00010010B
8	08H	1000B	19	13H	00010011B
9	09H	1001B	20	14H	00010100B
10	0AH	1010B	21	15H	00010101B

任务实施

1. 任务要求

将十进制数 100 分别转换成二进制数和十六进制数。

2. 转换过程

(1) 转换成二进制数：利用“除 2 取余法”。

即 100＝1100100B。

(2) 转换成十六进制数：由二进制数直接转换成十六进制数。

100＝1100100B＝64H。

任务拓展

将十六进制数 FA 转换成十进制数和二进制数，并用计算机中的计算器进行验证。

任务 1.2 编码

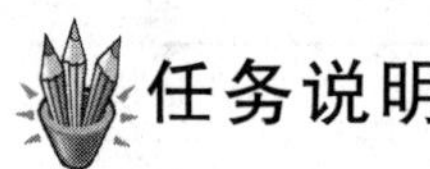

任务说明

广义上的编码就是用文字、数码或符号表示某一特定的对象。例如,为街道命名、给学生编学号等都是编码。该任务中讨论的编码是指以二进制码来表示给定的数字、字符或信息。将若干个二进制数码 0 和 1 按一定规则排列起来表示某种特定的含义,称为二进制编码。信息多种多样,用途各异,故其编码形式也不同。该任务让学生了解几种常用的编码及其特点。

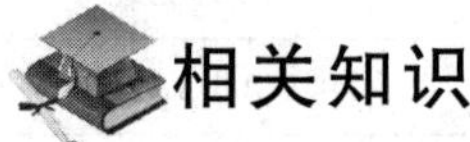

相关知识

1.2.1 二-十进制编码

数字设备多采用二进制,而日常生活中人们多采用十进制,因此需要对两种进制数进行转换。将十进制数的 0～9 十个数字用二进制数表示,称为二-十进制编码,又称 BCD 码(Binary Coded Decimal)。

由于十进制数有十个不同的编码,因此,需要 4 位二进制数来表示。而 4 位二进制数有 16 种取值组合,从中抽出 10 种组合来表示 0～9 十个数可有多种方案,所以二-十进制编码也有多种方案。表 1-2-1 中给出了几种常用的二-十进制编码。

表 1-2-1 常用二-十进制编码

十进制数	有权码					无权码
	8421 码	2421 码(A)	2421 码(B)	5421 码(A)	5421 码(B)	余 3 码
0	0000	0000	0000	0000	0000	0011
1	0001	0001	0001	0001	0001	0100
2	0010	0010	0010	0010	0010	0101
3	0011	0011	0011	0011	0011	0110
4	0100	0100	0100	0100	0100	0111
5	0101	0101	1011	0101	1000	1000
6	0110	0110	1100	0110	1001	1001
7	0111	0111	1101	0111	1010	1010
8	1000	1110	1110	1011	1011	1011
9	1001	1111	1111	1100	1100	1100

BCD 码分为有权码和无权码两种。有权码是指每位有固定的权值,而无权码的每位没有固定的权值。表 1-2-1 列出的 BCD 码中,8421 BCD 码、2421 BCD 码、5421 BCD 码都是有权码,而余 3 码是无权码。

1. 8421 BCD 码

8421 BCD 码是最简单、最常用的有权码,用 4 位二进制数表示 1 位十进制数,这 4 位二进制数的权分别为 8、4、2、1,与自然二进制数的权值一致,因此 8421 BCD 码又称为自然数 BCD 码。

【例 1-2-1】 将十进制数 465 转换为对应的 8421 BCD 码。

解：
$$465=(0100\ 0110\ 0101)_{8421\ BCD}$$

【例 1-2-2】 将 8421 BCD 码 010010010001 转换为对应的十进制数。

$$(010010010001)_{8421\ BCD}=(\underset{4}{\underline{0100}}\ \underset{9}{\underline{1001}}\ \underset{1}{\underline{0001}})_{8421\ BCD}=491$$

2. 2421 BCD 码

2421 BCD 码的 4 位二进制数的权分别是 2、4、2、1，这种 BCD 码的编码方案不是唯一的，表 1-2-1 中列出了其中两种。

3. 5421 BCD 码

5421 BCD 码的 4 位二进制数的权分别是 5、4、2、1，这种 BCD 码的编码方案也不是唯一的，表 1-2-1 中也列出了其中两种。

4. 余 3 码

余 3 码为无权码，它是在 8421 BCD 码的基础上加二进制数 0011（十进制数 3）而得到的。

1.2.2 可靠性编码

编码在形成和传输过程中难免出错，为了在编码形成时不易出错，或者在出现错误时容易发现并校正，就需采用可靠性编码。常用的可靠性编码有循环码、奇偶校验码等。

1. 循环码

循环码又称格雷码(Gray)。这种编码没有固定的权值，任意两个相邻码字之间只有 1 位码元不同（单位间距特性）。循环码的这个特性使它在形成和传输过程中引起的误差较小。如计数电路按循环码计数时，电路每次状态更新只有一位代码变换，从而减少了计数误差。循环码与二进制码的对应关系如表 1-2-2 所示。

表 1-2-2 循环码与二进制码的对应关系

十进制数	二进制码	循环码
0	0000	0000
1	0001	0001
2	0010	0011
3	0011	0010
4	0100	0110
5	0101	0111
6	0110	0101
7	0111	0100
8	1000	1100
9	1001	1101
10	1010	1111
11	1011	1110
12	1100	1010
13	1101	1011
14	1110	1001
15	1111	1000

从表 1-2-2 中可以看出,循环码中每一位代码从上到下的排列顺序是以固定周期进行循环的。其中右起第一位的循环周期是 0110,第二位是 00111100,第三位是 0000111111110000 等。4 位循环码以最高位 0 与 1 之间为轴对折,除了反射位外,其他 3 位均互为镜像,故有时也称为反射码。

2. 奇偶校验码

奇偶校验码是一种具有检错能力的代码。它是在原代码(称为信息码)的基础上增加一个码位(称为校验位),使代码中含有 1 的个数均为奇数(称为奇校验)或偶数(称为偶校验)。表 1-2-3 中给出了由 8421 BCD 码变换而得到的奇偶校验码,表中最高位为校验位。若奇校验码在传送过程中多一个或少一个 1 时,就出现了 1 的个数为偶数,接收方用奇校验电路就可以发现信息在传送过程中出现的错误。同理,偶校验码在传送过程中出现的错误也很容易被发现。

表 1-2-3 奇偶校验码

十进制数	信息码	奇校验码	偶校验码
0	0000	10000	00000
1	0001	00001	10001
2	0010	00010	10010
3	0011	10011	00011
4	0100	00100	10100
5	0101	10101	00101
6	0110	10110	00110
7	0111	00111	10111
8	1000	01000	11000
9	1001	11001	01001

1.2.3 ASCII 码

ASCII 码是一种常用的字符编码。ASCII 码是英文 American Standard Code for Information Interchange 的缩写,是美国标准信息交换码,常用于数字通信设备。标准 ASCII 码由 7 位二进制数表示一个字符,共有 128 种组合。其中,有 52 个大、小写英文字母,34 个控制符,0～9 十个数字符,32 个标点符号及运算符。其编码表如表 1-2-4 所示。

表 1-2-4 标准 ACSII 码

$b_3b_2b_1b_0$	$b_6b_5b_4$							
	000	001	010	011	100	101	110	111
0000	NUL	DLE	SP	0	@	P	′	P
0001	SOH	DC1	!	1	A	Q	a	q
0010	STX	DC2	"	2	B	R	b	r
0011	ETX	DC3	#	3	C	S	c	s
0100	EOT	DC4	$	4	D	T	d	t
0101	ENQ	NAK	%	5	E	U	e	u
0110	ACK	SYN	&	6	F	V	f	v
0111	BEL	ETB	,	7	G	W	g	w

续表

$b_3b_2b_1b_0$	$b_6b_5b_4$							
	000	001	010	011	100	101	110	111
1000	BS	CAN	(	8	H	X	h	x
1001	HT	EM	)	9	I	Y	i	y
1010	LF	SUB	*	:	J	Z	j	z
1011	VT	ESC	+	;	K	[	k	{
1100	FF	FS	,	<	L	\	l	|
1101	CR	GS	-	=	M	]	m	}
1110	SO	RS	.	>	N	Λ	n	~
1111	SI	US	/	?	O	—	o	DEL

在计算机的存储单元中，一个 ASCII 码值占一个字节（8 个二进制位），其最高位(b_7)用作奇偶校验位。

任务实施

1. 任务要求

把十进制数 935.26 转换成 8421 BCD 码。

2. 转换过程

$$(935.26)_{10}=(1001\ 0011\ 0101.0010\ 0110)_{8421\ BCD}$$

任务拓展

把你的名字(汉语拼音)用 ASCII 码进行编码，并在 ASCII 码前加上奇校验位。

任务 1.3 逻辑函数的描述

任务说明

本任务学习基本逻辑关系及其门电路、复合逻辑关系与运算，了解逻辑函数的表示方法。

相关知识

逻辑代数又称布尔代数，是英国数学家乔治·布尔在 1847 年提出的，它是用于描述客观事物逻辑关系的数学方法。逻辑代数的变量称为逻辑变量，逻辑变量分为输入逻辑变量和输出逻辑变量两类。与普通代数不同，逻辑变量只有两种取值，即 0 和 1。这两个值不具有数量大小的意义，仅表示客观事物两种对立的状态，即两种逻辑关系。例如，开关的闭合与断开、灯的亮与灭、电位的高与低等。

1.3.1 三种基本逻辑关系与门电路

基本的逻辑关系有三种：与逻辑、或逻辑、非逻辑。对应的有三种最基本的逻辑运算：与运算、或运算、非运算。

1. 与逻辑与与门

1）与逻辑

只有当决定事件(Y)的所有条件(A、B、C，…)全部具备时，此事件(Y)才会发生，这种因果关系称为与逻辑，实现这种逻辑关系的运算就是与逻辑运算。下面以两个串联的开关A、B(输入量)控制灯泡Y(输出量)为例来说明，如图1-3-1所示。

由图1-3-1可见，只有当两个开关A和B均为闭合时，灯Y才会亮，A和B中只要有一个断开或二者都断开，灯Y灭。显然，灯Y的结果状态和开关A、B的条件状态之间符合与逻辑关系，如表1-3-1所示。

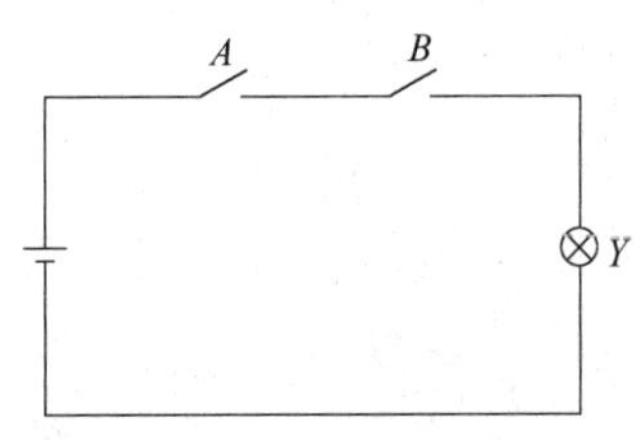

图 1-3-1 与逻辑关系示意图

表 1-3-1 图 1-3-1 所示与逻辑功能表

输入		输出
开关A	开关B	灯Y
断开	断开	灭
断开	闭合	灭
闭合	断开	灭
闭合	闭合	亮

如果用1表示开关闭合，0表示开关断开；用1表示灯亮，0表示灯灭，则可得如表1-3-2所示的真值表。这种用字母表示开关和灯泡有关状态的过程称为设定变量；用0和1表示开关和电灯有关状态的过程称为状态赋值；经过赋值得到的反映开关和电灯亮灭之间的逻辑关系的表格称为逻辑真值表，简称真值表。

表 1-3-2 图 1-3-1 所示与逻辑真值表

输入		输出
A	B	Y
0	0	0
0	1	0
1	0	0
1	1	1

由表1-3-2可知，Y和A、B之间的关系：只有当A和B都是1时，Y才为1；否则为0。这一关系可用逻辑表达式表示为

$$Y=A\cdot B \quad 或 \quad Y=AB$$

2）二极管与门电路

二极管与门电路如图1-3-2(a)所示，其逻辑符号如图1-3-2(b)所示。设输入电平高

电平为 $U_{IH}=3.6V$，低电平为 $U_{IL}=0V$，它的逻辑功能如下。

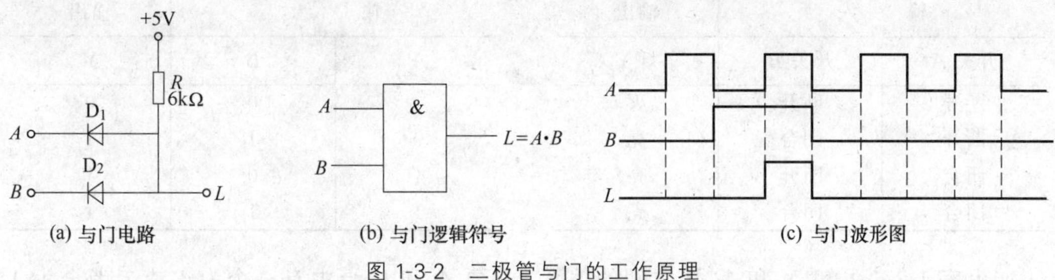

(a) 与门电路　(b) 与门逻辑符号　(c) 与门波形图

图 1-3-2　二极管与门的工作原理

① $U_A=U_B=0V$，此时二极管 D_1 和 D_2 都导通，由于二极管正向导通，输出 $U_L=0.7V$，为低电平。

② $U_A=0V$，$U_B=3.6V$，此时二极管 D_1 优先导通，D_2 截止，输出 $U_L=0.7V$，为低电平。

③ $U_A=3.6V$，$U_B=0V$，此时二极管 D_2 优先导通，D_1 截止，输出 $U_L=0.7V$，为低电平。

④ $U_A=U_B=3.6V$，此时二极管 D_1 和 D_2 导通，输出 $U_L=4.3V$，为高电平。

把上面分析结果归纳起来列入表 1-3-3 和表 1-3-4 中，很容易看出它实现逻辑运算：$L=A\cdot B$。

表 1-3-3　与门输入/输出电压关系

输　入		输出
U_A/V	U_B/V	U_L/V
0	0	0.7
0	3.6	0.7
3.6	0	0.7
3.6	3.6	4.3

表 1-3-4　与逻辑真值表

输　入		输出
A	B	L
0	0	0
0	1	0
1	0	0
1	1	1

与门电路的输入和输出波形如图 1-3-2(c)所示。

增加一个输入和一个二极管，就可以变成三输入端与门。按此方法可构成更多输入端的与门。

2. 或逻辑与或门

1) 或逻辑

只要决定事件(Y)的所有条件($A,B,C,\cdots$)有一个(或一个以上)具备时，此事件(Y)就会发生，这种因果关系称为或逻辑，实现这种逻辑关系的运算就是或逻辑运算。

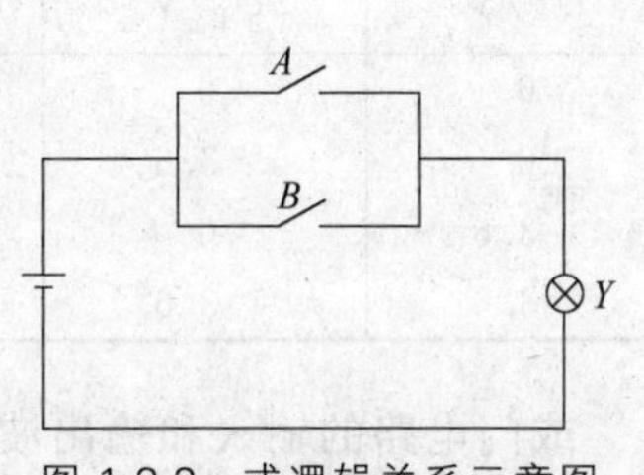

图 1-3-3　或逻辑关系示意图

或逻辑运算的实例如图 1-3-3 所示，不难分析出其逻辑功能表如表 1-3-5 所示，其真值表如表 1-3-6 所示。

表 1-3-5　图 1-3-3 所示或逻辑功能表

输　入		输出
开关 A	开关 B	灯 Y
断开	断开	灭
断开	闭合	亮
闭合	断开	亮
闭合	闭合	亮

表 1-3-6　图 1-3-3 所示或逻辑真值表

输　入		输出
A	B	Y
0	0	0
0	1	1
1	0	1
1	1	1

由表 1-3-6 可知,Y 和 A、B 之间的关系：只要 A 和 B 当中有一个为 1 或二者全为 1 时,Y 就为 1；若 A 和 B 全为 0,Y 才为 0。这一关系可用逻辑表达式表示为

$$Y=A+B$$

2）二极管或门电路

二极管或门电路如图 1-3-4(a)所示,其逻辑符号如图 1-3-4(b)所示。设输入电平高电平为 $U_{IH}=3.6V$,低电平为 $U_{IL}=0V$,它的逻辑功能如下。

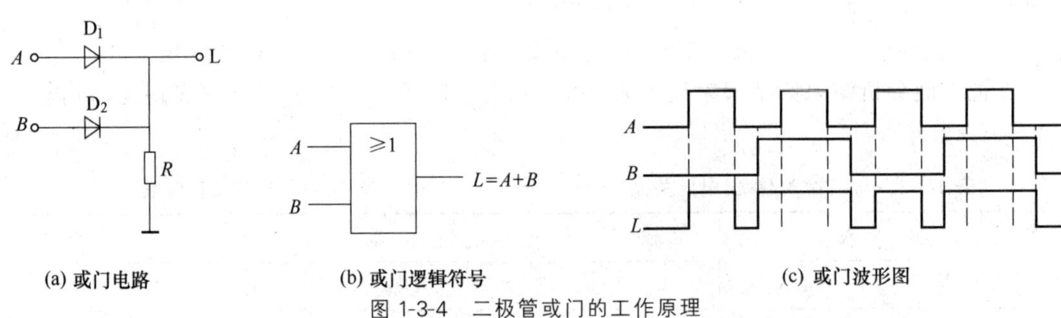

(a) 或门电路　(b) 或门逻辑符号　(c) 或门波形图

图 1-3-4　二极管或门的工作原理

① $U_A=U_B=0V$,此时二极管 D_1 和 D_2 都截止,输出 $U_L=0V$,为低电平。

② $U_A=0V$,$U_B=3.6V$,此时二极管 D_2 导通，$U_L=2.9V$,为高电平,D_1 截止。

③ $U_A=3.6V$,$U_B=0V$,此时二极管 D_1 导通，$U_L=2.9V$,为高电平,D_2 截止。

④ $U_A=U_B=3.6V$,此时二极管 D_1 和 D_2 都导通,输出 $U_L=2.9V$,为高电平。

把上面分析结果归纳起来列入表 1-3-7 和表 1-3-8 中,很容易看出它实现逻辑运算：$L=A+B$。

表 1-3-7　或门输入/输出电压关系

输　入		输出
U_A/V	U_B/V	U_L/V
0	0	0
0	3.6	2.9
3.6	0	2.9
3.6	3.6	2.9

表 1-3-8　或逻辑真值表

输　入		输出
A	B	L
0	0	0
0	1	1
1	0	1
1	1	1

或门电路的输入和输出波形如图 1-3-4(c)所示。

同样,可用增加输入端和二极管的方法,构成更多输入端的或门。

3. 非逻辑与非门

1）非逻辑

非逻辑指的是逻辑的否定。只要决定事件（Y）发生的条件（A）不具备时，此事件（Y）才会发生；当条件（A）满足时，事件（Y）不发生，这种因果关系称为非逻辑，实现这种逻辑关系的运算就是非逻辑运算。

非逻辑运算的关系示意图如图 1-3-5 所示，其功能表如表 1-3-9 所示，其真值表如表 1-3-10 所示。

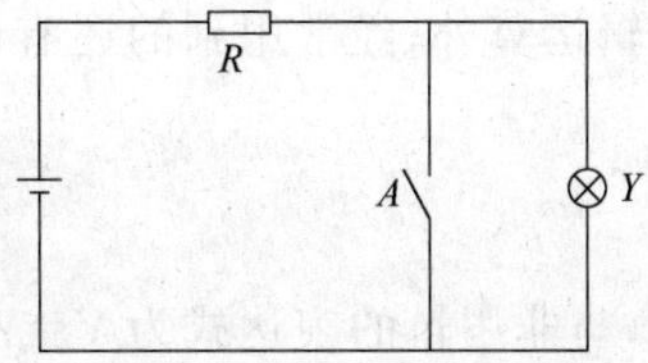

图 1-3-5 非逻辑关系示意图

表 1-3-9 图 1-3-5 所示非逻辑功能表

输入（开关 A）	输出（灯 Y）
断开	亮
闭合	灭

表 1-3-10 图 1-3-5 所示非逻辑真值表

输入（A）	输出（Y）
0	1
1	0

由表 1-3-10 可知，Y 和 A 之间的关系：当 $A=0$ 时，$Y=1$；而 $A=1$ 时，$Y=0$。这一关系可用逻辑表达式表示为

$$Y=\overline{A}$$

2）三极管非门电路

图 1-3-6(a)所示是由三极管组成的非门电路，非门又称反相器，其逻辑符号如图 1-3-6(b)所示。仍设输入电平高电平为 $U_{IH}=3.6V$，低电平为 $U_{IL}=0V$，它的逻辑功能如下。

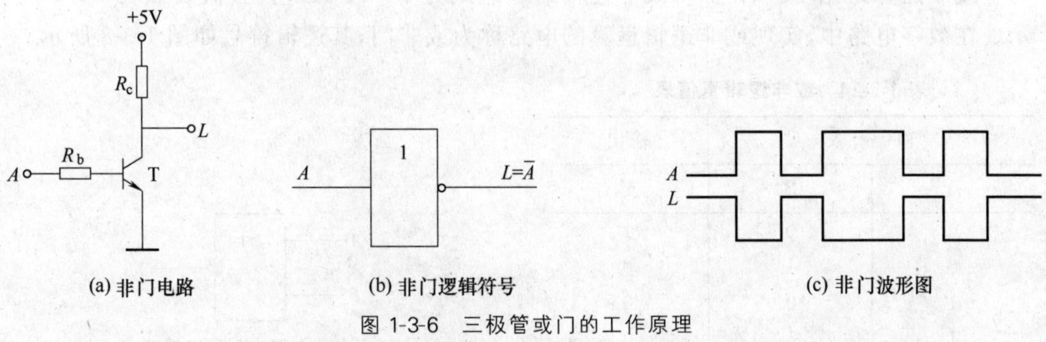

图 1-3-6 三极管或门的工作原理

① $U_A=0V$，此时三极管 T 截止，输出 $U_L=5V$，为高电平。

② $U_A=3.6V$，此时合理的 R_b 和 R_c 使三极管 T 工作在饱和导通状态，$U_L=0.3V$，为低电平。

把上面分析结果归纳起来列入表 1-3-11 和表 1-3-12 中，很容易看出它实现逻辑运算：$L=\overline{A}$。

表 1-3-11　非门输入/输出电压关系

输入 U_A/V	输出 U_L/V
0	5
3.6	0.3

表 1-3-12　非逻辑真值表

输入 A	输出 L
0	1
1	0

非门电路的输入和输出波形如图 1-3-6(c)所示。

1.3.2　复合逻辑关系与运算

除了与、或、非三种基本逻辑运算外,经常用到的还有由这三种基本运算构成的一些复合运算。

1. 与非

与非运算为先"与"后"非",与非逻辑的表达式为 $Y=\overline{A \cdot B}$,其真值表如表 1-3-13 所示。在数字电路中,实现与非逻辑运算的电路称为与非门,其逻辑符号如图 1-3-7 所示。

表 1-3-13　与非逻辑真值表

输　入		输出
A	B	Y
0	0	1
0	1	1
1	0	1
1	1	0

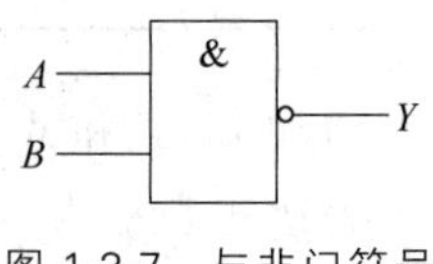

图 1-3-7　与非门符号

由表 1-3-13 可知,与非运算的逻辑输入/输出关系:有 0 出 1,全 1 出 0。

2. 或非

或非运算为先"或"后"非",或非逻辑的表达式为 $Y=\overline{A+B}$,其真值表如表 1-3-14 所示。在数字电路中,实现或非逻辑运算的电路称为或非门,其逻辑符号如图 1-3-8 所示。

表 1-3-14　或非逻辑真值表

输　入		输出
A	B	Y
0	0	1
0	1	0
1	0	0
1	1	0

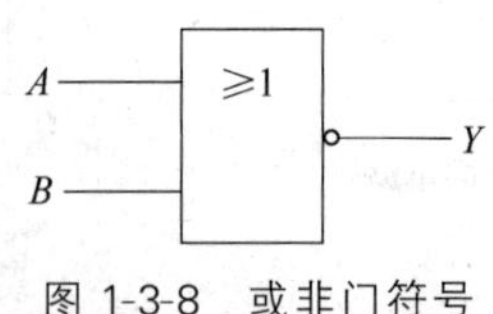

图 1-3-8　或非门符号

由表 1-3-14 可知,或非运算的逻辑输入/输出关系:全 0 出 1,有 1 出 0。

3. 与或非

与或非运算为先"与"后"或"再"非",与或非逻辑的表达式为 $Y=\overline{AB+CD}$,其逻辑符号如图 1-3-9 所示。关于与或非逻辑的真值表请读者作为练习自行列出。

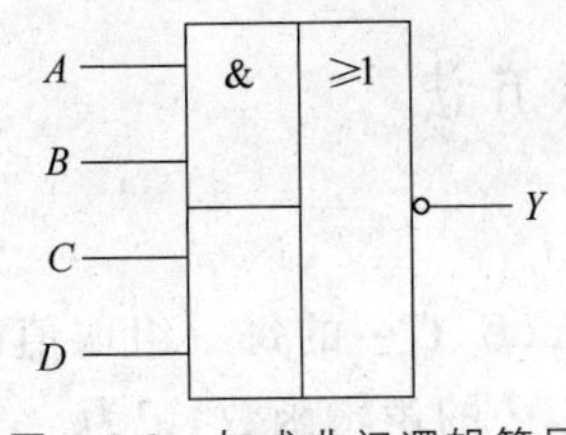

图 1-3-9 与或非门逻辑符号

4. 异或和同或

1）异或

异或的逻辑表达式为$Y=A\overline{B}+\overline{A}B=A\oplus B$，其真值表如表 1-3-15 所示，逻辑符号如图 1-3-10 所示。从真值表中可以看出，异或运算的含义是当输入变量相同时，输出为 0；当输入变量不同时，输出为 1。

表 1-3-15 异或逻辑真值表

输 入		输出
A	B	Y
0	0	0
0	1	1
1	0	1
1	1	0

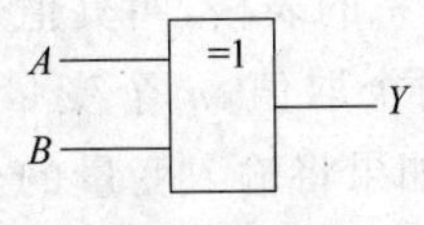

图 1-3-10 异或门符号

2）同或

同或的逻辑表达式为$Y=\overline{A}\,\overline{B}+AB=A\odot B$，其真值表如表 1-3-16 所示。从真值表中可以看出，同或运算的含义是当输入变量相同时，输出为 1；当输入变量不同时，输出为 0。

通过表 1-3-15 和表 1-3-16 可以看出，异或和同或运算互为非运算，即

$$Y=A\odot B=\overline{A\oplus B}$$

$$Y=A\oplus B=\overline{A\odot B}$$

表 1-3-16 同或逻辑真值表

输 入		输 出
A	B	Y
0	0	1
0	1	0
1	0	0
1	1	1

同或门逻辑符号可以用图 1-3-11 中(a)和(b)两种方式表示。

课外活动：网上查询记录与门、或门、非门和异或门的旧版国标符号和国际符号。

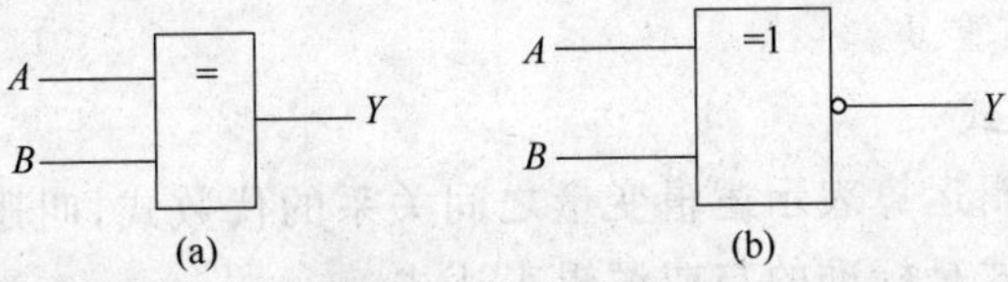

图 1-3-11 同或门符号

1.3.3 逻辑函数及其表示方法

1. 逻辑函数的定义

如果对应于输入逻辑变量 A、B、C…的每一组取值确定以后，输出逻辑变量 Y 就有唯一确定的值，则称 Y 是 A、B、C…的逻辑函数，记为

$$Y=f(A,B,\cdots)$$

式中：f 表示输出 Y 和输入 A、B、C…之间对应的某种逻辑函数关系。

2. 逻辑函数的表示方法

逻辑函数的表示方法主要有真值表、逻辑表达式、逻辑电路图、卡诺图和波形图等。

以图 1-3-12 开关电路图为例，说明逻辑函数的各种表示方法。

1）真值表

在前面的讨论中，已经多次用到真值表。描述逻辑函数各变量的取值组合和逻辑函数取值之间对应关系的表格，叫真值表。每一个输入变量有 0、1 两个取值，n 个变量就有 2^n 个不同的取值组合，如果将输入变量的全部取值组合和对应的输出函数值一一对应地列举出来，即可得到真值表。表 1-3-17 给出了图 1-3-12 开关电路图的真值表。

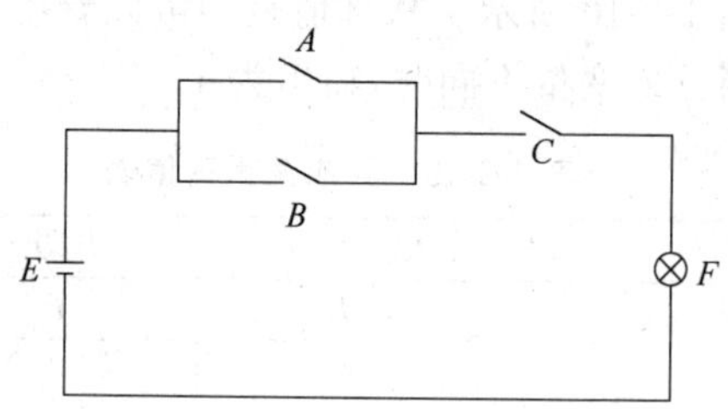

图 1-3-12 开关电路图

表 1-3-17 图 1-3-12 开关电路图真值表

输入			输出
A	B	C	F
0	0	0	0
0	0	1	0
0	1	0	0
0	1	1	1
1	0	0	0
1	0	1	1
1	1	0	0
1	1	1	1

在表 1-3-17 中，A、B、C 开关合上用“1”表示，断开用“0”表示；灯泡 F 亮用“1”表示，灭用“0”表示。

注意：在列真值表时，输入变量的取值组合应按照二进制递增的顺序排列，这样做既不容易遗漏，也不容易重复。

2）逻辑函数表达式

用与、或、非等逻辑运算表示逻辑变量之间关系的代数式，叫逻辑函数表达式。由真值表直接写出的逻辑式是标准的与或逻辑表达式。

下面结合表 1-3-17 介绍写标准与或逻辑表达式的方法步骤。

(1) 挑出函数值(F)为 1 的项。表 1-3-17 中共有三个函数值为 1 的项。

(2) 每个函数值(F)为 1 的输入变量取值组合写成一个乘积项。输入变量取值为 1 用原变量表示；反之,则用反变量表示,则表 1-3-17 中的三个乘积项分别为：$\overline{A}BC$、$A\overline{B}C$、ABC。

(3) 把这些乘积项作逻辑加,即得到标准与或逻辑表达式。表 1-3-17 中的标准与或逻辑表达式为

$$F=\overline{A}BC+A\overline{B}C+ABC$$

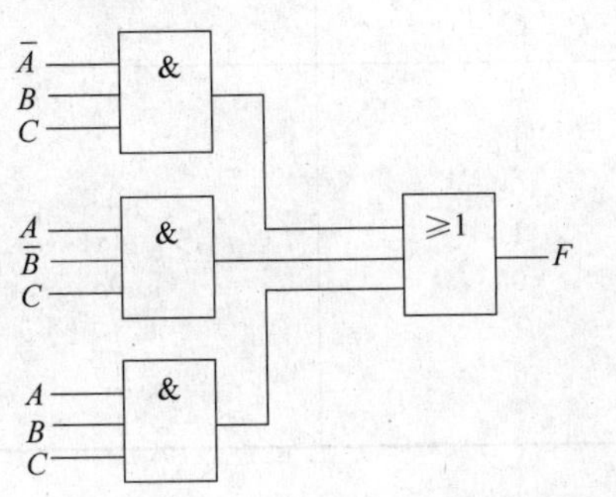

图 1-3-13 $F=\overline{A}BC+A\overline{B}C+ABC$ 的逻辑图

3) 逻辑电路图

由逻辑符号表示的逻辑函数的图形,称为逻辑电路图,简称逻辑图。上述逻辑表达式 $F=\overline{A}BC+A\overline{B}C+ABC$ 的逻辑电路图如图 1-3-13 所示,图中乘积项用与门实现,和项用或门实现。

4) 卡诺图

卡诺图是按一定规则画出的方格图,是真值表的另一种形式,主要用于化简逻辑函数,具体内容见本项目任务 1.4。

5) 波形图

波形图是逻辑函数输入变量每一种可能出现的取值与对应的输出值按时间顺序依次排列的图形,也称为时序图。上述逻辑表达式 $F=\overline{A}BC+A\overline{B}C+ABC$ 的波形图如图 1-3-14 所示。

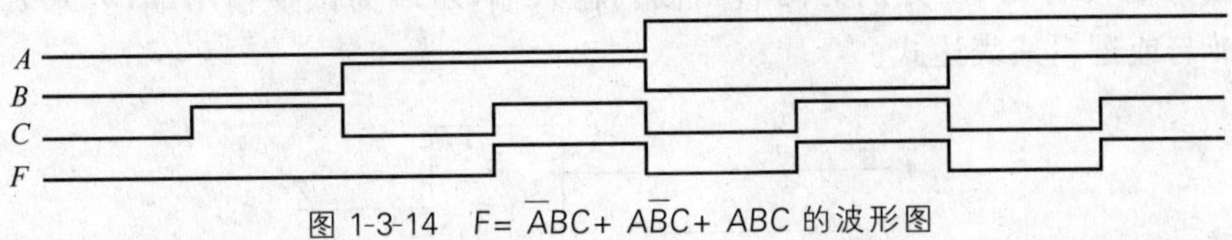

图 1-3-14 $F=\overline{A}BC+A\overline{B}C+ABC$ 的波形图

真值表、逻辑表达式、逻辑电路图、卡诺图和波形图具有对应关系,可相互转换。对同一逻辑函数,真值表、卡诺图和波形图具有唯一性；逻辑表达式、逻辑电路图可有多种不同的表达形式。

任务实施

1. 任务要求

由于检测危险的报警器自身也可能出现差错,因此为提高报警信号的可靠性,在每个关键部位都安置了三个同类型的危险报警器,如图 1-3-15 所示。只有当三个危险报警器中至少有两个指示危险时,才实现关机操作,这就是三选二电路。要求列出三选二电路的真值表,并写出标准与或逻辑表达式。

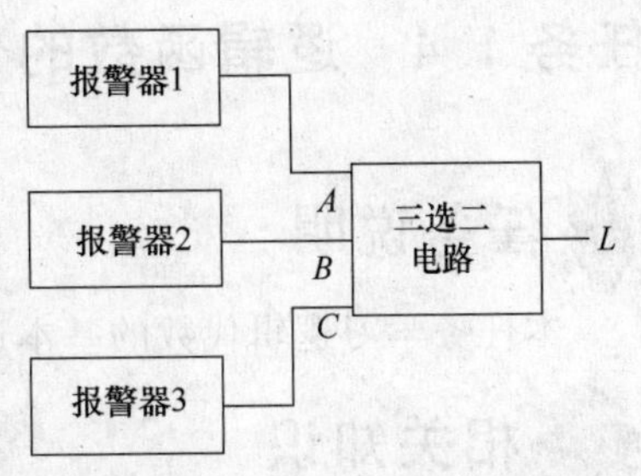

图 1-3-15 三选二报警电路

2. 任务实现过程

1) 列出真值表

设三个报警信号分别用 A、B、C 表示,指示危险为 1,无危险指示为 0;关机信号用 L 表示,关机为 1,不关机为 0。可列出三选二电路真值表如表 1-3-18 所示。

表 1-3-18 三选二电路真值表

报警信号			关机信号
A	B	C	L
0	0	0	0
0	0	1	0
0	1	0	0
0	1	1	1
1	0	0	0
1	0	1	1
1	1	0	1
1	1	1	1

2) 写出标准与或逻辑表达式

由表 1-3-18 直接写出标准与或逻辑表达式如下:

$$L=AB\overline{C}+A\overline{B}C+\overline{A}BC+ABC$$

任务拓展

如图 1-3-16 所示是某设计小组为举重比赛设计的“试举成功判定器”逻辑电路,其中 A 为主裁判输入端,B、C 分别为两名副裁判输入端,Z 端为试举输出端,要求真值表,并写出标准与或逻辑式表达式。

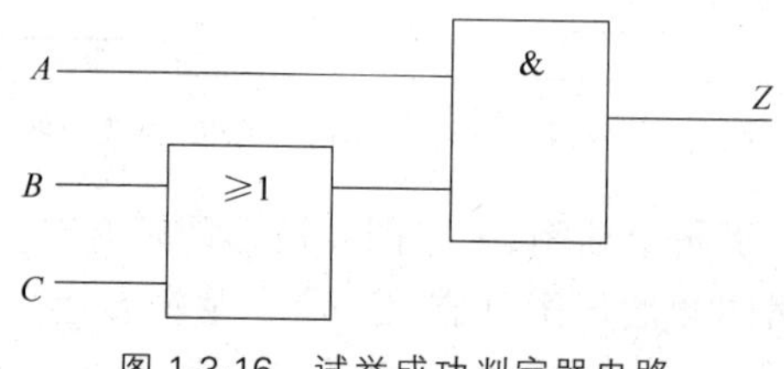

图 1-3-16 试举成功判定器电路

任务 1.4 逻辑函数的化简

任务说明

本任务学习逻辑代数的基本运算规律,掌握逻辑函数的公式化简法和卡诺图化简法。

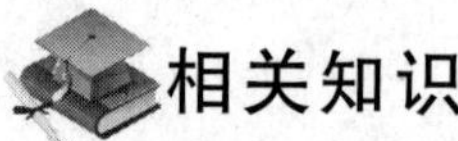

相关知识

在实际问题中,直接根据逻辑要求而归纳的逻辑函数比较复杂,含有较多的逻辑变量和逻辑运算符。逻辑函数的表达式并不是唯一的，可以写成各种不同的形式，因而实现同一种逻辑关系的数字电路也可以有多种形式。为了提高数字电路的可靠性，尽可能地减少所用的元件数目，希望能求得逻辑函数最简单的表达式。通过化简的方法可找出逻辑函数的最简形式。在学习逻辑函数的化简方法之前，先要掌握逻辑函数的基本运算规律。

1.4.1 逻辑代数的基本运算规律

逻辑函数的基本运算规律是分析和设计逻辑电路的重要基础知识。逻辑代数的基本运算规律包括基本定律、基本规则和常用公式。

1. 逻辑代数的基本定律

逻辑代数的基本定律是分析、设计逻辑电路的重要基础，也是化简和变换逻辑函数的重要工具。这些定律有其独具的特性，但也有一些与普通代数相似的定律，因此要严格区分，不能混淆。表 1-4-1 给出了一些重要的基本定律。

表 1-4-1 逻辑代数的基本定律

定律名称	公式
0-1 律	$A\cdot 0=0,\ A+1=1$
自等律	$A\cdot 1=A,\ A+0=A$
重叠律	$A\cdot A=A,\ A+A=A$
互补律	$A\cdot\overline{A}=0,\ A+\overline{A}=1$
还原律	$\overline{\overline{A}}=A$
交换律	$A\cdot B=B\cdot A,\ A+B=B+A$
结合律	$A\cdot(B\cdot C)=(A\cdot B)\cdot C,\ A+(B+C)=(A+B)+C$
分配律	$A\cdot(B+C)=A\cdot B+A\cdot C,\ A+(B\cdot C)=(A+B)\cdot(A+C)$
反演律(德·摩根定律)	$\overline{A\cdot B}=\overline{A}+\overline{B},\ \overline{A+B}=\overline{A}\cdot\overline{B}$

如果两个逻辑函数具有相同的真值表，则这两个函数相等。因此，证明以上定律的基本方法是用真值表法，即分别列出等式两边逻辑表达式的真值表，若两张真值表完全相同，就说明两个逻辑表达式相等。

【例 1-4-1】 证明反演律 $\overline{A\cdot B}=\overline{A}+\overline{B}$。

解：等式两边的真值表如表 1-4-2 所示。

表 1-4-2 证明 $\overline{A\cdot B}=\overline{A}+\overline{B}$ 的真值表

输入		输出	
A	B	$\overline{A\cdot B}$	$\overline{A}+\overline{B}$
0	0	1	1
0	1	1	1
1	0	1	1
1	1	0	0

由表 1-4-2 可以看出,$\overline{A \cdot B}$ 与 $\overline{A}+\overline{B}$ 在变量 A、B 的四种输入取值组合下输出结果完全相同,因此等式成立。

2. 逻辑代数的三个基本规则

1) 代入规则

在任一逻辑等式中,若将等式两边所有出现同一变量的地方,代之以一个逻辑函数,则等式仍然成立。这个规则称为代入规则。

【例 1-4-2】 已知 $\overline{A \cdot B}=\overline{A}+\overline{B}$,试证明用 BC 代替 B 后,等式仍然成立。

证明: 等式左边$=\overline{A \cdot (BC)}=\overline{A}+\overline{BC}=\overline{A}+\overline{B}+\overline{C}$

等式右边$=\overline{A}+\overline{BC}=\overline{A}+\overline{B}+\overline{C}$

所以等式仍然成立。

可见,利用代入规则,可以灵活地应用基本定律,并扩大基本定律的应用范围。

2) 反演规则

对于任何一个逻辑函数 Y,如果将表达式中的所有"·"换成"+",所有的"+"换成"·","0"换成"1","1"换成"0",原变量换成反变量,反变量换成原变量,则得到原来逻辑函数 Y 的反函数 $\overline{Y}$。这个规则称为反演规则。

利用反演规则,可以比较容易地求出一个函数的反函数。但变换时要注意两点:①要保持原式中逻辑运算的优先顺序;②不是一个变量上的非号应保持不变,否则就要出错。

【例 1-4-3】 试求 $Y=\overline{A}B+A\overline{B}$ 的反函数。

解: 根据反演规则,可写出

$\overline{Y}=(A+\overline{B})\cdot(\overline{A}+B)$——加括号的作用是保持原式的运算优先顺序

$=\overline{A}\,\overline{B}+AB$ ——用分配率展开后的逻辑表达式

此例进一步证明了同或是异或的反函数,即同或等于异或非。

【例 1-4-4】 试求 $Y=A+\overline{B+\overline{C}+\overline{D+\overline{E}}}$ 的反函数。

解: $\overline{Y}=\overline{A}\cdot\overline{\overline{B}\cdot C\cdot\overline{\overline{D}\cdot\overline{\overline{E}}}}=\overline{A}\cdot\overline{\overline{B}\cdot C\cdot\overline{\overline{D}\cdot E}}$

注意: 不是一个变量上的非号应保持不变。

3) 对偶规则

对于任何一个逻辑函数 Y,如果将表达式中的所有"·"换成"+",所有的"+"换成"·","0"换成"1","1"换成"0",而变量保持不变,则可得到一个新的表达式 Y',Y' 称为函数 Y 的对偶式。这个规则称为对偶规则。

对偶规则要注意保持变换前优先顺序保持不变。对偶规则的意义在于:若两个函数相等,则其对偶式也一定相等。利用对偶规则,可以将逻辑定律和公式应用扩大一倍,因此前面讲到的基本定律公式往往是成对出现的。

例如,分配率的第一个公式为

$$A\cdot(B+C)=A\cdot B+A\cdot C$$

根据对偶规则,其对偶式为

$$A+(B\cdot C)=(A+B)\cdot(A+C)$$

此公式是分配率的第二个公式，较难理解，但只要记住了第一个公式，它的对偶式仍然成立。

3. 常用公式

利用上面的定律和规则，可以得到一些常用的公式。表 1-4-3 给出了基本逻辑运算的常用公式。掌握这些公式，对逻辑函数的化简很有帮助。

表 1-4-3 基本逻辑运算的常用公式

公式名称	公　式
吸收律	$A+AB=A$，$A(A+B)=A$ $A+\overline{A}B=A+B$，$A\cdot(\overline{A}+B)=A\cdot B$
合并律	$AB+A\overline{B}=A$，$(A+B)(A+\overline{B})=A$
冗余律	$AB+\overline{A}C+BC=AB+\overline{A}C$

冗余律的证明如下：

$$\begin{aligned}AB+\overline{A}C+BC&=AB+\overline{A}C+BC(A+\overline{A})\\&=AB+\overline{A}C+ABC+\overline{A}BC\\&=(AB+ABC)+(\overline{A}C+\overline{A}BC)\\&=AB+\overline{A}C\end{aligned}$$

其他公式的证明较简单，可由读者自行解决。

1.4.2 逻辑函数的表达式

1. 常见逻辑函数表达式的形式

一个逻辑函数的表达式并不是唯一的。常见的逻辑表达式有 5 种形式，它们之间可以相互变换，这种变换在逻辑电路的分析和设计中经常用到。例如：

$$\begin{aligned}F&=\overline{A}B+AC &&\text{——与或(积之和)式}\\&=(A+B)(\overline{A}+C) &&\text{——或与(和之积)式}\\&=\overline{\overline{\overline{A}B}\cdot\overline{AC}} &&\text{——与非-与非式}\\&=\overline{\overline{A+B}+\overline{\overline{A}+C}} &&\text{——或非-或非式}\\&=\overline{\overline{A}\,\overline{B}+A\overline{C}} &&\text{——与或非式}\end{aligned}$$

2. 最简函数表达式

逻辑函数有多种形式，其中与或式最为常用，也很容易转换成其他形式的表达式。因此，应着重研究最简单的与或表达式。

一个与或表达式，根据逻辑相等和有关公式、定理进行变化，其结果并不是唯一的。以 $F=A\overline{B}+AC$ 为例，可表示为

$$
\begin{aligned}
F &= \overline{A}B + AC && \text{——原式} \\
&= \overline{A}B + BC + AC && \text{——配上冗余项} \\
&= \overline{A}B\overline{C} + \overline{A}BC + A\overline{B}C + ABC && \text{——原式配项变化}
\end{aligned}
$$

可以证明：以上 3 个式子逻辑上是相等的，即实现的是同一个逻辑问题。但哪一个式子最简单呢？显然，第一个式子最简单。由此可以得出最简与或表达式的标准如下。

(1) 逻辑函数式中的逻辑乘积项(与项)的个数最少。

(2) 每个乘积项中变量数最少。

化简逻辑函数的方法，最常用的有公式法和卡诺图法。

1.4.3 逻辑函数的公式化简法

逻辑函数的公式化简法，就是利用逻辑代数的基本公式和定理，将复杂的逻辑函数进行化简的方法。常用的化简方法有以下几种。

1. 并项法

利用公式 $A+\overline{A}=1$，将两项合并为一项，同时消去一个变量。例如：

(1) $\overline{A}\,\overline{B}C+\overline{A}\,\overline{B}\,\overline{C}=\overline{A}\,\overline{B}(C+\overline{C})=\overline{A}\,\overline{B}$

(2)
$$
\begin{aligned}
A\overline{B}\,\overline{C}+A\overline{B}C+AB\overline{C}+ABC &= A(BC+\overline{B}\,\overline{C})+A(\overline{B}C+B\overline{C}) \\
&= A(\overline{B\overline{C}+\overline{B}C})+A(\overline{B}C+B\overline{C})=A
\end{aligned}
$$

2. 吸收法

利用公式 $A+AB=A$ 吸收掉多余的项，例如：

(1) $\overline{A}+\overline{A}\,\overline{B}C=\overline{A}$

(2) $\overline{A}B+\overline{A}B\overline{C}(D+\overline{E})=\overline{A}B$

3. 消去法

利用公式 $A+\overline{A}B=A+B$，消去多余的因子，例如：

(1) $A+\overline{A}B+\overline{A}C=A+\overline{A}(B+C)=A+B+C$

(2) $AB+\overline{A}C+\overline{B}C=AB+(\overline{A}+\overline{B})C=AB+\overline{AB}C=AB+C$

4. 配项法

配项法是利用 $A+\overline{A}=1$，将某乘积项一项拆成两项，然后再与其他项合并，消去多余项。有时多出一项后，反而有利于化简逻辑函数。例如：

$$
\begin{aligned}
A\overline{B}+B\overline{C}+\overline{B}C+\overline{A}B &= A\overline{B}+B\overline{C}+\overline{B}C(A+\overline{A})+\overline{A}B(C+\overline{C}) \\
&= A\overline{B}+B\overline{C}+A\overline{B}C+\overline{A}\,\overline{B}C+\overline{A}BC+\overline{A}B\overline{C} \\
&= (A\overline{B}+A\overline{B}C)+(B\overline{C}+\overline{A}B\overline{C})+(\overline{A}\,\overline{B}C+\overline{A}BC) \\
&= A\overline{B}+B\overline{C}+\overline{A}C
\end{aligned}
$$

1.4.4 逻辑函数的卡诺图化简法

卡诺图化简逻辑函数的图解化简法克服了公式化简法对最终结果难以确定的缺点。卡诺图化简法具有确定的化简步骤，能方便地获得逻辑函数的最简与或式。在学习卡诺图之前，首先要研究逻辑函数的最小项问题，最小项是一个非常重要的概念。

1. 最小项

1）最小项的定义

在 n 个变量的逻辑函数中，如乘积项中包含了全部变量，且每个变量在该乘积项中或以原变量或反变量形式出现且仅出现一次，则该乘积项就定义为逻辑函数的最小项。n 个变量的最小项共有 2^n 个。

如三个变量 A、B、C 共有 $2^3=8$ 个最小项：$\overline{A}\,\overline{B}\,\overline{C}$、$\overline{A}\,\overline{B}C$、$\overline{A}B\overline{C}$、$\overline{A}BC$、$A\overline{B}\,\overline{C}$、$A\overline{B}C$、$AB\overline{C}$、$ABC$。

2）最小项的性质

为了分析最小项的性质，表 1-4-4 列出了三变量最小项的真值表。

表 1-4-4　三变量最小项的真值表

A B C	$\overline{A}\,\overline{B}\,\overline{C}$	$\overline{A}\,\overline{B}C$	$\overline{A}B\overline{C}$	$\overline{A}BC$	$A\overline{B}\,\overline{C}$	$A\overline{B}C$	$AB\overline{C}$	ABC
0 0 0	1	0	0	0	0	0	0	0
0 0 1	0	1	0	0	0	0	0	0
0 1 0	0	0	1	0	0	0	0	0
0 1 1	0	0	0	1	0	0	0	0
1 0 0	0	0	0	0	1	0	0	0
1 0 1	0	0	0	0	0	1	0	0
1 1 0	0	0	0	0	0	0	1	0
1 1 1	0	0	0	0	0	0	0	1

由表 1-4-4 可以看出，最小项有如下性质。

(1) 在输入变量任一取值下，有且仅有一个最小项的值为 1。

(2) 不同的最小项，使它的值为 1 的那一组变量取值也不同。

(3) 任意两个不同的最小项之积为 0 。

(4) 全体最小项之和为 1。

3）最小项的编号

为了方便记忆，通常用编号 m_i 表示最小项。下标 i 的确定：把最小项中的原变量取 1 的值，反变量取 0，则最小项取值为一组二进制数，其对应的十进制数就是这个最小项的下标 i 的值。如三变量 A、B、C 对应 8 个最小项的表示方法如表 1-4-5 所示。

表 1-4-5　三变量最小项的表示方法

A B C	最小项	最小项编号 m_i
0 0 0	$\overline{A}\,\overline{B}\,\overline{C}$	m_0
0 0 1	$\overline{A}\,\overline{B}C$	m_1
0 1 0	$\overline{A}B\overline{C}$	m_2
0 1 1	$\overline{A}BC$	m_3
1 0 0	$A\overline{B}\,\overline{C}$	m_4
1 0 1	$A\overline{B}C$	m_5
1 1 0	$AB\overline{C}$	m_6
1 1 1	ABC	m_7

2. 最小项表达式

如果一个逻辑表达式中的每一个与项都是最小项,则该逻辑函数式称为最小项表达式,又称为标准与或表达式。

1) 通过真值表求最小项表达式

如果已经列出了函数的真值表,则只要将函数值为 1 的那些最小项相加,便是函数的最小项表达式。

【例 1-4-5】 已知逻辑函数的真值表如表 1-4-6 所示,试写出其最小项表达式。

表 1-4-6 例 1-4-5 逻辑函数的真值表

A	*B*	*C*	*F*
0	0	0	0
0	0	1	1
0	1	0	0
0	1	1	0
1	0	0	1
1	0	1	1
1	1	0	0
1	1	1	0

解:由表可写出其最小项表达式为

$$F(A,B,C)=\overline{A}\,\overline{B}C+A\overline{B}\,\overline{C}+A\overline{B}C$$

上式即为 F 的最小项表达式。上式的最小项可分别表示为 m_1、m_4、m_5,所以又可以写为

$$F(A,B,C)=m_1+m_4+m_5=\sum m(1,4,5)=\sum(1,4,5)$$

2) 从一般与或表达式求最小项

对于不是最小项表达式的与或表达式,可利用公式 $A+\overline{A}=1$ 来配项,展开变换成最小项表达式。

【例 1-4-6】 将逻辑函数表达式 $F(A,B,C)=AB+\overline{B}C$ 转换为最小项表达式。

解:

$$\begin{aligned}F(A,B,C)&=AB+\overline{B}C\\&=AB(C+\overline{C})+(A+\overline{A})\overline{B}C\\&=ABC+AB\overline{C}+A\overline{B}C+\overline{A}\,\overline{B}C\\&=m_1+m_5+m_6+m_7\\&=\sum m(1,5,6,7)\end{aligned}$$

3. 逻辑函数的卡诺图表示法

1) 相邻最小项

如果两个最小项中只有一个变量互为反变量,其余变量均相同,则称这两个最小项为逻辑相邻,简称相邻项。例如,最小项 ABC 和 $A\overline{B}C$ 就是相邻最小项。

如果两个相邻最小项出现在同一个逻辑函数中，可以合并为一项，同时消去互为反变量的那个量。例如：

$$F(A,B,C)=ABC+A\overline{B}C=AC(B+\overline{B})=AC$$

2）最小项卡诺图表示

卡诺图是由美国工程师卡诺（Karnaugh）提出的一种用来描述逻辑函数的图形表示法。这种方法是将以 2^n 个小方块分别代表 n 变量的所有最小项，并将它们排列成矩阵，而且使几何位置相邻（在几何位置上，上、下或左、右相邻，以及对称相邻）的两个最小项在逻辑上也是相邻的，所得到的图形称为 n 变量的最小项卡诺图，简称卡诺图。图 1-4-1～图 1-4-3 分别画出了二、三、四个变量的卡诺图。

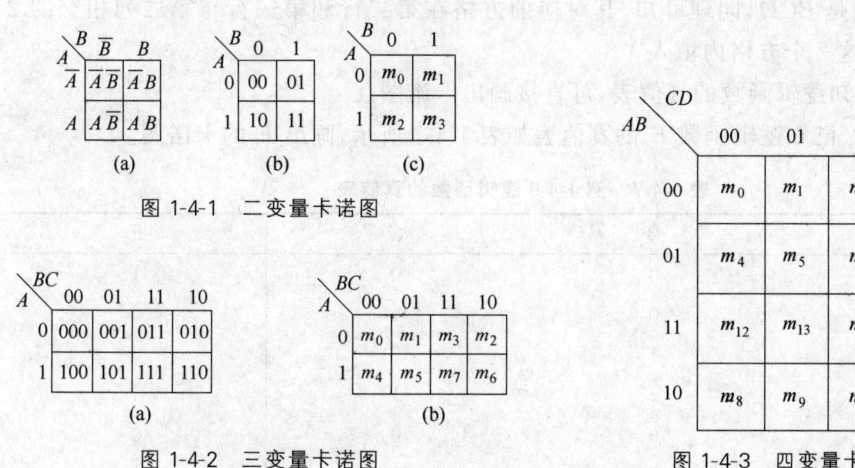

图 1-4-1 二变量卡诺图

图 1-4-2 三变量卡诺图

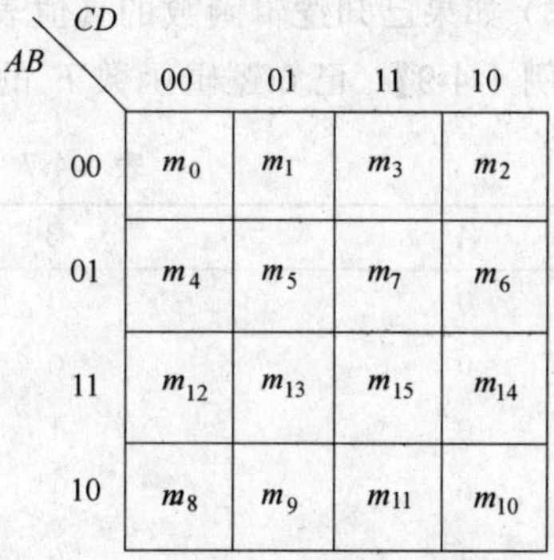

图 1-4-3 四变量卡诺图

3）用卡诺图表示逻辑函数

由于任何一个逻辑函数都可变换为最小项表达式，因此可以用卡诺图表示逻辑函数。

用卡诺图表示逻辑函数的步骤是：先根据逻辑函数中的变量数 n，画出 n 变量最小项卡诺图；然后在卡诺图中有最小项的方格内填入 1，没有最小项的地方填 0 或不填。

（1）如果表达式为最小项表达式，则可直接填入卡诺图。

【例 1-4-7】 用卡诺图表示逻辑函数：

$$F=\overline{A}\,\overline{B}\,\overline{C}+\overline{A}BC+AB\overline{C}+ABC$$

解：写成简化形式为

$$F=m_0+m_3+m_6+m_7$$

然后填入卡诺图，如图 1-4-4 所示。

（2）如表达式不是最小项表达式，但是“与或表达式”，可将其先化成最小项表达式，再填入卡诺图；也可直接填入。

【例 1-4-8】 用卡诺图表示逻辑函数：

$$G=A\overline{B}+BC\overline{D}$$

解：直接填入，如图 1-4-5 所示。

第一个与项是 $A\overline{B}$，缺变量 C 和 D，共有 4 个最小项。$A\overline{B}$ 可用 $A=1$、$B=0$ 表示。$A=1$、$B=0$ 对应的方格在第四行 4 个方格内，故这 4 个方格填入 1。

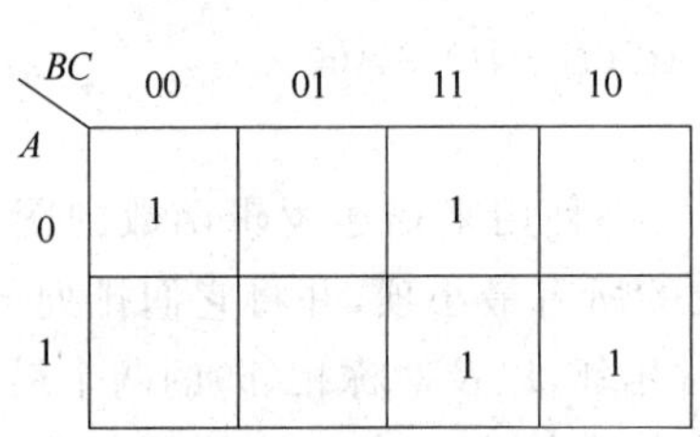

图 1-4-4 例 1-4-7 逻辑函数的卡诺图

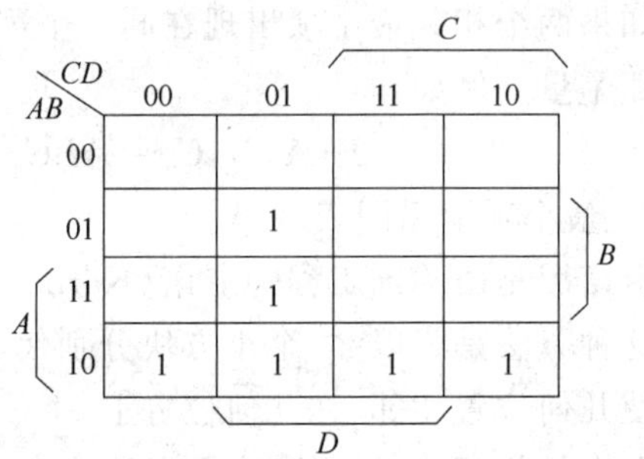

图 1-4-5 例 1-4-8 逻辑函数的卡诺图

第二个与项是 $B\overline{C}D$,同理可知,其对应的方格在第二行和第三行与第二列相交的 2 个方格内,故在这 2 个方格内填入 1。

(3) 如果已知逻辑函数的真值表,可直接画出卡诺图。

【例 1-4-9】 已知逻辑函数 F 的真值表如表 1-4-7 所示,画出 F 的卡诺图。

表 1-4-7 例 1-4-9 逻辑函数的真值表

A	B	C	F
0	0	0	1
0	0	1	0
0	1	0	0
0	1	1	1
1	0	0	0
1	0	1	1
1	1	0	1
1	1	1	1

解:如图 1-4-6 所示,将真值表 $F=1$ 对应的最小项 m_0、m_3、m_5、m_6、m_7 在卡诺图中相应的方格中填入 1,其余方格不填。

4. 用卡诺图化简逻辑函数

用卡诺图化简逻辑函数,其原理是利用卡诺图的相邻性,对相邻最小项进行合并,消去互反变量,以达到简化的目的。

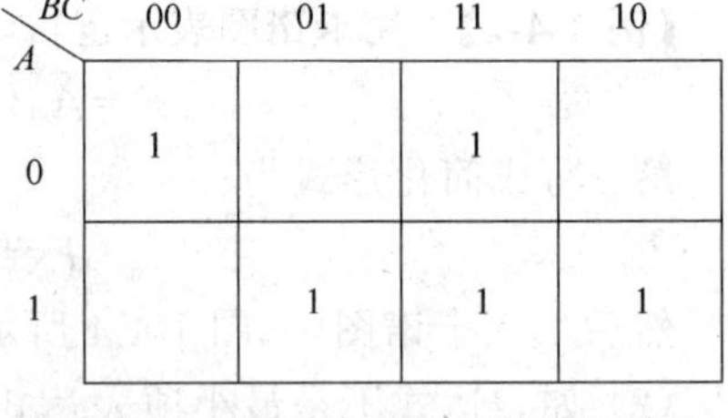

图 1-4-6 例 1-4-9 逻辑函数的卡诺图

1) 化简规律

(1) 2 个相邻最小项合并为一项,可以消去 1 个变量,合并结果为它们的共有变量。

图 1-4-7 中画出了 2 个相邻最小项合并的例子。在图 1-4-7(a)中,$\overline{A}\,\overline{B}\,\overline{C}$ 和 $\overline{A}\,\overline{B}C$ 相邻,可合并为 $\overline{A}\,\overline{B}\,\overline{C}+\overline{A}\,\overline{B}C=\overline{A}\,\overline{B}(\overline{C}+C)=\overline{A}\,\overline{B}$。合并后 $\overline{C}$ 和 C 这个互反变量消去,只剩下公共变量 $\overline{A}$ 和 $\overline{B}$。图 1-4-7 中的其他例子由读者自行分析。图 1-4-7(b)和(c)的合并结果分别为 $\overline{A}\,\overline{C}$、$BC$。

(2) 4 个相邻最小项合并为一项,可以消去 2 个变量,合并结果为它们的共有变量。

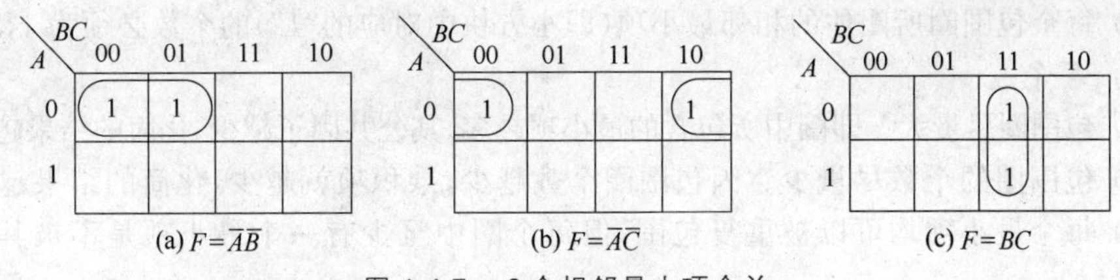

图 1-4-7 2个相邻最小项合并

4 个相邻最小项合并的例子如图 1-4-8 所示。

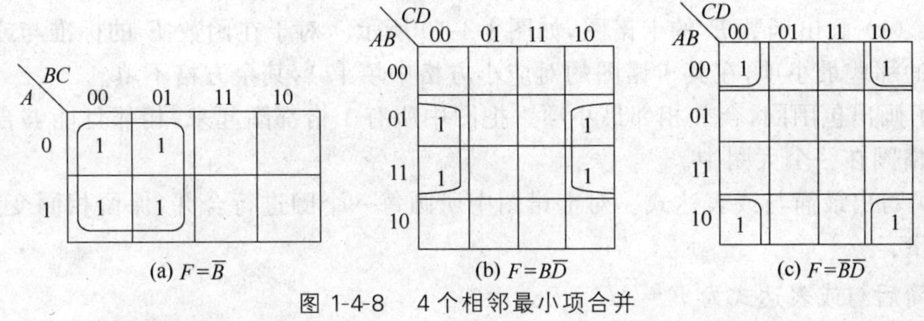

图 1-4-8 4个相邻最小项合并

(3) 8个相邻最小项合并为一项，可以消去 3 个变量，合并结果为它们的共有变量。8 个相邻最小项合并的例子如图 1-4-9 所示。

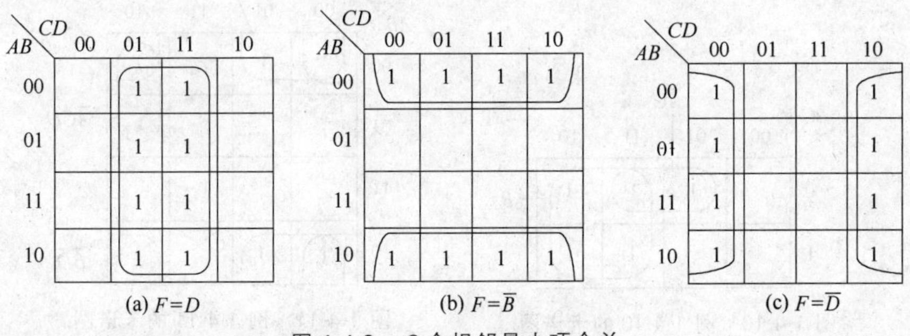

图 1-4-9 8个相邻最小项合并

至此可以归纳总结出卡诺图合并相邻最小项的一般规律如下。

(1) 用卡诺图合并相邻最小项的个数必须为 2^n ($n=0,1,2,3,\cdots$)个。2^n 个相邻最小项合并为一项，可以消去 n 个变量。为清楚起见，通常用画包围圈的方法将合并的最小项圈起来。

(2) 包围圈内相邻最小项合并的结果可直接从卡诺图中求得，即为各相邻最小项的共有变量。

2) 用卡诺图化简逻辑函数的步骤

(1) 画出逻辑函数的卡诺图。

(2) 找出可以合并(即几何相邻或对称相邻)的最小项，并用包围圈将其圈住。

(3) 合并最小项，保留相同变量，消去相异变量。

(4) 将合并后的各乘积项相或，即可得到最简与或表达式。

用卡诺图化简逻辑函数画包围圈合并最小项时，为保证化简结果的正确性，应注意以下规则。

(1) 每个包围圈所圈住的相邻最小项(即小方块中对应的“1”)的个数必须为 1,2,4,8…个,即为 2^n 个。

(2) 包围圈尽量大。即圈中所包含的最小项越多,其公共因子越少,化简的结果越简单。

(3) 包围圈的个数尽量少。因包围圈个数越少,乘积项就越少,化简的结果越简单。

(4) 每个最小项均可以被重复包围,但每个圈中至少有一个最小项是不被其他包围圈所圈过的。

(5) 不能漏圈任何一个最小项。

【例 1-4-10】 用卡诺图化简法求逻辑函数 $F(A,B,C)=\sum(1,2,3,6,7)$。

解:(1) 画出函数 F 的卡诺图,如图 1-4-10 所示。对于在函数 F 的标准与或表达式中出现的那些最小项,在其卡诺图的对应小方格中填上 1,其余方格不填。

(2) 画出包围圈,合并相邻最小项。把图中所有 1 格都圈起来,相邻且能够合并在一起的 1 格圈在一个大圈中。

(3) 写出最简与或表达式。对卡诺图中所画每一个圈进行合并,保留相同变量,消去相异变量。

化简后与或表达式为 $F=\overline{A}C+B$。

【例 1-4-11】 用卡诺图化简函数 $F(A,B,C,D)=\overline{A}\,\overline{B}\,\overline{C}+\overline{A}C\overline{D}+A\overline{B}C\overline{D}+A\overline{B}\,\overline{C}$。

解:(1) 由逻辑函数,直接画出 F 的卡诺图,如图 1-4-11 所示。

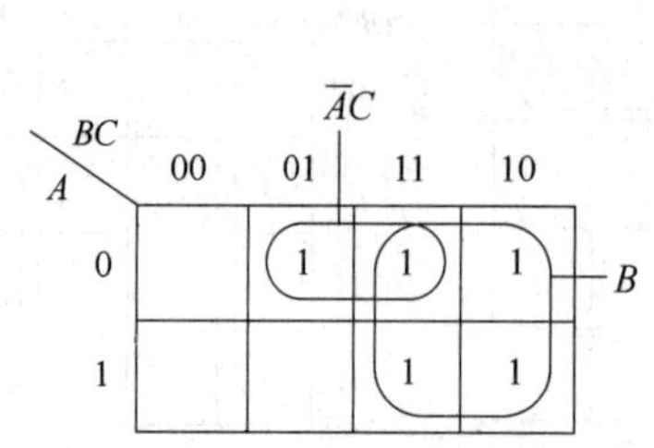

图 1-4-10 例 1-4-10 的卡诺图

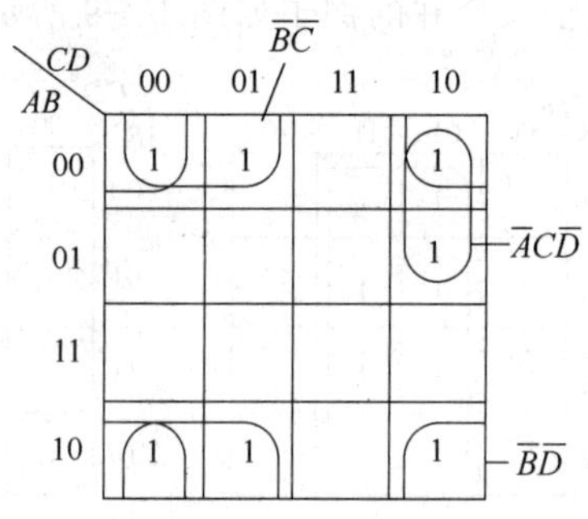

图 1-4-11 例 1-4-11 的卡诺图

(2) 画出包围圈,合并相邻最小项。

(3) 写出最简与或表达式。

$$F=\overline{B}\,\overline{C}+\overline{B}\,\overline{D}+\overline{A}C\overline{D}$$

【例 1-4-12】 用卡诺图化简函数 $F(A,B,C)=A\overline{B}+B\overline{C}+\overline{B}C+\overline{A}B$。

解:(1) 由逻辑函数,直接画出 F 的卡诺图如图 1-4-12 所示。

(2) 画出包围圈,合并相邻最小项。

由图 1-4-12 所示,有两种可能的合并最小项的方案。

(3) 写出最简与或表达式。

由图 1-4-12(a)所示的方案合并最小项,得

$$F=A\overline{B}+B\overline{C}+\overline{A}C$$

由图 1-4-12(b)所示的方案合并最小项,得

$$F=\overline{B}C+\overline{A}B+A\overline{C}$$

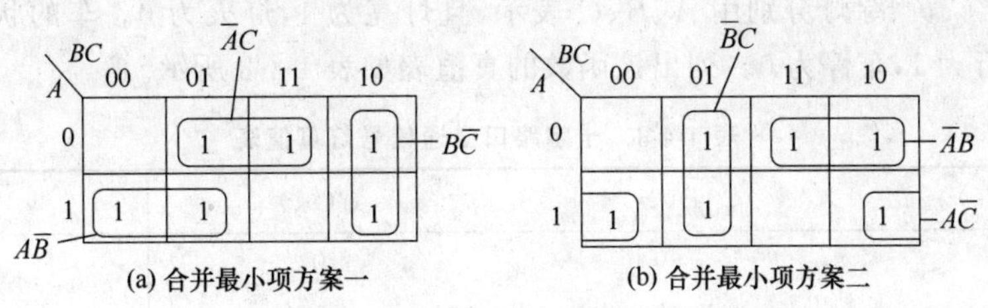

图 1-4-12 例 1-4-12 的卡诺图

两个化简结果都符合最简与或表达式的标准。此例说明，用卡诺图化简所得到的与或表达式不是唯一的。

图 1-4-13 给出了一些卡诺图化简的例子，请读者自行分析。

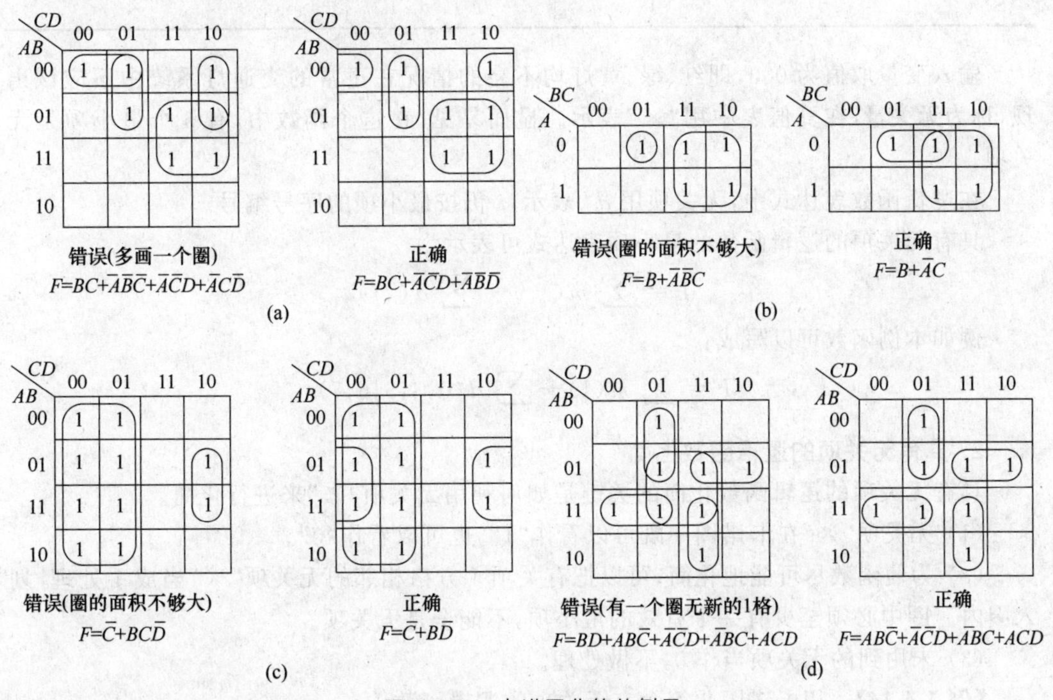

图 1-4-13 卡诺图化简的例子

1.4.5 具有无关项的逻辑函数化简

1. 约束项变量

在有些逻辑函数中，输入变量的某些取值组合不会出现，或者一旦出现，逻辑值可以是任意的(可以是 0，也可以是 1)。这样的取值组合所对应的最小项称为无关项、任意项或约束项。

【例 1-4-13】 在十字路口有红、黄、绿三种颜色的交通信号灯，规定红灯停，绿灯行，黄灯等一等，试分析车的状态与三色信号灯的状态之间的逻辑关系。

解：设红、黄、绿灯分别用 A、B、C 表示，且灯亮为1，灯灭为0。车的状态用变量 F 表示，且车行为1，车停为0。列出该函数的真值表如表1-4-8所示。

表 1-4-8 十字路口交通信号灯真值表

A(红)	B(黄)	C(绿)	F
0	0	0	×
0	0	1	1
0	1	0	0
0	1	1	×
1	0	0	0
1	0	1	×
1	1	0	×
1	1	1	×

输入变量取值为000，即红、绿、黄灯均不亮的情况在正常的交通灯系统中不应该出现，称为无关量，在真值表中用"×"表示。显而易见，在这个函数中，有5个最小项是无关项。

在逻辑函数表达式中，无关项用 d_i 表示，i 仍按最小项的序号编号。

具有无关项的逻辑函数的最小项表达式可表示为

$$F=\sum m(\quad)+\sum d(\quad)$$

例如本例函数可以写成：

$$F=\sum m(1)+\sum d(0,3,5,6,7)$$

2. 具有无关项的逻辑函数化简

具有无关项的逻辑函数化简的关键是如何利用无关项"×"来进行化简。

(1) 无关项"×"在卡诺图中既可以看作"1"，也可以看作"0"。

(2) 为使函数尽可能地化简，可以把有关项1方格相邻的无关项"×"当成1处理，划入圈内。圈中必须至少有一个有效的最小项，不能全是无关项。

(3) 未用到的无关项当作0，不做处理。

【例 1-4-14】 用卡诺图化简含有无关项的逻辑函数：

$$F=\sum m(3,6,8,9,11,12)+\sum d(0,1,2,13,14,15)$$

解：利用卡诺图化简的结果如图1-4-14所示。

未利用无关项化简时的卡诺图如图1-4-14(a)所示，由图可得

$$F=\overline{B}CD+\overline{A}BC\overline{D}+A\overline{C}\,\overline{D}+A\overline{B}D$$

利用无关项化简时的卡诺图如图1-4-14(b)所示，由图可得

$$F=A\overline{C}+\overline{B}D+BC\overline{D}$$

由本例可以看出，利用无关项化简时所得到的逻辑函数式比未利用无关项时要简单得多。因此，在化简逻辑函数时应充分利用无关项。

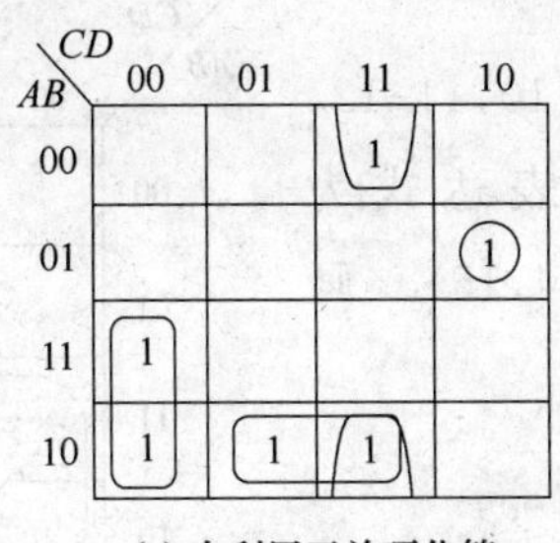

(a) 未利用无关项化简

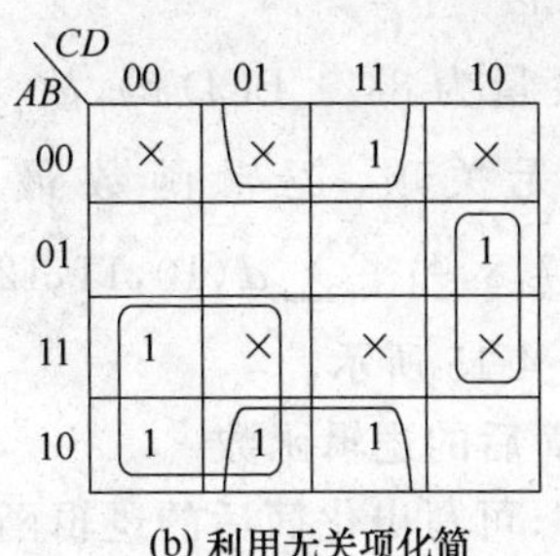

(b) 利用无关项化简

图 1-4-14　例 1-4-14 的卡诺图化简

任务实施

1. 任务要求

设计一个能实现四舍五入功能的逻辑函数，输入变量为 8421 BCD 码，当 $X \geqslant 5$ 时，输出变量 $Y=1$，否则 $Y=0$。

2. 任务实现过程

1）画真值表

设输入变量为 A、B、C、D，画出真值表如表 1-4-9 所示。

表 1-4-9　四舍五入功能真值表

序号	输入				输出
	A	B	C	D	Y
0	0	0	0	0	0
1	0	0	0	1	0
2	0	0	1	0	0
3	0	0	1	1	0
4	0	1	0	0	0
5	0	1	0	1	1
6	0	1	1	0	1
7	0	1	1	1	1
8	1	0	0	0	1
9	1	0	0	1	1
10	1	0	1	0	×
11	1	0	1	1	×
12	1	1	0	0	×
13	1	1	0	1	×
14	1	1	1	0	×
15	1	1	1	1	×

2）画卡诺图

因为输入变量为 8421 BCD 码,故 $\sum d(10,11,12,13,14,15)$ 为无关项,逻辑函数最小项表达式为 $Y=\sum m(5,6,7,8,9)+\sum d(10,11,12,13,14,15)$。画出卡诺图如图 1-4-15 所示。

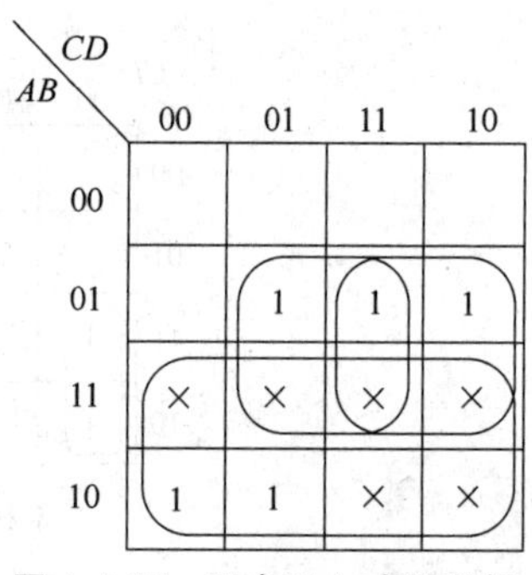

图 1-4-15 四舍五入功能逻辑函数卡诺图

3）写出化简后的逻辑函数

由图 1-4-15,可写出化简后的逻辑函数为

$$Y=A+BC+BD$$

任务拓展

设计一个逻辑函数,能实现以下功能：设 X、Y 均为 4 位二进制数,X 为变量,Y 为函数,且 X 不大于 9。要求当 $0\leqslant X\leqslant 4$ 时,$Y=X+1$；当 $5\leqslant X\leqslant 9$ 时,$Y=X-1$。

习题

项目 1 习题.pdf（扫描可下载本项目习题）

Project 2

项目 2

集成门电路

知识点

◇ TTL 门电路；
◇ CMOS 门电路。

技能点

◇ TTL 门电路的测试及使用；
◇ CMOS 门电路的测试及使用。

任务 2.1　TTL 门电路的测试

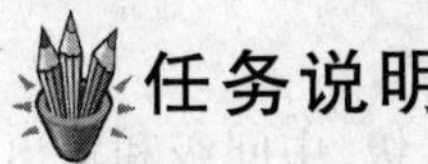

任务说明

本任务主要学习 TTL 门电路的原理，掌握 TTL 门电路的使用方法。

相关知识

门电路有很多不同的电路实现方法，有分立元件门电路和集成元件门电路，实用中都以集成门电路的形式出现。集成门电路主要有 TTL 门电路和 CMOS 门电路两大类，其输入和输出信号只有高电平和低电平两种状态。用 1 表示高电平、用 0 表示低电平的情况称为正逻辑；反之，用 0 表示高电平、用 1 表示低电平的情况称为负逻辑。在本书中，一律采用正逻辑。

在数字电路中，只要能明确区分高电平和低电平两个状态就可以了，所以，高电平和低电平都有一定的变化范围。因此，数字电路对元件参数精度的要求比模拟电路低一些。当集成电路的电源电压为+5V 时，对于 TTL 数字集成电路的电压范围与逻辑关系如表 2-1-1 所示。由表可以看出，当信号电平在 2.7～5V 变化时，视为高电平，用 1(H)表示；当信号电平在 0～0.8V 变化时，视为低电平，用 0(L)表示。对于 CMOS 数字集成电路的电压范围与逻辑关系如表 2-1-2 所示。在实际应用时，当集成电路的电

表 2-1-1　TTL 数字集成电路的电压范围与逻辑关系

电压范围/V	逻　辑　值	逻 辑 电 平
2.7～5	1	H(高电平)
0～0.8	0	L(低电平)

表 2-1-2　CMOS 数字集成电路的电压范围与逻辑关系

电压范围/V	逻　辑　值	逻 辑 电 平
3.5～5	1	H(高电平)
0～1.5	0	L(低电平)

源电压为+5V 时,TTL 数字集成电路的典型逻辑电平的高电平为 3.6V,低电平为 0V;CMOS 数字集成电路的典型逻辑电平的高电平为 5V,低电平为 0V。

2.1.1　TTL 集成门电路

TTL 电路是目前双极型数字集成电路中用得最多的一种,由于这种数字集成电路的输入级和输出级的结构形式都采用了半导体三极管,所以一般称为晶体管-晶体管逻辑电路,简称 TTL 电路(Transistor-Transistor Logic)。由于 TTL 集成电路的生产工艺成熟、产品参数稳定、工作性能可靠、开关速度快,从而得到广泛应用。下面介绍 TTL 与非门。

1. TTL 与非门的工作原理

TTL 与非门电路内部结构如图 2-1-1 所示,它由三部分组成:输入级、中间级和输出级。输入级 T_1 管为多射极晶体管,可等效为一个与门,从而实现逻辑与功能;中间级 T_2 管相当于一个反相器,实现非逻辑功能,至此已经完成了与非逻辑运算;最后的输出级为推挽式放大电路,主要目的是增强门电路驱动负载的能力。

设输入电平高电平 $U_{IH}=3.6V$,低电平 $U_{IL}=0.3V$,它的工作原理如下。

(1) 当 T_1 的发射极 A、B、C 有一个或全部输入低电平(0.3V)时,T_1 导通,T_1 基极电位为 0.3+0.7=1V,不足以向 T_2、T_3 提供基极电流,所以 T_2、T_3 截止,电源 V_{CC} 经 R_{c2} 向 T_4 提供基极电流,使 T_4 饱和导通,输出端 L 为高电平,其值为

$$U_L \approx V_{CC}-U_{be4}-U_D=5-0.7-0.7=3.6(V)$$

(2) 当 T_1 的发射极 A、B、C 全部输入高电平(3.6V)时,电源 V_{CC} 经 R_{b1} 和 T_1 集电结向 T_2 提供较大的基极电流,使 T_2、T_3 导通,输出端 L 为低电平,其值为

$$U_L=U_{ces3}=0.3V$$

把上面分析结果归纳起来列入表 2-1-3 和表 2-1-4 中,很容易看出它实现了与非逻辑运算:$L=\overline{A\cdot B\cdot C}$。

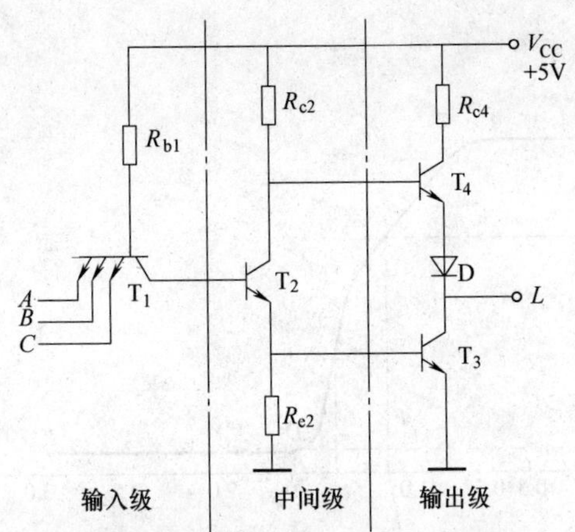

图 2-1-1 TTL 与非门电路内部结构

表 2-1-3 与非门输入/输出电压关系

输入			输出
U_A/V	U_B/V	U_C/V	U_L/V
0.3	0.3	0.3	3.6
0.3	0.3	3.6	3.6
0.3	3.6	0.3	3.6
0.3	3.6	3.6	3.6
3.6	0.3	0.3	3.6
3.6	0.3	3.6	3.6
3.6	3.6	0.3	3.6
3.6	3.6	3.6	0.3

表 2-1-4 与非逻辑真值表

输入			输出
A	B	C	L
0	0	0	1
0	0	1	1
0	1	0	1
0	1	1	1
1	0	0	1
1	0	1	1
1	1	0	1
1	1	1	0

2. TTL 门电路的电压传输特性及参数

为了保证数字电路很好地工作，必须充分了解它们的特性及参数。在此虽然仅以与非门为例进行讨论，但多数参数指标具有一定的普遍性。

1）电压传输特性

电压传输特性是门电路输出电压 U_O 随输入电压 U_I 变化的特性曲线，如图 2-1-2 所示。该曲线可以分为四个部分。

(1) 截止区(*AB* 段)。

当输入电压 $U_I<0.6$V 时，U_O 电平为高电平 3.6V，此时，与非门处于截止(关门)状态。

(2) 线性区(*BC* 段)。

当输入电压 $0.6\text{V}\leqslant U_I<1.3$V 时，输出电压 U_O 随输入电压 U_I 的增加而线性下降，故称 *BC* 段为线性区。

(3) 转折区(*CD* 段)。

当输入电压 $1.3\text{V}<U_I<1.4$V 时，输出电压 U_O 随输入电压 U_I 的增加而迅速下降，

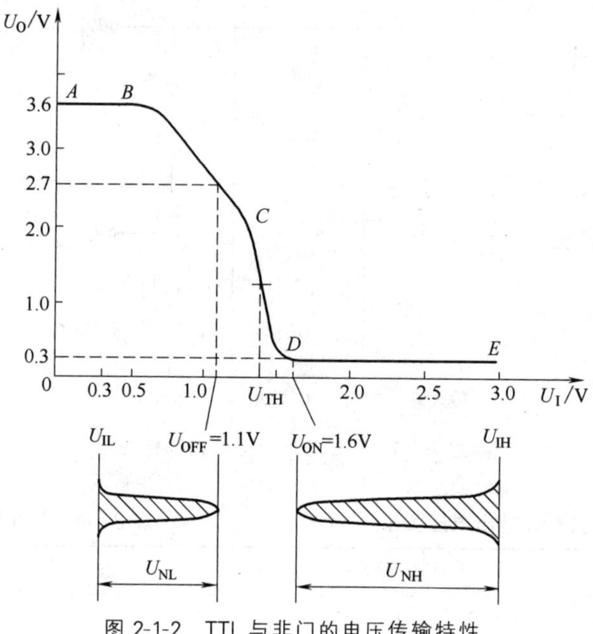

图 2-1-2 TTL 与非门的电压传输特性

并很快达到低电平 U_{OL},即 $U_O=0.3V$,所以 CD 段称为转折区。

(4) 饱和区(DE 段)。

当输入电压 $U_I>1.4V$ 时,输出电压 U_O 为低电平 0.3V,此时与非门处于导通(开门)状态。

2) TTL 门电路参数

(1) 阈值电压 U_{TH}。

工作在电压传输特性转折区中点对应的输入电压称为阈值电压 U_{TH},又称门槛电平。由图 2-1-2 可知,TTL 与非门的典型值 $U_{TH}\approx1.4V$。

(2) 关门电平 U_{OFF}。

在保证输出为标准高电平时,允许输入低电平的最大值称为关门电平,用 U_{OFF} 表示。由图 2-1-2 可知,$U_{OFF}\approx1.1V$。

(3) 开门电平 U_{ON}。

在保证输出为标准低电平时,允许输入高电平的最小值称为开门电平,用 U_{ON} 表示。由图 2-1-2 可知,$U_{ON}\approx1.6V$。

(4) 输入噪声容限 U_N。

噪声容限又称为抗干扰能力,它表示门电路在输入信号电压下允许叠加的最大的噪声电压,可分为低电平噪声容限 U_{NL} 和高电平噪声容限 U_{NH}。由图 2-1-2 可得

$$U_{NL}=U_{OFF}-U_{IL}=(1.1-0.3)V=0.8V$$

$$U_{NH}=U_{IH}-U_{ON}=(3.6-1.6)V=2.0V$$

U_{NL} 越大,说明电路输入低电平时,抗正向干扰的能力越强;U_{NH} 越大,说明电路输入高电平时,抗负向干扰的能力越强。

(5) 输入低电平电流和输入高电平电流。

① 输入低电平电流 I_{IL}。当与非门一个输入端接低电平(或接地)而其他输入端都悬空时,则流出低电平输入端的电流称为输入低电平电流 I_{IL},也称为输入短路电流。

② 输入高电平电流 I_{IH}。当与非门一个输入端接高电平而其他输入端都悬空时,则流入高电平输入端的电流称为输入高电平电流 I_{IH},也称为输入漏电流。

(6) 负载能力与扇区系数。

TTL 与非门输出端外接负载一般为同类门电路。这种负载一般有两种形式:一类是灌电流负载,此时,外接负载的电流流进与非门的输出端;另一类是拉电流负载,此时,与非门输出端的电流流向外接负载。

扇区系数 N_O 是指一个与非门能带同类门的最大数目,它表示与非门的带负载能力。

① 灌电流负载。如图 2-1-3 所示,当驱动门输出低电平时,电流从负载门灌入驱动门。负载门的个数增加,灌电流增大,会使 T_3 脱离饱和,输出低电平升高。因此,把允许灌入输出端的电流定义为输出低电平电流 I_{OL}。由此可得出

$$N_{OL}=\frac{I_{OL}}{I_{IL}}$$

N_{OL} 称为输出低电平时的扇区系数。

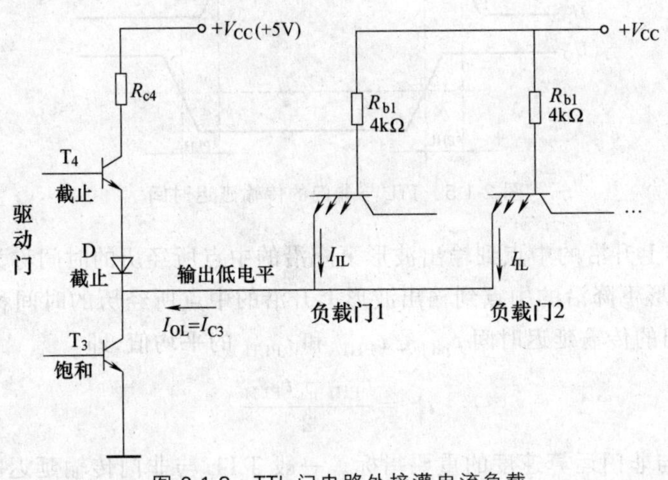

图 2-1-3 TTL 门电路外接灌电流负载

② 拉电流负载。如图 2-1-4 所示,当驱动门输出高电平时,电流从驱动门拉出,流至负载门的输入端。拉电流增大时,R_{c4} 上的压降增大,会使输出高电平降低。因此,把允许拉出输出端的电流定义为输出高电平电流 I_{OH}。由此可得出

$$N_{OH}=\frac{I_{OH}}{I_{IH}}$$

N_{OH} 称为输出高电平时的扇区系数。

一般 $N_{OL}\neq N_{OH}$,常取两者中较小值作为门电路的扇区系数,用 N_O 表示。

(7) 传输延迟时间 t_{pd}。

在 TTL 与非门中,由于二极管、三极管由导通变为截止或由截止变为导通时都需要

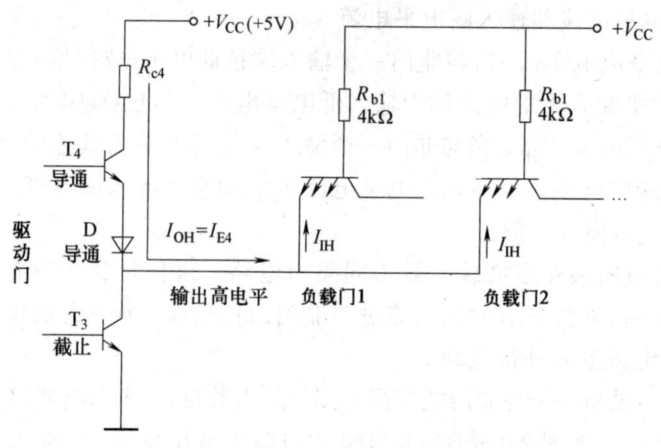

图 2-1-4 TTL 门电路外接拉电流负载

一定的时间,输出电压的波形总要比输入电压的波形滞后一些,滞后的时间称为传输延迟时间。图 2-1-5 所示为 TTL 与非门的传输延迟时间。

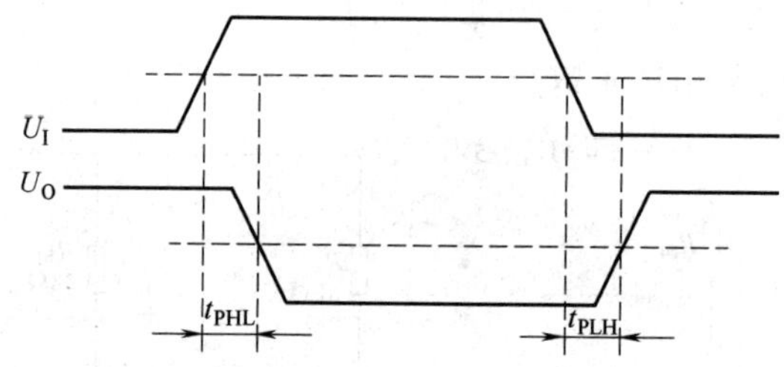

图 2-1-5 TTL 与非门的传输延迟时间

从输入波形上升沿的中点到输出波形下降沿的中点所经历的时间称为导通延时时间 t_{PHL};从输入波形下降沿的中点到输出波形上升沿的中点所经历的时间称为截止延迟时间 t_{PLH}。与非门的传输延迟时间 t_{pd} 是 t_{PHL} 和 t_{PLH} 的平均值,即

$$t_{pd}=\frac{t_{PHL}+t_{PLH}}{2}$$

t_{pd} 是衡量与非门运算速度的重要指标。一般 TTL 与非门传输延迟时间 t_{pd} 的值为几纳秒至十几纳秒。

2.1.2 其他功能的 TTL 门电路

1. 集电极开路与非门(OC 门)

集电极开路与非门也叫 OC 门,电路图如图 2-1-6(a)所示,图 2-1-6(b)为其逻辑符号。它与普通 TTL 与非门的主要区别是 T_3 的集电极开路,并作为电路的输出端。工作时,需要在输出端 L 与 V_{CC} 之间外接一个负载电阻 R_L,也称上拉电阻。只要 R_L 的阻值选择合适,电路不仅能实现与非功能,而且输出端能实现“线与”功能,不致产生过大电流而损坏器件。

OC 门主要有以下几方面的应用。

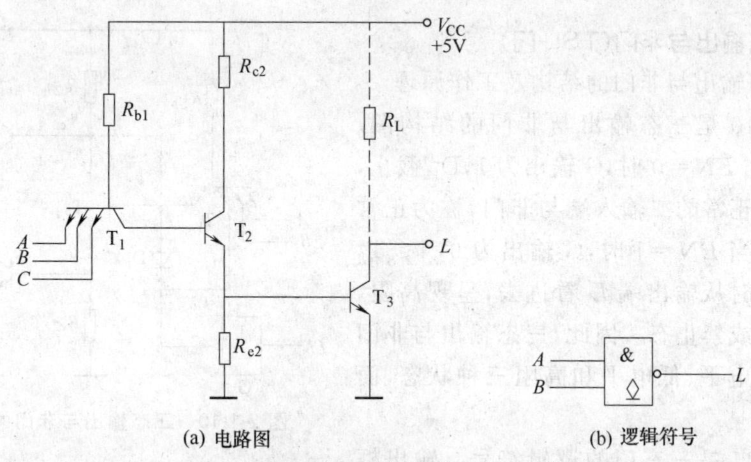

图 2-1-6 集电极开路与非门及其逻辑符号

1）实现“线与”

图 2-1-7 所示为两个 OC 门输出端相连后经电阻 R_L 接电源 V_{CC} 的电路。由图可得 $L_1=\overline{AB}$，$L_2=\overline{CD}$，输出 $L=L_1\cdot L_2$。因此，只有 L_1 和 L_2 都为高电平 1 时，输出 L 才为高电平 1，否则，输出 L 为低电平 0。这种连接方法称为“线与”。由图 2-1-7 输出 L 的逻辑表达式为

$$L=L_1\cdot L_2=\overline{AB}\cdot\overline{CD}=\overline{AB+CD}$$

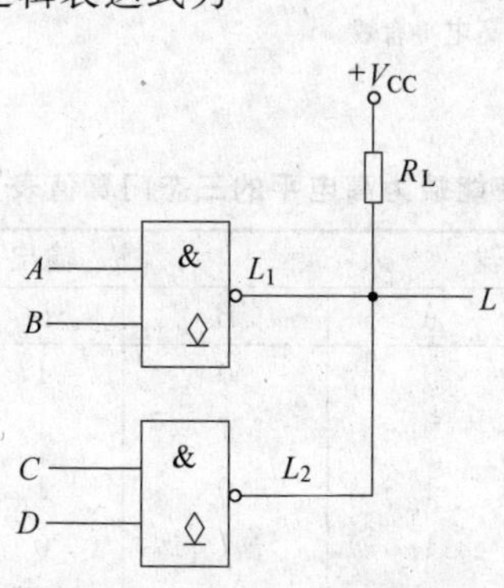

图 2-1-7 OC 门实现“线与”

由上式可看出，利用 OC 门可以实现“线与”，也可以进一步实现“与或非”功能。

2）实现电平转换

图 2-1-8 所示为由 OC 门组成的电平转换电路。由于外接负载 R_L 接 10V，因此，OC 门输出的高电平转换为 10V，以适应下一级电路对高电平的要求，输出的低电平仍为 0.3V。

3）用做驱动器

一般 TTL 与非门是不能直接驱动大电流元件的，可以用 OC 门驱动发光二极管、指示灯、继电器等要求较高电流的负载。图 2-1-9 是用 OC 门驱动发光二极管的电路。当 OC 门输出低电平时，发光二极管导通发光；当 OC 门输出高电平时，发光二极管截止熄灭。

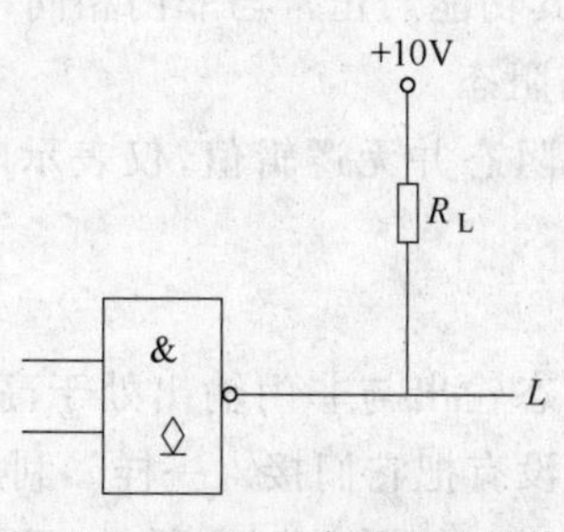

图 2-1-8 OC 门实现电平转换

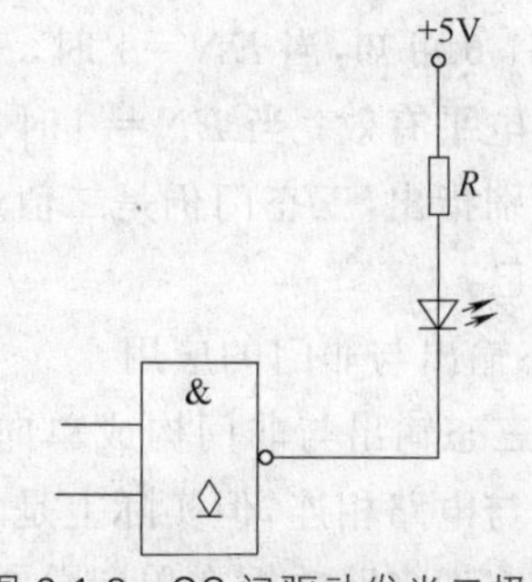

图 2-1-9 OC 门驱动发光二极管

2. 三态输出与非门(TSL 门)

1) 三态输出与非门的结构及工作原理

图 2-1-10 是三态输出与非门的结构图。由图可知,当 $EN=0$ 时,G 输出为 1,D_1 截止,相当于一个正常的二输入端与非门,称为正常工作状态。当 $EN=1$ 时,G 输出为 0,T_4、T_3 都截止。这时从输出端 L 看进去,呈现高阻,称为高阻态或禁止态。因此,三态输出与非门的输出有高电平、低电平和高阻三种状态,简称三态门。

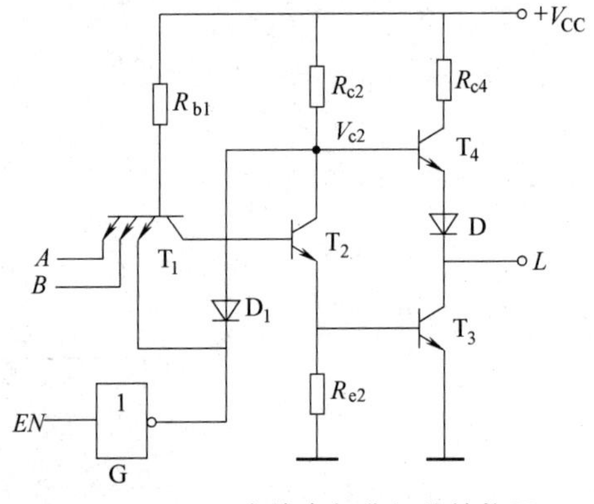

图 2-1-10 三态输出与非门的结构图

图 2-1-11 是三态门的逻辑符号。输出框中的▽为三态门的限定符号,输出框内的 EN 为使能输入限定符号。表 2-1-5 为使能端为低电平时的真值表,表 2-1-6 为使能端为高电平的真值表。

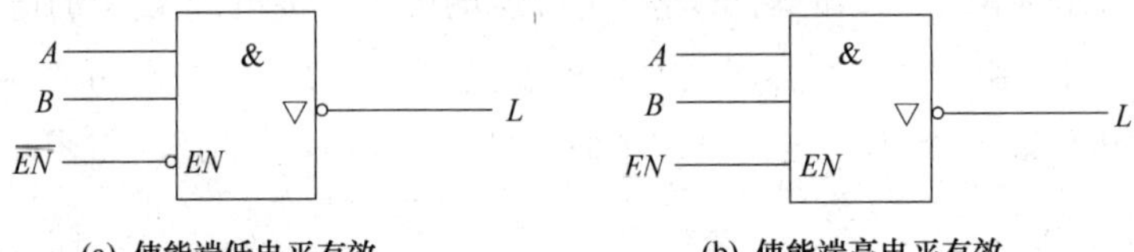

(a) 使能端低电平有效 (b) 使能端高电平有效

图 2-1-11 三态门逻辑符号

表 2-1-5 使能端为低电平的三态门真值表

输入			输出
$\overline{EN}$	A	B	L
0	0	0	1
0	0	1	1
0	1	0	1
0	1	1	0
1	×	×	高阻

表 2-1-6 使能端为高电平的三态门真值表

输入			输出
EN	A	B	L
1	0	0	1
1	0	1	1
1	1	0	1
1	1	1	0
0	×	×	高阻

由表 2-1-5 可知,当 $\overline{EN}=0$ 时,三态门工作,其功能与正常与非门相同,$L=\overline{AB}$,这时称三态门低电平有效;当 $\overline{EN}=1$ 时,输出 L 为高阻态,呈现悬空状态,与后面的电路断开。

由表 2-1-6 可知,当 $EN=1$ 时,三态门工作,其功能与正常与非门相同,$L=\overline{AB}$,这时称三态门高电平有效;当 $EN=0$ 时,输出 L 为高阻态。

需要特别指出,三态门仍是二值逻辑电路,高阻态并无逻辑值,仅表示电路与其他电路无关联而已。

2) 三态输出与非门的应用

(1) 用三态输出与非门构成单向总线。当三态输出与非门输出处于高阻态时,该电路表面上仍与电路相连,但实际上是悬空的,如同没有把它们接入一样。利用三态门的这种性质可以实现多路数据在单向总线上的分时传送。如图 2-1-12 所示,只要控制各三态

门的 EN 端轮流为 1，并且在任意时刻有且只有一个 EN 端为 1，就可以把各个门的输出信号轮流分时地传送到总线上，从而避免总线上的数据混乱。

(2) 用三态输出与非门构成双向总线。利用三态输出与非门还可以实现数据的双向传输，如图 2-1-13 所示。当 $EN=1$ 时，G_1 工作，G_2 输出为高阻状态，数据 D_0 经 G_1 反相后送到总线上；当 $EN=0$ 时，G_2 工作，G_1 输出为高阻状态，数据 D_1 经 G_2 反相后输出 $\overline{D_1}$，从而实现了数据的双向传输。

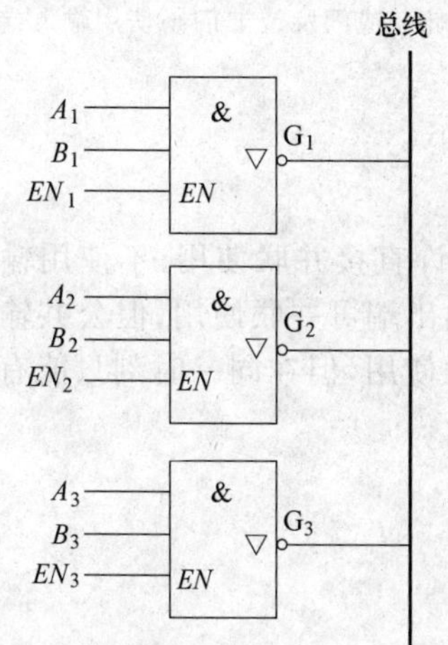

图 2-1-12 三态输出与非门构成单向总线

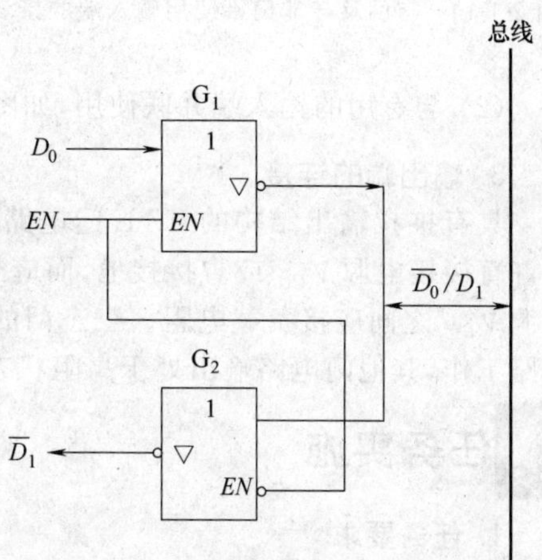

图 2-1-13 三态输出与非门构成双向总线

2.1.3 TTL 集成门电路使用的注意事项

1. 对电源电压的要求和电源干扰的消除

TTL 数字集成电路对电源电压的要求比较严格。对于 74 系列应满足 5×(1±5%)V，对于 54 系列应满足 5×(1±10%)V 的要求。电源的正极和地线不可接错。

对电路进行调试时，应先接直流电源，后接信号源；调试结束时，应先关信号电源，后关直流电源。

为防止外来干扰信号通过电源串入电路，需要对电源进行滤波。通常在印制电路板电源输入端接 10～100μF 和 0.01～0.1μF 的电容，进行低频和高频干扰信号的滤除。

2. 不使用输入端的连接

在 TTL 集成电路中，若某一端悬空，悬空端的作用相当于高电平。但在实际应用中，为避免干扰，一般不悬空。对于 TTL 集成电路不使用端的处理以不改变电路逻辑状态及不引入干扰为原则，因此，不使用输入端不悬空。

1) 对于与门及与非门不使用输入端的处理

(1) 直接接电源电压 V_{CC}，如图 2-1-14(a)所示。

(2) 与有用的输入端并联使用，如图 2-1-14(b)所示。

2) 对于或门及或非门不使用输入端的处理

(1) 直接接地，如图 2-1-15(a)所示。

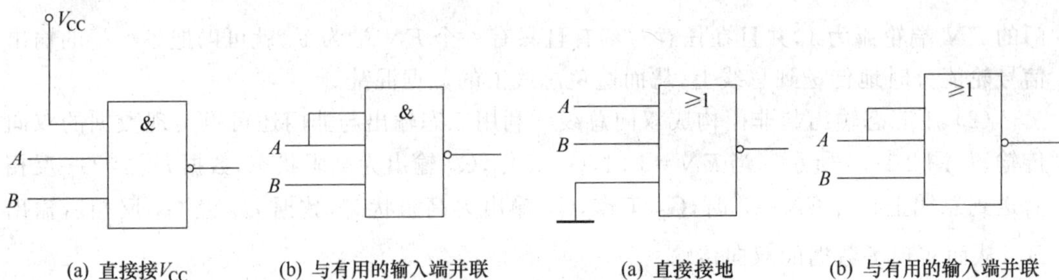

(a) 直接接V_{CC} (b) 与有用的输入端并联

图 2-1-14 与门及与非门不使用输入端的接法

(a) 直接接地 (b) 与有用的输入端并联

图 2-1-15 或门及或非门不使用输入端的接法

(2) 与有用的输入端并联使用,如图 2-1-15(b)所示。

3. 输出端的连接

具有推拉输出结构的 TTL 门电路的输出端不允许直接并联使用,不使用输出端不允许直接接电源 V_{CC} 或直接接地,而应悬空。OC 门输出端可并联使用,但公共输出端和电源 V_{CC} 之间应接负载电阻。三态门的输出端可并联使用,但在同一时刻只能有一个门电路工作,其他门电路输出处于高阻状态。

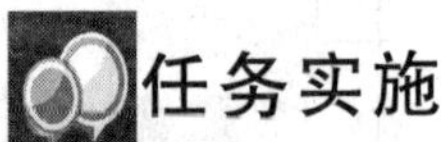

任务实施

1. 任务要求

测量 TTL 与非门的电压传输特性及验证其逻辑功能。

2. 测试过程

1) 材料准备

数字电路实验箱 1 台,万用表 1 块,集成 74LS00 芯片 1 块及导线若干。

2) 电压传输特性测试

TTL 四 2 输入与非门 74LS00 的引脚排列图如图 2-1-16 所示。

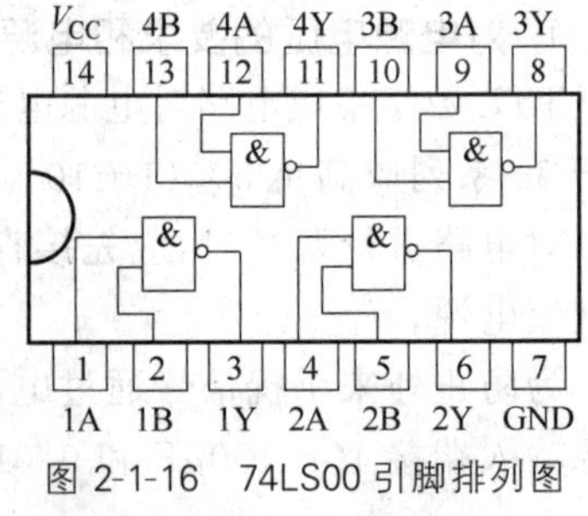

图 2-1-16 74LS00 引脚排列图

在 74LS00 中任选一门,按图 2-1-17 所示接线,将一个输入端接到电位器 R_W 的可调端,其余无用的闲置端与之相连(或接电源),输出端空载,调节 R_W,使输入电压 U_I 在 0~5V 内逐渐增大,用万用表测量 U_I 和对应的 U_O 值,记录于表 2-1-7 中,并绘制出电压传输特性曲线,在特性曲线上找出:

(1) 输出高电平值 U_{OH} = ________。

(2) 输出低电平值 U_{OL} = ________。

(3) 输入关门电平 U_{OFF} = ________。

(4) 输入开门电平 U_{ON} = ________。

(5) 输入阈值电压 U_{TH} = ________。

表 2-1-7 TTL 与非门的电压传输特性

U_I/V	0	0.4	0.8	1.0	1.1	1.2	1.3	1.4	1.6	1.8	2.0	2.5	3.0	3.5	4.0	4.5	5.0
U_O/V																	

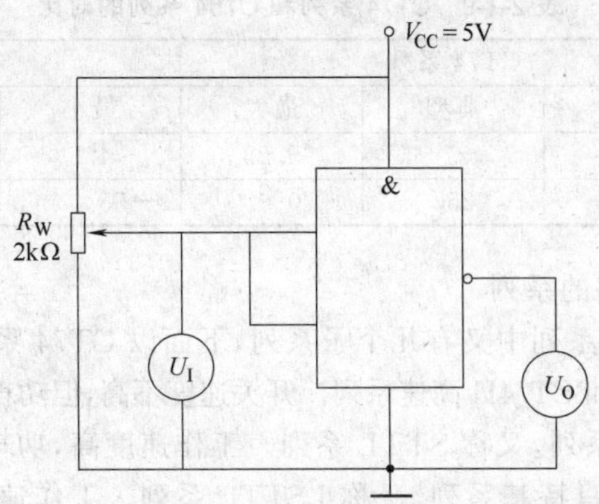

图 2-1-17 电压传输特性测试电路

3）TTL 与非门功能测试

图 2-1-18 中，输入端 A、B 分别接到逻辑开关上，输出端 Y 接到发光二极管 LED 电路上。根据表 2-1-8 给定输入的逻辑电平，观察发光二极管显示的结果。LED 亮表示输出 $Y=1$，LED 灭表示输出 $Y=0$，将输出 Y 的结果填入表 2-1-8 中，判断是否满足 $Y=\overline{AB}$。

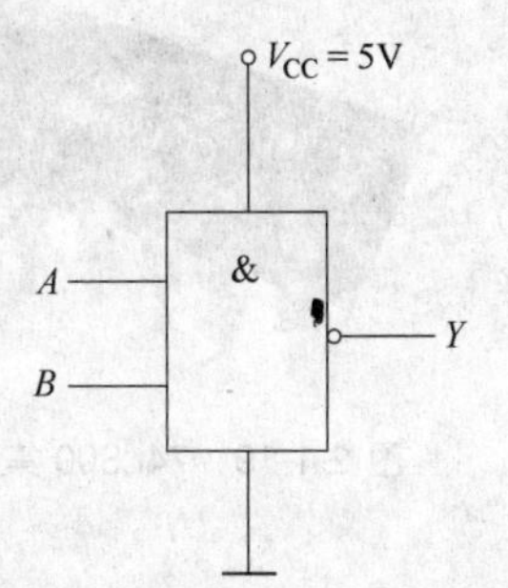

图 2-1-18 TTL 与非门功能测试

表 2-1-8 TTL 与非门真值表

输入		输出
A	B	Y
0	0	
0	1	
1	0	
1	1	

任务拓展

用 74LS20 测试 TTL 与非门的电压传输特性及验证其逻辑功能。

知识延伸

1. TTL 集成门电路系列

1）CT74 系列和 CT54 系列

考虑到国际上通用标准型号和我国现行国家标准，根据工作温度和电源电压允许工作范围的不同，我国 TTL 逻辑门电路有 CT74（民用）和 CT54（军用）两大系列，两个系列的参数基本相同，主要是电源电压范围和工作温度范围有所不同。它们的工作条件如表 2-1-9 所示。

表 2-1-9　CT74 系列和 CT54 系列的对比

参　　数	CT74 系列			CT54 系列		
	最小	典型	最大	最小	典型	最大
电源电压/V	4.75	5	5.25	4.5	5	5.5
工作温度/℃	0	25	70	−55	25	125

2) TTL 集成门电路的系列

CT74 系列和 CT54 系列中又有几个子系列,下面以 CT74 系列为例介绍其子系列。

(1) CT74 标准系列和 CT74H 高速系列。开关速度不高,但功耗比较大,目前使用较少。

(2) CT74S 肖特基系列,又称 STTL 系列。工作速度高,功耗比较大。

(3) CT74LS 低功耗肖特基系列,又称 LSTTL 系列。工作速度比 CT74H 系列高,比 CT74S 系列低,但功耗却很低,约为 CT74S 系列的 1/10,是一种性能比较优越的集成电路。

(4) CT74AS 先进肖特基系列,又称 ASTTL 系列。功耗比 CT74LS 系列低很多,开关速度更高。

(5) CT74ALS 先进低功耗肖特基系列,又称 ALSTTL 系列。比 CT74LS 系列功耗更低,开关速度更高,将逐渐取代 CT74LS 系列而成为 TTL 集成电路的主流产品。

(6) CT74F 快速系列,又称 FTTL 系列。其功耗和开关速递介于 CT74AS 和 CT74ALS 系列之间,在高速数字系统设计中使用较多。

2. 常用 TTL 集成芯片介绍

1) 74LS00

74LS00 是常见的四 2 输入与非门,实物如图 2-1-19 所示,引脚排列图如图 2-1-16 所示。74LS00 的互换型号有 7400、74HC00、CT7400、SN5400 等。

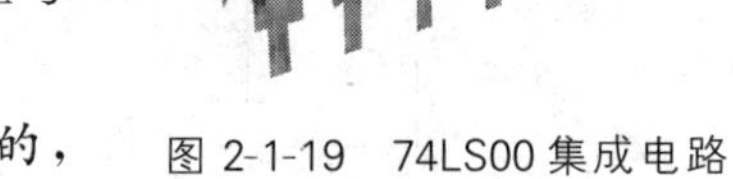

图 2-1-19　74LS00 集成电路

注意:集成电路内部各个单元门电路是互相独立的,可以单独使用,但电源 V_{CC} 和地 GND 是公共的。

2) 74LS20

74LS20 是双 4 输入与非门,其外引脚排列结构图如图 2-1-20 所示。74LS20 的互换型号有 7420、74HC20、CT7420、MC7420、SN5420 等。

注意:有时集成电路的个别引脚没有使用(为空脚),用 NC 表示,如图 2-1-20 所示 74LS20 中的 3 脚、11 脚。

TTL 集成门电路的种类繁多,不可能一一列举,可参考附录 A 或查阅有关技术手册。

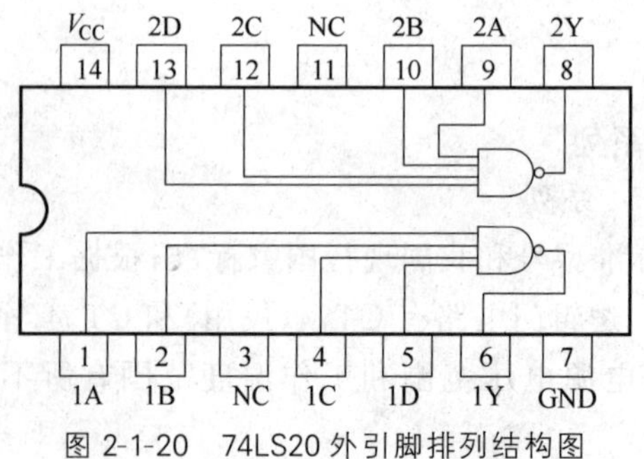

图 2-1-20　74LS20 外引脚排列结构图

任务 2.2 CMOS 门电路的测试

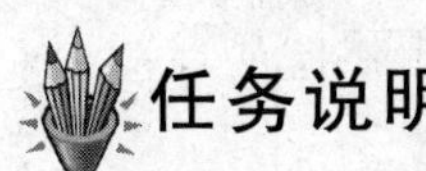

任务说明

本任务学习 CMOS 门电路的原理，掌握 CMOS 门电路的使用方法。

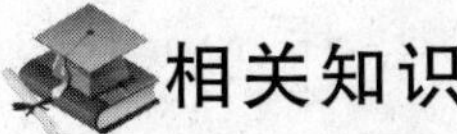

相关知识

CMOS 门电路是由 N 沟道增强型 MOS 场效应晶体管和 P 沟道增强型 MOS 场效应晶体管构成的一种互补型场效应晶体管集成门电路。和 TTL 门电路相比，CMOS 门电路具有集成度高、抗干扰能力强等特点，因此，广泛应用于中、大规模数字集成电路中。

2.2.1 CMOS 非门

1. 电路组成

CMOS 非门电路组成如图 2-2-1 所示，其中 NMOS 管 T_N 作为驱动管，PMOS 管 T_P 作为负载，两管栅极相连作为反相器的输入端，漏极相连作为反相器的输出端。T_P 的源极接正电源 V_{DD}，T_N 的源极接地，要求电源电压 V_{DD} 大于两管开启电压绝对值之和，即设 $V_{DD}>V_{TN}+|V_{TP}|$，且 $V_{TN}=|V_{TP}|$。

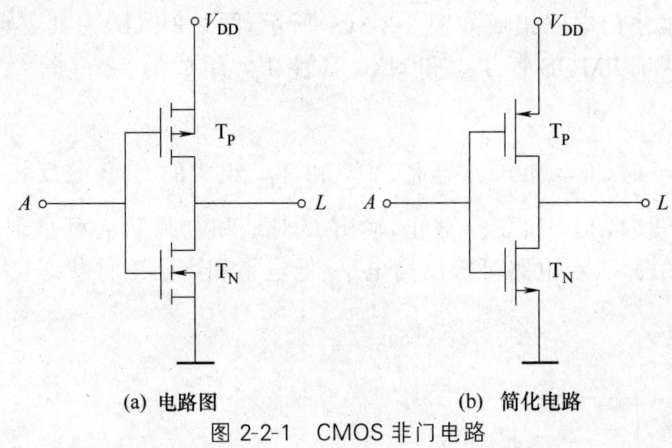

图 2-2-1 CMOS 非门电路

2. 工作原理

(1) 当 $V_A=0V$ 时，T_N 截止，T_P 导通，输出 $V_L \approx V_{DD}$，即为高电平。

(2) 当 $V_A=V_{DD}$ 时，T_N 导通，T_P 截止，输出 $V_L \approx 0V$，即为低电平。

由以上分析可知，该电路具有逻辑非的功能，即 $L=\overline{A}$。

2.2.2 CMOS 与非门

1. 电路组成

CMOS 与非门电路组成如图 2-2-2 所示，它由两个增强型 NMOS 管 T_{N1} 和 T_{N2} 串联,作为驱动管;两个增强型 PMOS 管 T_{P1} 和 T_{P2} 并联,作为负载管。T_{N1} 和 T_{P1} 的栅极连在一起作为输入端 A,T_{N2} 和 T_{P2} 的栅极连在一起作为输入端 B。

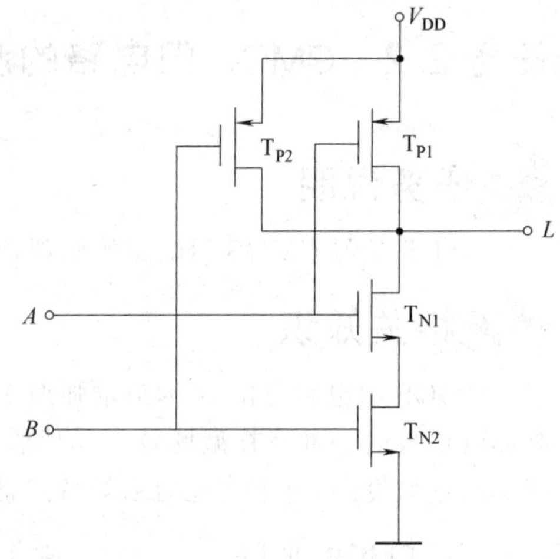

图 2-2-2　CMOS 与非门电路

2. 工作原理

(1) 当 $V_A=V_B=0V$ 时,T_{N1} 和 T_{N2} 都截止,T_{P1} 和 T_{P2} 并联同时导通,输出 $V_L \approx V_{DD}$,为高电平。

(2) 当 $V_A=0V, V_B=V_{DD}$ 时,T_{N1} 截止,T_{P1} 导通,输出 $V_L \approx V_{DD}$,为高电平。

(3) 当 $V_A=V_{DD}, V_B=0V$ 时,T_{N2} 截止,T_{P2} 导通,输出 $V_L \approx V_{DD}$,为高电平。

(4) 当 $V_A=V_B=V_{DD}$ 时,T_{N1} 和 T_{N2} 同时导通,T_{P1} 和 T_{P2} 同时截止,输出 $V_L \approx 0V$,为低电平。

由以上分析可知,该电路具有逻辑与非的功能,即 $L=\overline{AB}$。

2.2.3 CMOS 三态输出门

1. 电路组成

CMOS 三态输出门电路组成如图 2-2-3(a)所示,图 2-2-3(b)为其逻辑符号,它是在反相器的基础上串接了 PMOS 管 T_{P2} 和 NMOS 管 T_{N2} 组成的。

2. 工作原理

(1) 当 $\overline{EN}=0$ 时,T_{P2} 和 T_{N2} 导通,T_{N1} 和 T_{P1} 组成的 CMOS 反相器工作,$L=\overline{A}$。

(2) 当 $\overline{EN}=1$ 时,T_{P2} 和 T_{N2} 截止,输出 L 对地和电源 V_{DD} 都呈现高阻状态。

可见,图 2-2-3(a)所示电路可输出高电平、低电平和高阻三种状态,为三态输出门。

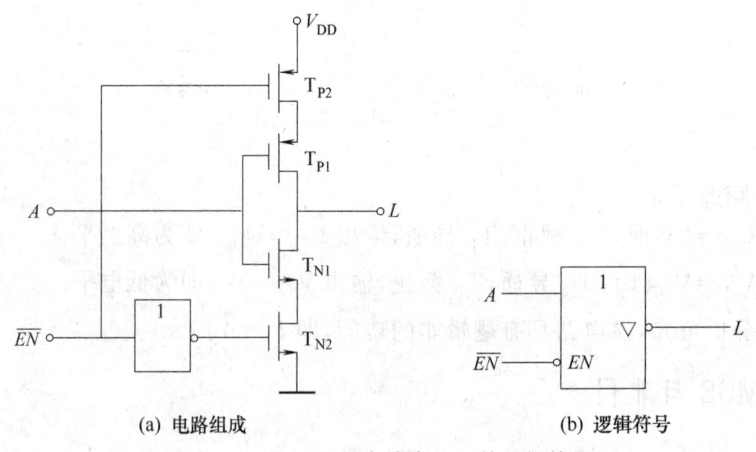

图 2-2-3　CMOS 三态输出门及其逻辑符号

2.2.4 CMOS 集成门电路使用的注意事项

1. 电源的使用

CMOS 电路的 V_{DD} 端接电源正极，V_{SS} 端接电源负极，通常为地，不得接反。电源电压应在集成器件规定的电压范围内使用，不允许超过极限值。

2. 不使用输入端的处理

(1) CMOS 电路的输入端不允许悬空。

(2) 对于与门和与非门，不使用输入端应接正电源或高电平；对于或门和或非门，不使用输入端应接地或低电平。在工作速度不高的情况下，允许不使用输入端与有用输入端并联使用。

3. 对输入信号的要求

(1) 输入信号的幅值不允许超过电源电压的范围($V_{DD}\sim V_{SS}$)。

(2) 对电路进行调试时，所有测试仪器的外壳必须接地良好，先接直流电源，后接信号源；调试结束时，应先关信号电源，后关直流电源。

4. 输出端的连接

输出端不允许直接接电源电压 V_{DD} 或接地，否则集成器件会烧坏。

5. 其他注意事项

(1) 注意静电保护，预防栅极击穿损坏。CMOS 集成电路在存放和运输时，应放在金属容器内。

(2) 焊接时，烙铁必须接地良好；焊接用烙铁不大于 25W，必要时，可将烙铁的电源插头拔下，利用余热焊接。

(3) 组装、测试时，应使所有的仪表、工作台面等具有良好的接地。

任务实施

1. 任务要求

测量 CMOS 与非门的电压传输特性及验证其逻辑功能。

2. 测试过程

1) 材料准备

数字电路实验箱 1 台，万用表 1 块，集成 CC4011 芯片 1 块及导线若干。

2) 电压传输特性测试

CMOS 四 2 输入与非门 CC4011 的引脚排列图如图 2-2-4 所示。

在 CC4011 中任选一门，按图 2-2-5 所示接线，将一个输入端接到电位器 R_W 的可调端，其余无用的闲置端与之相连，输出端空载，调节 R_W，使输入电压 U_I 在 0～5V 内逐渐增大，用万用表测量 U_I 和对应的 U_O 值，记录在表 2-2-1 中，并绘制出电压传输特性曲线，在特性曲线上找出以下参数并与 TTL 与非门的参数作比较。

(1) 输出高电平值 U_{OH} = ________。

(2) 输出低电平值 U_{OL} = ________。

(3) 输入关门电平 $U_{OFF}=$________。

(4) 输入开门电平 $U_{ON}=$________。

(5) 输入阈值电压 $U_{TH}=$________。

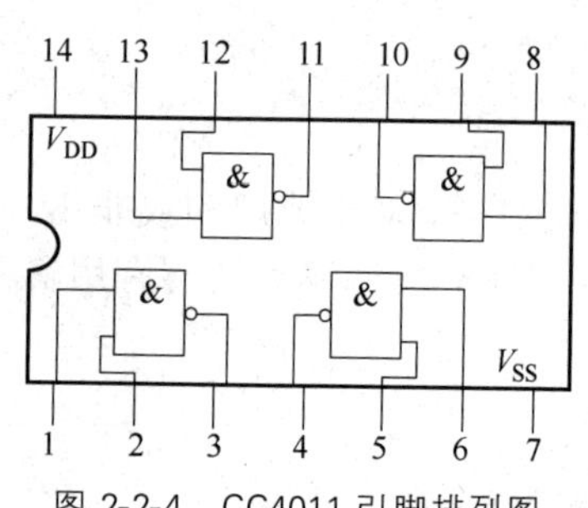

图 2-2-4 CC4011 引脚排列图

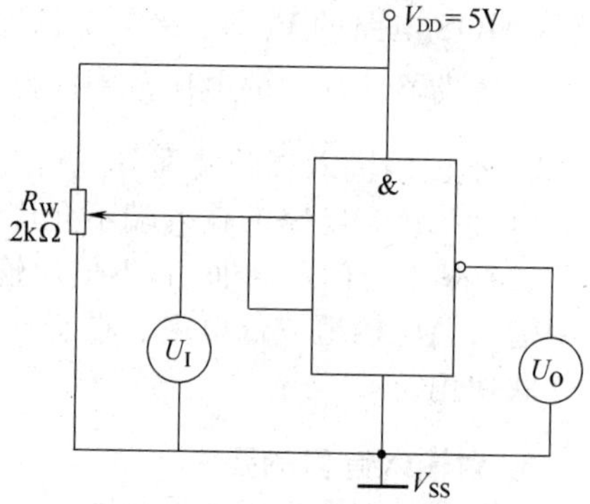

图 2-2-5 电压传输特性测试电路

表 2-2-1 CMOS 与非门的电压传输特性

U_I/V	0	0.4	0.8	1.0	1.2	1.4	1.6	1.8	2.0	2.5	3.0	3.5	4.0	4.5	5.0
U_O/V															

3) CMOS 与非门功能测试

图 2-2-6 中,输入端 A、B 分别接到逻辑开关上,输出端 Y 接到发光二极管 LED 电路上。根据表 2-2-2 给定输入的逻辑电平,观察发光二极管显示的结果。LED 亮表示输出 $Y=1$,LED 灭表示输出 $Y=0$,将输出 Y 的结果填入表 2-2-2 中,判断是否满足 $Y=\overline{AB}$。

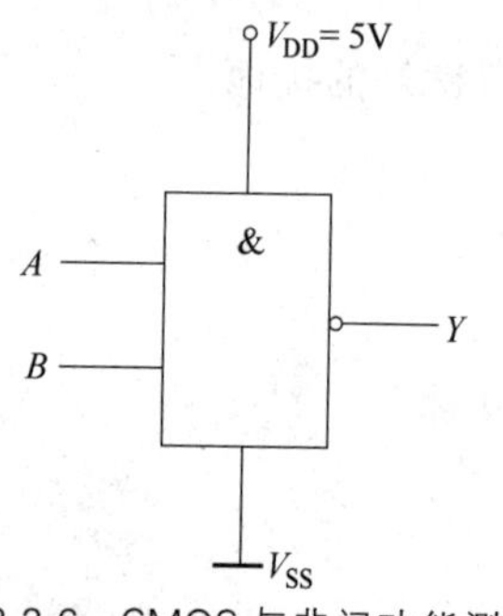

图 2-2-6 CMOS 与非门功能测试

表 2-2-2 CMOS 与非门真值表

输入		输出
A	B	Y
0	0	
0	1	
1	0	
1	1	

任务拓展

测试或非门 CC4001 的电压传输特性及验证其逻辑功能。

知识延伸

1. CMOS 数字集成门电路系列

1) CMOS 4000 系列

这类数字集成电路的优点:功耗低,电源电压范围宽(3~15V),噪声容限大,扇区系数大等；缺点：工作频率低，输出负载电流小(约为 0.51mA)，驱动负载的能力差，使用受到一定限制。

2）高速 CMOS 系列

高速 CMOS 系列有 74(民用)系列和 54(军用)系列两大系列，它们的主要区别是工作温度不同。对于 74 系列，工作温度为－40～85℃；对于 54 系列，工作温度为－55～125℃。74 系列和 54 系列又有几个子系列。

(1) HC/HCT 系列。该系列具有功耗低、工作速度高、负载能力强等优点。HC 系列用于组成单一系统。在电源电压为＋5V 时，HCT 系列与 TTL 电路兼容，可互换使用。

(2) AHC/AHCT 系列。该系列为 HC/HCT 的改进系列，工作速度和负载能力比 HC/HCT 系列提高了近一倍。AHC/AHCT 系列又可写成 AC/ACT 系列。

(3) LVC 系列。该系列为 CMOS 低压系列，工作电压低(1.65～3.6V)，输出驱动电流高达 24mA，负载能力很强，性能更优越。

2. TTL 电路与 CMOS 电路的接口

两种不同类型的集成电路相互连接，一般需要考虑以下两个问题。

(1) 电平匹配：驱动门必须为负载门提供符合要求的输出高电平和低电平。即

$$驱动门的\ V_{OH(min)} \geqslant 负载门的\ V_{IH(min)}$$

$$驱动门的\ V_{OL(max)} \leqslant 负载门的\ V_{IL(max)}$$

(2) 电流匹配：驱动门必须为负载门提供足够的驱动电流。即

$$驱动门的\ I_{OH(max)} \geqslant 负载门的\ I_{IH(总)}$$

$$驱动门的\ I_{OL(max)} \geqslant 负载门的\ I_{IL(总)}$$

两种不同类型的集成门电路，在连接时必须满足上述条件，否则需要通过接口电路进行电平或电流的转换之后，才能连接。

TTL 系列和 CMOS 系列的参数比较见表 2-2-3。

1）TTL 电路驱动 CMOS 4000 系列和 CC74HC 系列

(1) 电平不匹配。由表 2-2-3 可知，TTL 作为驱动门，它的 $V_{OH} \geqslant 2.7V$，$V_{OL} \leqslant 0.5V$；而 CMOS 4000 系列和 CC74HC 系列作为负载门，它的 $V_{IH} \geqslant 3.5V$，$V_{IL} \leqslant 1.5V$。可见，TTL 的 V_{OH} 不符合要求。

表 2-2-3　TTL 电路和 CMOS 电路各系列重要参数比较

系列 / 参数	TTL				CMOS		
	CT74S	CT74LS	CT74AS	CT74ALS	4000	CC74HC	CC74HCT
电源电压/V	5	5	5	5	5	5	5
V_{OH}/V	2.7	2.7	2.7	2.7	4.95	4.9	4.9
V_{OL}/V	0.5	0.5	0.5	0.5	0.05	0.1	0.1
I_{OH}/mA	−1.0	−0.4	−2	−0.4	−0.51	−4	−4
I_{OL}/mA	20	8	20	8	0.51	4	4
V_{IH}/V	2	2	2	2	3.5	3.5	2
V_{IL}/V	0.8	0.8	0.8	0.8	1.5	1.0	0.8
I_{IH}/μA	50	20	20	20	0.1	0.1	0.1

续表

参数＼系列	TTL				CMOS		
	CT74S	CT74LS	CT74AS	CT74ALS	4000	CC74HC	CC74HCT
I_{IL}/mA	−2	−0.4	−0.5	−0.1	-0.1×10^{-3}	0.1×10^{-3}	0.1×10^{-3}
t_{pd}/ns	3	9.5	3	3.5	45	8	8
P(门)/mW	19	2	8	1.2	5×10^{-3}	3×10^{-3}	3×10^{-3}

(2) 电流匹配。

由表 2-2-3 可知,CMOS 电路的输入电流几乎为零,所以 TTL 作为驱动门,能为 CMOS 4000 系列和 CC74HC 系列提供足够大的输入电流。

(3) 解决电平匹配问题。

① 外接上拉电阻。在电源都为 5V 时,可在 TTL 电路的输出端和电源之间接一个上拉电阻 R_P,使 TTL 的 $V_{OH}\approx5V$,如图 2-2-7(a)所示。

② 采用 TTL 的 OC 门实现电平转换。若 TTL 电路的电源电压 V_{CC} 和 CMOS 电路的电源电压不同时,仍需采用上拉电阻,但需用 OC 门,如图 2-2-7(b)所示。

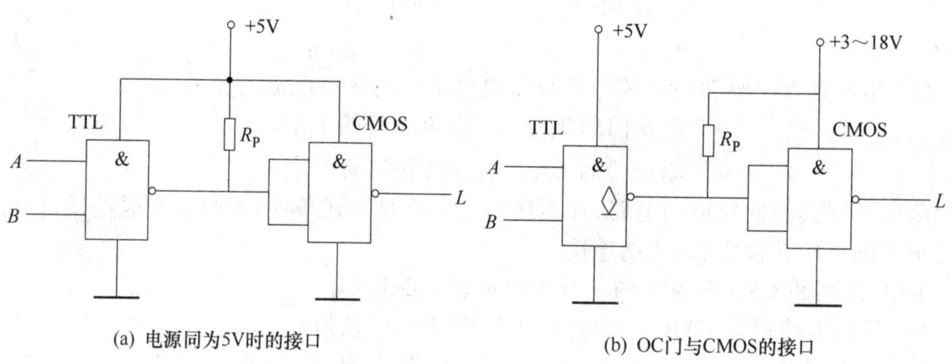

(a) 电源同为5V时的接口　(b) OC门与CMOS的接口

图 2-2-7 TTL 电路驱动 CMOS 门电路的接口

2) TTL 电路驱动高速 CMOS 电路 CC74HCT 系列

由于 CC74HCT 系列在制造时已考虑了与 TTL 电路的兼容问题,因此,TTL 的输出端可直接与 CC74HCT 系列的输入端相连。

3) CMOS 电路驱动 TTL 电路

当 CMOS 门电路的输出端驱动 TTL 门电路的输入端时,若它们的电源电压相同,可以直接连接。但 CMOS 电路的驱动电流较小,而 TTL 电路的输入短路电流较大,当 CMOS 电路输出低电平时,不能承受这样大的灌电流,因此可采用电平转换器作为缓冲驱动,如图 2-2-8(a)、(b)所示。其中 CC4049 为反相驱动,CC4050 为同相驱动。另外,也可采用漏极开路的 CMOS 驱动器,如图 2-2-8(c)所示。CC40107 电路可驱动 10 个 TTL 电路负载。

3. 常用 CMOS 集成芯片介绍

1) CD4069

CD4069 由 6 个 CMOS 反相器电路组成。此器件主要用作通用反相器,即用于不需

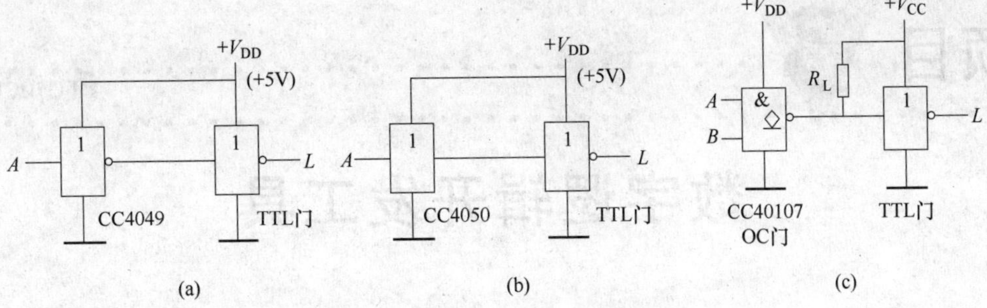

图 2-2-8　CMOS 电路驱动 TTL 电路

要中功率 TTL 驱动的逻辑电平转换电路中。其正常工作时 V_{DD} 接电源，V_{SS} 通常接地，V_{DD} 范围为 3～15V。没有使用的输入端必须接电源、地或其他输入端。CD4069 具有较宽的温度使用范围（－40～125℃）。CD4069 引脚功能图如图 2-2-9 所示。

2）CD4081

CD4081 是四 2 输入与门，即每一片 CD4081 上有 4 个独立的两个输入端的与门。其引脚功能图如图 2-2-10 所示。

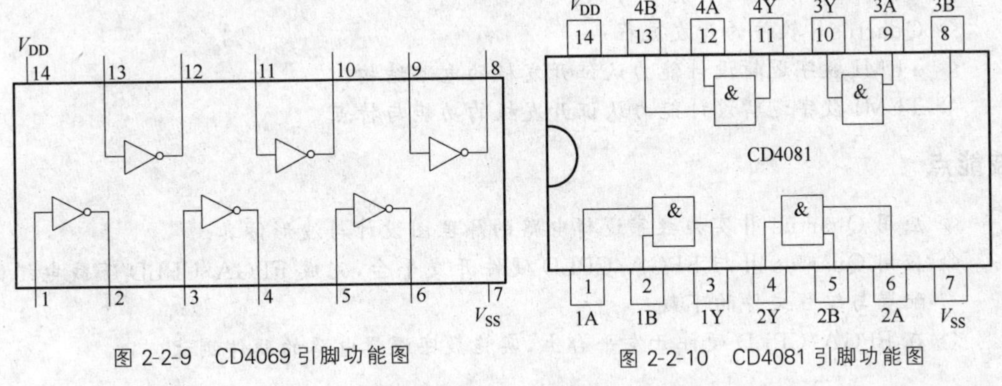

图 2-2-9　CD4069 引脚功能图　　图 2-2-10　CD4081 引脚功能图

CMOS 集成门电路的种类繁多，不再一一列举，可参考附录 B 或查阅有关技术手册。

习题

项目 2 习题.pdf（扫描可下载本项目习题）

项目3 Project 3

数字逻辑开发工具

本项目是学习 FPGA/CPLD 可编程逻辑器件的开发工具，包括开发软件与硬件平台。本项目选用的开发工具是 Altera 公司提供的综合性 PLD 开发工具——Quartus Ⅱ，选用的硬件平台是中国台湾嵌入式暨单片机系统发展协会数位逻辑设计的认证平台——TEMI 数字逻辑设计能力认证开发板。

知识点

◇ FPGA/CPLD 基本知识；
◇ QuartusⅡ软件的功能与特点；
◇ QuartusⅡ软件的开发流程；
◇ TEMI 数字逻辑设计能力认证开发板的电路结构；
◇ TEMI 数字逻辑设计能力认证开发板的功能与特点。

技能点

◇ 应用 Quartus Ⅱ实施数字逻辑电路的原理图设计与波形仿真；
◇ 应用 Quartus Ⅱ与 FPGA/CPLD 硬件开发平台，完成 FPGA/CPLD 下载电缆的配置与编程文件的下载；
◇ 在 FPGA/CPLD 硬件开发平台上，实施数字逻辑电路的硬件测试。

任务 3.1 Quartus Ⅱ的操作使用

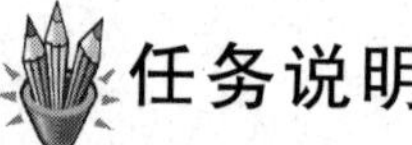

任务说明

以三人表决器为题，由三人表决器的真值表，求解三人表决器的逻辑函数，进行逻辑函数的化简，画出三人表决器的逻辑电路图，以及应用 Quartus Ⅱ完成三人表决器的原理图设计、分析综合与波形仿真。

了解 FPGA/CPLD 的基本知识，系统学习 Quartus Ⅱ的开发流程。

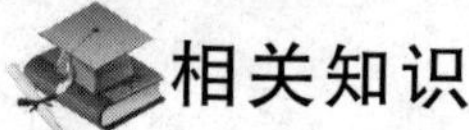

相关知识

3.1.1 FPGA/CPLD 简介

可编程逻辑器件(Programmable Logic Device，PLD)是 20 世纪 70 年代发展起来的

一种新型器件。它是一种“半定制”集成电路，在其内部集成了大量的门电路和触发器等基本逻辑单元。用户可通过编程改变PLD内部电路的逻辑关系，就可以得到自己所需要的设计。

PLD经历了从一次可编程只读存储器PROM、现场可编程逻辑阵列（Field Programmable Logic Array，FPLA）、可编程阵列逻辑（Programmable Array Logic，PAL）、通用阵列逻辑（Generic Array Logic，GAL），到可擦除的可编程逻辑器件（Erasable Programmable Logic Device，EPLD），直至复杂可编程逻辑器件（Complex Programmable Logic Device，CPLD）和现场可编程门阵列（Field Programmable Gate Array，FPGA）的发展过程。

CPLD可以认为是从EPLD演变来的，既提高了集成度，又保持了EPLD传输时间可预测的优点，将若干个类似于PAL的功能模块和实现互联开关矩阵集成于同一芯片上，就形成了CPLD。CPLD大多采用E^2CMOS工艺制作，可在线编程，属于在系统可编程逻辑器件（ISP-PLD）。在系统可编程逻辑器件的最大特点是编程时不需要使用编程器，也不需要从所在系统的电路板上取下，可直接在系统内进行编程。目前，生产CPLD产品的公司主要有Lattice公司、Xilinx公司、Altera公司。

FPGA的电路结构与CPLD完全不同，它由若干个独立的可编程逻辑模块组成。FPGA的集成度达3万门/片以上。FPGA由三种可编程单元（输入/输出模块IOB、可编程逻辑模块CLB、互连资源IR）和一个用于存放编程数据的静态存储器组成。FPGA的主要优点是克服了固定的与或逻辑阵列结构的局限性，加大了可编程I/O端的数目。FPGA本身也存在一些明显的缺点：它的信号传输延迟时间不是确定的；FPGA中的编程数据存储器是一个静态存储器结构，每次开始工作时都要重新装载编程数据，并需要配备保存编程数据的EPROM；FPGA的编程数据一般存放在EPROM中，使用时需要读出并送到FPGA中的SRAM中，因而不便于保密。目前，生产FPGA产品的公司主要有Xilinx公司、Altera公司。

3.1.2 Quartus Ⅱ软件简介

QuartusⅡ是Altera公司提供的综合性PLD开发工具，可以完成从设计输入、HDL综合、布线布局（适配）、仿真到硬件下载及测试的完整设计流程，同时也是单芯片可编程系统（SOPC）设计的综合性环境。

QuartusⅡ具备图形与文本等多种输入方式，支持的硬件描述语言有VHDL、Verilog HDL、AHDL（Altera HDL）等。

QuartusⅡ有模块化编译器，包括分析与综合（Analysis & Synthesis）、适配（Fitter）、装配（Assembler）与时序分析（Classic Timing Analyzer）。

QuartusⅡ还具备功能仿真与时序仿真两种不同级别的仿真测试。功能仿真仅考虑电路的逻辑特性，而时序仿真需考虑各逻辑电路的时延。

3.1.3 Quartus Ⅱ设计流程

基于FPGA/CPLD设计数字逻辑系统，使用Quartus Ⅱ软件设计的基本流程如

图 3-1-1 所示,主要包括建立设计项目与文件、设计输入、设计编译、设计仿真、引脚锁定、编程配置与测试验证等步骤。

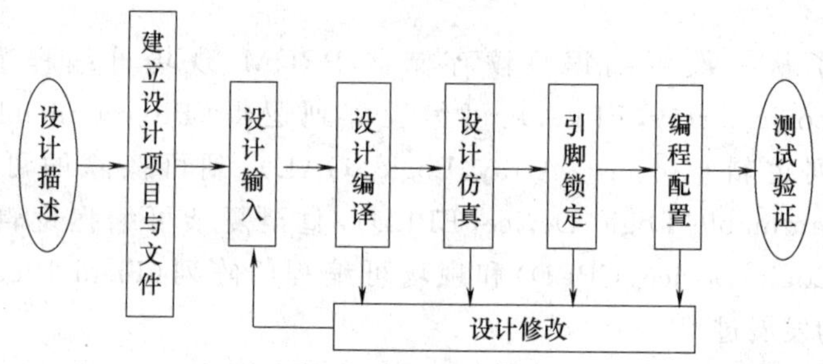

图 3-1-1 Quartus Ⅱ设计的基本流程

1. 建立设计项目与文件

QuartusⅡ采用以项目管理的方式管理设计中涉及的各种格式的文件,因此,在项目设计前,首先要建立用于存放项目设计文件的文件夹,建立设计项目。

2. 设计输入

QuartusⅡ支持多种设计输入方式,主要有原理图输入与文本输入。

3. 设计编译

编译前,需根据设计要求设定编译参数,如目标器件类型、逻辑综合方式等,然后再进行编译,包括分析与综合、适配、装配及时序分析,并产生相应的报告文件、延时信息文件及编程文件,供仿真分析和下载编程使用。

4. 设计仿真

仿真用来验证设计项目的逻辑功能是否正确,包括功能仿真、时序仿真与定时分析。

注意: 本书主要采用功能仿真验证项目的逻辑功能,不考虑逻辑电路的延时特性。

5. 引脚锁定

为了将设计结果下载到 FPGA/CPLD 芯片中进行测试验证,必须根据具体的 EDA 开发系统硬件的要求对设计项目的输入/输出信号赋予特定的引脚,以便实施实测。

注意: 在锁定引脚后必须对设计文件进行重新编译。

6. 编程配置与测试验证

在锁定引脚并编译成功后,利用 Quartus Ⅱ的编程器(Programmer)对 PLD 器件进行编程和配置,然后在开发系统上测试其实际逻辑功能与特性。

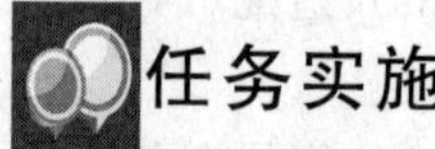

任务实施

1. 任务要求

应用 CPLD 设计一个三人表决器。

2. 求解三人表决器电路的逻辑函数

根据任务要求有三个输入变量,用 I_1、I_2、I_3 分别表示三人表决的输入信号,“1”表示同意，"0"表示不同意。

设定 O_1、O_2 为输出变量，如有 2 人以上为同意，表示表决通过，O_1 输出高电平，O_2 输出低电平；否则，表示表决结果不通过，O_1 输出低电平，O_2 输出高电平。

(1) 列真值表。根据任务要求，列出三人表决器的真值表，如表 3-1-1 所示。

表 3-1-1 三人表决器的真值表

I_1	I_2	I_3	O_1	O_2
0	0	0	0	1
0	0	1	0	1
0	1	0	0	1
0	1	1	1	0
1	0	0	0	1
1	0	1	1	0
1	1	0	1	0
1	1	1	1	0

(2) 根据真值表，求出 O_1、O_2 的逻辑函数表达式。

从真值表中可看出，O_2 的输出是 O_1 的非。因此，只需要求出 O_1，O_2 的输出取 O_1 的非即可。

$$O_1 = \overline{I_1}I_2I_3 + I_1\overline{I_2}I_3 + I_1I_2\overline{I_3} + I_1I_2I_3$$

$$O_2 = \overline{O_1}$$

(3) 卡诺图化简。

经卡诺图化简(略)后，O_1 的逻辑函数为

$$O_1 = I_1I_2 + I_1I_3 + I_2I_3$$

3. 应用 Quartus Ⅱ 设计三人表决器的逻辑电路，并仿真验证

1) 建立工程文件

(1) 创建工程文件夹。

创建用于存放设计工程所涉及的各种文件，如 I:\数字电子技术项目教程\demo。

(2) 创建工程。

在启动 Quartus Ⅱ 过程中，会弹出创建工程或打开一个工程文件的引导对话框，如图 3-1-2 所示。单击 Create a New Project(New Project Wizard)按钮，会弹出新建工程对话框，如图 3-1-3 所示，在此对话框中分别输入新建工程所在文件夹(I:\数字电子技术项目教程\demo)、新建工程名称(demo)和顶层实体名称(demo)。Quartus Ⅱ 要求工程文件名一定要与顶层实体名称相同。

注意：在图 3-1-2 中，如勾选 Don't show this screen again 选项，再次启动 Quartus Ⅱ 时，不再弹出此对话框。在此状况下，若要新建工程，可在启动界面中选择 File→New Project Wizard 菜单命令。

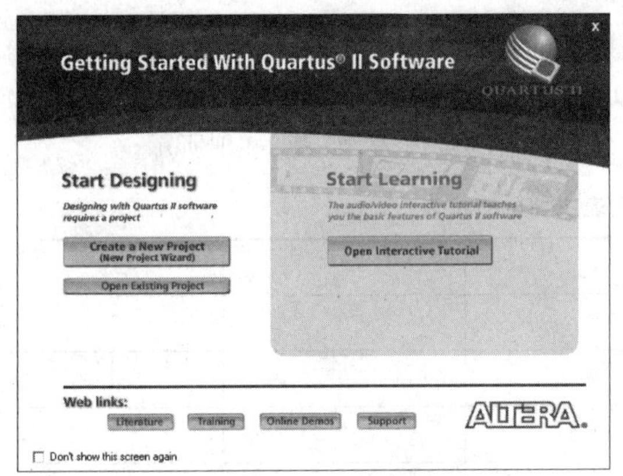

图 3-1-2　创建工程或打开一个工程文件的引导对话框

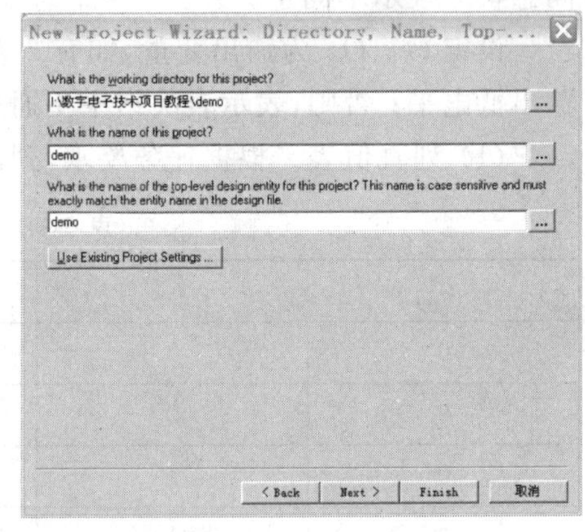

图 3-1-3　新建工程对话框

(3) 选择添加的文件和库。

单击图 3-1-3 中的 Next > 按钮,弹出添加文件和库对话框,如图 3-1-4 所示。如果需要添加文件或库,按提示操作。本任务无须添加,单击图 3-1-4 中的 Next > 按钮,进入目标器件选择对话框,如图 3-1-5 所示。

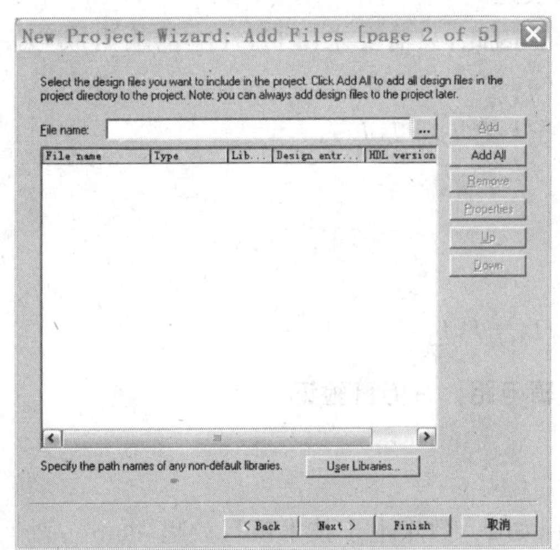

图 3-1-4　添加文件和库对话框

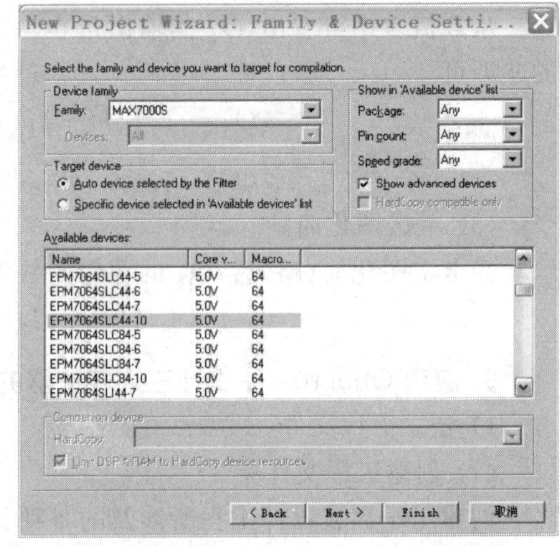

图 3-1-5　目标器件选择对话框

(4) 选择目标器件。

在图 3-1-5 中,在 Family 下拉列表框中选择器件的种类,本任务中选择 MAX7000S 系列,在 Target device 选项组中选择 Auto device selected by the Fitter 选项,系统会自动根据 Show in 'Available device'list 中设定的条件筛选器件;而在 Available devices 选项列表由用户直接指定目标器件。在 Show in 'Available device'list 选项组中,通过限制封装(Package)、引脚数(Pin count)、速度等级(Speed grade)等条件,以便快速查找所需器件。本任务是在 Available devices 选项列表,直接指定 EPM7064SLC44-10 器件。

(5) 选择第三方 EDA 工具。

在图 3-1-5 中，单击 **Next >** 按钮，弹出选择第三方 EDA 工具对话框，如图 3-1-6 所示。本任务不选择第三方 EDA 工具，直接单击 **Next >** 按钮，进入新建工程完成对话框，如图 3-1-7 所示。

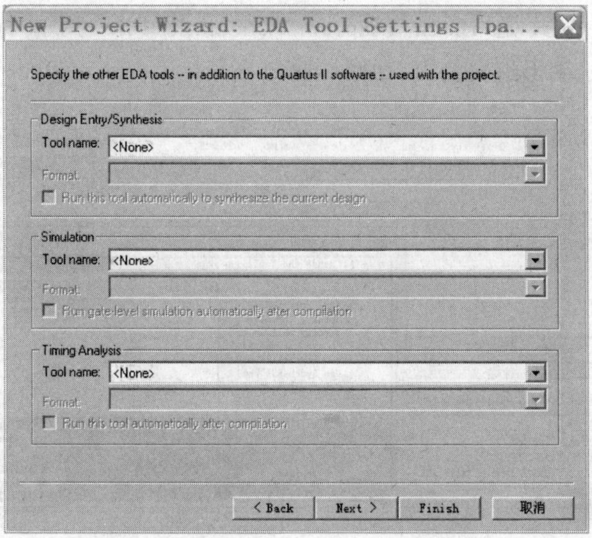

图 3-1-6 选择第三方 EDA 工具对话框

(6) 完成新建工程。

在图 3-1-7 所示的对话框中，查看新建工程的设置信息是否正确，如正确，单击 **Finish** 按钮，返回 Quartus Ⅱ 的主窗口，此时可看到新建的工程 demo，如图 3-1-8 所示。如设置信息有误，可单击 **< Back** 返回前面页面进行重新设置。

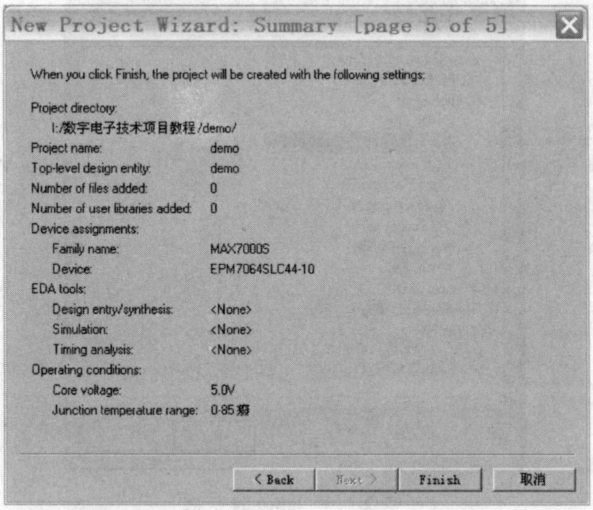

图 3-1-7 新建工程完成对话框

2) 设计文件输入

本任务采用原理图输入方法。

(1) 选择原理图设计模式。

在图 3-1-8 所示主窗口中,选择 File→New 菜单命令,弹出如图 3-1-9 所示的 New 对话框,打开 Design Files 分支,共有 8 种文件输入方式,分别对应相应的编辑器。原理图输入对应的输入方式是 Block Diagram/Schematic File,用鼠标将其选中,单击 OK 按钮,弹出图形编辑窗口,如图 3-1-10 所示。

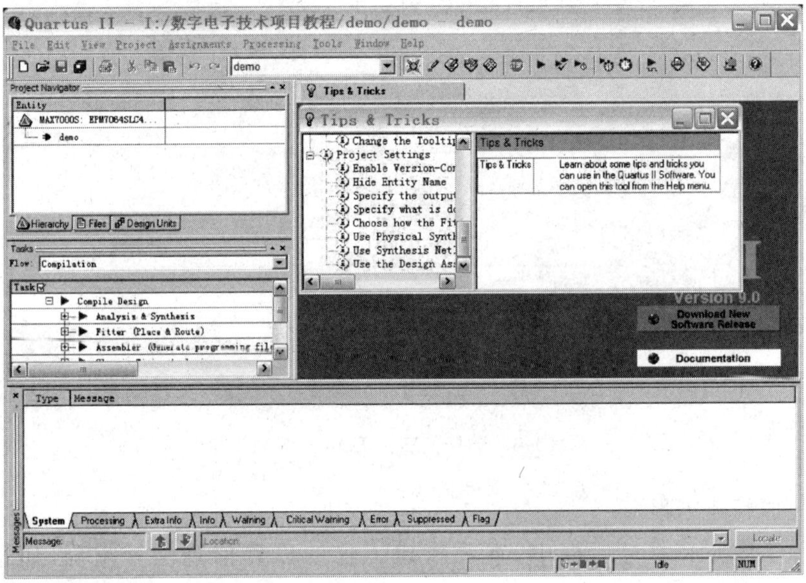

图 3-1-8 新建工程完成后的主窗口界面

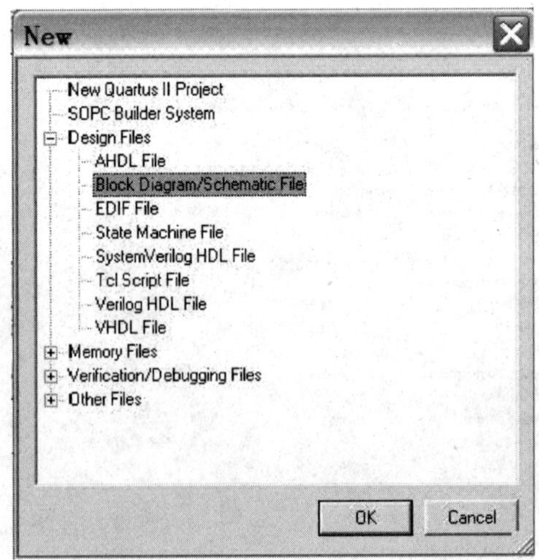

图 3-1-9 New 对话框

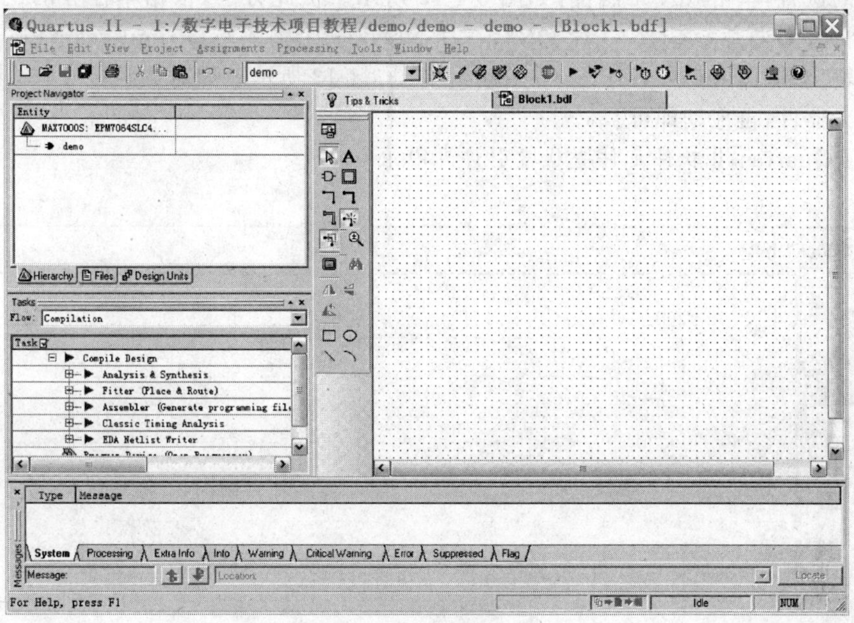

图 3-1-10 图形编辑窗口

(2) 放置元器件。

在图 3-1-10 所示图形编辑窗口的空白处双击，弹出选择电路元器件对话框，如图 3-1-11 所示，选择 primitives→logic→and2 或者在 Name 文本框中直接输入元器件符号名称(and2)，单击 OK 按钮，此时光标上粘着被选中的符号(2 输入与门)，将其移

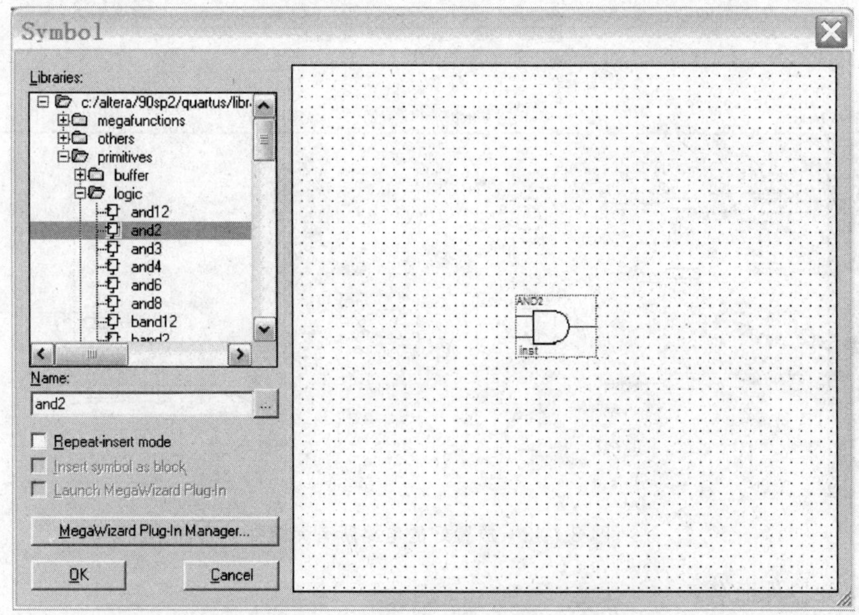

图 3-1-11 选择电路元器件对话框

到合适的位置,单击放置元器件,如图 3-1-12 所示。依此方法,根据本任务的逻辑函数,在图中再放置两片 AND2、一片 OR3、一片 NOT、三个输入端(Primitives→Pin→input)和两个输出端(Primitives→Pin→output),如图 3-1-13 所示。如需调整位置,单击选中需移动的元器件,再拖动即可。

注:Quartus Ⅱ软件元件查找索引详见附录 C。

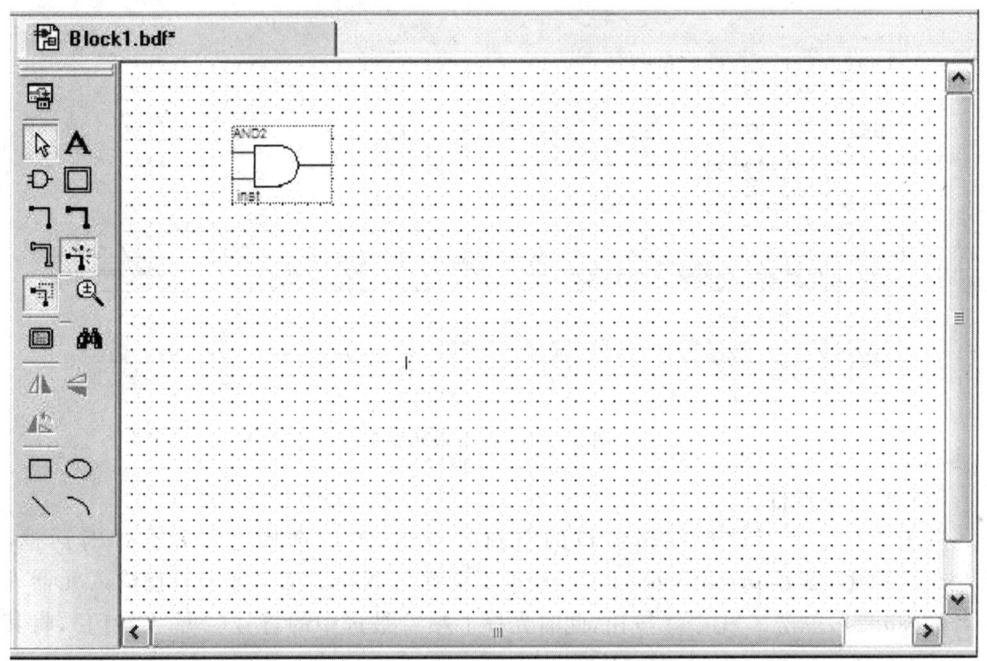

图 3-1-12 放置好的元器件

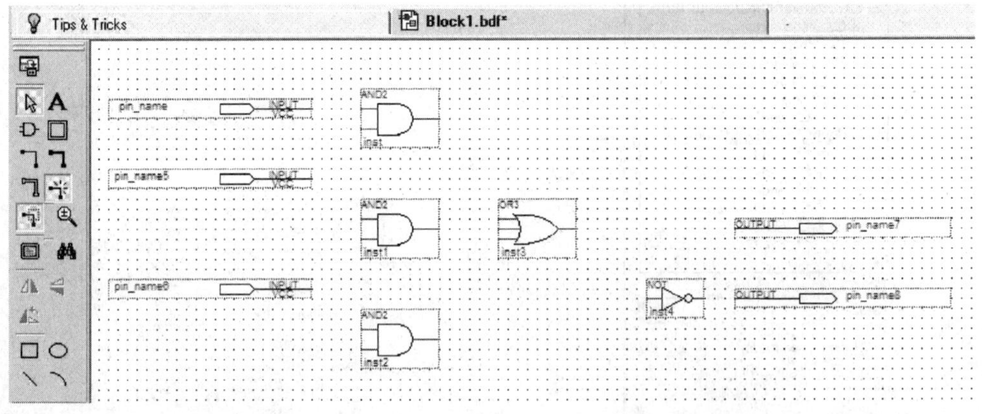

图 3-1-13 放置好的电路所有元器件

(3) 元器件命名。

将鼠标移到需命名的元器件(如 INPUT)上,双击或右击在快捷菜单中选择 Properties 选项,弹出元器件属性对话框,如图 3-1-14 所示。在该对话框中,单击 General 标签,在 Pin name(s)文本框中输入 I1,其他为默认值,这样就将该输入端口命名为 I1。依照同样的方法,将其他两个输入端命名为 I2、I3,两个输出端命名为 O1、O2,3 个 AND2 元件分别命名为 U1、U2、U3,OR3 元件命名为 U4,NOT 元件命名为 U5,如图 3-1-15 所示。

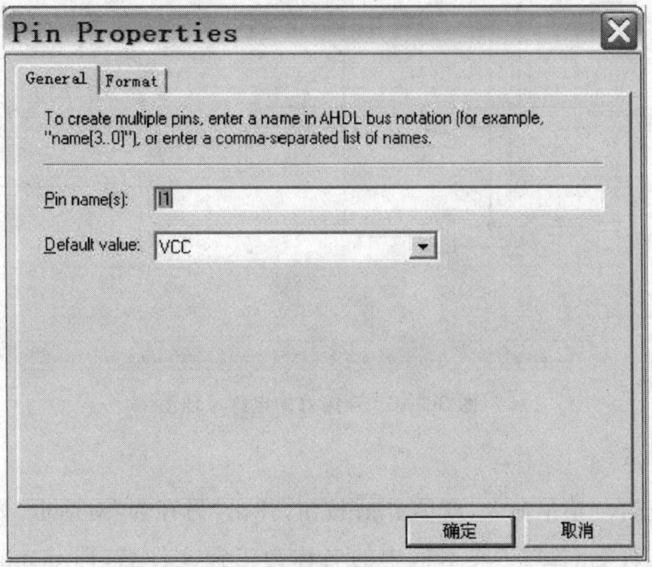

Pin Properties
General
Format
To create multiple pins, enter a name in AHDL bus notation (for example, "name[3..0]"), or enter a comma-separated list of names.
Pin name(s):
I1
Default value:
VCC
确定
取消

图 3-1-14　元件属性对话框

Block1.bdf*
I1
I2
I3
AND2
U1
U2
U3
OR3
U4
OUTPUT
O1
O2

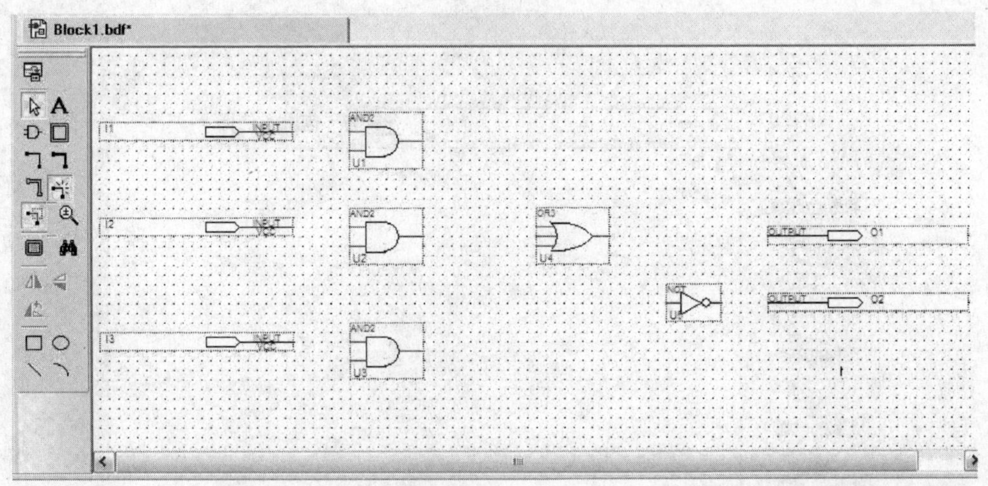

图 3-1-15　已命名的元件图

(4) 电路连接。

将光标移到元件 I1 端口右侧,光标将变为"┐",说明系统已处于连线状态,按住鼠标左键不放,将光标移到 U1 输入端处松开鼠标左键,此时连线两端会出现小方块,这样 I1 与 U1 输入端之间就有一根连接导线了。重复上述方法连接其他导线,连接好的电路原理图如图 3-1-16 所示。

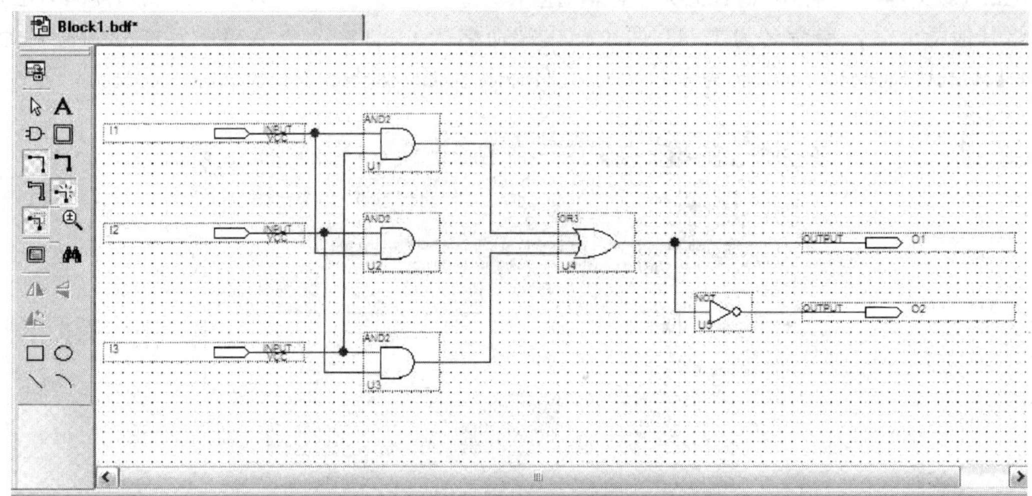

图 3-1-16　连接好的电路原理图

(5) 保存文件。

选择 File→Save 菜单命令,或单击按钮,弹出"另存为"对话框,如图 3-1-17 所示。默认情况下,"文件名(N):"文本框中的名称为工程文件名,即 demo;文件扩展名为".bdf",选中 Add file to current project 选项。单击 保存(S) 按钮,完成电路原理图文件的保存。

图 3-1-17　保存电路原理图

3）编译工程文件

选择 Processing→Start Compilation 菜单命令，系统开始编译工程文件，完成后弹出编译完成提示对话框，如图 3-1-18 所示。单击 **确定** 按钮，编译完成后的各种信息如图 3-1-19 所示。这些信息包括警告和出错信息，如果有出错信息，必须根据错误提示信息进行相应的修改，并重新编译，直至无错误为止。

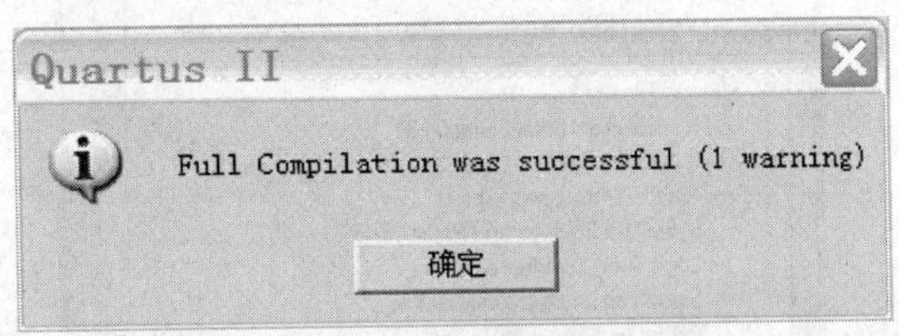

图 3-1-18 编译完成提示对话框

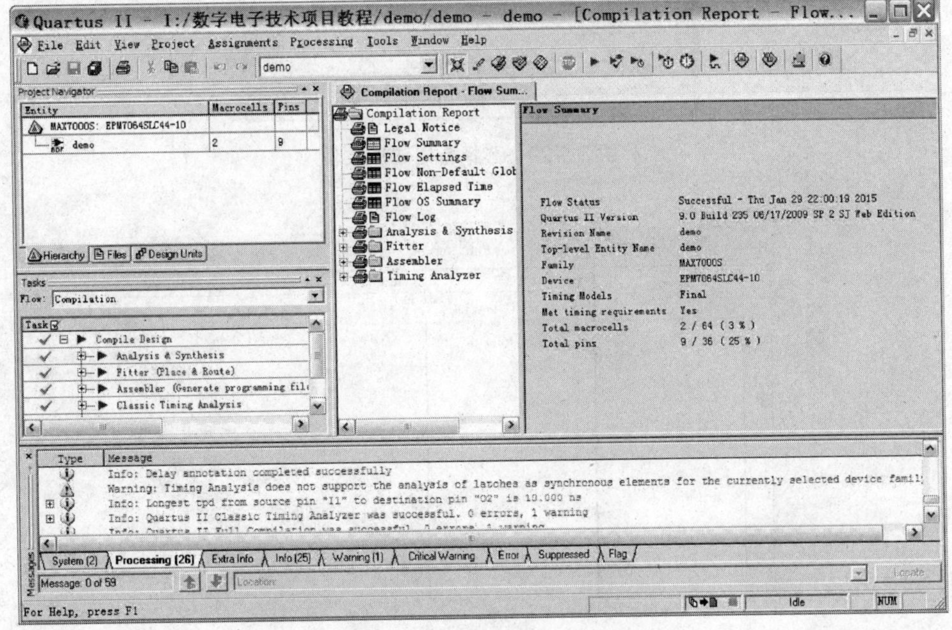

图 3-1-19 编译完成后的信息

4）仿真

（1）建立仿真波形文件。

在主窗口中，选择 File→New 菜单命令，弹出 New 对话框，并选择 Verification/Debugging Files→Vector Waveform File 选项，如图 3-1-20 所示。单击 **OK** 按钮，弹出波形编辑窗口，如图 3-1-21 所示。

（2）添加仿真的输入/输出引脚。

① 在图 3-1-21 中，在 Name 下方的空白处双击，弹出添加节点（Insert Node or Bus）对话框，如图 3-1-22 所示。在该对话框中单击 **Node Finder...** 按钮，弹出 Node Finder 对话框，如图 3-1-23 所示。

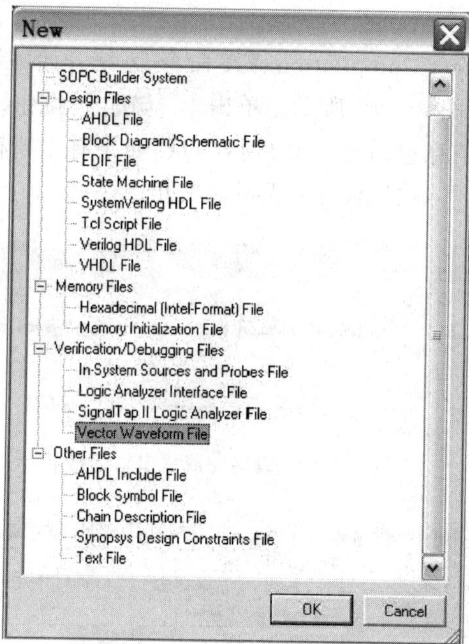

图 3-1-20 选择新建波形文件

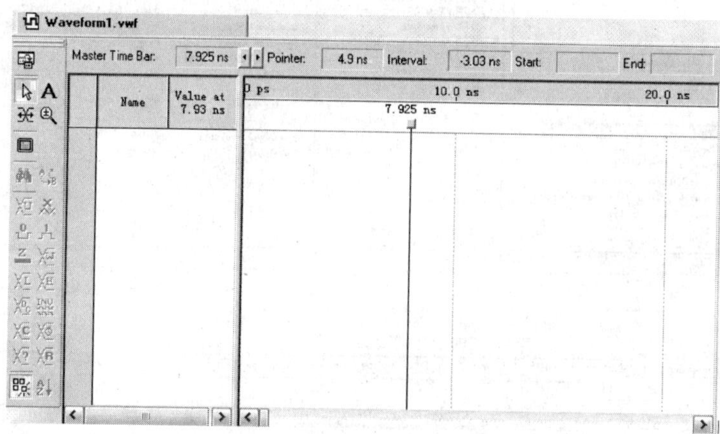

图 3-1-21 波形编辑窗口

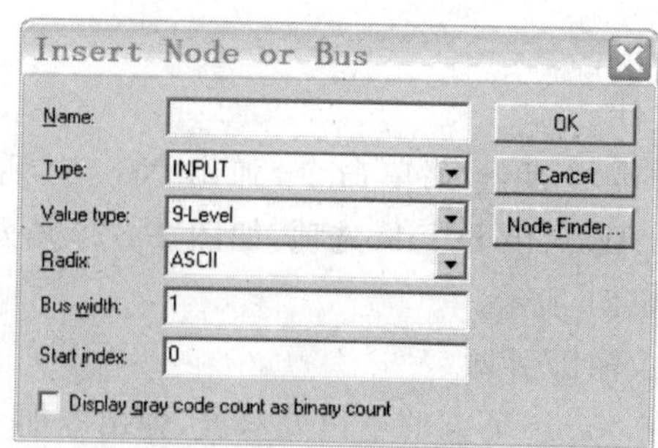

图 3-1-22 Insert Node or Bus 对话框

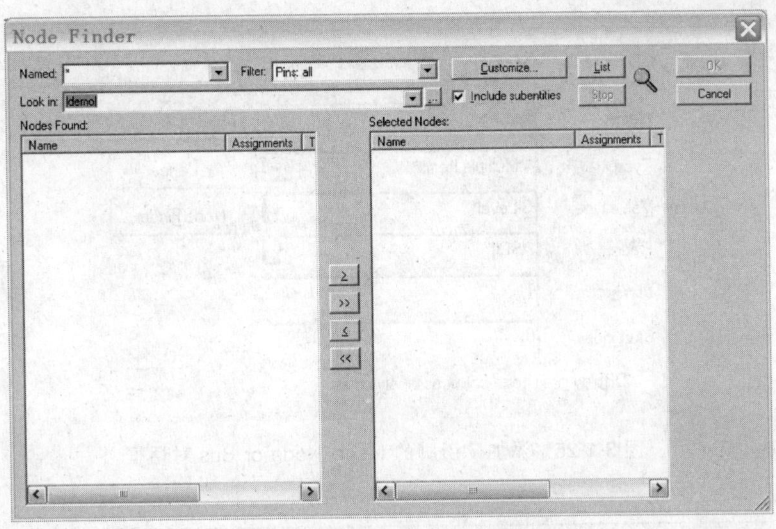

图 3-1-23 Node Finder 对话框

② 在图 3-1-23 Filter 下拉列表中选择 Pins:all 选项,其他参数按默认设置,单击 List 按钮,在 Nodes Found:区域会列出工程设计中所有的输入/输出引脚,单击 >> 右移按钮,将 Nodes Found 区域中所有的输入/输出引脚复制到 Selected Nodes 区域中,如图 3-1-24 所示。

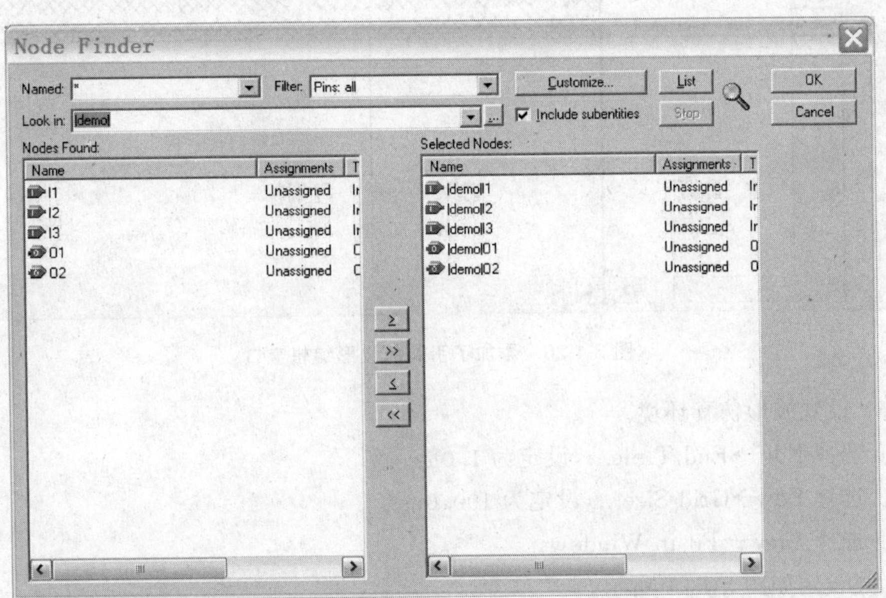

图 3-1-24 选择输入/输出引脚

③ 在图 3-1-24 所示对话框中,单击 OK 按钮,返回 Insert Node or Bus 对话框,但对话框中的内容发生了变化,如图 3-1-25 所示,单击 OK 按钮,返回波形编辑窗口,添加的输入/输出引脚出现在波形编辑窗口中,如图 3-1-26 所示。

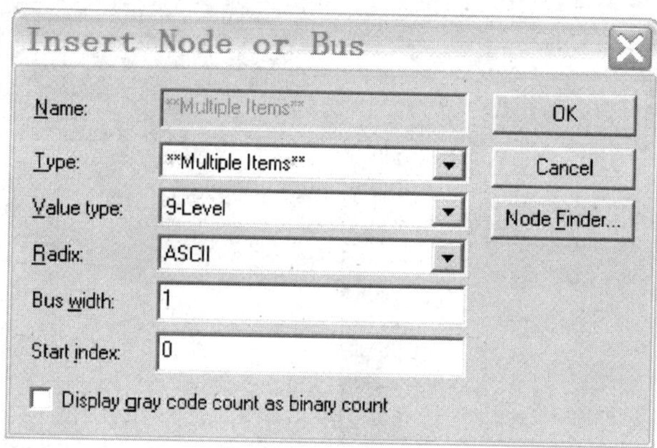

图 3-1-25 添加了引脚的 Insert Node or Bus 对话框

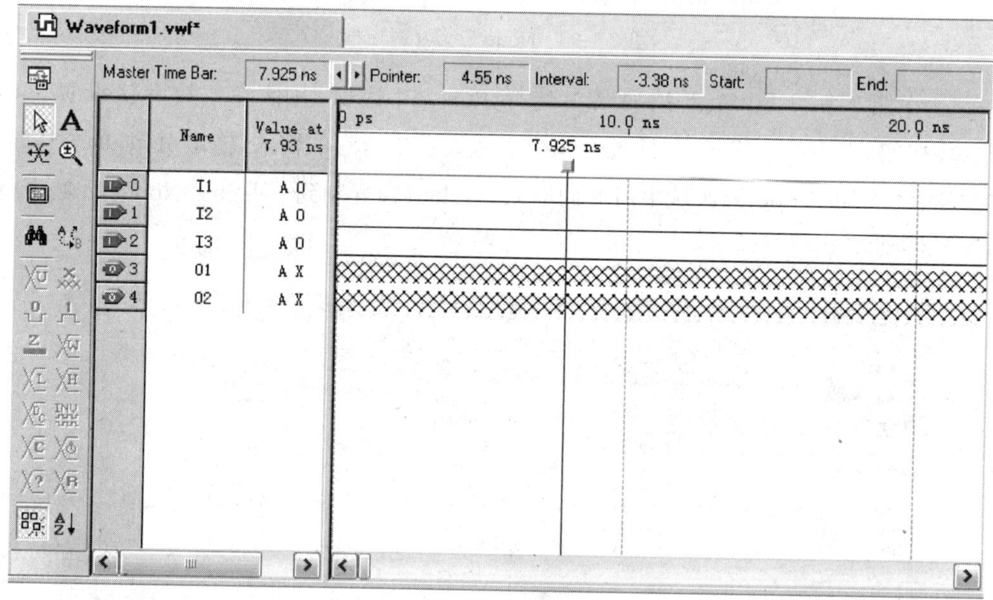

图 3-1-26 添加了引脚的波形编辑窗口

(3) 设置波形仿真环境。

① 选择 Edit→End Time…,设定为 1.0μs。

② 选择 Edit→Grid Size…,设定为 100.0ns。

③ 选择 View→Fit in Window。

上述设定如图 3-1-27 所示。

(4) 编辑输入信号。

① 拖动鼠标选取欲设定输入信号区域,选择左列工具中的信号设定 0、1 按钮来设定输入信号的电平,如图 3-1-28 所示。

② 依据表 3-1-1 所示三人表决器真值表输入 I1、I2、I3 的电平值,如图 3-1-29 所示。

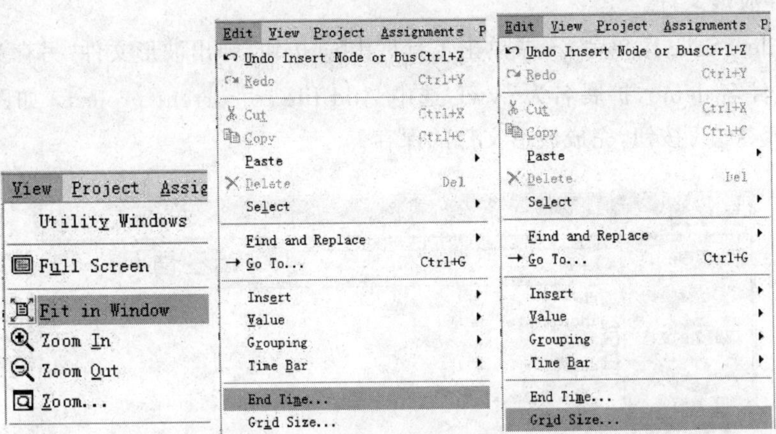

图 3-1-27 设置波形仿真环境

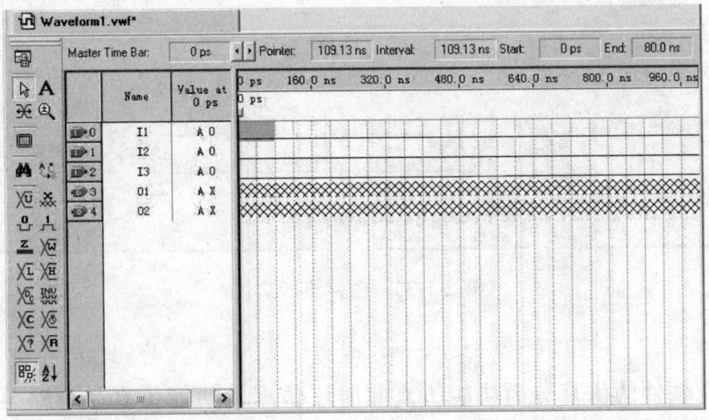

图 3-1-28 选取输入信号区域

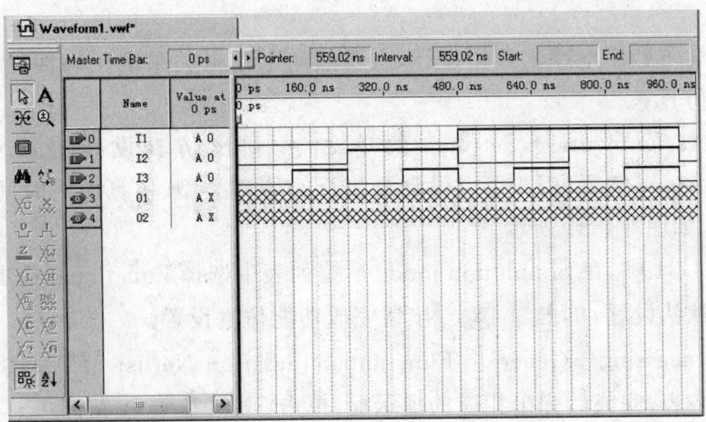

图 3-1-29 三人表决器的输入信号

③ 保存波形文件。

选择 File→Save 菜单命令，或单击工具栏中 按钮，弹出波形文件"另存为"对话框，输入波形文件名 demo，扩展名为 .vwf，选中 Add file to current project，如图 3-1-30 所示。单击 保存(S) 按钮，完成波形文件的保存。

图 3-1-30 保存波形文件

(5) 仿真。

Quartus Ⅱ软件的仿真分为功能仿真和时序仿真。功能仿真是忽略延时、按照逻辑关系仿真，而时序仿真是考虑电路的延时仿真，这种仿真更接近实际情况。在实践中，先进行功能仿真，验证电路的逻辑关系是否正确；然后再进行时序仿真，验证电路是否满足实际要求。

本书主要学习数字电路的逻辑设计，主要倾向于逻辑关系的正确性，因此，本书中大部分采用功能仿真。

① 选择 Assignments→Settings 菜单命令，弹出仿真设置界面对话框，选择 Simulator→Settings 选项，用户可以设定要执行的仿真类型、仿真所需时间、向量激励源以及其他选项，如图 3-1-31 所示。

② 在图 3-1-31 中，在 Simulation mode 下拉列表中选择 Functional 选项，即选择功能仿真。其他按默认设置，单击 OK 按钮完成功能仿真设置。

③ 选择 Processing→Generate Functionl Simulation Netlist 菜单命令，系统自动创建功能仿真网络表，完成后弹出相应的提示框，单击 确定 按钮即可。

④ 选择 Processing→Start Simulation 菜单命令，或单击工具栏中的 按钮，启动功能仿真，完成后弹出相应的提示框，单击 确定 按钮即可，仿真结果如图 3-1-32 所示。

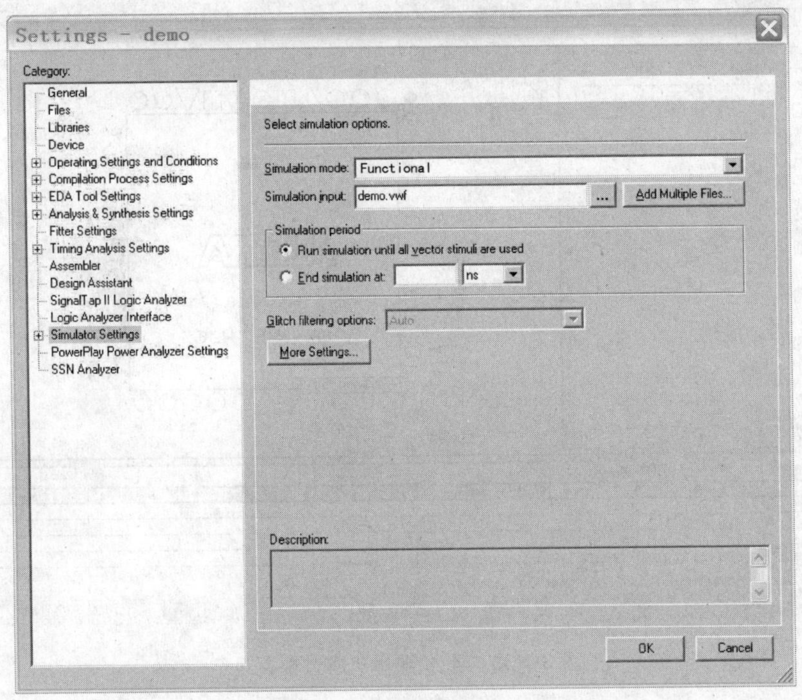

图 3-1-31　仿真设置界面

注意：如显示范围不对，可选择 View→Fit in Window 菜单命令进行操作。

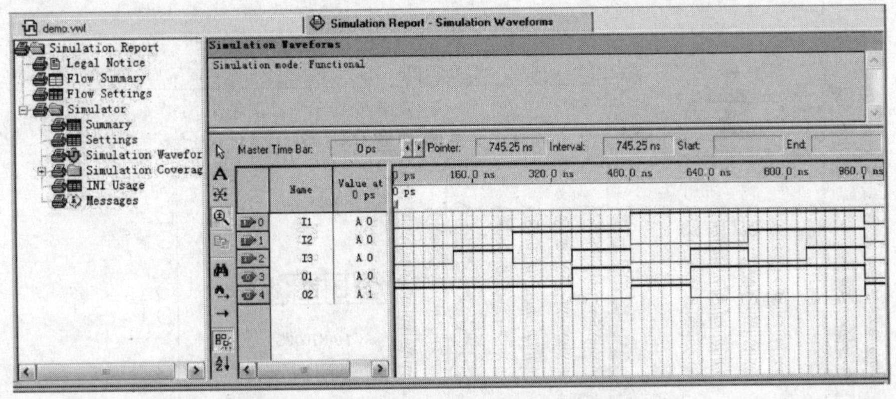

图 3-1-32　三人表决器功能仿真结果

⑤ 对照表 3-1-1 所示真值表，验证仿真波形。若正确，说明逻辑设计正确；否则，需修改设计，并仿真，直至正确为止。

5）编程下载与硬件测试

(1) 分配引脚。

选择 Assignments→Pins 菜单命令，或单击工具栏中按钮，弹出输入/输出引脚分配窗口，如图 3-1-33 所示。有两种分配引脚的方法，介绍如下。

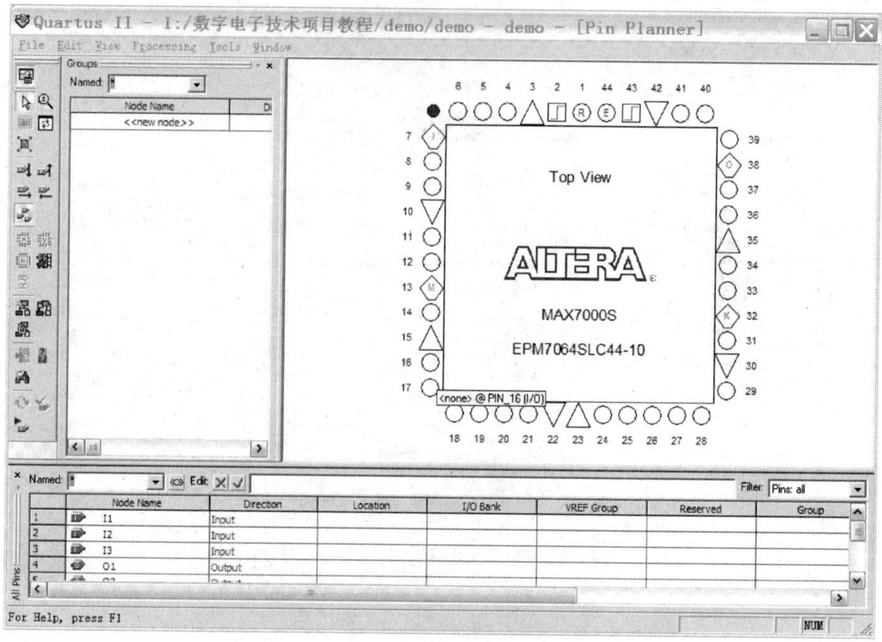

图 3-1-33　输入/输出引脚分配窗口

① 在图 3-1-33 引脚分配列表中,在相应节点的 Location 栏中选择相应的引脚编号。

设 I1、I2、I3 分配的引脚为 P04、P05、P06,O1、O2 分配的引脚为 P21、P24。引脚分配后的引脚分配窗口如图 3-1-34 所示。

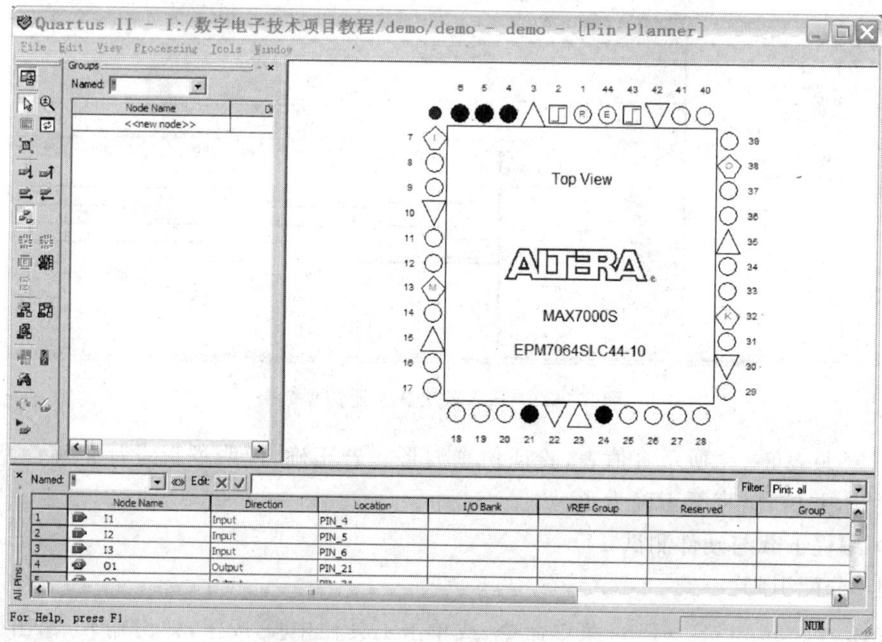

图 3-1-34　引脚分配后的分配窗口

② 在器件封装图上需要分配的引脚上双击，弹出引脚属性对话窗口，如图 3-1-35 所示。在 Node name 下拉列表中选择需要分配的节点，其他按默认设置，然后单击 OK 按钮完成该引脚分配。

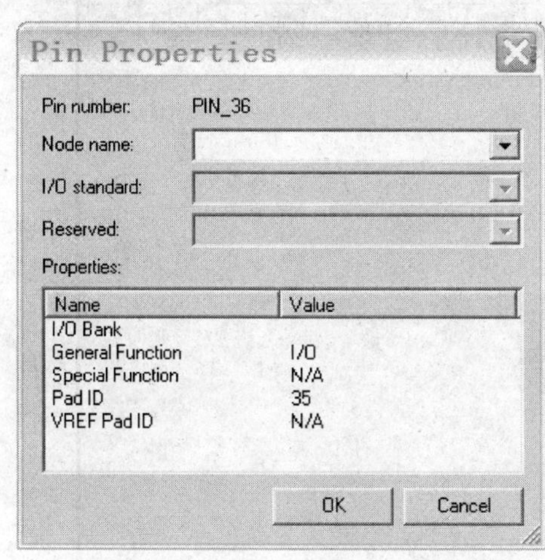

图 3-1-35　引脚属性对话框

(2) 编程下载。

编程下载的目的是将设计所生成的文件通过计算机下载到目标器件，验证设计是否满足要求或者将已完成的设计在实际中应用。使用 Quartus Ⅱ 软件成功编译后，就可以对 Altera 器件进行编程或配置，编程文件是器件的编程镜像，其形式是目标器件的一个或多个 Programmer Object Files(.pof)或 SRAM Object Files(.sof)。

① 再编译：当引脚分配完成后，必须再次执行编译命令，这样才能保证存储这些引脚的锁定信息。

② 连接下载电缆：FPGA/CPLD 的下载和配置需要使用专用的下载电缆。下载电缆主要有 ByteBlaster MV 下载线、ByteBlaster Ⅱ 下载线、USB-Blaster 下载线、Master Blaster(USB 口/串口)下载线和 EthernetBlaster MV 下载线 5 种。

这里以常用的 USB-Blaster 下载线为例。将 USB-Blaster 下载线的一端连到 PC 的 USB 口，另一端连到 FPGA/CPLD 目标器件的 JTAG 口，接通目标板电源。

注意： 如果该 PC 是第一次使用 USB-Blaster 下载线，则需要安装相应的驱动程序。驱动程序位于 Quartus Ⅱ的安装文件夹 C:\altera\90sp2\quartus\drivers\usb-blaster 中。

③ 配置下载电缆。选择 Tool→Programmer 命令或单击工具栏中 按钮，弹出编程配置下载窗口，如图 3-1-36 所示。在该窗口中，单击 Hardware Setup... 按钮，弹出硬件设置对话框，如图 3-1-37 所示。选择 Hardware Settings 标签，在 Currently selected hardware 下拉列表框中选择 USB-Blaster，然后单击 Close 按钮，完成下载线的配置，如图 3-1-38 所示。

④ 下载编程文件。

在编程配置下载窗口中，在 Mode 下拉列表中选择 JTAG，将下载文件 demo.pof 右侧第一个小方框 Program/Configure 选中，确保下载电缆连接无误，打开目标板电源，单击 Start 按钮，编程下载开始，直到下载进度为 100%为止，表示下载完成，如图 3-1-39 所示。

(3) 硬件测试。

在目标器件上，从 CPLD 的 P04、P05、P06 引脚输入信号，从 P21、P24 输出引脚观察输出信号。根据三人表决电路的真值表验证电路设计是否符合要求。

注意： 有关引脚分配、下载电缆的连接与配置、下载编程文件的具体操作，将在本项目任务 3.2 中，结合 TEMI 数字逻辑设计能力认证开发板进行学习。

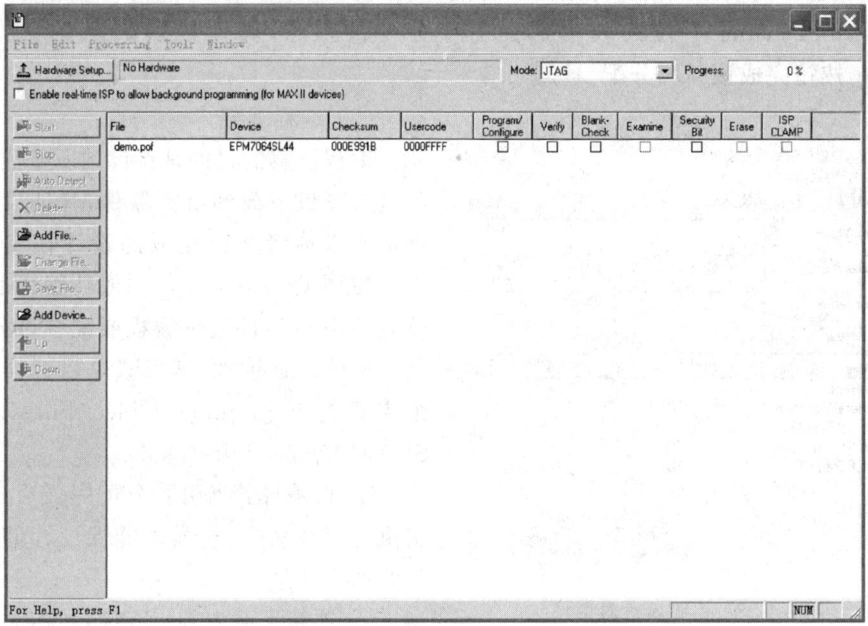

图 3-1-36 编程配置下载窗口

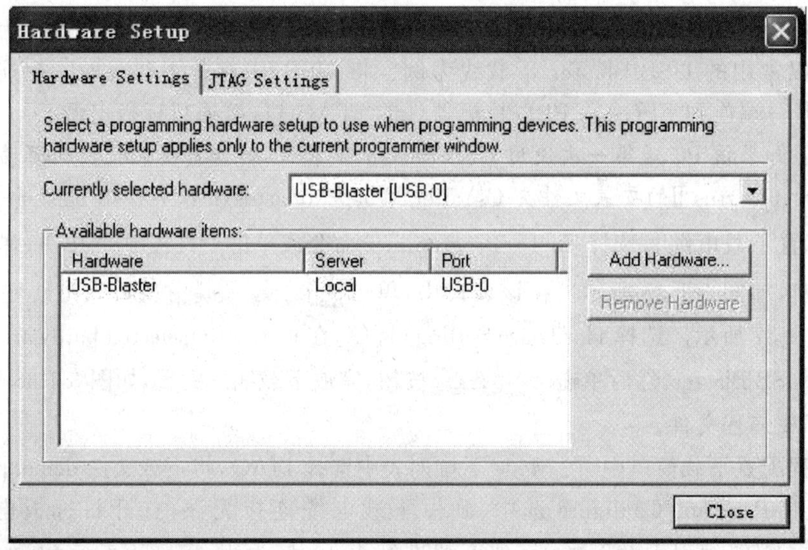

图 3-1-37 硬件设置对话框

图 3-1-38 配置完成窗口

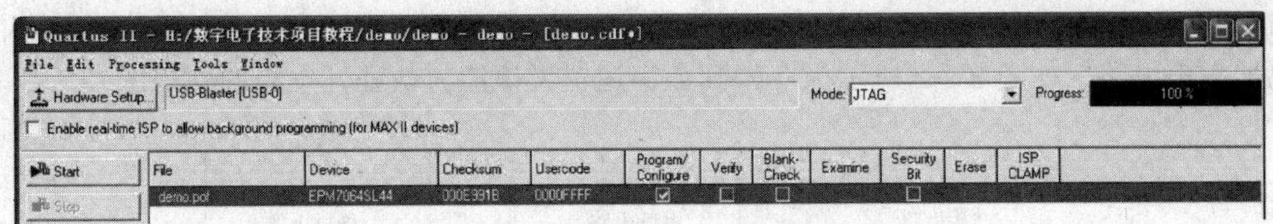

图 3-1-39　编程文件下载完成窗口

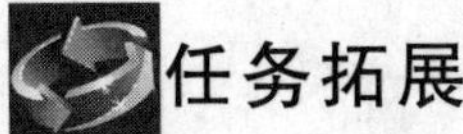

任务拓展

表 3-1-2 所示为一个逻辑系统的真值表,请按如下要求完成任务。

(1) 求解与化简逻辑输出与逻辑输入间的逻辑函数表达式。

(2) 根据逻辑函数表达式,使用 Quartus Ⅱ软件绘制逻辑电路。

(3) 使用 Quartus Ⅱ软件进行波形仿真,按表 3-1-2 所示真值表进行验证。

(4) 描述该逻辑系统的功能。

表 3-1-2　逻辑真值表

输　入				输出	输　入				输出
A	*B*	*C*	*D*	*Y*	*A*	*B*	*C*	*D*	*Y*
0	0	0	0	1	1	0	0	0	1
0	0	0	1	1	1	0	0	1	1
0	0	1	0	1	1	0	1	0	0
0	0	1	1	1	1	0	1	1	0
0	1	0	0	1	1	1	0	0	0
0	1	0	1	1	1	1	0	1	0
0	1	1	0	1	1	1	1	0	0
0	1	1	1	1	1	1	1	1	0

任务 3.2　TEMI 数字逻辑设计能力认证开发板的操作使用

任务说明

本任务以中国台湾嵌入式暨单片机系统发展协会数位逻辑设计认证平台——TEMI 数字逻辑设计能力认证开发板作为 CPLD 的硬件开发平台。学习 TEMI 数字逻辑设计能力认证开发板 CPLD 与 Quartus Ⅱ开发平台的电缆接口以及 CPLD 与外围接口电路的连接关系。

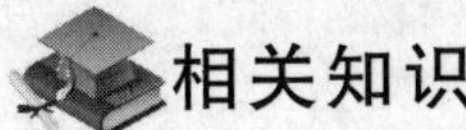

相关知识

如图 3-2-1 所示为 TEMI 数字逻辑设计能力认证开发板的方框图,包括可编程逻辑器件(CPLD:EPM7064SLC44-10)、多段时钟产生电路、5V 直流电源电路、并行口编程接口电路、指拨开关输入电路、按钮开关输入电路、2 位 LED 数码管显示电路、LED 灯显示电路、蜂鸣器发声电路。如图 3-2-2 所示为 TEMI 数字逻辑设计能力认证开发板的外观图。

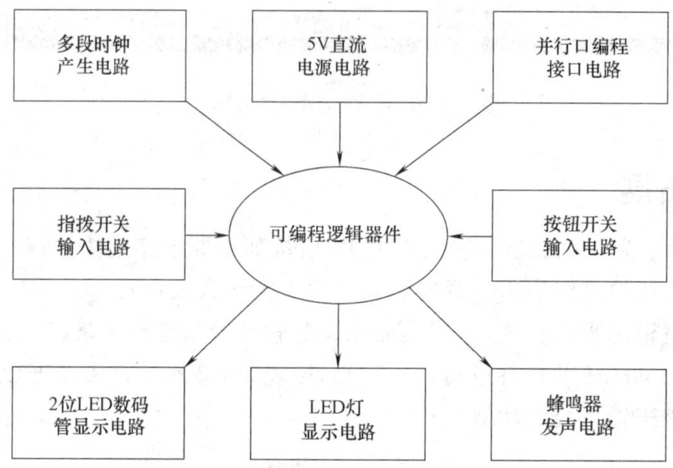

图 3-2-1 TEMI 数字逻辑设计能力认证开发板的方框图

图 3-2-2 TEMI 数字逻辑设计能力认证开发板外观图

1. TEMI 数字逻辑设计能力认证开发板功能描述

1）输入端口

(1) 插针式电源座(J3)：用于提供 TEMI 数字逻辑设计能力认证开发板工作电源。

(2) USB 电源(J2)：用于提供 TEMI 数字逻辑设计能力认证开发板工作电源。

(3) 电源开关(S1)：用于通、断工作电源的输入。

(4) 并行接口(J1)：用于通过并口下载用户设计程序(文件扩展名为 .pof)。

(5) 多段时钟选择(JP2、JP3)：用于向时序逻辑电路提供时钟，时钟类型的选择详见多段时钟产生电路。

(6) 功能设定指拨开关(S2)：用于设定 CPLD、LED 灯显示、LED 数码管显示的使能。

(7) 指拨开关(S7)：用于输入高、低电平，ON 为 0，OFF 为 1。

(8) 按钮开关(S3、S4、S5、S6、S8、S9)：用于输入高、低电平，按下为 0，不按为 1。

2) 输出端口

(1) LED 灯显示电路(D1～D9)：用于显示高、低电平的状态，输入高电平时灯灭，输入低电平时灯亮。

(2) 电子骰子显示电路(D10～D16)：用于电子骰子功能时显示骰子的点数。

(3) LED 数码管显示电路(DS1、DS2)：用于显示 2 位十进制的数字。

(4) 蜂鸣器(LS1)：输出声音。

2. TEMI 数字逻辑设计能力认证开发板 CPLD 与外围接口的引脚配置

TEMI 数字逻辑设计能力认证开发板 CPLD 与外围接口的引脚配置关系如表 3-2-1 所示。

3. TEMI 数字逻辑设计能力认证开发板模块电路介绍

1) CPLD 电路模块

CPLD 电路模块如图 3-2-3 所示。CPLD 器件的型号是 EPM7064SLC44-10，从图中可看出 CPLD 与各外围模块的连接关系与表 3-2-1 描述是一样的。

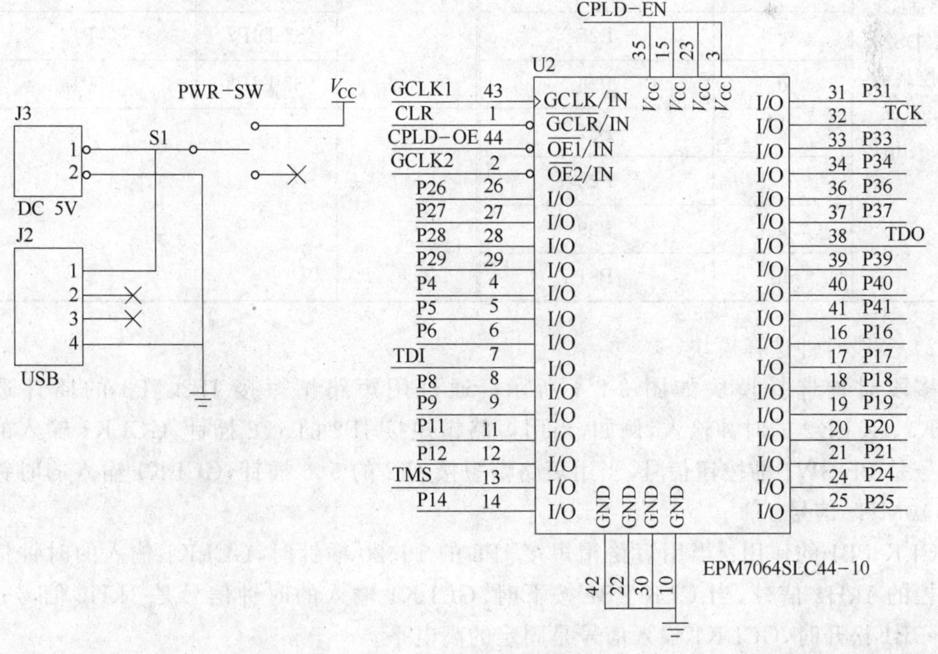

图 3-2-3 CPLD 电路模块

表 3-2-1 TEMI 数字逻辑设计能力认证开发板 CPLD 与外围接口的引脚配置关系表

外围电路		CPLD 引脚	外围电路		CPLD 引脚
元件名称	引脚编号		元件名称	引脚编号	
LED 灯显示电路	D2	P21	蜂鸣器	LS1	P20
	D3	P24	GCLK1	JP2	P43
	D4	P25	GCLK2	JP3	P02
	D5	P26	CLR	JP4	P01
	D6	P27	SW DIP-4	S2(CPLD-EN)	P03、P15、P23、P35
	D7	P28		S2(CPLD-OE)	P44
	D8	P29	PB-SW1	S3	P16
	D9	P31	PB-SW2	S4	P17
电子骰子显示电路	D10～D11	P36	PB-SW3	S5	P18
	D12～D13	P37	PB-SW4	S6	P19
	D14	P39	SW DIP-8	S7-DIP1	P04
	D15～D16	P40		S7-DIP2	P05
LED 数码管(位控制端：DS1、DS2，段码控制端：a、b、c、d、e、f、g、dp)	DS1	P34		S7-DIP3	P06
	DS2	P33		S7-DIP4	P08
	a	P21		S7-DIP5	P09
	b	P24		S7-DIP6	P11
	c	P25		S7-DIP7	P12
	d	P26		S7-DIP8	P14
	e	P27			
	f	P28			
	g	P29			
	dp	P31			

2) 多段时钟选择模块

多段时钟选择模块如图 3-2-4 所示。通过用短路帽短接 JP2、JP3 的插针选择 GCLK1、GCLK2 的时钟输入，例如，当用短路帽短接 JP2 的 1、2 插针，GCLK1 输入的时钟信号是 PB-SW1 的按钮信号，当用短路帽短接 JP2 的 5、6 插针，GCLK1 输入的时钟信号是 10MHz 信号。

CLK-PB1 的作用：当用短路帽短接 JP2 的 19、20 插针时，GCLK1 输入的时钟信号是可控的 1kHz 信号，当 CLK-PB1 按下时，GCLK1 输入的时钟信号是 1kHz 信号；当 CLK-PB1 松开时，GCLK1 输入信号是固定的高电平。

CLK-PB2 的作用：当用短路帽短接 JP3 的 19、20 插针时，GCLK2 输入的时钟信号是可控的 1MHz 信号，当 CLK-PB2 按下时，GCLK2 输入的时钟信号是 1MHz 信号；当 CLK-PB2 松开时，GCLK2 输入信号是固定的高电平。

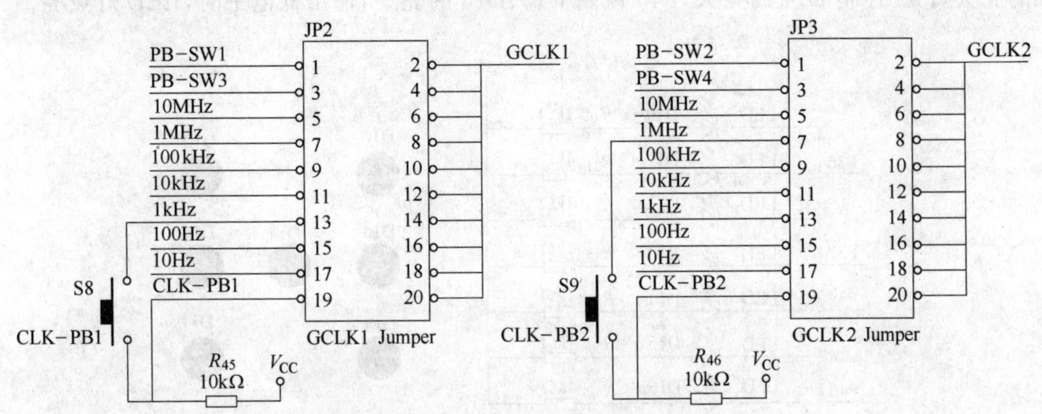

图 3-2-4 多段时钟选择模块

3）按键与指拨开关输入模块

按键与指拨开关输入模块如图 3-2-5 所示。

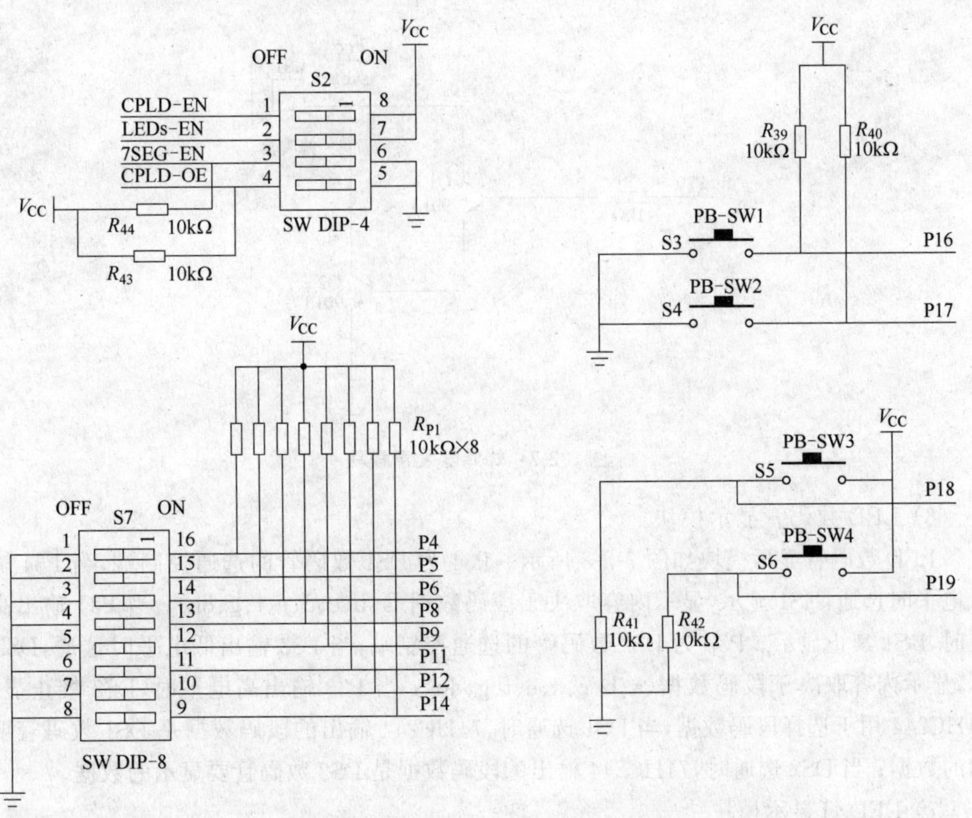

图 3-2-5 按键与指拨开关输入模块

4）电子骰子显示模块

电子骰子显示模块如图 3-2-6 所示。P36 控制 D10、D11 的亮灭，P37 控制 D12、D13 的亮灭，P39 控制 D14 的亮灭，P40 控制 D15、D16 的亮灭，输出低电平时，LED 灯点亮。

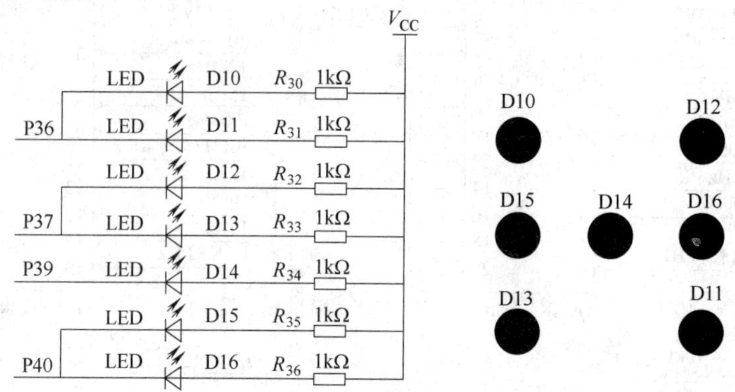

图 3-2-6 电子骰子显示模块

5）蜂鸣器发声模块

蜂鸣器发声模块如图 3-2-7 所示。P20 输出脉冲时，蜂鸣器发声。

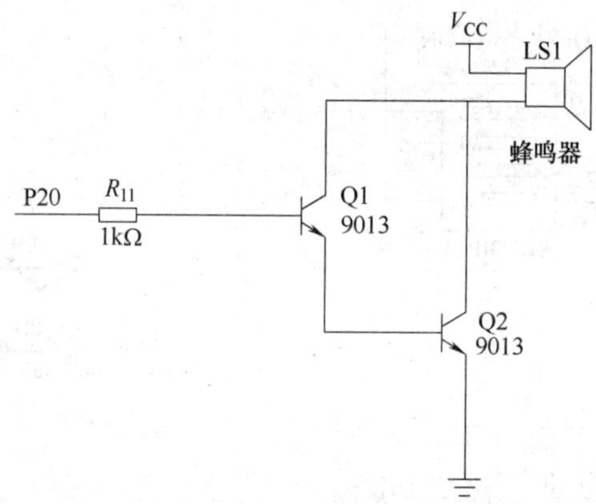

图 3-2-7 蜂鸣器发声模块

6）LED 数码管显示模块

LED 数码管显示模块如图 3-2-8 所示。P34 为 DS1 数码管的选通控制端，当 P34 输出低电平时选通，DS1 显示，显示内容取决于段码数据(a、b、c、d、e、f、g、dp)；当 P34 输出高电平时，DS1 禁止显示。P33 为 DS2 数码管的选通控制端，当 P33 输出低电平时选通，DS2 显示，显示内容取决于段码数据(a、b、c、d、e、f、g、dp)；当 P33 输出高电平时，DS2 禁止显示。74HC244 用于选择段码数据，当 DS1 选通时，74HC244 输出的段码数据是 DS1 数码管要显示的数据；当 DS2 选通时，74HC244 输出的段码数据是 DS2 数码管要显示的数据。

7）LED 灯显示模块

LED 灯显示模块如图 3-2-9 所示，低电平驱动。其中，PER-GL 是电源指示灯。

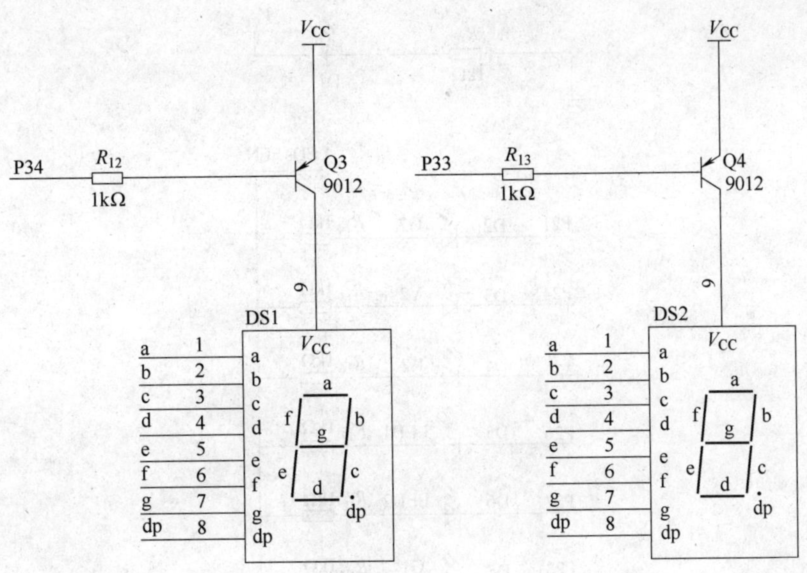

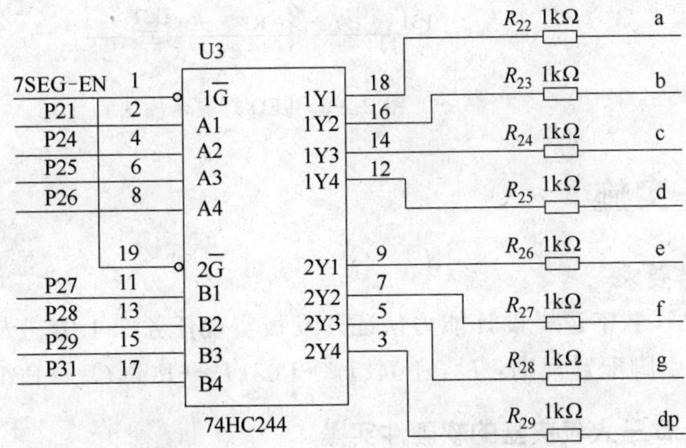

图 3-2-8 LED 数码管显示模块

8）时钟产生电路模块

时钟产生电路模块如图 3-2-10 所示。3 个 74LS04、1 个 10MHz 晶振、2 个 1kHz 电阻、1 个 0.1μF 电容构成 10MHz 的振荡器，每个 74LS390 构成一个十进制计数器（十分频电路），实现逐级十分频输出。

9）其他

这里包括 CLR 跳线、JTAG 接口以及 Reserve I/O 接口，如图 3-2-11 所示。

CLR Jumper：短接 1、2 插针时，CLR 输出高电平；短接 5、6 插针时，CLR 输出低电平。

JTAG：用于实现 CPLD 应用程序的下载。

Reserve I/O(JPS)：预留 I/O 接口，可从 JPS 插针引出 P41 接口。

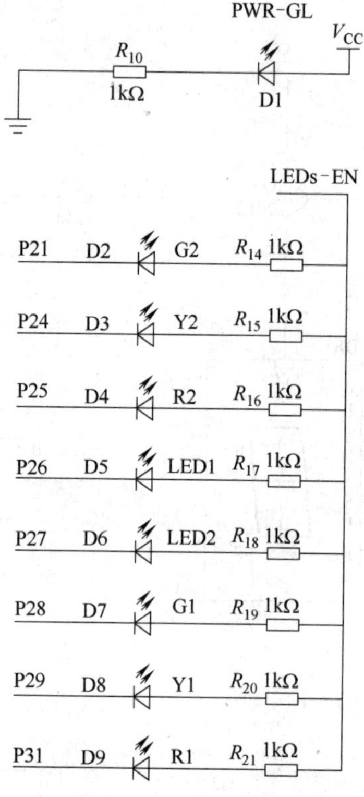

图 3-2-9 LED 灯显示模块

任务实施

1. 任务要求

在 TEMI 数字逻辑设计能力认证开发板实现任务 3.1 中三人表决器的功能。

CPLD 引脚配置规则：I_1→P04、I_2→P05、I_3→P06，O_1→P21、O_2→P24。

2. CPLD 三人表决器的软硬件实操

(1) TEMI 数字逻辑设计能力认证开发板与 PC 的硬件连接。

TEMI 数字逻辑设计能力认证开发板与 PC 的通信方法是将 PC 的 USB 口与 USB 转并行口电路板的 USB 口相接，再将 USB 转并行口电路板的并行口与 TEMI 数字逻辑设计能力认证开发板的并行口相接。TEMI 数字逻辑设计能力认证开发板 USB 转并行口的硬件连接如图 3-2-12 所示。

① USB 转并行口电路板工作电源取自 TEMI 数字逻辑设计能力认证开发板，如图 3-2-12 所示。

② 打开 S1 电源开关，打开 USB 转并行口电路板工作电源。

③ S2 “CPLD-EN”开关拨到 ON 位置。

④ 使用 LED 灯显示电路时，S2“LEDs-EN”开关拨到 ON 位置。

⑤ 使用数码 LED 显示时，S2“7SEG-EN”开关拨到 ON 位置。

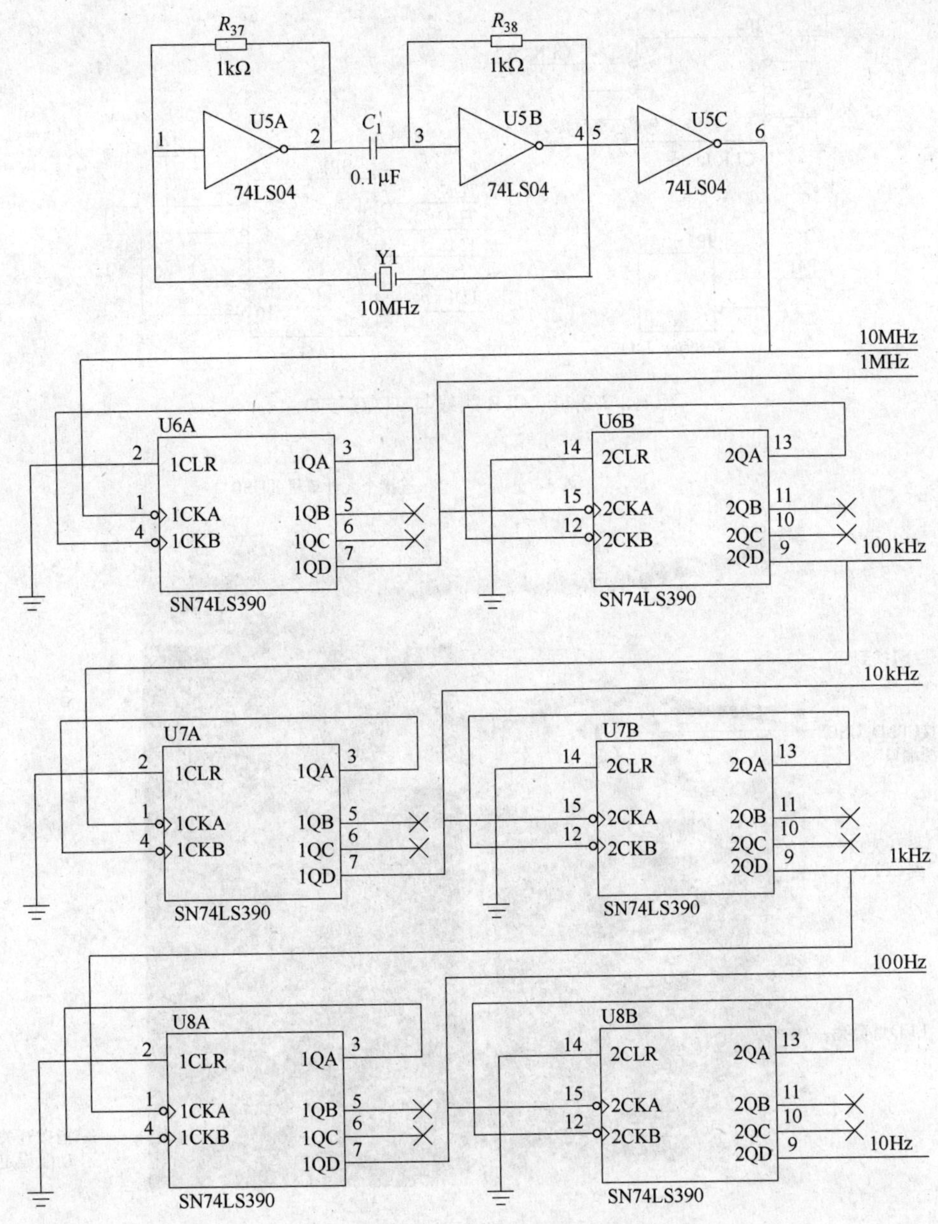

图 3-2-10 时钟产生电路模块

(2) 安装 USB-Blaster 驱动程序。

① 准备好 USB-Blaster 驱动程序。

② 当 USB 接口设备与 PC 的 USB 端口相连时，PC 会提示找到新设备，要求安装驱动程序，此时，选择从指定路径进行安装，按安装引导操作即可完成 USB-Blaster 驱动程序的安装。

(3) 原理图电路设计与波形仿真(略)。直接利用任务 3.1 的结果。

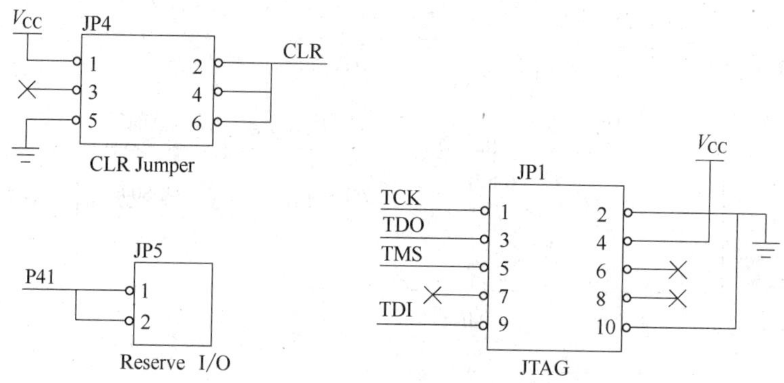

图 3-2-11 CLR 跳线与 JTAG 接口

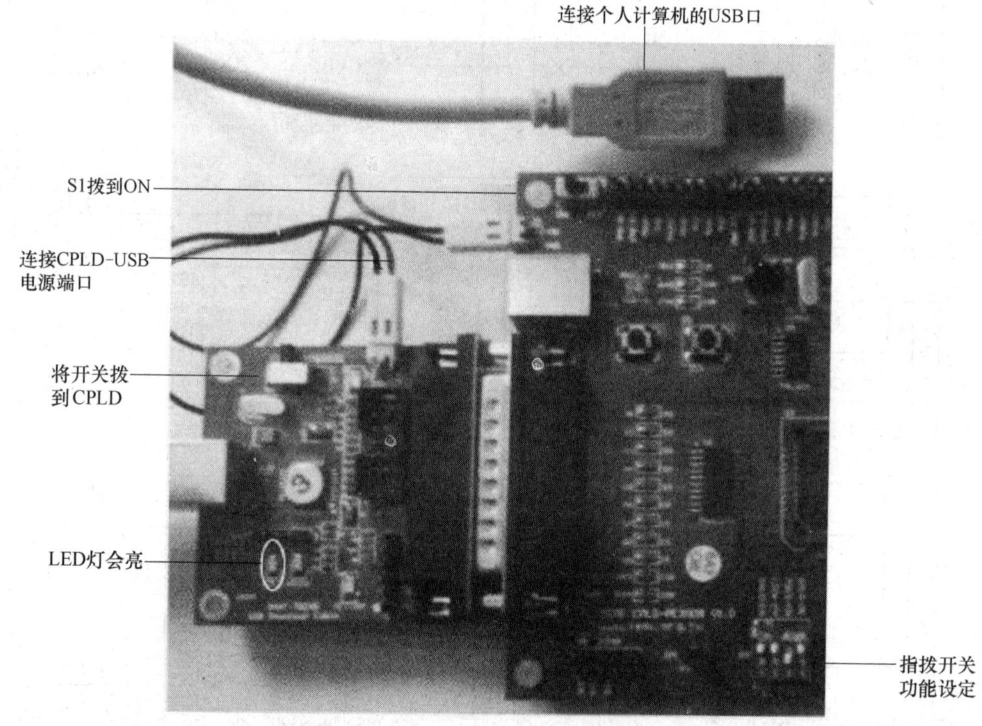

图 3-2-12 TEMI 数字逻辑设计能力认证开发板 USB 转并行口的硬件连接

(4) 引脚分配与再编译。启动 Quartus Ⅱ 软件,打开任务 3.1 中已建立的项目 demo,按照引脚分配规则给三人表决器的输入、输出分配 CPLD 的引脚,完成后重新编译。

(5) 配置下载电缆。

(6) 下载编程文件: demo. pof。

(7) 硬件测试。按表 3-2-2,在 TEMI 数字逻辑设计能力认证开发板进行测试。

表 3-2-2 三人表决器测试表

SW DIP-8			LED 灯(低电平驱动)	
S7-DIP1 (I_1、P04)	S7-DIP2 (I_2、P05)	S7-DIP3 (I_3、P06)	D2 (O_1、P21)	D3 (O_2、P24)
0	0	0		
0	0	1		
0	1	0		
0	1	1		
1	0	0		
1	0	1		
1	1	0		
1	1	1		

(8) 检查测试结果。归纳硬件测试结果,判断测试结果是否符合设计要求。若不符合要求,找出问题所在,修改电路设计,重新测试,直至测试符合设计要求。

(9) 撰写实操小结。总结实操中的收获与不足,归纳实操中遇到的问题以及解决方法,总结实操中的不良现象与纠正措施。

任务拓展

在 TEMI 数字逻辑设计能力认证开发板实现任务 3.1 任务拓展中表 3-1-2 所示数字逻辑系统的功能。

习题

项目 3 习题.pdf(扫描可下载本项目习题)

Project 4

组合逻辑电路

知识点

◇ 组合逻辑电路的分析和设计方法；

◇ 组合逻辑电路中的竞争与冒险；

◇ 加法器、编码器、译码器、数值比较器、数据选择器及数据分配器的原理及功能。

技能点

◇ 组合逻辑电路的分析和设计；

◇ 组合逻辑电路中竞争与冒险的消除；

◇ 加法器、编码器、译码器、数值比较器、数据选择器及数据分配器的应用。

任务 4.1 加法器

任务说明

本任务主要学习组合逻辑电路的分析和设计方法，以及加法器等的原理及应用。

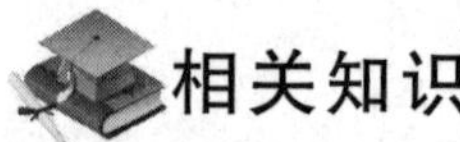

相关知识

根据逻辑功能的不同特点，常把数字电路分成组合逻辑电路（简称组合电路）和时序逻辑电路（简称时序电路）两大类。

任何时刻输出信号的稳态值，仅取决于该时刻各个输入信号的取值组合的电路，称为组合电路。在组合电路中，输入信号作用以前电路所处的状态，对输出信号没有影响。本书项目 2 中的门电路和本项目中的内容，都属于组合电路。

组合电路逻辑功能表示方法通常有逻辑函数表达式、真值表（或功能表）、逻辑图、卡诺图、波形图 5 种。在小规模集成电路中，用逻辑函数表达式的居多；在中规模集成电路中，通常用真值表或功能表。

1. 组合逻辑电路的分析方法

组合逻辑电路的分析是根据已知的逻辑电路图，找出输入、输出之间的关系，确定逻辑功能。组合逻辑电路的分析步骤如图 4-1-1 所示。

图 4-1-1 组合逻辑电路的分析步骤

由图 4-1-1 可知,组合逻辑电路的分析步骤一般如下。

(1) 根据给定的逻辑电路图,写出逻辑函数表达式。

(2) 由公式法或卡诺图法进行化简,得到最简逻辑表达式。

(3) 由最简逻辑表达式画出真值表。

(4) 根据真值表,分析和确定电路的逻辑功能。

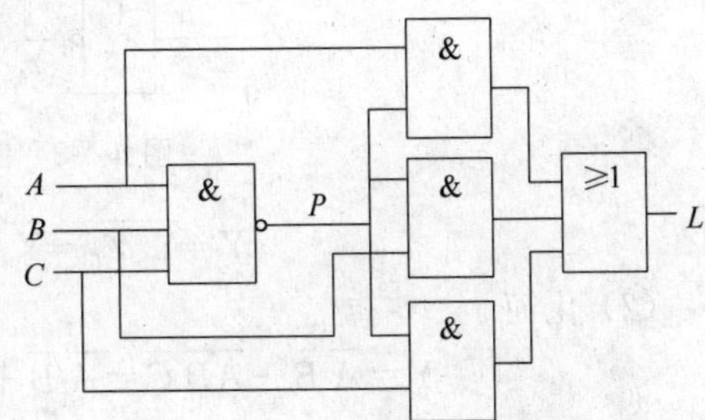

图 4-1-2 例 4-1-1 逻辑电路图

【例 4-1-1】 分析如图 4-1-2 所示的组合电路的逻辑功能。

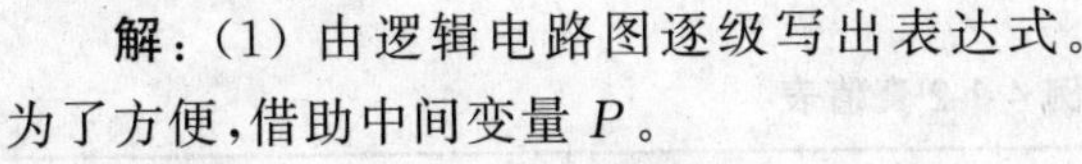

解:(1) 由逻辑电路图逐级写出表达式。为了方便,借助中间变量 P。

$$P=\overline{ABC}$$

$$L=AP+BP+CP=A\overline{ABC}+B\overline{ABC}+C\overline{ABC}$$

(2) 化简。

$$L=\overline{ABC}(A+B+C)=\overline{ABC+\overline{A+B+C}}=\overline{ABC+\bar{A}\bar{B}\bar{C}}$$

(3) 列出真值表,如表 4-1-1 所示。

表 4-1-1 例 4-1-1 真值表

A	B	C	L
0	0	0	0
0	0	1	1
0	1	0	1
0	1	1	1
1	0	0	1
1	0	1	1
1	1	0	1
1	1	1	0

(4) 分析逻辑功能。由表 4-1-1 可知,当 A、B、C 三个变量不一致时,输出为“1”,所以这个电路称为“不一致电路”。

【例 4-1-2】 已知组合逻辑电路如图 4-1-3 所示,试分析其逻辑功能。

解:(1) 由逻辑电路图逐级写出表达式。

$$Y_1=\overline{A},\quad Y_2=\overline{B},\quad Y_3=\overline{AB},\quad Y_4=\overline{C}$$

$$Y_5=\overline{Y_1Y_2}=\overline{\overline{A}\,\overline{B}},\quad Y_6=\overline{Y_3Y_4}=\overline{\overline{AB}\,\overline{C}}$$

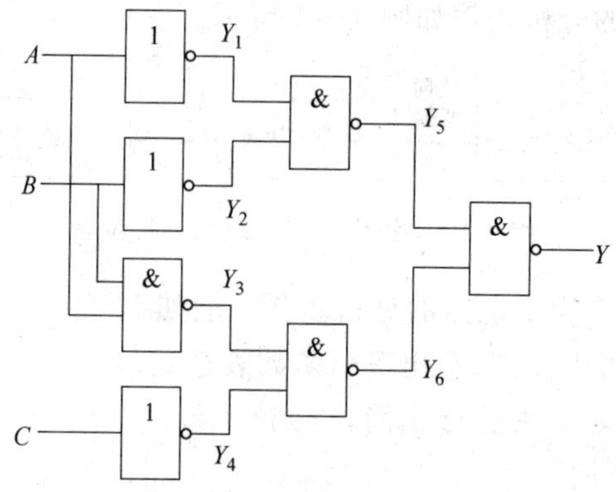

图 4-1-3　例 4-1-2 逻辑电路图

$$Y=\overline{Y_5 Y_6}=\overline{Y_5}+\overline{Y_6}=\overline{A}\,\overline{B}+\overline{AB}\,\overline{C}$$

(2) 化简。

$$Y=\overline{A}\,\overline{B}+\overline{AB}\,\overline{C}=\overline{A}\,\overline{B}+(\overline{A}+\overline{B})\overline{C}=\overline{A}\,\overline{B}+\overline{A}\,\overline{C}+\overline{B}\,\overline{C}$$

(3) 列出真值表如表 4-1-2 所示。

表 4-1-2　例 4-1-2 真值表

A	B	C	Y
0	0	0	1
0	0	1	1
0	1	0	1
0	1	1	0
1	0	0	1
1	0	1	0
1	1	0	0
1	1	1	0

(4) 分析逻辑功能。从表 4-1-2 可得出，输入信号 ABC 中，若只有一个或一个以下的信号为 1 时，输出 $Y=1$，否则 $Y=0$。

由以上两个例题，归纳总结如下。

(1) 组合逻辑电路的分析步骤中不一定每个步骤都要。例如，写出的逻辑表达式，已成为最简式可省略化简；由表达式直接概述功能，不一定列真值表。

(2) 不是每个电路均可用简练的文字描述其功能，如 $Y=AB+CD$。

2. 组合逻辑电路的设计方法

组合逻辑电路的设计过程如图 4-1-4 所示，与分析过程正好相反。

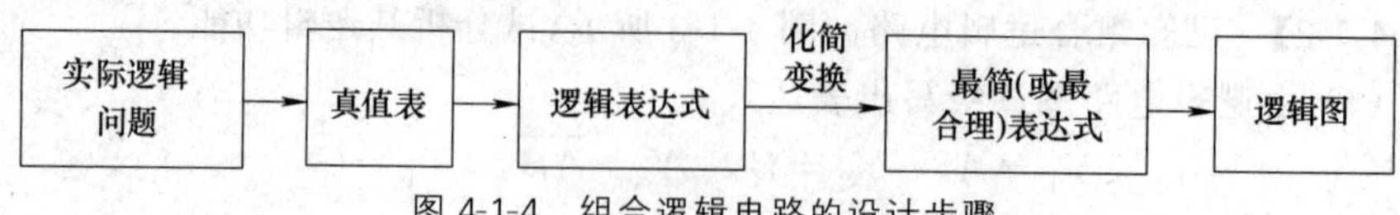

图 4-1-4　组合逻辑电路的设计步骤

由图 4-1-4 可知，组合逻辑电路的设计步骤如下。

(1) 分析逻辑命题，明确输入量和输出量，并确定其状态变量(逻辑 1 和逻辑 0 含义)。

(2) 根据逻辑命题要求，列出真值表。

(3) 根据真值表写出逻辑函数最小项表达式。

(4) 化简逻辑表达式。

(5) 根据逻辑表达式，画出相应逻辑电路。

【例 4-1-3】 设计一个三人表决电路，结果按"少数服从多数"的原则决定。

解：(1) 分析逻辑命题。设三人为 A、B、C，同意为 1，不同意为 0；表决为 L，有 2 人或 2 人以上同意，表决通过，通过为 1，否决为 0。因此，A、B、C 为输入量，L 为输出量。

(2) 列出真值表，如表 4-1-3 所示。

表 4-1-3 例 4-1-3 真值表

A	B	C	L
0	0	0	0
0	0	1	0
0	1	0	0
0	1	1	1
1	0	0	0
1	0	1	1
1	1	0	1
1	1	1	1

(3) 写出最小项表达式。

$$L=\overline{A}BC+A\overline{B}C+AB\overline{C}+ABC$$

(4) 化简。用卡诺图将其化简，画出卡诺图如图 4-1-5 所示。

由图 4-1-5，写出最简与或表达式：

$$L=AB+BC+AC$$

(5) 画出逻辑图如图 4-1-6 所示。

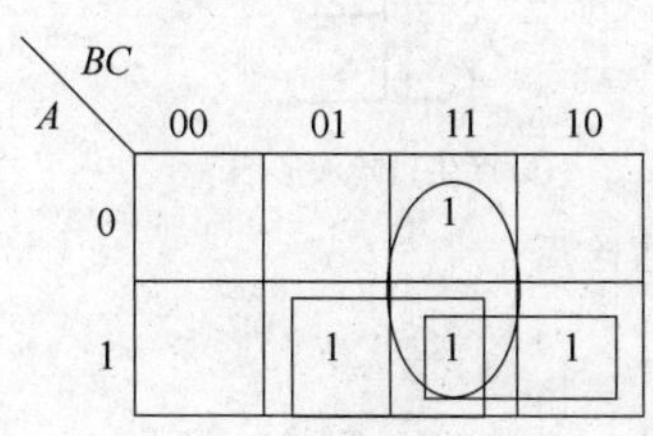

图 4-1-5 例 4-1-3 卡诺图

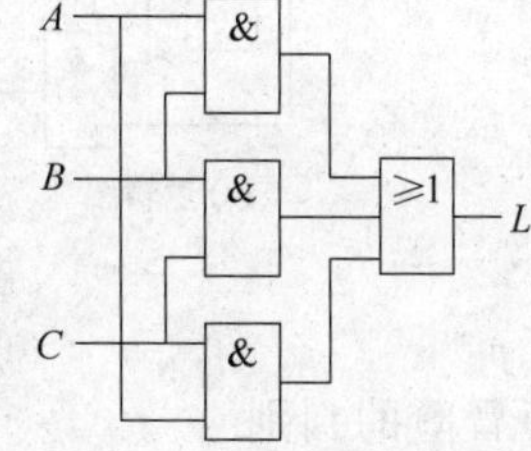

图 4-1-6 例 4-1-3 用与门和或门实现逻辑图

在实际电路设计中常用与非门集成电路芯片。为此，用摩根定理进行如下变换：

$$L=AB+BC+AC=\overline{\overline{\overline{AB}+\overline{BC}+\overline{AC}}}=\overline{\overline{AB}\cdot\overline{BC}\cdot\overline{AC}}$$

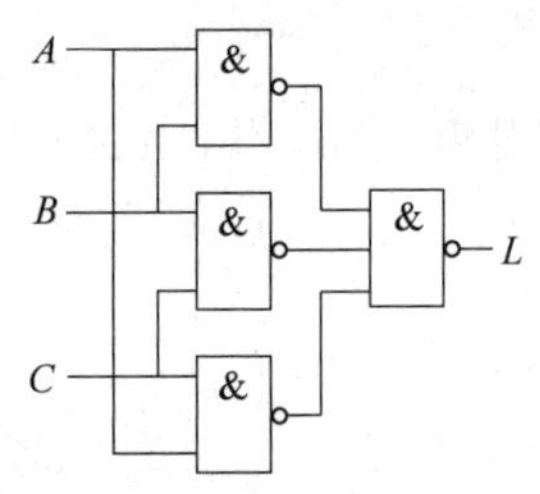

图 4-1-7 例 4-1-3 用与非门实现逻辑图

其逻辑图如图 4-1-7 所示。

3. 组合逻辑电路中的竞争和冒险

1) 竞争冒险现象及其产生原因

前面在讨论组合逻辑电路的分析与设计时都是在理想情况下进行的。所谓“理想”情况就是假定信号的变化都是立刻完成的,没有考虑信号通过导线和逻辑门电路时的传输延迟时间。而实际上,信号在通过导线和门电路时,都需要一定的传输延迟时间。

同一个门的一组输入信号,由于它们在此前通过不同数目的门电路,经过不同长度导线的传输,到达门输入端的时间会有先有后,这种现象称为竞争。逻辑门因输入端的竞争而导致输出端产生不应有的尖峰干扰脉冲(又称过渡干扰脉冲)的现象,称为冒险。

2) 竞争冒险的两种现象

(1) 产生“0”冒险

如图 4-1-8(a)电路所示 $Y=A+\overline{A}$。理想情况下,输出应恒等于 1,其工作波形如图 4-1-8(b)所示。但由于 G_1 门的延迟,$\overline{A}$ 的上升沿比 A 的下降沿时间晚,使得在输出端出现了一个不应该有的负向窄脉冲,波形如图 4-1-8(c)所示,通常称为“0”冒险。

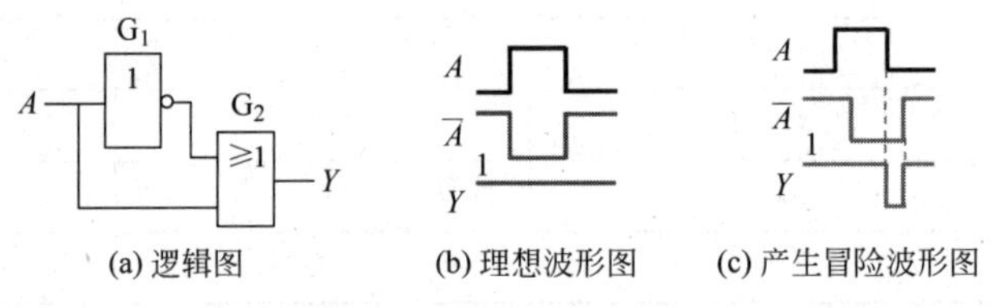

图 4-1-8 产生“0”冒险

(2) 产生“1”冒险

如图 4-1-9(a)电路所示 $Y=A\cdot\overline{A}$。理想情况下,输出应恒等于 0,其工作波形如图 4-1-9(b)所示。但由于 G_1 门的延迟,使得输出端出现了一个不应该有的正向窄脉冲,波形如图 4-1-9(c)所示,通常称为“1”冒险。

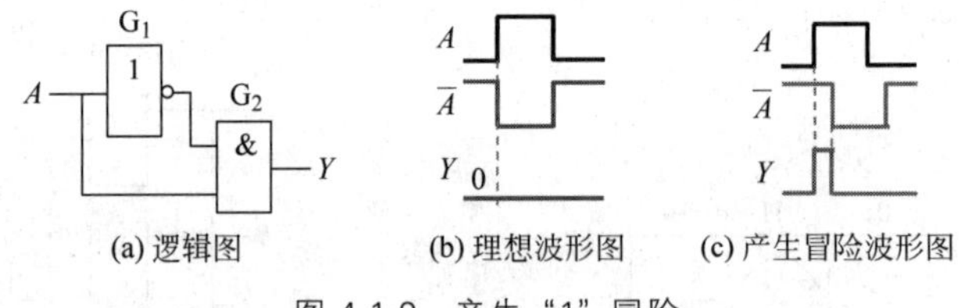

图 4-1-9 产生“1”冒险

3) 竞争冒险的判别

(1) 代数判别法

在组合逻辑电路中,若输出逻辑函数在某条件下可简化成下列两种形式之一,则存在冒险现象,即

$$Y=A+\overline{A} \quad \text{或} \quad Y=A\cdot\overline{A}$$

【例 4-1-4】 试判别图 4-1-10 所示组合逻辑电路是否存在冒险现象。

解：写出输出逻辑函数式 $Y=AB+\overline{A}C$。

当输入 $B=1$、$C=1$ 时，$Y=A+\overline{A}$，所以出现冒险现象。

(2) 卡诺图判别法

画出函数卡诺图，卡诺图中如果存在相切而不相交的包围圈则存在竞争冒险。例如逻辑函数 $Y=AB+\overline{A}C$ 的卡诺图如图 4-1-11 所示，其中图中有相切而不相交的包围圈，因此存在竞争冒险。

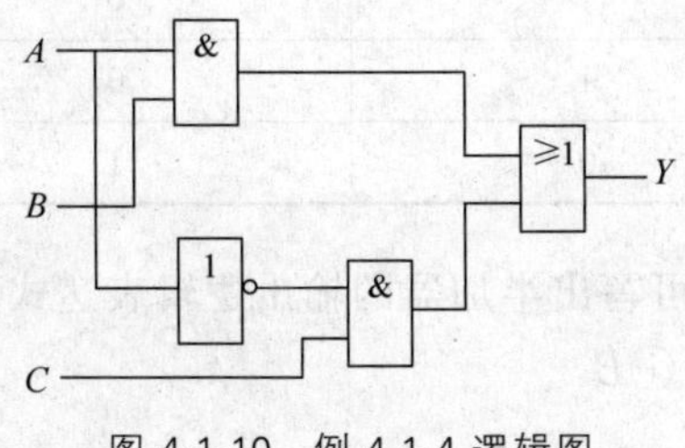

图 4-1-10 例 4-1-4 逻辑图

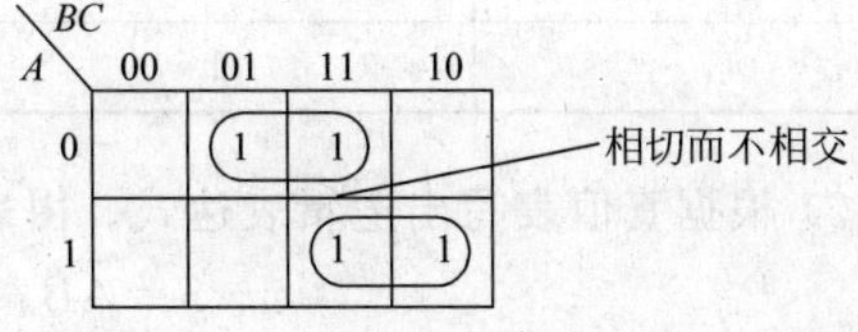

图 4-1-11 逻辑函数 $Y=AB+\overline{A}C$ 的卡诺图

4) 竞争冒险的消除

(1) 修改电路设计

修改电路设计，增加冗余项或者变换逻辑函数式以消除互补变量，就可以消除竞争冒险。例如在例 4-1-4 中，增加冗余项 BC，使逻辑函数变换为 $Y=AB+\overline{A}C+BC$，当输入 $B=1$、$C=1$ 时，无论 A 如何变化，输出 Y 始终为 1，不会存在竞争冒险。这种方法反映在卡诺图中，就是将原来相切的包围圈用一个多余的包围圈连起来，如图 4-1-12 所示。

(2) 输出端并联滤波电容

由于冒险的尖峰干扰脉冲一般很窄，如图 4-1-13 所示，在门电路的输出端并接一个 4～20pF 的电容，使尖峰干扰脉冲的幅度削弱至门电路的阈值电压以下，从而消除竞争冒险现象。

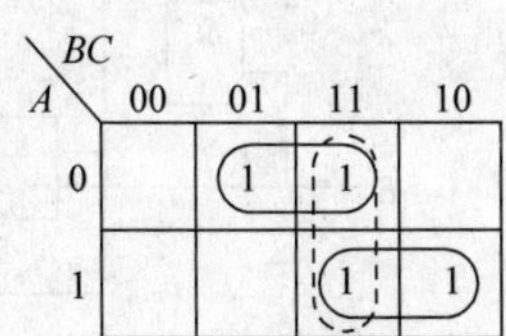

图 4-1-12 增加冗余项的卡诺图

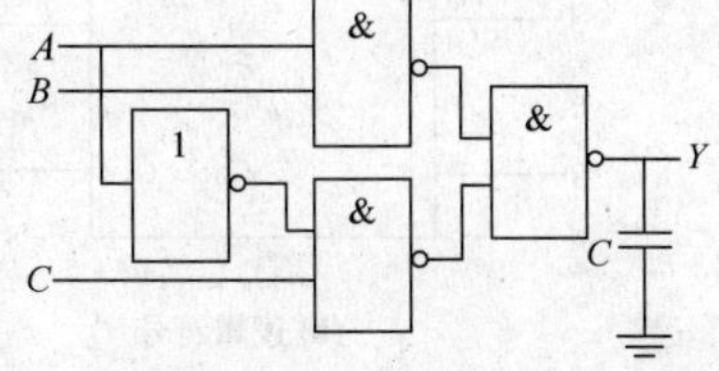

图 4-1-13 并联滤波电容消除竞争冒险

4. 加法器

半加器和全加器是算术运算电路中的基本单元，它们是完成 1 位二进制数相加的一种组合逻辑电路。

1) 半加器

半加器是指只考虑两个 1 位二进制相加，而不考虑来自低位进位数的运算电路。半加器的设计过程如下。

(1) 分析设计要求，列真值表。设两个输入变量分别为被加数 A、加数 B，输出函数为本位和数 S、进位数 C。根据加法运算规则，可列出真值表如表 4-1-4 所示。

表 4-1-4 半加器真值表

输入		输出	
A	B	S	C
0	0	0	0
0	1	1	0
1	0	1	0
1	1	0	1

(2) 根据真值表写出逻辑表达式。由表 4-1-4 可写出半加器的输出逻辑表达式为

$$S=\overline{A}B+A\overline{B}=A\oplus B$$
$$C=AB$$

(3) 画出逻辑图。由上面的逻辑表达式可以看出，半加器由一个异或门和一个与门组成，如图 4-1-14(a)所示。图 4-1-14(b)为其逻辑符号。方框内的"Σ"为加法器的总限定符号，"CO"为其输出的限定符号。

若想用与非门组成半加器，则将上式变换成与非形式：

$$\begin{aligned}S&=\overline{A}B+A\overline{B}=\overline{A}B+A\overline{B}+A\overline{A}+B\overline{B}\\&=A(\overline{A}+\overline{B})+B(\overline{A}+\overline{B})=A\cdot\overline{AB}+B\cdot\overline{AB}\\&=\overline{\overline{A\cdot\overline{AB}}\cdot\overline{B\cdot\overline{AB}}}\end{aligned}$$

$$C=AB=\overline{\overline{AB}}$$

画出用与非门组成的半加器如图 4-1-15 所示。

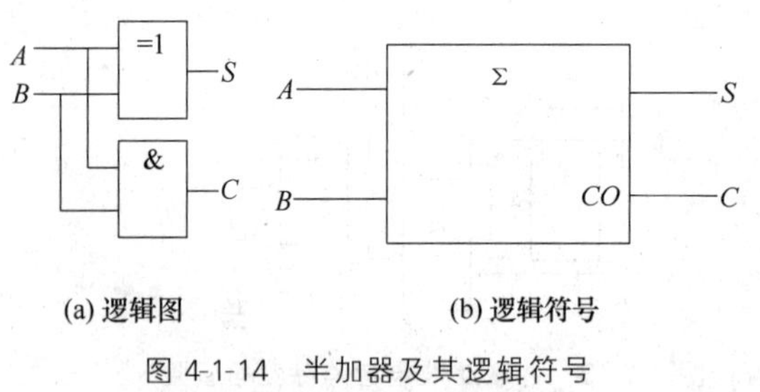

图 4-1-14 半加器及其逻辑符号

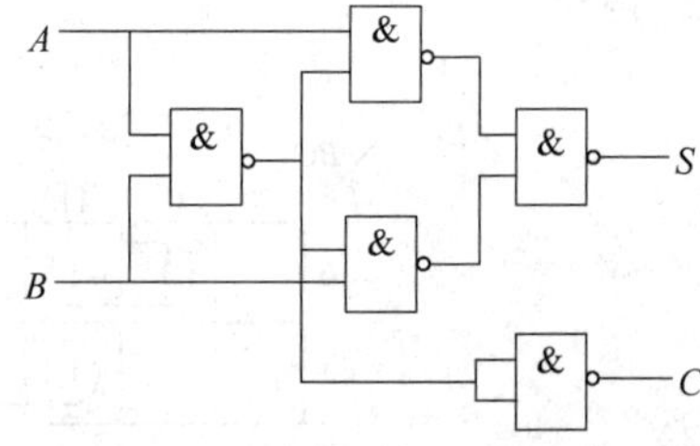

图 4-1-15 与非门组成的半加器

2) 全加器

全加器是指在进行两个多位二进制数相加时，不仅考虑两个 1 位二进制数相加，而且考虑来自低位的进位数相加的运算电路。全加器的设计过程如下。

(1) 分析设计要求，列真值表。设两组多位数相加时，第 i 位的输入变量分别为被加数 A_i、加数 B_i、来自低位的进位数 C_{i-1}。输出函数为本位和数 S_i、向高位的进位数 C_i。根据加法运算规则，可列出真值表如表 4-1-5 所示。

表 4-1-5 全加器真值表

输入			输出	
A_i	B_i	C_{i-1}	S_i	C_i
0	0	0	0	0
0	0	1	1	0
0	1	0	1	0
0	1	1	0	1
1	0	0	1	0
1	0	1	0	1
1	1	0	0	1
1	1	1	1	1

(2) 根据真值表写出逻辑表达式。由表 4-1-5 可写出全加器的输出逻辑表达式并化简如下：

$$
\begin{aligned}
S_i &= \overline{A_i}\cdot\overline{B_i}C_{i-1}+\overline{A_i}B_i\overline{C_{i-1}}+A_i\overline{B_i}\cdot\overline{C_{i-1}}+A_iB_iC_{i-1}\\
&=\overline{(A_i\oplus B_i)}C_{i-1}+(A_i\oplus B_i)\overline{C_{i-1}}\\
&=A_i\oplus B_i\oplus C_{i-1}
\end{aligned}
$$

$$
\begin{aligned}
C_i &= \overline{A_i}B_iC_{i-1}+A_i\overline{B_i}C_{i-1}+A_iB_i\overline{C_{i-1}}+A_iB_iC_{i-1}\\
&=A_iB_i+(A_i\oplus B_i)C_{i-1}
\end{aligned}
$$

(3) 画出逻辑图。由上面的逻辑表达式画出全加器逻辑图如图 4-1-16(a)所示，图 4-1-16(b)为其逻辑符号。方框内的 CI 和 CO 为进位输入和进位输出的限定符号。

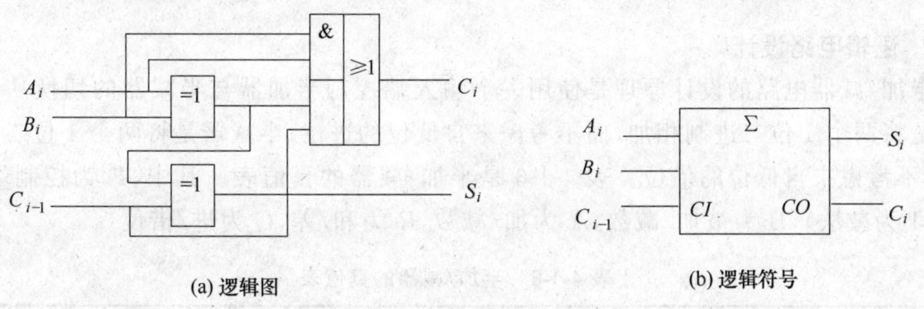

图 4-1-16 全加器及其逻辑符号

3) 多位加法器

实现多位加法运算的电路，称为全加器。按照进位方式的不同，又分为串行进位加法器和超前进位加法器。

(1) 串行进位加法器。串行进位加法器就是将 n 位全加器串联起来，即低位全加器的进位输出端 CO 连接到相邻高位全加器的进位输入端 CI。最低位全加器没有进位信号，其 CI 端接地。显然，任一高位的加法运算必须在低位全加器运算结束后才能进行，因此称为串行进位。如图 4-1-17 所示是一个 4 位二进制串行进位加法器。

串行进位加法器的运算速度比较慢，为了提高运算速度，可采用超前进位加法器。

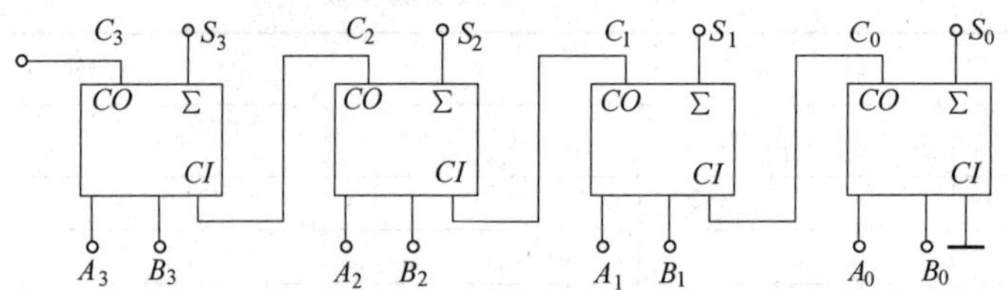

图 4-1-17　4 位二进制串行进位加法器

(2) 超前进位加法器。为了克服串行进位加法器运算速度慢的缺点，常采用超前进位加法器。超前进位加法器是在进行加法运算时，同时各位全加器的进位信号由输入二进制数直接产生，这比逐位进位的串行进位加法器运算速度要快得多。现在的集成加法器大多采用这种方法。

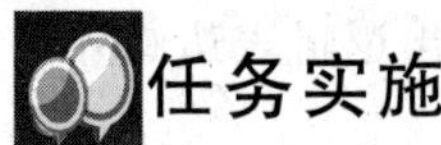

任务实施

1. 任务内容与要求

(1) 任务内容

在 TEMI 数字逻辑设计能力认证开发板上实现半加/减器电路功能。

(2) 任务要求

原理图设计约束规则：只能采用与、或、非、异或四种基本逻辑门电路。

硬件电路引脚配置规则如下。

输入：$A \rightarrow$S3(P16)、$B \rightarrow$S4(P17)、$F \rightarrow$S7-DIP1(P04)

输出：$C \rightarrow$D4(P25)、$R \rightarrow$D2(P21)

2. 逻辑电路设计

半加/减器电路的设计原理是使用一个输入端控制半加器与半减器的切换功能。半加器是将两个 1 位二进制相加，而不考虑来自低位的进位；半减器是将两个 1 位二进制相减，而不考虑来自低位的借位。表 4-1-6 是半加/减器的真值表。其中，F 为控制端(0 为加法，1 为减法)，B 为被加/减数，A 为加/减数，R 为和/差，C 为进/借位。

表 4-1-6　半加/减器的真值表

控制端	被加/减数	加/减数	和/差	进/借位
F	B	A	R	C
0	0	0	0	0
0	0	1	1	0
0	1	0	1	0
0	1	1	0	1
1	0	0	0	0
1	0	1	1	1
1	1	0	1	0
1	1	1	0	0

由表 4-1-6,可写出 R、C 的逻辑表达式并化简如下,其中 R 的卡诺图如图 4-1-18 所示。

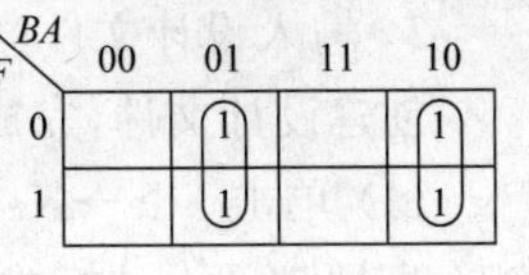

图 4-1-18　R 的卡诺图

$$R=\sum(1,2,5,6)=\bar{B}A+B\bar{A}=A\oplus B \qquad (4\text{-}1\text{-}1)$$

$$C=\sum(3,5)=\bar{F}BA+F\bar{B}A=A(F\oplus B) \qquad (4\text{-}1\text{-}2)$$

根据式(4-1-1)和式(4-1-2),可画出逻辑电路图如图 4-1-19 所示。

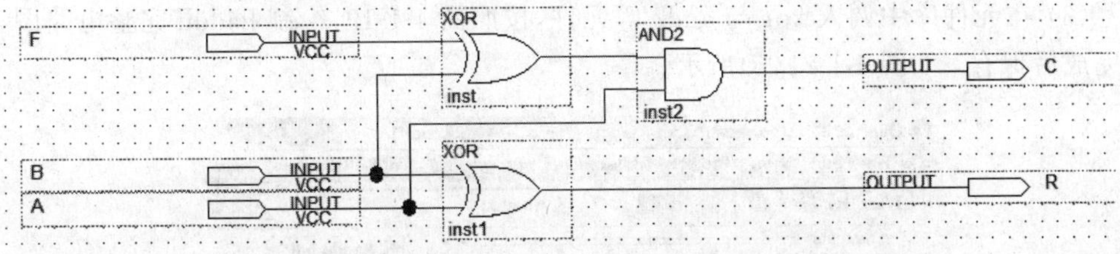

图 4-1-19　半加/减器的逻辑电路图

3. CPLD 的软硬件操作

1) 建立工程文件

首先创建一个用于存放工程文件的文件夹,如 E:\project4\haddu。打开 Quartus Ⅱ 软件,创建工程,过程如下。

单击 File→New Project Wizard→打开“新建工程引导”对话框,在对话框中分别输入如图 4-1-20 所示的信息。在第一张视图中,需要输入工程文件的路径 E:\project4\haddu 与工程名称 haddu。在第二张视图中,需要指定所使用的 CPLD 芯片的类别(MAX7000S)与型号(EPM7064SLC44-10)。

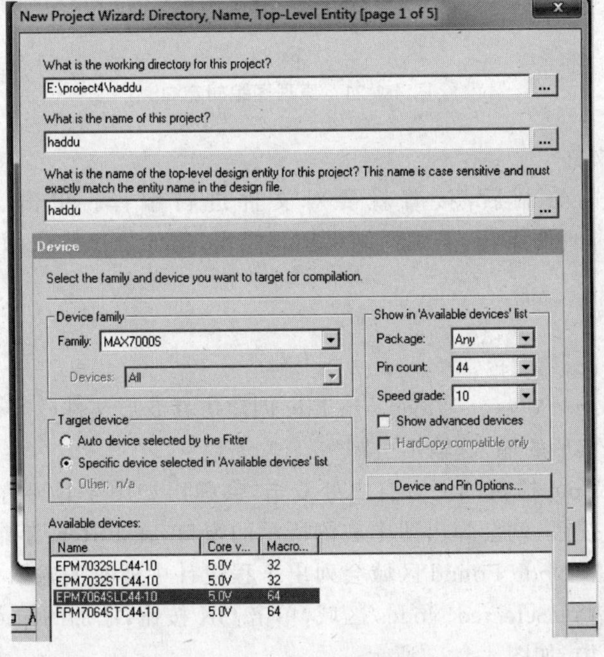

图 4-1-20　创建工程引导图

2）输入设计文件(绘制逻辑电路图)

创建设计文件，完成原理图绘制，步骤如下。

(1) 单击 File→New 创建设计文件，在 Design File 中选择 Block Design/Schematic File，即原理图设计模式(.bdf)，单击 OK 按钮。

(2) 原理图文件的名称与工程文件名相同，如图 4-1-21(a)所示，单击 File→Save As，保存文件。

(3) 在元件库中调入 xor 与 and2 等元件，按照图 4-1-19，绘制 haddu 完整电路图，绘制完成后保存，如图 4-1-21(b)所示。

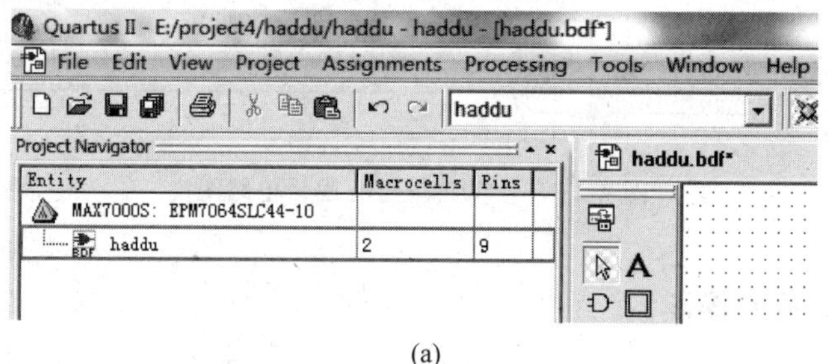

(a)

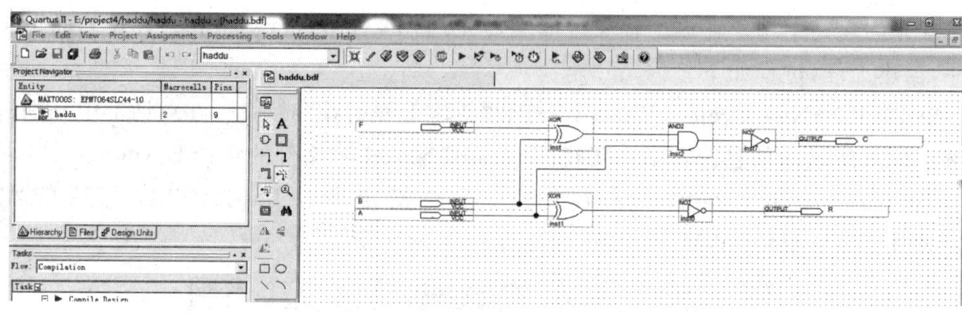

(b)

图 4-1-21 原理图编辑窗口

3）编译工程文件

完成原理图的绘制后，接着就要对文件进行编译。单击 Processing→Start Compilation 进行原理图编译，若编译结果出现错误，需要修正错误，并重新编译，直到编译结果无错为止。

4）波形仿真

(1) 建立仿真波形文件

单击 File→New→Vector Waveform File 创建仿真波形文件(.vwf)。

(2) 添加仿真波形的输入/输出引脚

在波形文件 Name 栏目的下方空白处双击，会弹出如图 4-1-22 左侧所示的窗口，再单击 Node Finder 按钮，就会弹出图中右侧所示的窗口，在 Filter 选项中选择 Pin：all，再单击 List 按钮，屏幕 Node Found 区域会列出工程设计中所有的输入/输出引脚，选择需要的输入/输出引脚到 Selected Nodes 区域，单击 OK 按钮，添加的输入/输出引脚将会显示在波形编辑窗口中，如图 4-1-23 所示。

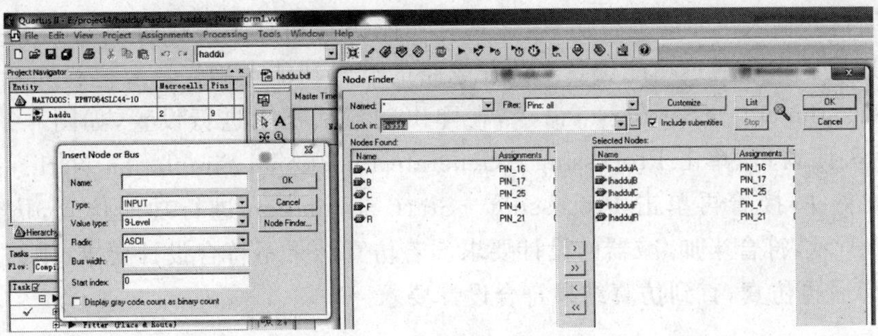

图 4-1-22 输入/输出引脚导入

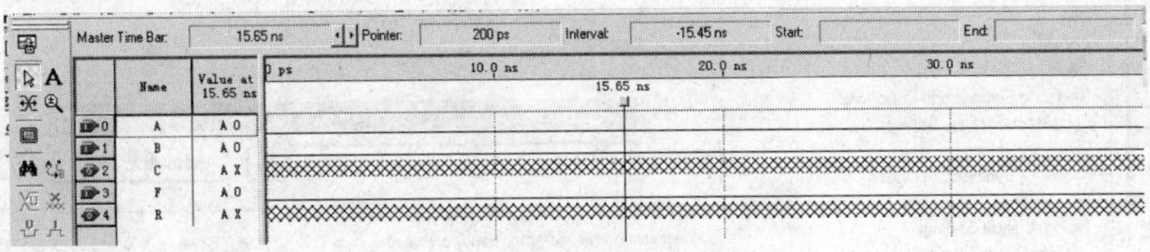

图 4-1-23 输入/输出引脚显示

添加仿真波形的输入/输出引脚也可以用下面这种方法。单击 View→Utility Windows→Node Finder→Filter→all,再单击 List 按钮,屏幕 Node Found 区域会列出工程设计中所有的输入/输出引脚,选择需要的输入/输出引脚到 Selected Nodes 区域,单击 OK 按钮,添加的输入/输出引脚将会显示在波形编辑窗口中。

(3) 设置波形仿真环境

① 选择 Edit→End Time,设定为 1μs。

② 选择 Edit→Grid Side,设定为 100ns。

③ 选择 View→Fit in Window。

(4) 编辑输入/输出信号

① 使用鼠标拖曳输入/输出信号,使其按照合理的顺序排列。

② 使用鼠标选取输入信号 F,单击左侧工具栏的波形编辑按钮 Clock 设定输入信号,信号 F 周期设定为 800ns。同样的方法将信号 B 周期设定为 400ns,信号 A 周期设定为 200ns,并保存编辑的输入信号,文件保存的路径和名称为 E:\project4\faddu.vwf,如图 4-1-24 所示。这里需要注意的是,仿真波形只需要对输入信号进行设置,输出信号的波形由仿真结果得出。在进行输入信号波形设置时,需要覆盖输入信号出现的所有情况,这样得到的仿真结果才能反映全貌。

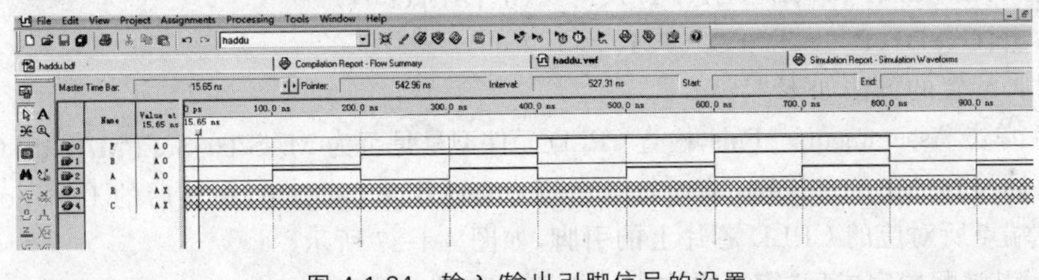

图 4-1-24 输入/输出引脚信号的设置

③ 编辑好输入信号后进行仿真，仿真有功能仿真和时序仿真两种类型，时序仿真有延时，在这里我们只通过功能仿真来验证电路的逻辑功能正确性。要进行功能仿真需要先选择 Assignments→Settings...命令，在弹出的对话框中进行设置，如图 4-1-25 所示。设置好后关闭窗口，单击 Processing→Generate Functional Simulation Netlist 产生功能仿真网表文件，接着再单击 Processing→Start Simulation 进行功能仿真，仿真结果如图 4-1-26 所示，符合半加/减器的设计要求。若仿真结果不符合设计要求，则需要修改原理图，编译后再仿真，直到仿真结果符合设计要求。

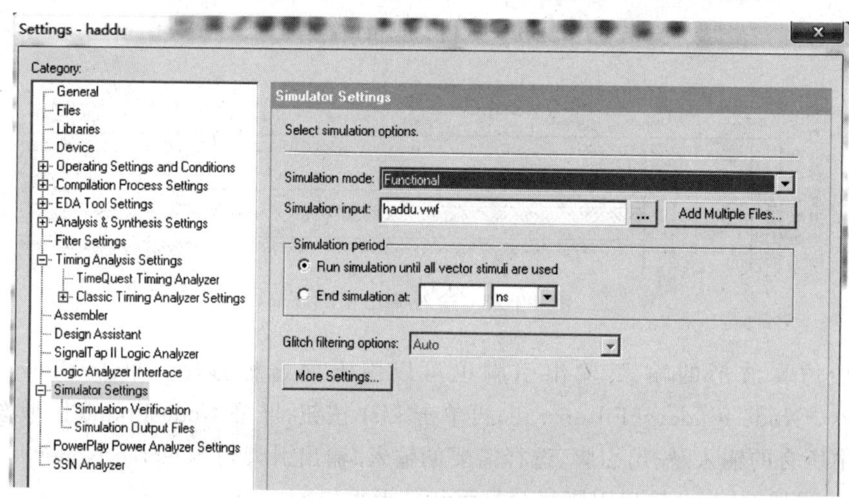

图 4-1-25 功能仿真的设置

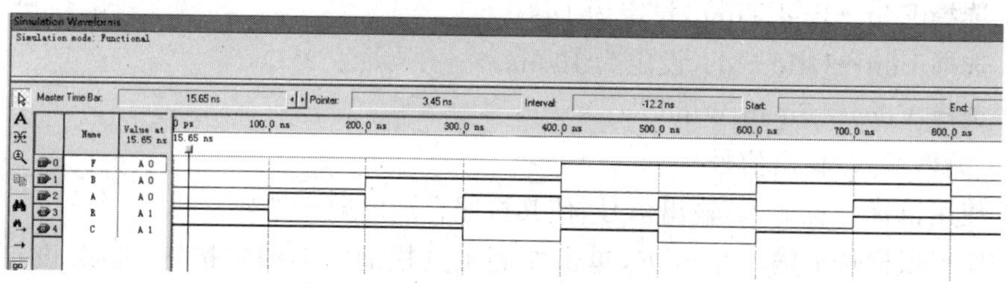

图 4-1-26 半加/减器的波形仿真图

5) 引脚配置与编程下载

(1) CPLD 元件的引脚配置

硬件电路的引脚配置规则如下。

输入：A→S3(P16)、B→S4(P17)、F →S7-DIP1(P04)

输出：C→D4(P25)、R→D2(P21)

引脚配置的方法如下。

① 单击 Assignments→Pins，检查 CPLD 元件型号是否为 MAS7000S、EPM7064SLC44-10，再将鼠标移到 All pins 视窗，选择每一个端点(A、B、F、C、R)，在其后的 Location 栏选择每个端点所对应的 CPLD 芯片上的引脚，如图 4-1-27 所示。

② 引脚配置完成后，需要再次编译电路以存储这些引脚的锁定信息。

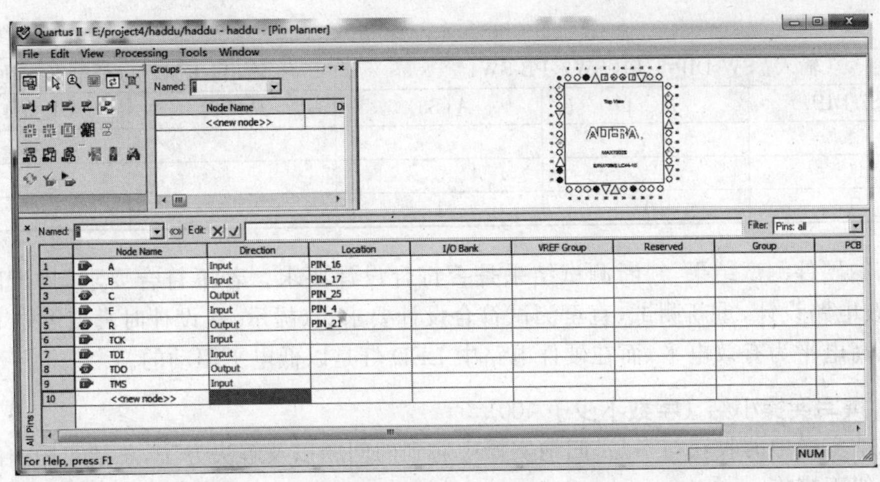

图 4-1-27 引脚配置

(2) 程序下载

在程序下载前，首先要对硬件开发板上相关的信号进行设置。指拨开关 S2 上的 CPLD-EN、CPLD-OE、LEDs-EN 都要处在 ON 状态，且 LED 处于可用状态，这样才能进行下载。单击 Tools→Programmer 打开编程配置下载窗口，先单击 Hardware Setup 配置下载电缆，选择 USB-Blaster，下载电缆配置完成后，在 Mode 下拉列表中选择 JTAG，选中下载文件 haddu.pof 右侧第一个小方框(Program/Configure)，打开目标板电源，再单击 Start 按钮，进行程序下载，当完成下载后，如图 4-1-28 所示。

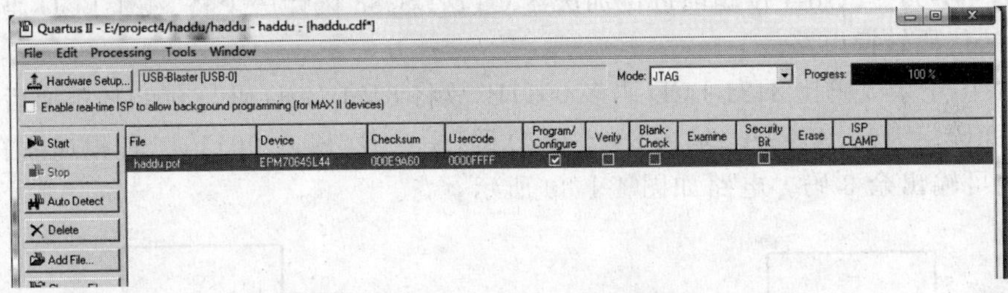

图 4-1-28 程序下载完成窗口

6) 硬件测试

按表 4-1-7，在 TEMI 数字逻辑设计能力认证开发板进行测试。

表 4-1-7 半加/减器测试表

输入：SW DIP-8、PB-SW2、PB-SW1			输出：LED 灯(低电平驱动)	
F(S7-DIP1)	*B*(S4)	*A*(S3)	*R*(D2)	*C*(D4)
0	0	0		
0	0	1		
0	1	0		
0	1	1		
1	0	0		

续表

输入：SW DIP-8、PB-SW2、PB-SW1			输出：LED灯(低电平驱动)	
F(S7-DIP1)	B(S4)	A(S3)	R(D2)	C(D4)
1	0	1		
1	1	0		
1	1	1		

归纳硬件测试结果，判断测试结果是否符合设计要求。若不符合要求，找出问题所在，修改电路设计，重新测试，直至测试符合设计要求。(提示：在设计时真值表中 R 和 C 均是以高电平为有效电平，而在硬件电路中 LED 灯是以低电平驱动的。)

4. 撰写实操小结(字数不少于 100)

总结实操中的收获与不足，归纳实操中遇到的问题以及解决方法，总结实操中的不良现象与纠正措施。

知识延伸

超前进位加法器 74LS283。

常用的超前进位加法器芯片有 TTL 系列的 74LS283、CMOS 系列的 CC4008 等。图 4-1-29 是 4 位超前进位加法器 CT74LS283 的逻辑功能示意图。图中 $A_3 \sim A_0$ 和 $B_3 \sim B_0$ 为两组二进制数的输入端；CI 为进位输入端；CO 为进位输出端；$S_3 \sim S_0$ 为和数输出端。

加法器除了可以进行二进制数的算术运算外，还可用来实现组合逻辑函数。

【例 4-1-5】 试用 4 位超前进位加法器 CT74LS283 设计一个将 8421 BCD 码变换为余 3 码的代码转换电路。

解：由于余 3 码比 8421 BCD 码多 0011B，故将 8421 BCD 码与 0011B 相加后就可以输出余 3 码。为此，$A_3 \sim A_0$ 输入 8421 BCD 码，$B_3 \sim B_0$ 输入 0011，二者相加后在 $S_3 \sim S_0$ 端便可输出余 3 码。电路如图 4-1-30 所示。

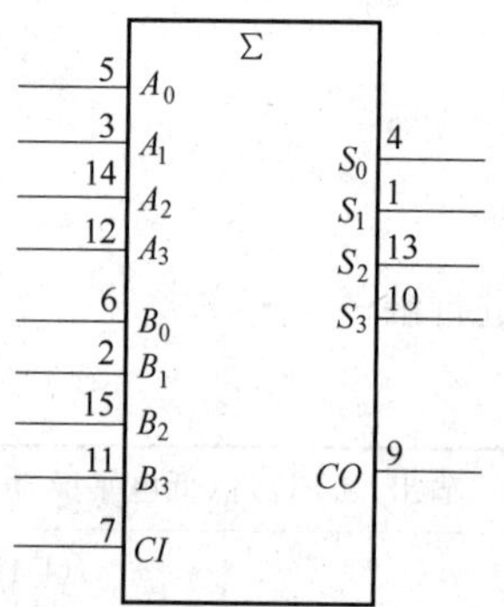

图 4-1-29 CT74LS283 的逻辑功能示意图

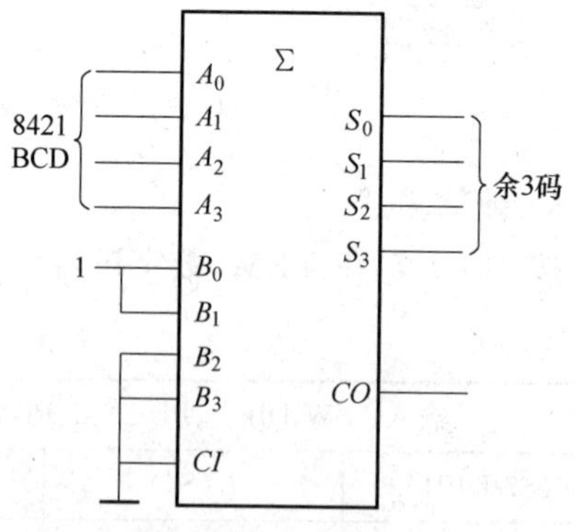

图 4-1-30 例 4-1-5 代码转换电路

任务拓展

在 TEMI 数字逻辑设计能力认证开发板上用 74LS283 实现 8 位加法运算。

任务 4.2 编码器

任务说明

本任务主要学习二进制和十进制编码器的原理，掌握集成编码器的使用方法。

相关知识

用二进制代码表示数字、符号或某种信息的过程称为编码。能实现编码的电路称为编码器。通常编码器有 m 个输入端，需要编码的信号从此处输入；有 n 个输出端，编码后的二进制信号从此处输出。m 与 n 之间满足$m \leqslant 2^n$ 的关系。如图 4-2-1 所示为编码器的模型。

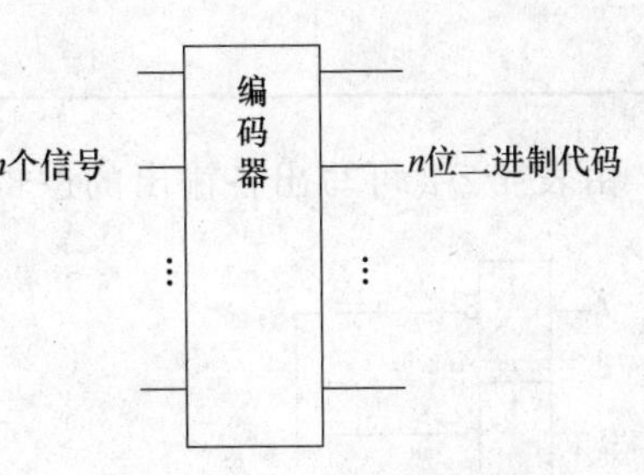

图 4-2-1 编码器框图

按照编码规则的不同，有二进制编码器、二-十进制编码器等。

1. 二进制编码器

用 n 位二进制代码对 2^n 个信号进行编码的电路就是二进制编码器。现以三位二进制编码器为例说明。

三位二进制编码器有 8 个输入端，3 个输出端，常称为 8-3 线编码器，其真值表如表 4-2-1 所示。

在表 4-2-1 中，$I_0 \sim I_7$ 为 8 个输入端，高电平有效；$Y_2 \sim Y_0$ 为三位二进制代码输出端，从高位到低位的顺序依次为 Y_2、Y_1、Y_0，原码输出。由于编码器在任何时刻都只能对其中一个输入信号进行编码，即不允许有两个或两个以上输入信号同时存在(同时出现有效电平)的情况出现，即这种编码器的输入信号是相互排斥的，因此真值表可简化成如表 4-2-2 所示。

表 4-2-1 三位二进制编码器的真值表

输入								输出		
I_0	I_1	I_2	I_3	I_4	I_5	I_6	I_7	Y_2	Y_1	Y_0
1	0	0	0	0	0	0	0	0	0	0
0	1	0	0	0	0	0	0	0	0	1
0	0	1	0	0	0	0	0	0	1	0
0	0	0	1	0	0	0	0	0	1	1
0	0	0	0	1	0	0	0	1	0	0
0	0	0	0	0	1	0	0	1	0	1
0	0	0	0	0	0	1	0	1	1	0
0	0	0	0	0	0	0	1	1	1	1

表 4-2-2 三位二进制编码器的简化真值表

输 入	输 出		
I	Y_2	Y_1	Y_0
I_0	0	0	0
I_1	0	0	1
I_2	0	1	0
I_3	0	1	1
I_4	1	0	0
I_5	1	0	1
I_6	1	1	0
I_7	1	1	1

由表 4-2-2 可写出各输出的逻辑表达式为

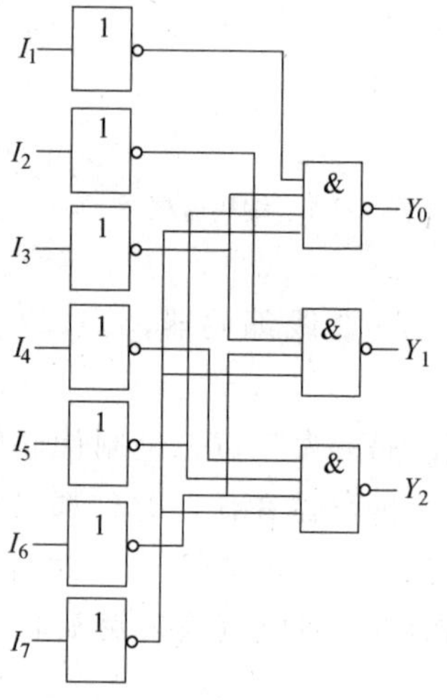

图 4-2-2 二进制编码器电路

$$Y_2 = I_4 + I_5 + I_6 + I_7 = \overline{\overline{I_4 + I_5 + I_6 + I_7}} = \overline{\overline{I_4}\ \overline{I_5}\ \overline{I_6}\ \overline{I_7}}$$

$$Y_1 = I_2 + I_3 + I_6 + I_7 = \overline{\overline{I_2}\ \overline{I_3}\ \overline{I_6}\ \overline{I_7}}$$

$$Y_0 = I_1 + I_3 + I_5 + I_7 = \overline{\overline{I_1}\ \overline{I_3}\ \overline{I_5}\ \overline{I_7}}$$

用门电路实现逻辑电路，如图 4-2-2 所示。图中，I_0 的输入是隐含的，即当 $I_1 \sim I_7$ 均为无效时，编码器的输出就是 I_0 的编码。

2. 二-十进制编码器

将十进制 10 个数码 0～9 编成二进制代码的逻辑电路称为二-十进制编码器，其工作原理与二进制编码器并无本质区别。现以最常用的 8421 BCD 码为例说明。

因为 8421 BCD 码编码器输入端有 10 个数码，要求有 10 个状态，而 3 位二进制代码只有 8 个状态，所以需要用 4 位($2^n > 10$，取 $n=4$)二进制代码。设输入的 10 个数码分别用 I_0、I_1、…、I_9 表示，高电平有效；输出的二进制代码分别用 Y_3、Y_2、Y_1、Y_0 表示，采用 8421 BCD 码原码输出，则其真值表如表 4-2-3 所示。

表 4-2-3 8421 BCD 码编码器的真值表

输 入										输 出			
I_0	I_1	I_2	I_3	I_4	I_5	I_6	I_7	I_8	I_9	Y_3	Y_2	Y_1	Y_0
1	0	0	0	0	0	0	0	0	0	0	0	0	0
0	1	0	0	0	0	0	0	0	0	0	0	0	1

续表

输入										输出			
I_0	I_1	I_2	I_3	I_4	I_5	I_6	I_7	I_8	I_9	Y_3	Y_2	Y_1	Y_0
0	0	1	0	0	0	0	0	0	0	0	0	1	0
0	0	0	1	0	0	0	0	0	0	0	0	1	1
0	0	0	0	1	0	0	0	0	0	0	1	0	0
0	0	0	0	0	1	0	0	0	0	0	1	0	1
0	0	0	0	0	0	1	0	0	0	0	1	1	0
0	0	0	0	0	0	0	1	0	0	0	1	1	1
0	0	0	0	0	0	0	0	1	0	1	0	0	0
0	0	0	0	0	0	0	0	0	1	1	0	0	1

由真值表写出输出函数的逻辑表达式为

$$Y_3 = I_8 + I_9 = \overline{\overline{I_8}\ \overline{I_9}}$$

$$Y_2 = I_4 + I_5 + I_6 + I_7 = \overline{\overline{I_4}\ \overline{I_5}\ \overline{I_6}\ \overline{I_7}}$$

$$Y_1 = I_2 + I_3 + I_6 + I_7 = \overline{\overline{I_2}\ \overline{I_3}\ \overline{I_6}\ \overline{I_7}}$$

$$Y_0 = I_1 + I_3 + I_5 + I_7 + I_9 = \overline{\overline{I_1}\ \overline{I_3}\ \overline{I_5}\ \overline{I_7}\ \overline{I_9}}$$

逻辑图如图 4-2-3 所示，其中 I_0 的输入是隐含的，即当 $I_1 \sim I_9$ 均为无效时，编码器的输出就是 I_0 的编码。

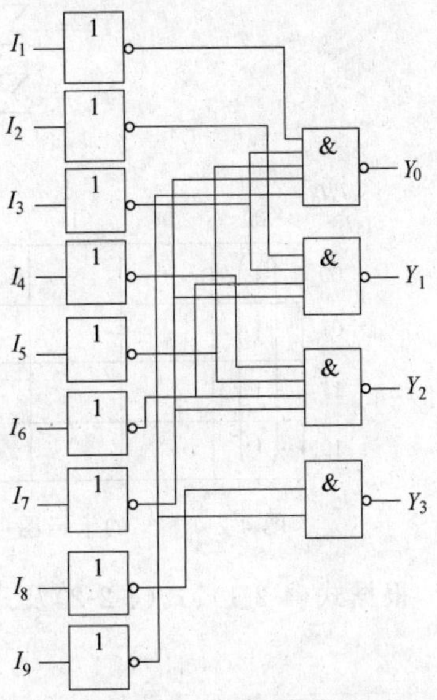

图 4-2-3　8421 BCD 码编码器电路

任务实施

1. 任务内容与要求

(1) 任务内容

在 TEMI 数字逻辑设计能力认证开发板上实现 4-2 线优先编码器电路功能。

(2) 任务要求

原理图设计约束规则：只能采用与、或、非、异或四种基本逻辑门电路。

硬件电路引脚配置规则如下。

输入：I_3→S7-DIP4(P08)、I_2→S7-DIP3(P06)、I_1→S7-DIP2(P05)、I_0→S7-DIP1(P04)

输出：Z→D4(P25)、Y_1→D3(P24)、Y_0→D2(P21)

2. 逻辑电路设计

4-2 线优先编码器的真值表如表 4-2-4 所示。其中 $I_3 \sim I_0$ 为 4 个编码输入端，高电平有效；Y_1、Y_0 为 2 位二进制编码输出端，高电平有效，即采用原码形式输出；Z 为扩展输出端，当 $Z=0$ 时，表示输入皆为 0，当 $Z=1$ 时，执行优先编码器的功能。

表 4-2-4　4-2 线优先编码器的真值表

输　入				输　出		
I_3	I_2	I_1	I_0	Z	Y_1	Y_0
×	×	×	1	1	0	0
×	×	1	0	1	0	1
×	1	0	0	1	1	0
1	0	0	0	1	1	1
0	0	0	0	0	1	1

由表 4-2-4 可写出 Z、Y_1、Y_0 的逻辑表达式并化简如下，其中 Y_1、Y_0 的卡诺图分别如图 4-2-4 和图 4-2-5 所示。

$$Z=\bar{0}=\overline{\overline{I_3}\,\overline{I_2}\,\overline{I_1}\,\overline{I_0}}=I_3+I_2+I_1+I_0 \tag{4-2-1}$$

$$Y_1=\sum(0,4,8,12)=\overline{I_1}\,\overline{I_0} \tag{4-2-2}$$

$$Y_0=\sum(0,2,6,8,10,14)=I_1\overline{I_0}+\overline{I_2}\,\overline{I_0} \tag{4-2-3}$$

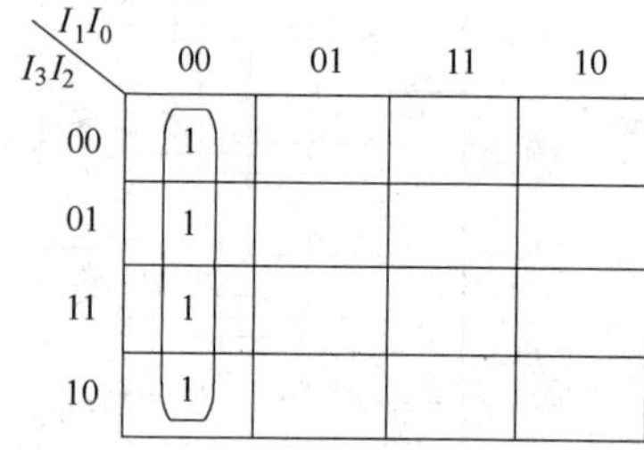

图 4-2-4　Y_1 的卡诺图

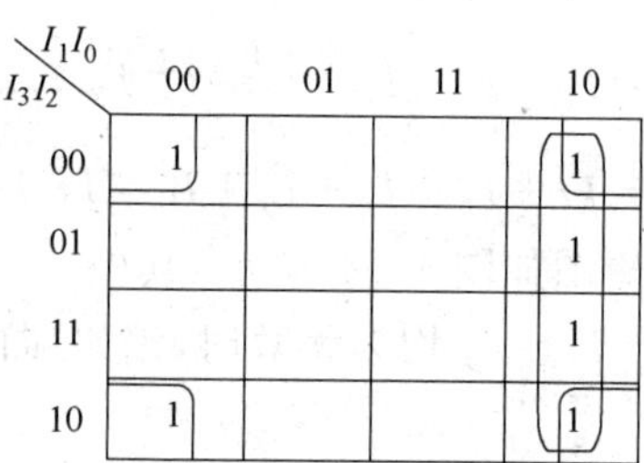

图 4-2-5　Y_0 的卡诺图

根据式(4-2-1)、式(4-2-2)及式(4-2-3)，可画出逻辑电路图如图 4-2-6 所示。

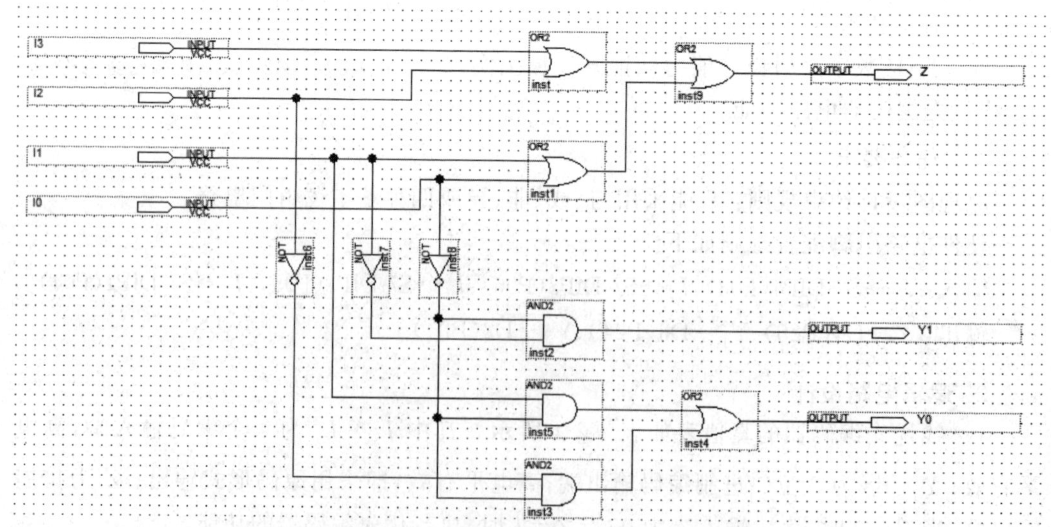

图 4-2-6　4-2 线优先编码器的逻辑电路图

在用硬件电路引脚配置中，输出信号 Z→D4、Y_1→D3、Y_0→D2 分别用 3 个 LED 灯的亮灭状态代表，在设计中，高电平代表有效状态，而硬件平台中的 LED 却是低电平驱动(低电平有效)，所以在系统中绘制原理图时要在图 4-2-6 的基础上，对每个输出信号都加一个非门，这样才能达到既定效果，如图 4-2-7 所示。

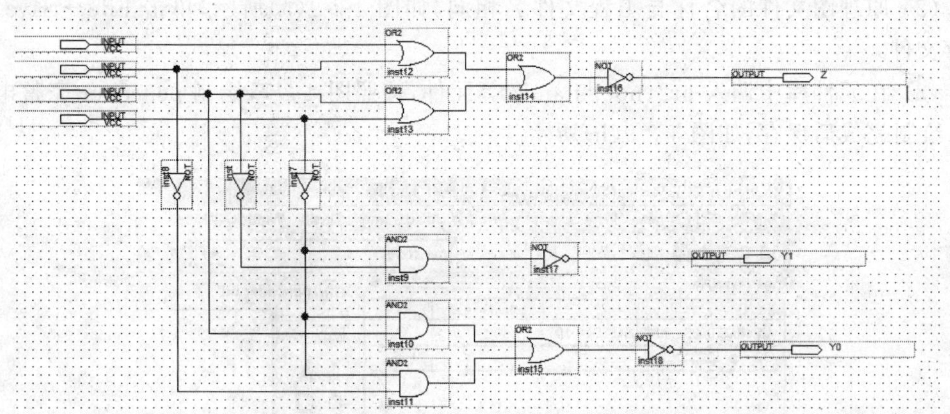

图 4-2-7 更改后的 4-2 线优先编码器逻辑电路图

3. CPLD 的软硬件操作

1) 建立工程文件

首先创建一个用于存放工程文件的文件夹，如 E:\project4\pencoder。打开 Quartus Ⅱ软件创建工程，过程如下。

单击 File→New Project Wizard→打开"新建工程引导"对话框，在对话框中分别输入如图 4-2-8 所示的信息。在第一张视图中，需要输入工程文件的路径 E:\project4\pencoder 与工程名称 pencoder。在第二张视图中，需要输入所使用的 CPLD 芯片的类别(MAX7000S)与型号(EPM7064SLC44-10)。

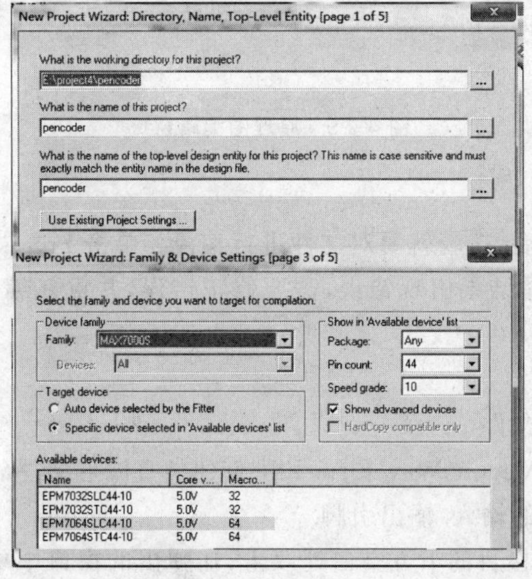

图 4-2-8 创建工程引导图

2) 输入设计文件(绘制逻辑电路图)

创建设计文件,完成原理图绘制,步骤如下。

(1) 单击 File→New 创建设计文件,在 Design File 中选择 Block Design/Schematic File,即原理图设计模式(.bdf),单击 OK 按钮。

(2) 原理图文件的名称与工程文件名相同,如图 4-2-9(a)所示,单击 File→Save As 保存文件。

(3) 在元件库中调入 or2、not 与 and2 等元件,按照图 4-2-7,绘制 pencoder 完整电路图,绘制完成后保存,如图 4-2-9(b)所示。

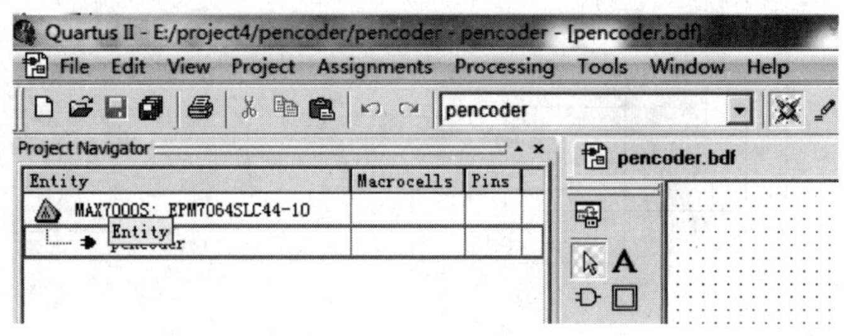

(a)

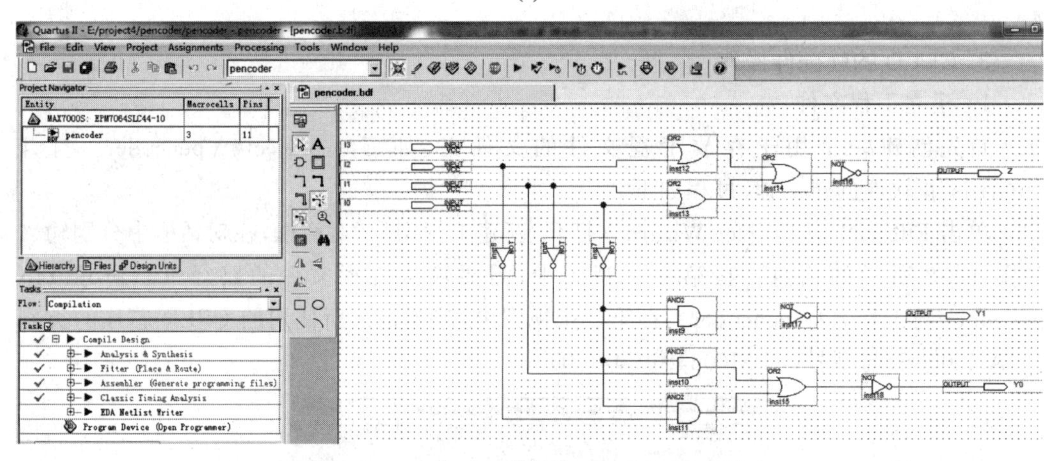

(b)

图 4-2-9 原理图编辑窗口

3) 编译工程文件

完成原理图的绘制后,接着就要对文件进行编译。单击 Processing→Start Compilation 进行原理图编译,若编译结果出现错误,需要修正错误,并重新编译,直到编译结果无错为止。

4) 波形仿真

(1) 建立仿真波形文件

单击 File→New→Vector Waveform File 创建仿真波形文件(.vwf)。

(2) 添加仿真波形的输入/输出引脚

在波形文件 Name 栏目的下方空白处双击,在弹出的窗口中单击 Node Finder,就会弹出 Node Finder 窗口，在 Filter 选项中选择 Pin：all，再单击 List 按钮，屏幕 Node Found 区域会列出工程设计中所有的输入/输出引脚，选择需要的输入/输出引脚到 Selected Nodes 区域，单击 OK 按钮，添加的输入/输出引脚将会显示在波形编辑窗口中，如图 4-2-10 所示。

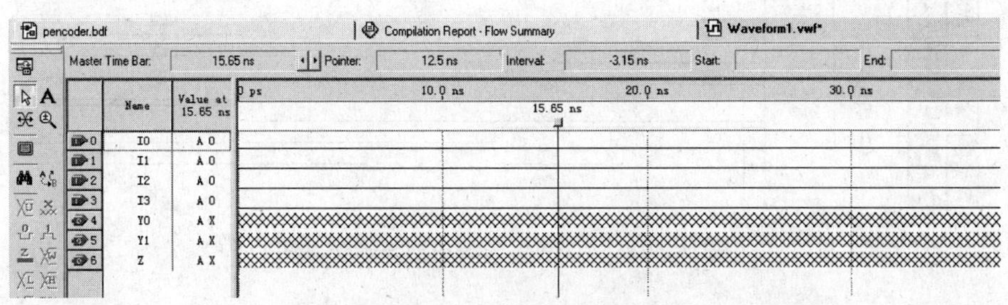

图 4-2-10 输入/输出引脚导入

(3) 设置波形仿真环境

① 选择 Edit→End Time，设定为 1μs。

② 选择 Edit→Grid Side，设定为 100ns。

③ 选择 View→Fit in Window。

(4) 编辑输入/输出信号

① 使用鼠标拖曳输入/输出信号，使其按照合理的顺序排列。

② 使用鼠标选取输入信号 I_3，在右侧的波形编辑区域，用鼠标选取合适的长度，再单击左侧工具栏的波形编辑按钮"0"或是"1"设置高低电平来编辑输入信号 I_3 的波形，其他的输入信号 I_2、I_1、I_0 也按同样的方法设置。保存编辑的输入信号，文件保存的路径和名称为 E:\project4\pencoder.vwf，如图 4-2-11 所示。

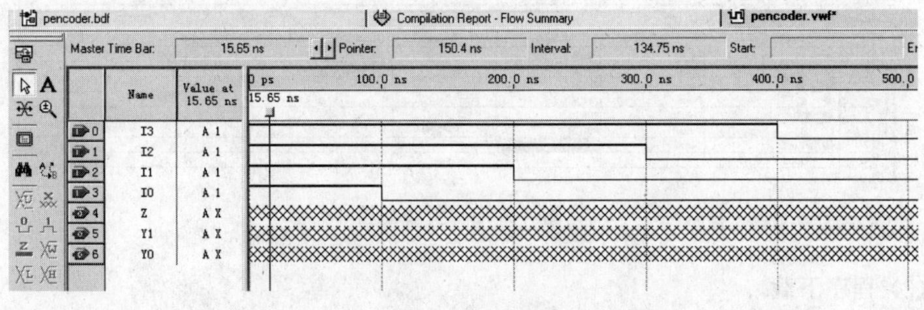

图 4-2-11 输入/输出引脚信号的设置

③ 编辑好输入信号后进行功能仿真。单击 Processing→Generate Functional Simulation Netlist 产生功能仿真网表文件，再单击 Processing→Start Simulation 进行功能仿真，仿真结果如图 4-2-12 所示，符合 4-2 线优先编码器的设计要求。若仿真结果不符合设计要求，则需要修改原理图，编译后再仿真，直到仿真结果符合设计要求。

5) 引脚配置与编程下载

(1) CPLD 元件的引脚配置

硬件电路的引脚配置规则如下。

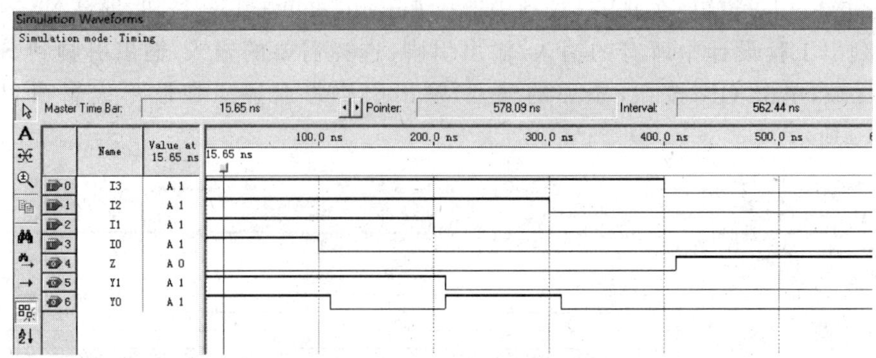

图 4-2-12 4-2 线优先编码器波形仿真图

输入：I_3→S7-DIP4(P08)、I_2→S7-DIP3(P06)、I_1→S7-DIP2(P05)、I_0→S7-DIP1(P04)

输出：Z→D4(P25)、Y_1→D3(P24)、Y_0→D2(P21)

引脚配置的方法如下。

① 单击 Assignments→Pins，检查 CPLD 元件型号是否为 MAS7000S、EPM7064SLC44-10，再将鼠标移到 All pins 视窗，选择每一个端点(I_3、I_2、I_1、I_0、Z、Y_1、Y_0)，再在其后的 Location 栏选择每个端点所对应的 CPLD 芯片上的引脚，如图 4-2-13 所示。

② 引脚配置完成后，需要再次编译电路以存储这些引脚的锁定信息。

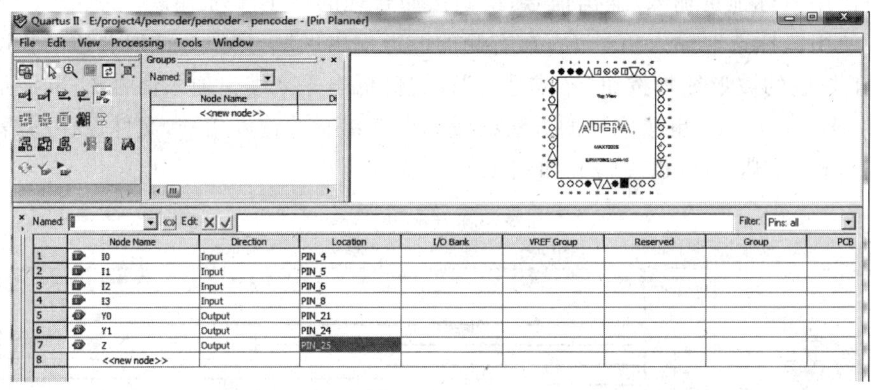

	Node Name	Direction	Location	I/O Bank	VREF Group	Reserved	Group	PCB
1	I0	Input	PIN_4					
2	I1	Input	PIN_5					
3	I2	Input	PIN_6					
4	I3	Input	PIN_8					
5	Y0	Output	PIN_21					
6	Y1	Output	PIN_24					
7	Z	Output	PIN_25					
8	<<new node>>							

图 4-2-13 引脚配置

(2) 程序下载

在程序下载前，首先要对硬件开发板上相关的信号进行设置。指拨开关 S2 上的 CPLD-EN、CPLD-OE、LEDs-EN 都要处在 ON 状态，且 LED 处于可用状态，这样才能进行下载。单击 Tools→Programmer，打开编程配置下载窗口，先单击 Hardware Setup 配置下载电缆，选择 USB-Blaster，下载电缆配置完成后，在 Mode 下拉列表中选择 JTAG，选中下载文件 pencoder. pof 右侧第一个小方框(Program/Configure)，打开目标板电源，再单击 Strat 按钮，进行程序下载，当完成下载后，如图 4-2-14 所示。

6) 硬件测试

按表 4-2-5，在 TEMI 数字逻辑设计能力认证开发板进行测试。

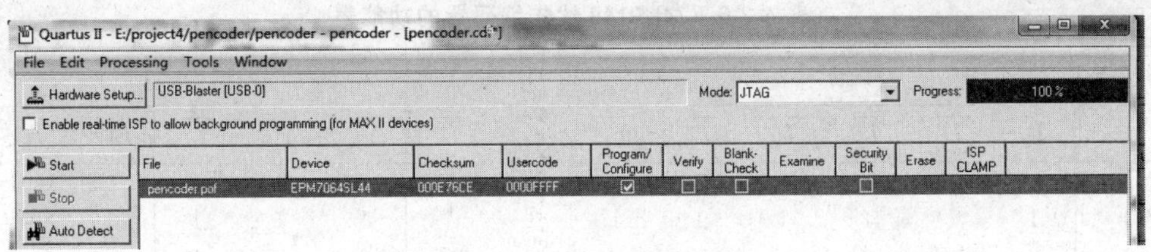

图 4-2-14　程序下载完成窗口

表 4-2-5　4-2 线优先编码器测试表

输入：SW DIP-8				输出：LED 灯(低电平驱动)		
I_3(S7-DIP4)	I_2(S7-DIP3)	I_1(S7-DIP2)	I_0(S7-DIP1)	Z(D4)	Y_1(D3)	Y_0(D2)
1	1	1	1			
1	1	1	0			
1	1	0	0			
1	0	0	0			
0	0	0	0			

归纳硬件测试结果，判断测试结果是否符合设计要求。若不符合要求，找出问题所在，修改电路设计，重新测试，直至测试符合设计要求。

4. 撰写实操小结(字数不少于 100)

总结实操中的收获与不足，归纳实操中遇到的问题以及解决方法，总结实操中的不良现象与纠正措施。

知识延伸

1. 集成 8-3 线优先编码器

优先编码器克服了二进制编码器输入信号时相互排斥的问题，它允许同时输入两个或两个以上信号，而只对其中优先级别最高的输入信号进行编码。常用的集成优先编码器有 74LS148 等。

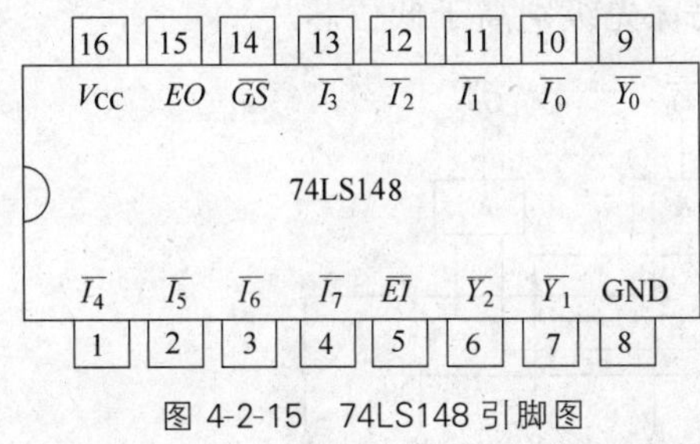

图 4-2-15　74LS148 引脚图

图 4-2-15 所示是 3 位二进制优先编码器 74LS148 的引脚图。由于它有 8 个编码器信号输入端 $\overline{I_7} \sim \overline{I_0}$，3 位二进制代码输出端 $\overline{Y_2} \sim \overline{Y_0}$，因此又把它称为 8-3 线优先编码器。表 4-2-6 是 74LS148 优先编码器的功能表。

根据表 4-2-6，对 74LS148 的逻辑功能说明如下。

(1) $\overline{I_7} \sim \overline{I_0}$：8 个编码输入端，低电平有效。$\overline{I_7}$ 优先级别最高，依次降低，$\overline{I_0}$ 优先级别最低。

(2) $\overline{Y_2} \sim \overline{Y_0}$：3 位二进制编码输出端，低电平有效，即采用反码形式输出。

(3) $\overline{EI}$：选通输入端，低电平有效。

表 4-2-6　74LS148 优先编码器的功能表

输入									输出				
$\overline{EI}$	$\overline{I_7}$	$\overline{I_6}$	$\overline{I_5}$	$\overline{I_4}$	$\overline{I_3}$	$\overline{I_2}$	$\overline{I_1}$	$\overline{I_0}$	$\overline{Y_2}$	$\overline{Y_1}$	$\overline{Y_0}$	EO	$\overline{GS}$
1	×	×	×	×	×	×	×	×	1	1	1	1	1
0	1	1	1	1	1	1	1	1	1	1	1	0	1
0	0	×	×	×	×	×	×	×	0	0	0	1	0
0	1	0	×	×	×	×	×	×	0	0	1	1	0
0	1	1	0	×	×	×	×	×	0	1	0	1	0
0	1	1	1	0	×	×	×	×	0	1	1	1	0
0	1	1	1	1	0	×	×	×	1	0	0	1	0
0	1	1	1	1	1	0	×	×	1	0	1	1	0
0	1	1	1	1	1	1	0	×	1	1	0	1	0
0	1	1	1	1	1	1	1	0	1	1	1	1	0

当 $\overline{EI}=1$ 时，禁止编码器工作。此时不管编码输入端有无请求，输出端 $\overline{Y_2}\,\overline{Y_1}\,\overline{Y_0}=111$、$EO=1$、$\overline{GS}=1$。

当 $\overline{EI}=0$ 时，允许编码器工作。当输入端无编码请求时，输出端 $\overline{Y_2}\,\overline{Y_1}\,\overline{Y_0}=111$、$EO=0$、$\overline{GS}=1$；当输入端有编码请求时，编码器按照优先级别为优先权高的输入信号进行编码，此时，$EO=1$、$\overline{GS}=0$。

(4) $\overline{GS}$ 为选通输出端，EO 为扩展输出端。应用 $\overline{GS}$ 和 EO 端，可以实现编码器的功能扩展。

图 4-2-16 所示为两片 74LS148 扩展成一个 16-4 线优先编码器的逻辑图。它有 16 个输入端，4 个输出端。由图可知，高位芯片选通输入端 $\overline{EI}=0$，允许高位芯片编码。当输入 $\overline{X_{15}}\sim\overline{X_8}$ 中有任意一个有效时，则高位 $EO=1$，低位芯片 $\overline{EI}=1$，禁止低位芯片编码；当 $\overline{X_{15}}\sim\overline{X_8}$ 都为高电平时，即均无编码请求，则高位 $EO=0$，低位芯片 $\overline{EI}=0$，允许低位芯片对输入 $\overline{X_7}\sim\overline{X_0}$ 编码。显然高位芯片的编码优先级别高于低位芯片。

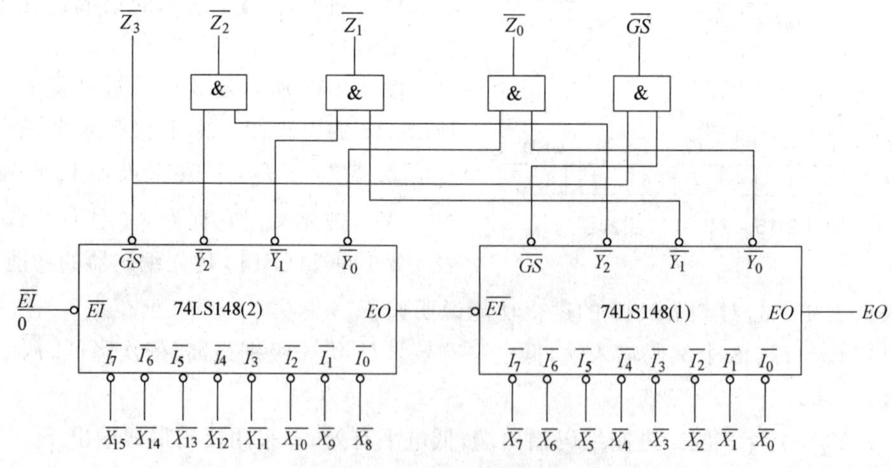

图 4-2-16　16-4 线优先编码器

当高位芯片编码输出时，$\overline{GS}=0$，正好利用它作为4位二进制编码输出的最高位。

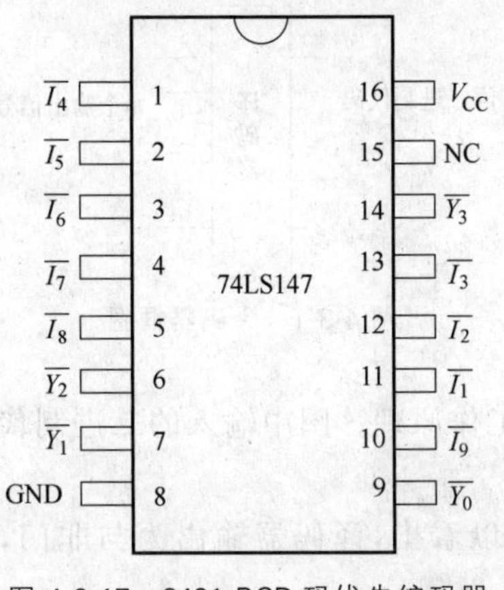

图 4-2-17　8421 BCD 码优先编码器 74LS147 引脚图

2. 集成 10-4 线优先编码器

TTL 中规模集成电路 74LS147 是 8421 BCD 码优先编码器，其引脚图如图 4-2-17 所示。表 4-2-7 是 74LS147 的功能表。

根据表 4-2-7，对 74LS147 的逻辑功能说明如下。

(1) $\overline{I_9}\sim\overline{I_1}$：编码输入端，低电平有效。$\overline{I_9}$ 优先级别最高，$\overline{I_1}$ 优先级别最低。

(2) $\overline{Y_3}\sim\overline{Y_0}$：编码输出端，低电平有效，采用反码形式输出。

(3) 没有 $\overline{I_0}$：是因为当 $\overline{I_9}\sim\overline{I_1}$ 都为高电平时，输出 $\overline{Y_3}\,\overline{Y_2}\,\overline{Y_1}\,\overline{Y_0}=1111$，其原码为 0000，相当于输入 $\overline{I_0}$。因此，在 74LS147 的引脚图及功能表中都没有输入端 $\overline{I_0}$。

表 4-2-7　8421 BCD 码优先编码器 74LS147 功能表

输入									输出			
$\overline{I_9}$	$\overline{I_8}$	$\overline{I_7}$	$\overline{I_6}$	$\overline{I_5}$	$\overline{I_4}$	$\overline{I_3}$	$\overline{I_2}$	$\overline{I_1}$	$\overline{Y_3}$	$\overline{Y_2}$	$\overline{Y_1}$	$\overline{Y_0}$
1	1	1	1	1	1	1	1	1	1	1	1	1
0	×	×	×	×	×	×	×	×	0	1	1	0
1	0	×	×	×	×	×	×	×	0	1	1	1
1	1	0	×	×	×	×	×	×	1	0	0	0
1	1	1	0	×	×	×	×	×	1	0	0	1
1	1	1	1	0	×	×	×	×	1	0	1	0
1	1	1	1	1	0	×	×	×	1	0	1	1
1	1	1	1	1	1	0	×	×	1	1	0	0
1	1	1	1	1	1	1	0	×	1	1	0	1
1	1	1	1	1	1	1	1	0	1	1	1	0

任务拓展

在 TEMI 数字逻辑设计能力认证开发板上用 74LS148 实现 8-3 线优先编码器电路功能。

任务 4.3　译码器

任务说明

本任务主要学习二进制译码器、十进制译码器和显示译码器的原理，掌握各种译码器的使用方法。

相关知识

译码是编码的逆过程,它的功能是将具有特定含义的二进制码进行辨析,并转换成控制信号。具有译码功能的逻辑电路称为译码器,如图 4-3-1 所示。按照功能不同,有二进制译码器、二-十进制译码器、显示译码器等。

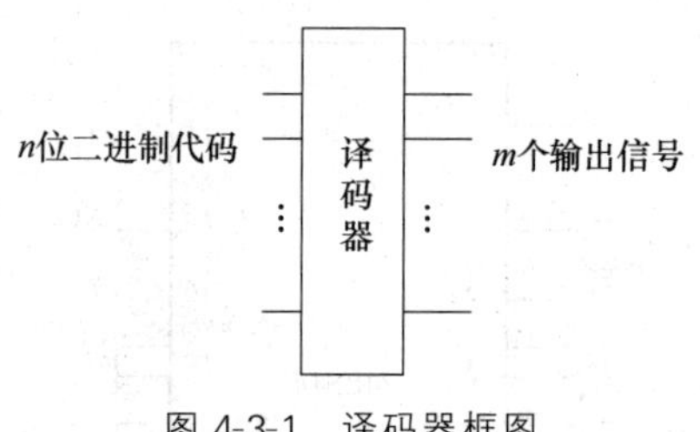

图 4-3-1 译码器框图

1. 二进制译码器

以图 4-3-2 所示二进制译码器为例介绍译码器的工作原理。图中输入的二进制代码为 A_1、A_0,输出的 4 个译码信号为 $\overline{Y_0}$、$\overline{Y_1}$、$\overline{Y_2}$、$\overline{Y_3}$。

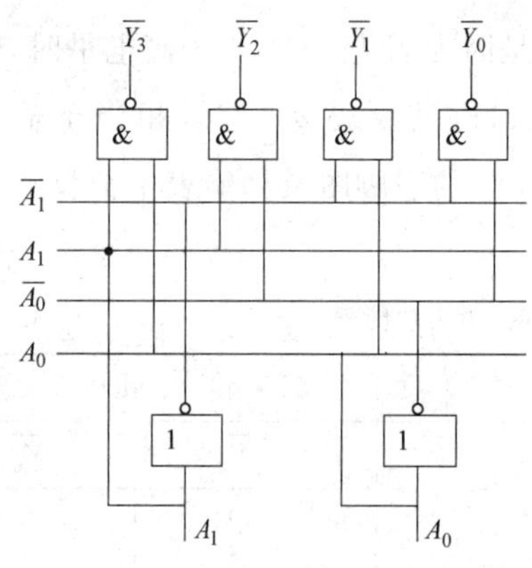

图 4-3-2 二进制译码器逻辑图

由图 4-3-2 可以看出,译码器输出为与非门,因此它的逻辑表达式为

$$\begin{cases}\overline{Y_0}=\overline{\overline{A_1}\,\overline{A_0}}, & \overline{Y_1}=\overline{\overline{A_1}\,A_0} \\ \overline{Y_2}=\overline{A_1\,\overline{A_0}}, & \overline{Y_3}=\overline{A_1\,A_0}\end{cases} \tag{4-3-1}$$

由式(4-3-1)可列出真值表如表 4-3-1 所示。由表可以看出,图 4-3-2 所示译码器在任一时刻 A_1A_0 输入一组代码,只有一个输出端输出低电平 0 的译码信号,其余所有输出端都为高电平 1。可见,译码器的译码输出具有唯一性。由于该译码器有 2 位二进制代码输入端,4 个译码输出端,故为 2-4 线译码器。

表 4-3-1 2-4 线译码器的真值表

输入		输出			
A_1	A_0	$\overline{Y_0}$	$\overline{Y_1}$	$\overline{Y_2}$	$\overline{Y_3}$
0	0	0	1	1	1
0	1	1	0	1	1
1	0	1	1	0	1
1	1	1	1	1	0

由式(4-3-1)可以看出,译码器输出 $\overline{Y_0}$、$\overline{Y_1}$、$\overline{Y_2}$、$\overline{Y_3}$ 分别为输入代码 A_1、A_0 全部最小项的非,即为与非表达式。因此,当译码器有 n 位二进制代码输入时,可输出 2^n 个最小项的与非表达式。根据二进制译码器的这个特点,可以直接用译码器设计其他组合逻辑电路。

2. 二-十进制译码器

将 4 位二-十进制代码翻译成 1 位十进制数字的电路就是二-十进制译码器,又称为 BCD 码译码器。二-十进制译码器的真值表如表 4-3-2 所示。二-十进制译码器的输入是十进制数的 4 位二进制编码(BCD 码),分别用 A_3、A_2、A_1、A_0 表示;输出是与 10 个十

表 4-3-2　二-十进制译码器的真值表

A_3	A_2	A_1	A_0	Y_9	Y_8	Y_7	Y_6	Y_5	Y_4	Y_3	Y_2	Y_1	Y_0
0	0	0	0	0	0	0	0	0	0	0	0	0	1
0	0	0	1	0	0	0	0	0	0	0	0	1	0
0	0	1	0	0	0	0	0	0	0	0	1	0	0
0	0	1	1	0	0	0	0	0	0	1	0	0	0
0	1	0	0	0	0	0	0	0	1	0	0	0	0
0	1	0	1	0	0	0	0	1	0	0	0	0	0
0	1	1	0	0	0	0	1	0	0	0	0	0	0
0	1	1	1	0	0	1	0	0	0	0	0	0	0
1	0	0	0	0	1	0	0	0	0	0	0	0	0
1	0	0	1	1	0	0	0	0	0	0	0	0	0

进制数字相对应的 10 个信号，用 $Y_9 \sim Y_0$ 表示，输出高电平有效，每个输出对应一组 BCD 码，其下标值为对应的 BCD 码值。由于二-十进制译码器有 4 根输入线，10 根输出线，所以又称为 4-10 线译码器。

由表 4-3-2 可写出二-十进制译码器的逻辑函数为

$$\begin{cases} Y_0=\overline{A_3}\,\overline{A_2}\,\overline{A_1}\,\overline{A_0}, & Y_1=\overline{A_3}\,\overline{A_2}\,\overline{A_1}\,A_0 \\ Y_2=\overline{A_3}\,\overline{A_2}\,A_1\,\overline{A_0}, & Y_3=\overline{A_3}\,\overline{A_2}\,A_1\,A_0 \\ Y_4=\overline{A_3}\,A_2\,\overline{A_1}\,\overline{A_0}, & Y_5=\overline{A_3}\,A_2\,\overline{A_1}\,A_0 \\ Y_6=\overline{A_3}\,A_2\,A_1\,\overline{A_0}, & Y_7=\overline{A_3}\,A_2\,A_1\,A_0 \\ Y_8=A_3\,\overline{A_2}\,\overline{A_1}\,\overline{A_0}, & Y_9=A_3\,\overline{A_2}\,\overline{A_1}\,A_0 \end{cases} \tag{4-3-2}$$

由式(4-3-2)可画出二-十进制译码器的逻辑电路图，如图 4-3-3 所示。

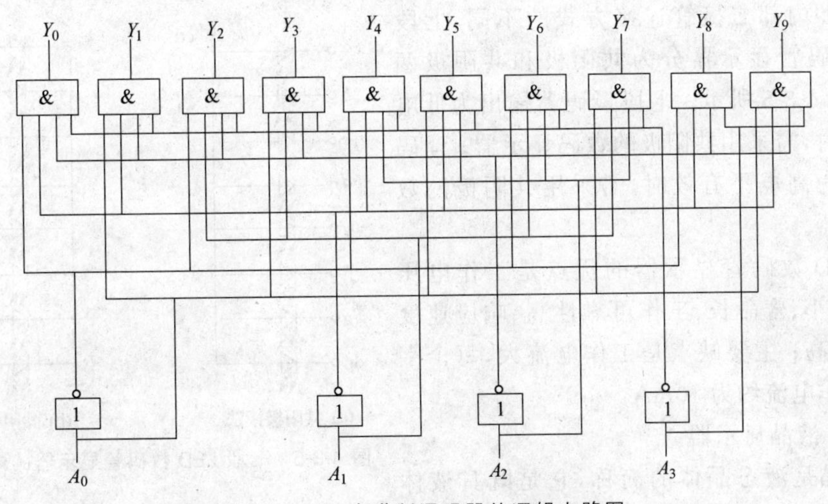

图 4-3-3　二-十进制译码器的逻辑电路图

3. 显示译码器

在数字系统中，经常需要将数字、字符、符号等直观地显示出来，以便人们观测、查看。

能够显示数字、字符或符号的器件称为显示器。需要显示的数字、字符或符号等先要以一定的二进制代码的形式表示出来，所以在送到显示器之前要先经过显示译码器的译码，即将这些二进制代码转化成显示器所需要的驱动信号。

1）七段显示器

常见的七段显示器有 LED 数码管显示器（LED）和液晶显示器（LCD）等。显示的字形由显示译码器的驱动电路使相应字段发光完成。

（1）七段 LED 数码管显示器。

图 4-3-4(a)所示是由发光二极管组成的七段 LED 数码管显示器的外形，a、b、c、d、e、f、g 七段笔画各对应一个发光二极管，利用不同发光段的组合，显示不同的阿拉伯数字。另外，dp 也对应一个发光二极管，用于显示小数点。图 4-3-4(b)所示为七段显示器显示的十进制数码。

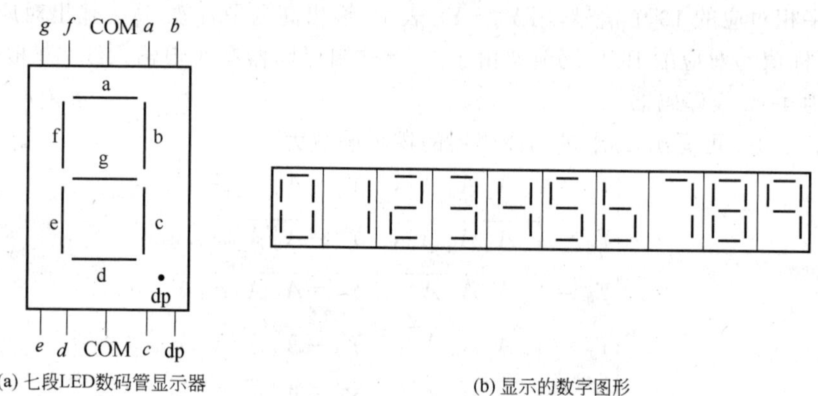

(a) 七段LED数码管显示器　　(b) 显示的数字图形

图 4-3-4　七段 LED 数码管显示器及显示的数字

按照内部二极管连接方式的不同，七段 LED 数码管显示器分为共阳极和共阴极两种，如图 4-3-5 所示。七段译码器输出为低电平有效时，需采用共阳极的数码显示器；译码器输出为高电平有效时，需采用共阴极的数码显示器。

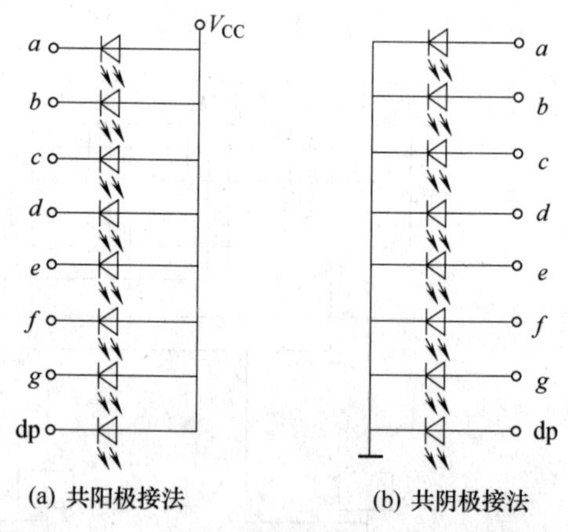

(a) 共阳极接法　　(b) 共阴极接法

图 4-3-5　七段 LED 数码管显示器的内部接法

LED 数码管显示器的优点是工作电压低、体积小、寿命长、工作可靠性高、响应速度快、亮度高；主要缺点是工作电流大，每个字段的工作电流约为 10mA。

（2）液晶显示器。

液晶是液态晶体的简称，它是既具液体的流动性，又具光学特性的有机化合物，其透明度和颜色受外加电场的控制。利用这一特点，可做成电场控制的七段液晶数码显示器。液晶显示原理：无外加电场作用时，液晶分子排列整齐，入射的光线绝大部分被反射回来，液晶呈透明状态，不显示数字；当在相应字段的电极上加电压时，液晶中的导电正离子作定向运动，在运动过程中不断撞击液晶分子，破坏了液晶分子的整齐排列，液晶对入射光产生散射而变成了暗灰色，于是显示出相应的数字；当外加电压断开后，液晶分子又将恢复到整齐排列状态，字形随之消失。

液晶显示器的主要优点是功耗极小、工作电压低；缺点是显示不够清晰、响应速度慢。

2）七段显示译码器

对于不同性质的数码管，七段显示译码器也有两种：一种是输出为高电平有效，驱动共阴极数码管，如 74LS48 等；另一种是输出为低电平有效，驱动共阳极数码管，如 74LS47 等。下面以 74LS47 为例介绍七段显示译码器的工作原理。

图 4-3-6 是 74LS47 的引脚图及逻辑功能示意图，表 4-3-3 是其逻辑功能表。

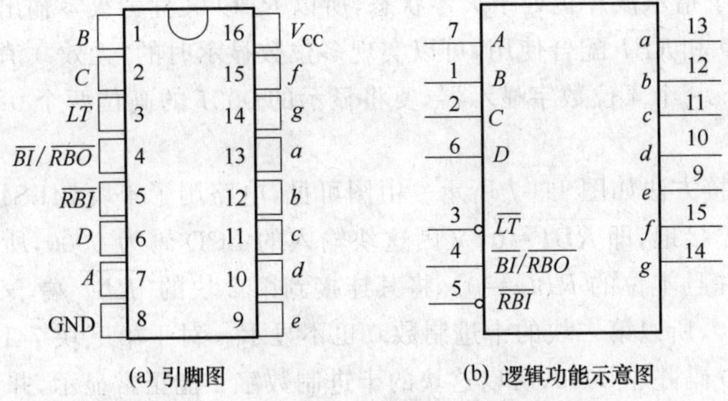

(a) 引脚图　　(b) 逻辑功能示意图

图 4-3-6　74LS47 的引脚图及逻辑功能示意图

表 4-3-3　74LS47 的逻辑功能表

输入						$\overline{BI}/\overline{RBO}$	输出							功能
$\overline{LT}$	$\overline{RBI}$	D	C	B	A		a	b	c	d	e	f	g	
1	1	0	0	0	0	1	0	0	0	0	0	0	1	0
1	×	0	0	0	1	1	1	0	0	1	1	1	1	1
1	×	0	0	1	0	1	0	0	1	0	0	1	0	2
1	×	0	0	1	1	1	0	0	0	0	1	1	0	3
1	×	0	1	0	0	1	1	0	0	1	1	0	0	4
1	×	0	1	0	1	1	0	1	0	0	1	0	0	5
1	×	0	1	1	0	1	1	1	0	0	0	0	0	6
1	×	0	1	1	1	1	0	0	0	1	1	1	1	7
1	×	1	0	0	0	1	0	0	0	0	0	0	0	8
1	×	1	0	0	1	1	0	0	0	0	1	0	0	9
×	×	×	×	×	×	0	1	1	1	1	1	1	1	灭灯
1	0	0	0	0	0	0	1	1	1	1	1	1	1	灭零
0	×	×	×	×	×	1	0	0	0	0	0	0	0	试灯

注：阴影部分表示输入。

在图 4-3-6 及表 4-3-3 中，D、C、B、A 为 BCD 码输入端，$a \sim g$ 为译码输出端。另外还有 3 个控制端：试灯输入端 $\overline{LT}$、灭零输入端 $\overline{RBI}$、特殊控制端 $\overline{BI}/\overline{RBO}$（$\overline{BI}$ 表示灭灯输入控制，$\overline{RBO}$ 表示灭零输出）。其功能如下。

(1) 正常译码显示：$\overline{LT}=1$、$\overline{BI}/\overline{RBO}=1$ 时，对输入的十进制数 0～9 的 BCD 码进

行译码,产生对应的七段显示码。

(2) 试灯:当 $\overline{LT}=0$ 时,$a\sim g$ 输出均为 0,显示器七段都亮,用于测试每段工作是否正常。

(3) 灭零:当 $\overline{LT}=1$、$\overline{RBI}=0$,而输入端 $D\sim A$ 输入为 0 的 BCD 码时,则显示器全灭,译码器将不希望显示的零熄灭。

(4) 特殊控制端 $\overline{BI}/\overline{RBO}$。$\overline{BI}/\overline{RBO}$ 可以作为输入端,也可以作为输出端。当作输入端使用时,如果 $\overline{BI}=0$,不管其他输入端为何值,$a\sim g$ 均输出为 1,显示器全灭,因此 $\overline{BI}$ 称为灭灯输入端。当作输出端使用时,受控于 $\overline{RBI}$,当 $\overline{RBI}=0$,输入为 0 的 BCD 码时,$\overline{RBO}=0$,用于指示该片正处于灭零状态,所以 $\overline{RBO}$ 又称为灭零输出端。

将 $\overline{BI}/\overline{RBO}$ 和 $\overline{RBI}$ 配合使用,可以实现多位数显示时的"无效 0 消隐"功能。

【例 4-3-1】 一个 4 位数字显示器,要将显示的 0027 的高位两个 0 熄灭,只显示 27,试设计该电路。

解:电路连接方法如图 4-3-7 所示。由图可见,电路用了 4 块 74LS47 进行数码驱动。将第 1 块的 $\overline{RBI}$ 接地,即 $\overline{RBI}=0$,又因这块输入的 BCD 码为 0000,所以本位的十进制数字 0 不显示,并且本位的 $\overline{RBO}=0$。将其连接到第 2 块的 $\overline{RBI}$ 端,又因第二块输入的 BCD 码也是 0000,所以第二块的十进制数 0 也不显示。对于第三块 74LS47,虽然 $\overline{RBI}=0$,但输入的 BCD 码并非 0000,所以这块的十进制数字 2 能正常显示,并且本位的 $\overline{RBO}=1$,同时也就意味着后面的十进制数字(包括 0)都能正常显示。对于第四块 74LS47,因为是最后一块,当输入全为 0 时,为了能正常显字数字 0,$\overline{RBI}$ 端应输入高电平。

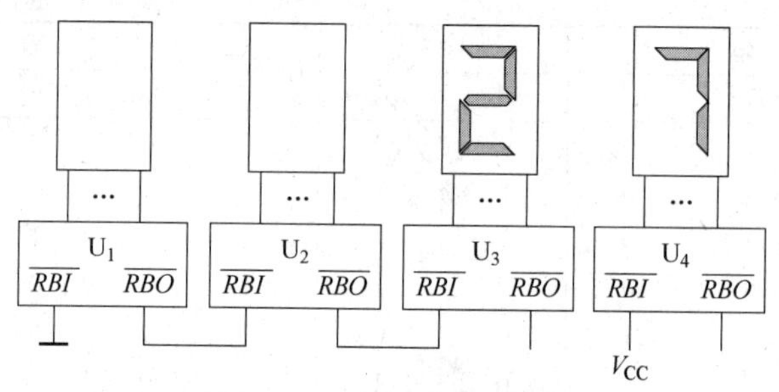

图 4-3-7 例 4-3-1 电路图

任务实施

1. 任务内容与要求

(1) 任务内容

在 TEMI 数字逻辑设计能力认证开发板上实现具有控制功能的 2-4 线译码器电路功能。

(2) 任务要求

原理图设计约束规则:只能采用与、或、非、异或四种基本逻辑门电路。

硬件电路引脚配置规则如下。

输入:$E\rightarrow$S7-DIP1(P04)、$B\rightarrow$S4(P17)、$A\rightarrow$S3(P16)。

输出:$Y_3\rightarrow$D5(P26)、$Y_2\rightarrow$D4(P25)、$Y_1\rightarrow$D3(P24)、$Y_0\rightarrow$D2(P21)。

2. 逻辑电路设计

具有控制功能的 2-4 线译码器的真值表如表 4-3-4 所示。它有 2 个输入端 A、B，4 个输出端 $Y_3 \sim Y_0$，输出低电平有效；E 为使能端，高电平有效。

表 4-3-4 具有控制功能的 2-4 线译码器的真值表

输入			输出			
E	B	A	Y_3	Y_2	Y_1	Y_0
0	×	×	1	1	1	1
1	0	0	1	1	1	0
1	0	1	1	1	0	1
1	1	0	1	0	1	1
1	1	1	0	1	1	1

注：本译码器是输出低电平有效，按规范要求输出变量应用反变量表示，为了便于与 Quartus Ⅱ绘图时统一，输出采用了原变量表示。

由表 4-3-4 可直接写出 Y_3、Y_2、Y_1、Y_0 的逻辑表达式如下：

$$Y_0=\overline{E\overline{B}\,\overline{A}},\quad Y_1=\overline{E\overline{B}A},\quad Y_2=\overline{EB\overline{A}},\quad Y_3=\overline{EBA} \tag{4-3-3}$$

根据式(4-3-3)可画出逻辑电路图如图 4-3-8 所示。

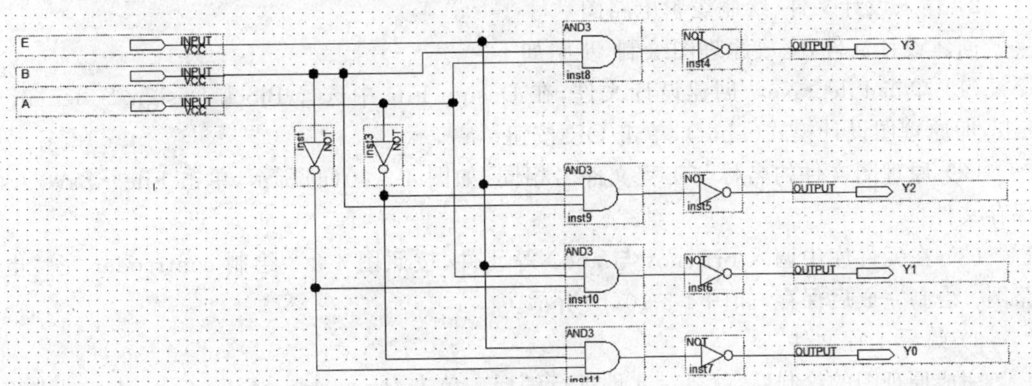

图 4-3-8 具有控制功能的 2-4 线译码器的逻辑电路图

3. CPLD 的软硬件操作

1) 建立工程文件

首先创建一个用于存放工程文件的文件夹，如 E:\project4\contrcoder。打开 Quartus Ⅱ软件创建工程，过程如下。

单击 File→New Project Wizard→打开"新建工程引导"对话框，在对话框中分别输入如图 4-3-9 所示的信息。在第一张视图中，需要输入工程文件的路径 E:\project4\contrcoder 与工程名称 contrcoder。在第二张视图中，需要输入所使用的 CPLD 芯片的类别(MAX7000S)与型号(EPM7064SLC44-10)。

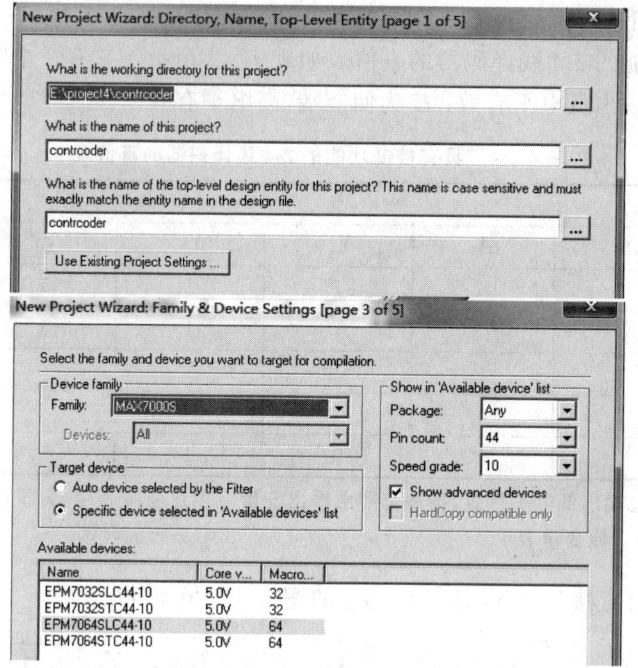

图 4-3-9 创建工程引导图

2) 输入设计文件(绘制逻辑电路图)

创建设计文件,完成原理图绘制,步骤如下。

(1) 单击 File→New 创建设计文件,在 Design File 中选择 Block Design/Schematic File,即原理图设计模式(.bdf),单击 OK 按钮。

(2) 原理图文件的名称与工程文件名相同,如图 4-3-10(a)所示,单击 File→Save As 保存文件。

(3) 在元件库中调入 or2、not 与 and2 等元件,按照图 4-3-8 绘制 contrcoder 完整电路图,绘制完成后保存,如图 4-3-10(b)所示。

3) 编译工程文件

完成原理图的绘制后,就要对文件进行编译。单击 Processing→Start Compilation 进行原理图编译,若编译结果出现错误,需要修正错误并重新编译,直到编译结果无错为止。

4) 波形仿真

(1) 建立仿真波形文件

单击 File→New→Vector Waveform File 创建仿真波形文件(.vwf)。

(2) 添加仿真波形的输入/输出引脚

在波形文件 Name 栏目的下方空白处双击,在弹出的窗口中单击 Node Finder,就会弹出 Node Finder 窗口,在 Filter 选项中选择 Pin:all,再单击 List 按钮,屏幕 Node Found 区域会列出工程设计中所有的输入/输出引脚,选择需要的输入/输出引脚到 Selected Nodes 区域,单击 OK 按钮,添加的输入/输出引脚将会显示在波形编辑窗口中,如图 4-3-11 所示。

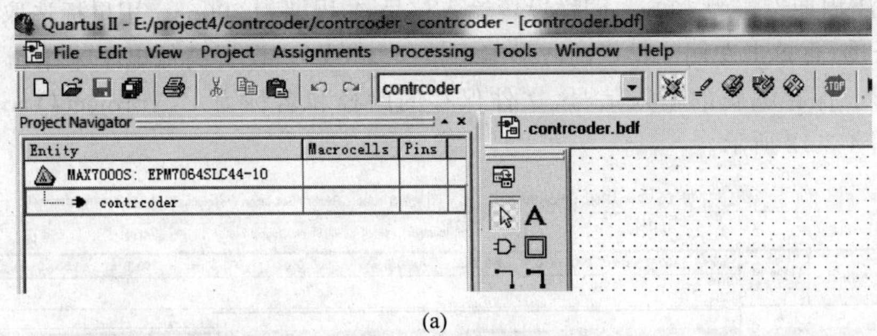

(a)

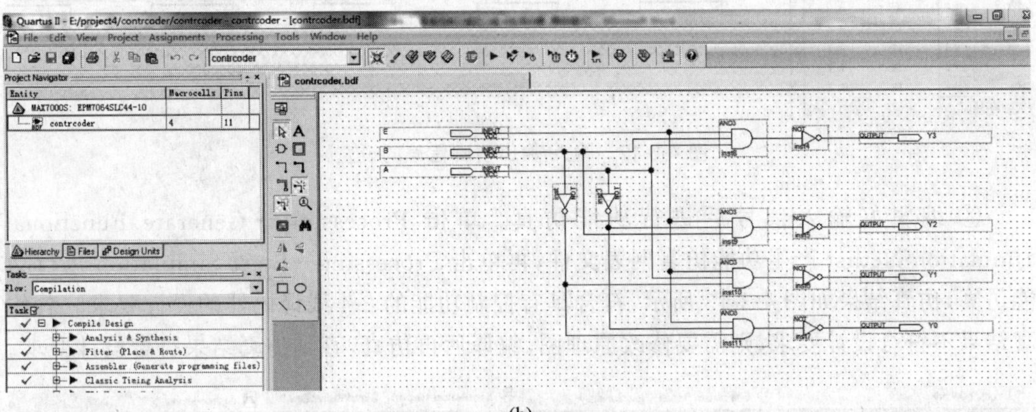

(b)

图 4-3-10 原理图编辑窗口

contrcoder.bdf | Compilation Report - Flow Summary | Simul

Master Time Bar: 15.65 ns Pointer: 13.2 ns Interval:

	Name	Value at 15.65 ns
0	A	A 0
1	B	A 0
2	E	A 0
3	Y0	A X
4	Y1	A X
5	Y2	A X
6	Y3	A X

图 4-3-11 输入/输出引脚导入

(3) 设置波形仿真环境

① 选择 Edit→End Time，设定为 1μs。

② 选择 Edit→Grid Side，设定为 100ns。

③ 选择 View→Fit in Window。

(4) 编辑输入/输出信号

① 使用鼠标拖曳输入/输出信号，使其按照合理的顺序排列。

② 使用鼠标选取输入信号 B，单击左侧工具栏的波形编辑按钮 Clock 设定输入信

号,信号 B 周期设定为 400ns,同样设置输入信号 A 周期为 200ns。用鼠标选取输入信号 E 合适长度,再单击左侧工具栏的波形编辑按钮“0”或“1”设置高低电平来编辑输入信号 E 的波形。保存编辑的输入信号,文件保存的路径和名称为 E:\project4\contrcoder.vwf,如图 4-3-12 所示。

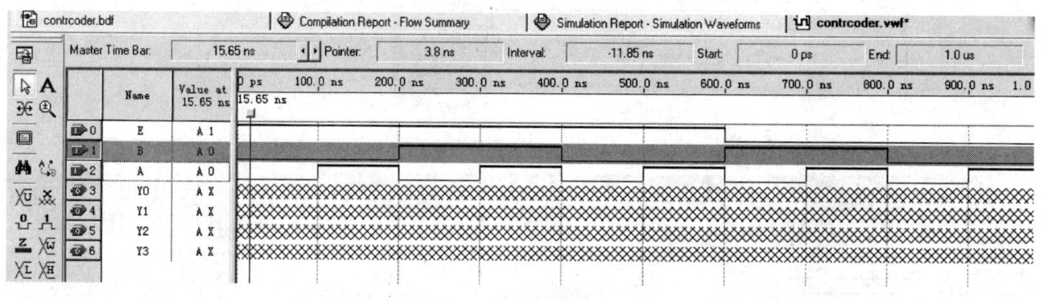

图 4-3-12 输入/输出引脚信号的设置

③ 编辑好输入信号后进行功能仿真。单击 Processing→Generate Functional Simulation Netlist 产生功能仿真网表文件,再单击 Processing→Start Simulation 进行功能仿真,仿真结果如图 4-3-13 所示,符合具有控制功能的 2-4 线译码器的设计要求。若仿真结果不符合设计要求,则需要修改原理图,编译后再仿真,直到仿真结果符合设计要求。

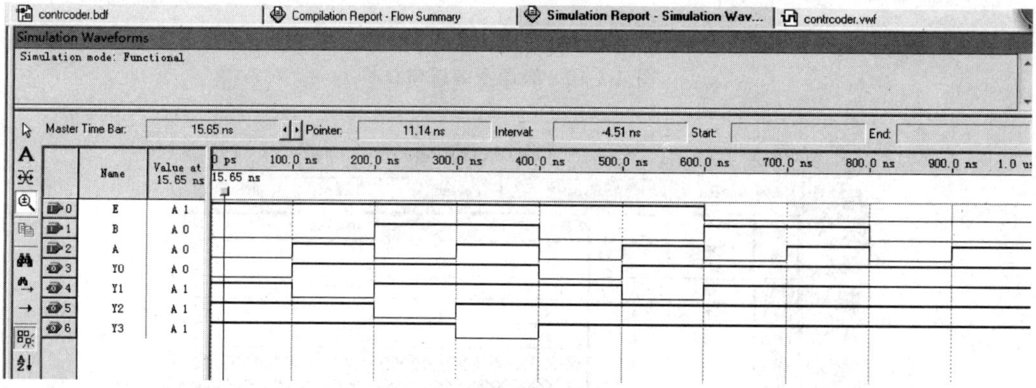

图 4-3-13 具有控制功能的 2-4 线译码器波形仿真图

5) 引脚配置与编程下载

(1) CPLD 元件的引脚配置

硬件电路的引脚配置规则如下。

输入:E→S7-DIP1(P04)、B→S4(P17)、A→S3(P16)

输出:Y_3→D5(P26)、Y_2→D4(P25)、Y_1→D3(P24)、Y_0→D2(P21)

引脚配置的方法如下。

① 单击 Assignments→Pins,检查 CPLD 元件型号是否为 MAS7000S、EPM7064SLC44-10,再将鼠标移到 All pins 视窗,选择每一个端点(E、B、A、Y_3、Y_2、Y_1、Y_0),再在其后的 Location 栏选择每个端点所对应的 CPLD 芯片上的引脚,如图 4-3-14 所示。

② 引脚配置完成后,需要再次编译电路以存储这些引脚的锁定信息。

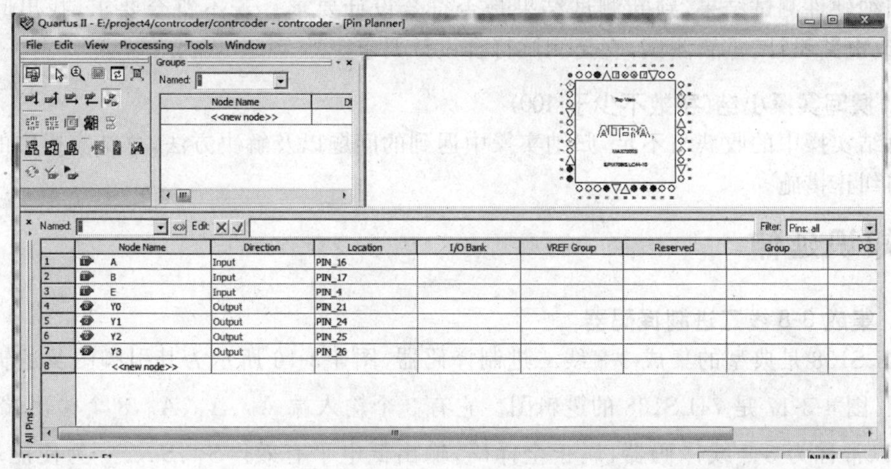

图 4-3-14　引脚配置

(2) 程序下载

在程序下载前，要对硬件开发板上相关的信号进行设置。指拨开关 S2 上的 CPLD-EN、CPLD-OE、LEDs-EN 都要处在 ON 状态，且 LED 处于可用状态，这样才能进行下载。单击 Tools→Programmer，打开编程配置下载窗口，先单击 Hardware Setup 配置下载电缆，选择 USB-Blaster，下载电缆配置完成后，在 Mode 下拉列表中选择 JTAG，选中下载文件 contrcoder. pof 右侧第一个小方框(Program/Configure)，打开目标板电源，再单击 Start 按钮，进行程序下载，当完成下载后，如图 4-3-15 所示。

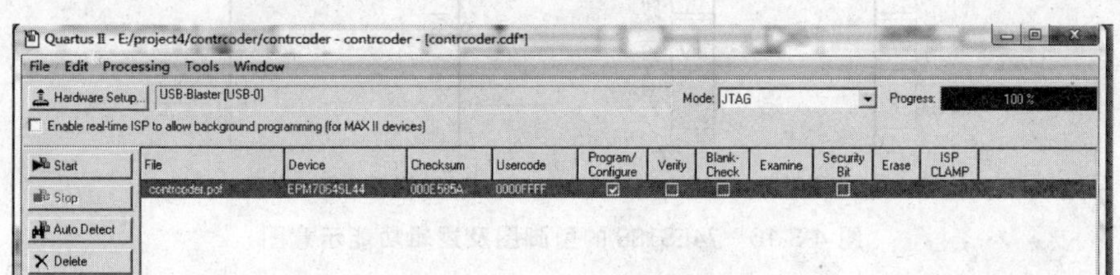

图 4-3-15　程序下载完成窗口

6) 硬件测试

按表 4-3-5，在 TEMI 数字逻辑设计能力认证开发板进行测试。

表 4-3-5　具有控制功能的 2-4 线译码器测试表

输入：SW DIP-8、PB-SW2、PB-SW1			输出：LED 灯(低电平驱动)			
E(S7-DIP1)	B(S4)	A(S3)	Y_3(D5)	Y_2(D4)	Y_1(D3)	Y_0(D2)
0	×	×				
1	0	0				
1	0	1				
1	1	0				
1	1	1				

归纳硬件测试结果,判断测试结果是否符合设计要求。若不符合要求,找出问题所在,修改电路设计,重新测试,直至测试符合设计要求。

4. 撰写实操小结(字数不少于 100)

总结实操中的收获与不足,归纳实操中遇到的问题以及解决方法,总结实操中的不良现象与纠正措施。

知识延伸

1. 集成 3-8 线二进制译码器

74LS138 是典型的集成 3-8 线二进制译码器,图 4-3-16 所示为其引脚图及逻辑功能示意图,图 4-3-17 是 74LS138 的逻辑图。它有 3 个输入端 A_2、A_1、A_0,8 个输出端 $\overline{Y_0}$ ~ $\overline{Y_7}$,所以常称为 3-8 线译码器,属于全译码,输出低电平有效。S_1、$\overline{S_2}$、$\overline{S_3}$ 为使能端,S_1 高电平有效,$\overline{S_2}$、$\overline{S_3}$ 低电平有效。

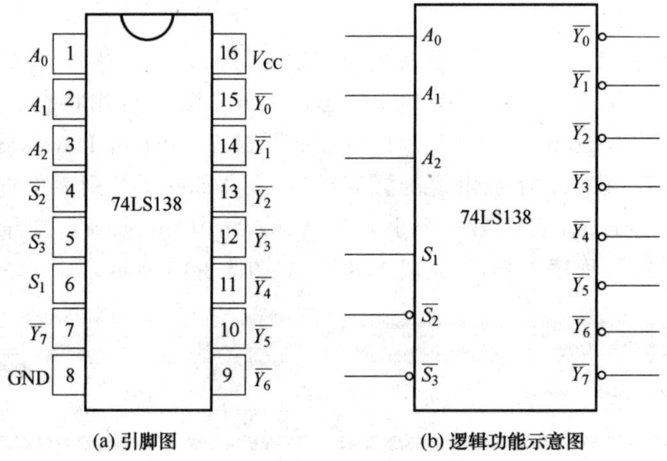

(a) 引脚图　　(b) 逻辑功能示意图

图 4-3-16　74LS138 的引脚图及逻辑功能示意图

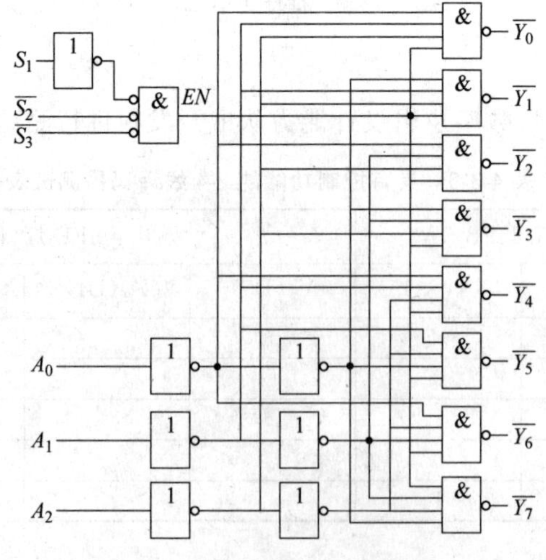

图 4-3-17　74LS138 的逻辑图

由图 4-3-11 可知，$EN=S_1 \cdot \overline{\overline{S_2}} \cdot \overline{\overline{S_3}}=S_1 \cdot \overline{\overline{S_2}+\overline{S_3}}$。由此可得 74LS138 的功能表如表 4-3-6 所示。

表 4-3-6 74LS138 的功能表

使能端		选择输入端			输 出 端							
S_1	$\overline{S_2}+\overline{S_3}$	A_2	A_1	A_0	$\overline{Y_0}$	$\overline{Y_1}$	$\overline{Y_2}$	$\overline{Y_3}$	$\overline{Y_4}$	$\overline{Y_5}$	$\overline{Y_6}$	$\overline{Y_7}$
×	1	×	×	×	1	1	1	1	1	1	1	1
0	×	×	×	×	1	1	1	1	1	1	1	1
1	0	0	0	0	0	1	1	1	1	1	1	1
1	0	0	0	1	1	0	1	1	1	1	1	1
1	0	0	1	0	1	1	0	1	1	1	1	1
1	0	0	1	1	1	1	1	0	1	1	1	1
1	0	1	0	0	1	1	1	1	0	1	1	1
1	0	1	0	1	1	1	1	1	1	0	1	1
1	0	1	1	0	1	1	1	1	1	1	0	1
1	0	1	1	1	1	1	1	1	1	1	1	0

由表 4-3-6 分析 74LS138 的功能如下。

(1) 当 $S_1=0$，或 $\overline{S_2}+\overline{S_3}=1$ 时，$EN=0$，译码器不工作，输出 $\overline{Y_0}\sim\overline{Y_7}$ 都为高电平 1。

(2) 当 $S_1=1$，且 $\overline{S_2}+\overline{S_3}=0$ 时，$EN=1$，译码器工作，输出低电平有效。这时，译码器输出 $\overline{Y_0}\sim\overline{Y_7}$ 由输入二进制代码决定。由表 4-3-6 可写出 74LS138 的输出逻辑函数为

$$
\begin{cases}
\overline{Y_0}=\overline{\overline{A_2}\,\overline{A_1}\,\overline{A_0}}=\overline{m_0}, & \overline{Y_1}=\overline{\overline{A_2}\,\overline{A_1}\,A_0}=\overline{m_1} \\
\overline{Y_2}=\overline{\overline{A_2}\,A_1\,\overline{A_0}}=\overline{m_2}, & \overline{Y_3}=\overline{\overline{A_2}\,A_1\,A_0}=\overline{m_3} \\
\overline{Y_4}=\overline{A_2\,\overline{A_1}\,\overline{A_0}}=\overline{m_4}, & \overline{Y_5}=\overline{A_2\,\overline{A_1}\,A_0}=\overline{m_5} \\
\overline{Y_6}=\overline{A_2\,A_1\,\overline{A_0}}=\overline{m_6}, & \overline{Y_7}=\overline{A_2\,A_1\,A_0}=\overline{m_7}
\end{cases}
\tag{4-3-4}
$$

由式(4-3-4)可以看出，74LS138 的输出包含了三个输入变量 A_2、A_1、A_0 的所有最小项。此结论可以推广至其他二进制译码器。

2. 二进制译码器的应用

1) 二进制译码器的扩展

图 4-3-18 所示是由两片 74LS138 组成的 4-16 线译码器的逻辑图。74LS138(1)为低位片，74LS138(2)为高位片。将低位片的 S_1 接高电平 1，高位片的 S_1 和低位片的 $\overline{S_2}$ 相连作 A_3，同时将低位片的 $\overline{S_3}$ 和高位片的 $\overline{S_2}$、$\overline{S_3}$ 相连作使能端 EN，便组成了 4-16 线译码器。其工作情况如下。

(1) 当 $EN=1$ 时，两个译码器都不工作，输出 $\overline{Y_0}\sim\overline{Y_{15}}$ 都为高电平 1。

(2) 当 $EN=0$ 时，译码器工作。

① 当 $A_3=0$ 时，低位片 74LS138(1)工作，这时，输出 $\overline{Y_0}\sim\overline{Y_7}$ 由输入二进制代码

$A_2A_1A_0$ 决定。由于高位片 74LS138(2)的 $S_1=A_3=0$ 而不能工作，所以输出 $\overline{Y_8}\sim\overline{Y_{15}}$ 都为高电平 1。

② 当 $A_3=1$ 时，低位片 74LS138(1)的 $\overline{S_2}=A_3=1$ 不能工作，输出 $\overline{Y_0}\sim\overline{Y_7}$ 都为高电平 1。高位片 74LS138(2)的 $S_1=A_3=1$，$\overline{S_3}=\overline{S_2}=0$，处于工作状态，$\overline{Y_8}\sim\overline{Y_{15}}$ 由输入二进制代码 $A_2A_1A_0$ 决定。

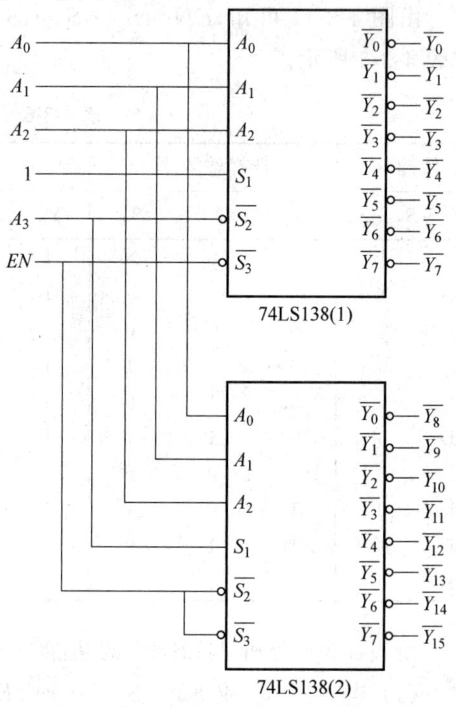

图 4-3-18 两片 74LS138 扩展为 4-16 线译码器

2）用译码器实现组合逻辑函数

由于译码器的每个输出端分别与一个最小项对应，因此辅以适当的门电路，便可实现任何组合逻辑函数。例如，一个 3-8 线译码器能产生 3 个变量函数的全部最小项，能够方便地实现 3 个变量的逻辑函数。

【例 4-3-2】 用全译码器实现逻辑函数 $F=\overline{A}\,\overline{B}C+AB\overline{C}+C$。

解：(1) 根据逻辑函数选用译码器。由于逻辑函数 F 中有 A、B、C 三个变量，故应选用 3-8 线译码器 74LS138，其输出为低电平有效。

(2) 写出 F 的标准与或表达式并变换为与非表达式。

$$F=\overline{A}\,\overline{B}C+AB\overline{C}+C=\overline{A}\,\overline{B}C+\overline{A}BC+A\overline{B}C+AB\overline{C}+ABC$$

$$=m_1+m_3+m_5+m_6+m_7=\overline{\overline{m_1}\cdot\overline{m_3}\cdot\overline{m_5}\cdot\overline{m_6}\cdot\overline{m_7}}$$

(3) 将逻辑函数 F 与 74LS138 的输出表达式进行比较。设 $A=A_2$、$B=A_1$、$C=A_0$，比较结果得

$$F=\overline{\overline{Y_1}\cdot\overline{Y_3}\cdot\overline{Y_5}\cdot\overline{Y_6}\cdot\overline{Y_7}} \tag{4-3-5}$$

(4) 画连线图。根据式(4-3-5)可画出如图 4-3-19 所示的连线图。

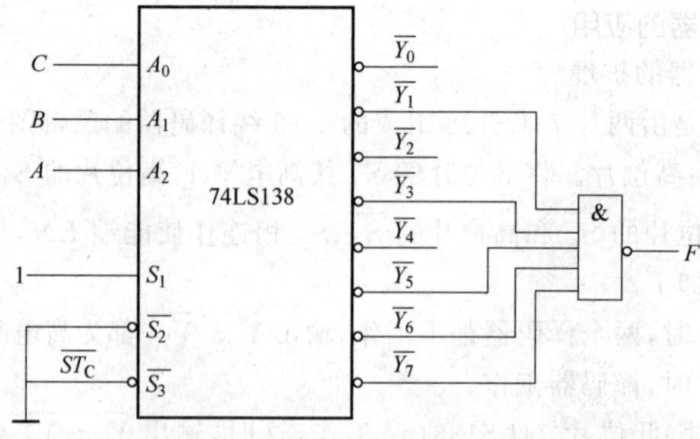

图 4-3-19 例 4-3-2 的连线图

【例 4-3-3】 三台电动机的工作情况用红、黄两个指示灯进行监控。当一台电动机故障时，黄灯亮；当两台电动机故障时，红灯亮；当三台电动机故障时，红灯和黄灯都亮。试用译码器和门电路设计此控制电路。

解：(1) 分析设计要求，列出真值表。设三台电动机为 A、B、C，出故障时为 1，正常工作时为 0。红、黄两个指示灯为 Y_A、Y_B，灯亮为 1，灯灭为 0。由此可列出真值表如表 4-3-7 所示。

表 4-3-7 例 4-3-3 真值表

输入			输出	
A	B	C	Y_A	Y_B
0	0	0	0	0
0	0	1	0	1
0	1	0	0	1
0	1	1	1	0
1	0	0	0	1
1	0	1	1	0
1	1	0	1	0
1	1	1	1	1

(2) 根据真值表写出逻辑函数表达式并转换为与非表达式。

$$Y_A=\overline{A}BC+A\overline{B}C+AB\overline{C}+ABC$$

$$=m_3+m_5+m_6+m_7=\overline{\overline{m_3}\cdot\overline{m_5}\cdot\overline{m_6}\cdot\overline{m_7}}$$

$$Y_B=\overline{A}\,\overline{B}C+\overline{A}B\overline{C}+A\overline{B}\,\overline{C}+ABC$$

$$=m_1+m_2+m_4+m_7=\overline{\overline{m_1}\cdot\overline{m_2}\cdot\overline{m_4}\cdot\overline{m_7}}$$

(3) 选择译码器。由于控制电路有 A、B、C 三个输入信号，故应选用 3-8 线译码器 74LS138。

(4) 将 Y_A、Y_B 与 74LS138 的输出表达式进行比较。设 $A=A_2$、$B=A_1$、$C=A_0$，比较结果得

$$\begin{cases}Y_A=\overline{\overline{Y_3}\cdot\overline{Y_5}\cdot\overline{Y_6}\cdot\overline{Y_7}}\\ Y_B=\overline{\overline{Y_1}\cdot\overline{Y_2}\cdot\overline{Y_4}\cdot\overline{Y_7}}\end{cases}\tag{4-3-6}$$

(5) 画连线图。根据式(4-3-6)可画出如图 4-3-20 所示的连线图。

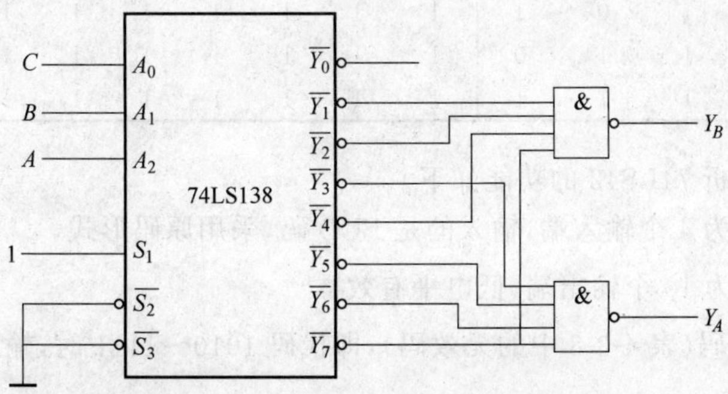

图 4-3-20 例 4-3-3 的连线图

3. 集成二-十进制译码器

图 4-3-21 是集成二-十进制译码器 74LS42 的引脚图及逻辑功能示意图。表 4-3-8 为二-十进制译码器真值表。

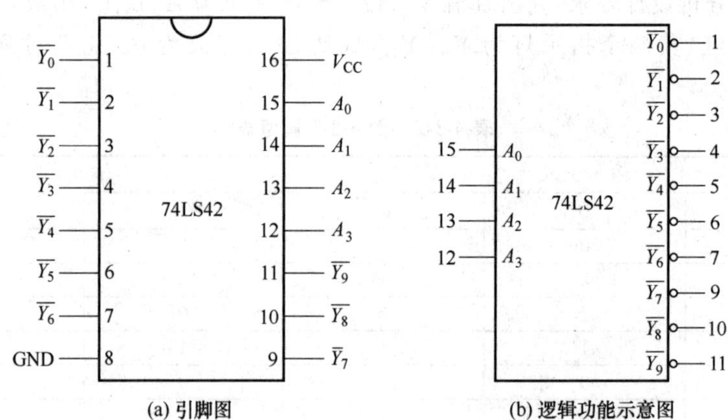

图 4-3-21 二-十进制译码器 74LS42 的引脚图及逻辑符号

表 4-3-8 二-十进制译码器真值表

数字	输入				输出									
	A_3	A_2	A_1	A_0	$\overline{Y_0}$	$\overline{Y_1}$	$\overline{Y_2}$	$\overline{Y_3}$	$\overline{Y_4}$	$\overline{Y_5}$	$\overline{Y_6}$	$\overline{Y_7}$	$\overline{Y_8}$	$\overline{Y_9}$
0	0	0	0	0	0	1	1	1	1	1	1	1	1	1
1	0	0	0	1	1	0	1	1	1	1	1	1	1	1
2	0	0	1	0	1	1	0	1	1	1	1	1	1	1
3	0	0	1	1	1	1	1	0	1	1	1	1	1	1
4	0	1	0	0	1	1	1	1	0	1	1	1	1	1
5	0	1	0	1	1	1	1	1	1	0	1	1	1	1
6	0	1	1	0	1	1	1	1	1	1	0	1	1	1
7	0	1	1	1	1	1	1	1	1	1	1	0	1	1
8	1	0	0	0	1	1	1	1	1	1	1	1	0	1
9	1	0	0	1	1	1	1	1	1	1	1	1	1	0
无效	1	0	1	0	1	1	1	1	1	1	1	1	1	1
	1	0	1	1	1	1	1	1	1	1	1	1	1	1
	1	1	0	0	1	1	1	1	1	1	1	1	1	1
	1	1	0	1	1	1	1	1	1	1	1	1	1	1
	1	1	1	0	1	1	1	1	1	1	1	1	1	1
	1	1	1	1	1	1	1	1	1	1	1	1	1	1

由表 4-3-8 分析 74LS42 的功能如下。

(1) $A_3 \sim A_0$ 为 4 个输入端，输入的是 BCD 码，采用原码形式。

(2) $\overline{Y_0} \sim \overline{Y_9}$ 为 10 个输出端，低电平有效。

(3) 当输入伪码(表 4-3-8 中的无效码)，即代码 1010～1111 时，输出端 $\overline{Y_0} \sim \overline{Y_9}$ 全为高电平。

(4) 该译码器也可作为 3-8 线译码器使用。此时 A_3 作为输入控制端，$\overline{Y_0}\sim\overline{Y_7}$ 作为输出端，$\overline{Y_8}$、$\overline{Y_9}$ 闲置。当 A_3 为低电平时，译码器工作；当 A_3 为高电平时，禁止译码器工作。

任务拓展

在 TEMI 数字逻辑设计能力认证开发板上用 74LS138 实现具有控制功能的 3-8 线译码器电路功能。

任务 4.4　数值比较器

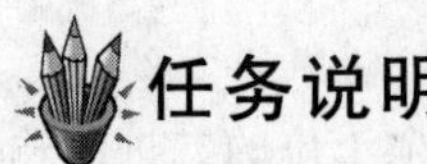

任务说明

本任务通过学习数值比较器的原理，掌握数值比较器的使用方法。

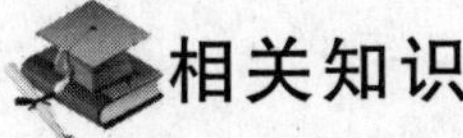

相关知识

用于比较两组二进制数据大小的数字电路称为数值比较器。

当两个 1 位二进制数 A 和 B 比较时，其结果有 3 种情况：$A>B$、$A=B$、$A<B$。比较结果用 $F_{A>B}$、$F_{A=B}$ 和 $F_{A<B}$ 表示。其真值表如表 4-4-1 所示。

表 4-4-1　1 位数值比较器真值表

输入		输出		
A	B	$F_{A>B}$	$F_{A=B}$	$F_{A<B}$
0	0	0	1	0
0	1	0	0	1
1	0	1	0	0
1	1	0	1	0

由表 4-4-1，写出逻辑表达式为

$$F_{A>B}=A\overline{B},\quad F_{A=B}=\overline{A}\,\overline{B}+AB,\quad F_{A<B}=\overline{A}B \tag{4-4-1}$$

由以上逻辑表达式可画出逻辑图如图 4-4-1 所示。

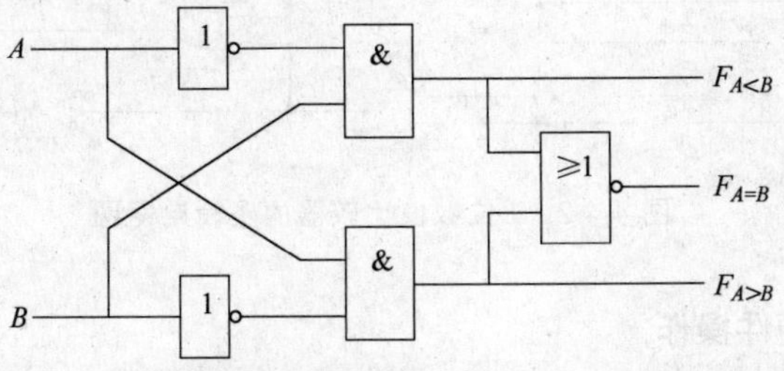

注：$F_{A=B}=\overline{A}\,\overline{B}+AB=\overline{\overline{A}B+A\overline{B}}$

图 4-4-1　1 位数值比较器逻辑图

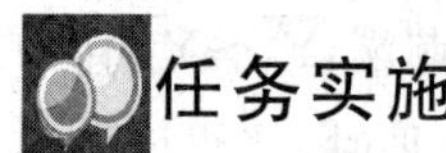

任务实施

1. 任务内容与要求

(1) 任务内容

在 TEMI 数字逻辑设计能力认证开发板上实现 1 位数值比较器电路功能。

(2) 任务要求

原理图设计约束规则：只能采用与、或、非、异或四种基本逻辑门电路。

硬件电路引脚配置规则如下。

输入：$A \rightarrow$S7-DIP1(P04)、$B \rightarrow$S7-DIP2(P05)。

输出：$Y_0 \rightarrow$D2(P21)、$Y_1 \rightarrow$D3(P24)、$Y_2 \rightarrow$D4(P25)。

2. 逻辑电路设计

1 位二进制数值比较器的真值表如表 4-4-2 所示。其中 A、B 是两个 1 位的二进制输入数据，Y_2、Y_1、Y_0 为输出的比较结果。当 $A>B$ 时，$Y_2=1$；当 $A=B$ 时，$Y_1=1$；当 $A<B$ 时，$Y_0=1$。

由表 4-4-2，写出输出逻辑表达式为

$$Y_2=A\overline{B},\quad Y_1=\overline{A}\,\overline{B}+AB=\overline{\overline{A}B+A\overline{B}},\quad Y_0=\overline{A}B \tag{4-4-2}$$

表 4-4-2　1 位数值比较器真值表

输　入		输　出		
A	B	Y_2	Y_1	Y_0
0	0	0	1	0
0	1	0	0	1
1	0	1	0	0
1	1	0	1	0

根据式(4-4-2)，考虑到输出信号用低电平有效的 LED 来表达，所以画出逻辑电路图如图 4-4-2 所示。在每个输出信号后面加一个非门来转换电平。

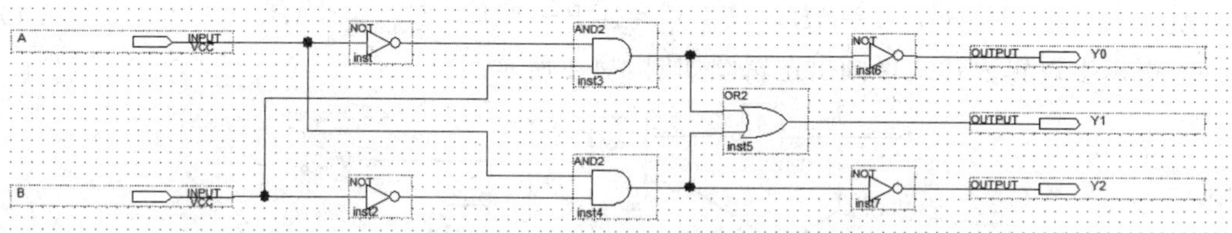

图 4-4-2　1 位数值比较器的逻辑电路图

3. CPLD 的软硬件操作

1) 建立工程文件

首先创建一个用于存放工程文件的文件夹，如 E:\project4\comparator1。打开

Quartus Ⅱ软件创建工程,过程如下。

单击 File→New Project Wizard→打开“新建工程引导”对话框,在对话框中分别输入如图 4-4-3 所示的信息。在第一张视图中,需要输入工程文件的路径 E:\project4\comparator1 与工程名称 comparator1。在第二张视图中,需要输入所使用的 CPLD 芯片的类别(MAX7000S)与型号(EPM7064SLC44-10)。

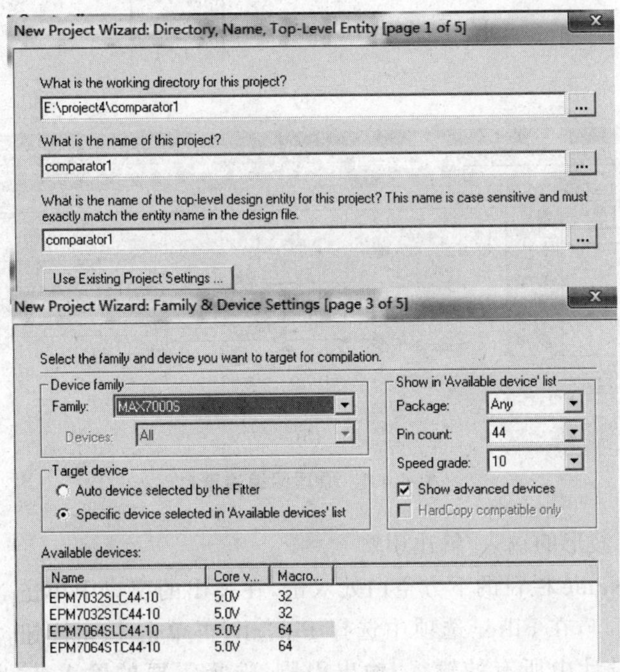

图 4-4-3 创建工程引导图

2) 输入设计文件(绘制逻辑电路图)

创建设计文件,完成原理图绘制,步骤如下。

(1) 单击 File→New 创建设计文件,在 Design File 中选择 Block Design/Schematic File,即原理图设计模式(.bdf),单击 OK 按钮。

(2) 原理图文件的名称与工程文件名相同,如图 4-4-4(a)所示,单击 File→Save As 保存文件。

(3) 在元件库中调入 or2、not 与 and2 等元件,按照图 4-4-2,绘制 comparator1 完整电路图,绘制完成后保存,如图 4-4-4(b)所示。

3) 编译工程文件

完成原理图的绘制后,就要对文件进行编译。单击 Processing→Start Compilation 进行原理图编译,若编译结果出现错误,需要修正错误,并重新编译,直到编译结果无错为止。

4) 波形仿真

(1) 建立仿真波形文件

单击 File→New→Vector Waveform File 创建仿真波形文件(.vwf)。

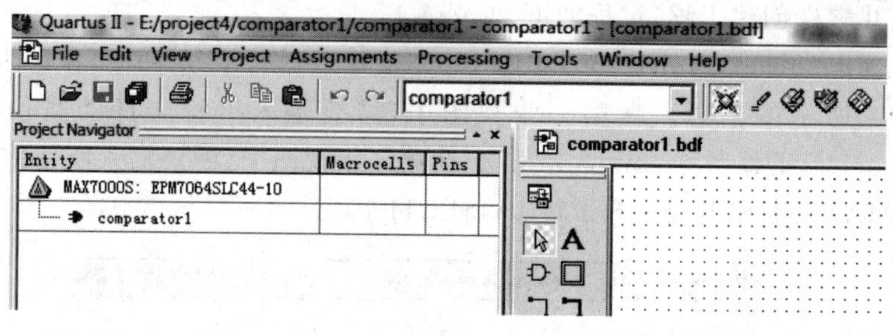

(a)

(b)

图 4-4-4 原理图编辑窗口

(2) 添加仿真波形的输入/输出引脚

在波形文件 Name 栏目的下方空白处双击,在弹出的窗口中单击 Node Finder,会弹出 Node Finder 窗口,在 Filter 选项中选择 Pin:all,再单击 List 按钮,屏幕 Node Found 区域会列出工程设计中所有的输入/输出引脚,选择需要的输入/输出引脚到 Selected Nodes 区域,单击 OK 按钮,添加的输入/输出引脚将会显示在波形编辑窗口中,如图 4-4-5 所示。

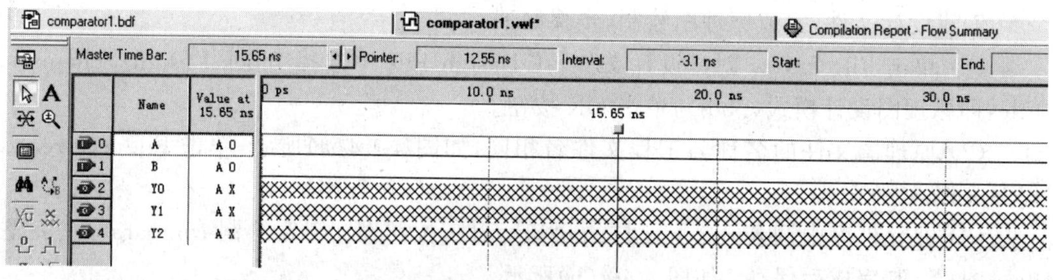

图 4-4-5 输入/输出引脚导入

(3) 设置波形仿真环境

① 选择 Edit→End Time,设定为 1μs。

② 选择 Edit→Grid Side,设定为 100ns。

③ 选择 View→Fit in Window。

(4) 编辑输入/输出信号

① 使用鼠标拖曳输入/输出信号,使其按照合理的顺序排列。

② 使用鼠标选取输入信号 B，单击左侧工具栏的波形编辑按钮 Clock 设定输入信号，信号 B 周期设定为 200ns，同样设置输入信号 A 周期为 400ns。保存编辑的输入信号，文件保存的路径和名称为 E:\project4\comparator1. vwf，如图 4-4-6 所示。

③ 编辑好输入信号后进行功能仿真。单击 Processing→Generate Functional Simulation Netlist 产生功能仿真网表文件，再单击 Processing→Start Simulation 进行功能仿真，仿真结果如图 4-4-7 所示，符合 1 位数值比较器的设计要求。若仿真结果不符合设计要求，则需要修改原理图，编译后再仿真，直到仿真结果符合设计要求。

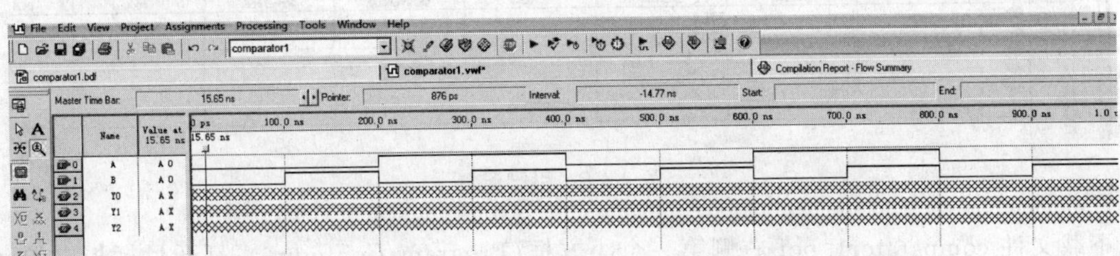

图 4-4-6 输入/输出引脚信号的设置

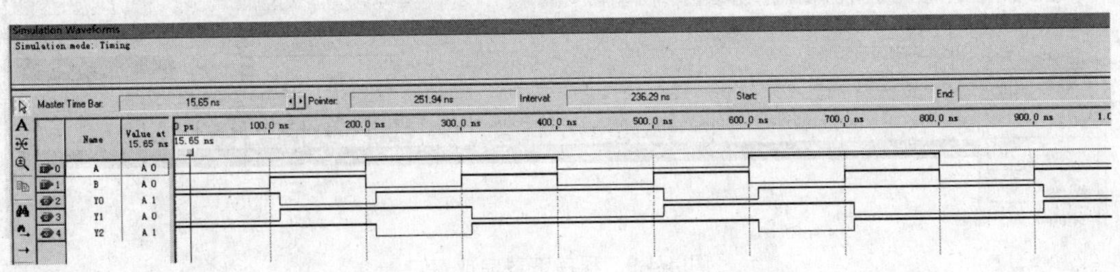

图 4-4-7 1 位数值比较器波形仿真图

5) 引脚配置与编程下载

(1) CPLD 元件的引脚配置

硬件电路的引脚配置规则如下。

输入：A→S7-DIP1(P04)、B→S7-DIP2(P05)

输出：Y_0→D4(P25)、Y_1→D3(P24)、Y_2→D2(P21)

引脚配置的方法如下。

① 单击 Assignments→Pins，检查 CPLD 元件型号是否为 MAS7000S、EPM7064SLC44-10，再将鼠标移到 All pins 视窗，选择每一个端点(B、A、Y_2、Y_1、Y_0)，再在其后的 Location 栏选择每个端点所对应的 CPLD 芯片上的引脚，如图 4-4-8 所示。

② 引脚配置完成后，需要再次编译电路以存储这些引脚的锁定信息。

(2) 程序下载

在程序下载前，要对硬件开发板上相关的信号进行设置。指拨开关 S2 上的 CPLD-EN、CPLD-OE、LEDs-EN 都要处在 ON 状态，且 LED 处于可用状态，这样才能进行下载。单击 Tools→Programmer，打开编程配置下载窗口，先单击 Hardware Setup 配置下载电缆，选择 USB-Blaster，下载电缆配置完成后，在 Mode 下拉列表中选择 JTAG，选中

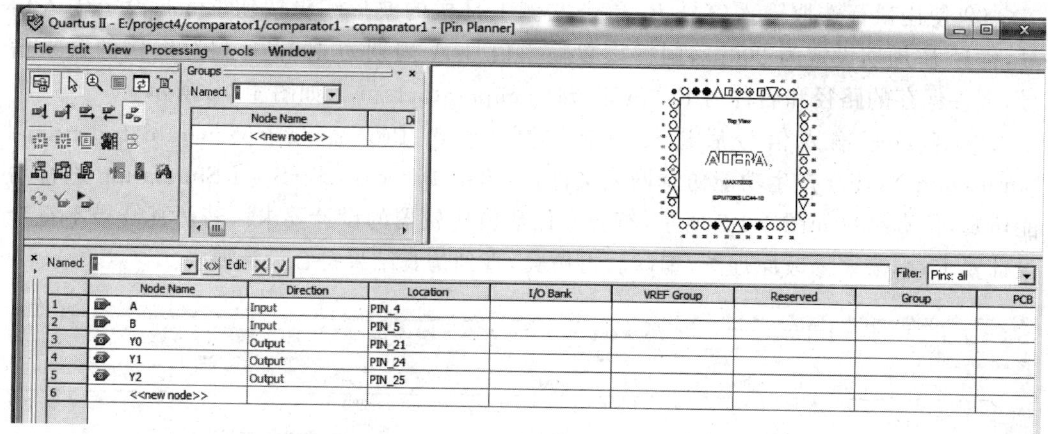

图 4-4-8　引脚配置

下载文件 comparator1.pof 右侧第一个小方框(Program/Configure),打开目标板电源,再单击 Start 按钮进行程序下载,完成下载后如图 4-4-9 所示。

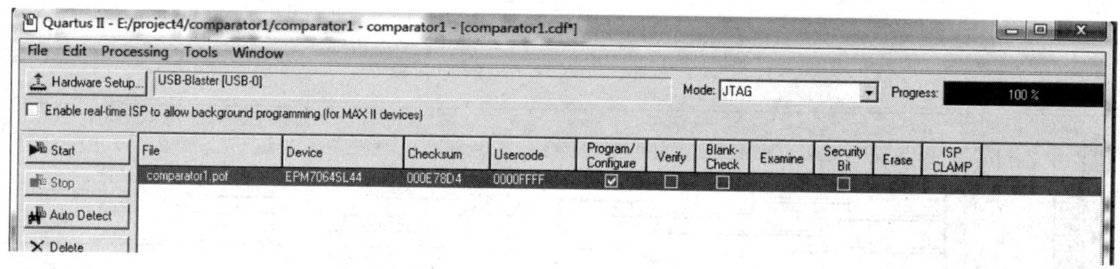

图 4-4-9　程序下载完成窗口

6) 硬件测试

按表 4-4-3,在 TEMI 数字逻辑设计能力认证开发板进行测试。

表 4-4-3　1 位数值比较器测试表

输入:SW DIP-8		输出:LED 灯(低电平驱动)		
A(S7-DIP1)	B(S7-DIP2)	Y_2(D_4)	Y_1(D3)	Y_0(D_2)
0	0	0	1	0
0	1	0	0	1
1	0	1	0	0
1	1	0	1	0

归纳硬件测试结果,判断测试结果是否符合设计要求。若不符合要求,找出问题所在,修改电路设计,重新测试,直至测试符合设计要求。

4. 撰写实操小结(字数不少于 100)

总结实操中的收获与不足,归纳实操中遇到的问题以及解决方法,总结实操中的不良现象与纠正措施。

知识延伸

集成4位数值比较器。

如两个4位二进制数 $A=A_3A_2A_1A_0$ 和 $B=B_3B_2B_1B_0$ 进行比较时，则需从高位到低位逐位进行比较。只有在高位数相等时，才能进行低位数的比较。当比较到某一位数值不等时，其结果便为两个4位数的比较结果。如 $A_3>B_3$ 时，则 $A>B$；如 $A_3<B_3$ 时，则 $A<B$；如 $A_3=B_3$，$A_2>B_2$ 时，则 $A>B$；如 $A_3=B_3$，$A_2<B_2$ 时，则 $A<B$。其余以此类推，直到比较出结果为止。下面以集成数值比较器74LS85为例讨论4位数值比较器的结构及工作原理，其引脚图及逻辑功能示意图如图4-4-10所示，真值表如表4-4-4所示。

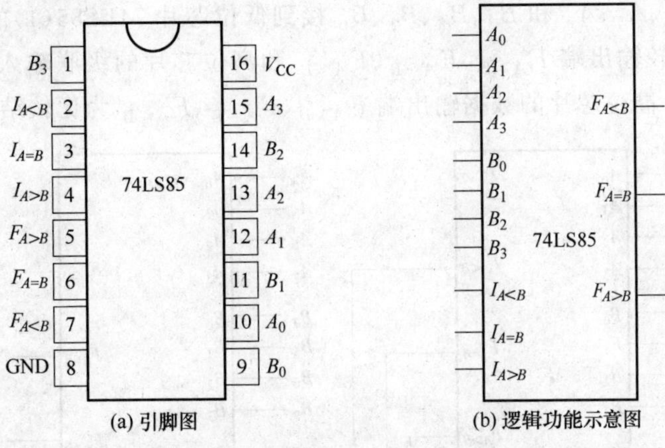

(a) 引脚图　(b) 逻辑功能示意图

图4-4-10　集成数值比较器74LS85引脚图及逻辑功能示意图

表4-4-4　4位数值比较器真值表

输入							输出		
A_3B_3	A_2B_2	A_1B_1	A_0B_0	$I_{A>B}$	$I_{A<B}$	$I_{A=B}$	$F_{A>B}$	$F_{A<B}$	$F_{A=B}$
$A_3>B_3$	×	×	×	×	×	×	1	0	0
$A_3<B_3$	×	×	×	×	×	×	0	1	0
$A_3=B_3$	$A_2>B_2$	×	×	×	×	×	1	0	0
$A_3=B_3$	$A_2<B_2$	×	×	×	×	×	0	1	0
$A_3=B_3$	$A_2=B_2$	$A_1>B_1$	×	×	×	×	1	0	0
$A_3=B_3$	$A_2=B_2$	$A_1<B_1$	×	×	×	×	0	1	0
$A_3=B_3$	$A_2=B_2$	$A_1=B_1$	$A_0>B_0$	×	×	×	1	0	0
$A_3=B_3$	$A_2=B_2$	$A_1=B_1$	$A_0<B_0$	×	×	×	0	1	0
$A_3=B_3$	$A_2=B_2$	$A_1=B_1$	$A_0=B_0$	1	0	0	1	0	0
$A_3=B_3$	$A_2=B_2$	$A_1=B_1$	$A_0=B_0$	0	1	0	0	1	0
$A_3=B_3$	$A_2=B_2$	$A_1=B_1$	$A_0=B_0$	0	0	1	0	0	1

如图 4-4-10 和表 4-4-4 中所示，A_3、A_2、A_1、A_0 和 B_3、B_2、B_1、B_0 为两组相比较的 4 位二进制数的输入端；$I_{A>B}$、$I_{A=B}$、$I_{A<B}$ 为级联输入端；$F_{A>B}$、$F_{A=B}$、$F_{A<B}$ 为比较结果输出端。当数值比较器最高位两个 4 位二进制数相等时，则由来自低位的比较结果 $I_{A>B}$、$I_{A=B}$、$I_{A<B}$ 决定两个数的大小。

利用数值比较器的级联输入端，可以很方便地构成位数更多的数值比较器。

【例 4-4-1】 使用两片 74LS85 构成一个 8 位数值比较器。

解：根据多位二进制数的比较规则，在高位数相等时，比较结果取决于低位数。因此，应将两个 8 位二进制数的高 4 位接到高位芯片上，低 4 位接到低位芯片上。图 4-4-11 所示为根据上述要求用两片 74LS85 构成的一个 8 位数值比较器。两个 8 位二进制数的高 4 位 A_7、A_6、A_5、A_4 和 B_7、B_6、B_5、B_4 接到高位芯片 74LS85(2)的数据输入端上，而低 4 位数 A_3、A_2、A_1、A_0 和 B_3、B_2、B_1、B_0 接到低位芯片 74LS85(1)的数据输入端上；将低位芯片的比较输出端 $F_{A>B}$、$F_{A=B}$、$F_{A<B}$ 和高位芯片的级联输入端 $I_{A>B}$、$I_{A=B}$、$I_{A<B}$ 对应相连；高位芯片的数据输出端 $F_{A>B}$、$F_{A=B}$、$F_{A<B}$ 为比较结果。

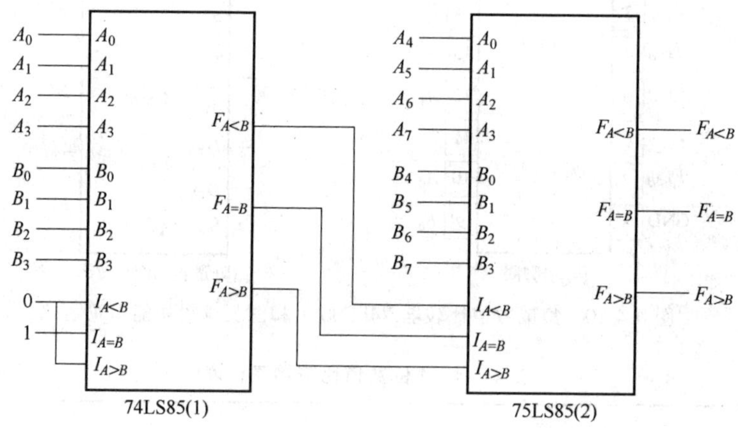

图 4-4-11 两片 74LS85 组成的 8 位数值比较器

低位数值比较器的级联输入端应取 $I_{A>B}=I_{A<B}=0$、$I_{A=B}=1$，这样，当两个 8 位二进制数相等时，比较器的总输出 $F_{A=B}=1$。

任务拓展

在 TEMI 数字逻辑设计能力认证开发板上用 74LS85 实现 8 位数值比较器电路功能。

任务 4.5 数据选择器

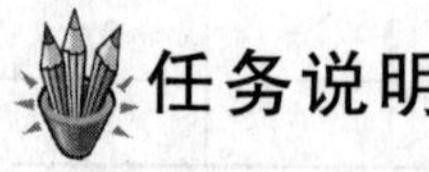

任务说明

本任务通过学习数据选择器的原理，掌握数据选择器的应用方法。

相关知识

在多路数据传输中，根据需要把其中任意一路数据挑选出来的电路，称为数据选择器，也称为多路选择器或多路开关。数据选择器示意图如图 4-5-1 所示，根据 n 位地址信号的作用，从输入数据 $D_0 \sim D_{2^n-1}$ 中选择一路数据输出。可见，一个 2^n 选 1 的数据选择器需有 n 位地址输入，它共有 2^n 种不同的组合，每种组合可选择对应的一路数据输出。常用的数据选择器有 4 选 1、8 选 1、16 选 1 等多种类型。

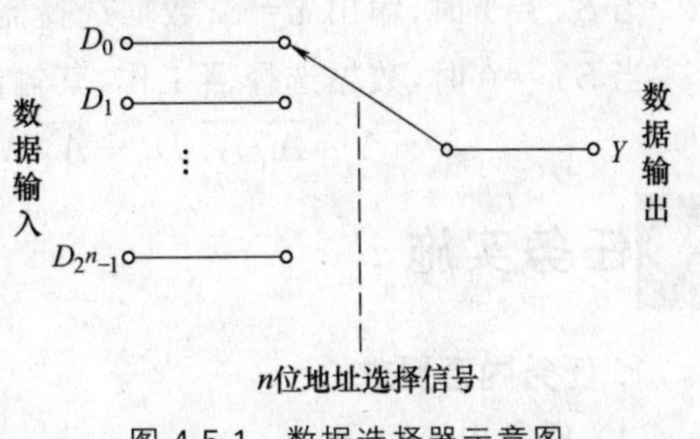

图 4-5-1 数据选择器示意图

图 4-5-2 是 4 选 1 选择器的逻辑图，图中 $D_3 \sim D_0$ 为数据输入端，A_1、A_0 为地址信号输入端，Y 为数据输出端，$\overline{ST}$ 为使能端，又称选通端，输入低电平有效。其功能表如表 4-5-1 所示。

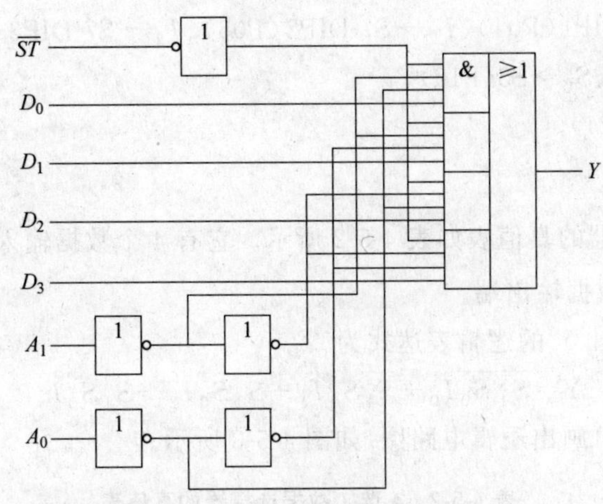

图 4-5-2 4 选 1 多路选择器的逻辑图

表 4-5-1 4 选 1 多路选择器的功能表

输入							输出
$\overline{ST}$	A_1	A_0	D_3	D_2	D_1	D_0	Y
1	×	×	×	×	×	×	0
0	0	0	×	×	×	0	0
			×	×	×	1	1
0	0	1	×	×	0	×	0
			×	×	1	×	1
0	1	0	×	0	×	×	0
			×	1	×	×	1
0	1	1	0	×	×	×	0
			1	×	×	×	1

根据功能表,可写出输出逻辑表达式为

$$Y=(\overline{A_1}\,\overline{A_0}D_0+\overline{A_1}A_0D_1+A_1\overline{A_0}D_2+A_1A_0D_3)\overline{\overline{ST}}$$

当 $\overline{ST}=1$ 时,输出 $Y=0$,数据选择器不工作。

当 $\overline{ST}=0$ 时,数据选择器工作,其输出为

$$Y=\overline{A_1}\,\overline{A_0}D_0+\overline{A_1}A_0D_1+A_1\overline{A_0}D_2+A_1A_0D_3 \tag{4-5-1}$$

任务实施

1. 任务内容要求

(1) 任务内容

在 TEMI 数字逻辑设计能力认证开发板上实现 4 选 1 数据选择器电路功能。

(2) 任务要求

原理图设计约束规则:只能采用与、或、非、异或四种基本逻辑门电路。

硬件电路引脚配置规则如下。

输入:I_0→S7-DIP1(P04)、I_1→S7-DIP2(P05)、I_2→S7-DIP3(P06)、I_3→S7-DIP4(P08)、S_1→S4(P17)、S_0→S3(P16)。

输出:Y→D2(P21)。

2. 逻辑电路设计

4 选 1 数据选择器的真值表如表 4-5-2 所示。它有 4 个数据输入端 $I_3\sim I_0$,2 个地址输入端 S_1、S_0,Y 为数据输出端。

由表 4-5-2,可写出 Y 的逻辑表达式为

$$Y=\overline{S_1}\,\overline{S_0}I_0+\overline{S_1}S_0I_1+S_1\overline{S_0}I_2+S_1S_0I_3 \tag{4-5-2}$$

根据式(4-5-2),可画出逻辑电路图,如图 4-5-3 所示。

表 4-5-2 4 选 1 数据选择器的真值表

数据输入	地址输入		输出
	S_1	S_0	Y
I_3、I_2、I_1、I_0	0	0	I_0
	0	1	I_1
	1	0	I_2
	1	1	I_3

3. CPLD 的软硬件操作

1) 建立工程文件

首先创建一个用于存放工程文件的文件夹,如 E:\project4\dselector。打开 Quartus Ⅱ软件创建工程,过程如下。

单击 File→New Project Wizard→打开"新建工程引导"对话框,在对话框中分别输入

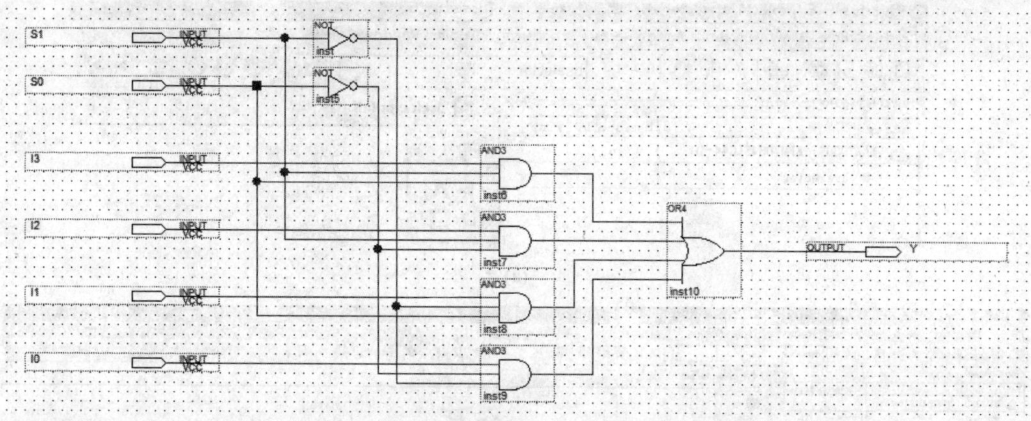

图 4-5-3　4选1数据选择器逻辑电路图

如图 4-5-4 所示的信息。在第一张视图中，需要输入工程文件的路径 E:\project4\dselector 与工程名称 dselector。在第二张视图中，需要输入所使用的 CPLD 芯片的类别(MAX7000S)与型号(EPM7064SLC44-10)。

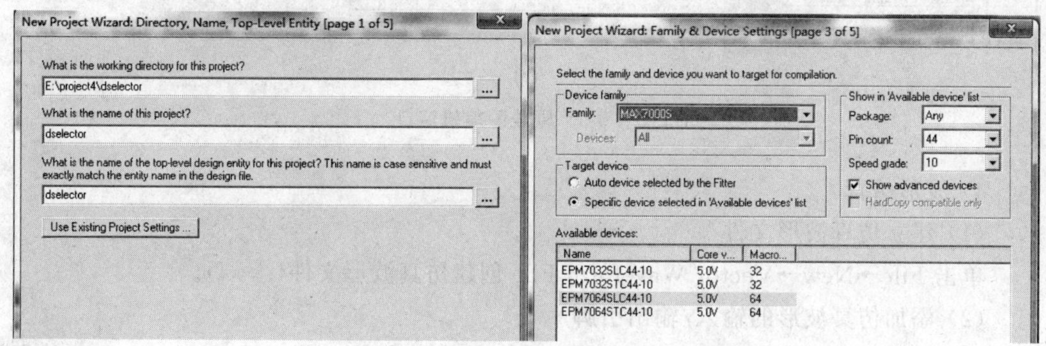

图 4-5-4　创建工程引导图

2) 输入设计文件(绘制逻辑电路图)

创建设计文件，完成原理图绘制，步骤如下。

(1) 单击 File→New 创建设计文件，在 Design File 中选择 Block Design/Schematic File，即原理图设计模式(.bdf)，单击 OK 按钮。

(2) 原理图文件的名称与工程文件名相同，如图 4-5-5(a)所示，单击 File→Save As 保存文件。

(3) 在元件库中调入 or4、not 与 and3 等元件，按照图 4-5-3 绘制 dselector 完整电路图，绘制完成后保存，如图 4-5-5(b)所示。

3) 编译工程文件

完成原理图的绘制后，就要对文件进行编译。单击 Processing→Start Compilation 进行原理图编译，若编译结果出现错误，需要修正错误，并重新编译，直到编译结果无错为止。

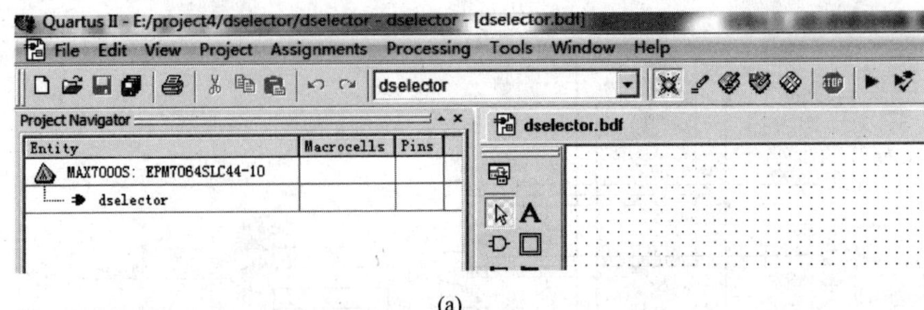

(a)

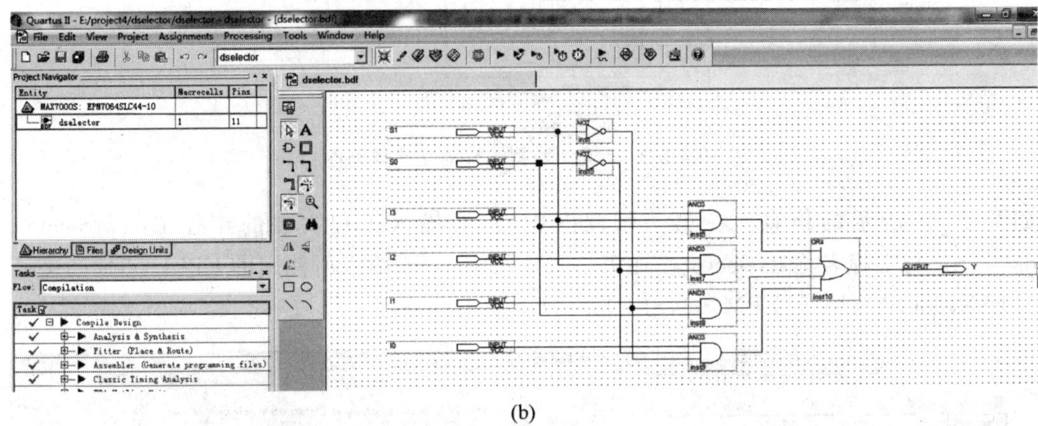

(b)

图 4-5-5 原理图编辑窗口

4）波形仿真

(1) 建立仿真波形文件

单击 File→New→Vector Waveform File 创建仿真波形文件(.vwf)。

(2) 添加仿真波形的输入/输出引脚

在波形文件 Name 栏目的下方空白处双击，在弹出的窗口中单击 Node Finder，就会弹出 Node Finder 窗口，在 Filter 选项中选择 Pin：all，再单击 List 按钮，屏幕 Node Found 区域会列出工程设计中所有的输入/输出引脚，选择需要的输入/输出引脚到 Selected Nodes 区域，单击 OK 按钮，添加的输入/输出引脚将会显示在波形编辑窗口中，如图 4-5-6 所示。

(3) 设置波形仿真环境

① 选择 Edit→End Time，设定为 1μs。

② 选择 Edit→Grid Side，设定为 100ns。

③ 选择 View→Fit in Window。

(4) 编辑输入/输出信号

① 使用鼠标拖曳输入/输出信号，使其按照合理的顺序排列。

② 使用鼠标选取输入信号 S_1，单击左侧工具栏的波形编辑按钮 Clock 设定输入信号，信号 S_1 周期设定为 800ns，同样设置输入信号 S_0 周期为 400ns，设置输入信号 I_0 周期为 200ns，设置输入信号 I_1 周期为 100ns，设置输入信号 I_2 周期为 50ns，设置输入信号

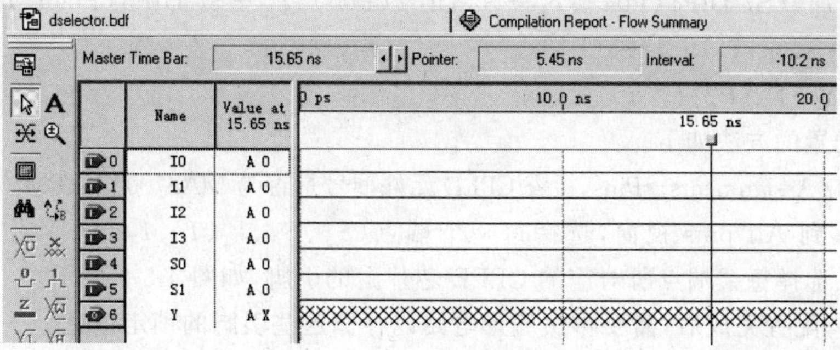

图 4-5-6 输入/输出引脚导入

I_3 周期为 25ns。保存编辑的输入信号，文件保存的路径和名称为 E:\project4\dselector.vwf，如图 4-5-7 所示。想一想这里为什么要这样设计输入信号波形？

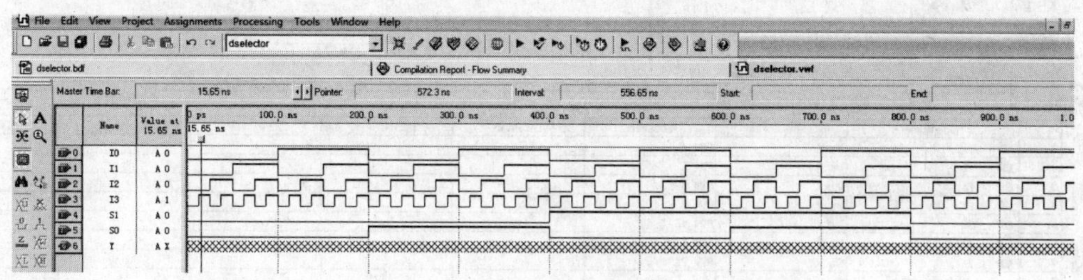

图 4-5-7 输入/输出引脚信号的设置

③ 编辑好输入信号后进行功能仿真。单击 Processing→Generate Functional Simulation Netlist 产生功能仿真网表文件，再单击 Processing→Start Simulation 进行功能仿真，仿真结果如图 4-5-8 所示，符合 4 选 1 数据选择器的设计要求。若仿真结果不符合设计要求，则需要修改原理图，编译后再仿真，直到仿真结果符合设计要求。

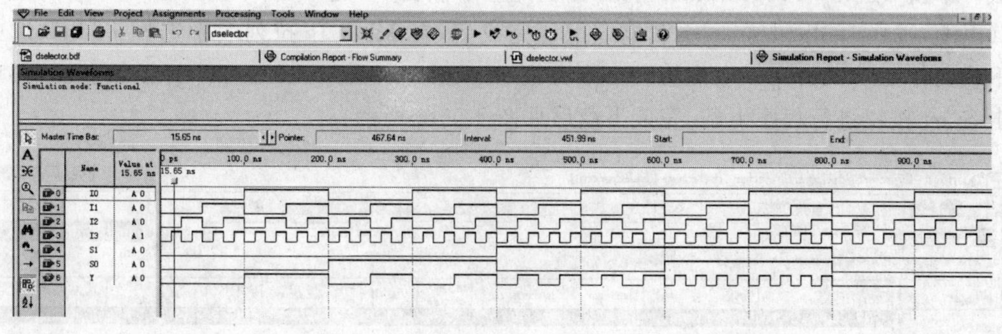

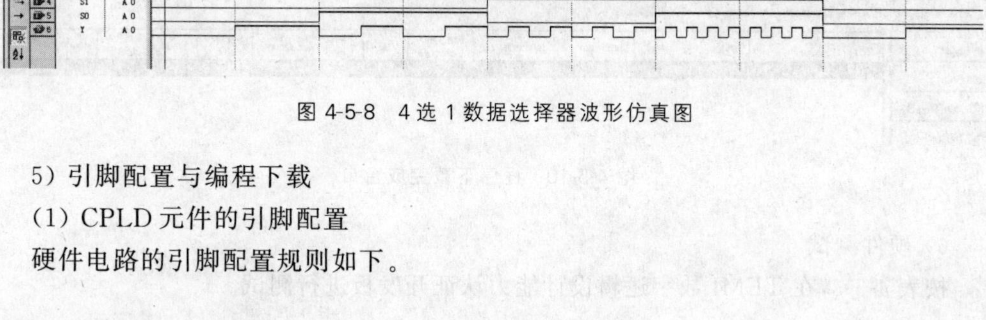

图 4-5-8 4 选 1 数据选择器波形仿真图

5）引脚配置与编程下载

（1）CPLD 元件的引脚配置

硬件电路的引脚配置规则如下。

输入：I_0→S7-DIP1(P04)、I_1→S7-DIP2(P05)、I_2→S7-DIP3(P06)、I_3→S7-DIP4(P08)、S_1→S4(P17)、S_0→S3(P16)。

输出：Y→D2(P21)。

引脚配置的方法如下。

① 单击 Assignments→Pins，检查 CPLD 元件型号是否为 MAS7000S、EPM7064SLC44-10，再将鼠标移到 All pins 视窗，选择每一个端点(S_1、S_0、I_3、I_2、I_1、I_0、Y)，再在其后的 Location 栏选择每个端点所对应的 CPLD 芯片上的引脚，如图 4-5-9 所示。

② 引脚配置完成后，需要再次编译电路以存储这些引脚的锁定信息。

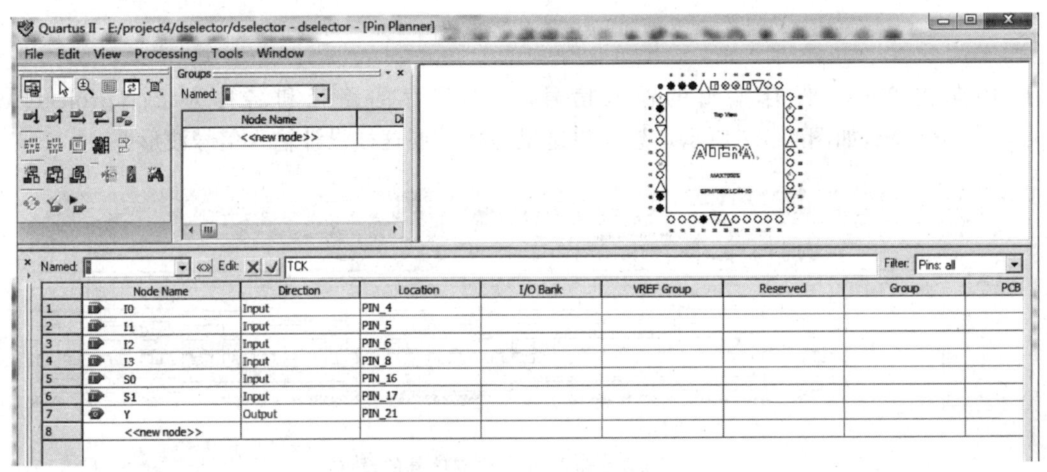

图 4-5-9 引脚配置

(2) 程序下载

在程序下载前，要对硬件开发板上相关的信号进行设置。指拨开关 S2 上的 CPLD-EN、CPLD-OE、LEDs-EN 都要处在 ON 状态，且 LED 处于可用状态，这样才能进行下载。单击 Tools→Programmer，打开编程配置下载窗口，先单击 Hardware Setup 配置下载电缆，选择 USB-Blaster，下载电缆配置完成后，在 Mode 下拉列表中选择 JTAG，选中下载文件 dselector. pof 右侧第一个小方框(Program/Configure)，打开目标板电源，再单击 Start 按钮进行程序下载，完成下载后如图 4-5-10 所示。

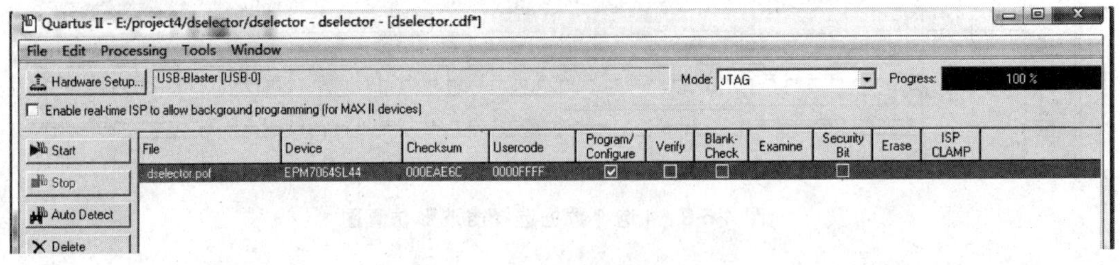

图 4-5-10 程序下载完成窗口

6) 硬件测试

按表 4-5-3，在 TEMI 数字逻辑设计能力认证开发板进行测试。

表 4-5-3 4选1数据选择器测试表

输入：SW DIP-8、PB-SW2、PB-SW1						输出：LED灯（低电平驱动）
I_3(S7-DIP4)	I_2(S7-DIP3)	I_1(S7-DIP2)	I_0(S7-DIP1)	S_1(S4)	S_0(S3)	Y(D_2)
1	1	1	0	0	0	I_0
1	1	1	1	0	1	I_1
1	0	1	1	1	0	I_2
1	1	1	1	1	1	I_3

归纳硬件测试结果，判断测试结果是否符合设计要求。若不符合要求，找出问题所在，修改电路设计，重新测试，直至测试符合设计要求。

4. 撰写实操小结(字数不少于100)

总结实操中的收获与不足，归纳实操中遇到的问题以及解决方法，总结实操中的不良现象与纠正措施。

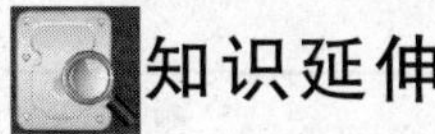

知识延伸

1. 集成双4选1数据选择器

图4-5-11是集成双4选1数据选择器75LS153的逻辑功能示意图。它由两个功能完全相同的4选1数据选择器组成，$D_3 \sim D_0$为数据输入端，A_1、A_0为共用地址信号输入端，Y为数据输出端，$\overline{ST}$为使能端，输入低电平有效，其中每一个4选1数据选择器的功能表与表4-5-1相同。

两个4选1数据选择器的输出逻辑表达式为

$$1Y=(\overline{A_1}\,\overline{A_0}\,1D_0+\overline{A_1}\,A_0\,1D_1+A_1\,\overline{A_0}\,1D_2+A_1A_0\,1D_3)\overline{1\overline{ST}}$$

$$2Y=(\overline{A_1}\,\overline{A_0}\,2D_0+\overline{A_1}\,A_0\,2D_1+A_1\,\overline{A_0}\,2D_2+A_1A_0\,2D_3)\overline{2\overline{ST}}$$

(1) 当$1\overline{ST}=1$时，输出$1Y=0$，数据选择器1不工作。

当$1\overline{ST}=0$时，数据选择器1工作，其输出为

$$1Y=\overline{A_1}\,\overline{A_0}\,1D_0+\overline{A_1}\,A_0\,1D_1+A_1\,\overline{A_0}\,1D_2+A_1A_0\,1D_3$$

(2) 当$2\overline{ST}=1$时，输出$2Y=0$，数据选择器2不工作。

当$2\overline{ST}=0$时，数据选择器2工作，其输出为

$$2Y=\overline{A_1}\,\overline{A_0}\,2D_0+\overline{A_1}\,A_0\,2D_1+A_1\,\overline{A_0}\,2D_2+A_1A_0\,2D_3$$

2. 集成8选1数据选择器

图4-5-12是集成8选1数据选择器74LS151的逻辑功能示意图。图中$D_7 \sim D_0$为数据输入端，$A_2 \sim A_0$为地址信号输入端，Y和$\overline{Y}$为互补输出端，$\overline{ST}$为使能端，输入低电平有效。8选1数据选择器的功能表见表4-5-4。

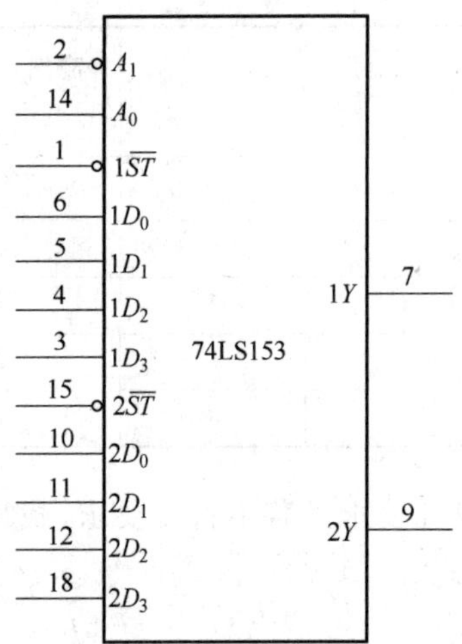

图 4-5-11 74LS153 的逻辑功能示意图

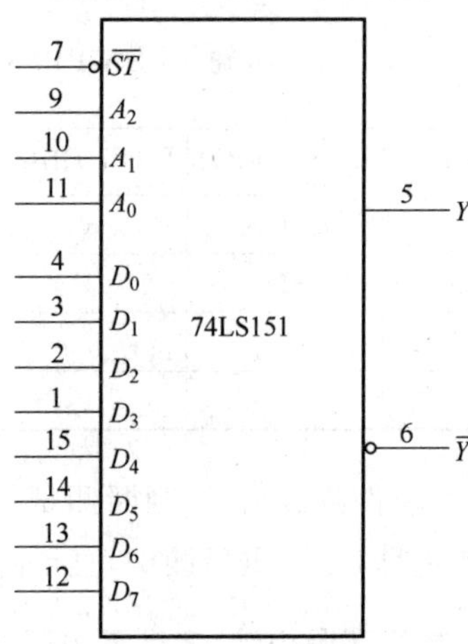

图 4-5-12 74LS151 的逻辑功能示意图

表 4-5-4 74LS151 的功能表

输入												输出
$\overline{ST}$	A_2	A_1	A_0	D_7	D_6	D_5	D_4	D_3	D_2	D_1	D_0	Y
1	×	×	×	×	×	×	×	×	×	×	×	0
0	0	0	0	×	×	×	×	×	×	×	D_0	D_0
0	0	0	1	×	×	×	×	×	×	D_1	×	D_1
0	0	1	0	×	×	×	×	×	D_2	×	×	D_2
0	0	1	1	×	×	×	×	D_3	×	×	×	D_3
0	1	0	0	×	×	×	D_4	×	×	×	×	D_4
0	1	0	1	×	×	D_5	×	×	×	×	×	D_5
0	1	1	0	×	D_6	×	×	×	×	×	×	D_6
0	1	1	1	D_7	×	×	×	×	×	×	×	D_7

由表 4-5-5,可写出 8 选 1 数据选择器的输出逻辑表达式为

$$Y=(\overline{A}_2\overline{A}_1\overline{A}_0D_0+\overline{A}_2\overline{A}_1A_0D_1+\overline{A}_2A_1\overline{A}_0D_2+\overline{A}_2A_1A_0D_3+A_2\overline{A}_1\overline{A}_0D_4$$
$$+A_2\overline{A}_1A_0D_5+A_2A_1\overline{A}_0D_6+A_2A_1A_0D_7)\overline{\overline{ST}}$$

当 $\overline{ST}=1$ 时,输出 $Y=0$,数据选择器不工作。

当 $\overline{ST}=0$ 时,数据选择器工作,输出为

$$Y=\overline{A}_2\overline{A}_1\overline{A}_0D_0+\overline{A}_2\overline{A}_1A_0D_1+\overline{A}_2A_1\overline{A}_0D_2+\overline{A}_2A_1A_0D_3+A_2\overline{A}_1\overline{A}_0D_4$$
$$+A_2\overline{A}_1A_0D_5+A_2A_1\overline{A}_0D_6+A_2A_1A_0D_7 \tag{4-5-3}$$

3. 用数据选择器实现组合逻辑函数电路

由式(4-5-1)和式(4-5-3)所示数据选择器的输出逻辑表达式可以看出，在输入数据全部为1时，输出Y为输入地址变量的全体最小项的和；在输入数据全部为0时，输出Y为0，因此可以用数据选择器实现逻辑函数。用数据选择器实现逻辑函数的方法：首先将逻辑函数变换为标准与或表达式，再和数据选择器的输出逻辑表达式进行比较，最后确定哪个最小项保留，哪个最小项去掉。

1）逻辑函数变量个数和数据选择器的地址输入变量个数相同

当逻辑函数的变量个数和数据选择器的地址输入变量个数相同时，可直接用数据选择器实现逻辑函数。

【例4-5-1】 用8选1数据选择器74LS151实现逻辑函数$Y=AB+AC+BC$。

解：(1) 写出逻辑函数的最小项表达式：

$$L=AB+AC+BC=\overline{A}BC+A\overline{B}C+AB\overline{C}+ABC$$

(2) 写出数据选择器的输出表达式：

$$\begin{aligned}Y=&\overline{A}_2\overline{A}_1\overline{A}_0D_0+\overline{A}_2\overline{A}_1A_0D_1+\overline{A}_2A_1\overline{A}_0D_2+\overline{A}_2A_1A_0D_3\\&+A_2\overline{A}_1\overline{A}_0D_4+A_2\overline{A}_1A_0D_5+A_2A_1\overline{A}_0D_6+A_2A_1A_0D_7\end{aligned}$$

(3) 比较L和Y两式中最小项的对应关系。

设$A=A_2$，$B=A_1$，$C=A_0$，为使$L=Y$，可得

$$\begin{cases}D_0=D_1=D_2=D_4=0\\D_3=D_5=D_6=D_7=1\end{cases}\qquad(4\text{-}5\text{-}4)$$

(4) 画连线图。根据式(4-5-4)可画出如图4-5-13所示的连线图。

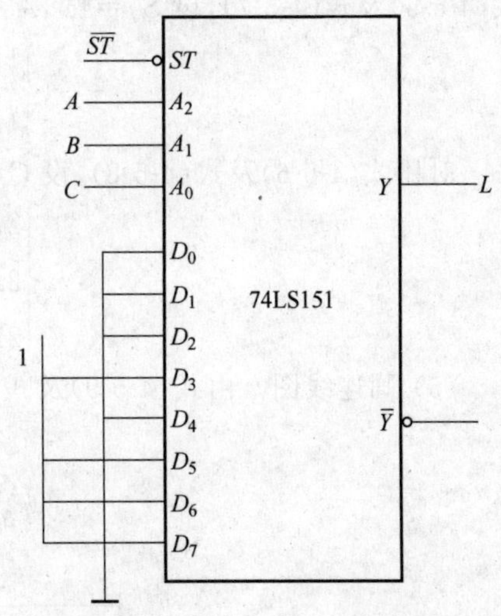

图4-5-13　例4-5-1连线图

2）逻辑函数变量个数多于数据选择器的地址输入变量个数

当逻辑函数的变量个数多于数据选择器的地址输入变量个数时，应分离出多余的变量用数据替代，将其余变量有序地加到数据选择器地址输入端。

【例4-5-2】 用双4选1数据选择器74LS153和非门构成一位全加器。

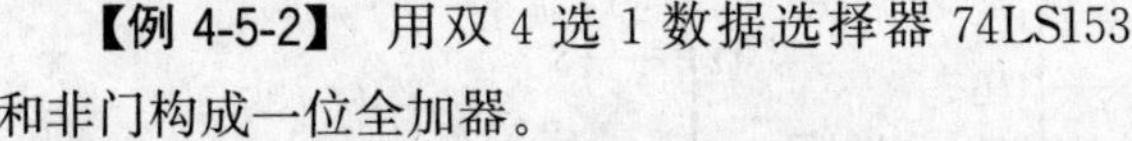

解：(1) 分析设计要求，列出真值表。设输入的被加数、加数和来自低位的进位数分别为A_i、B_i和C_{i-1}，输出的本位和及向相邻高位的进位数为S_i和C_i，由此可列出全加器的真值表，如表4-5-5所示。

(2) 根据真值表写出输出逻辑函数表达式为

$$S_i=\overline{A_i}\,\overline{B_i}C_{i-1}+\overline{A_i}B_i\overline{C_{i-1}}+A_i\overline{B_i}\,\overline{C_{i-1}}+A_iB_iC_{i-1}\qquad(4\text{-}5\text{-}5)$$

$$\begin{aligned}C_i&=\overline{A_i}B_iC_{i-1}+A_i\overline{B_i}C_{i-1}+A_iB_i\overline{C_{i-1}}+A_iB_iC_{i-1}\qquad(4\text{-}5\text{-}6)\\&=\overline{A_i}B_iC_{i-1}+A_i\overline{B_i}C_{i-1}+A_iB_i\end{aligned}$$

(3) 写出数据选择器 74LS153 的输出表达式为

$$1Y=\overline{A_1}\,\overline{A_0}\,1D_0+\overline{A_1}\,A_0\,1D_1+A_1\,\overline{A_0}\,1D_2+A_1A_0\,1D_3 \tag{4-5-7}$$

$$2Y=\overline{A_1}\,\overline{A_0}\,2D_0+\overline{A_1}\,A_0\,2D_1+A_1\,\overline{A_0}\,2D_2+A_1A_0\,2D_3 \tag{4-5-8}$$

表 4-5-5 全加器真值表

输入			输出	
A_i	B_i	C_{i-1}	S_i	C_i
0	0	0	0	0
0	0	1	1	0
0	1	0	1	0
0	1	1	0	1
1	0	0	1	0
1	0	1	0	1
1	1	0	0	1
1	1	1	1	1

(4) 将全加器的输出逻辑函数式和 74LS153 的输出逻辑函数式进行比较。对比式(4-5-5)及式(4-5-7),设 $S_i=1Y,A_i=A_1,B_i=A_0$,则

$$\begin{cases}1D_0=1D_3=C_{i-1}\\1D_1=1D_2=\overline{C_{i-1}}\end{cases} \tag{4-5-9}$$

对比式(4-5-6)及式(4-5-8),设 $C_i=2Y,A_i=A_1,B_i=A_0$,则

$$\begin{cases}2D_1=2D_2=C_{i-1}\\2D_0=0\\2D_3=1\end{cases} \tag{4-5-10}$$

(5) 画连线图。由式(4-5-9)及式(4-5-10)可画出连线图如图 4-5-14 所示。

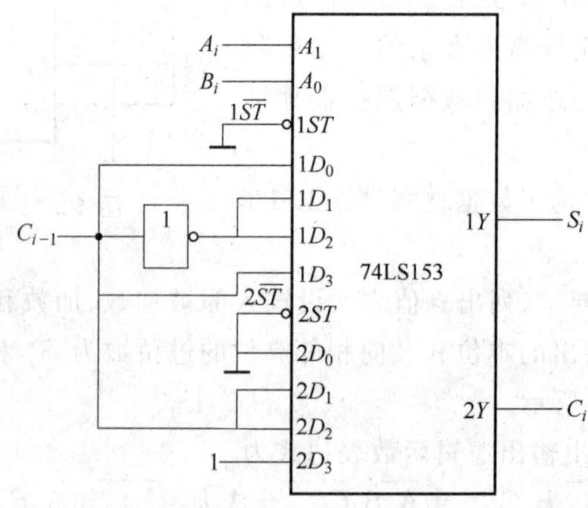

图 4-5-14 例 4-5-2 连线图

由例 4-5-2 可知，当逻辑函数的变量个数多于数据选择器的地址输入变量个数 A_1、A_0 时，则 $D_3 \sim D_0$ 可视为第 3 个输入变量，用于表示逻辑函数中被分离出来的变量。

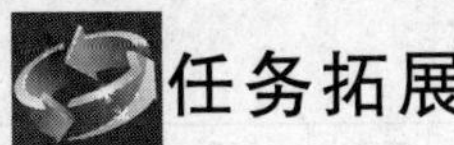

任务拓展

在 TEMI 数字逻辑设计能力认证开发板上用 74LS151 实现 8 选 1 数据选择器电路功能。

任务 4.6 数据分配器

任务说明

本任务学习数据分配器的原理，掌握数据分配器的构成方法。

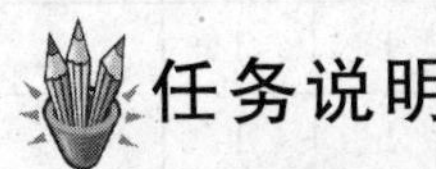

相关知识

数据分配是将一个数据源来的数据根据需要送到多个不同的通道上去。实现数据分配功能的逻辑电路称为数据分配器。数据分配器的作用相当于多个输出的单刀多掷开关，如图 4-6-1 所示。

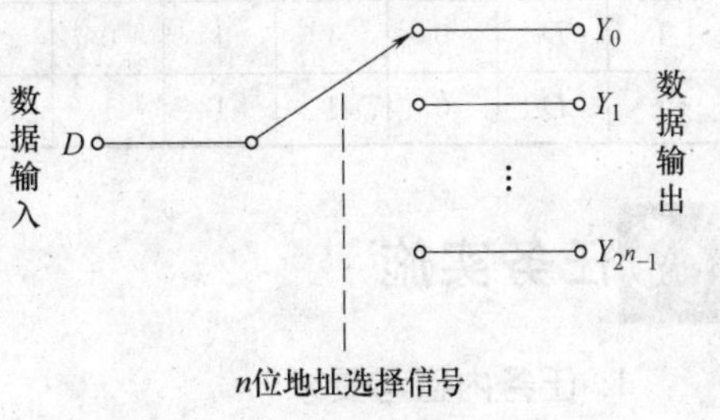

图 4-6-1 数据分配器示意图

集成数字电路中没有专用的数据分配器，可用带使能功能的二进制译码器来实现。由 74LS138 构成的 1 路-8 路数据分配器如图 4-6-2 所示，其中，原码接法的功能表如表 4-6-1 所示。

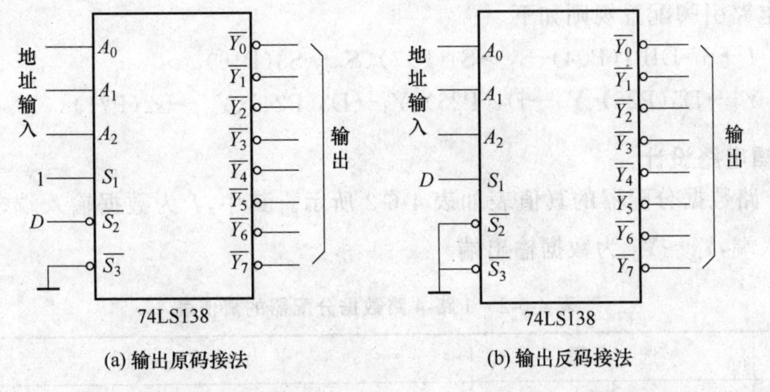

图 4-6-2 用 74LS138 构成 1 路-8 路数据分配器

从表 4-6-1 可以看出，74LS138 实现了数据分配的功能。如设 $A_2A_1A_0=000$，当 $D=0$ 时，$\overline{S_2}=0$，芯片译码，$\overline{Y_0}=D=0$；当 $D=1$ 时，$\overline{S_2}=1$，芯片禁止，输出全 1，相应输出端 $\overline{Y_0}=D=1$。

读者可以参考图 4-6-2 自行画出 74LS138 构成的数据分配器输出反码时的功能表。

表 4-6-1 74LS138 构成的数据分配器原码接法功能表

输入						输出							
使能			选择										
S_1	$\overline{S_2}$	$\overline{S_3}$	A_2	A_1	A_0	$\overline{Y_0}$	$\overline{Y_1}$	$\overline{Y_2}$	$\overline{Y_3}$	$\overline{Y_4}$	$\overline{Y_5}$	$\overline{Y_6}$	$\overline{Y_7}$
1	1	0	×	×	×	1	1	1	1	1	1	1	1
1	D	0	0	0	0	D	1	1	1	1	1	1	1
1	D	0	0	0	1	1	D	1	1	1	1	1	1
1	D	0	0	1	0	1	1	D	1	1	1	1	1
1	D	0	0	1	1	1	1	1	D	1	1	1	1
1	D	0	1	0	0	1	1	1	1	D	1	1	1
1	D	0	1	0	1	1	1	1	1	1	D	1	1
1	D	0	1	1	0	1	1	1	1	1	1	D	1
1	D	0	1	1	1	1	1	1	1	1	1	1	D

任务实施

1. 任务内容与要求

(1) 任务内容

在 TEMI 数字逻辑设计能力认证开发板上实现 1 路-4 路数据分配器电路功能。

(2) 任务要求

原理图设计约束规则：只能采用与、或、非、异或四种基本逻辑门电路。

硬件电路引脚配置规则如下。

输入：I→S7-DIP1(P04)、S_1→S4(P17)、S_0→S3(P16)

输出：Y_3→D5(P26)、Y_2→D4(P25)、Y_1→D3(P24)、Y_0→D2(P21)

2. 逻辑电路设计

1 路-4 路数据分配器的真值表如表 4-6-2 所示。其中，I 为数据输入端，S_1、S_0 为地址选择输入端，Y_3～Y_0 为数据输出端。

表 4-6-2 1 路-4 路数据分配器的真值表

输入	选择		输出			
I	S_1	S_0	Y_3	Y_2	Y_1	Y_0
I	0	0	1	1	1	I
I	0	1	1	1	I	1
I	1	0	1	I	1	1
I	1	1	I	1	1	1

在表 4-6-2 中,I 可取 0 或 1,由此可以画出 Y_0 的卡诺图如图 4-6-3 所示。

由图 4-6-3 可得

$$Y_0=I+S_1+S_0=\overline{\overline{I}\,\overline{S_1}\,\overline{S_0}} \tag{4-6-1}$$

I \ S_1S_0	00	01	11	10
0	0	1	1	1
1	1	1	1	1

图 4-6-3 Y_0 的卡诺图

同理,可得

$$\begin{cases} Y_1=I+S_1+\overline{S_0}=\overline{\overline{I}\,\overline{S_1}\,S_0} \\ Y_2=I+\overline{S_1}+S_0=\overline{\overline{I}\,S_1\,\overline{S_0}} \\ Y_3=I+\overline{S_1}+\overline{S_0}=\overline{\overline{I}\,S_1\,S_0} \end{cases} \tag{4-6-2}$$

根据式(4-6-1)和式(4-6-2),可画出逻辑电路图如图 4-6-4 所示。

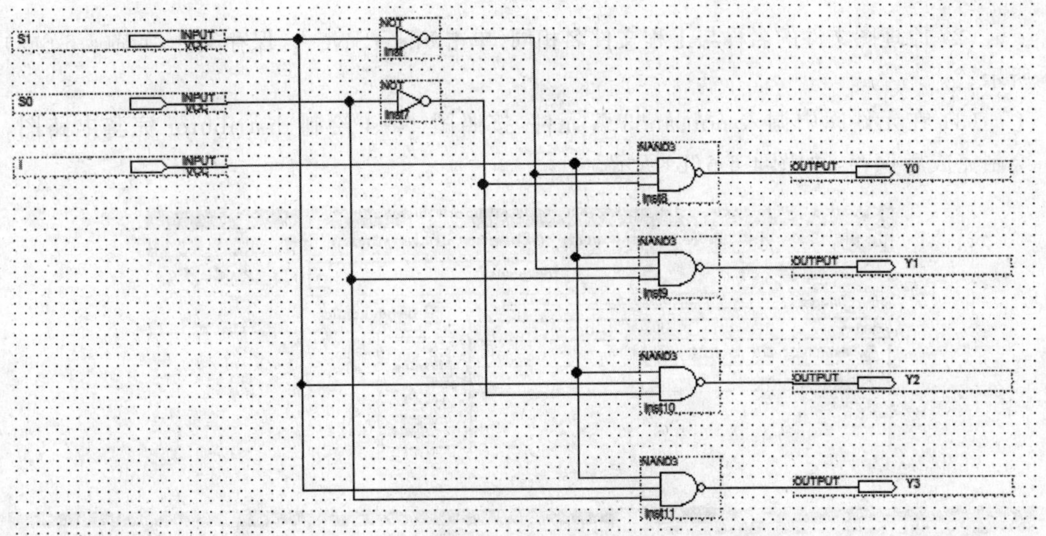

图 4-6-4 1 路-4 路数据分配器的逻辑电路图

3. CPLD 的软硬件操作

1) 建立工程文件

首先创建一个用于存放工程文件的文件夹,如 E:\project4\distributor。打开 Quartus Ⅱ软件创建工程,过程如下。

单击 File→New Project Wizard→打开“新建工程引导”对话框,在对话框中分别输入如图 4-6-5 所示的信息。在第一张视图中,需要输入工程文件的路径 E:\project4\distributor 与工程名称 distributor。在第二张视图中,需要输入所使用的 CPLD 芯片的类别(MAX7000S)与型号(EPM7064SLC44-10)。

2) 输入设计文件(绘制逻辑电路图)

创建设计文件,完成原理图绘制,步骤如下。

(1) 单击 File→New 创建设计文件,在 Design File 中选择 Block Design/Schematic File,即原理图设计模式(. bdf),单击 OK 按钮。

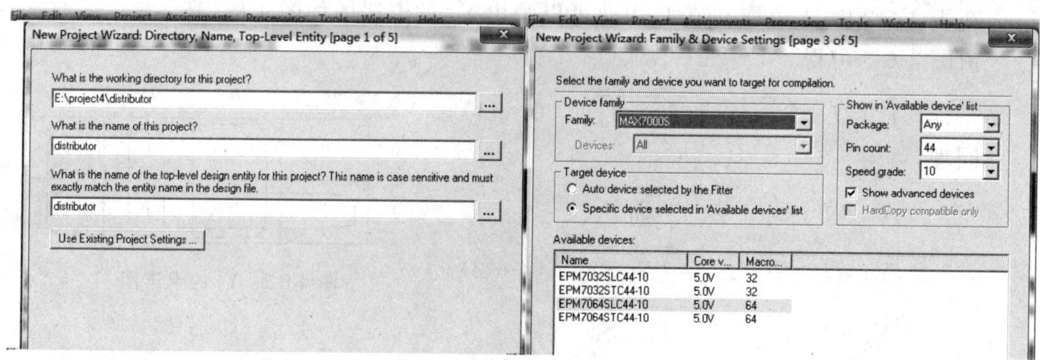

图 4-6-5 创建工程引导图

(2) 原理图文件的名称与工程文件名相同,单击 File→Save As 保存文件,如图 4-6-6(a)所示。

(3) 在元件库中调入 not、and3 等元件,按照图 4-6-4 绘制 distributor 完整电路图,绘制完成后保存,如图 4-6-6(b)所示。

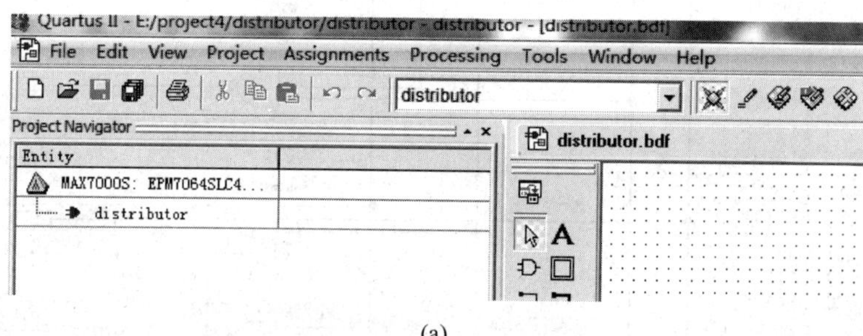

(a)

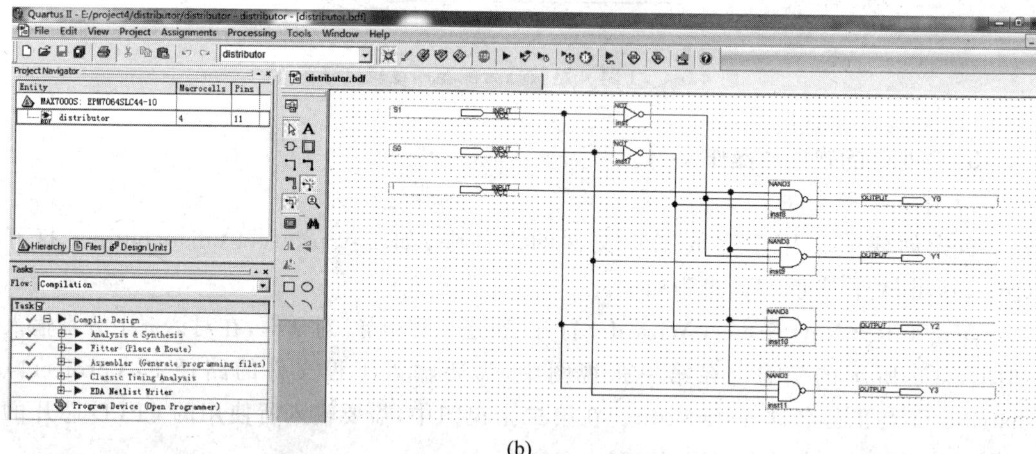

(b)

图 4-6-6 原理图编辑窗口

3) 编译工程文件

完成原理图的绘制后,就要对文件进行编译。单击 Processing→Start Compilation 进行原理图编译,若编译结果出现错误,需要修正错误,并重新编译,直到编译结果无错为止。

4）波形仿真

（1）建立仿真波形文件

单击 File→New→Vector Waveform File 创建仿真波形文件（.vwf）。

（2）添加仿真波形的输入/输出引脚

在波形文件 Name 栏目的下方空白处双击，在弹出的窗口中单击 Node Finder，就会弹出 Node Finder 窗口，在 Filter 选项中选择 Pin：all，再单击 List 按钮，屏幕 Node Found 区域会列出工程设计中所有的输入/输出引脚，选择需要的输入/输出引脚到 Selected Nodes 区域，单击 OK 按钮，添加的输入/输出引脚将会显示在波形编辑窗口中，如图 4-6-7 所示。

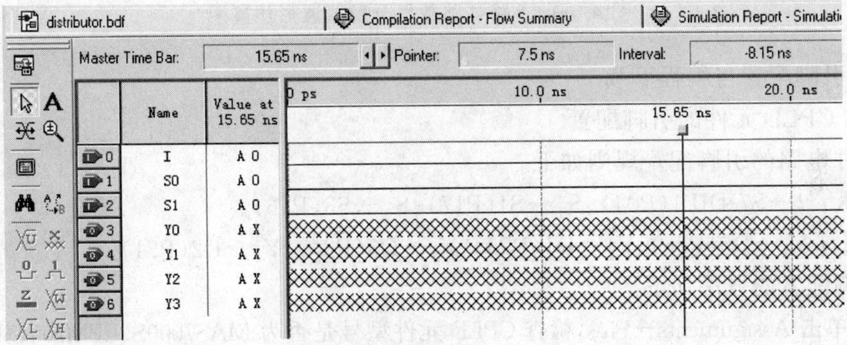

图 4-6-7　输入/输出引脚导入

（3）设置波形仿真环境

① 选择 Edit→End Time，设定为 1μs。

② 选择 Edit→Grid Side，设定为 100ns。

③ 选择 View→Fit in Window。

（4）编辑输入/输出信号

① 使用鼠标拖曳输入/输出信号，使其按照合理的顺序排列。

② 使用鼠标选取输入信号 S_1，单击左侧工具栏的波形编辑按钮 Clock 设定输入信号，信号 S_1 周期设定为 400ns，同样设置输入信号 S_0 周期为 200ns，设置输入信号 I 周期为 50ns。保存编辑的输入信号，文件保存的路径和名称为 E:\project4\distributor.vwf，如图 4-6-8 所示。想一想这里为什么要这样设计输入信号波形？

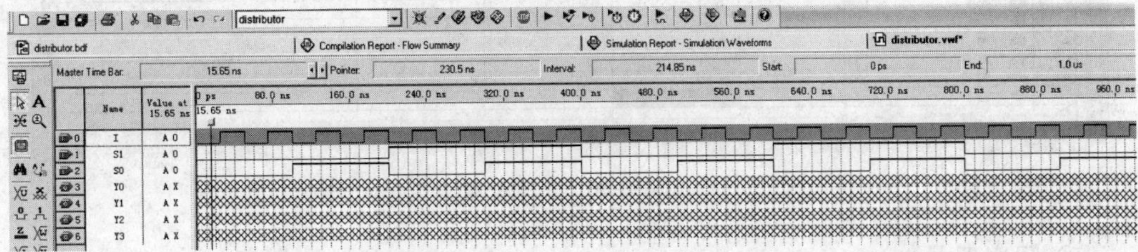

图 4-6-8　输入/输出引脚信号的设置

③ 编辑好输入信号后进行功能仿真。单击 Processing→Generate Functional Simulation Netlist 产生功能仿真网表文件，再单击 Processing→Start Simulation 进行功能仿真，仿真结果如图 4-6-9 所示，符合 1 路-4 路数据分配器的设计要求。若仿真结果不符合设计要求，则需要修改原理图，编译后再仿真，直到仿真结果符合设计要求。

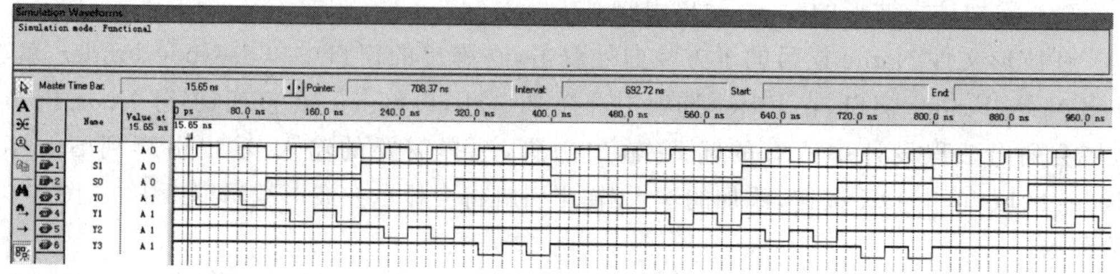

图 4-6-9 1 路-4 路数据分配器波形仿真图

5）引脚配置与编程下载

(1) CPLD 元件的引脚配置

硬件电路的引脚配置规则如下。

输入：I→S7-DIP1(P04)、S_1→S4(P17)、S_0→S3(P16)。

输出：Y_3→D5(P26)、Y_2→D4(P25)、Y_1→D3(P24)、Y_0→D2(P21)。

引脚配置的方法如下。

① 单击 Assignments→Pins，检查 CPLD 元件型号是否为 MAS7000S、EPM7064SLC44-10，再将鼠标移到 All pins 视窗，选择每一个端点(I、S_1、S_0、Y_3、Y_2、Y_1、Y_0)，再在其后的 Location 栏选择每个端点所对应的 CPLD 芯片上的引脚，如图 4-6-10 所示。

② 引脚配置完成后，需要再次编译电路以存储这些引脚的锁定信息。

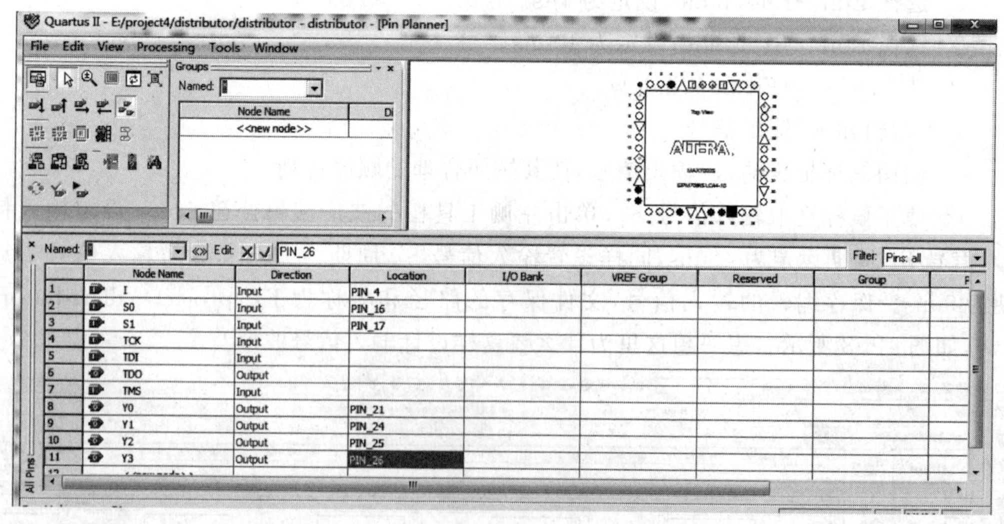

图 4-6-10 引脚配置

2）程序下载

在程序下载前，要对硬件开发板上相关的信号进行设置。指拨开关 S2 上的 CPLD-

EN、CPLD-OE、LEDs-EN 都要处在 ON 状态，且 LED 处于可用状态，这样才能进行下载。单击 Tools→Programmer，打开编程配置下载窗口，先单击 Hardware Setup 配置下载电缆，选择 USB-Blaster，下载电缆配置完成后，在 Mode 下拉列表中选择 JTAG，选中下载文件 distributor. pof 右侧第一个小方框(Program/Configure)，打开目标板电源，再单击 Strat 按钮进行程序下载，完成下载后如图 4-6-11 所示。

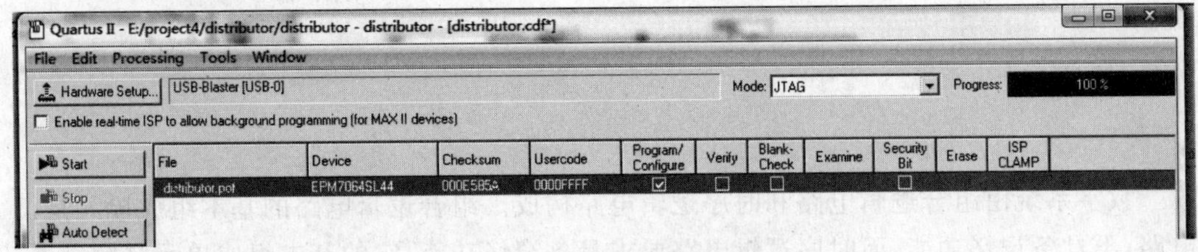

图 4-6-11 程序下载完成窗口

6）硬件测试

按表 4-6-3，在 TEMI 数字逻辑设计能力认证开发板进行测试。

表 4-6-3 1 路-4 路数据分配器测试表

输入：S7(SW-DIP8)、PBSW2、PBSW1			输出：LED 灯(低电平驱动)			
I(DIP1)	S_1(S4)	S_0(S3)	Y_3(D5)	Y_2(D4)	Y_1(D3)	Y_0(D2)
0	0	0	1	1	1	I
0	0	1	1	1	I	1
0	1	0	1	I	1	1
0	1	1	I	1	1	1

归纳硬件测试结果，判断测试结果是否符合设计要求。若不符合要求，找出问题所在，修改电路设计，重新测试，直至测试符合设计要求。

4. 撰写实操小结(字数不少于 100)

总结实操中的收获与不足，归纳实操中遇到的问题以及解决方法，总结实操中的不良现象与纠正措施。

任务拓展

在 TEMI 数字逻辑设计能力认证开发板上实现 1 路-8 路数据分配器电路功能。

习题

项目 4 习题.pdf(扫描可下载本项目习题)

Project 5

触发器与数据寄存器

数字系统由组合逻辑电路和时序逻辑电路构成。组合逻辑电路的基本组成单元是门电路，不具备记忆功能，而时序逻辑电路要求具备记忆功能，它的基本组成单元是触发器。一个触发器能存储 1 位二进制代码，即触发器具有记忆功能。

知识点

◇ 基本 RS 触发器的功能、特性方程与约束条件；

◇ 同步 RS 触发器的功能、特性方程与约束条件以及空翻现象；

◇ 主从 JK 触发器的功能、特性方程与一次翻转现象；

◇ 同步 D 触发器(锁存器)的功能、特性方程与空翻现象；

◇ 边沿 D 触发器的功能、特性方程；

◇ 数据存储的概念；

◇ 串入串出的概念；

◇ 并入并出的概念；

◇ 串入并出的概念；

◇ 并入串出的概念。

技能点

◇ RS、JK 与 D 触发器的电路分析与功能描述；

◇ 应用 Quartus Ⅱ 对主从 RS 触发器、主从 JK 触发器、边沿 D 触发器进行 CPLD 设计与测试；

◇ 数据寄存器与移位寄存器的电路分析与功能描述；

◇ 应用 Quartus Ⅱ 对数据寄存器与移位寄存器进行 CPLD 设计与测试。

任务 5.1 主从 JK 触发器

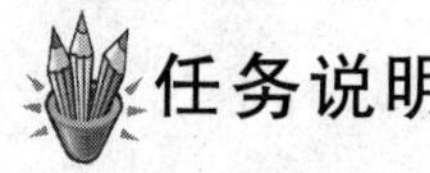

任务说明

RS 触发器是 JK 触发器、D 触发器的基础。从基本 RS 触发器引申到同步 RS 触发器，再到主从 RS 触发器，而主从 JK 触发器是继续针对主从 RS 触发器中存在的约束条件进行改进的。JK 触发器有主从 JK 触发器和边沿 JK 触发器，但它们的逻辑功能是一致的。本任务着重学习基本 RS 触发器、同步 RS 触发器、主从 RS 触发器、主从 JK 触发器的工作原理以及触发器逻辑功能的描述方法。

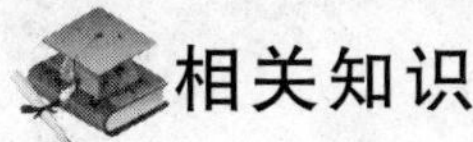

相关知识

1. 触发器概述

任何具有两个稳定状态且可以通过适当的信号注入方式使其从一个稳定状态转换到另一个稳定状态的电路都称为触发器。

所有触发器都具有两个稳定状态，但使输出状态从一个稳定状态翻转到另一个稳定状态的条件却有多种可能，由此构成了各种功能的触发器。

1）触发器的基本概念

能够存储 1 位二进制信号的基本单元电路统称为触发器。触发器由逻辑门加反馈电路构成，电路有两个互补的输出端 Q 和 $\overline{Q}$。其中，Q 的状态称为触发器的状态。

2）触发器的特点

触发器具有两个能自行保持的稳定状态，即逻辑状态 0 和逻辑状态 1。无外加信号触发时，触发器能保持一种稳定状态不变。通常把信号加入前触发器的状态称为初始状态，用 Q^n 表示。在触发信号作用下，触发器可以从一种稳定状态转为另一种状态，转变后新的状态称为次态，用 Q^{n+1} 表示。

3）触发器的分类

(1) 根据接收输入信号(触发信号)的触发方式分类

根据接收输入信号控制的触发方式出发，触发器可分为两种类型。一类是非时钟控制触发器，它的输入信号可在不受其他时钟控制信号的作用下，按某一逻辑关系改变触发器的输出状态；另一类是时钟控制触发器，它必须在时钟信号的作用下，才能接收输入信号从而改变触发器的输出状态。时钟控制触发器按时钟触发类型又分为电平触发和边沿触发两种类型。电平触发器是指触发器在某电平(高电平或低电平)状态时，才能接收输入信号改变触发器的状态；边沿触发是指触发器只有在某种边沿(上升沿或下降沿)时，才能接收输入信号改变触发器的状态。

(2) 根据触发器的逻辑功能分类

按照逻辑功能的不同，触发器分为 RS 触发器、D 触发器、JK 触发器、T 触发器等。

2. RS 触发器

1）基本 RS 触发器

(1) 电路结构与逻辑符号。

基本 RS 触发器的电路结构与逻辑符号如图 5-1-1 所示。基本 RS 触发器是用两个与非门交叉耦合起来的，它与组合逻辑电路的根本区别在于电路中有反馈。

$\overline{R}$、$\overline{S}$ 是触发信号输入端，字母上的非号表示低电平有效，即 $\overline{R}$、$\overline{S}$ 端为低电平时表示有触发信号，高电平时表示无触发信号。

Q、$\overline{Q}$ 是两个互补的信号输出端，表示触发器的状态。当 $Q=1$、$\overline{Q}=0$ 时，称触发器处

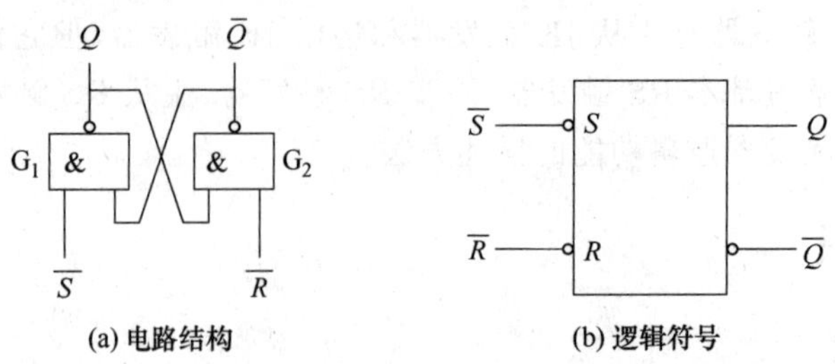

(a) 电路结构　　(b) 逻辑符号

图 5-1-1　基本 RS 触发器的电路结构与逻辑符号

于 1 态；当 $Q=0$、$\overline{Q}=1$ 时，称触发器处于 0 态。

(2) 逻辑功能。

由图 5-1-1 写出输出的逻辑函数表达式：

$$Q^{n+1}=\overline{\overline{S}\cdot\overline{Q^n}},\quad \overline{Q^{n+1}}=\overline{\overline{R}\cdot Q^n}$$

① 当 $\overline{R}=0$、$\overline{S}=1$ 时，$\overline{Q^{n+1}}=\overline{\overline{R}\cdot Q^n}=\overline{0\cdot Q^n}=1$，$Q^{n+1}=\overline{\overline{S}\cdot\overline{Q^n}}=\overline{1\cdot 1}=0$。

不论触发器处于什么状态，都将变成 0 状态，这种状况称触发器置 0 或复位，$\overline{R}$ 称为触发器的置 0 端或复位端，低电平有效。

② 当 $\overline{R}=1$、$\overline{S}=0$ 时，$Q^{n+1}=\overline{\overline{S}\cdot\overline{Q^n}}=\overline{0\cdot\overline{Q^n}}=1$，$\overline{Q^{n+1}}=\overline{\overline{R}\cdot Q^n}=\overline{1\cdot 1}=0$。

不论触发器处于什么状态，都将变成 1 状态，这种状况称触发器置 1 或置位，$\overline{S}$ 称为触发器的置 1 端或置位端，低电平有效。

③ 当 $\overline{R}=1$、$\overline{S}=1$ 时，$Q^{n+1}=\overline{\overline{S}\cdot\overline{Q^n}}=\overline{1\cdot\overline{Q^n}}=Q^n$，$\overline{Q^{n+1}}=\overline{\overline{R}\cdot Q^n}=\overline{1\cdot Q^n}=\overline{Q^n}$。

不论触发器处于什么状态，都将保持原有的状态，即原来的状态被触发器存储起来，体现了触发器的记忆功能。

④ 当 $\overline{R}=0$、$\overline{S}=0$ 时，$Q^{n+1}=\overline{\overline{S}\cdot\overline{Q^n}}=\overline{0\cdot\overline{Q^n}}=1$，$\overline{Q^{n+1}}=\overline{\overline{R}\cdot Q^n}=\overline{0\cdot Q^n}=1$。

这种状况不符合触发器的逻辑关系，当 $\overline{R}$、$\overline{S}$ 端的低电平同时撤除后，将不能确定触发器是处于 1 状态还是 0 状态。在实际应用时，这种状态是不允许出现的，这也是基本 RS 触发器的约束条件：$\overline{R}+\overline{S}=1$。

综合上述，基本 RS 触发器只有复位(置 0)、置位(置 1)和保持三种功能。基本 RS 触发器的逻辑功能表如表 5-1-1 所示。

表 5-1-1　基本 RS 触发器的逻辑功能表(转换真值表)

$\overline{R}$	$\overline{S}$	Q^n	Q^{n+1}	功能	$\overline{R}$	$\overline{S}$	Q^n	Q^{n+1}	功能
0	1	0	0	复位 (置 0)	1	1	0	0	保持
0	1	1	0		1	1	1	1	
1	0	0	1	置位 (置 1)	0	0	0	×	不定 状态
1	0	1	1		0	0	1	×	

注意：基本 RS 触发器不允许同时输入有效电平，在实际中很少直接应用。但基本 RS 触发器是各种触发器的基本组成单元，是各种触发器的核心电路。

2）同步 RS 触发器

在实际应用中，触发器的工作状态不仅要由 R、S 端的输入信号决定，而且还希望触发器按一定的节拍翻转。为此，给触发器添加了一个时钟控制端 CP，只有在 CP 端上出现时钟脉冲时，触发器的状态才会翻转。具有时钟脉冲控制的触发器，其状态的改变与时钟脉冲同步，称为同步触发器。

（1）同步 RS 触发器的电路结构

同步 RS 触发器的电路结构与逻辑符号如图 5-1-2 所示。

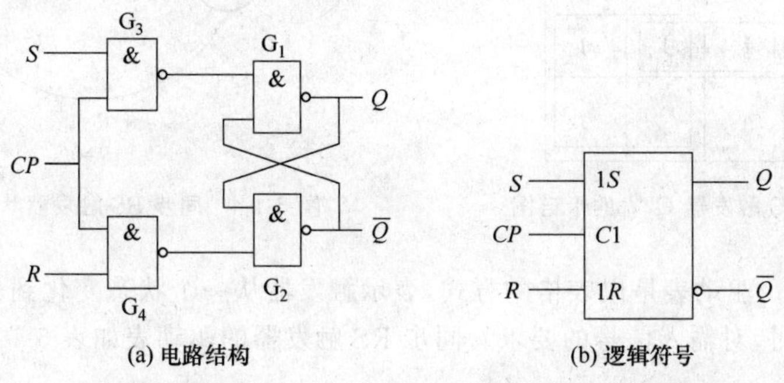

图 5-1-2 同步 RS 触发器的电路结构与逻辑符号

（2）逻辑功能

当 $CP=0$ 时，G_3、G_4 门关闭，恒定输出为 1。这时，不论 R、S 的输入信号如何变化，触发器的状态保持不变。

当 $CP=1$ 时，G_3、G_4 门打开。R、S 的输入信号通过 G_3、G_4 门加到基本 RS 触发器的输入端，使基本 RS 触发器的状态发生翻转，其输出状态由 R、S 的输入信号决定。同步 RS 触发器的逻辑功能表见表 5-1-2。

表 5-1-2 同步 RS 触发器的逻辑功能表(转换真值表)

R	S	Q^n	Q^{n+1}	功能	R	S	Q^n	Q^{n+1}	功能
0	1	0	1	置位	1	1	0	×	不定
0	1	1	1	(置 1)	1	1	1	×	状态
1	0	0	0	复位	0	0	0	0	保持
1	0	1	0	(置 0)	0	0	1	1	

同步 RS 触发器的状态转换分别由 R、S 和 CP 控制，R、S 控制触发器状态转换的方向，CP 控制触发器状态转换的时刻。

（3）触发器功能的表示方法

① 转换真值表。见表 5-1-1 和表 5-1-2。

② 特性方程。触发器次态 Q^{n+1} 与输入状态 R、S 及现态 Q^n 之间关系的逻辑函数表达式称为触发器的特性方程。根据表 5-1-2 画出同步 RS 触发器 Q^{n+1} 的卡诺图，如图 5-1-3 所示，化简得到同步 RS 触发器的特性方程为

$$\begin{cases} Q^{n+1}=S+\overline{R}Q^n \quad (CP=1\text{ 期间}) \\ RS=0 \quad (\text{约束条件}) \end{cases}$$

③ 状态转换图。状态转换图表示触发器从一个状态变化到另一个状态或保持原状态不变时,对输入信号的要求。同步 RS 的状态转换图如图 5-1-4 所示。

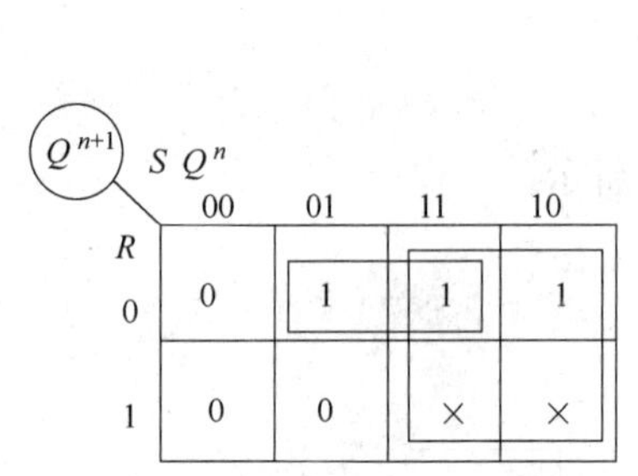

图 5-1-3 同步 RS 触发器 Q^{n+1} 的卡诺图

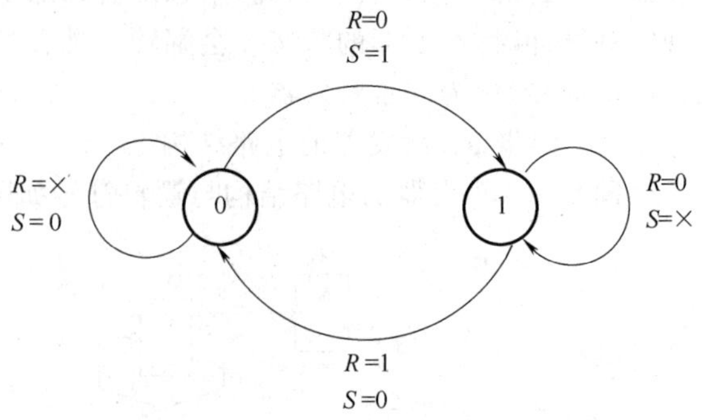

图 5-1-4 同步 RS 触发器状态转换图

④ 驱动表。驱动表是以表格的方式,表示触发器从一个状态变化到另一个状态或保持原状态不变时,对输入信号的要求。同步 RS 触发器的驱动表如表 5-1-3 所示。

表 5-1-3 同步 RS 触发器驱动表

$Q^n \to Q^{n+1}$	驱动(输入)信号		$Q^n \to Q^{n+1}$	驱动(输入)信号	
	R	S		R	S
0→0	×	0	1→0	1	0
0→1	0	1	1→1	0	×

⑤ 波形图。触发器的功能可以用输入/输出波形图直观地表示出来,同步 RS 触发器的波形图如图 5-1-5 所示。

(4) 同步 RS 触发器存在的问题

由于在 $CP=1$ 期间,G_3、G_4 门都是开着的,都能接收 R、S 信号,所以,如果在 $CP=1$ 期间,R、S 发生变化,则触发器的状态就跟着发生翻转,因此,在 $CP=1$ 期间,R、S 可能发生多次变化而引起触发器多次翻转,这种在一个时钟周期中触发器发生多次翻转的现象称为空翻,如图 5-1-6 所示。

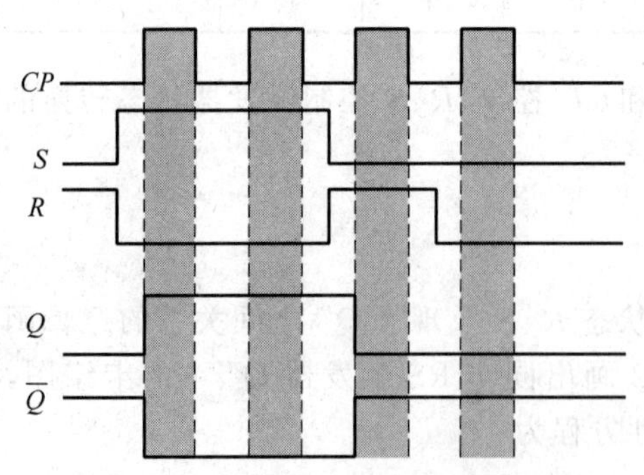

图 5-1-5 同步 RS 触发器波形图

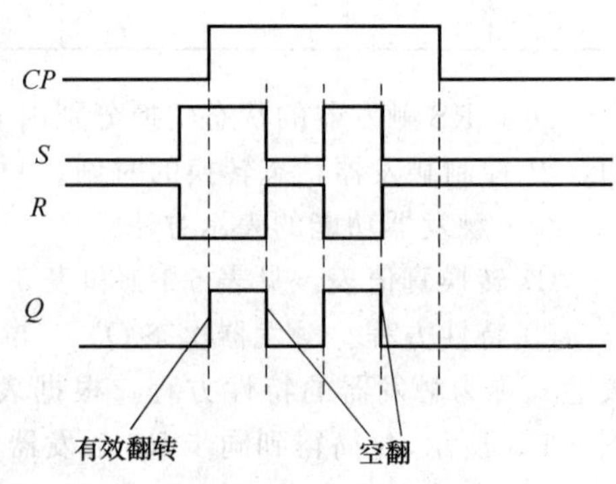

图 5-1-6 同步 RS 触发器的空翻现象

3）主从 RS 触发器

主从 RS 触发器由两级同步 RS 触发器组成，其中一级直接接收输入信号 R、S，称为主触发器；另一级接收主触发器的输出信号，称为从触发器。两级触发器的时钟信号互补，有效克服了触发器的空翻现象。

(1) 电路结构

主从 RS 触发器的电路结构与逻辑符号如图 5-1-7 所示。

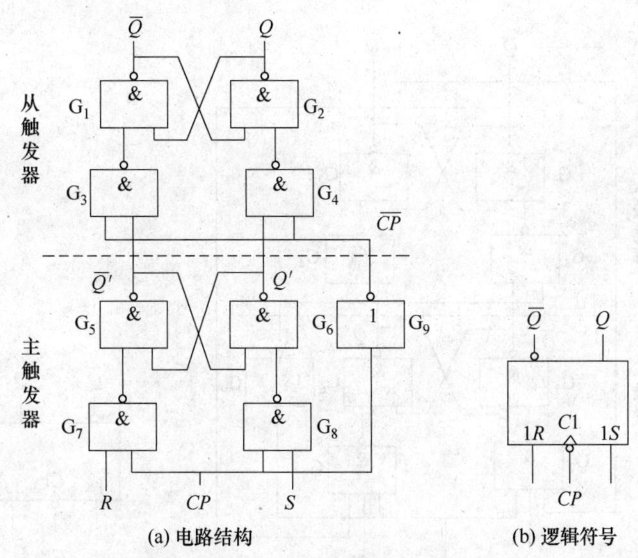

图 5-1-7　主从 RS 触发器电路结构与逻辑符号

(2) 工作原理

主从 RS 触发器的翻转分以下两个节拍。

① 当 $CP=1$ 时，$\overline{CP}=0$，从触发器被封锁，保持原状态不变。但这时，G_7、G_8 打开，主触发器接收 R、S 输入信号。

② 当 CP 由 1 跃降为 0 时，$CP=0$、$\overline{CP}=1$，主触发器被封锁，不再接收 R、S 的输入信号，保持原状态不变。但这时，G_3、G_4 打开，从触发器接收主触发器的输出信号。

因此，主从 RS 触发器的输出取决于 CP 下降沿前一时刻的 R、S 信号，主从 RS 触发器的触发方式称为边沿(下降沿)触发。

(3) 特性方程

主从 RS 触发器的特性方程与同步 RS 触发器一致，但触发方式由电平(高电平)触发转变为边沿(下降沿)触发，其特性方程为

$$\begin{cases} Q^{n+1}=S+\overline{R}Q^n \quad (CP\downarrow\text{有效}) \\ RS=0 \quad (\text{约束条件}) \end{cases}$$

3. 主从 JK 触发器

主从 RS 触发器虽然解决了触发器的空翻现象，但仍然存在约束条件，给实际使用带来不便，主从 JK 触发器就是专为解决主从 RS 触发器约束条件而设计的。

1）电路结构

主从JK触发器的电路结构与逻辑符号如图5-1-8所示。在主从RS触发器的基础上，将从触发器的Q、$\overline{Q}$引入到主触发器的G_7、G_8，作为G_7、G_8的另一个与输入端，因触发器的Q、$\overline{Q}$是互补输出的，一定有一个门被封锁，这时，就不怕输入信号同时为1了。其中，Q引入G_7、$\overline{Q}$引入G_8，原来的S改为J，原来的R改为K，这就是主从JK触发器。

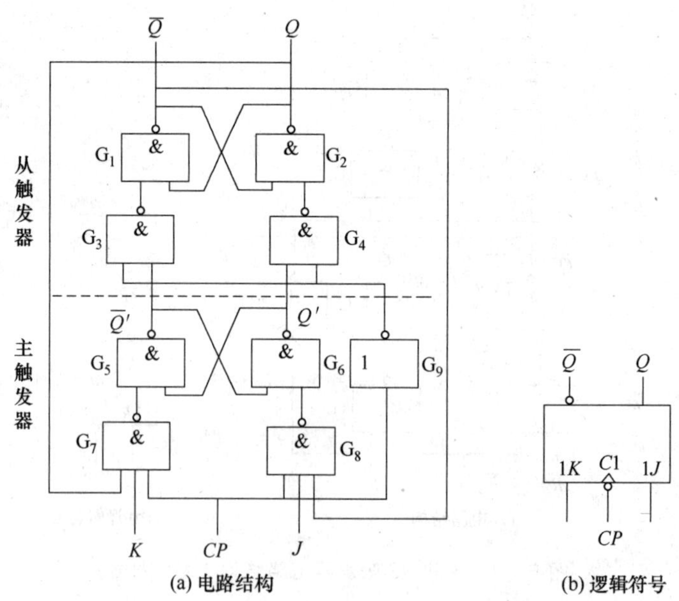

图5-1-8 主从JK触发器的电路结构与逻辑符号

2）逻辑功能

（1）主从JK触发器的功能表

主从JK触发器的逻辑功能继承了主从RS触发器的逻辑功能，同时改善了约束条件。当$J=K=1$时，每输入一个脉冲，触发器的状态向相反方向翻转。主从JK触发器的功能表见表5-1-4。

表5-1-4 主从JK触发器功能表

输入			输出	功能	输入			输出	功能
J	K	Q^n	Q^{n+1}		J	K	Q^n	Q^{n+1}	
0	0	0	0	保持	1	0	0	1	置1(置位)
0	0	1	1		1	0	1	1	
0	1	0	0	置0(复位)	1	1	0	1	翻转(取反)
0	1	1	0		1	1	1	0	

(2) 主从 JK 触发器的特性方程

根据表 5-1-4 所示功能表画出主从 JK 触发器 Q^{n+1} 的卡诺图,如图 5-1-9 所示,并化简得主从 JK 触发器的特性方程为

$$Q^{n+1}=J\overline{Q^n}+\overline{K}Q^n \quad (CP\downarrow \text{有效})$$

注意:主从 JK 触发器的特性方程可从主从 RS 触发器的特性中推导出来,推导如下:

$$\begin{aligned}Q^{n+1}&=S+\overline{R}Q^n=J\overline{Q^n}+\overline{KQ^nQ^n}=J\overline{Q^n}+(\overline{K}+\overline{Q^n})Q^n\\&=J\overline{Q^n}+\overline{K}Q^n+\overline{Q^n}Q^n=J\overline{Q^n}+\overline{K}Q^n\end{aligned}$$

(3) 主从 JK 触发器的状态转换图

主从 JK 触发器的状态转换图如图 5-1-10 所示。

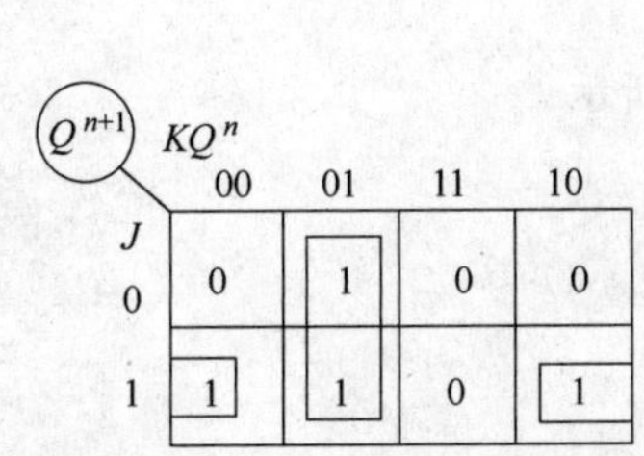

图 5-1-9 主从 JK 触发器的卡诺图

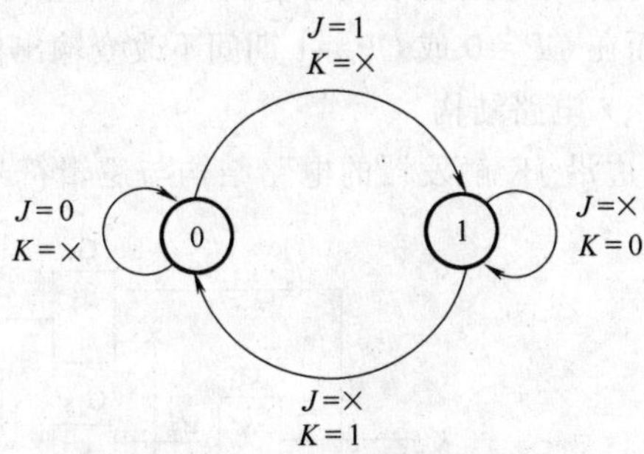

图 5-1-10 主从 JK 触发器的卡诺图

(4) 主从 JK 触发器的激励表

主从 JK 触发器的激励表见表 5-1-5。

表 5-1-5 主从 JK 触发器激励表

$Q^n\to Q^{n+1}$	驱动(输入)信号		$Q^n\to Q^{n+1}$	驱动(输入)信号	
	J	K		J	K
0→0	0	×	1→0	×	1
0→1	1	×	1→1	×	0

(5) 主从 JK 触发器的波形图

主从 JK 触发器的波形图如图 5-1-11 所示。

3) 主从 JK 触发器存在的问题

在 $CP=1$ 期间,主触发器只翻转一次,这种现象称为一次翻转现象。一次翻转现象是一种有害现象,如果在 $CP=1$ 期间,输入端出现干扰信号,这种干扰将会被记录下来,传导给下一个 CP 周期,造成触发器误动作。一次翻转现象的波形变化如图 5-1-12 所示,可以看出,J 在 $CP=1$ 期间的高电平脉冲的置 1 操作传导给下一个 CP 周期。因此,主从 JK 触发器在实际使用时,必须保证在 $CP=1$ 期间,J、K 输入信号保持不变。

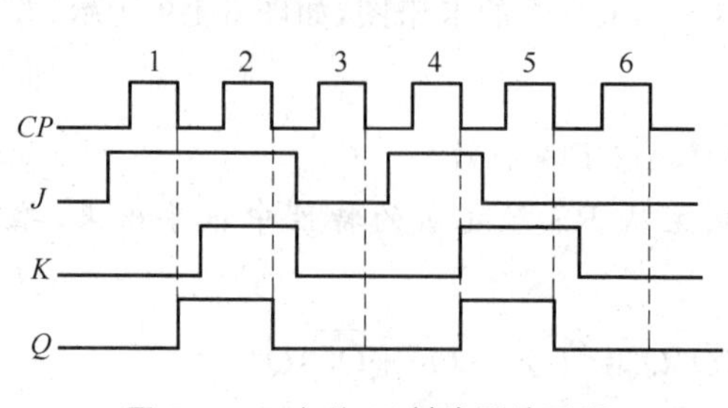

图 5-1-11 主从 JK 触发器波形图

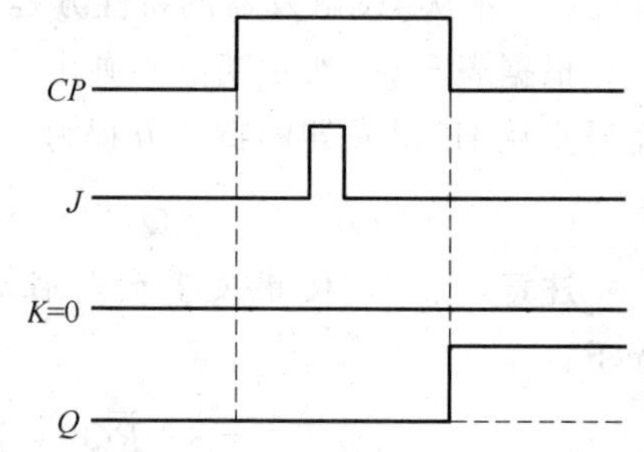

图 5-1-12 主从 JK 触发器的一次翻转现象

4. 边沿 JK 触发器*

边沿触发器是在时钟脉冲的有效边沿(上升沿或下降沿)将输入信号的变化反映在输出端,而在 $CP=0$ 或 $CP=1$ 期间不改变输出信号,有效解决了空翻现象和一次翻转现象。

1) 电路结构

边沿 JK 触发器的电路结构与逻辑符号如图 5-1-13 所示。

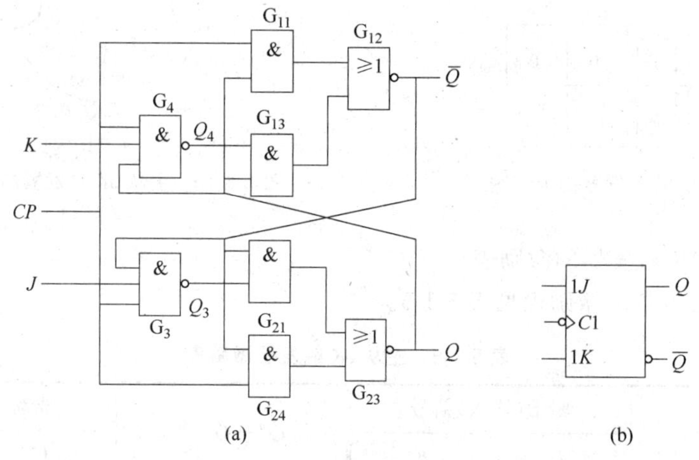

图 5-1-13 边沿 JK 触发器的电路结构与逻辑符号

2) 逻辑功能

边沿 JK 触发器的功能表、特性方程、状态转换图、激励表与主从 JK 触发器一致,但边沿 JK 触发器的翻转时刻发生在时钟脉冲的边沿(上升沿或下降沿),翻转方向取决于触发脉冲边沿前一时刻的输入信号。

3) 边沿 JK 触发器逻辑符号的有关说明

常用边沿 JK 触发器的逻辑符号如图 5-1-14 所示。

(1) 若 CP 端有“>”无“∘”表示上升沿触发,如图 5-1-14(a)所示;若 CP 端有“>”又有“∘”表示下降沿触发,如图 5-1-14(b)所示。

(2) 若输入端有 S_D,说明触发器具有异步置 1 功能,当 $\overline{S_D}=0$ 时,触发器输出为 1;若输入端有 $\overline{R_D}$,说明触发器具有异步置 0 功能,当 $\overline{R_D}=0$ 时,触发器输出为 0。异

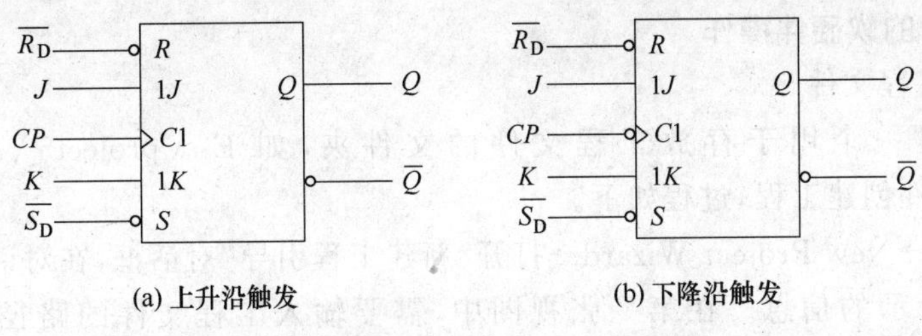

(a) 上升沿触发　　(b) 下降沿触发

图 5-1-14　常用边沿 JK 触发器的逻辑符号

步的意思是指 $\overline{S_D}$、$\overline{R_D}$ 的置 1、置 0 功能，与 CP 无关。触发器正常工作时，$\overline{S_D}$、$\overline{R_D}$ 应维持高电平。

注意： 边沿 JK 触发器是真正意义上的边沿触发，而无论是主从 RS 触发器，还是主从 JK 触发器，都是有条件（或有缺陷）的边沿触发。

5. T 触发器

T 触发器是在 JK 触发器基础上延伸出来的，当把 JK 触发器的 J、K 输入端连在一起，并命名为 T 端，即为 T 触发器。当 $T=0$ 时，触发器的输出状态保持不变，$Q^{n+1}=Q^n$；当 $T=1$ 时，触发器的输出状态取反，$Q^{n+1}=\overline{Q^n}$。

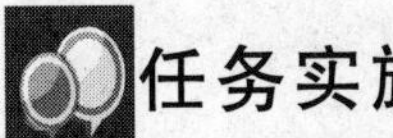

任务实施

1. 任务内容与要求

(1) 任务内容

在 TEMI 数字逻辑设计能力认证开发板实现主从 JK 触发器电路功能。

(2) 任务要求

原理图设计约束规则：只能采用与、或、非、异或四种基本逻辑门电路。

硬件电路引脚配置规则如下。

输入：$J \rightarrow$S7-DIP1(P04)、$K \rightarrow$S7-DIP2(P05)、$CP \rightarrow$S3(P16)。

输出：$Q \rightarrow$D2(P21)、$\overline{Q} \rightarrow$D3(P24)。

2. 逻辑电路设计

主从 JK 触发器的逻辑电路如图 5-1-15 所示。

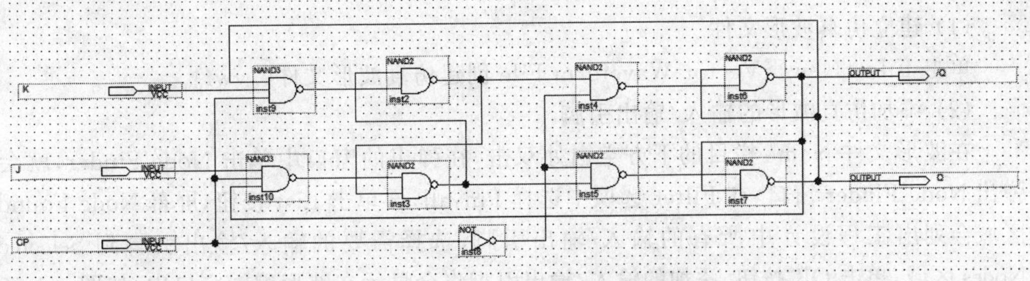

图 5-1-15　主从 JK 触发器的逻辑电路图

3. CPLD的软硬件操作

1) 建立工程文件

首先创建一个用于存放工程文件的文件夹，如 E:\project5\zcJKFF。打开 Quartus Ⅱ软件创建工程，过程如下。

单击 File→New Project Wizard→打开“新建工程引导”对话框，在对话框中分别输入如图 5-1-16 所示的信息。在第一张视图中，需要输入工程文件的路径 E:\project5\zcJKFF 与工程名称 zcJKFF。在第二张视图中，需要输入所使用的 CPLD 芯片的类别(MAX7000S)与型号(EPM7064SLC44-10)。

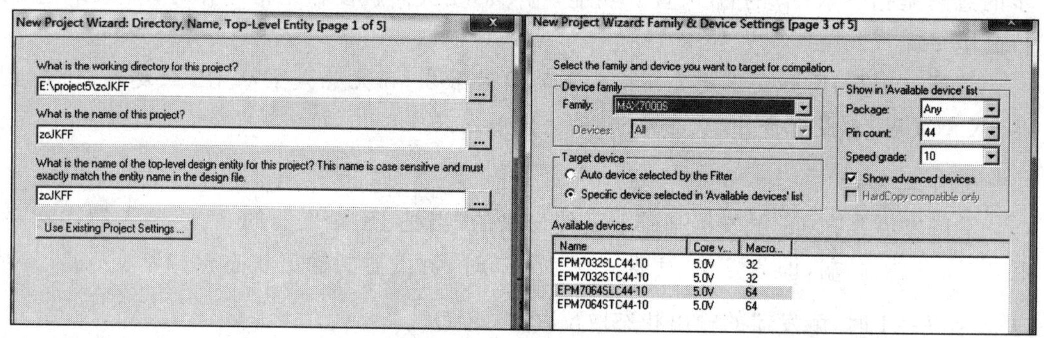

图 5-1-16 创建工程引导图

2) 输入设计文件(绘制逻辑电路图)

创建设计文件，完成原理图绘制，步骤如下。

(1) 单击 File→New 创建设计文件，在 Design File 中选择 Block Design/Schematic File，即原理图设计模式(.bdf)，单击 OK 按钮。

(2) 原理图文件的名称与工程文件名相同，如图 5-1-17(a)所示，单击 File→Save As 保存文件。

(3) 在元件库中调入 not、nand2、nand3 等元件，按照图 5-1-15，绘制 zcJKFF 完整电路图，绘制完成后保存，如图 5-1-17(b)所示。

3) 编译工程文件

完成原理图的绘制后，就要对文件进行编译。单击 Processing→Start Compilation 进行原理图编译，若编译结果出现错误，需要修正错误，并重新编译，直到编译结果无错为止。

4) 波形仿真

(1) 建立仿真波形文件

单击 File→New→Vector Waveform File 创建仿真波形文件(.vwf)。

(2) 添加仿真波形的输入/输出引脚

在波形文件 Name 栏目的下方空白处双击，在弹出的窗口中单击 Node Finder，就会弹出 Node Finder 窗口，在 Filter 选项中选择 Pin:all，再单击 List 按钮，屏幕 Node Found 区域会列出工程设计中所有的输入/输出引脚，选择需要的输入/输出引脚到 Selected Nodes 区域，单击 OK 按钮，添加的输入/输出引脚将会显示在波形编辑窗口中，如图 5-1-18 所示。

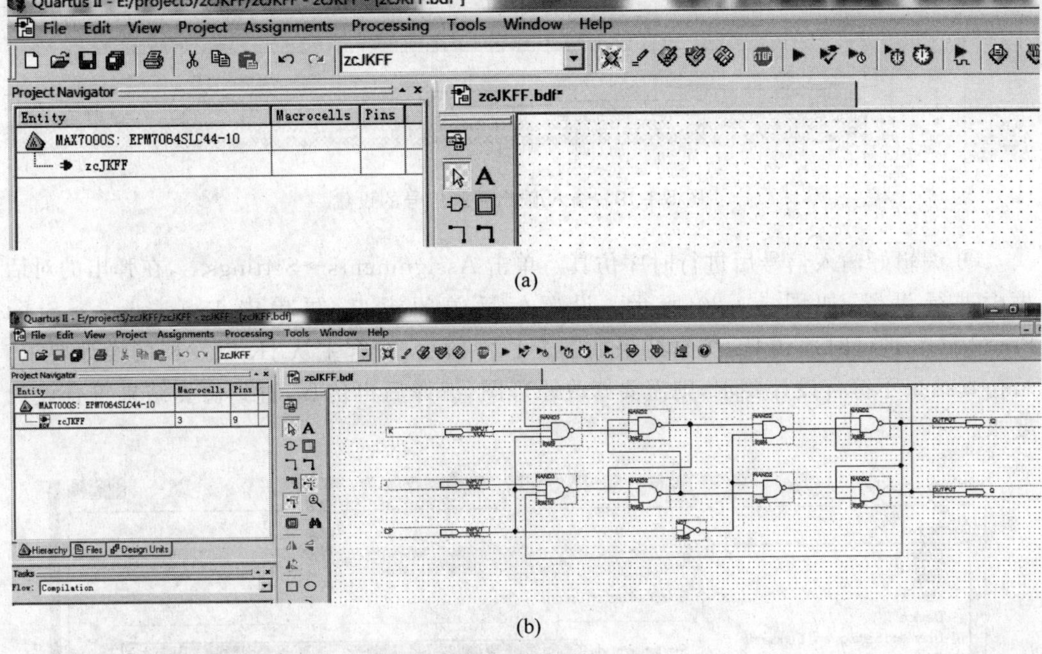

(a)

(b)

图 5-1-17　原理图编辑窗口

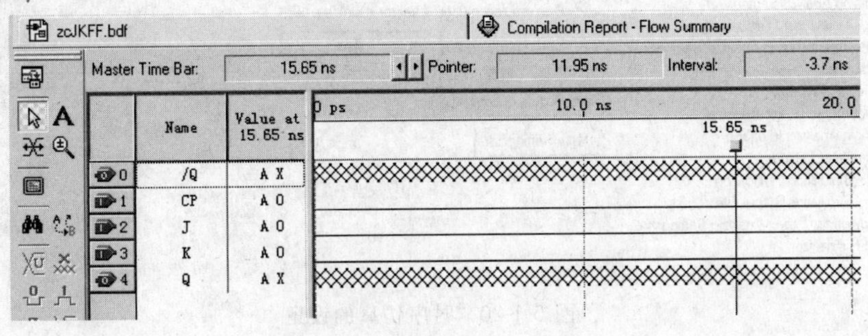

图 5-1-18　输入/输出引脚导入

(3) 设置波形仿真环境

① 选择 Edit→End Time，设定为 1μs。

② 选择 Edit→Grid Side，设定为 10ns。

③ 选择 View→Fit in Window。

(4) 编辑输入/输出信号

① 使用鼠标拖曳输入/输出信号，使其按照合理的顺序排列。

② 设置同步时钟信号周期为 150ns，J、K 的波形设置如图 5-1-19 所示。保存编辑的输入信号，文件保存的路径和名称为 E:\project5\zcJKFF.vwf。想一想这里为什么要这样设计输入信号波形？因为 J、K 的波形设置要注意“一次空翻”的现象，因此，主从 JK 触发器在实际使用时，必须保证在 $CP=1$ 期间，J、K 输入信号保持不变。

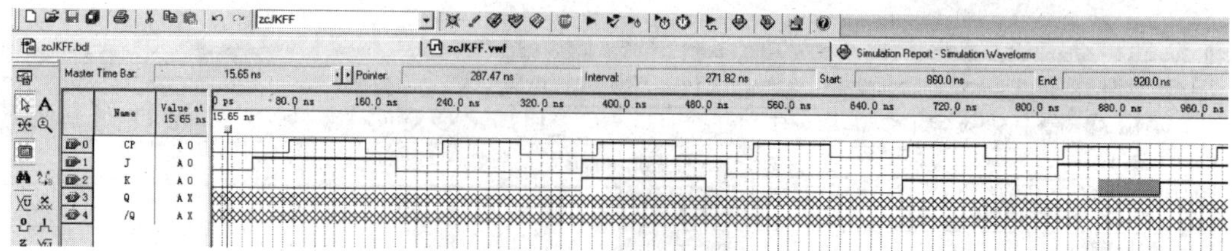

图 5-1-19 输入/输出引脚信号的设置

③ 编辑好输入信号后进行时序仿真。单击 Assignments→Settings...,在弹出的对话框中进行设置,如图 5-1-20 所示。设置好后关闭窗口,再单击 Processing→Start Simulation 进行时序仿真,仿真结果如图 5-1-21 所示,符合主从 JK 触发器的设计要求。若仿真结果不符合设计要求,则需要修改原理图,编译后再仿真,直到仿真结果符合设计要求。

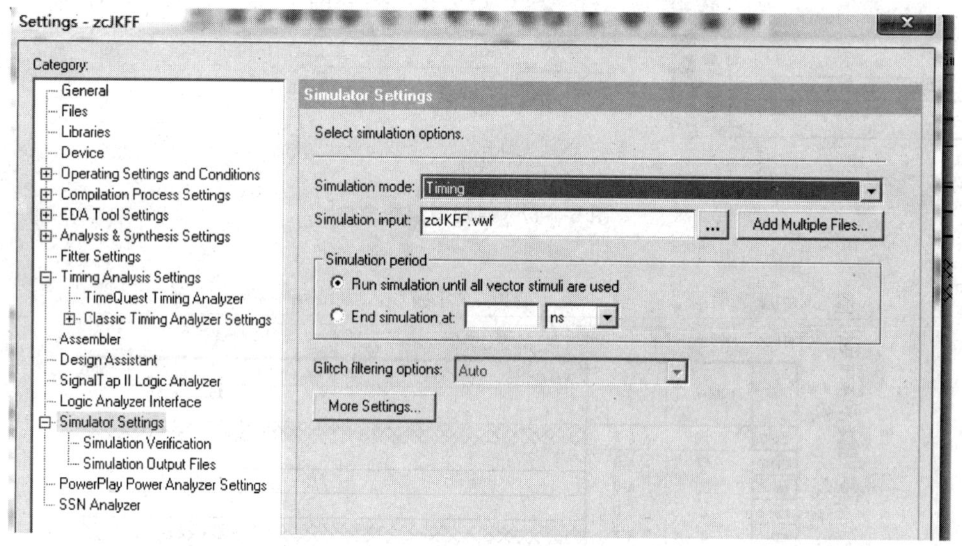

图 5-1-20 时序仿真的设置

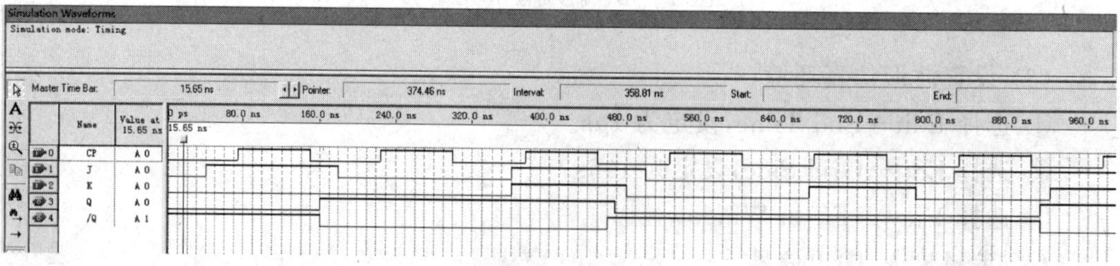

图 5-1-21 主从 JK 触发器波形仿真图

5) 引脚配置与编程下载

(1) CPLD 元件的引脚配置

硬件电路的引脚配置规则如下。

输入：J→S7-DIP1(P04)、K→S7-DIP2(P05)、CP→S3(P16)。

输出：Q→D2(P21)、$\overline{Q}$→D3(P24)。

引脚配置的方法如下。

① 单击 Assignments→Pins，检查 CPLD 元件型号是否为 MAS7000S、EPM7064SLC44-10，再将鼠标移到 All pins 视窗，选择每一个端点（K、J、CP、Q、$\overline{Q}$），再在其后的 Location 栏选择每个端点所对应的 CPLD 芯片上的引脚，如图 5-1-22 所示。

② 引脚配置完成后，需要再次编译电路以存储这些引脚的锁定信息。

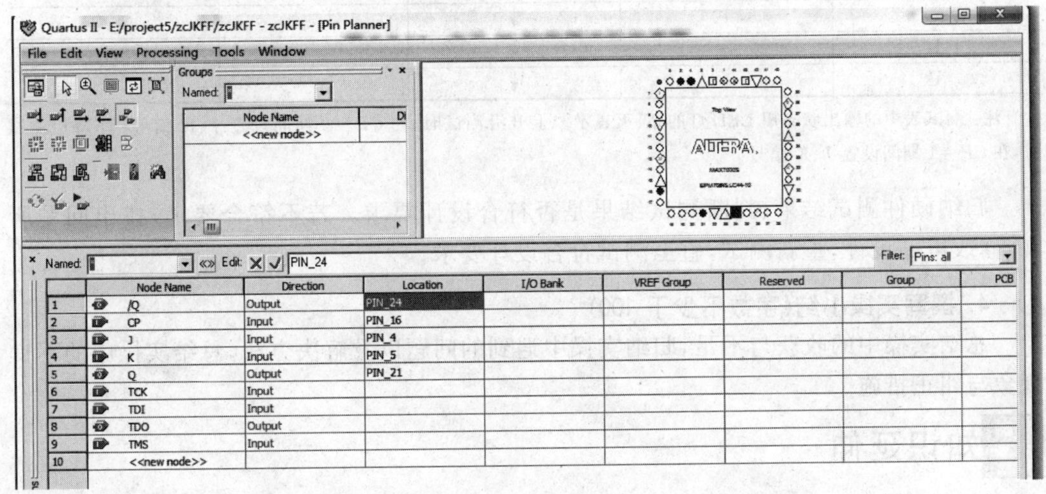

图 5-1-22　引脚配置

(2) 程序下载

在程序下载前，要对硬件开发板上相关的信号进行设置。指拨开关 S2 上的 CPLD-EN、CPLD-OE、LEDs-EN 都要处在 ON 状态，且 LED 处于可用状态，这样才能进行下载。单击 Tools→Programmer，打开编程配置下载窗口，先单击 Hardware Setup 配置下载电缆，选择 USB-Blaster，下载电缆配置完成后，在 Mode 下拉列表中选择 JTAG，选中下载文件 zcJKFF. pof 右侧第一个小方框(Program/Configure)，打开目标板电源，再单击 Start 按钮进行程序下载，完成下载后如图 5-1-23 所示。

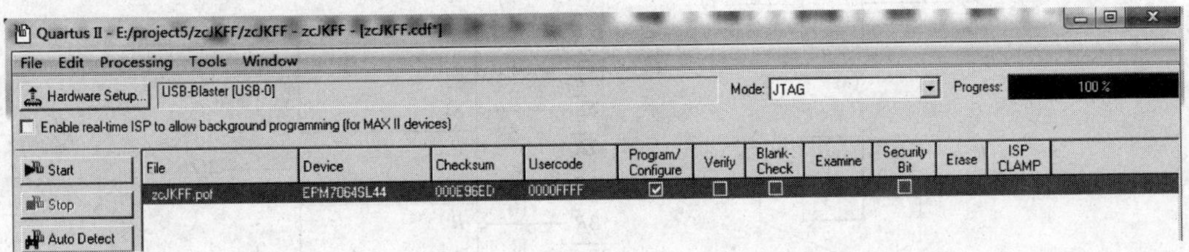

图 5-1-23　程序下载完成窗口

6）硬件测试

按表 5-1-6，在 TEMI 数字逻辑设计能力认证开发板进行测试。

表 5-1-6 主从 JK 触发器测试表

输入：SW DIP-8、PB-SW1			输出：LED 灯(低电平驱动)	
S7-DIP1 (J)	S7-DIP2 (K)	S3 (CP)	D2 (Q)	D3 ($\bar{Q}$)
0	0	↑		
0	1	↑		
1	0	↑		
1	1	↑		
0	0	↓		
0	1	↓		
1	0	↓		
1	1	↓		

注：测试表中的输出状态用 LED 灯的亮、灭表示。上升沿测试时，在 $CP=0$ 期间设置 J、K 信号；下降沿测试时，在 $CP=1$ 期间设置 J、K 信号。

归纳硬件测试结果，判断测试结果是否符合设计要求。若不符合要求，找出问题所在，修改电路设计，重新测试，直至测试符合设计要求。

4. 撰写实操小结(字数不少于 100)

总结实操中的收获与不足，归纳实操中遇到的问题以及解决方法，总结实操中的不良现象与纠正措施。

知识延伸

1. 集成 RS 触发器 74LS279

74LS279 集成了 4 个独立的基本 RS 触发器，它的逻辑符号与逻辑电路图如图 5-1-24 所示。其中，第 1、3 个 RS 触发器的逻辑电路如图 5-1-24(a)所示，$\overline{S}$ 是 $\overline{S_A}$ 和 $\overline{S_B}$ 的与；第 2、4 个 RS 触发器的逻辑电路如图 5-1-24(b)所示。

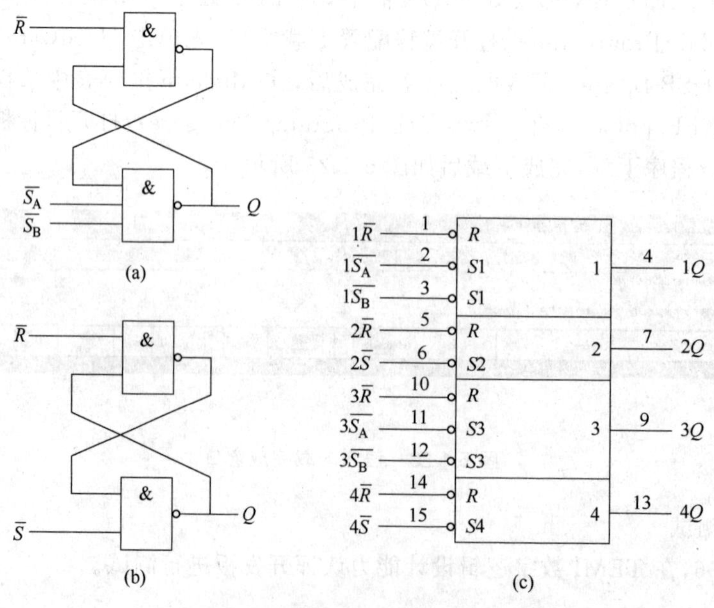

图 5-1-24 74LS279 的逻辑符号与逻辑电路

2. 常用集成 JK 触发器

常用集成 JK 触发器如表 5-1-7 所示。

表 5-1-7　常用集成 JK 触发器

名　　称	型　　号
与门输入下降沿单 JK 触发器	74102
与或门输入下降沿单 JK 触发器	74101
与门输入上升沿单 JK 触发器	7470、4095、4096
双下降沿 JK 触发器	74LS73、74LS107、74LS112、74LS113、74LS114
双上升沿 JK 触发器	74LS109、4027、14027

3. 集成双下降沿 JK 触发器 74LS112

(1) 74LS112 的逻辑符号。74LS112 集成了两个双下降沿 JK 触发器，它的逻辑符号如图 5-1-25 所示。

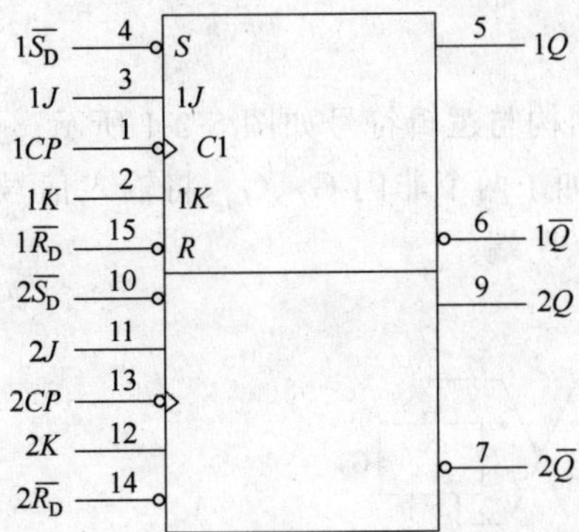

图 5-1-25　74LS112 的逻辑符号

(2) 74LS112 的逻辑功能表。74LS112 的逻辑功能表见表 5-1-8。

表 5-1-8　74LS112 逻辑功能表

输入					输出		功能
$\overline{R_D}$	$\overline{S_D}$	J	K	CP	Q^{n+1}	$\overline{Q^{n+1}}$	
0	1	×	×	×	0	1	异步置 0
1	0	×	×	×	1	0	异步置 1
1	1	0	0	↓	Q^n	$\overline{Q^n}$	保持
1	1	0	1	↓	0	1	置 0
1	1	1	0	↓	1	0	置 1
1	1	1	1	↓	$\overline{Q^n}$	Q^n	取反(或称为计数)
0	0	×	×	×	1	1	不允许

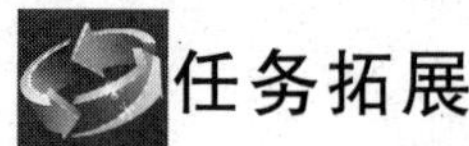

任务拓展

用 Quartus Ⅱ软件仿真与 CPLD 测试 74LS112 芯片的逻辑功能。

任务 5.2 边沿 D 触发器

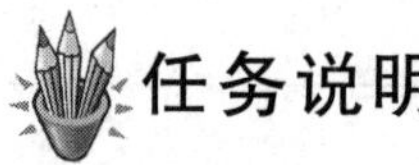

任务说明

D 触发器也是在同步 RS 触发器的基础上改进而来的,有同步 D 触发器和边沿 D 触发器。同步 D 触发器的工作原理基本与同步 RS 触发器相同,也存在空翻现象;边沿 D 触发器的电路结构较有特色,性能也比较完善。本任务重点学习边沿 D 触发器的电路结构、工作原理与逻辑功能描述。

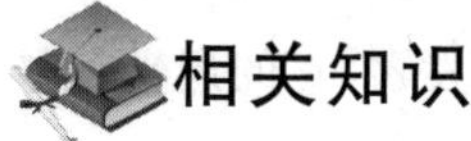

相关知识

1. 同步 D 触发器

1) 电路结构

同步 D 触发器的电路结构与逻辑符号如图 5-2-1 所示。同步 D 触发器是在同步 RS 触发器基础上改进的,它增加了两个非门 G_5、G_6,将输入信号 D 变成了两个互补信号分别送给同步 RS 触发器的 R、S 端。

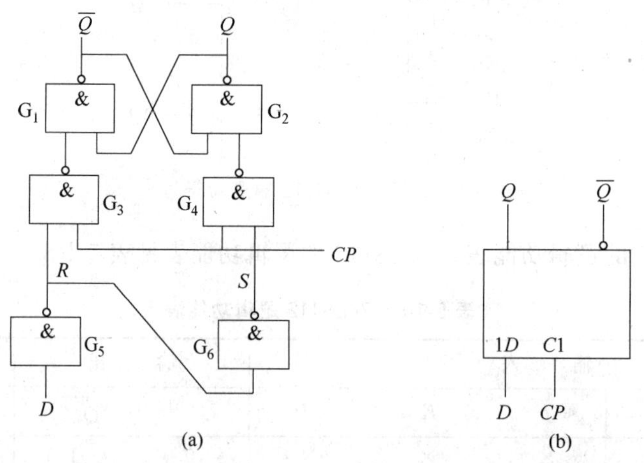

图 5-2-1 同步 D 触发器电路结构与逻辑符号

2) 逻辑功能

(1) 特性方程

同步 D 触发器的特性方程可由同步 RS 触发器推导出来,$R=\overline{D}$,$S=D$,即

$$Q^{n+1}=S+\overline{R}Q^n=D+\overline{\overline{D}}Q^n=D(1+Q^n)=D \quad (CP=1\text{ 期间})$$

(2) 逻辑功能表

由同步D触发器特性方程可知,在 $CP=1$ 期间,Q^{n+1} 始终和 D 输入一致,称为跟随功能,输出和输入是透明的;在 $CP=0$ 期间,触发器不接收输入信号,其输出状态保持不变,称为锁存功能。同步D触发器的逻辑功能表见表5-2-1。

表 5-2-1 同步D触发器逻辑功能表

输入		输出	功能	输入		输出	功能
D	Q^n	Q^{n+1}		D	Q^n	Q^{n+1}	
0	0	0	输出状态与输入状态相同	1	0	1	输出状态与输入状态相同
0	1	0		1	1	1	

(3) 状态转换图

同步D触发器的状态转换图如图5-2-2所示。

(4) 激励表

同步D触发器的激励表见表5-2-2。

表 5-2-2 同步D触发器激励表

$Q^n \to Q^{n+1}$	D	$Q^n \to Q^{n+1}$	D
0→0	0	1→0	0
0→1	1	1→1	1

(5) 波形图

同步D触发器的波形图如图5-2-3所示。

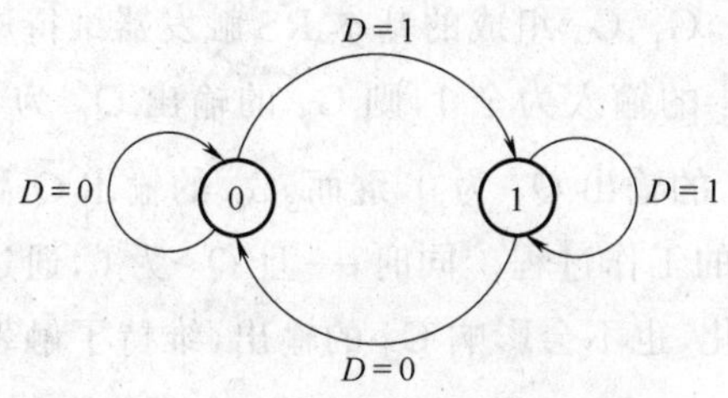

图 5-2-2 同步D触发器状态转换图

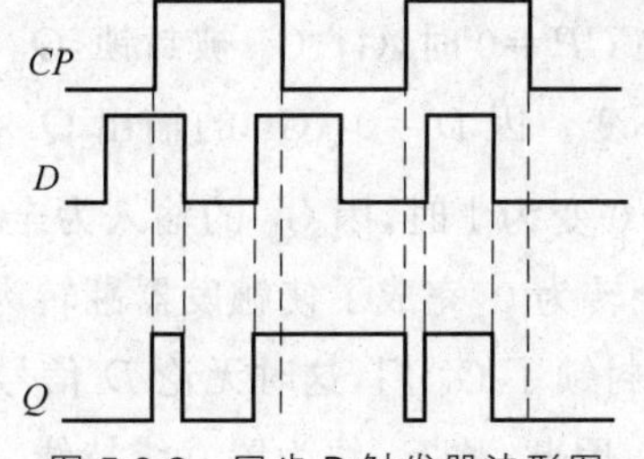

图 5-2-3 同步D触发器波形图

注意:实际应用中的D锁存器与同步D触发器电路结构类似,在计算机接口电路中有着广泛的应用,用作输出锁存器。

2. 边沿D触发器

1) 电路结构

为了克服同步D触发器中的空翻现象,边沿D触发器在同步D触发器的基础上进行了改进,增加了三根反馈线 L_1、L_2 和 L_3,如图5-2-4所示。其中 G_5、G_6 改为二输入与非门,G_3 改为三输入与非门,G_4 输出引入 G_6 的输入,同时,G_4 输出又引入 G_3 输入,G_3 输出引入 G_5 的输入。

2) 工作原理

(1) 当 $D=1$ 时,工作原理如下。

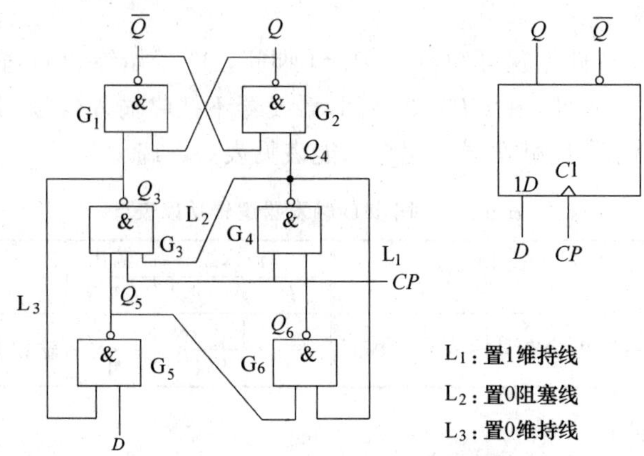

图 5-2-4 边沿 D 触发器电路结构与逻辑符号

在 $CP=0$ 时，G_3、G_4 被封锁，$Q_3=Q_4=1$，G_1、G_2 组成的基本 RS 触发器维持原来的状态不变。因 $D=1$，G_5 的输入为全 1，即 G_5 的输出 Q_5 为 0，它使 G_3、G_6 的输出为 1。当 CP 由 0 变为 1 时，G_4 输入全为 1，Q_4 为 0，继而，G_2 的输出 Q 翻转为 1，$\overline{Q}$ 翻转为 0，完成了使触发器翻转为 1 状态的工作过程。同时，一旦 Q_4 为 0，通过反馈线 L_1 封锁了 G_6 门，这时如果 D 信号由 1 变为 0，只会影响 G_5 的输出，不会影响 G_6 的输出，维持了触发器的 1 状态，因此，称 L_1 线为置 1 维持线。同时，Q_4 通过反馈线 L_2 又封锁了 G_3 门，从而阻塞了置 0 通道，故称 L_2 线为置 0 阻塞线。

(2) 当 $D=0$ 时，工作原理如下。

在 $CP=0$ 时，G_3、G_4 被封锁，$Q_3=Q_4=1$，G_1、G_2 组成的基本 RS 触发器维持原来的状态不变。因 $D=0$，G_5 的输出 Q_5 为 1，G_6 的输入为全 1，则 G_6 的输出 Q_6 为 0。当 CP 由 0 变为 1 时，因 G_3 的输入为全 1，则 G_3 的输出 Q_3 为 0，继而，G_1 的输出 $\overline{Q}$ 翻转为 1，Q 翻转为 0，完成了使触发器翻转为 0 状态的工作过程。同时，一旦 Q_3 为 0，通过反馈线 L_3 封锁了 G_5 门，这时无论 D 信号如何变化，也不会影响 G_5 的输出，维持了触发器的 0 状态，因此，称 L_3 线为置 0 维持线。

综上所述，边沿 D 触发器是利用了维持线和阻塞线，将触发器翻转时刻控制在 CP 上升沿到来的一瞬间，也只接收 CP 上升沿前一时刻 D 输入的信号。

3) 逻辑功能

边沿 D 触发器的特性方程、状态转换图、激励表与同步 D 触发器是一致的，但克服了同步 D 触发器的空翻现象。边沿 D 触发器的波形图如图 5-2-5 所示。

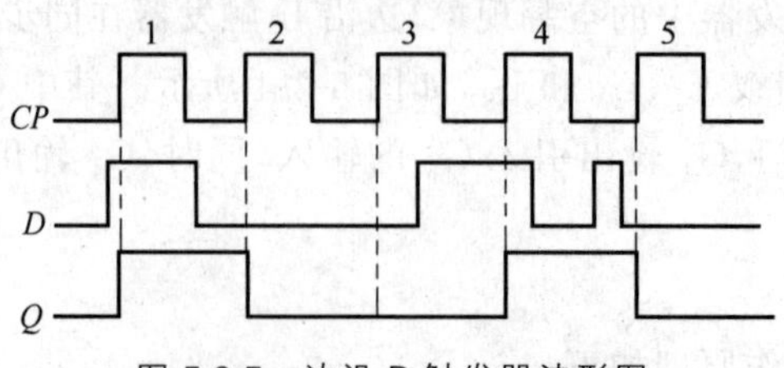

图 5-2-5 边沿 D 触发器波形图

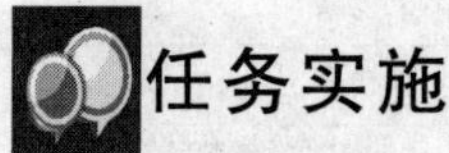

任务实施

1. 任务内容与要求

(1) 任务内容

在 TEMI 数字逻辑设计能力认证开发板实现边沿 D 触发器电路功能。

(2) 任务要求

原理图设计约束规则：只能采用基本 RS 触发器与基本逻辑门电路。

硬件电路引脚配置规则如下。

输入：D→S7-DIP1(P04)、CP→S3(P16)。

输出：Q→D2(P21)、$\overline{Q}$→D3(P24)。

2. 逻辑电路设计

边沿 D 触发器的逻辑电路如图 5-2-6 所示。

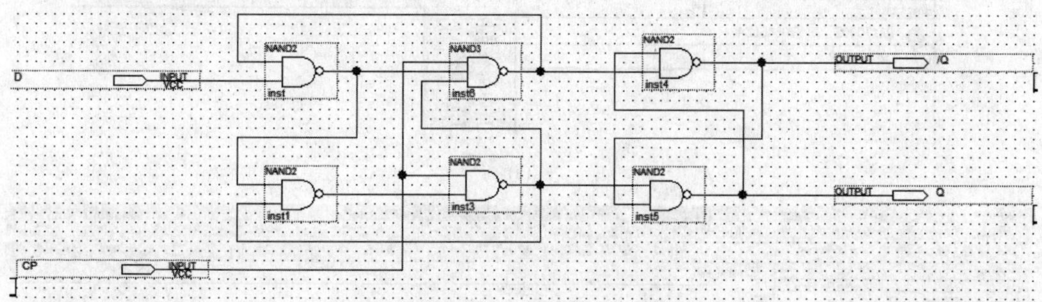

图 5-2-6 边沿 D 触发器的逻辑电路图

3. CPLD 的软硬件操作

1) 建立工程文件

首先创建一个用于存放工程文件的文件夹，如 E:\project5\byDFF。打开 Quartus Ⅱ软件创建工程，过程如下。

单击 File→New Project Wizard→打开“新建工程引导”对话框，在对话框中分别输入如图 5-2-7 所示的信息。在第一张视图中，需要输入工程文件的路径 E:\project5\byDFF 与工程名称 byDFF。在第二张视图中，需要输入所使用的 CPLD 芯片的类别(MAX7000S)与型号(EPM7064SLC44-10)。

2) 输入设计文件(绘制逻辑电路图)

创建设计文件，完成原理图绘制，步骤如下。

(1) 单击 File→New 创建设计文件，在 Design File 中选择 Block Design/Schematic File，即原理图设计模式(.bdf)，单击 OK 按钮。

(2) 原理图文件的名称与工程文件名相同，如图 5-2-8(a)所示，单击 File→Save As 保存文件。

(3) 在元件库中调入 nand2、nand3 等元件，按照图 5-2-6 绘制 byDFF 完整电路图，绘制完成后保存，如图 5-2-8(b)所示。

图 5-2-7 创建工程引导图

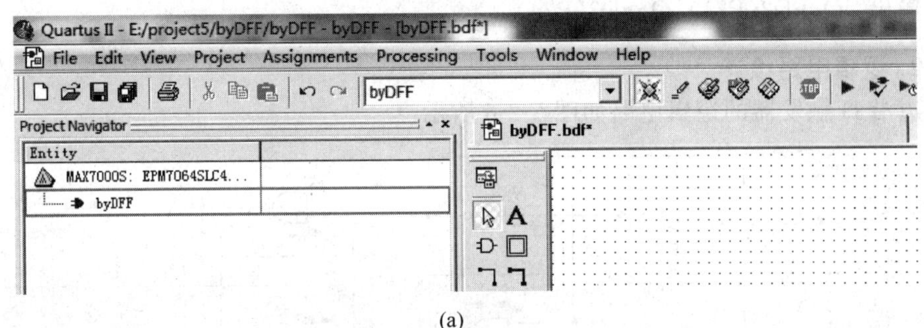

(a)

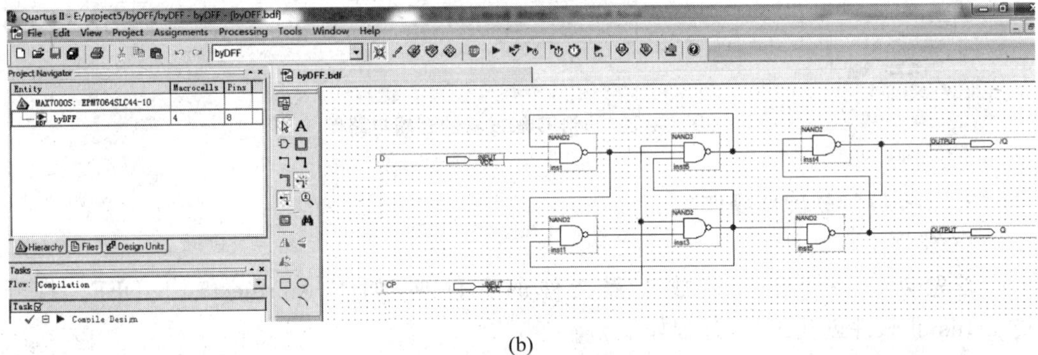

(b)

图 5-2-8 原理图编辑窗口

3）编译工程文件

完成原理图的绘制后，就要对文件进行编译。单击 Processing→Start Compilation 进行原理图编译，若编译结果出现错误，需要修正错误，并重新编译，直到编译结果无错为止。

4）波形仿真

(1) 建立仿真波形文件

单击 File→New→Vector Waveform File 创建仿真波形文件(.vwf)。

(2) 添加仿真波形的输入/输出引脚

在波形文件 Name 栏目的下方空白处双击，在弹出的窗口中单击 Node Finder，就会弹出 Node Finder 窗口，在 Filter 选项中选择 Pin：all，再单击 List 按钮，屏幕 Node Found

区域会列出工程设计中所有的输入/输出引脚，选择需要的输入/输出引脚到 Selected Nodes 区域，单击 OK 按钮，添加的输入/输出引脚将会显示在波形编辑窗口中，如图 5-2-9 所示。

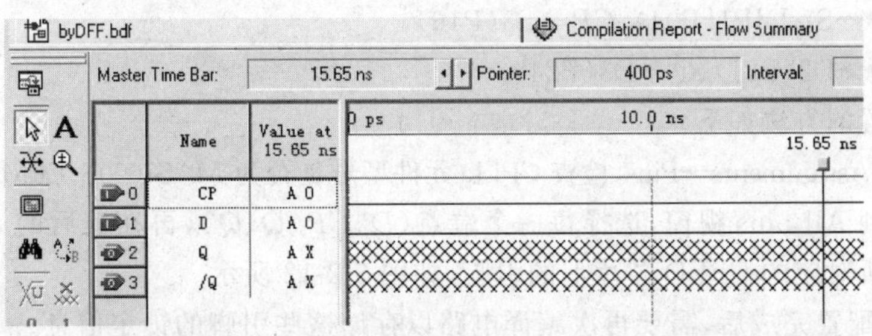

图 5-2-9　输入/输出引脚导入

(3) 设置波形仿真环境

① 选择 Edit→End Time，设定为 1μs。

② 选择 Edit→Grid Side，设定为 20ns。

③ 选择 View→Fit in Window。

(4) 编辑输入/输出信号

① 使用鼠标拖曳输入/输出信号，使其按照合理的顺序排列。

② 设置同步时钟信号 *CP* 周期为 200ns，*D* 的波形设置如图 5-2-10 所示。保存编辑的输入信号，文件保存的路径和名称为 E:\project5\byDFF. vwf。

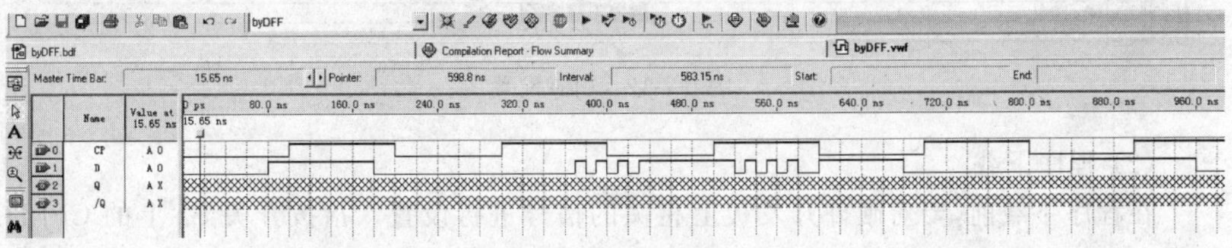
图 5-2-10　输入/输出引脚信号的设置

③ 编辑好输入信号后进行功能仿真。单击 Processing→Generate Functional Simulation Netlist 产生功能仿真网表文件，再单击 Processing→Start Simulation 进行功能仿真，仿真结果如图 5-2-11 所示，符合边沿 D 触发器的设计要求。若仿真结果不符合设计要求，则需要修改原理图，编译后再仿真，直到仿真结果符合设计要求。

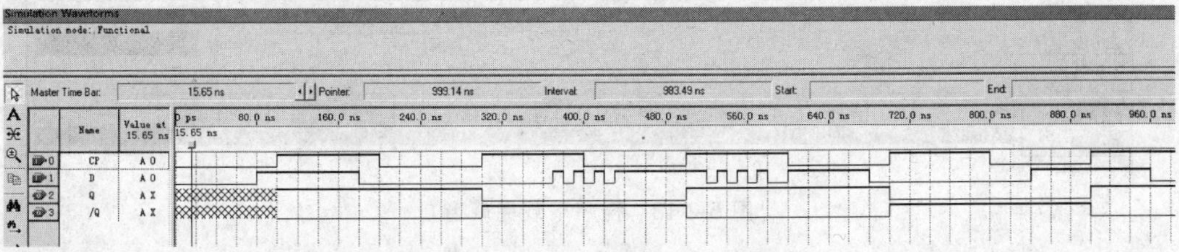

图 5-2-11　边沿 D 触发器波形仿真图

5）引脚配置与编程下载

(1) CPLD 元件的引脚配置

硬件电路的引脚配置规则如下。

输入：D→S7-DIP1(P04)、CP→S3(P16)。

输出：Q→D2(P21)、$\bar{Q}$→D3(P24)。

引脚配置的方法如下。

① 单击 Assignments→Pins，检查 CPLD 元件型号是否为 MAS7000S、EPM7064SLC44-10，再将鼠标移到 All pins 视窗，选择每一个端点(D、CP、Q、$\bar{Q}$)，再在其后的 Location 栏选择每个端点所对应的 CPLD 芯片上的引脚，如图 5-2-12 所示。

② 引脚配置完成后，需要再次编译电路以存储这些引脚的锁定信息。

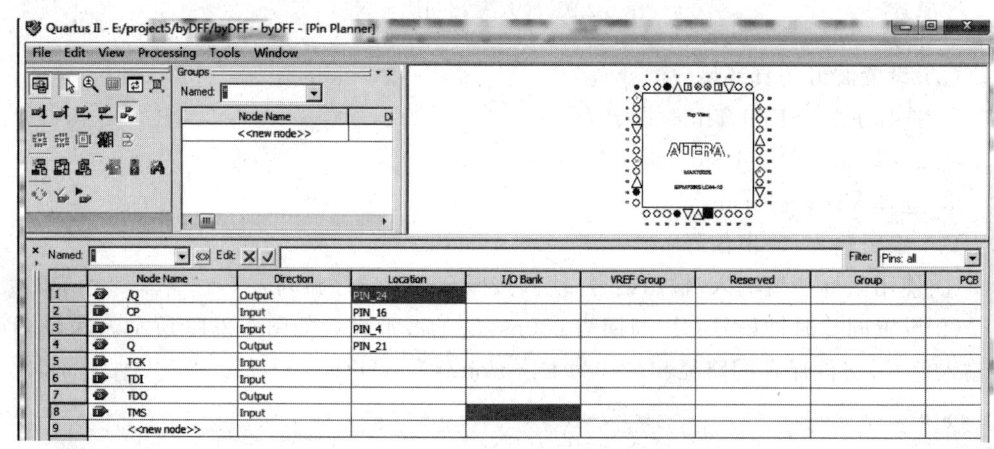

图 5-2-12　引脚配置

(2) 程序下载

在程序下载前，要对硬件开发板上相关的信号进行设置。指拨开关 S2 上的 CPLD-EN、CPLD-OE、LEDs-EN 都要处在 ON 状态，且 LED 处于可用状态，这样才能进行下载。单击 Tools→Programmer 打开编程配置下载窗口，先单击 Hardware Setup 配置下载电缆，选择 USB-Blaster，下载电缆配置完成后，在 Mode 下拉列表中选择 JTAG，选中下载文件 byDFF. pof 右侧第一个小方框(Program/Configure)，打开目标板电源，再单击 Start 按钮进行程序下载，完成下载后如图 5-2-13 所示。

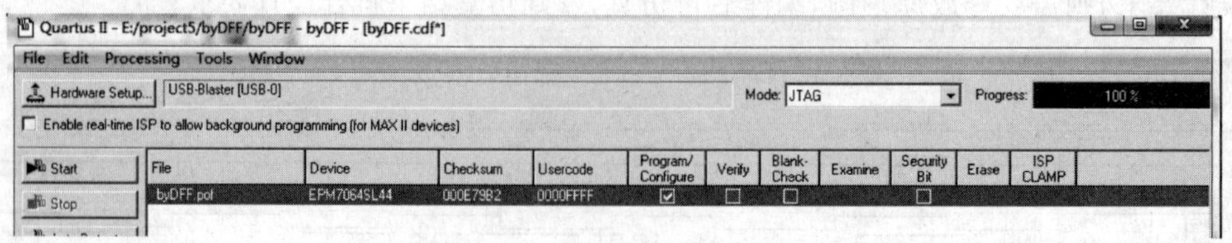

图 5-2-13　程序下载完成窗口

6）硬件测试

按表 5-2-3，在 TEMI 数字逻辑设计能力认证开发板上进行测试。

表 5-2-3 边沿 D 触发器测试表

输入：SW DIP-8、PB-SW1		输出：LED 灯(低电平驱动)	
S7-DIP1 (D)	S3 (CP)	D2 (Q)	D3 ($\overline{Q}$)
0	↑		
1	↑		
0	↓		
1	↓		

注：测试表中的输出状态用 LED 灯的亮、灭表示。上升沿测试时，在 $CP=0$ 期间设置 D 信号；下降沿测试时，在 $CP=1$ 期间设置 D 信号。

归纳硬件测试结果，判断测试结果是否符合设计要求。若不符合要求，找出问题所在，修改电路设计，重新测试，直至测试符合设计要求。

4. 撰写实操小结(字数不少于 100)

总结实操中的收获与不足，归纳实操中遇到的问题以及解决方法，总结实操中的不良现象与纠正措施。

知识延伸

1. 常用集成 D 触发器

常用集成 D 触发器见表 5-2-4。

表 5-2-4 常用集成 D 触发器

名　称	型　号
双上升沿 D 触发器	74LS74、4013
四上升沿 D 触发器	74LS175、74LS379、40175、14175
六上升沿 D 触发器	74LS174、74LS378
八上升沿 D 触发器	74LS273、74LS574

2. 集成双上升沿 D 触发器 74LS74

(1) 74LS74 的逻辑符号。74LS74 的逻辑符号如图 5-2-14 所示。

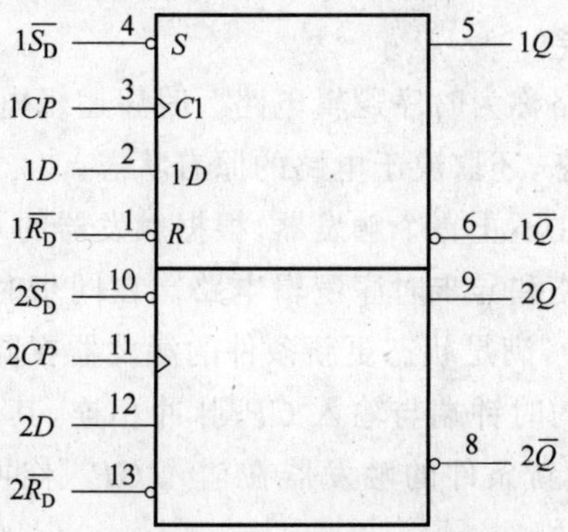

图 5-2-14 74LS74 逻辑符号

(2) 74LS74 的逻辑功能。74LS74 的逻辑功能见表 5-2-5。

表 5-2-5 74LS74 逻辑功能表

输入				输出		逻辑功能
$\overline{R_D}$	$\overline{S_D}$	D	CP	Q^{n+1}	$\overline{Q^{n+1}}$	
0	1	×	×	0	1	异步置 0
1	0	×	×	1	0	异步置 1
1	1	0	↑	0	1	置 0
1	1	1	↑	1	0	置 1
0	0	×	×	1	1	不允许

任务拓展

用 QuartusⅡ软件仿真与 CPLD 测试 74LS74 芯片的逻辑功能。

任务 5.3 数据寄存器

任务说明

在数字电路中，用来存放二进制数据的电路称为寄存器。寄存器由具有存储功能的触发器构成，存放 n 位二进制数据，就需要 n 个具有存储功能的触发器。寄存器是数字系统的重要组成部分，简单来说，寄存器是数字系统的仓库。

按照功能的不同，可将寄存器分为数据寄存器(并行存储寄存器)与移位寄存器两大类。数据寄存器用来存放一组二进制数据，只要求触发器具有存储 0、1 的功能即可；移位寄存器中的数据要求在移位脉冲的作用下实现左移或右移，往往在移位寄存器中也配置了并行输入的功能，可以实现串入串出、并入并出、串入并出、并入串出等功能。

相关知识

1. 时序逻辑电路的概念

含有触发器的逻辑电路称为时序逻辑电路。时序逻辑电路在任何时刻的输出状态不仅取决于该时刻的输入状态，还取决于电路的原有状态。

一个时序逻辑电路往往不止一个触发器，根据触发器的 CP 脉冲是否一致，时序逻辑电路分为同步时序逻辑电路和异步时序逻辑电路。在同步时序逻辑电路中，各触发器的 CP 脉冲是同一个触发脉冲，满足状态更新条件的触发器在同一时刻翻转；而异步时序逻辑电路中只有部分触发器的时钟端与输入 CP 脉冲相连，其余触发器的触发输入信号由内部电路提供，具备状态更新条件的触发器在输入 CP 脉冲的作用下，其状态更新有先有后。

典型的时序逻辑电路有寄存器、计数器等。

2. 数据寄存器

数据寄存器用来存储一组二进制数据，图 5-3-1 所示为 4 位二进制数据寄存器。无论寄存器中原来的数据是什么，只要在时钟脉冲 CP 上升沿到来之前，把需要寄存到数据寄存器的数据加到输入端 $D_0 \sim D_3$，CP 上升沿到来后，各触发器的输出就变成了相应输入端的数据，即完成了数据的寄存工作。

$$Q_3^{n+1}Q_2^{n+1}Q_1^{n+1}Q_0^{n+1}=D_3D_2D_1D_0(CP\uparrow)$$

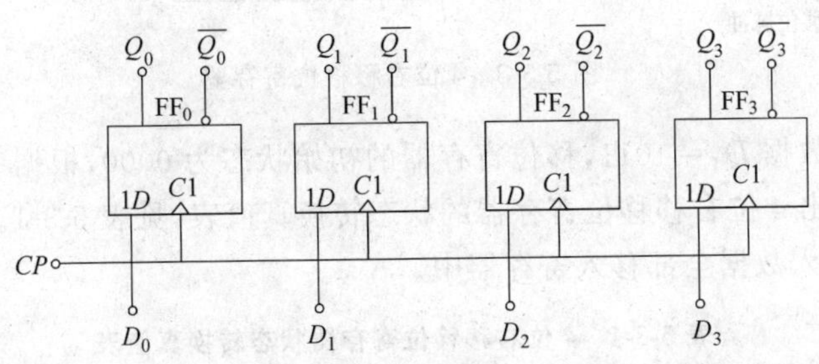

图 5-3-1 4 位数据寄存器

注意：当 D 触发器选用的是同步 D 触发器时，数据寄存器又称为数据锁存器。在 $CP=1$ 期间，输出与输入一致，称为透明状态。当 CP 由 1 变为 0 时，输出锁存下降沿前一时刻 D 的输入值。

如图 5-3-2 所示为带有异步复位功能的 4 位数据寄存器。当 $\overline{CR}=0$ 时，各触发器异步复位，输出为 0，即 $Q_3Q_2Q_1Q_0=0000$。正常工作时，$\overline{CR}$ 应设置为 1，此时，$Q_3^{n+1}Q_2^{n+1}Q_1^{n+1}Q_0^{n+1}=D_3D_2D_1D_0(CP\uparrow)$。

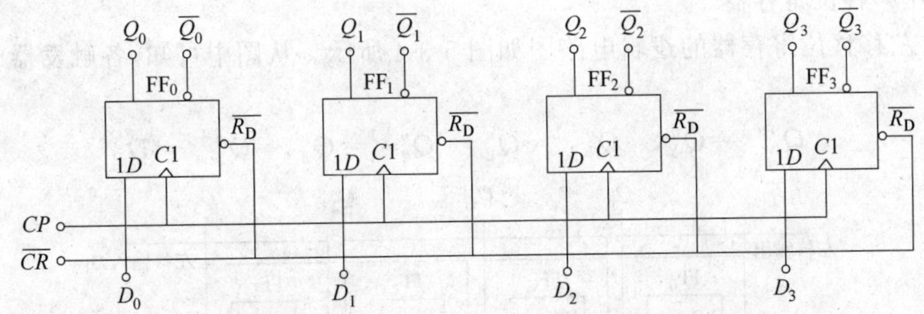

图 5-3-2 含异步复位功能的 4 位数据寄存器

3. 移位寄存器

移位寄存器由若干个触发器串联构成。所谓移位是指在移位脉冲作用下，各触发器存放的数据向左或向右移动一位。从移动方向来分，可分为右移移位寄存器、左移移位寄存器和双向移位寄存器。

1) 右移移位寄存器

由 D 触发器构成的 4 位右移移位寄存器如图 5-3-3 所示。从电路中可看出，各触发

器的状态方程为

$$Q_3^{n+1}=Q_2^n,\quad Q_2^{n+1}=Q_1^n,\quad Q_1^{n+1}=Q_0^n,\quad Q_0^{n+1}=D_I$$

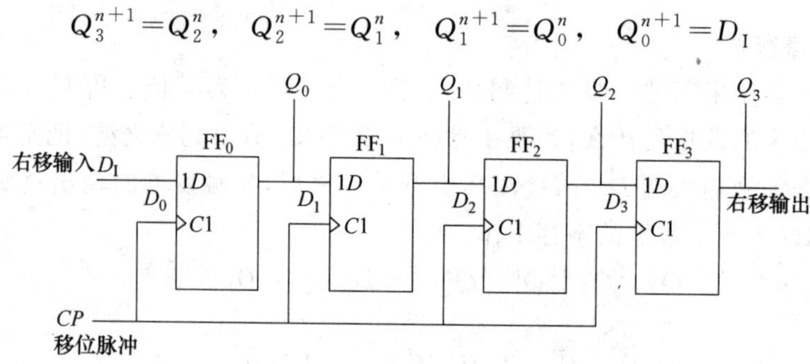

图 5-3-3　4 位右移移位寄存器

设串行输入数据 $D_I=1011$，移位寄存器的初始状态为 0000，根据 4 位右移移位寄存器的状态方程求出 4 位右移移位寄存器的状态转换真值表，见表 5-3-1。在 4 个移位脉冲的作用下，4 位输入数据全部移入寄存器中。

表 5-3-1　4 位右移移位寄存器状态转换真值表

输入	现态				次态			
D	Q_0^n	Q_1^n	Q_2^n	Q_3^n	Q_0^{n+1}	Q_1^{n+1}	Q_2^{n+1}	Q_3^{n+1}
1	0	0	0	0	1	0	0	0
0	1	0	0	0	0	1	0	0
1	0	1	0	0	1	0	1	0
1	1	0	1	0	1	1	0	1

2）左移移位寄存器

4 位左移移位寄存器的逻辑电路图如图 5-3-4 所示。从图中可知，各触发器的状态方程为

$$Q_0^{n+1}=Q_1^n,\quad Q_1^{n+1}=Q_2^n,\quad Q_2^{n+1}=Q_3^n,\quad Q_3^{n+1}=D_I$$

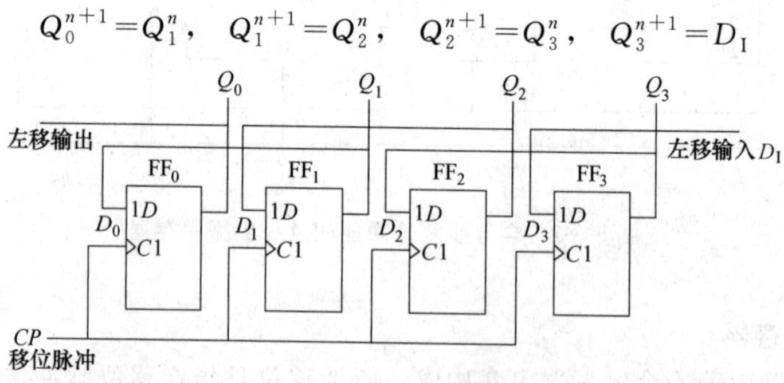

图 5-3-4　4 位左移移位寄存器

设串行输入数据 $D_I=1011$，移位寄存器的初始状态为 0000，根据 4 位左移移位寄存器的状态方程，求出 4 位左移移位寄存器的状态转换真值表，见表 5-3-2。在 4 个移位脉冲的作用下，4 位输入数据全部移入寄存器中。

表 5-3-2 4 位左移移位寄存器状态转换真值表

输入	现	态			次	态		
D	Q_0^n	Q_1^n	Q_2^n	Q_3^n	Q_0^{n+1}	Q_1^{n+1}	Q_2^{n+1}	Q_3^{n+1}
1	0	0	0	0	0	0	0	1
0	0	0	0	1	0	0	1	0
1	0	0	1	0	0	1	0	1
1	0	1	0	1	1	0	1	1

3）双向移位寄存器

图 5-3-5 所示逻辑电路为由 D 触发器构成的 4 位双向移位寄存器。根据图 5-3-5 求出各触发器的状态方程：

$$Q_0^{n+1}=\overline{M}D_{SR}+MQ_1^n,\quad Q_1^{n+1}=\overline{M}Q_0^n+MQ_2^n$$

$$Q_2^{n+1}=\overline{M}Q_1^n+MQ_3^n,\quad Q_3^{n+1}=\overline{M}Q_2^n+MD_{SL}$$

(1) 当 $M=0$ 时为右移寄存器，状态方程为

$$Q_3^{n+1}=Q_2^n,\quad Q_2^{n+1}=Q_1^n,\quad Q_1^{n+1}=Q_0^n,\quad Q_0^{n+1}=D_{SR}$$

(2) 当 $M=1$ 时为左移寄存器，状态方程为

$$Q_0^{n+1}=Q_1^n,\quad Q_1^{n+1}=Q_2^n,\quad Q_2^{n+1}=Q_3^n,\quad Q_3^{n+1}=D_{SL}$$

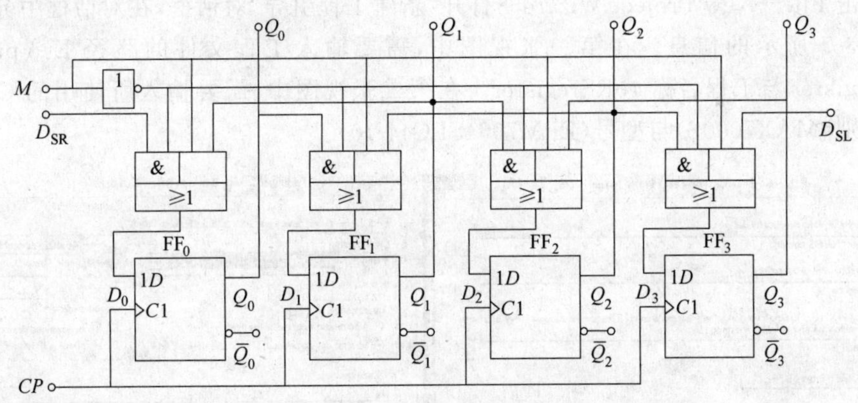

图 5-3-5 双向移位寄存器

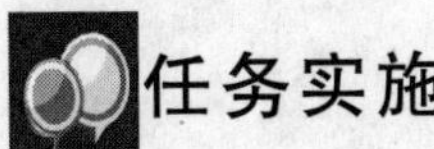

任务实施

1. 任务内容与要求

(1) 任务内容

在 TEMI 数字逻辑设计能力认证开发板实现 4 位右移移位寄存器电路功能。

(2) 任务要求

原理图设计约束规则：只能采用 D 触发器与基本逻辑门电路。

硬件电路引脚配置规则如下。

输入：D_1→S7-DIP1(P04)、CP→S3(P16)。

输出：Q_0→D2(P21)、Q_1→D3(P24)、Q_2→D4(P25)、Q_3→D5(P26)。

2. 逻辑电路设计

4 位右移移位寄存器的逻辑电路如图 5-3-6 所示。

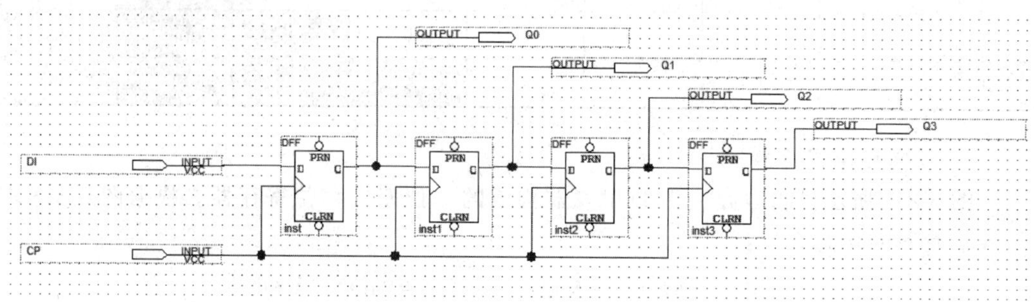

图 5-3-6　4 位右移移位寄存器的逻辑电路图

3. CPLD 的软硬件操作

1）建立工程文件

首先创建一个用于存放工程文件的文件夹，如 E:\project5\4bRSregister。打开 Quartus Ⅱ软件创建工程，过程如下。

单击 File→New Project Wizard→打开“新建工程引导”对话框，在对话框中分别输入如图 5-3-7 所示的信息。在第一张视图中，需要输入工程文件的路径 E:\project5\4bRSregister 与工程名称 4bRSregister。在第二张视图中，需要输入所使用的 CPLD 芯片的类别(MAX7000S)与型号(EPM7064SLC44-10)。

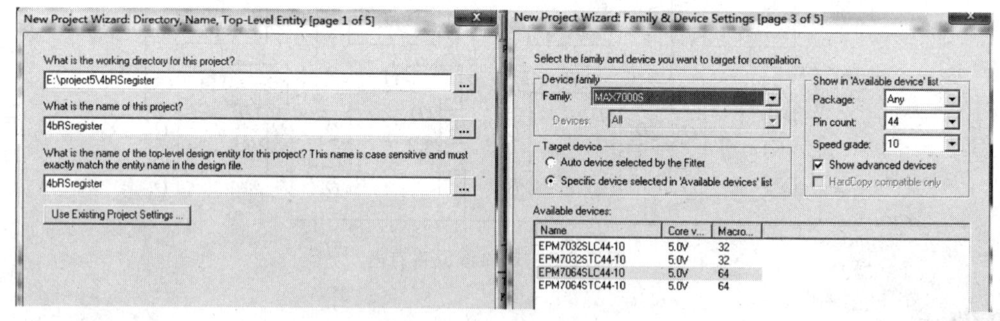

图 5-3-7　创建工程引导图

2）输入设计文件(绘制逻辑电路图)

创建设计文件，完成原理图绘制，步骤如下。

(1) 单击 File→New 创建设计文件，在 Design File 中选择 Block Design/Schematic File，即原理图设计模式(.bdf)，单击 OK 按钮。

(2) 原理图文件的名称与工程文件名相同，如图 5-3-8(a)所示，单击 File→Save As 保存文件。

(3) 在元件库中调入 DFF 等元件，按照图 5-3-6 绘制 4bRSregister 完整电路图，绘制完成后保存，如图 5-3-8(b)所示。

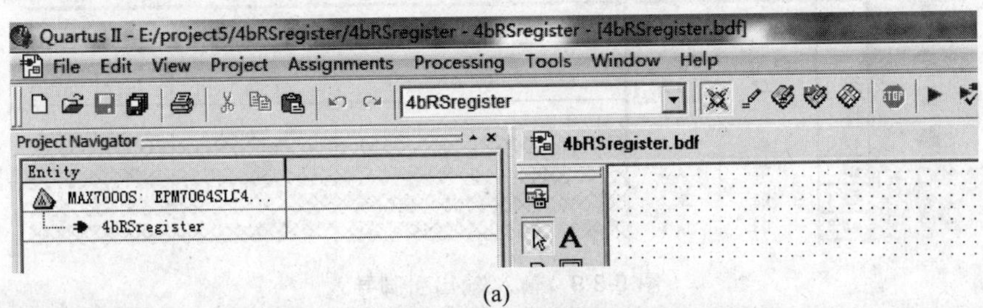

(a)

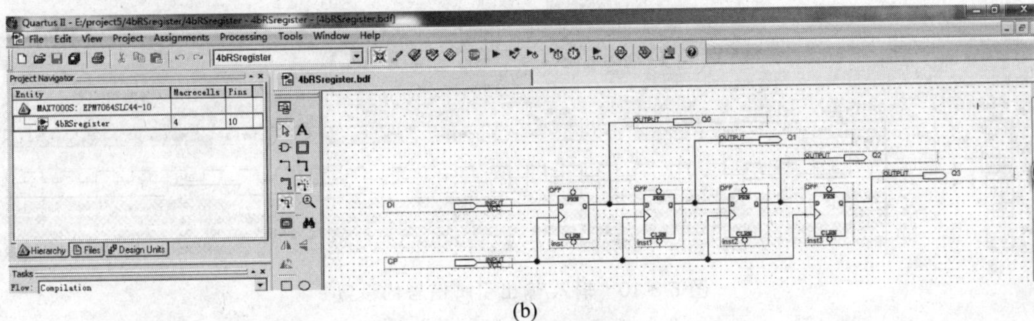

(b)

图 5-3-8 原理图编辑窗口

3) 编译工程文件

完成原理图的绘制后，就要对文件进行编译。单击 Processing→Start Compilation 进行原理图编译，若编译结果出现错误，需要修正错误，并重新编译，直到编译结果无错为止。

4) 波形仿真

(1) 建立仿真波形文件

单击 File→New→Vector Waveform File 创建仿真波形文件(.vwf)。

(2) 添加仿真波形的输入/输出引脚

在波形文件 Name 栏目的下方空白处双击，在弹出的窗口中单击 Node Finder，会弹出 Node Finder 窗口，在 Filter 选项中选择 Pin：all，再单击 List 按钮，屏幕 Node Found 区域会列出工程设计中所有的输入/输出引脚，选择需要的输入/输出引脚到 Selected Nodes 区域，单击 OK 按钮，添加的输入/输出引脚将会显示在波形编辑窗口中，如图 5-3-9 所示。

(3) 设置波形仿真环境

① 选择 Edit→End Time，设定为 1μs。

② 选择 Edit→Grid Side，设定为 20ns。

③ 选择 View→Fit in Window。

(4) 编辑输入/输出信号

① 使用鼠标拖曳输入/输出信号，使其按照合理的顺序排列。

② 设置同步时钟信号 CP 周期为 40ns，D_I 的波形设置如图 5-3-10 所示。保存编辑的输入信号，文件保存的路径和名称为 E:\project5\4bRSregister.vwf。

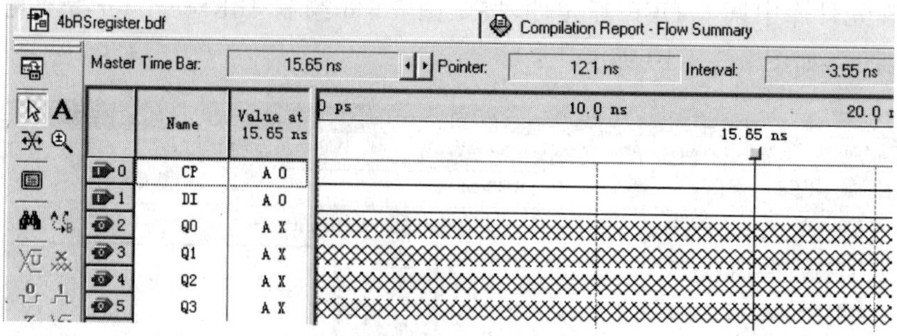

图 5-3-9 输入/输出引脚导入

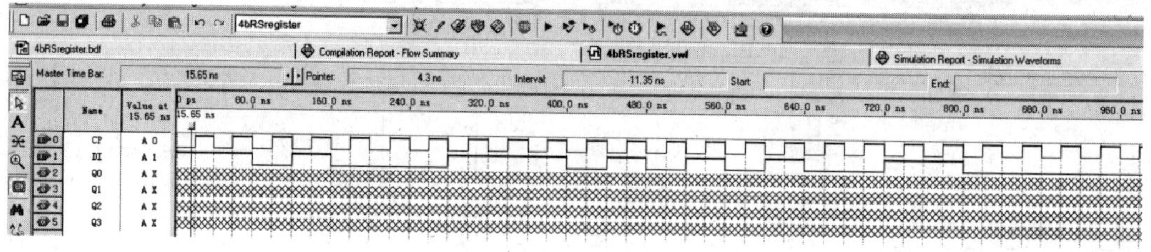

图 5-3-10 输入/输出引脚信号的设置

③ 编辑好输入信号后进行功能仿真。单击 Processing→Generate Functional Simulation Netlist 产生功能仿真网表文件,再单击 Processing→Start Simulation 进行功能仿真,仿真结果如图 5-3-11 所示,符合 4 位右移移位寄存器的设计要求。若仿真结果不符合设计要求,则需要修改原理图,编译后再仿真,直到仿真结果符合设计要求。

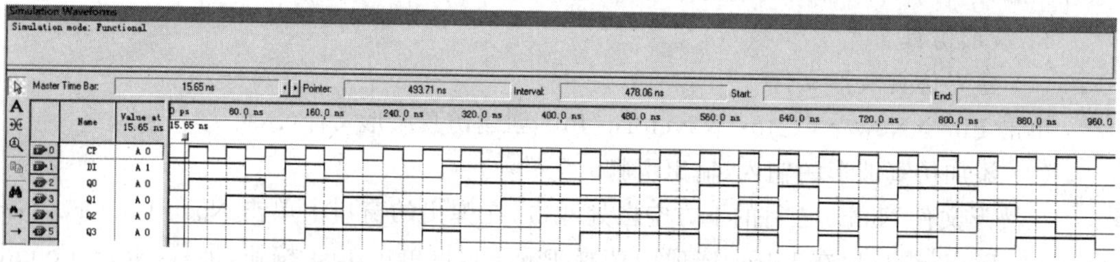

图 5-3-11 4 位右移移位寄存器波形仿真图

5) 引脚配置与编程下载

(1) CPLD 元件的引脚配置

硬件电路的引脚配置规则如下。

输入:D_I→S7-DIP1(P04)、CP→S3(P16)。

输出:Q_0→D2(P21)、Q_1→D3(P24)、Q_2→D4(P25)、Q_3→D5(P26)。

引脚配置的方法如下。

① 单击 Assignments → Pins,检查 CPLD 元件型号是否为 MAS7000S、EPM7064SLC44-10,再将鼠标移到 All pins 视窗,选择每一个端点(D_I、CP、Q_0、Q_1、Q_2、Q_3),再在其后的 Location 栏选择每个端点所对应的 CPLD 芯片上的引脚,如图 5-3-12 所示。

② 引脚配置完成后，需要再次编译电路以存储这些引脚的锁定信息。

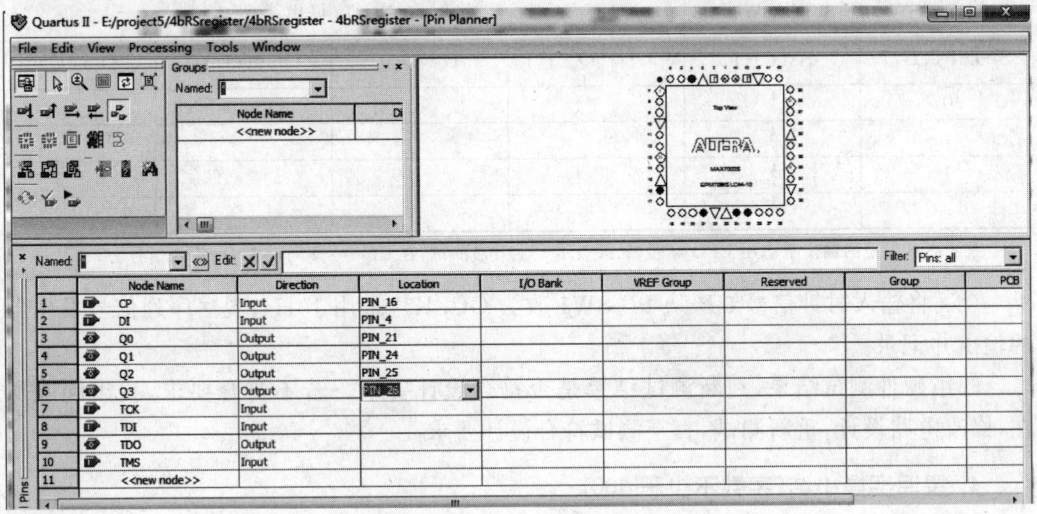

图 5-3-12 引脚配置

(2) 程序下载

在程序下载前，要对硬件开发板上相关的信号进行设置。指拨开关 S2 上的 CPLD-EN、CPLD-OE、LEDs-EN 都要处在 ON 状态，且 LED 处于可用状态，这样才能进行下载。单击 Tools→Programmer 打开编程配置下载窗口，先单击 Hardware Setup 配置下载电缆，选择 USB-Blaster，下载电缆配置完成后，在 Mode 下拉列表中选择 JTAG，选中下载文件 4bRSregister. pof 右侧第一个小方框（Program/Configure），打开目标板电源，再单击 Start 按钮进行程序下载，完成下载后如图 5-3-13 所示。

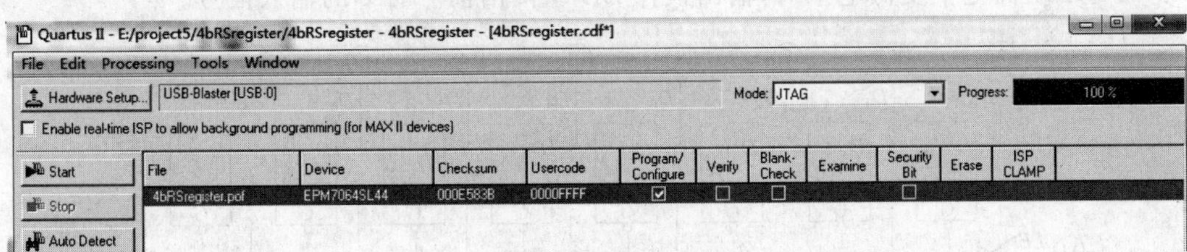

图 5-3-13 程序下载完成窗口

6）硬件测试

(1) 按表 5-3-3，在 TEMI 数字逻辑设计能力认证开发板进行测试。

表 5-3-3 4 位右移移位寄存器测试表

输入：SW DIP-8、PB-SW1		输出：LED 灯（低电平驱动）			
S7-DIP1(D_1)	S3(CP)	$D_2(Q_0)$	$D_3(Q_1)$	$D_4(Q_2)$	$D_5(Q_3)$
0	0				
1	0				
1	↑				

续表

输入：SW DIP-8、PB-SW1		输出：LED灯(低电平驱动)			
S7-DIP1(D_1)	S3(CP)	$D_2(Q_0)$	$D_3(Q_1)$	$D_4(Q_2)$	$D_5(Q_3)$
0	↑				
1	↑				
1	↑				
0	↑				

注：测试表中的输出状态用LED灯的亮、灭表示。上升沿测试，在$CP=0$期间设置D_1输入信号。

(2) 将输入时钟信号CP从PB-SW1改为GCLK1，采用10Hz，观察序列信号发生器的输出并记录。

归纳硬件测试结果，判断测试结果是否符合设计要求。若不符合要求，找出问题所在，修改电路设计，重新测试，直至测试符合设计要求。

4. 撰写实操小结(字数不少于100)

总结实操中的收获与不足，归纳实操中遇到的问题以及解决方法，总结实操中的不良现象与纠正措施。

知识延伸

1. 集成8位数据锁存器74LS373

74LS373是8位数据寄存器，具有三态输出，可用作总线。

(1) 74LS373的逻辑结构图。74LS373的逻辑结构图如图5-3-14所示。$\overline{OE}$为三态控制信号，低电平有效，LE为锁存控制端。当$LE=1$，输出等于输入，输出与输入是透明的，当LE由高电平变低电平时，输出锁存LE下降沿前一时刻的输入信号。

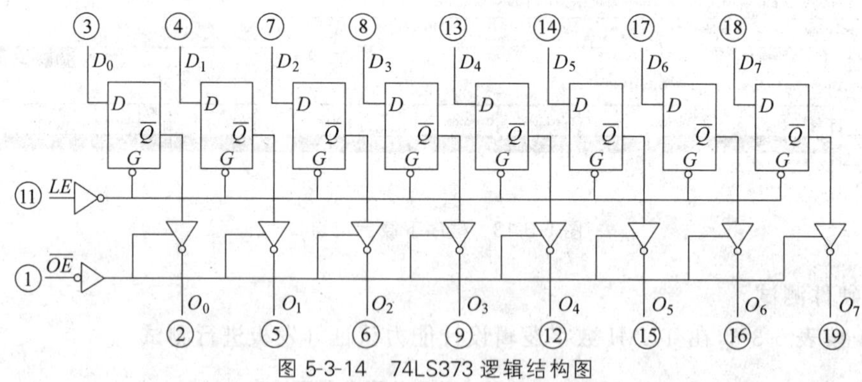

图5-3-14 74LS373逻辑结构图

(2) 74LS373的逻辑功能。74LS373的逻辑功能见表5-3-4。

2. 集成4位数据寄存器74LS175

74LS175是具有异步置0功能的4位数据寄存器。$\overline{R_D}$是异步置0控制端。

(1) 74LS175的引脚与逻辑结构图。74LS175的引脚与逻辑结构图如图5-3-15所示。$\overline{R_D}$ 为异步置 0 控制端。

表 5-3-4 74LS373 逻辑功能表

输入			输出	功能说明
$\overline{OE}$	LE	$D_7 \sim D_0$	$O_7^{n+1} \sim O_0^{n+1}$	
1	×	×	高阻	高阻输出
0	1	$D_7 \sim D_0$	$D_7 \sim D_0$	输出与输入是透明的
0	↓	$D_7 \sim D_0$	$D_7 \sim D_0$	锁存 LE 下降沿前一时刻的输入状态
0	0	×	$O_7^n \sim O_0^n$	输出维持不变

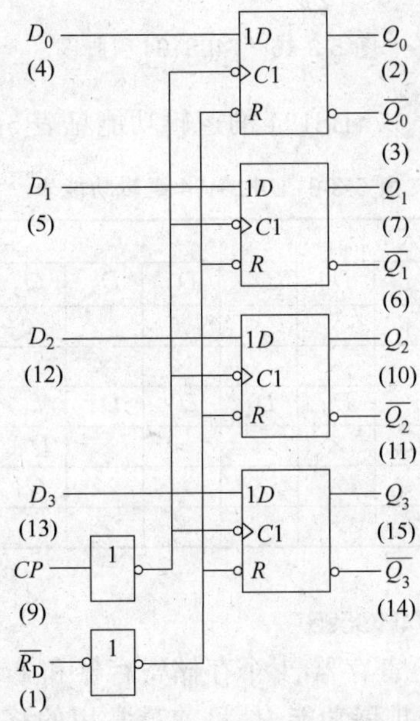

图 5-3-15 74LS175 引脚与逻辑结构图

(2) 74LS175 的逻辑功能。74LS175 的逻辑功能见表 5-3-5。

表 5-3-5 74LS175 逻辑功能表

输入			输出	功能说明
$\overline{R_D}$	CP	$D_3 \sim D_0$	$Q_3^{n+1} \sim Q_0^{n+1}$	
0	×	×	0	异步置 0
1	0	×	$Q_3^n \sim Q_0^n$	输出维持不变
1	↑	$D_3 \sim D_0$	$D_3 \sim D_0$	接收 CP 上升沿前一时刻的输入状态
1	1	×	$Q_3^n \sim Q_0^n$	输出维持不变

3. 集成双向移位寄存器 74LS194

74LS194 具有并行置数、左移、右移、保持 4 种功能。

(1) 74LS194 的引脚图。74LS194 的引脚图如图 5-3-16 所示。$\overline{CR}$ 为异步置 0 端；M_1、M_0 为工作方式选择控制端；Q_0、Q_1、Q_2、Q_3 为数据输出端；D_0、D_1、D_2、D_3 为并行数

据输入端；D_{SL} 为串行左移数据输入端；D_{SR} 为串行右移数据输入端；CP 为时钟控制端。

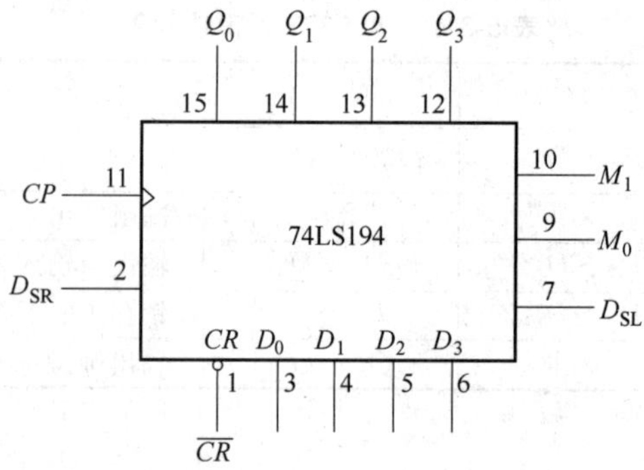

图 5-3-16 74LS194 引脚图

（2）74LS194 的逻辑功能。74LS194 的逻辑功能见表 5-3-6。

表 5-3-6 74LS194 逻辑功能表

输入										输出				逻辑功能
$\overline{CR}$	M_1	M_0	CP	D_{SL}	D_{SR}	D_0	D_1	D_2	D_3	Q_0	Q_1	Q_2	Q_3	
0	×	×	×	×	×	×	×	×	×	0	0	0	0	异步置 0
1	×	×	0	×	×	×	×	×	×	保持				
1	1	1	↑	×	×	D_0	D_1	D_2	D_3	D_0	D_1	D_2	D_3	并行置数
1	0	1	↑	×	D_{SR}	×	×	×	×	D_{SR}	Q_0	Q_1	Q_2	串行右移
1	1	0	↑	×	D_{SL}	×	×	×	×	Q_1	Q_2	Q_3	D_{SL}	串行左移
1	0	0	×	×	×	×	×	×	×	保持				

4．集成 8 位移位寄存器 74HC595

74HC595 由 1 个 8 位移位寄存器、1 个存储寄存器和 1 个 8 位三态输出门组成，具有移位、存储、三态控制以及级联扩展功能，是目前最常用的移位寄存器，用于实现并、串转换以及多位驱动。

（1）74HC595 的引脚图。74HC595 的引脚图如图 5-3-17 所示。SCK 为移位寄存器的时钟控制端；DS 为串行数据输入端，DS 数据在 SCK 的上升沿输入；Q_7' 为移位寄存器的串行输出端，用于连接下一级的 DS 实现级联，如两块 74HC595 就可以扩展为 16 位的移位寄存器；$\overline{SCLR}$ 为移位寄存器的异步清 0 端，当 $\overline{SCLR}=0$ 时，移位寄存器的状态为 0。存储寄存器也是并行 8 位的，它的输入就是 8 位移位寄存器的输出，具备三态的总线输出。RCK 为存储寄存器的时钟控制端，当 RCK 是上升沿时，存储寄存器锁存移位寄存器的状态。$\overline{OE}$ 为存储寄存器的三态输出控制端，当 $\overline{OE}=0$ 时，存储寄存器的数据输出到 $Q_1 \sim Q_7$ 引脚。

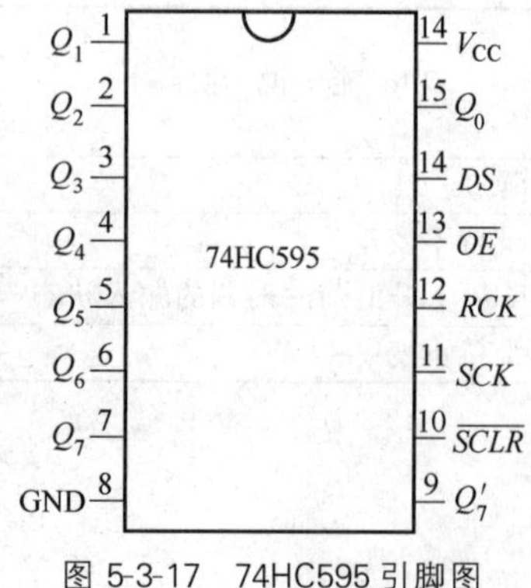

图 5-3-17 74HC595 引脚图

（2）74HC595 的逻辑功能。74HC595 的逻辑功能见表 5-3-7。

表 5-3-7 74HC595 逻辑功能表

输入					输出 ($Q_0 \sim Q_7$)
DS	SCK	$\overline{SCLR}$	RCK	$\overline{OE}$	
×	×	×	×	1	$Q_0 \sim Q_7$为高阻输出
×	×	×	×	0	存储寄存器值输出到$Q_0 \sim Q_7$引脚
×	×	0	×	×	移位寄存器清零
D	↑	H	×	×	D移入Q_0，其余右移1位
×	×	×	↑	×	存储寄存器锁存移位寄存器中的状态值

任务拓展

用 QuartusⅡ软件仿真与 CPLD 测试 74LS194 芯片的逻辑功能。

习题

项目 5 习题.pdf（扫描可下载本项目习题）

Project 6

计　数　器

用于统计输入时钟 CP 个数的电路称为计数器，它主要由触发器与组合逻辑电路组成，是时序逻辑电路中最基本的应用单元，是实现周期性输出与控制的核心部件。

按计数进制，分为二进制计数器、十进制计数器和 N 进制计数器。

按计数的增减，分为加法计数器和减法计数器。

按计数器中各触发器的翻转时刻是否同步，分为同步计数器和异步计数器。

知识点

◇ 同步计数器的设计方法；

◇ 同步二进制加法计数器电路的连接规律；

◇ 同步二进制减法计数器电路的连接规律；

◇ 集成二进制计数器实现任意进制计数器的方法；

◇ 异步计数器的概念；

◇ 异步二进制加法计数器电路的连接规律；

◇ 异步二进制减法计数器电路的连接规律；

◇ 应用异步置 0 功能，利用异步二进制计数器实现任意(N)进制计数器的方法；

◇ 模 4 环形计数器的电路结构、电路状态；

◇ 模 8 扭环形计数器的电路结构、电路状态；

◇ 模 7 扭环形计数器的电路结构、电路状态；

◇ 顺序脉冲发生器、序列信号发生器的基本概念。

技能点

◇ 同步计数器的设计；

◇ 应用集成同步二进制或十进制计数器，实现任意(N)进制计数器；

◇ 应用 Quartus Ⅱ对模 6 同步加法计数器、模 5 同步减法计数器进行 CPLD 设计与测试；

◇ 根据异步二进制计数器的电路规律，设计 N 位二进制计数器电路；

◇ 应用异步置 0 功能，设计非二进制计数器；

◇ 应用 Quartus Ⅱ对异步模6加法计数器、异步模6减法计数器进行CPLD设计与测试；

◇ 模4环形计数器、模7扭环形计数器的电路分析；

◇ 应用 Quartus Ⅱ对模4环形计数器、模7扭环形计数器进行CPLD设计与测试；

◇ 顺序脉冲发生器、序列信号发生器的设计方法。

任务6.1 同步计数器

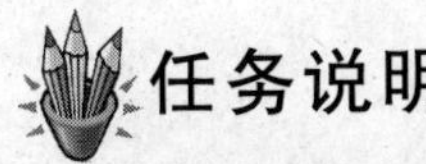

任务说明

同步计数器是最为重要的时序逻辑电路。本任务学习涉及到同步计数器电路的分析方法，通用同步计数器的设计方法、同步二进制计数器电路的连接规律，以及应用集成计数器设计任意 N 进制计数器的设计方法。

相关知识

1. 同步计数器的概念

同步计数器是指各触发器输出的改变由同一个脉冲控制，所有触发器输出状态的改变均由 CP 时钟同步，即各触发器的触发脉冲为同一个 CP 脉冲。

同步计数器按计数变化的方向可分为同步加法计数器与同步减法计数器。

2. 同步时序逻辑电路的分析

在同步时序逻辑电路中，由于所有触发器都由同一个时钟脉冲 CP 触发，它只控制触发器的翻转时刻，而对触发器的翻转状态无关，因此，在分析同步时序逻辑电路时，可以不考虑时钟条件。同步时序逻辑电路分析的步骤如下。

1）写方程式

(1) 输出方程：时序逻辑电路的输出逻辑函数表达式。它通常为现态和输入信号的函数。

(2) 驱动方程：各触发器输入端的逻辑函数表达式。

(3) 状态转换方程：将驱动方程代入触发器的特性方程中，就得到该触发器的状态转换方程。它是触发器的次态与现态、输入之间的函数表达式。

2）列状态转换真值表

将电路现态与输入的各种取值组合代入状态转换方程和输出方程中进行计算，求出相应的次态和输出，进而列出状态转换真值表。

3）画出状态转换图

根据状态转换真值表画出状态转换图，便于分析同步时序逻辑电路的功能。

4）判断电路的逻辑功能

根据状态转换真值表、状态转换图判断同步时序逻辑电路的功能。

3. 同步时序逻辑电路的分析举例

【例 6-1-1】 分析图 6-1-1 所示电路的逻辑功能。

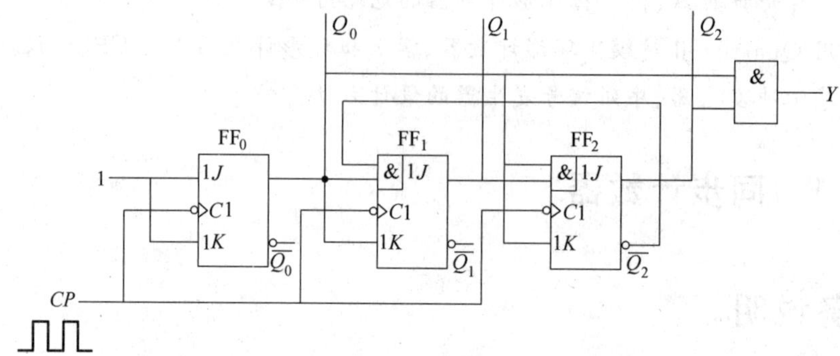

图 6-1-1 例 6-1-1 电路图

解:(1) 写方程式。

① 输出方程:

$$Y=Q_2^nQ_0^n$$

② 驱动方程:

$$J_0=1,\quad J_1=\overline{Q_2^n}Q_0^n,\quad J_2=Q_1^nQ_0^n$$
$$K_0=1,\quad K_1=Q_0^n,\quad K_2=Q_0^n$$

③ 状态转换方程:

$$Q_0^{n+1}=J_0\overline{Q_0^n}+\overline{K_0}Q_0^n=1\overline{Q_0^n}+\overline{1}Q_0^n=\overline{Q_0^n}$$
$$Q_1^{n+1}=J_1\overline{Q_1^n}+\overline{K_1}Q_1^n=\overline{Q_2^n}Q_0^n\overline{Q_1^n}+\overline{Q_0^n}Q_1^n=\overline{Q_2^n}\ \overline{Q_1^n}Q_0^n+Q_1^n\overline{Q_0^n}$$
$$Q_2^{n+1}=J_2\overline{Q_2^n}+\overline{K_2}Q_2^n=Q_1^nQ_0^n\overline{Q_2^n}+\overline{Q_0^n}Q_2^n=\overline{Q_2^n}Q_1^nQ_0^n+Q_2^n\overline{Q_0^n}$$

(2) 列状态转换真值表。

根据表 6-1-1 所示的现态值代入输出方程和状态转换方程中,求出各触发器的次态输出值,填入表 6-1-1 中。

表 6-1-1 例 6-1-1 的状态转换表

现态			次态			输出
Q_2^n	Q_1^n	Q_0^n	Q_2^{n+1}	Q_1^{n+1}	Q_0^{n+1}	Y
0	0	0	0	0	1	0
0	0	1	0	1	0	0
0	1	0	0	1	1	0
0	1	1	1	0	0	0
1	0	0	1	0	1	0
1	0	1	0	0	0	1
1	1	0	1	1	1	0
1	1	1	0	0	0	1

(3) 画出状态转换图。状态转换图如图 6-1-2 所示。

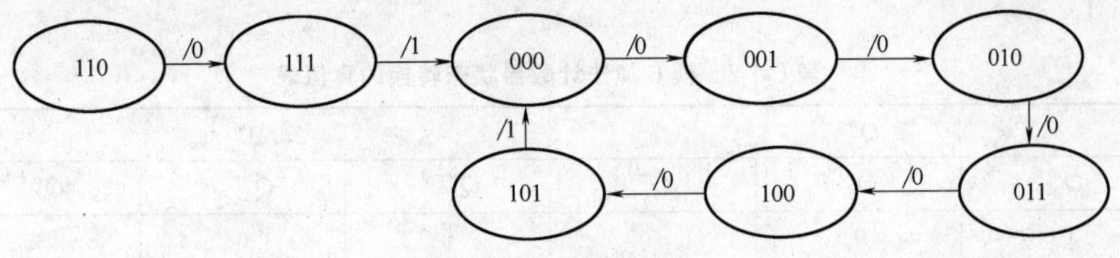

图 6-1-2 状态转换图

(4) 判断电路的逻辑功能。从表 6-1-1 和图 6-1-2 可看出,图 6-1-1 所示电路是一个同步模 6 计数器,或者说是六进制计数器。其中,Y 是六进制计数器的进位输出。此外,从图 6-1-2 可以看出,该计数器的无效状态 110 和 111 能自动进入有效循环中,说明该计数器是可以自启动的。

4. 同步计数器的设计方法

同步计数器的设计步骤可归纳如下。

(1) 根据同步计数器的状态数(称为模数)确定触发器的个数。

(2) 选择触发器的类型。

(3) 画出同步计数器的状态转换图或列出状态转换关系真值表。

(4) 根据同步计数器的状态转换真值表,画出各触发器的次态与初态关系的卡诺图[将所有无效状态按任意项(无关项)处理],求出各触发器的状态转换方程。

(5) 将同步计数器的无效状态项一一代入各触发器的状态转换方程中,检验各无效状态能否进入有效循环中,若能,说明该计数器能自启动,就按当前的状态转换方程求解各触发器输入端的驱动方程;若不能,将不能进入有效循环的无效状态强制进入有效状态,重新列出状态转换真值表,并重新求解各触发器的状态转换方程。

(6) 根据各触发器的状态转换方程与各自的特征方程进行对比,求出各触发器输入端的驱动方程(函数)。

(7) 根据各触发器输入信号的驱动方程,画出该计数器的电路图。

5. 模 6 同步加法计数器的设计

(1) 确定触发器的个数:因计数器的状态数为 6,大于 2^2、小于 2^3,因此,应选择 3 个触发器。

(2) 选择触发器的类型:选择 JK 触发器。

(3) 根据模 6 加法计数器的计数规则,画出模 6 加法计数器的状态转换图,如图 6-1-3 所示。

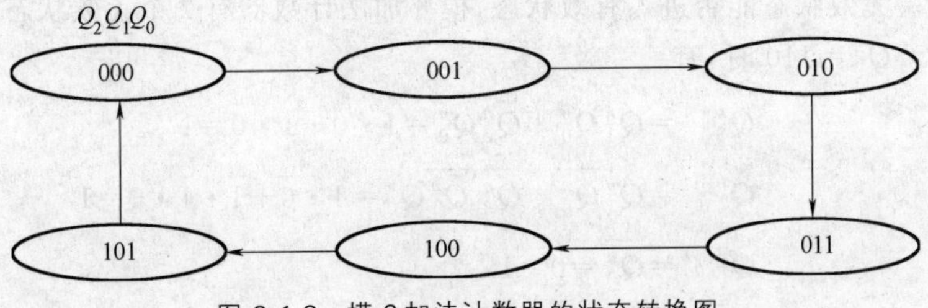

图 6-1-3 模 6 加法计数器的状态转换图

(4) 根据模 6 加法计数器的状态转换,列出模 6 加法计数器状态转换真值表,见表 6-1-2。

表 6-1-2 模 6 加法计数器状态转换的真值表

Q^n			Q^{n+1}		
Q_2^n	Q_1^n	Q_0^n	Q_2^{n+1}	Q_1^{n+1}	Q_0^{n+1}
0	0	0	0	0	1
0	0	1	0	1	0
0	1	0	0	1	1
0	1	1	1	0	0
1	0	0	1	0	1
1	0	1	0	0	0

注:为简化同步计数器的电路结构,对于无效项,在表中可不列出。在卡诺图中直接把无效项做任意项处理即可。

(5) 画卡诺图,求解各触发器的状态转换方程。Q_2^{n+1}、Q_1^{n+1}、Q_0^{n+1} 的卡诺图与化简如图 6-1-4~图 6-1-6 所示。

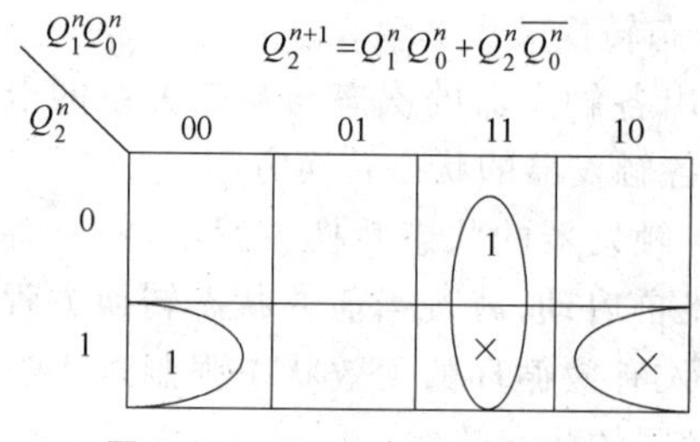

图 6-1-4 Q_2 的卡诺图与化简

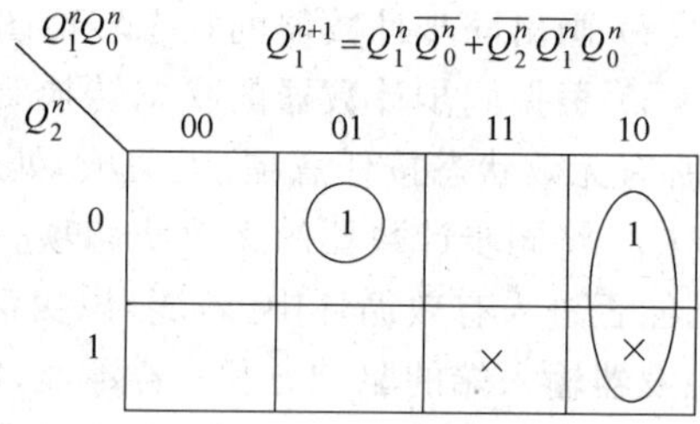

图 6-1-5 Q_1 的卡诺图与化简

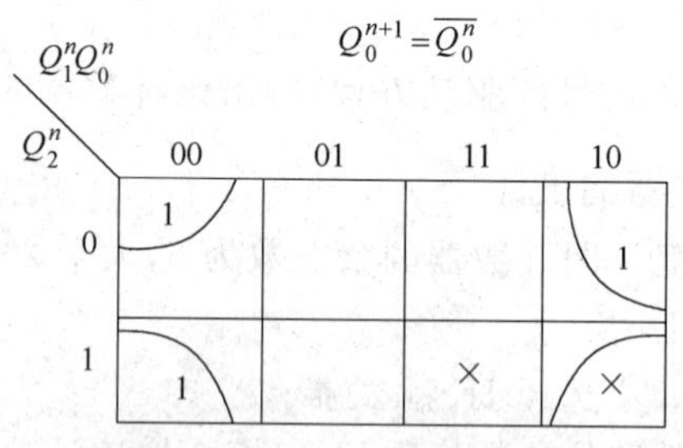

图 6-1-6 Q_0 的卡诺图与化简

(6) 检验无效状态能否进入有效状态,模 6 加法计数器有 2 个无效状态:110 和 111。当 $Q_2^nQ_1^nQ_0^n=110$ 时,有

$$Q_2^{n+1}=Q_1^nQ_0^n+Q_2^n\overline{Q_0^n}=1\cdot 0+1\cdot \overline{0}=1$$

$$Q_1^{n+1}=Q_1^n\overline{Q_0^n}+\overline{Q_2^n}\,\overline{Q_1^n}Q_0^n=1\cdot\overline{0}+\overline{1}\cdot\overline{1}\cdot 0=1$$

$$Q_0^{n+1}=\overline{Q_0^n}=\overline{0}=1$$

当 $Q_2^nQ_1^nQ_0^n=111$ 时,有

$$Q_2^{n+1}=Q_1^nQ_0^n+Q_2^n\overline{Q_0^n}=1\cdot1+1\cdot\overline{1}=1$$

$$Q_1^{n+1}=Q_1^n\overline{Q_0^n}+\overline{Q_2^n}\,\overline{Q_1^n}Q_0^n=1\cdot\overline{1}+\overline{1}\cdot\overline{1}\cdot1=0$$

$$Q_0^{n+1}=\overline{Q_0^n}=\overline{1}=0$$

从上述内容可知,当 $Q_2Q_1Q_0=110$ 时,它的次态是 111,而当 $Q_2Q_1Q_0=111$ 时,它的次态是 100,说明按此状态转换方程设计的计数器能自启动。下面按此状态转换方程继续求解各触发器输入信号的驱动方程。

(7) 求解各触发器输入信号的驱动方程。将各触发器的状态转换方程与其特征方程进行对比,求解各触发器输入信号的驱动方程。

① 求解 J_2、K_2。

因为

$$\begin{aligned}Q_2^{n+1}&=Q_1^nQ_0^n+Q_2^n\overline{Q_0^n}=Q_1^nQ_0^n(Q_2^n+\overline{Q_2^n})+\overline{Q_0^n}Q_2^n\\&=Q_1^nQ_0^nQ_2^n+Q_1^nQ_0^n\overline{Q_2^n}+\overline{Q_0^n}Q_2^n=Q_1^nQ_0^n\overline{Q_2^n}+(Q_1^nQ_0^n+\overline{Q_0^n})Q_2^n\\&=J_2\overline{Q_2^n}+\overline{K_2}Q_2^n\end{aligned}$$

所以

$$J_2=Q_1^nQ_0^n=Q_1Q_0$$

$$K_2=\overline{(Q_1^nQ_0^n+\overline{Q_0^n})}=\overline{Q_1^nQ_0^n}\cdot Q_0^n=(\overline{Q_1^n}+\overline{Q_0^n})\cdot Q_0^n=\overline{Q_1^n}\cdot Q_0^n=\overline{Q_1}Q_0$$

② 求解 J_1、K_1。

因为

$$\begin{aligned}Q_1^{n+1}&=Q_1^n\overline{Q_0^n}+\overline{Q_2^n}\,\overline{Q_1^n}Q_0^n=\overline{Q_2^n}Q_0^n\overline{Q_1^n}+\overline{Q_0^n}Q_1^n\\&=J_1\overline{Q_1^n}+\overline{K_1}Q_1^n\end{aligned}$$

所以

$$J_1=\overline{Q_2^n}Q_0^n=\overline{Q_2}Q_0,\quad K_1=\overline{\overline{Q_0^n}}=Q_0^n=Q_0$$

③ 求解 J_0、K_0。

因为

$$Q_0^{n+1}=\overline{Q_0^n}=J_0\overline{Q_0^n}+\overline{K_0}Q_0^n$$

所以

$$J_0=1,\quad K_0=1$$

(8) 根据各触发器的驱动方程画出模 6 加法计数器的电路图,如图 6-1-7 所示。

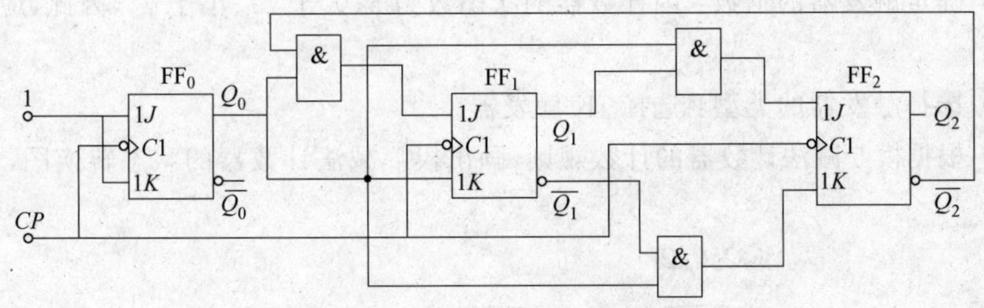

图 6-1-7 模 6 加法计数器电路图

注意:当用 JK 触发器设计计数器时,在触发器的状态转换方程化简时,并非化简越简单,电路结构就越简单。如 Q_2^{n+1} 的化简中,如只考虑 m_4、m_6 画圈化简,其状态转换方程为

$$Q_2^{n+1}=Q_1^nQ_0^n\overline{Q_2^n}+\overline{Q_0^n}Q_2^n=J_2\overline{Q_2^n}+\overline{K_2}Q_2^n$$

从以上内容可看出,这时的 J_2 没变,但 $K_2=Q_0^n=Q_0$,比上面电路更简单了。因此,当采用 JK 触发器设计时,每一个化简项都保留本变量项。

6. 同步二进制加法计数器

同步二进制计数器是指计数器的模是 2^N,N 是触发器的个数。由于同步二进制计数器没有无效状态,所以它的电路结构很有规律,同步二进制加法计数器的驱动方程和进位位的输出方程如下:

$$\begin{cases} J_0=K_0=1 \\ J_1=K_1=Q_0^n=Q_0 \\ J_2=K_2=Q_1^nQ_0^n=Q_1Q_0 \\ \quad\vdots \\ J_{N-1}=K_{N-1}=Q_{N-2}^nQ_{N-3}^n\cdots Q_1^nQ_0^n=Q_{N-2}Q_{N-3}\cdots Q_1Q_0 \\ C=Q_{N-1}^nQ_{N-2}^nQ_{N-3}^n\cdots Q_1^nQ_0^n=Q_{N-1}Q_{N-2}Q_{N-3}\cdots Q_1Q_0 \end{cases}$$

3 位二进制同步加法计数器的电路图如图 6-1-8 所示。

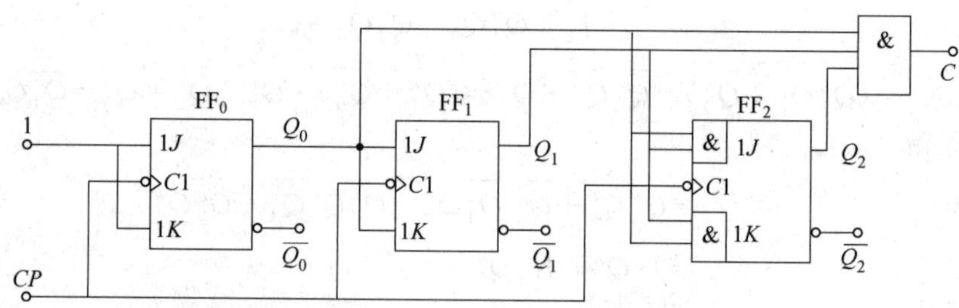

图 6-1-8 3 位二进制同步加法计数器电路图

7. 同步模 5 减法计数器的设计

同步减法计数器的设计与同步加法计数器的设计方法一致,更广泛地讲,同步周期性变化的状态机的设计都是一样的。

(1) 确定触发器的个数:因计数器的状态数为 5,大于 2^2、小于 2^3,因此,应选择 3 个触发器。

(2) 选择触发器的类型:选择 JK 触发器。

(3) 根据模 5 减法计数器的计数规则,画出模 5 减法计数器的状态转换图,如图 6-1-9 所示。

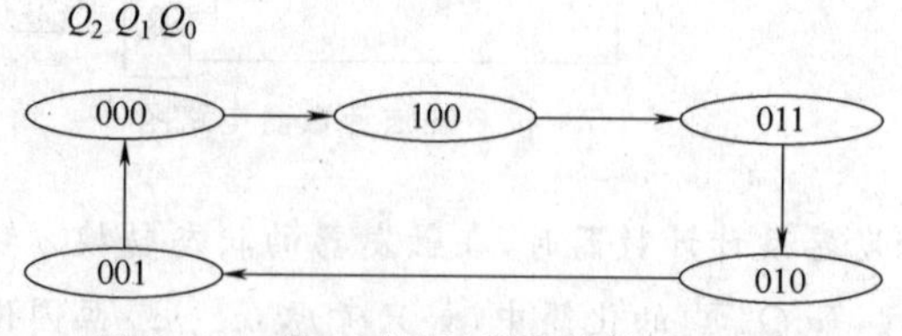

图 6-1-9 模 5 减法计数器的状态转换图

(4) 根据模 5 减法计数器的状态转换，列出模 5 减法计数器状态转换真值表，见表 6-1-3。

表 6-1-3 模 5 减法计数器状态转换真值表

Q^n			Q^{n+1}		
Q_2^n	Q_1^n	Q_0^n	Q_2^{n+1}	Q_1^{n+1}	Q_0^{n+1}
0	0	0	1	0	0
1	0	0	0	1	1
0	1	1	0	1	0
0	1	0	0	0	1
0	0	1	0	0	0

注：为简化同步计数器的电路结构，对于无效项，在表中可不列出。在卡诺图中直接把无效项做任意项处理即可。

(5) 画卡诺图，求解各触发器的状态转换方程。

Q_2^{n+1}、Q_1^{n+1}、Q_0^{n+1} 的卡诺图与化简如图 6-1-10～图 6-1-12 所示。

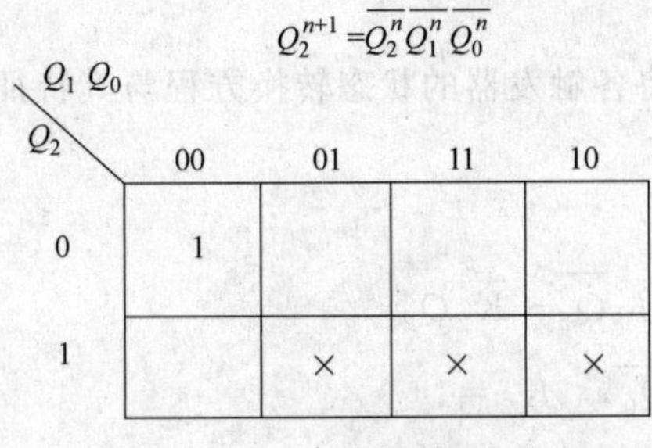

图 6-1-10 Q_2^{n+1} 的卡诺图与化简

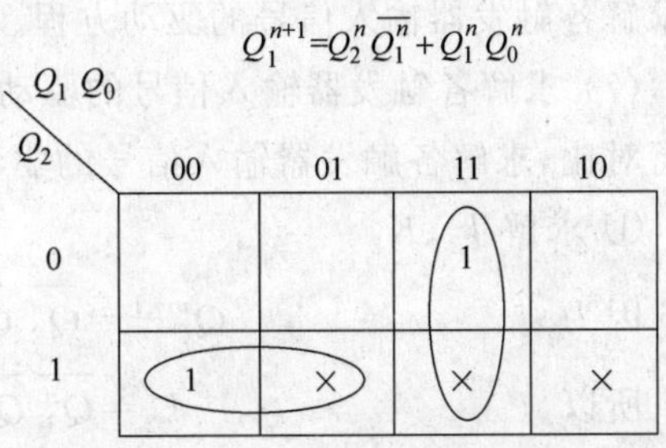

图 6-1-11 Q_1^{n+1} 的卡诺图与化简

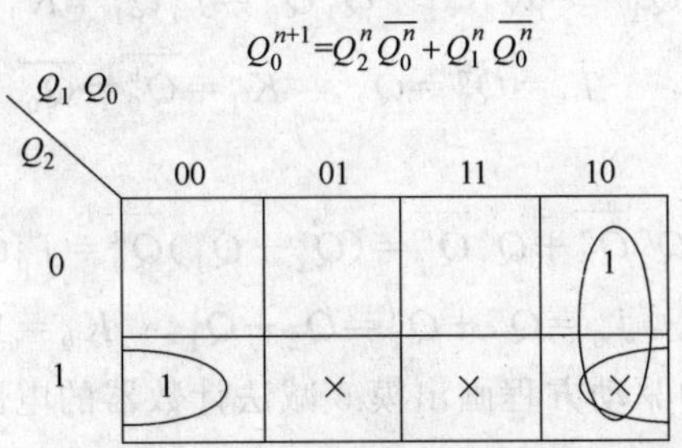

图 6-1-12 Q_0^{n+1} 的卡诺图与化简

(6) 检验无效状态能否进入有效状态，模 5 减法计数器有 3 个无效状态：101、110 和 111。

当 $Q_2Q_1Q_0=101$ 时，有

$$Q_2^{n+1}=\overline{Q_2^n}\,\overline{Q_1^n}\,\overline{Q_0^n}=\bar{1}\cdot\bar{0}\cdot\bar{1}=0$$

$$Q_1^{n+1}=Q_2^n\overline{Q_1^n}+Q_1^nQ_0^n=1\cdot\bar{0}+0\cdot 1=1$$

$$Q_0^{n+1}=Q_2^n\overline{Q_0^n}+Q_1^n\overline{Q_0^n}=1\cdot\bar{1}+0\cdot\bar{1}=0$$

当 $Q_2Q_1Q_0=110$ 时,有

$$Q_2^{n+1}=\overline{Q_2^n}\,\overline{Q_1^n}\,\overline{Q_0^n}=\bar{1}\cdot\bar{1}\cdot\bar{0}=0$$

$$Q_1^{n+1}=Q_2^n\overline{Q_1^n}+Q_1^nQ_0^n=1\cdot\bar{1}+1\cdot 0=0$$

$$Q_0^{n+1}=Q_2^n\overline{Q_0^n}+Q_1^n\overline{Q_0^n}=1\cdot\bar{0}+1\cdot\bar{0}=1$$

当 $Q_2Q_1Q_0=111$ 时,有

$$Q_2^{n+1}=\overline{Q_2^n}\,\overline{Q_1^n}\,\overline{Q_0^n}=\bar{1}\cdot\bar{1}\cdot\bar{1}=0$$

$$Q_1^{n+1}=Q_2^n\overline{Q_1^n}+Q_1^nQ_0^n=1\cdot\bar{1}+1\cdot 1=1$$

$$Q_0^{n+1}=Q_2^n\overline{Q_0^n}+Q_1^n\overline{Q_0^n}=1\cdot\bar{1}+1\cdot\bar{1}=0$$

从上述内容可知,当 $Q_2Q_1Q_0=101$ 时,它的次态是 010;当 $Q_2Q_1Q_0=110$ 时,它的次态是 001;当 $Q_2Q_1Q_0=111$ 时,它的次态是 010,无效状态的次态都在模 5 计数器的有效循环中,说明按此状态转换方程设计的计数器能自启动。下面就按此状态转换方程继续求解各触发器输入信号的驱动方程。

(7) 求解各触发器输入信号的驱动方程。将各触发器的状态转换方程与其特征方程进行对比,求解各触发器输入信号的驱动方程。

① 求解 J_2、K_2。

因为 $$Q_2^{n+1}=\overline{Q_2^n}\,\overline{Q_1^n}\,\overline{Q_0^n}=J_2\overline{Q_2^n}+\overline{K_2}Q_2^n$$

所以 $$J_2=\overline{Q_1^n}\,\overline{Q_0^n}=\overline{Q_1}\,\overline{Q_0},\quad K_2=1$$

② 求解 J_1、K_1。

因为 $$Q_1^{n+1}=Q_2^n\overline{Q_1^n}+Q_1^nQ_0^n=J_1\overline{Q_1^n}+\overline{K_1}Q_1^n$$

所以 $$J_1=Q_2^n=Q_2,\quad K_1=\overline{Q_0^n}=\overline{Q_0}$$

③ 求解 J_0、K_0。

因为 $$Q_0^{n+1}=Q_2^n\overline{Q_0^n}+Q_1^n\overline{Q_0^n}=(Q_2^n+Q_1^n)\overline{Q_0^n}=J_0\overline{Q_0^n}+\overline{K_0}Q_0^n$$

所以 $$J_0=Q_2^n+Q_1^n=Q_2+Q_1,\quad K_0=1$$

(8) 根据各触发器的驱动方程画出模 5 减法计数器的电路图,如图 6-1-13 所示。

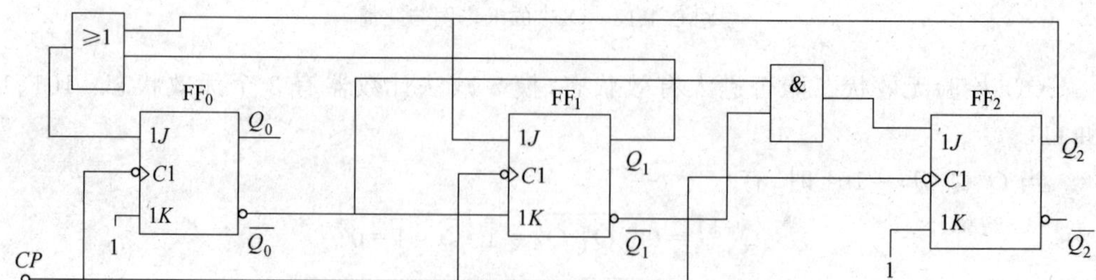

图 6-1-13 模 5 减法计数器电路图

8. 二进制同步减法计数器

二进制同步减法计数器同二进制同步加法计数器一样,它的电路结构也是很有规律的,二进制同步减法计数器的驱动方程和借位位的输出方程如下。

$$\begin{cases} J_0=K_0=1 \\ J_1=K_1=\overline{Q_0^n}=\overline{Q_0} \\ J_2=K_2=\overline{Q_1^n}\,\overline{Q_0^n}=\overline{Q_1}\,\overline{Q_0} \\ \quad\vdots \\ J_{N-1}=K_{N-1}=\overline{Q_{N-2}^n}\,\overline{Q_{N-3}^n}\cdots\overline{Q_1^n}\,\overline{Q_0^n}=\overline{Q_{N-2}}\,\overline{Q_{N-3}}\cdots\overline{Q_1}\,\overline{Q_0} \\ B=\overline{Q_{N-1}^n}\,\overline{Q_{N-2}^n}\,\overline{Q_{N-3}^n}\cdots\overline{Q_1^n}\,\overline{Q_0^n}=\overline{Q_{N-1}}\,\overline{Q_{N-2}}\,\overline{Q_{N-3}}\cdots\overline{Q_1}\,\overline{Q_0} \end{cases}$$

3 位二进制同步减法计数器的电路图如图 6-1-14 所示。

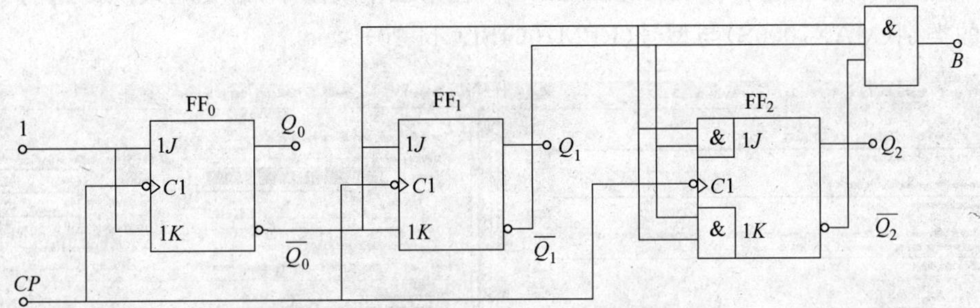

图 6-1-14 3 位二进制减法计数器电路图

任务实施

1. 任务内容与要求

(1) 任务内容

在 TEMI 数字逻辑设计能力认证开发板实现模 6 同步加法计数器电路功能。

(2) 任务要求

原理图设计约束规则:可采用 D 或 JK 触发器与基本逻辑门电路。

硬件电路引脚配置规则如下。

输入:CP→S4(P17)。

输出:Q_0→D2(P21)、Q_1→D3(P24)、Q_2→D4(P25)。

2. 逻辑电路设计

模 6 同步加法计数器的逻辑电路如图 6-1-15 所示。

3. CPLD 的软硬件操作

1) 建立工程文件

首先创建一个用于存放工程文件的文件夹,如 E:\project5\M6CADDCOUNTER。打开 Quartus Ⅱ 软件创建工程,过程如下。

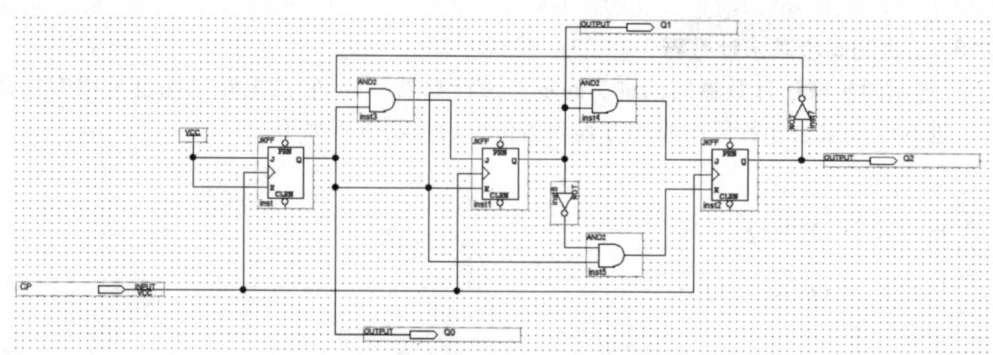

图 6-1-15 模 6 同步加法计数器的逻辑电路图

单击 File→New Project Wizard→打开“新建工程引导”对话框,在对话框中分别输入如图 6-1-16 所示的信息。在第一张视图中,需要输入工程文件的路径 E:\project6\m6caddcounter 与工程名称 m6caddcounter。在第二张视图中,需要输入所使用的 CPLD 芯片的类别(MAX7000S)与型号(EPM7064SLC44-10)。

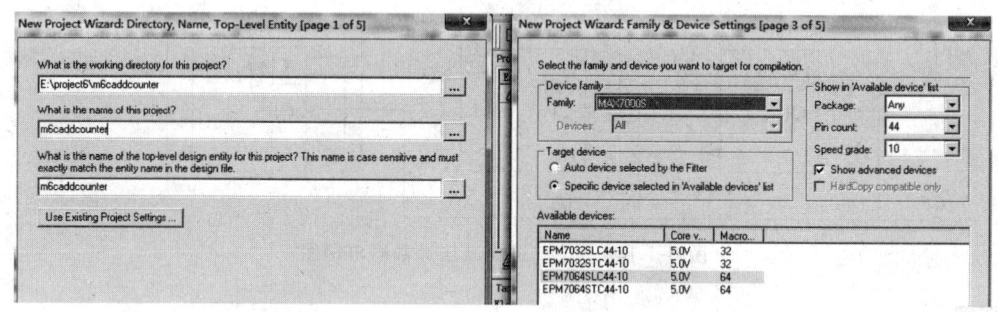

图 6-1-16 创建工程引导图

2) 输入设计文件(绘制逻辑电路图)

创建设计文件,完成原理图绘制,步骤如下。

(1) 单击 File→New 创建设计文件,在 Design File 中选择 Block Design/Schematic File,即原理图设计模式(.bdf),单击 OK 按钮。

(2) 原理图文件的名称与工程文件名相同,如图 6-1-17(a)所示,单击 File→Save As 保存文件。

(3) 在元件库中调入 and2、JKFF 等元件,按照图 6-1-15 绘制 m6caddcounter 完整电路图,绘制完成后保存,如图 6-1-17(b)所示。

3) 编译工程文件

完成原理图的绘制后,就要对文件进行编译。单击 Processing→Start Compilation 进行原理图编译,若编译结果出现错误,需要修正错误,并重新编译,直到编译结果无错为止。

4) 波形仿真

(1) 建立仿真波形文件

单击 File→New→Vector Waveform File 创建仿真波形文件(.vwf)。

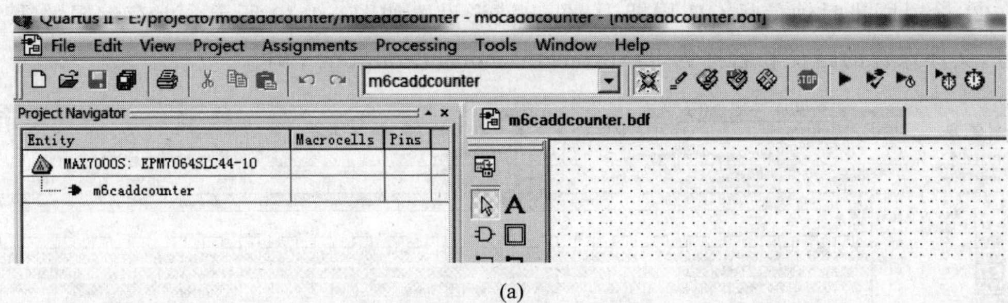

(a)

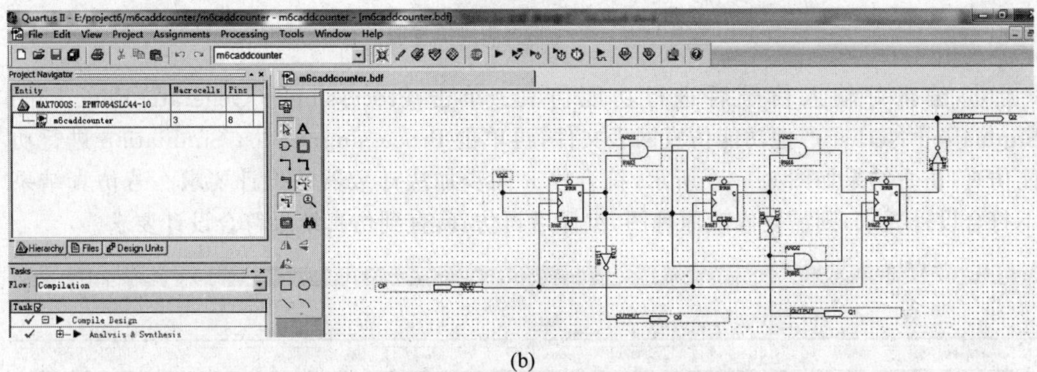

(b)

图 6-1-17 原理图编辑窗口

(2) 添加仿真波形的输入/输出引脚

在波形文件 Name 栏目的下方空白处双击，在弹出的窗口中单击 Node Finder 就会弹出 Node Finder 窗口，在 Filter 选项中选择 Pin: all，再单击 List 按钮，屏幕 Node Found 区域会列出工程设计中所有的输入/输出引脚，选择需要的输入/输出引脚到 Selected Nodes 区域，单击 OK 按钮，添加的输入/输出引脚将会显示在波形编辑窗口中，如图 6-1-18 所示。

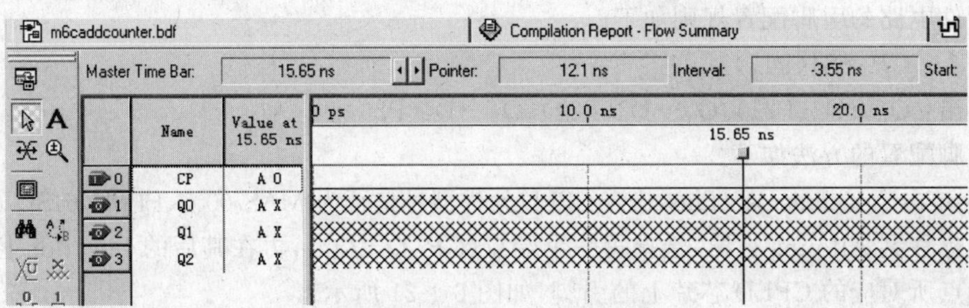

图 6-1-18 输入/输出引脚导入

(3) 设置波形仿真环境

① 选择 Edit→End Time，设定为 1μs。

② 选择 Edit→Grid Side，设定为 20ns。

③ 选择 View→Fit in Window。

(4) 编辑输入/输出信号

① 使用鼠标拖曳输入/输出信号，使其按照合理的顺序排列。

② 设置同步时钟信号 CP 周期为 40ns,波形设置如图 6-1-19 所示。保存编辑的输入信号,文件保存的路径和名称为 E:\project6\m6caddcounter.vwf。

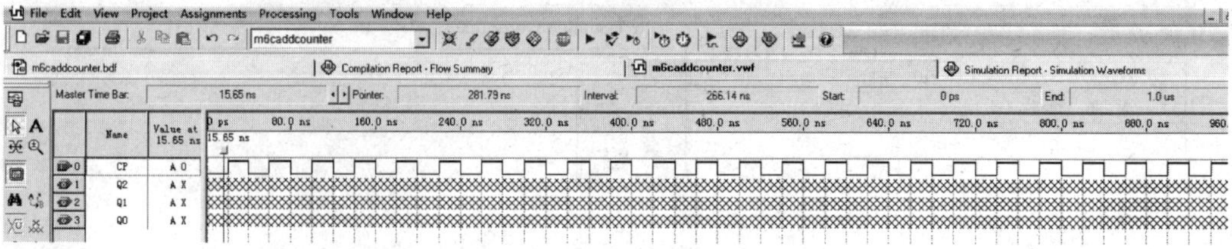

图 6-1-19 输入/输出引脚信号的设置

③ 编辑好输入信号后进行功能仿真。单击 Processing→Generate Functional Simulation Netlist 产生功能仿真网表文件,再单击 Processing→Start Simulation 进行功能仿真,仿真结果如图 6-1-20 所示,符合模 6 同步加法计数器的设计要求。若仿真结果不符合设计要求,则需要修改原理图,编译后再仿真,直到仿真结果符合设计要求。

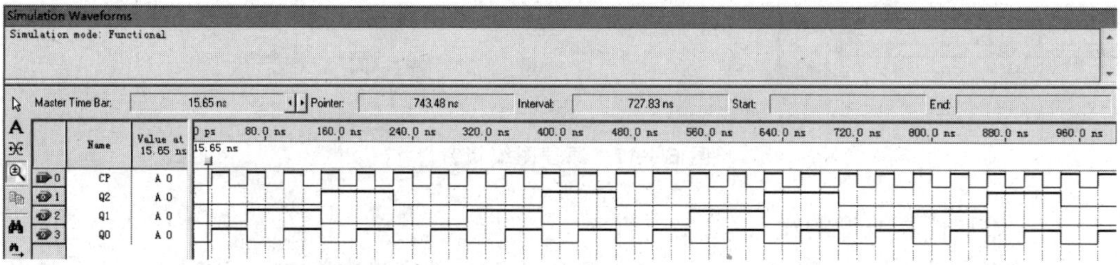

图 6-1-20 模 6 同步加法计数器波形仿真图

5) 引脚配置与编程下载

(1) CPLD 元件的引脚配置

硬件电路的引脚配置规则如下。

输入:CP→S4(P17)。

输出:Q_0→D2(P21)、Q_1→D3(P24)、Q_2→D4(P25)。

引脚配置的方法如下。

① 单击 Assignments→Pins,检查 CPLD 元件型号是否为 MAS7000S、EPM7064SLC44-10,再将鼠标移到 All pins 视窗,选择每一个端点(CP、Q_0、Q_1),再在其后的 Location 栏选择每个端点所对应的 CPLD 芯片上的引脚,如图 6-1-21 所示。

② 引脚配置完成后,需要再次编译电路以存储这些引脚的锁定信息。

(2) 程序下载

在程序下载前,要对硬件开发板上相关的信号进行设置。指拨开关 S2 上的 CPLD-EN、CPLD-OE、LEDs-EN 都要处在 ON 状态,这样才能进行下载,且 LED 处于可用状态。单击 Tools→Programmer,打开编程配置下载窗口,先单击 Hardware Setup 配置下载电缆,选择 USB-Blaster,下载电缆配置完成后,在 Mode 下拉列表中选择 JTAG,选中下载文件 m6caddcounter.pof 右侧第一个小方框(Program/Configure),打开目标板电源,再单击 Start 按钮进行程序下载,完成下载后如图 6-1-22 所示。

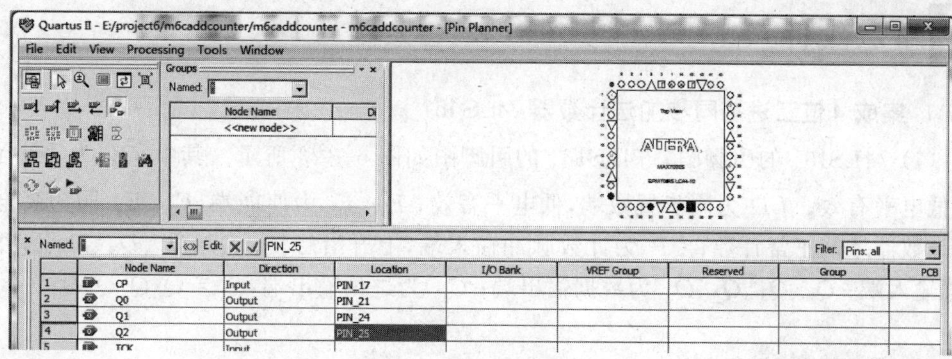

图 6-1-21 引脚配置

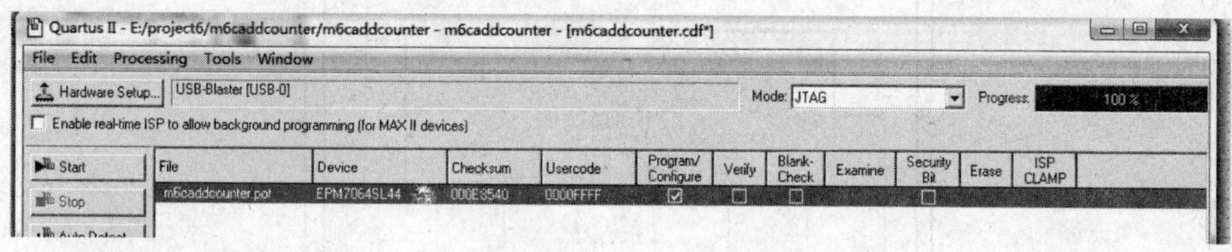

图 6-1-22 程序下载完成窗口

6）硬件测试

（1）按表 6-1-4，在 TEMI 数字逻辑设计能力认证开发板上进行测试。

表 6-1-4 模 6 加法计数器测试表

序号	输入：PB-SW2	输出：LED 灯（低电平驱动）		
	S4（CP）	$D_4(Q_2)$	$D_3(Q_1)$	$D_2(Q_0)$
0	0			
1	↓			
2	↓			
3	↓			
4	↓			
5	↓			
6	↓			
7	↓			

注：测试表中的输出状态用 LED 灯的亮、灭表示。

（2）将 CP 从 PB-SW2 改为 GCLK1，采用 10Hz，观察模 6 加法计数器的输出并记录。

归纳硬件测试结果，判断测试结果是否符合设计要求。若不符合要求，找出问题所在，修改电路设计，重新测试，直至测试符合设计要求。

4. 撰写实操小结(字数不少于 100)

总结实操中的收获与不足，归纳实操中遇到的问题以及解决方法，总结实操中的不良现象与纠正措施。

知识延伸

1. 集成4位二进制同步加法计数器74LS161

(1) 74LS161的引脚图。74LS161的引脚图如图6-1-23所示。其中,$\overline{C_R}$为异步清0端,低电平有效;$\overline{LD}$为同步置数端,低电平有效;E_T、E_P为使能端,E_T、E_P同为高电平时,计数器才能正常计数;CP为计数脉冲输入端,上升沿触发;D_0、D_1、D_2、D_3为并行数据输入端;Q_0、Q_1、Q_2、Q_3为数据输出端;C_O为进位输出端,$C_O=Q_0Q_1Q_2Q_3$。

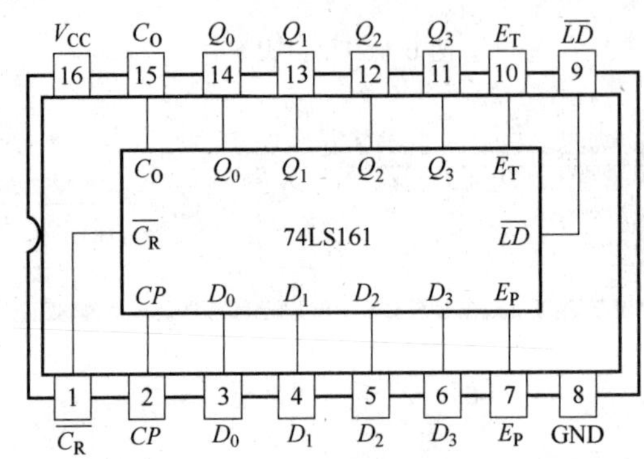

图6-1-23 74LS161引脚图

(2) 74LS161的逻辑功能。74LS161的逻辑功能见表6-1-5。

表6-1-5 74LS161逻辑功能

输入									输出				逻辑功能
$\overline{C_R}$	$\overline{LD}$	E_T	E_P	CP	D_0	D_1	D_2	D_3	Q_0	Q_1	Q_2	Q_3	
0	×	×	×	×	×	×	×	×	0	0	0	0	异步置0
1	0	×	×	↑	D_0	D_1	D_2	D_3	D_0	D_1	D_2	D_3	同步置数
1	1	0	×	×	×	×	×	×	Q_0	Q_1	Q_2	Q_3	保持不变
1	1	×	0										
1	1	1	1	↑	×	×	×	×	计数				4位二进制加法计数

2. 集成十进制同步加法计数器CD4518

(1) CD4518的引脚图。CD4518的引脚图如图6-1-24所示,CD4518内含2个功能完全相同的十进制加法计数器,每个计数器有2个时钟输入端CP和EN,若采用时钟的上升沿触发,则时钟由CP端输入,同时EN设置为高电平;若采用时钟的下降沿触发,则时钟从EN端输入,同时CP设置为低电平。C_R为异步清0端,高电平有效。

(2) CD4518的逻辑功能。CD4518的逻辑功能见表6-1-6。

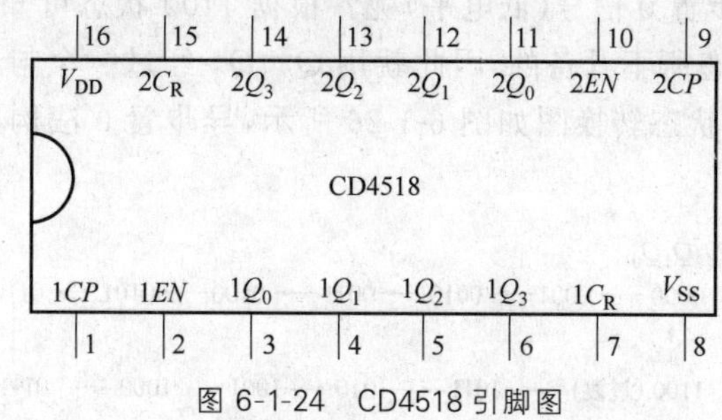

图 6-1-24 CD4518 引脚图

表 6-1-6 CD4518 逻辑功能

输入			输出				逻辑功能
C_R	CP	EN	Q_0	Q_1	Q_2	Q_3	
1	×	×	0	0	0	0	异步置 0
0	↑	1	加计数				上升沿触发计数
0	0	↓	加计数				下降沿触发计数
0	↑	0	不计数				输出状态保持不变
0	1	↓					
0	↓	×					
0	×	↑					

(3) CD4518 的状态转换图。CD4518 的状态转换图如图 6-1-25 所示。

$Q_3Q_2Q_1Q_0$

0000 → 0001 → 0010 → 0011 → 0100

↑ ↓

1001 ← 1000 ← 0111 ← 0110 ← 0101

图 6-1-25 CD4518 的状态转换图

3. 应用集成计数器实现 N 进制计数器

在集成计数器电路中，主要有二进制计数器和十进制计数器，但在实际应用中常常需要使用其他进制计数，如在时钟电路中要用到十二进制、二十四进制、六十进制等计数器。设集成计数器的模称为 M，要实现计数器的模称为 N，通常有小容量法($N<M$)和大容量法($N>M$)两种。

1) $N<M$ 的情况

有两种方法：异步置 0 法与同步置数法(当并行输入数据为 0 时，也称为同步置 0 法)。

(1) 利用异步置 0 法，用 74LS161 构成十二进制计数器。

十二进制计数器有 12 个状态，从 0000 到 1011，当计数到 1100 时产生一个异步置 0 信号(低电平)加到 74LS161 的异步置 0 端($\overline{C_R}$)，强迫计数器从 1100 状态回到 0000 状态，因此 1100 状态是个瞬间状态，1100 状态和 0000 状态是同一个计数周期。如何在

1100 状态产生一个异步置 0 信号(低电平)呢？根据 1100 状态可知，Q_3、Q_2 同时为 1 是前面 12 个正常计数状态所不具备的，因此就用 Q_3、Q_2 经过一个与非门来实现。异步置 0 法十二进制计数器的状态转换图如图 6-1-26 所示，异步置 0 法构成的十二进制计数器电路如图 6-1-27 所示。

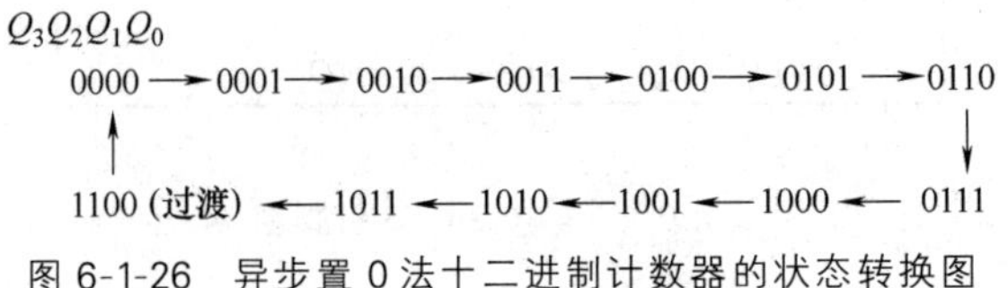

图 6-1-26 异步置 0 法十二进制计数器的状态转换图

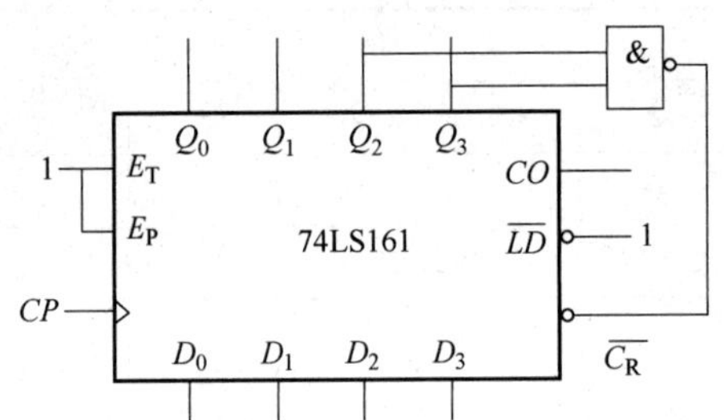

图 6-1-27 异步置 0 法构成的十二进制计数器电路

(2) 利用同步置数法，用 74LS161 构成十二进制计数器。

当同步置数 $\overline{LD}$ 信号为 0，并不会马上将 D_0、D_1、D_2、D_3 数据输入 Q_0、Q_1、Q_2、Q_3 中，而是在 CP 的作用下，才能把 D_0、D_1、D_2、D_3 数据输入 Q_0、Q_1、Q_2、Q_3 中，因此，产生同步置数信号的状态在正常的计数器状态中。当要实现十二进制计数器时，就要利用十二进制计数器的最高状态(1011)产生同步置数信号，将 Q_3、Q_1、Q_0 经一个三输入与非门产生，同时，将并行输入数据 D_0、D_1、D_2、D_3 全部置 0，即用 74LS161 实现了十二进制计数器。同步置数法十二进制计数器的状态转换图如图 6-1-28 所示，同步置数法构成的十二进制计数器电路如图 6-1-29 所示。

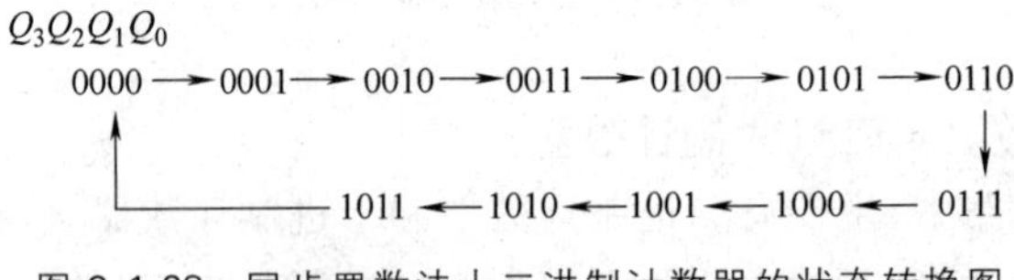

图 6-1-28 同步置数法十二进制计数器的状态转换图

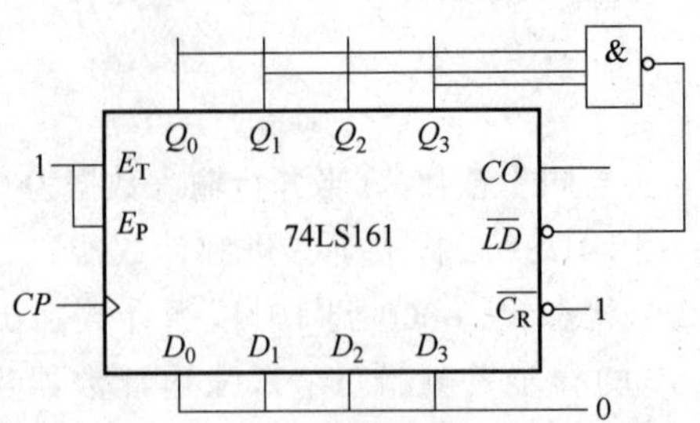

图 6-1-29 同步置数法构成的十二进制计数器电路

2）$N>M$ 的情况

当 $N>M$ 时，必须用多片 M 进制计数器组合起来，再利用异步置 0 法或同步置数法构成 N 进制计数器。多片 M 进制计数器组合的方法有两种：①同步法，即多片 M 进制计数器都采用同一个 CP 脉冲，低位的进位输出接高位计数使能端；②异步法，即低位的进位输出作为高位的计数脉冲。

如 $N<M\times M$ 时，先用 2 片 M 进制计数器利用"同步法"或"异步法"实现 $M\times M$ 进制计数器，再利用 $N<M(N<M\times M)$ 的方法实现任意(N)进制计数器。

试用一片 CD4518 构成二十四进制计数器：CD4518 内置 2 个独立的十进制计数器，首先将 2 个十进制计数器串联起来，第一级的最高位 Q_3 输出与第二级的计数脉冲输入端相接，构成 10×10(100)进制计数器，当计数到 24(00100100)时，第一级的 Q_2 与第二级的 Q_1 经一个二输入与非门产生的一个异步置 0 信号，来控制第一级、第二级十进制计数器的异步置 0 端(C_R)，强迫双计数器从 00100100 状态回到 00000000 状态，从而构成二十四进制计数器。用一片 CD4518 构成二十四进制计数器的电路如图 6-1-30 所示。

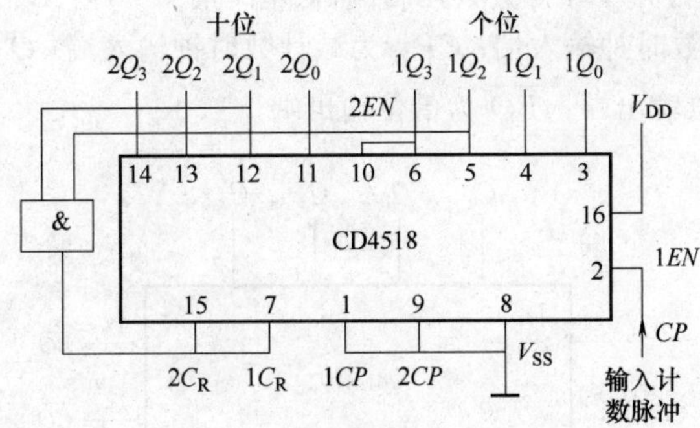

图 6-1-30 CD4518 构成的二十四进制计数器

4. 集成 4 位二进制同步可逆计数器 74LS191

74LS191 具有可逆计数器、异步并行置数功能、保持功能。

(1) 74LS191 的引脚图。74LS191 的引脚图如图 6-1-31 所示。其中，$\overline{LD}$ 为异步并行置数控制端，低电平有效；D_0、D_1、D_2、D_3 为并行数据输入端；$\overline{CT}$ 为计数使能端，低电平有效；$\overline{U}/D$ 为加减计数选择控制端，低电平为加计数，高电平为减计数；CP 为计数脉冲输入端；Q_0、Q_1、Q_2、Q_3 为计数器输出端；CO/BO 为进位/借位输出端，$\overline{RC}$ 为多级计数器级联输出端(串行时钟输出端)；$\overline{RC}=\overline{\overline{CP}\cdot CO/BO\cdot \overline{\overline{CT}}}$，当 $\overline{CT}=0$，$CO/BO=1$ 时，$\overline{RC}=CP$。

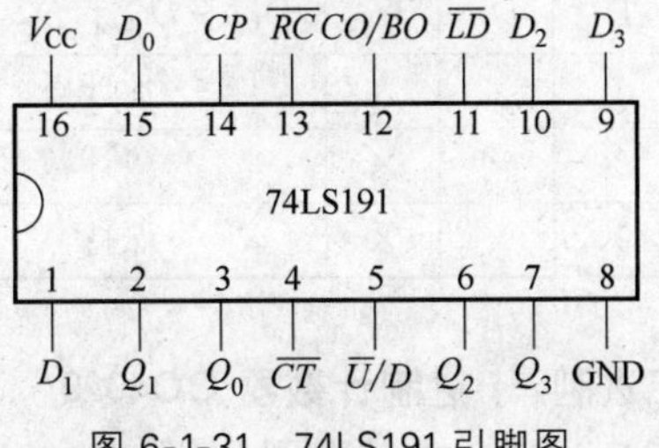

图 6-1-31 74LS191 引脚图

(2) 74LS191 的逻辑功能。74LS191 的逻辑功能见表 6-1-7。

表 6-1-7 74LS191 逻辑功能表

输入								输出				说明
$\overline{LD}$	$\overline{CT}$	$\overline{U}/D$	CP	D_0	D_1	D_2	D_3	Q_0	Q_1	Q_2	Q_3	
0	×	×	×	D_0	D_1	D_2	D_3	D_0	D_1	D_2	D_3	异步并行置数
1	0	0	↑	×	×	×	×	加计数				$CO/BO=Q_0Q_1Q_2Q_3$
1	0	1	↑	×	×	×	×	减计数				$CO/BO=\overline{Q_0}\,\overline{Q_1}\,\overline{Q_2}\,\overline{Q_3}$
1	1	×	×	×	×	×	×	保持				输出维持不变

5. 集成十进制同步可逆计数器 74LS192

74LS192 具有可逆计数、异步置 0、异步置数与保持功能。

(1) 74LS192 的引脚图。74LS192 的引脚图如图 6-1-32 所示。其中,C_R 为异步置 0 端,高电平有效;$\overline{LD}$ 为异步并行置数控制端,低电平有效;D_0、D_1、D_2、D_3 为并行数据输入端;CP_U 为加计数时钟输入端;CP_D 为减计数时钟输入端;Q_0、Q_1、Q_2、Q_3 为计数器输出端;$\overline{CO}$ 为进位输出端;$\overline{BO}$ 为借位输出端。

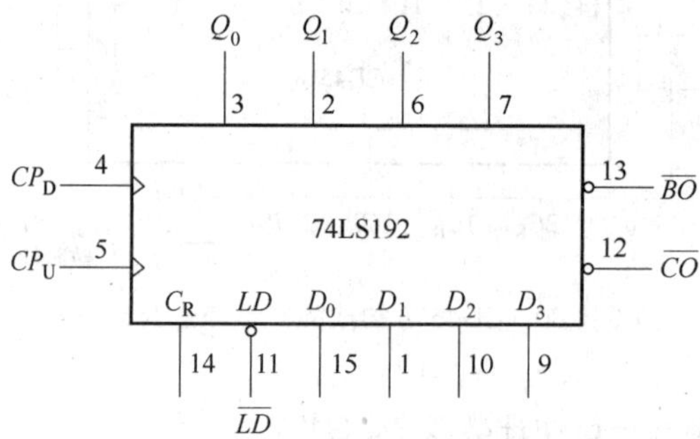

图 6-1-32 74LS192 引脚图

(2) 74LS192 的逻辑功能。74LS192 的逻辑功能见表 6-1-8。

表 6-1-8 74LS192 逻辑功能表

输入								输出				说明
C_R	$\overline{LD}$	CP_U	CP_D	D_0	D_1	D_2	D_3	Q_0	Q_1	Q_2	Q_3	
1	×	×	×	×	×	×	×	0	0	0	0	异步置 0
0	0	×	×	D_0	D_1	D_2	D_3	D_0	D_1	D_2	D_3	异步置数
0	1	↑	1	×	×	×	×	加计数				
0	1	1	↑	×	×	×	×	减计数				
0	1	1	1	×	×	×	×	保持				

6. 集成异步置数可逆二进制/十进制计数器 CC4029

(1) CC4029 的引脚图。CC4029 的引脚图如图 6-1-33 所示。其中,JAM1～JAM4

为异步预置数输入端；$Q_1 \sim Q_4$ 为计数器的输出端；CLK 为计数器时钟输入端，上升沿触发；$\overline{CI}$ 为片选段或进位输入端，低电平有效；$B/\overline{D}$ 为二进制/十进制计数选择控制端，低电平为十进制计数，高电平为二进制计数；$U/\overline{D}$ 为加法计数、减法计数选择控制端，高电平为加法计数，低电平为减法计数；PSE 为异步置数控制端，高电平有效；$\overline{CO}$ 为进位输出端，当二进制加法计数时，$Q_4Q_3Q_2Q_1$ 为 1111 时，输出低电平，其他状态为高电平；当十进制加法计数时，$Q_4Q_3Q_2Q_1$ 为 1001 时，输出低电平，其他状态为高电平，用于实现级联，与高位芯片的$\overline{CI}$ 相连。

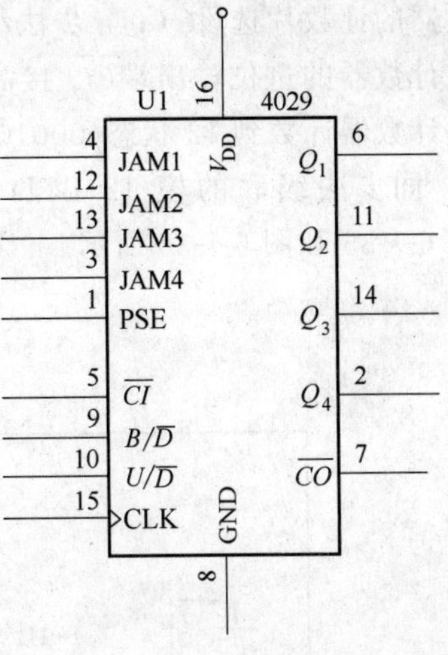

图 6-1-33 CC4029 IC 的引脚图

(2) CC4029 的逻辑功能。CC4029 的逻辑功能表见表 6-1-9。

表 6-1-9 CC4029 逻辑功能表

输入									输出				说明
PSE	$\overline{CI}$	$B/\overline{D}$	$U/\overline{D}$	JAM1	JAM2	JAM3	JAM4	CLK	Q_1	Q_2	Q_3	Q_4	
1	×	×	×	D_1	D_2	D_3	D_4	×	D_1	D_2	D_3	D_4	异步置数
0	0	0	0	×	×	×	×	↑	十进制减法计数				
0	0	0	1	×	×	×	×	↑	十进制加法计数				
0	0	1	0	×	×	×	×	↑	二进制减法计数				
0	0	1	1	×	×	×	×	↑	二进制加法计数				
0	1	×	×	×	×	×	×	×	保持				

(3) 用 2 片 CC4029 设计一个模 12 BCD 码加法计数器。

模 12 BCD 码计数器的状态转换图如图 6-1-34 所示。

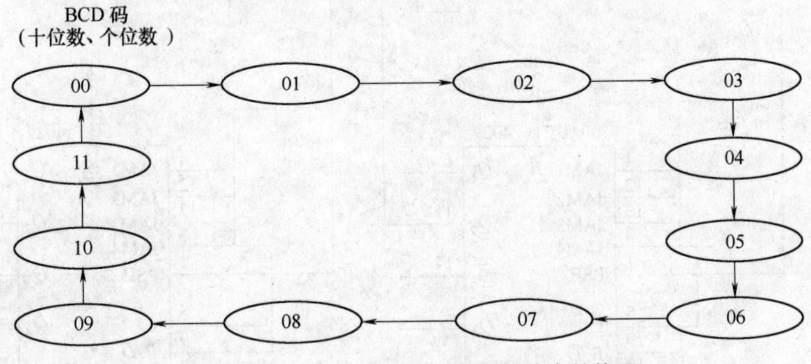

图 6-1-34 模 12 BCD 码计数器的状态转换图

模 12 BCD 码计数器需要用到 2 片 CC4029。CC4029 是可控的二进制、十进制计数器，因此，CC4029 应工作在十进制计数模式，用 2 片 CC4029 级联扩展为模 100 计数器，级联方法可用同步法或异步法。同步法级联时，低位计数器的进位输出端$\overline{CO}$ 接高位计数器的计数片选段$\overline{CI}$；异步法级联时，高位计数器的计数片选段$\overline{CI}$ 固定接有效电平，低位计数器的进位输出端$\overline{CO}$ 接高位计数器的计数脉冲输入端。采用异步置数法，当 BCD 码计数器计数到 12 状态(00010010)时产生一个异步复位信号，使高、低位计数器同时置 0。同步法级联的模 12 BCD 码计数器与异步法模 12 BCD 码计数器的电路图如图 6-1-35 和图 6-1-36 所示。

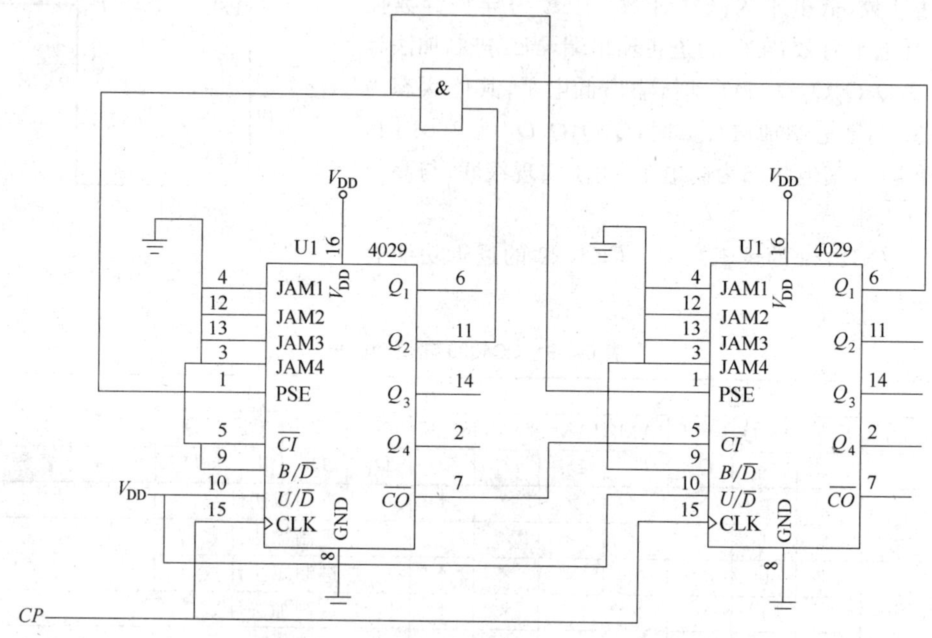

图 6-1-35 同步法级联的模 12 BCD 码计数器

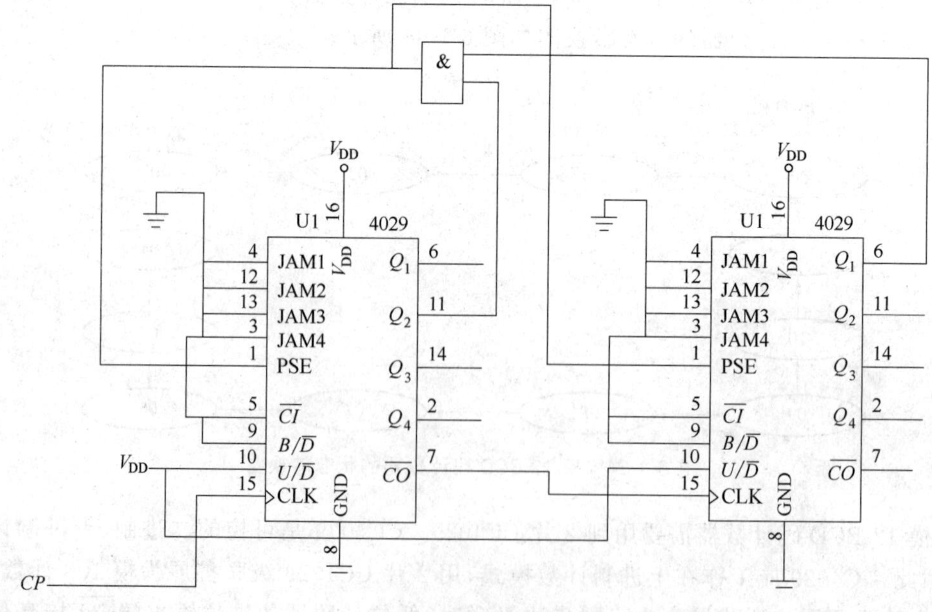

图 6-1-36 异步法级联的模 12 BCD 码计数器

任务拓展

用74LS191、74LS00等芯片完成十进制减法计数器(模10计数器)的设计,用Quartus Ⅱ软件仿真与CPLD进行测试。

任务6.2 异步计数器

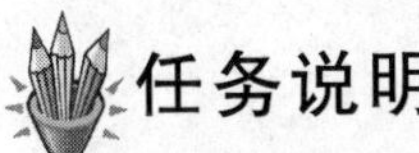

任务说明

本任务主要学习异步二进制加法/减法计数器电路的连接,然后在异步二进制加法计数器电路的基础上,应用异步置0法实现非二进制加法计数器。

相关知识

异步计数器是指构成计数器各触发器的触发脉冲(CP)采用不同的计数脉冲。一般情况下,其中一个触发器采用外部的计数脉冲,其他触发器的触发脉冲由计数器电路内部产生。

异步计数器的设计方法比较简单,但由于异步计数器的时延影响较大,一般仅适用于计数位数较少的计数器。异步计数器的设计步骤归纳如下。

(1) 先将计数器设计为二进制计数器:将每个触发器设计成1位二进制计数器$Q^{n+1}=\overline{Q}^n$,然后根据计数规律以及触发器的类型,依次将低位的Q输出,或$\overline{Q}$输出与高位的触发脉冲输入端相接。

注意: 加法计数时,低位输出为负跃变时,要求高一位计数翻转;减法计数时,低位输出为正跃变时,要求高一位计数翻转。

(2) 利用异步复位法实现任意进制的计数器。

1. 二进制异步加法计数器的设计

首先将触发器设计为1位二进制计数器,触发器的状态方程为$Q^{n+1}=\overline{Q^n}$,每来一个脉冲,触发器就翻转一次。若采用JK触发器,则将J、K输入端并在一起,并接高电平;若采用D触发器,则将D与$\overline{Q}$相接。

图6-2-1所示为由JK触发器构成的3位异步加法计数器,图中JK触发器的J、K都接高电平。计数脉冲CP接在低位触发器FF_0的时钟端,高位触发器的时钟端与相邻低位触发器的输出端Q相连。当低位触发器输出负跃变信号时,高位触发器的状态翻转。

1) 工作原理

计数前,在计数器的$\overline{R_D}$置0端加一个负脉冲使各触发器处在0状态。在正常计数过程中,$\overline{R_D}$端应维持为高电平。

当输入第1个计数脉冲CP时,第一位触发器FF_0由0翻转为1,Q_0端输出正跃变,FF_1不翻转,保持状态0不变;同样,FF_2也不翻转,这时计数器的状态为$Q_2Q_1Q_0=001$。

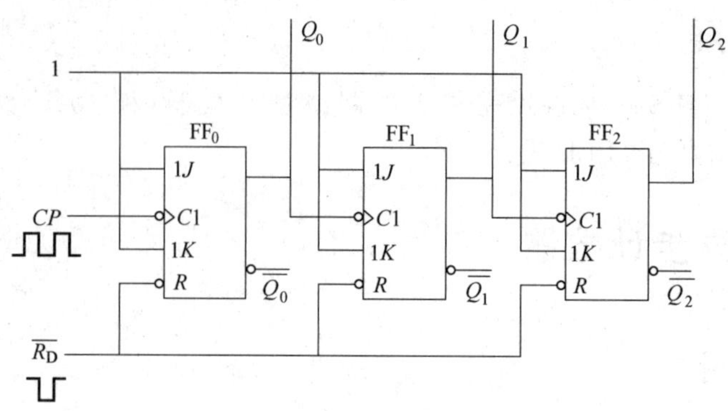

图 6-2-1 3位异步加法计数器

当输入第 2 个计数脉冲 CP 时，第一位触发器 FF_0 由 1 翻转为 0，Q_0 端输出负跃变，FF_1 由 0 翻转为 1，Q_1 输出正跃变，FF_2 不翻转，保持状态 0 不变，这时计数器的状态为 $Q_2Q_1Q_0=010$。

依照同样的计数规律，当低位触发器输出负跃变信号时，高位触发器的状态翻转。第 3 个 CP 脉冲时，$Q_2Q_1Q_0=011$；第 4 个 CP 脉冲时，$Q_2Q_1Q_0=100$；第 5 个 CP 脉冲时，$Q_2Q_1Q_0=101$；第 6 个 CP 脉冲时，$Q_2Q_1Q_0=110$；第 7 个 CP 脉冲时，$Q_2Q_1Q_0=111$；第 8 个 CP 脉冲时，$Q_2Q_1Q_0=000$，计数器又回到了初始状态。从第 9 个脉冲开始，又进入一个新的计数循环。综上分析，图 6-2-1 计数器是一个模 8 加法计数器。

2）计数器波形

根据上述分析，可画出 3 位异步加法计数器的波形图，如图 6-2-2 所示。

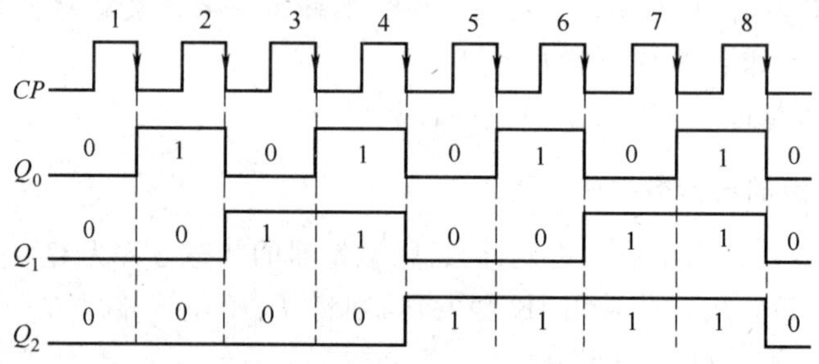

图 6-2-2 3位异步加法计数器波形图

3）N 位二进制异步加法计数器

从图 6-2-1 可知，二进制异步加法计数器的电路结构是很有规律的，在 FF_2 的基础上增加一级计数器电路 FF_3，同时将 FF_2 的 Q_2 与 FF_3 的时钟输入端相接，就构成了 4 位二进制异步加法计数器。以此类推，可扩展为 5 位、6 位……的二进制异步加法计数器。

N 位二进制异步加法计数器的连接规律如下。

(1) 若是下降沿触发：$CP_0=CP$（计数时钟），$CP_i=Q_{i-1}$（i 代表触发器的位置，i 为 $1\sim N-1$）。

(2) 若是上升沿触发：$CP_0=CP$（计数时钟），$CP_i=\overline{Q_{i-1}}$（i 代表触发器的位置，i 为

1～N－1)。

2. 模6异步加法计数器

当模数位于 $N-1$ 位与 N 位二进制计数器之间时,可以在 N 位二进制计数器基础上进行设计,即采用异步置0法,让模数值对应的状态值产生一个异步置0信号,使这个状态强行回到全0状态,进入下一个计数状态。

(1) 确定触发器的数目与触发器的类型:因 $2^2<6<2^3$,所以选择3个JK触发器。

(2) 确定计数范围:000～101。

(3) 在3位二进制异步加法计数器的基础上进行设计,当计数器计数到 $Q_2Q_1Q_0=110$ 时产生一个异步置0信号,使计数器从 $Q_2Q_1Q_0=110$ 状态被迫回到 $Q_2Q_1Q_0=000$ 的状态,这样,$Q_2Q_1Q_0=110$ 的状态是一个瞬时状态,与 $Q_2Q_1Q_0=000$ 的状态是在同一个 CP 脉冲周期内。从 $Q_2Q_1Q_0=110$ 状态中可以看出,将 Q_2 与 Q_1 接到一个二输入与非门的输入端,并将与非门的输出接到各触发器的异步置0端,此时的计数器即为模6异步加法计数器,如图6-2-3所示。

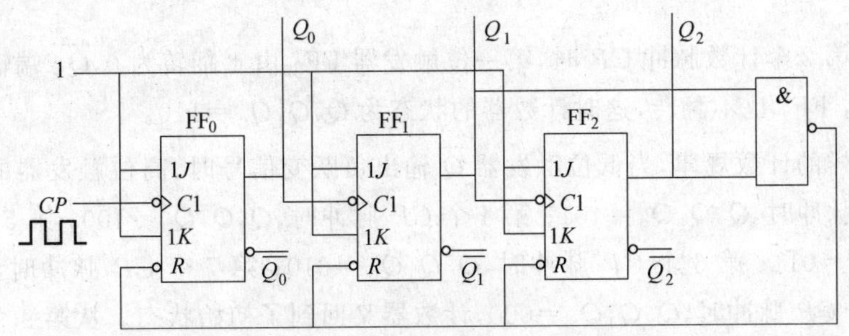

图 6-2-3 模6异步加法计数器

(4) 波形图。模6异步加法计数器波形图如图6-2-4所示,其中110状态是一个过渡状态,瞬间就消失了。

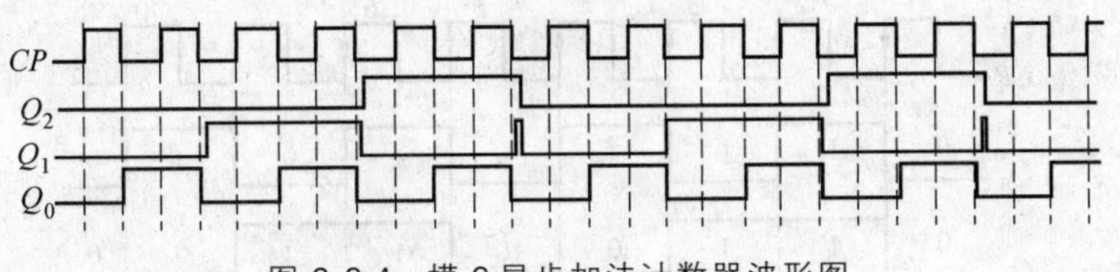

图 6-2-4 模6异步加法计数器波形图

3. 异步二进制减法计数器

减法计数时,要求低位计数器输出正跃变信号时,高位触发器的状态翻转。

图6-2-5所示为由JK触发器构成的异步3位加法计数器,图中,JK触发器的 J、K 都接高电平。计数脉冲 CP 接在低位触发器 FF_0 的时钟端,高位触发器的时钟端与相邻低位触发器的输出端 $\overline{Q}$ 相连。当低位触发器输出正跃变信号时,$\overline{Q}$ 输出的是负跃变信号,高位触发器的状态翻转。

1) 工作原理

计数前,在计数器的 $\overline{R_D}$ 置0端加一个负脉冲使各触发器处在0状态。在正常计数

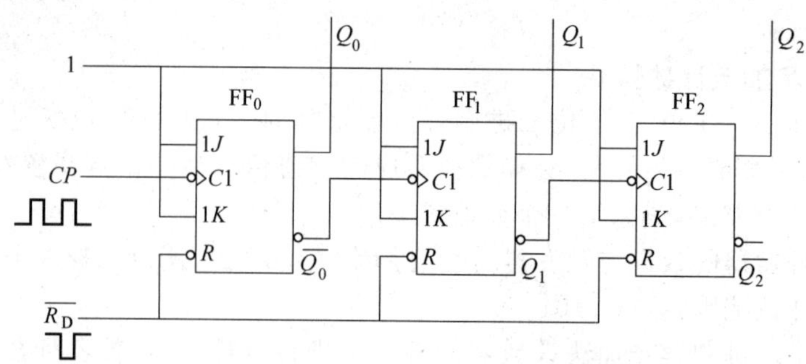

图 6-2-5　3 位异步减法计数器

过程中，$\overline{R_D}$ 端应维持为高电平。

当输入第 1 个计数脉冲 CP 时，第一位触发器 FF_0 由 0 翻转为 1，$\overline{Q_0}$ 端输出负跃变，FF_1 由 0 翻转为 1，$\overline{Q_1}$ 端输出负跃变，FF_2 由 0 翻转为 1，这时计数器的状态为 $Q_2Q_1Q_0=111$。

当输入第 2 个计数脉冲 CP 时，第一位触发器 FF_0 由 1 翻转为 0，$\overline{Q_0}$ 端输出正跃变，FF_1 不翻转，FF_2 也不翻转，这时计数器的状态为 $Q_2Q_1Q_0=110$。

依照同样的计数规律，当低位触发器 $\overline{Q}$ 输出负跃变信号时，高位触发器的状态翻转。第 3 个 CP 脉冲时，$Q_2Q_1Q_0=101$；第 4 个 CP 脉冲时，$Q_2Q_1Q_0=100$；第 5 个 CP 脉冲时，$Q_2Q_1Q_0=011$；第 6 个 CP 脉冲时，$Q_2Q_1Q_0=010$；第 7 个 CP 脉冲时，$Q_2Q_1Q_0=001$；第 8 个 CP 脉冲时，$Q_2Q_1Q_0=000$，计数器又回到了初始状态。从第 9 个脉冲开始，又进入一个新的计数循环。

2）计数器波形

根据上述分析，可画出 3 位异步减法计数器的波形图，如图 6-2-6 所示。

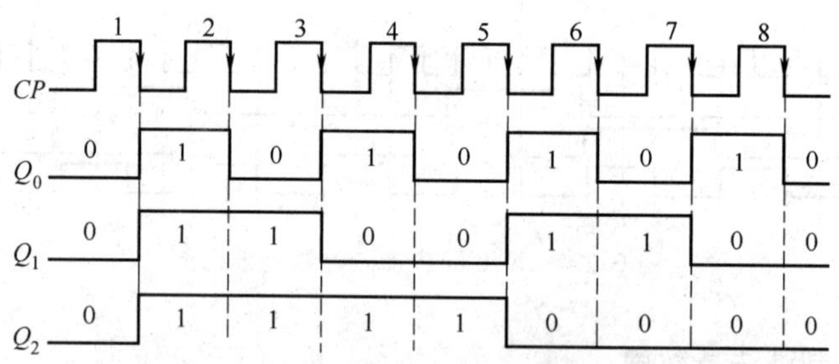

图 6-2-6　3 位异步减法计数器波形图

3）N 位二进制异步减法计数器

从图 6-2-5 可知，二进制异步加法计数器的电路结构是很有规律的，当在 FF_2 的 $\overline{Q_2}$ 增加一级计数器电路 FF_3，同时将 FF_2 的 $\overline{Q_2}$ 与 FF_3 的时钟输入端相接，就构成了 4 位二进制异步减法计数器。以此类推，可扩展为 5 位、6 位……的二进制异步减法计数器。N 位二进制异步减法计数器的连接规律如下。

(1) 若是上升沿触发：$CP_0 = CP$(计数时钟)，$CP_i = Q_{i-1}$(i 代表触发器的位置，i 为 $1 \sim N-1$)。

(2) 若是下降沿触发：$CP_0 = CP$(计数时钟)，$CP_i = \overline{Q_{i-1}}$($i$ 代表触发器的位置，i 为 $1 \sim N-1$)。

4. 异步模6减法计数器

当模数位于 $N-1$ 位与 N 位二进制计数器之间时，可以在 N 位二进制计数器的基础上进行设计，即采用异步置0、置1法。正常的减法是：当减法减到全0状态，再减1时，计数器的状态是全1，此时让全1状态的输出产生一个置0(置1)信号，强迫计数器转到减法计数器的最高状态值。

(1) 确定触发器的数目与触发器的类型：因 $2^2 < 6 < 2^3$，所以选择3个JK触发器。

(2) 计数状态是：000→101→100→011→010→001→000。

(3) 在3位二进制异步减法计数器的基础上进行设计。当计数器计数到 $Q_2Q_1Q_0 = 000$ 再计数时，$Q_2Q_1Q_0 = 111$，产生一个异步置0(置1)信号，使计数器从 $Q_2Q_1Q_0 = 111$ 状态强迫转到 $Q_2Q_1Q_0 = 101$ 的状态，这样，$Q_2Q_1Q_0 = 111$ 的状态是一个瞬时状态，与 $Q_2Q_1Q_0 = 101$ 的状态是在同一个 CP 脉冲周期内。从 $Q_2Q_1Q_0 = 111$ 状态中可以看出，将 Q_2、Q_1 与 Q_0 接到一个三输入与非门的输入端，并将与非门的输出分别接到 FF_2、FF_0 触发器的异步置1端和 FF_1 的异步置0端，此时的计数器即为模6异步减法计数器，如图6-2-7所示。

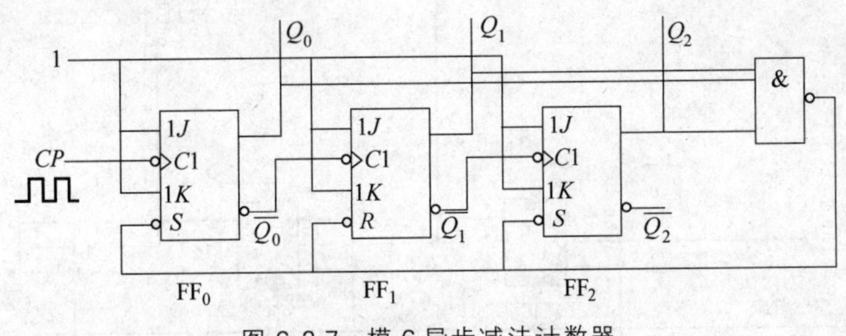

图6-2-7 模6异步减法计数器

(4) 波形图。模6异步减法计数器的波形图如图6-2-8所示，其中111状态为过渡状态，瞬间就消失。

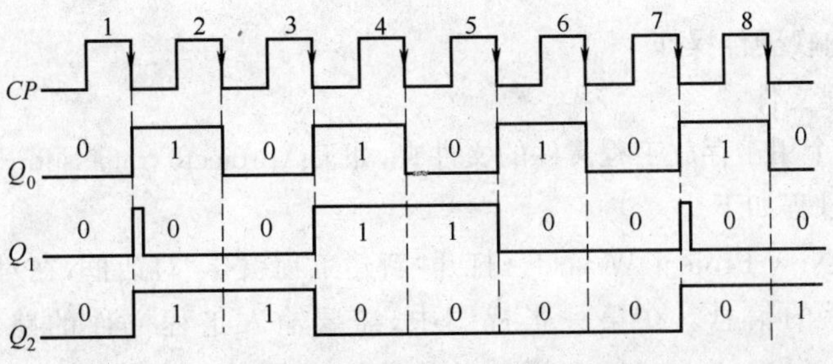

图6-2-8 模6异步减法计数器波形图

任务实施

1. 任务内容与要求

(1) 任务内容

在 TEMI 数字逻辑设计能力认证开发板上实现异步 3 位二进制减法计数器电路功能。

(2) 任务要求

原理图设计约束规则：可采用 D 或 JK 触发器与基本逻辑门电路。

硬件电路引脚配置规则如下。

输入：CP→S4(P17)、R→S3(P16)。

输出：Q_0→D2(P21)、Q_1→D3(P24)、Q_2→D4(P25)。

2. 逻辑电路设计

异步 3 位二进制减法计数器的逻辑电路如图 6-2-9 所示。

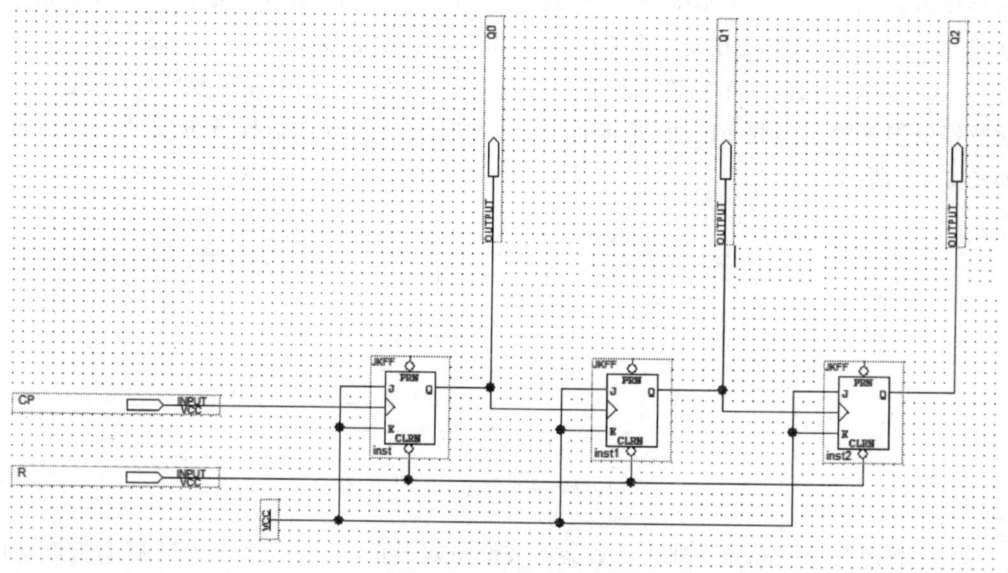

图 6-2-9　异步 3 位二进制减法计数器的逻辑电路图

3. CPLD 的软硬件操作

1) 建立工程文件

首先创建一个用于存放工程文件的文件夹，如 E:\project6\m6assub。打开 Quartus Ⅱ 软件创建工程，过程如下。

单击 File→New Project Wizard→打开"新建工程引导"对话框，在对话框中分别输入如图 6-2-10 所示的信息。在第一张视图中，需要输入工程文件的路径 E:\project6\m6assub 与工程名称 m6assub。在第二张视图中，需要输入所使用的 CPLD 芯片的类别(MAX7000S)与型号(EPM7064SLC44-10)。

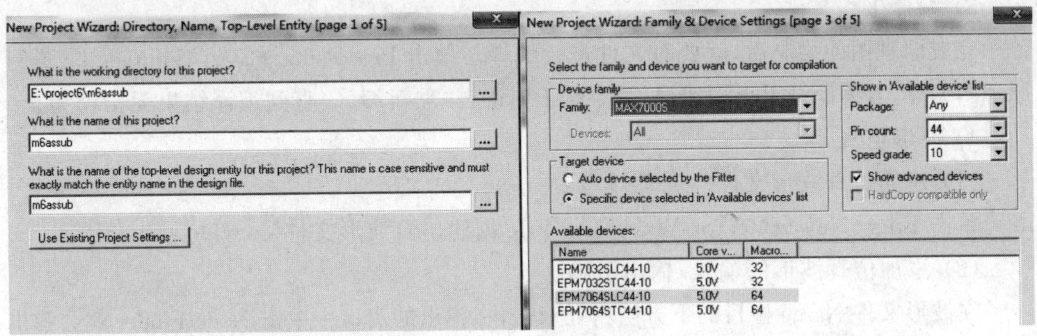

图 6-2-10 创建工程引导图

2）输入设计文件（绘制逻辑电路图）

创建设计文件，完成原理图绘制，步骤如下。

（1）单击 File→New 创建设计文件，在 Design File 中选择 Block Design/Schematic File，即原理图设计模式（.bdf），单击 OK 按钮。

（2）原理图文件的名称与工程文件名相同，如图 6-2-11（a）所示，单击 File→Save As 保存文件。

（3）在元件库中调入 JKFF 等元件，按照图 6-2-9 绘制 m6assub 完整电路图，绘制完成后保存，如图 6-2-11（b）所示。

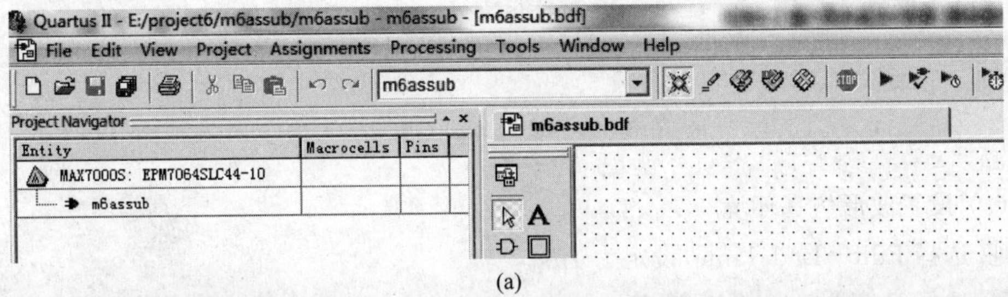

(a)

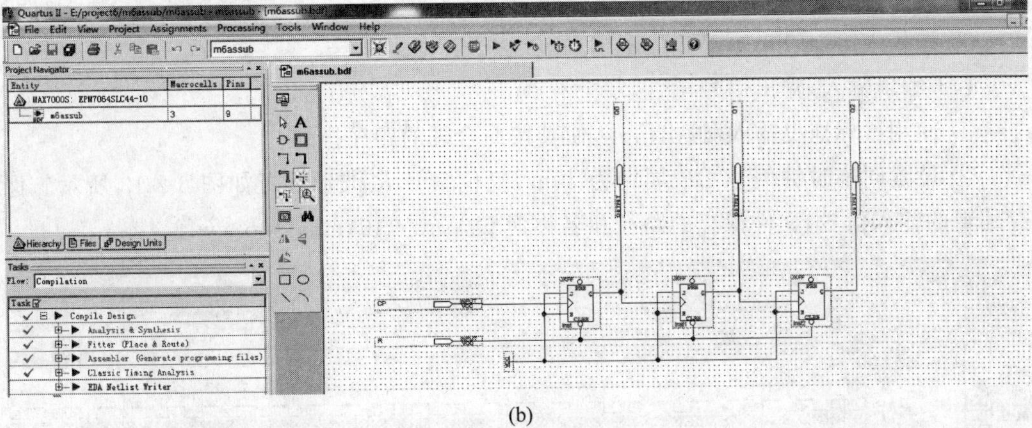

(b)

图 6-2-11 原理图编辑窗口

3）编译工程文件

完成原理图的绘制后，就要对文件进行编译。单击 Processing→Start Compilation 进行原理图编译，若编译结果出现错误，需要修正错误，并重新编译，直到编译结果无错误为止。

4）波形仿真

（1）建立仿真波形文件

单击 File→New→Vector Waveform File 创建仿真波形文件(.vwf)。

（2）添加仿真波形的输入/输出引脚

在波形文件 Name 栏目的下方空白处双击，在弹出的窗口中单击 Node Finder 就会弹出 Node Finder 窗口，在 Filter 选项中选择 Pin：all，再单击 List 按钮，屏幕 Node Found 区域会列出工程设计中所有的输入/输出引脚，选择需要的输入/输出引脚到 Selected Nodes 区域，单击 OK 按钮，添加的输入/输出引脚将会显示在波形编辑窗口中，如图 6-2-12 所示。

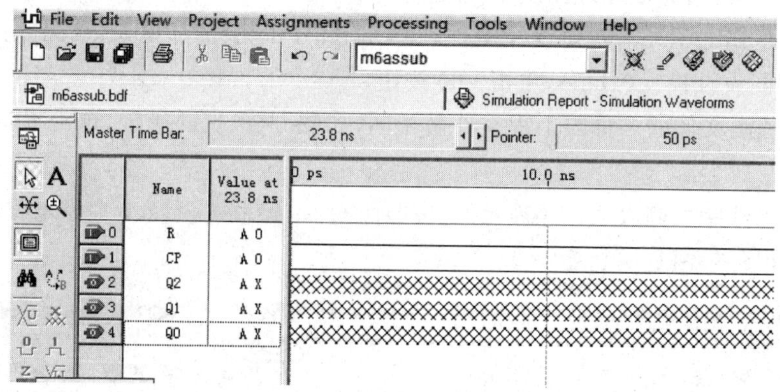

图 6-2-12　输入/输出引脚导入

（3）设置波形仿真环境

① 选择 Edit→End Time，设定为 1μs。

② 选择 Edit→Grid Side，设定为 10ns。

③ 选择 View→Fit in Window。

（4）编辑输入/输出信号

① 使用鼠标拖曳输入/输出信号，使其按照合理的顺序排列。

② 设置同步时钟信号 *CP* 周期为 40ns，复位信号 *R* 波形设置如图 6-2-13 所示。保存编辑的输入信号，文件保存的路径和名称为 E：\project6\m6assub.vwf。

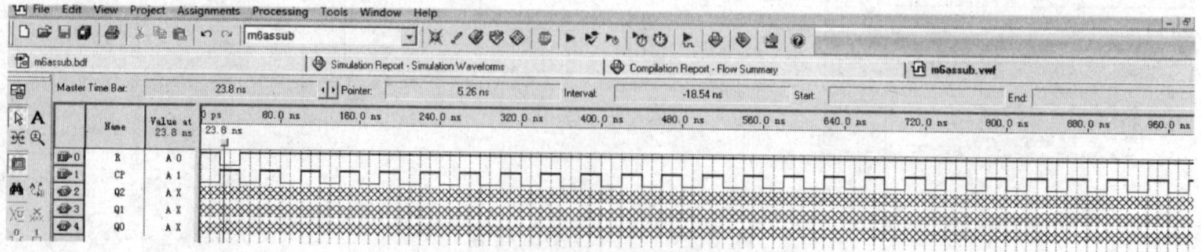

图 6-2-13　输入/输出引脚信号的设置

③ 编辑好输入信号后进行功能仿真。单击 Processing→Generate Functional Simulation Netlist 产生功能仿真网表文件，再单击 Processing→Start Simulation 进行功能仿真，仿真结果如图 6-2-14 所示，符合异步 3 位二进制减法计数器的设计要求。若仿真结果不符合设计要求，则需要修改原理图，编译后再仿真，直到仿真结果符合设计要求。

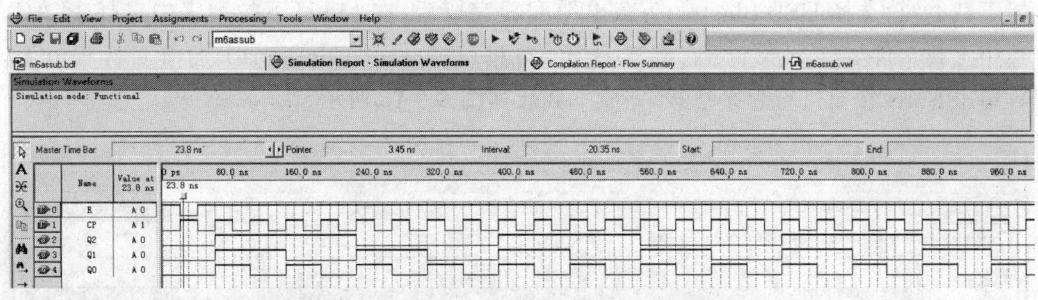

图 6-2-14 异步 3 位二进制减法计数器波形仿真图

5）引脚配置与编程下载

(1) CPLD 元件的引脚配置

硬件电路的引脚配置规则如下。

输入：CP→S4(P17)、R→S3(P16)。

输出：Q_0→D2(P21)、Q_1→D3(P24)、Q_2→D4(P25)。

引脚配置的方法如下。

① 单击 Assignments → Pins，检查 CPLD 元件型号是否为 MAS7000S、EPM7064SLC44-10，将鼠标移到 All pins 视窗，选择每一个端点(R、CP、Q_0、Q_1、Q_2)，再在其后的 Location 栏选择每个端点所对应的 CPLD 芯片上的引脚，如图 6-2-15 所示。

② 引脚配置完成后，需要再次编译电路以存储这些引脚的锁定信息。

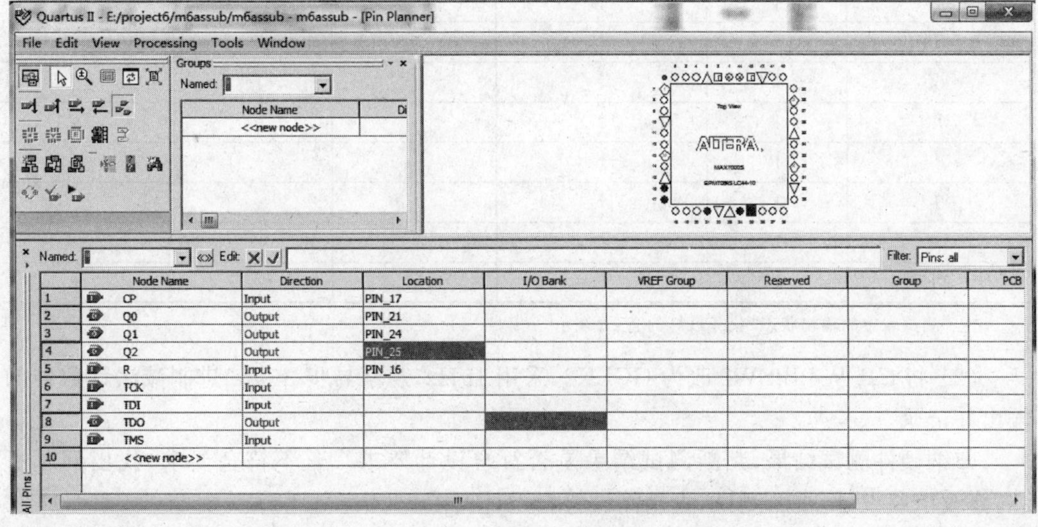

图 6-2-15 引脚配置

(2) 程序下载

在程序下载前,要对硬件开发板上相关的信号进行设置。指拨开关 S2 上的 CPLD-EN、CPLD-OE、LEDs-EN 都要处在 ON 状态,这样才能进行下载,且 LED 处于可用状态。然后单击 Tools→Programmer,打开编程配置下载窗口,先单击 Hardware Setup 配置下载电缆,选择 USB-Blaster,下载电缆配置完成后,在 Mode 下拉列表中选择 JTAG,选中下载文件 m6assub. pof 右侧第一个小方框(Program/Configure),打开目标板电源,再单击 Start 按钮进行程序下载,完成下载后如图 6-2-16 所示。

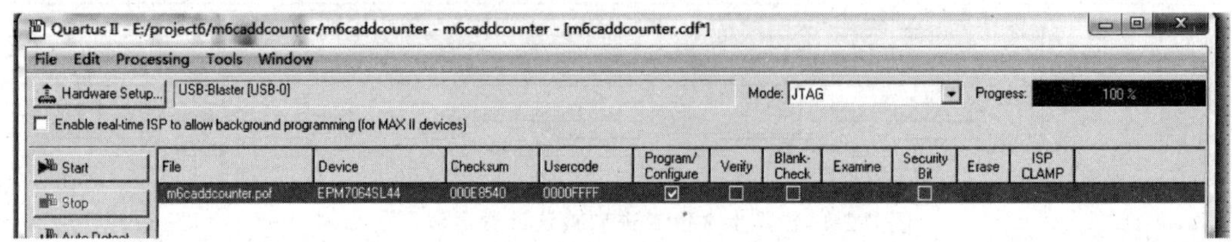

图 6-2-16 程序下载完成窗口

6) 硬件测试

(1) 按表 6-2-1,在 TEMI 数字逻辑设计能力认证开发板上进行测试。

表 6-2-1 异步 3 位二进制减法计数器测试表

序号	输入: PB-SW1、PB-SW2		输出: LED 灯(低电平驱动)		
	S3(R)	S4(CP)	$D_4(Q_2)$	$D_3(Q_1)$	$D_2(Q_0)$
0	0	×			
1	1	↑			
2	1	↑			
3	1	↑			
4	1	↑			
5	1	↑			
6	1	↑			
7	1	↑			
8	1	↑			
9	1	↑			
10	1	↑			
11	1	↑			

注: 测试表中的输出状态用 LED 灯的亮、灭表示。

(2) 将 CP 从 PB-SW2 改为 GCLK2,采用 10Hz,观察异步 3 位二进制减法计数器的输出并记录。

归纳硬件测试结果,判断测试结果是否符合设计要求。若不符合要求,找出问题所在,修改电路设计,重新测试,直至测试符合设计要求。

4. 撰写实操小结(字数不少于 100)

总结实操中的收获与不足,归纳实操中遇到的问题以及解决方法,总结实操中的不良现象与纠正措施。

知识延伸

1. 常用的集成异步加法计数器

集成二进制异步加法计数器:74LS293(4 位)、CC4024(7 位)、CC4040(12 位)、CC4060(14 位)。

集成十进制异步加法计数器:74LS290。

2. 集成 4 位二进制异步加法计数器 74LS293

74LS293 是二-八-十六进制异步加法计数器,可分成两个独立的二进制计数器和八进制计数器,具有异步置 0 功能。

(1) 74LS293 的逻辑电路与引脚图。74LS293 的逻辑电路图和引脚图如图 6-2-17 所示。R_A、R_B 为异步置 0 控制端;CP_A 为二进制计数器的计数时钟输入端;CP_B 为八进制计数器的计数时钟输入端;Q_0、Q_1、Q_2、Q_3 为计数器的输出端。当 Q_0 与 CP_B 相连时,就是一个十六进制计数器。

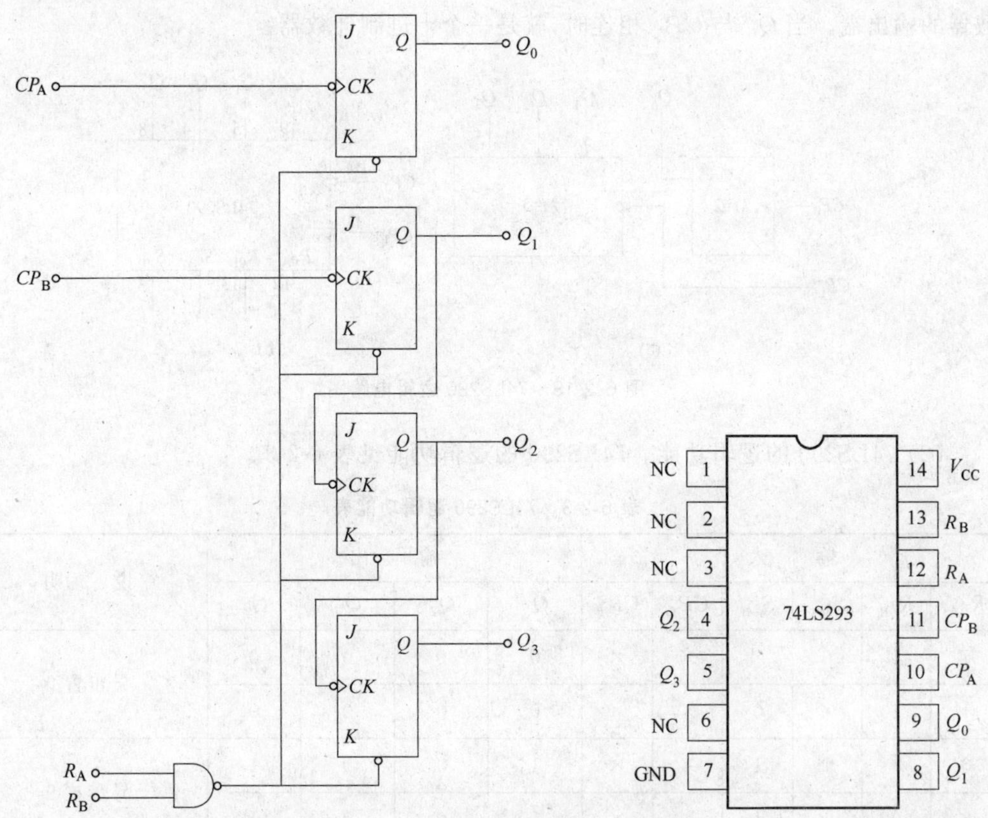

图 6-2-17 74LS293 逻辑电路图和引脚图

(2) 74LS293 的逻辑功能。74LS293 的逻辑功能见表 6-2-2。

表 6-2-2 74LS293 逻辑功能表

输入				输出				说明
R_A	R_B	CP_A	CP_B	Q_3	Q_2	Q_1	Q_0	
1	1	×	×	0	0	0	0	异步置 0
$R_AR_B=0$		↓	0	二进制计数				Q_0
		0	↓	八进制计数				Q_3、Q_2、Q_1
		↓	Q_0	十六进制计数				Q_0 与 CP_B 相接

3. 集成十进制异步加法计数器 74LS290

74LS290 是二-五-十进制异步加法计数器,可分成两个独立的二进制计数器和五进制计数器,具有异步置 0 和异步置 9 功能。

(1) 74LS290 的逻辑电路与引脚图。74LS290 的逻辑电路与引脚图如图 6-2-18 所示。其中,R_{0A}、R_{0B} 为异步置 0 控制端;S_{9A}、S_{9B} 为异步置 9 控制端;CP_0 为二进制计数器的计数时钟输入端;CP_1 为五进制计数器的计数时钟输入端;Q_0、Q_1、Q_2、Q_3 为计数器的输出端。当 Q_0 与 CP_1 相连时,就是一个十进制计数器。

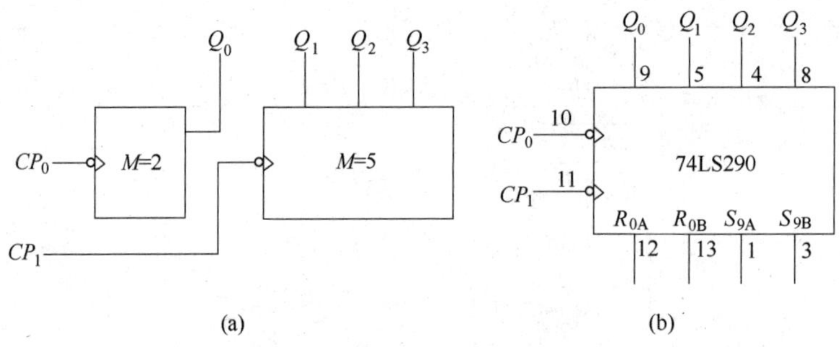

图 6-2-18 74LS290 逻辑电路图

(2) 74LS290 的逻辑功能。74LS290 的逻辑功能见表 6-2-3。

表 6-2-3 74LS290 逻辑功能表

输入						输出				说明
R_{0A}	R_{0B}	S_{9A}	S_{9B}	CP_0	CP_1	Q_3	Q_2	Q_1	Q_0	
1	1	0	×	×	×	0	0	0	0	异步置 0
1	1	×	0	×	×	0	0	0	0	
0	×	1	1	×	×	1	0	0	1	异步置 9
×	0	1	1	×	×	1	0	0	1	

续表

输入						输出				说明
R_{0A}	R_{0B}	S_{9A}	S_{9B}	CP_0	CP_1	Q_3	Q_2	Q_1	Q_0	
$R_{0A}R_{0B}=0$ $S_{9A}S_{9B}=0$				↓	0	二进制计数(Q_0)				
				0	↓	五进制计数(Q_3、Q_2、Q_1)				
				↓	Q_0	8421 码十进制计数				Q_0 与 CP_1 相连
				Q_3	↓	5421 码十进制计数				Q_3 与 CP_0 相连

任务拓展

用 D 触发器设计异步模 6 减法计数器，用 Quartus Ⅱ软件仿真与 CPLD 进行测试。

任务 6.3　基于"计数器＋译码器"的环形计数器

任务说明

本任务从环形计数器、扭环计数器的学习，引导出实用的基于"计数器＋译码器"顺序脉冲信号发生器的学习。

相关知识

环形计数器是一种特殊的计数器，可以说是移位寄存器的一种应用。将移位寄存器的首尾相接，最后一级的 Q 输出与第一级的输入相接，就构成环形计数器。首先，触发器的状态方程必须满足输出等于输入的要求，D 触发器本身就满足输出等于输入的功能要求，所以，通常用 D 触发器构成环形计数器。若用 JK 触发器来制作，用 J 作输入端，K 接 J 的非输出端，此时，JK 触发器也满足输出等于输入的要求，如图 6-3-1 所示。

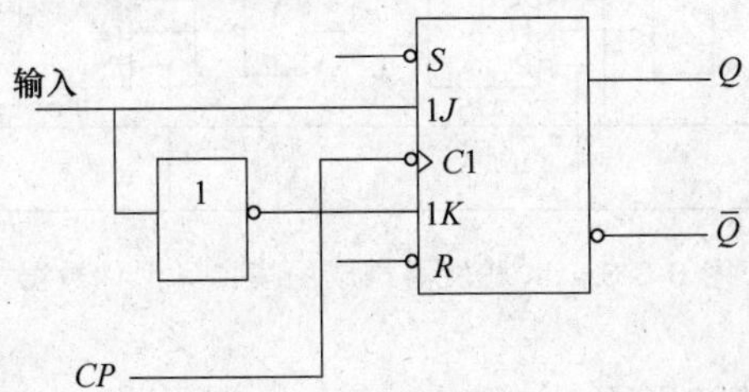

图 6-3-1　由 JK 触发器构成输出等于输入功能的电路图

1. 模 4 环形计数器真值表（或称功能表）

模 4 环形计数器的真值表见表 6-3-1。

2. 模 4 环形计数器的电路图

(1) 由 D 触发器构成模 4 环形计数器。

表 6-3-1　模 4 环形计数器的真值表

CP	START	Q_3	Q_2	Q_1	Q_0
×	0	0	0	0	1
1	1	0	0	1	0
2	1	0	1	0	0
3	1	1	0	0	0
4	1	0	0	0	1

由 D 触发器构成的模 4 环形计数器如图 6-3-2 所示。

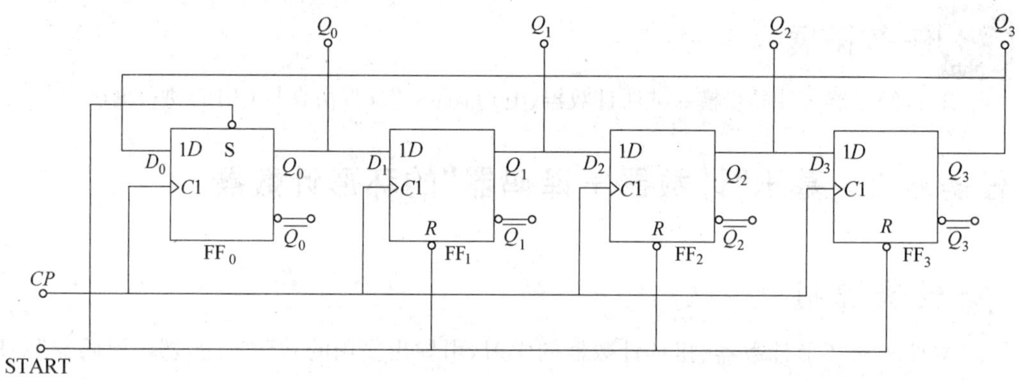

图 6-3-2　D 触发器构成的模 4 环形计数器

(2) 由 JK 触发器构成模 4 环形计数器。

由 JK 触发器构成的模 4 环形计数器如图 6-3-3 所示。

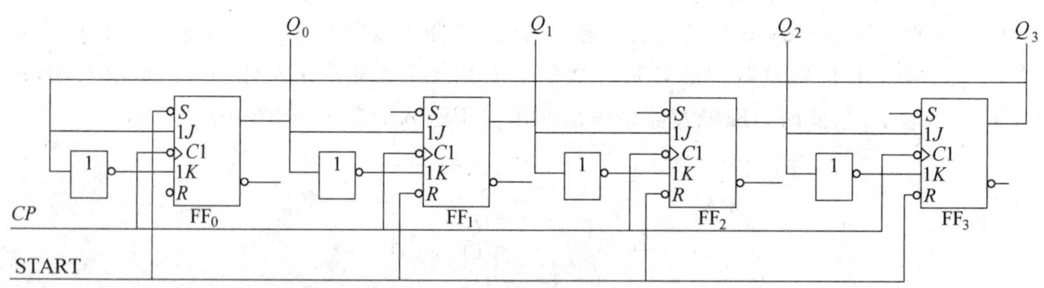

图 6-3-3　JK 触发器构成的模 4 环形计数器

3. 模 4 环形计数器的波形图

模 4 环形计数器的波形图如图 6-3-4 所示。

4. 模 8 扭环形计数器

若将环形计数器的“最后一级触发器的 Q 输出与第一级的输入相连接”改为“最后一级触发器的 $\overline{Q}$ 输出与第一级的输入相连接”，计数器的状态＝2×触发器的个数(N)，称为模 $2N$ 扭环形计数器。

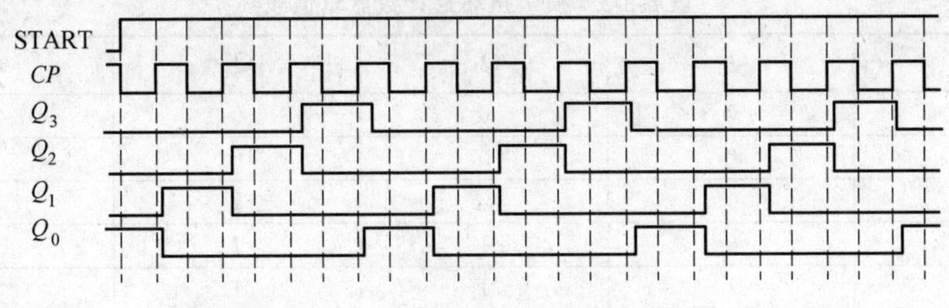

图 6-3-4 模 4 环形计数器波形图

(1) 模 8 扭环形计数器的真值表(或称功能表)。模 8 扭环形计数器的真值表见表 6-3-2。

表 6-3-2 模 8 扭环形计数器真值表

CP	Q_3	Q_2	Q_1	Q_0
0	0	0	0	0
1	0	0	0	1
2	0	0	1	1
3	0	1	1	1
4	1	1	1	1
5	1	1	1	0
6	1	1	0	0
7	1	0	0	0
8	0	0	0	0

(2) 模 8 扭环形计数器的电路图。由 JK 触发器构成的模 8 扭环形计数器如图 6-3-5 所示。

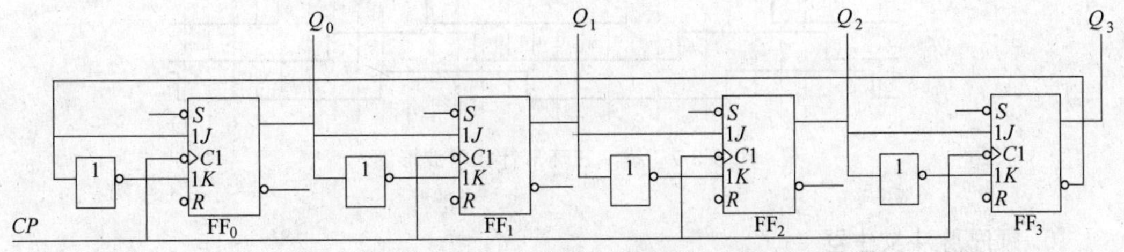

图 6-3-5 由 JK 触发器构成的模 8 扭环形计数器

5. 模 7 扭环形计数器

若环形计数器的"最后一级触发器的 Q 输出与第一级的 J 输入相连接"改为"最后一级触发器的 $\overline{Q}$ 输出与第一级(JK 触发器)的 J 输入端相连接",且再前一级触发器的 Q 输出与第一级的 K 输入端相连接,计数器的状态 $=2\times$ 触发器的个数$(N)-1$,称为模$(2N-1)$扭环形计数器。

(1) 模 7 扭环形计数器的真值表(或称功能表)。模 7 扭环形计数器的真值表见表 6-3-3。

表 6-3-3 模 7 扭环形计数器真值表

CP	Q_3	Q_2	Q_1	Q_0
0	0	0	0	0
1	0	0	0	1
2	0	0	1	1
3	0	1	1	1
4	1	1	1	0
5	1	1	0	0
6	1	0	0	0
7	0	0	0	0

(2) 模 7 扭环形计数器的电路图。由 JK 触发器构成的模 7 扭环形计数器如图 6-3-6 所示。

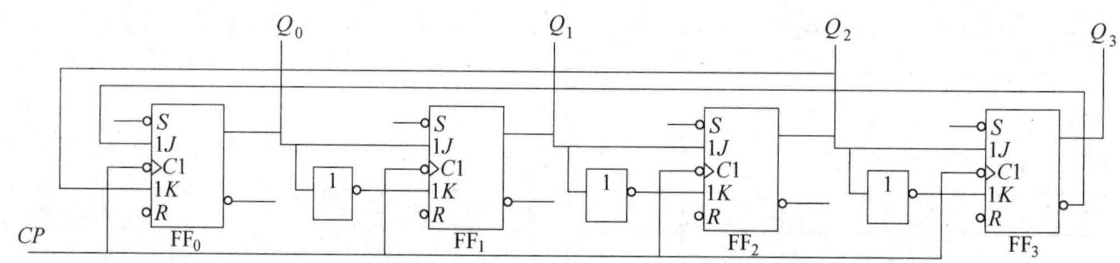

图 6-3-6 由 JK 触发器构成的模 7 扭环形计数器

(3) 模 7 扭环形计数器的波形图。模 7 扭环形计数器的波形图如图 6-3-7 所示。

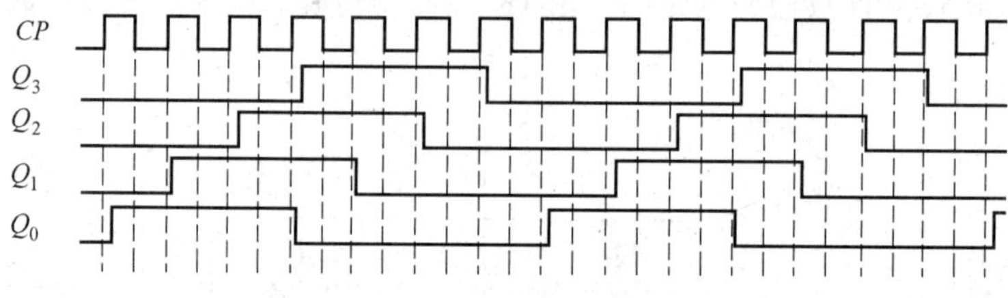

图 6-3-7 模 7 扭环形计数器波形图

6. 顺序脉冲发生器

在计算机和控制系统中,常常要求系统的某些操作按时间顺序分时工作,因此需要产生节拍控制脉冲,以协调各系统中各部件的工作。这种能产生节拍脉冲的电路称为节拍脉冲发生器,又称为顺序脉冲发生器或脉冲分配器。图 6-3-8 所示为顺序脉冲发生器的示意图。

图 6-3-8 顺序脉冲发生器的示意图

顺序脉冲发生器可以用以下两种方法实现。

(1) 用环形计数器构成顺序脉冲发生器

当环形计数器工作在每个状态中只有一个 1 或 0 的循环状态时,环形计数器就是一个脉冲发生器。这种方案的优点是不必附加译码电路；缺点是使用的触发器数目较多，每增加 1 位就要增加一个触发器，且要增加能自启动的反馈逻辑电路或者增加复位电路，让环形计数器上电时通过异步置 0、异步置 1 预置成只有一个 1 或 0 的初始状态。

图 6-3-9(a)所示为 4 位可自启动的、由环形计数器构成的顺序脉冲发生器，图 6-3-9(b)所示为顺序脉冲发生器的输出波形图。

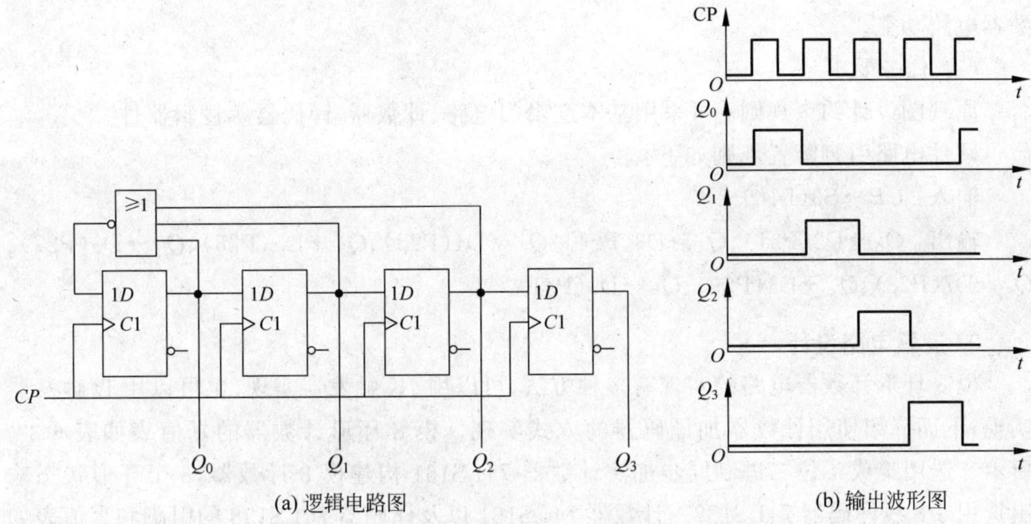

(a) 逻辑电路图　　(b) 输出波形图

图 6-3-9　用环形计数器构成的顺序脉冲发生器

(2) 用计数器和译码器构成顺序脉冲发生器

图 6-3-10(a)所示为 8 位顺序脉冲发生器。74LS161 的 Q_2、Q_1、Q_0 在 CP 脉冲的作用下，在 000～111 循环，Q_2、Q_1、Q_0 作为 3-8 译码器 74LS138 A_2、A_1、A_0 的输入，74LS138 译码器的 8 个输出端在 CP 脉冲作用下顺序输出低电平脉冲，如图 6-3-10(b)所示。

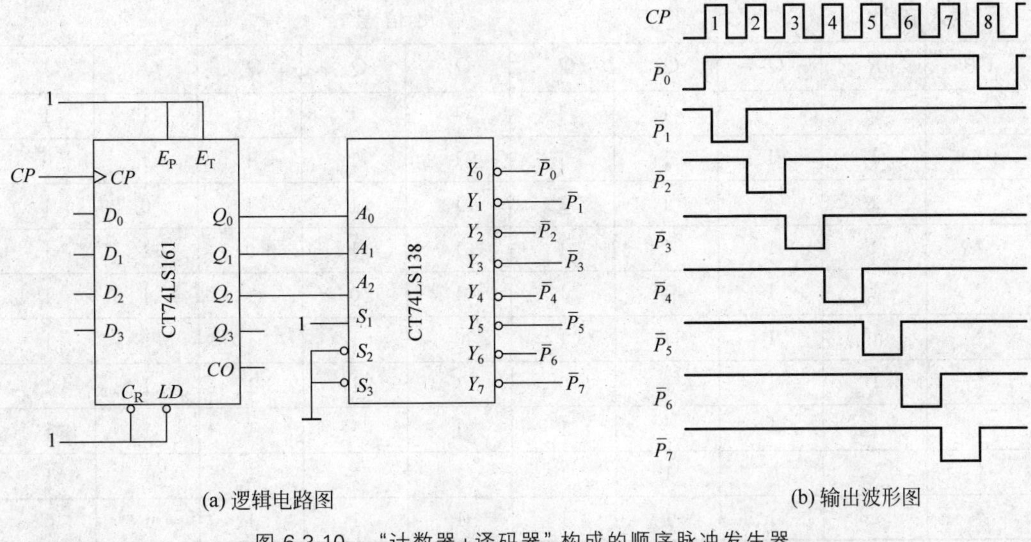

(a) 逻辑电路图　　(b) 输出波形图

图 6-3-10　"计数器+译码器"构成的顺序脉冲发生器

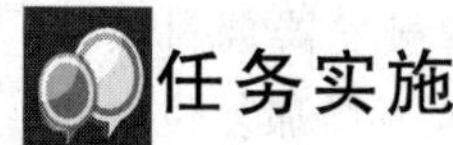

任务实施

1. 任务内容与要求

(1) 任务内容

在 TEMI 数字逻辑设计能力认证开发板上实现基于计数器与译码器的模 8 环形计数器电路功能。

(2) 任务要求

原理图设计约束规则：可采用基本逻辑门电路、计数器、译码器等逻辑器件。

硬件电路引脚配置规则如下。

输入：CP→S3(P16)。

输出：Q_0→D2(P21)、Q_1→D3(P24)、Q_2→D4(P25)、Q_3→D5(P26)、Q_4→D6(P27)、Q_5→D7(P28)、Q_6→D8(P29)、Q_7→D9(P31)。

2. 逻辑电路设计

模 8 环形计数器电路的实现有多种方法，可以用 JK 触发器实现，也可以用 D 触发器实现，下面介绍使用计数器加译码器的方式实现。模 8 环形计数器的真值表如表 6-3-4 所示。选用集成 4 位二进制同步加法计数器 74LS161 构建模 8 计数器，8 个环形状态输出选用 3-8 线译码器 74LS138。计数器 74LS161 以及译码器 74LS138 的引脚和真值表如图 6-3-11 和图 6-3-12 所示，使用方法请查阅项目 4 中的相关内容。由 74LS161 构建的模 8 计数器对输入的 CP 时钟信号↑进行计数，状态为 000→001→010→011→100→101→110→111→000，计数器的输出作为 3-8 线译码器的 3 位输入，对应译码器输出端(Q_7、Q_6、Q_5、Q_4、Q_3、Q_2、Q_1、Q_0)的 8 个状态。由此构建的模 8 环形计数器如图 6-3-13 所示。

表 6-3-4 模 8 环形计数器的真值表

输入信号		输出信号							
CP	R	Q_7	Q_6	Q_5	Q_4	Q_3	Q_2	Q_1	Q_0
×	0	1	1	1	1	1	1	1	1
↑	1	1	1	1	1	1	1	1	0
↑	1	1	1	1	1	1	1	0	1
↑	1	1	1	1	1	1	0	1	1
↑	1	1	1	1	1	0	1	1	1
↑	1	1	1	1	0	1	1	1	1
↑	1	1	1	0	1	1	1	1	1
↑	1	1	0	1	1	1	1	1	1
↑	1	0	1	1	1	1	1	1	1
↑	1	1	1	1	1	1	1	1	0

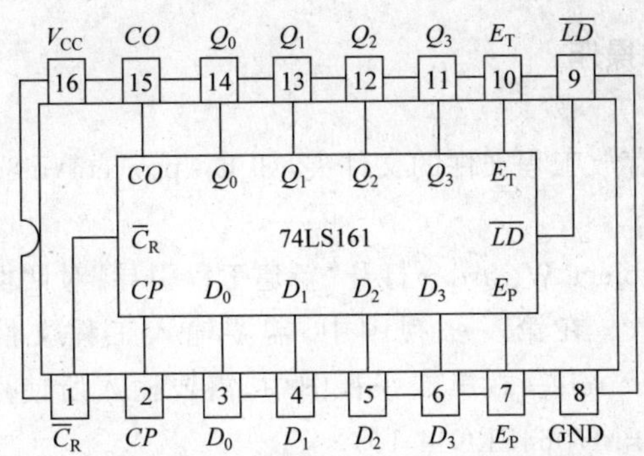

输入									输出				逻辑功能
$\overline{C}_R$	$\overline{LD}$	E_T	E_P	CP	D_0	D_1	D_2	D_3	Q_0	Q_1	Q_2	Q_3	
0	×	×	×	×	×	×	×	×	0	0	0	0	异步置0
1	0	×	×	↑	d_0	d_1	d_2	d_3	d_0	d_1	d_2	d_3	同步置数
1 1	1 1	0 ×	× 0	×	×	×	×	×	Q_0	Q_1	Q_2	Q_3	保持不变
1	1	1	1	↑	×	×	×	×	计数				4位二进制加法计数

图 6-3-11　74LS161 的引脚图和真值表

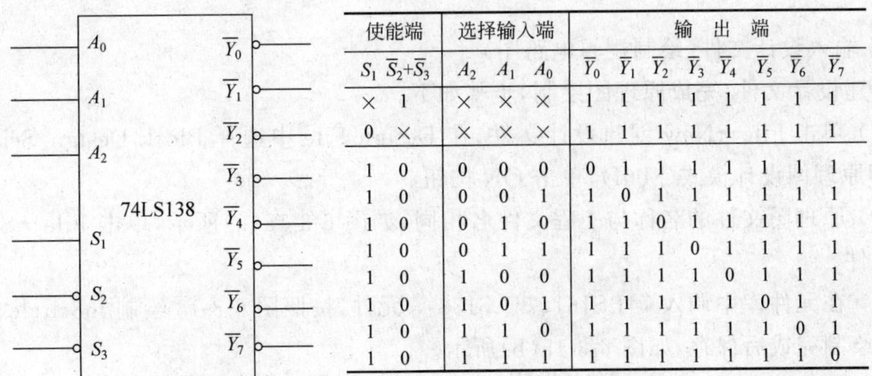

使能端		选择输入端			输出端							
S_1	$\overline{S}_2+\overline{S}_3$	A_2	A_1	A_0	$\overline{Y}_0$	$\overline{Y}_1$	$\overline{Y}_2$	$\overline{Y}_3$	$\overline{Y}_4$	$\overline{Y}_5$	$\overline{Y}_6$	$\overline{Y}_7$
×	1	×	×	×	1	1	1	1	1	1	1	1
0	×	×	×	×	1	1	1	1	1	1	1	1
1	0	0	0	0	0	1	1	1	1	1	1	1
1	0	0	0	1	1	0	1	1	1	1	1	1
1	0	0	1	0	1	1	0	1	1	1	1	1
1	0	0	1	1	1	1	1	0	1	1	1	1
1	0	1	0	0	1	1	1	1	0	1	1	1
1	0	1	0	1	1	1	1	1	1	0	1	1
1	0	1	1	0	1	1	1	1	1	1	0	1
1	0	1	1	1	1	1	1	1	1	1	1	0

图 6-3-12　74LS138 的引脚图和真值表

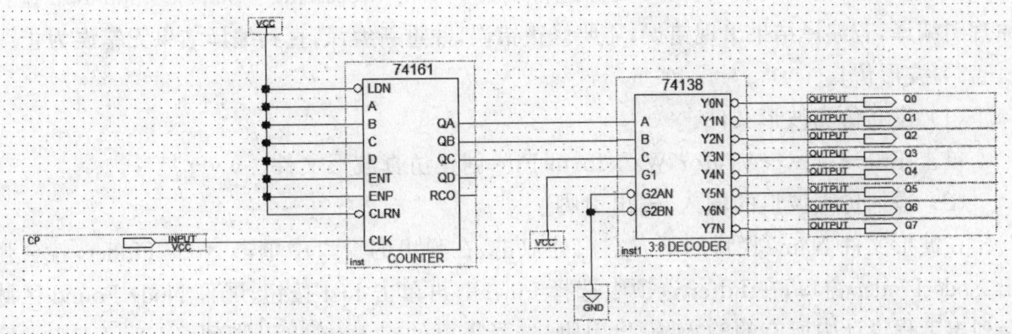

图 6-3-13　模 8 环形计数器的逻辑电路图

3. CPLD 的软硬件操作

1) 建立工程文件

首先创建一个用于存放工程文件的文件夹,如 E:\project6\m8circle。打开 Quartus Ⅱ 软件创建工程,过程如下。

单击 File→New Project Wizard→打开"新建工程引导"对话框,在对话框中分别输入如图 6-3-14 所示的信息。在第一张视图中,需要输入工程文件的路径 E:\project6\m8circle 与工程名称 m8circle。在第二张视图中,需要输入所使用的 CPLD 芯片的类别(MAX7000S)与型号(EPM7064SLC44-10)。

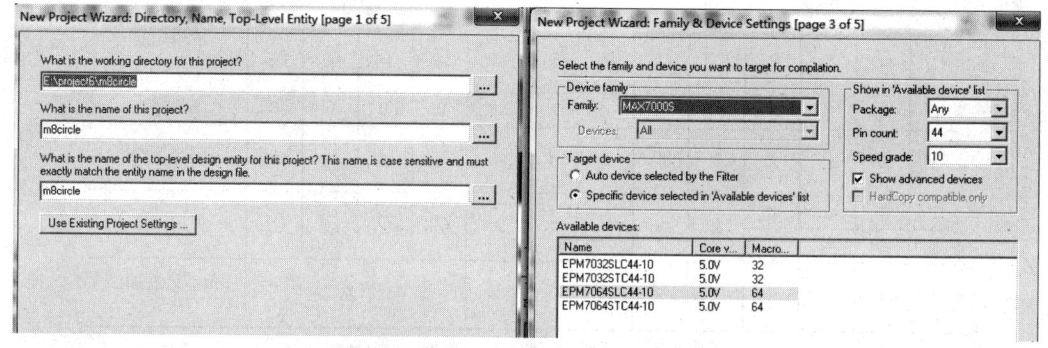

图 6-3-14 创建工程引导图

2) 输入设计文件(绘制逻辑电路图)

创建设计文件,完成原理图绘制,步骤如下。

(1) 单击 File→New 创建设计文件,在 Design File 中选择 Block Design/Schematic File,即原理图设计模式(.bdf),单击 OK 按钮。

(2) 原理图文件的名称与工程文件名相同,如图 6-3-15(a)所示,单击 File→Save As 保存文件。

(3) 在元件库中调入 74LS161、74LS138 等元件,按照图 6-3-13 绘制 m8circle 完整电路图,绘制完成后保存,如图 6-3-15(b)所示。

3) 编译工程文件

完成原理图的绘制后,就要对文件进行编译。单击 Processing→Start Compilation 进行原理图编译,若编译结果出现错误,需要修正错误,并重新编译,直到编译结果无错误为止。

4) 波形仿真

(1) 建立仿真波形文件

单击 File→New→Vector Waveform File 创建仿真波形文件(.vwf)。

(2) 添加仿真波形的输入/输出引脚

在波形文件 Name 栏目的下方空白处双击,在弹出的窗口中单击 Node Finder,就会弹出 Node Finder 窗口,在 Filter 选项中选择 Pin:all,再单击 List 按钮,屏幕 Node Found 区域会列出工程设计中所有的输入/输出引脚,选择需要的输入/输出引脚到 Selected Nodes 区域,单击 OK 按钮,添加的输入/输出引脚将会显示在波形编辑窗口中,如图 6-3-16 所示。

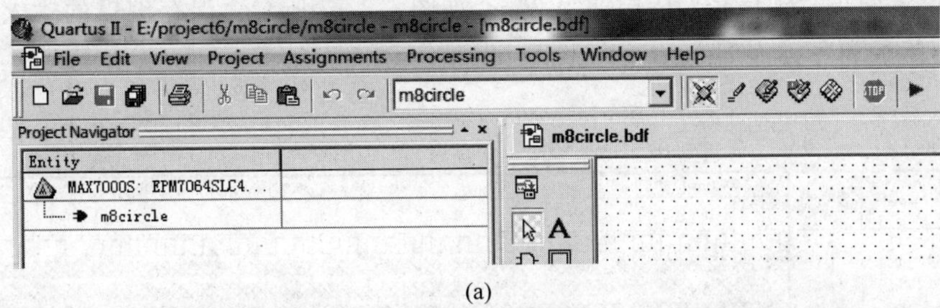

(a)

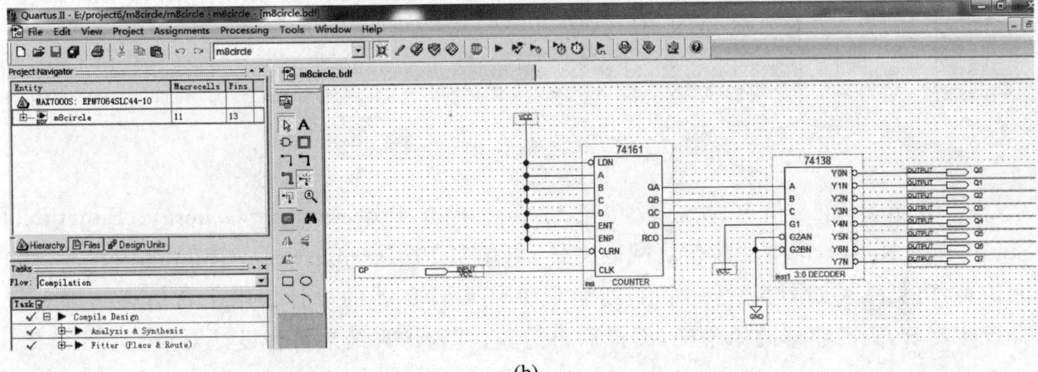

(b)

图 6-3-15 原理图编辑窗口

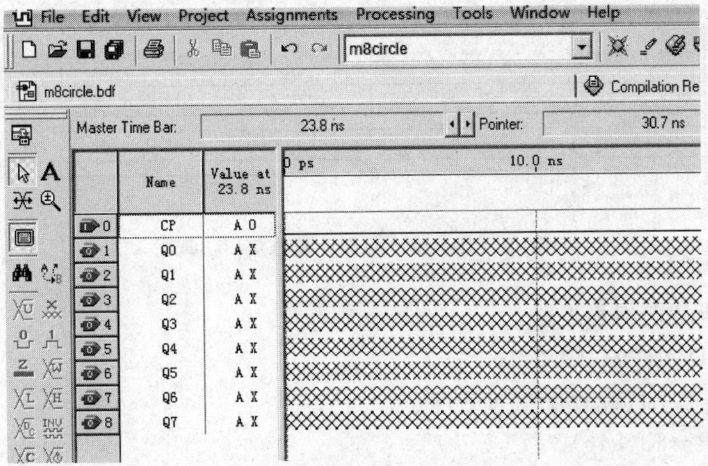

图 6-3-16 输入/输出引脚导入

(3) 设置波形仿真环境

① 选择 Edit→End Time，设定为 1μs。

② 选择 Edit→Grid Side，设定为 10ns。

③ 选择 View→Fit in Window。

(4) 编辑输入/输出信号

① 使用鼠标拖曳输入/输出信号，使其按照合理的顺序排列。

② 设置同步时钟信号 CP 周期为 20ns,如图 6-3-17 所示。保存编辑的输入信号,文件保存的路径和名称为 E:\project6\m8circle. vwf。

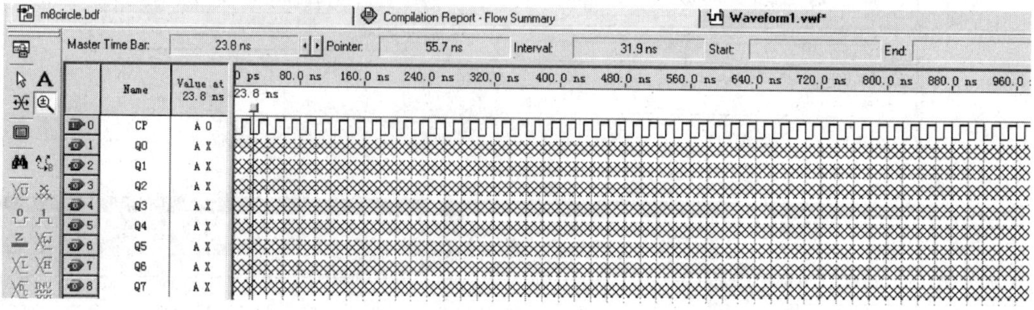

图 6-3-17　输入/输出引脚信号的设置

③ 编辑好输入信号后进行功能仿真。单击 Processing→Generate Functional Simulation Netlist 产生功能仿真网表文件,再单击 Processing→Start Simulation 进行功能仿真,仿真结果如图 6-3-18 所示,符合模 8 环形计数器的设计要求。若仿真结果不符合设计要求,则需要修改原理图,编译后再仿真,直到仿真结果符合设计要求。

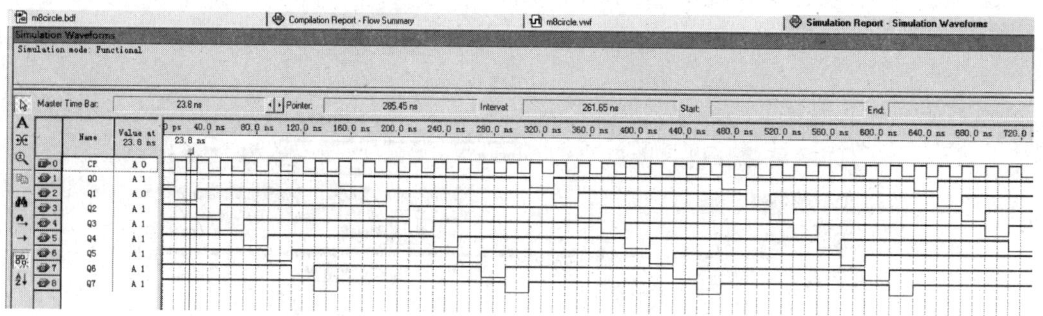

图 6-3-18　模 8 环形计数器波形仿真图

5) 引脚配置与编程下载

(1) CPLD 元件的引脚配置

硬件电路的引脚配置规则如下。

输入:CP→S3(P16)。

输出:Q_0→D2(P21)、Q_1→D3(P24)、Q_2→D4(P25)、Q_3→D5(P26)、Q_4→D6(P27)、Q_5→D7(P28)、Q_6→D8(P29)、Q_7→D9(P31)。

引脚配置的方法如下。

① 单击 Assignments → Pins,检查 CPLD 元件型号是否为 MAS7000S、EPM7064SLC44-10,再将鼠标移到 All pins 视窗,选择每一个端点(CP、Q_0、Q_1、Q_2、Q_3、Q_4、Q_5、Q_6、Q_7),再在其后的 Location 栏选择每个端点所对应的 CPLD 芯片上的引脚,如图 6-3-19 所示。

② 引脚配置完成后,需要再次编译电路以存储这些引脚的锁定信息。

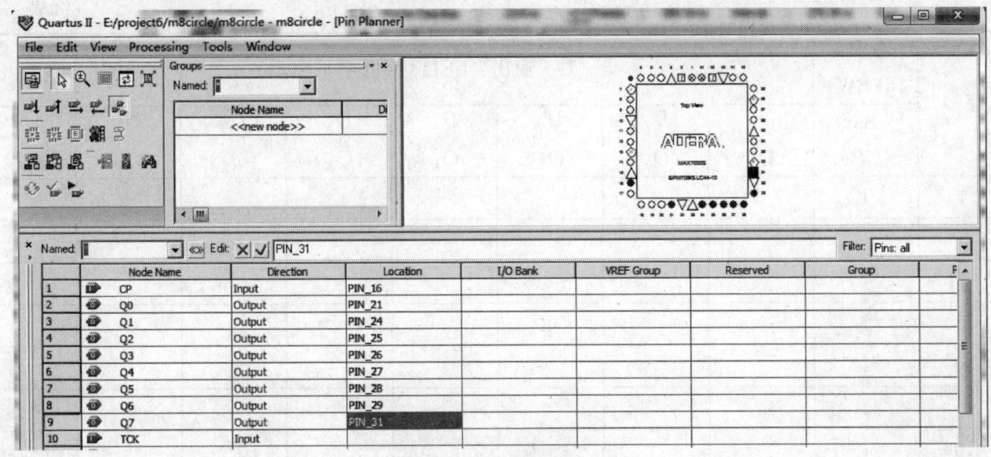

图 6-3-19 引脚配置

（2）程序下载

在程序下载前，要对硬件开发板上相关的信号进行设置。指拨开关 S2 上的 CPLD-EN、CPLD-OE、LEDs-EN 都要处在 ON 状态，这样才能进行下载，且 LED 处于可用状态。然后单击 Tools→Programmer 打开编程配置下载窗口，先单击 Hardware Setup 配置下载电缆，选择 USB-Blaster，下载线配置完成后，在 Mode 下拉列表中选择 JTAG，选中下载文件 m8circle.pof 右侧第一个小方框（Program/Configure），打开目标板电源，再单击 Start 按钮进行程序下载，完成下载后如图 6-3-20 所示。

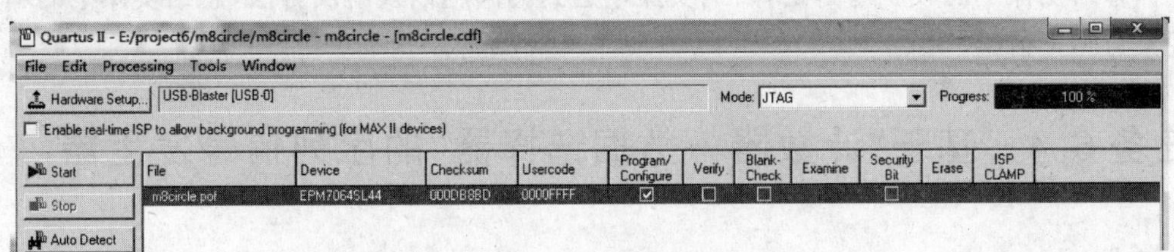

图 6-3-20 程序下载完成窗口

6）硬件测试

（1）按表 6-3-5，在 TEMI 数字逻辑设计能力认证开发板上进行测试。

表 6-3-5 模 8 环形计数器测试表

序号	输入：PB-SW1	输出：LED 灯（低电平驱动）							
	S3（CP）	D_7（Q_7）	D_6（Q_6）	D_5（Q_5）	D_4（Q_4）	D_3（Q_3）	D_2（Q_2）	D_1（Q_1）	D_0（Q_0）
0	0								
1	1								
2	1								
3	1								

续表

序号	输入：PB-SW1	输出：LED灯(低电平驱动)							
	S3 (CP)	D_7 (Q_7)	D_6 (Q_6)	D_5 (Q_5)	D_4 (Q_4)	D_3 (Q_3)	D_2 (Q_2)	D_1 (Q_1)	D_0 (Q_0)
4	1								
5	1								
6	1								
7	1								
8	1								
9	1								
10	1								
11	1								

注：测试表中的输出状态用LED灯的亮、灭表示。

(2) 将输入时钟信号 CP 从 PB-SW1 改为 GCLK1,采用 10Hz,观察模 8 环形计数器的输出,并记录。

归纳硬件测试结果,判断测试结果是否符合设计要求。若不符合要求,找出问题所在,修改电路设计,重新测试,直至测试符合设计要求。

4. 撰写实操小结(字数不少于 100)

总结实操中的收获与不足,归纳实操中遇到的问题以及解决方法,总结实操中的不良现象与纠正措施。

任务 6.4　基于"计数器＋数据选择器"的序列信号发生器

任务说明

在数字信号的传输与数字系统的测试中,有时需要用到一组特定的串行数字信号,通常把这种串行数字信号称为序列信号。本任务主要学习序列信号产生的方法与序列信号发生器电路的结构。

相关知识

序列信号是指在同步脉冲作用下循环地产生一串周期性的二进制信号,能产生这种信号的电路称为序列信号发生器。

序列信号发生器的构成方法有两种：用计数器和数据选择器构成；带反馈逻辑电路的移位寄存器。

1. 用计数器和数据选择器构成序列信号发生器

用计数器和数据选择器构成序列信号发生器的电路简单、直观。例如,需要产生一个

8位的序列信号11101000(时间顺序为自左向右),则可用一个八进制计数器和一个8选1数据选择器组成,如图6-4-1所示,其中,八进制计数器取自74LS161(4位二进制计数器)的低3位,8选1数据选择器是74LS151,74LS151的数据输入端从低位(D_0)到高位(D_7)依次设置为11101000,即在CP脉冲的作用下,74LS151的输出端(Y)周期性地输出11101000序列信号。改变$D_0 \sim D_7$的状态值,即可修改序列信号,而不需改变任何电路。若使用74LS161的4位输出加上16选1数据选择器,可实现16位的序列信号发生器。

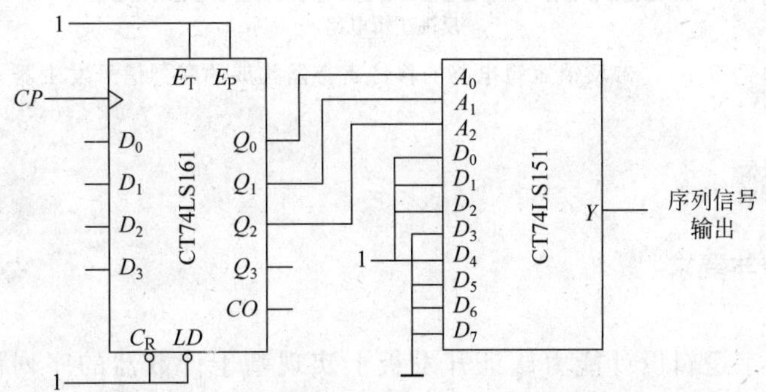

图6-4-1 计数器和数据选择器构成的序列信号发生器

2. 用带反馈逻辑电路的移位寄存器构成序列信号发生器

利用移位寄存器顺序移位的特性,加上反馈逻辑电路按序列信号输出的要求产生移位输入即可实现。如果序列信号的位数是m,移位寄存器的位数是n,则应取$m \leqslant 2^n$。例如,若要求产生8位序列信号00010111,则须选用3位的移位寄存器加上反馈逻辑电路来构成。根据要求产生的序列号,列出移位寄存器的状态转换真值表,以及实现该状态转换所需的移位输入信号D_0,如表6-4-1所示。

表6-4-1 状态转换真值表

CP	Q_2^n	Q_1^n	Q_0^n	D_0
0	0	0	0	1
1	0	0	1	0
2	0	1	0	1
3	1	0	1	1
4	0	1	1	1
5	1	1	1	0
6	1	1	0	0
7	1	0	0	0

根据表6-4-1,利用卡诺图化简,求出D_0与Q_2^n、Q_1^n、Q_0^n的逻辑函数表达式为

$$D_0 = Q_2 \overline{Q_1} Q_0 + \overline{Q_2} Q_1 + \overline{Q_2}\ \overline{Q_0} \tag{6-4-1}$$

在3位移位(右移)寄存器的基础上,加上式(6-4-1)的反馈逻辑,即可实现序列信号00010111的序列信号发生器,如图6-4-2所示。

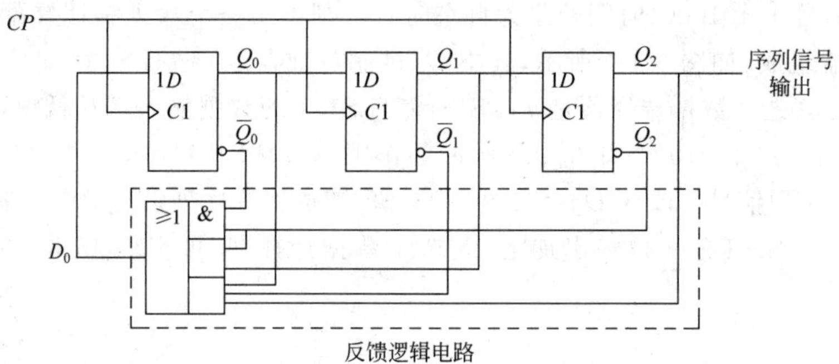

图 6-4-2 带反馈逻辑电路的移位寄存器构成的序列信号发生器

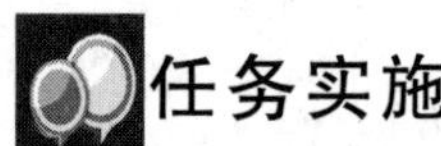

任务实施

1. 任务内容与要求

(1) 任务内容

在 TEMI 数字逻辑设计能力认证开发板上实现基于计数器的序列信号发生器电路功能,序列信号发生器产生序列信号为 01001101。

(2) 任务要求

原理图设计约束规则:可采用基本逻辑门电路、计数器、译码器等逻辑器件。

硬件电路引脚配置规则如下。

输入:CP→PB-SW1(P16)。

输出:Q_0→D2(P21)。

2. 逻辑电路设计

01001101 序列信号发生器的真值表如表 6-4-2 所示,序列信号发生器 8 个状态一个循环。选用集成 4 位二进制同步加法计数器 74LS161 构建模 8 计数器,序列信号发生器产生的序列信号 01001101,由 8 选 1 数据选择器构建,数据选择器选用 74LS138。计数器 74LS161 以及数据选择器 74LS151 的引脚和真值表如图 6-4-3 和图 6-4-4 所示,使用方法请查阅项目 4 中的相关内容。由 74LS161 构建的模 8 计数器对输入的 CP 时钟信号↑进行计数,状态为 000→001→010→011→100→101→110→111→000,计数器的输出作为 8 选 1 数据选择器 3 位地址信号 A_2、A_1、A_0 的输入,由地址信号确定输出端 Q_0 选择 D_0～D_7 之中的一个输出。由此构建的序列信号发生器如图 6-4-5 所示。

表 6-4-2 序列信号发生器的真值表

序号	输入信号	输出信号
	CP	Q_0
1	↑	0
2	↑	1
3	↑	0
4	↑	0

续表

序号	输入信号	输出信号
	CP	Q_0
5	↑	1
6	↑	1
7	↑	0
8	↑	1
9	↑	0
10	↑	1
11	↑	0
12	↑	0
13	↑	1
14	↑	1
15	↑	0
16		1

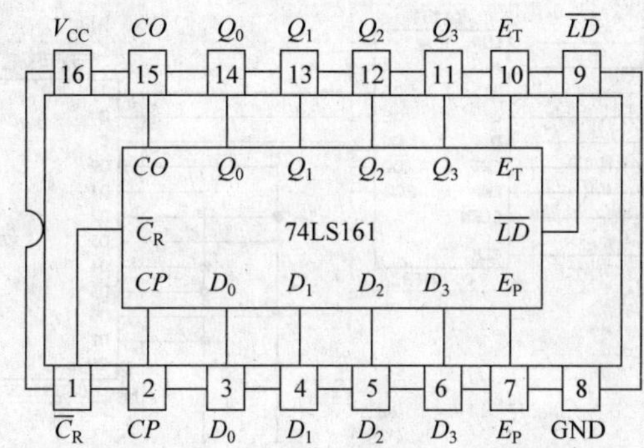

输入									输出				逻辑功能
$\overline{C}_R$	$\overline{LD}$	E_T	E_P	CP	D_0	D_1	D_2	D_3	Q_0	Q_1	Q_2	Q_3	
0	×	×	×	×	×	×	×	×	0	0	0	0	异步置0
1	0	×	×	↑	d_0	d_1	d_2	d_3	d_0	d_1	d_2	d_3	同步置数
1	1	0	×	×	×	×	×	×	Q_0	Q_1	Q_2	Q_3	保持不变
1	1	×	0										
1	1	1	1	↑	×	×	×	×	计数				4位二进制加法计数

图 6-4-3 74LS161 的引脚图和真值表

3. CPLD 的软硬件操作

1）建立工程文件

首先创建一个用于存放工程文件的文件夹，如 E:\project6\signalgenerator。打开 Quartus Ⅱ软件创建工程，过程如下。

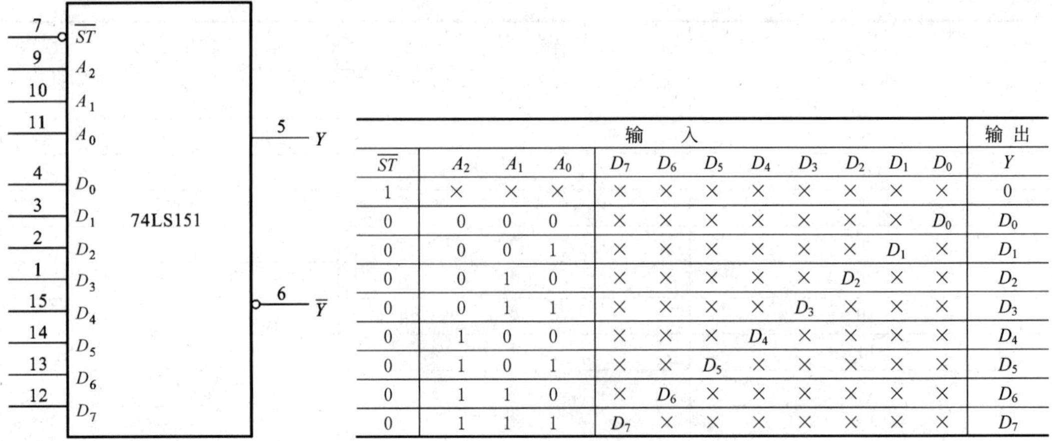

输入												输出
$\overline{ST}$	A_2	A_1	A_0	D_7	D_6	D_5	D_4	D_3	D_2	D_1	D_0	Y
1	×	×	×	×	×	×	×	×	×	×	×	0
0	0	0	0	×	×	×	×	×	×	×	D_0	D_0
0	0	0	1	×	×	×	×	×	×	D_1	×	D_1
0	0	1	0	×	×	×	×	×	D_2	×	×	D_2
0	0	1	1	×	×	×	×	D_3	×	×	×	D_3
0	1	0	0	×	×	×	D_4	×	×	×	×	D_4
0	1	0	1	×	×	D_5	×	×	×	×	×	D_5
0	1	1	0	×	D_6	×	×	×	×	×	×	D_6
0	1	1	1	D_7	×	×	×	×	×	×	×	D_7

图 6-4-4 74LS151 的引脚图和真值表

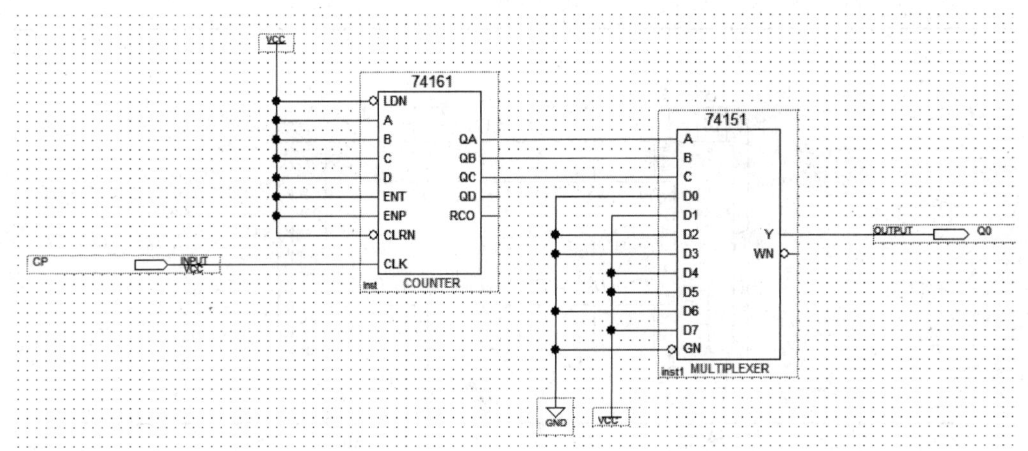

图 6-4-5 序列信号发生器的逻辑电路图

单击 File→New Project Wizard→打开“新建工程引导”对话框，在对话框中分别输入如图 6-4-6 所示的信息。在第一张视图中，需要输入工程文件的路径 E:\project6\signalgenerator 与工程名称 signalgenerator。在第二张视图中，需要输入所使用的 CPLD 芯片的类别(MAX7000S)与型号(EPM7064SLC44-10)。

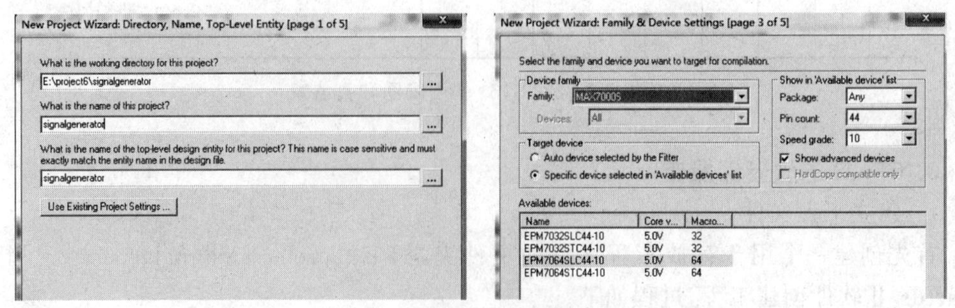

图 6-4-6 创建工程引导图

2）输入设计文件（绘制逻辑电路图）

创建设计文件，完成原理图绘制，步骤如下。

(1) 单击 File→New 创建设计文件，在 Design File 中选择 Block Design/Schematic File，即原理图设计模式(.bdf)，单击 OK 按钮。

(2) 原理图文件的名称与工程文件名相同，如图 6-4-7 所示，单击 File→Save As 保存文件。

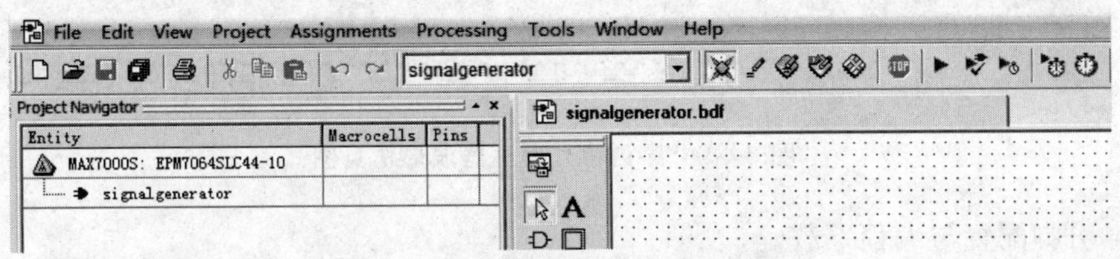

图 6-4-7 原理图编辑窗口

(3) 在元件库中调入 74LS161、74LS151 等元件，按照图 6-4-5 绘制 signalgenerator 完整电路图，绘制完成后保存。

3）编译工程文件

完成原理图的绘制后，就要对文件进行编译。单击 Processing→Start Compilation 进行原理图编译，若编译结果有错误，需要修正错误，并重新编译，直到编译结果无错误为止。

4）波形仿真

(1) 建立仿真波形文件

单击 File→New→Vector Waveform File 创建仿真波形文件(.vwf)。

(2) 添加仿真波形的输入/输出引脚

在波形文件 Name 栏目的下方空白处双击，在弹出的窗口中单击 Node Finder 就会弹出 Node Finder 窗口，在 Filter 选项中选择 Pin：all，再单击 List 按钮，屏幕 Node Found 区域会列出工程设计中所有的输入/输出引脚，选择需要的输入/输出引脚到 Selected Nodes 区域，单击 OK 按钮，添加的输入/输出引脚将会显示在波形编辑窗口中。

(3) 设置波形仿真环境

① 选择 Edit→End Time，设定为 1μs。

② 选择 Edit→Grid Side，设定为 10ns。

③ 选择 View→Fit in Window。

(4) 编辑输入/输出信号

① 使用鼠标拖曳输入/输出信号，使其按照合理的顺序排列。

② 设置同步时钟信号 *CP* 周期为 20ns，如图 6-4-8 所示。保存编辑的输入信号，文件保存的路径和名称为 E:\project6\signalgenerator.vwf。

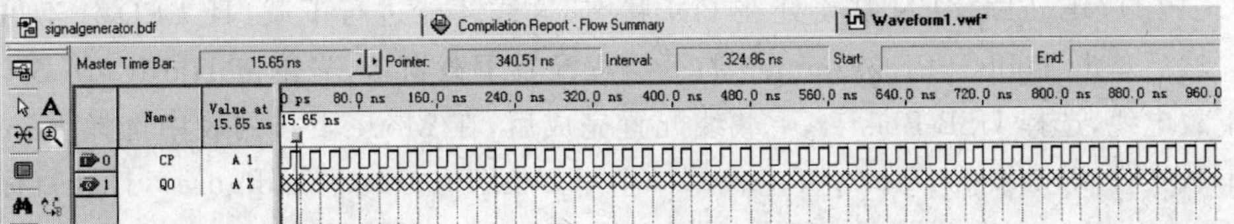

图 6-4-8 输入/输出引脚信号的设置

③ 编辑好输入信号后进行功能仿真。单击 Processing→Generate Functional Simulation Netlist 产生功能仿真网表文件,接着再单击 Processing→Start Simulation 进行功能仿真,仿真结果如图 6-4-9 所示,符合序列信号发生器的设计要求。若仿真结果不符合设计要求,则需要修改原理图,编译后再仿真,直到仿真结果符合设计要求。

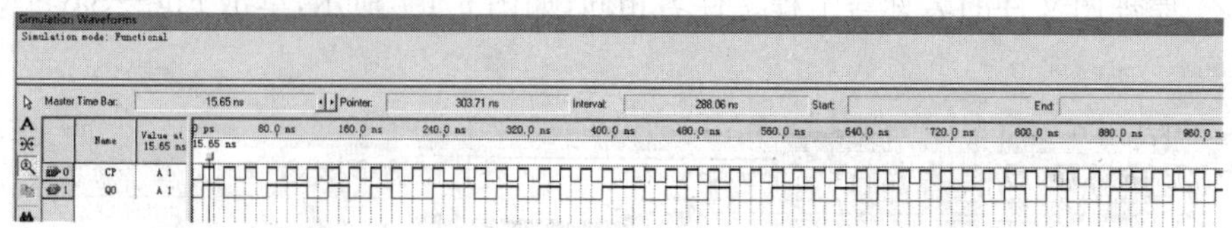

图 6-4-9 序列信号发生器波形仿真图

5）引脚配置与编程下载

(1) CPLD 元件的引脚配置

硬件电路的引脚配置规则如下。

输入：CP→PB-SW1(P16)。

输出：Q_0→D2(P21)。

引脚配置的方法如下。

① 单击 Assignments → Pins，检查 CPLD 元件型号是否为 MAS7000S、EPM7064SLC44-10,将鼠标移到 All pins 视窗,选择每一个端点(CP、Q_0),再在其后的 Location 栏选择每个端点所对应的 CPLD 芯片上的引脚,如图 6-4-10 所示。

② 引脚配置完成后,需要再次编译电路以存储这些引脚的锁定信息。

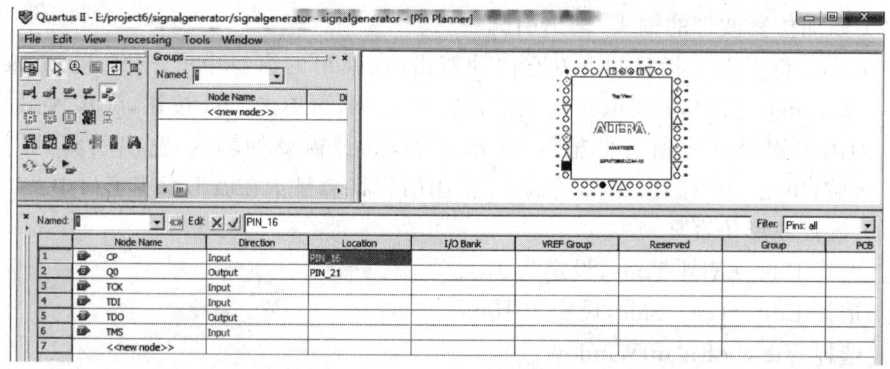

图 6-4-10 引脚配置

(2) 程序下载

在程序下载前,要对硬件开发板上相关的信号进行设置。指拨开关 S2 上的 CPLD-EN、CPLD-OE、LEDs-EN 都要处在 ON 状态,这样才能进行下载,且 LED 处于可用状态。然后单击 Tools→Programmer,打开编程配置下载窗口,先单击 Hardware Setup 配置下载电缆,选择 USB-Blaster,下载线配置完成后,在 Mode 下拉列表中选择 JTAG,选中下载文件 signalgenerator. pof 右侧第一个小方框(Program/Configure),打开目标板电源,再单击 Start 按钮进行程序下载,完成下载后如图 6-4-11 所示。

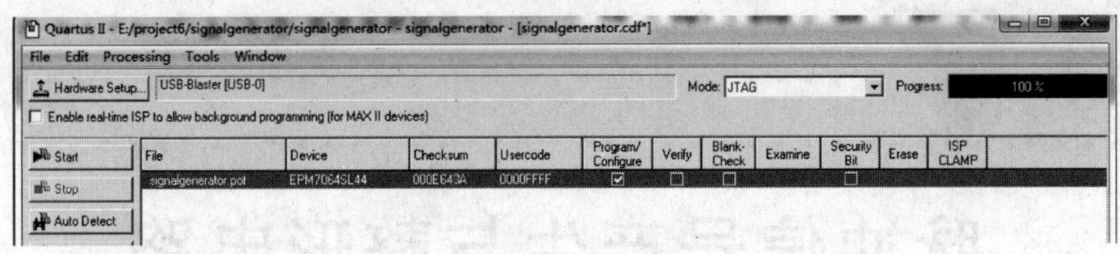

图 6-4-11 程序下载完成窗口

6）硬件测试

(1) 按表 6-4-3，在 TEMI 数字逻辑设计能力认证开发板上进行测试。

表 6-4-3 序列信号发生器测试表

序号	输入：PB-SW1	输出：LED 灯（低电平驱动）
	S3(CP)	$D_0(Q_0)$
0	0	
1	1	
2	1	
3	1	
4	1	
5	1	
6	1	
7	1	
8	1	
9	1	
10	1	
11	1	

注：测试表中的输出状态用 LED 灯的亮、灭表示。

(2) 将输入时钟信号 CP 从 PB-SW1 改为 GCLK1，采用 10Hz，观察序列信号发生器的输出，并记录。

归纳硬件测试结果，判断测试结果是否符合设计要求。若不符合要求，找出问题所在，修改电路设计，重新测试，直至测试符合设计要求。

4. 撰写实操小结(字数不少于 100)

总结实操中的收获与不足，归纳实操中遇到的问题以及解决方法，总结实操中的不良现象与纠正措施。

习题

项目 6 习题.pdf（扫描可下载本项目习题）

项目7 脉冲信号产生与整形电路

Project 7

本项目分2个任务,任务7.1是基于集成运放产生矩形波、三角波与锯齿波;任务7.2是采用555时基电路构成多谐振荡器、施密特触发器(整形电路)与单稳态触发器。

知识点

◇ 集成运放矩形波产生电路与工作原理;
◇ 集成运放三角波产生电路与工作原理;
◇ 集成运放锯齿波产生电路与工作原理;
◇ 555定时器的结构与工作原理;
◇ 555定时器的多谐振荡器;
◇ 555定时器的施密特触发器;
◇ 555定时器的单稳态触发器。

技能点

◇ 各种脉冲电路参数的分析与计算;
◇ 应用Proteus仿真软件设计与调试脉冲电路。

任务7.1 基于集成运放的脉冲电路

任务说明

电子电路中最为常见的脉冲信号有矩形波、三角波和锯齿波。本任务一是学习基于集成运放,如何产生矩形波信号、三角波信号与锯齿波信号;二是应用Proteus仿真软件设计与调试矩形波脉冲电路。

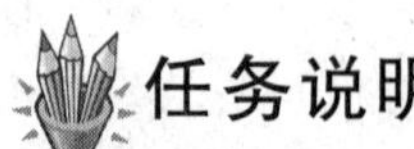

相关知识

矩形波信号是数字电路中的基础信号,矩形波信号的质量直接关系到数字电路的性能,同时产生矩形波的电路也是产生三角波、锯齿波的基础电路。当方波信号加到积分运算电路的输入端,则输出端的输出信号就是三角波;若改变积分运算电路的正向积分与反向积分的时间常数,使某一方向的时间常数趋于零,则可获得锯齿波信号。

7.1.1 矩形波发生电路

1. 电路组成与工作原理

如图 7-1-1 所示，矩形波发生电路由反向输入的滞回比较器和 RC 电路组成。RC 电路既是延迟环节，也是反馈网络，通过 R、C 充放电实现输出状态的自动切换。图 7-1-2 所示为滞回比较器的电压传输特性。矩形波发生电路输出信号只有两种状态：高电平和低电平。

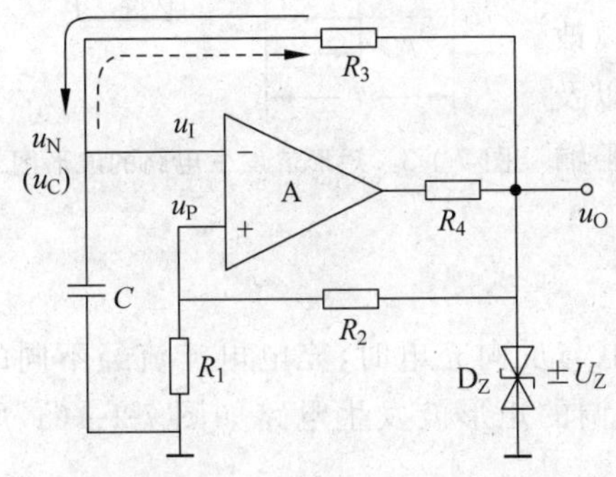

图 7-1-1 矩形波发生电路

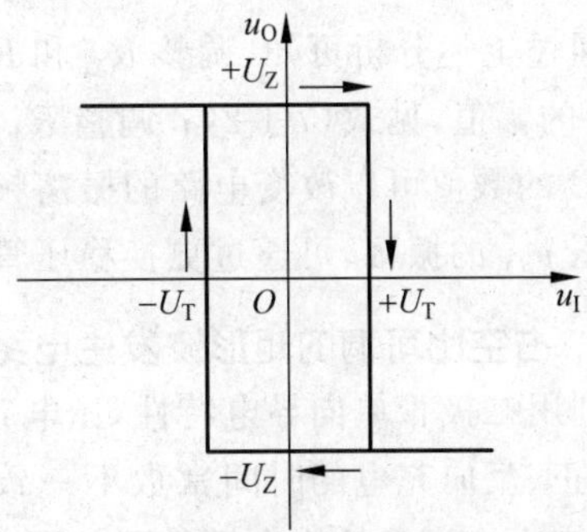

图 7-1-2 滞回比较器的电压传输特性

在图 7-1-1 中，滞回比较器的输出电压为

$$u_O = \pm U_Z \tag{7-1-1}$$

则滞回比较器阈值电压为

$$\pm U_T = \pm \frac{R_1}{R_1 + R_2} U_Z \tag{7-1-2}$$

设某一时刻输出电压 $u_O = +U_Z$，则同相输入端电位 $u_P = +U_T$。u_O 通过 R_3 对电容 C 正向充电，如图 7-1-1 中实线箭头所示。反相输入端 u_N 随时间 t 增长而逐渐升高，一旦 $u_N = +U_T$，再稍微增大，u_O 就从 $+U_Z$ 变为 $-U_Z$，与此同时 u_P 从 $+U_T$ 变为 $-U_T$。随后，u_O 通过 R_3 对电容 C 反向充电或者说放电，如图 7-1-1 中虚线箭头所示。反相输入端 u_N 随时间 t 的增长而逐渐降低，一旦 $u_N = -U_T$，再稍微减小，u_O 就从 $-U_Z$ 变为 $+U_Z$，与此同时 u_P 从 $-U_T$ 变为 $+U_T$，电容又开始正向充电。周而复始，电路就产生了自激振荡。滞回比较器输出端 u_O 输出矩形波电压信号。

2. 波形分析与波形参数的计算

从图 7-1-1 可知，电容 C 正向充电与反向充电的时间常数是一样的，均为 R_3C，而且充电的总幅值也是一样的，因此，在一个周期内高电平（$+U_Z$）时间和低电平（$-U_Z$）时间是相同的，即矩形波信号的占空比为 50%，所以该矩形波信号也称为方波，该电路称为方波发生电路，电容上电压 u_C（即集成运放反向输入端电位 u_N）和电路输出电压 u_O 的波形如图 7-1-3 所示。

根据电容上电压 u_C 波形可知，在二分之一周期内，电容正向充电的起始值为 $-U_T$，终止值为 $+U_T$，时间常数为 R_3C，时间 t 趋于无穷时，u_C 趋于 $+U_Z$，利用一阶 RC 电路的三要素法可列出方程：

$$+U_T=(U_Z+U_T)\left(1-e^{-\frac{T/2}{R_3C}}\right)+(-U_T) \tag{7-1-3}$$

将式(7-1-2)代入式(7-1-3)中，即可求出方波的振荡周期：

$$T=2R_3C\ln\left(1+\frac{2R_1}{R_2}\right) \tag{7-1-4}$$

通过上述分析可知，调整 R_1 和 R_2 的阻值可以改变 u_C 的幅值，见式(7-1-2)；调整 R_1、R_2 的阻值以及电容 C 的数值可以改变电路的振荡频率；若要调整输出电压 u_O 的振幅，可通过更换稳压管改变 U_Z。

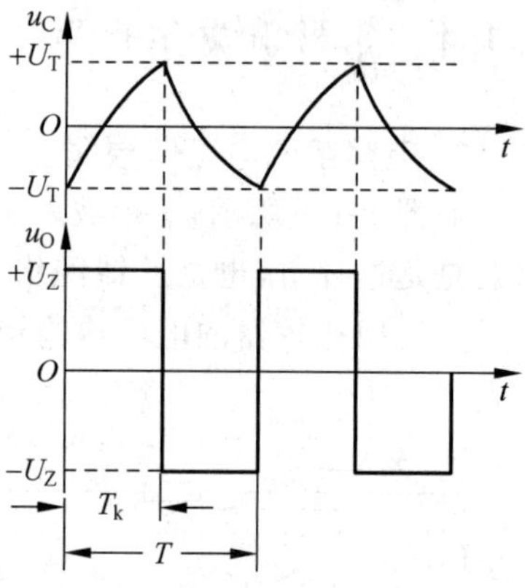

图 7-1-3　矩形波发生电路的波形图

3. **占空比可调的矩形波发生电路**

利用二极管单向导电特性，让电容 C 正向充电与反向充电时，充电电流流经不同的电路，正、反向充电的时间常数不一致。占空比可调的矩形波发生电路如图 7-1-4(a)所示，电容上电压和输出电压波形如图 7-1-4(b)所示。

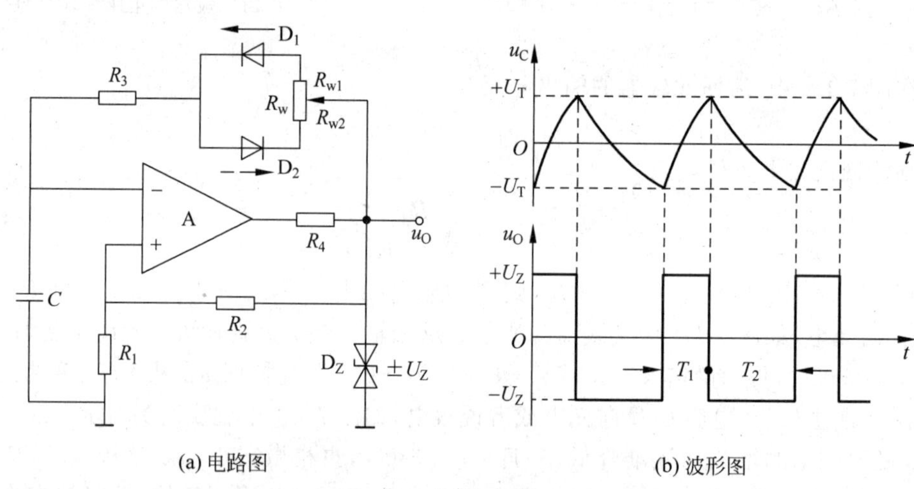

(a) 电路图　　(b) 波形图

图 7-1-4　占空比可调的矩形波发生电路

当 $u_O=+U_Z$ 时，u_O 通过 R_{w1}、D_1 和 R_3 对电容 C 正向充电，若忽略二极管的导通电阻，则正向充电的时间常数为

$$\tau_1\approx(R_{w1}+R_3)C \tag{7-1-5}$$

当 $u_O=-U_Z$ 时，u_O 通过 R_{w2}、D_2 和 R_3 对电容 C 反向充电，若忽略二极管的导通电阻，则反向充电的时间常数为

$$\tau_2\approx(R_{w2}+R_3) \tag{7-1-6}$$

利用一阶 RC 电路的三要素法可以解出一周期内正向充电时间 T_1 和反向充电时间 T_2：

$$T_1\approx\tau_1\ln\left(1+\frac{2R_1}{R_2}\right) \tag{7-1-7}$$

$$T_2 \approx \tau_2 \ln\left(1+\frac{2R_1}{R_2}\right) \tag{7-1-8}$$

周期为

$$T = T_1 + T_2 \approx (R_w + 2R_3)\ln\left(1+\frac{2R_1}{R_2}\right) \tag{7-1-9}$$

改变电位器 R_w 的滑动端可改变 R_{w1} 和 R_{w2} 值，即可改变 T_1 和 T_2，但周期不变。矩形波的占空比为

$$q = \frac{T_1}{T} \approx \frac{R_{w1} + R_3}{R_w + 2R_3} \tag{7-1-10}$$

7.1.2 三角波发生电路

1. 电路组成与工作原理

如图 7-1-5(a)所示，方波电压经积分运算电路处理后，所得信号即为三角波信号。当 $u_{O1}=+U_Z$ 时，积分运算电路的输出电压 u_{O2} 将线性下降；当 $u_O=-U_Z$ 时，积分运算电路的输出电压 u_O 将线性上升，积分运算电路输入、输出波形如图 7-1-5(b)所示。

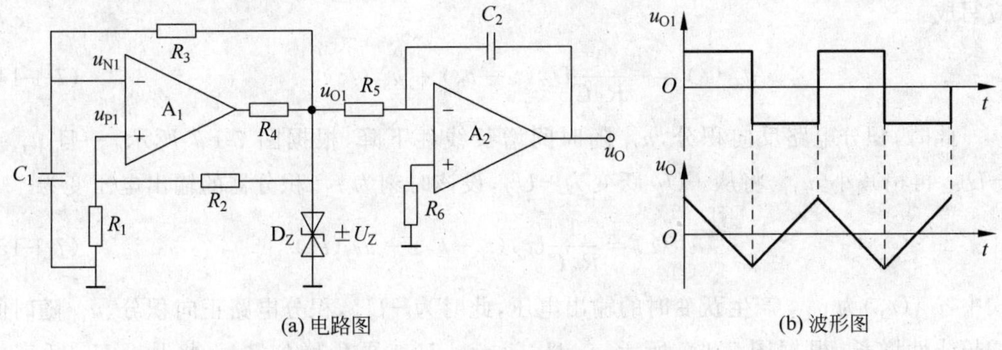

(a) 电路图　　(b) 波形图

图 7-1-5　方波转三角波变换电路

由于图 7-1-5(a)所示电路中存在两个 RC 延迟环节电路(方波电路中的 R_3、C_1 与积分电路中的 R_4、C_2)，在实际应用中，可将它们“合二而一”，即去掉方波发生器中的 RC 电路，使积分运算电路又用作延迟环节(充放电电路)，滞回比较器与积分运算电路的输出互为另一个电路的输入，如图 7-1-6 所示。

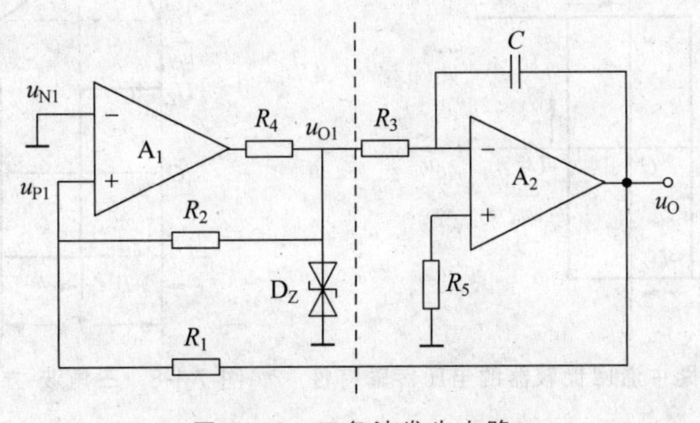

图 7-1-6　三角波发生电路

在图 7-1-6 所示的三角波发生电路中,虚线左侧为同相输入滞回比较器,右侧为积分运算电路。滞回比较器输出(u_{O1})的高电平为$+U_Z$、低电平为$-U_Z$,滞回比较器的输入是积分运算电路的输出电压 u_O,根据叠加定理,滞回比较器同相输入端的电位为

$$u_{P1}=\frac{R_2}{R_1+R_2}u_O+\frac{R_1}{R_1+R_2}u_{O1}=\frac{R_2}{R_1+R_2}u_O\pm\frac{R_1}{R_1+R_2}U_Z \tag{7-1-11}$$

当 u_O 变化时,u_{P1} 会发生变化,因 $u_{N1}=0$,故 u_{P1} 大于或小于 0 时,滞回比较器都会发生翻转,u_{P1} 为 0 时对应的 u_O 即为滞回比较器的上、下限值(阈值电压):

$$\pm U_T=\pm\frac{R_1}{R_2}U_Z \tag{7-1-12}$$

滞回比较器的电压传输特性如图 7-1-7 所示。

积分电路的输入电压是滞回比较器的输出电压 u_{O1},而且 u_{O1} 不是$+U_Z$,就是$-U_Z$,所以输出电压的表达式为

$$u_O(t)=-\frac{1}{R_3C}u_{O1}(t-t_0)+u_O(t_0) \tag{7-1-13}$$

式中,$u_O(t_0)$为初态时的输出电压。设初态时 u_{O1} 正好从$-U_Z$ 跃变为$-U_Z$,则式(7-1-13)应写成:

$$u_O(t)=-\frac{1}{R_3C}U_Z(t-t_0)+u_O(t_0) \tag{7-1-14}$$

此时,积分电路反向积分,u_O 随时间增长线性下降,根据图 7-1-7 所示,一旦 $u_O=-U_T$,再稍减小,u_{O1} 将从$+U_Z$ 跃变为$-U_Z$,设该时刻为 t_1,积分器的输出电压变为

$$u_O(t)=\frac{1}{R_3C}U_Z(t-t_1)+u_O(t_1) \tag{7-1-15}$$

式中,$u_O(t_1)$为 u_{O1} 产生跃变时的输出电压,此时为$-U_T$,积分电路正向积分,u_O 随时间增长线性增长,根据图 7-1-7 所示,一旦 $u_O=+U_T$,再稍增加,u_{O1} 将从$-U_Z$ 跃变为$+U_Z$,积分电路又开始反向积分。电路周而复始,产生周期性的方波与三角波,u_{O1}、u_O 的输出波形图如图 7-1-8 所示。

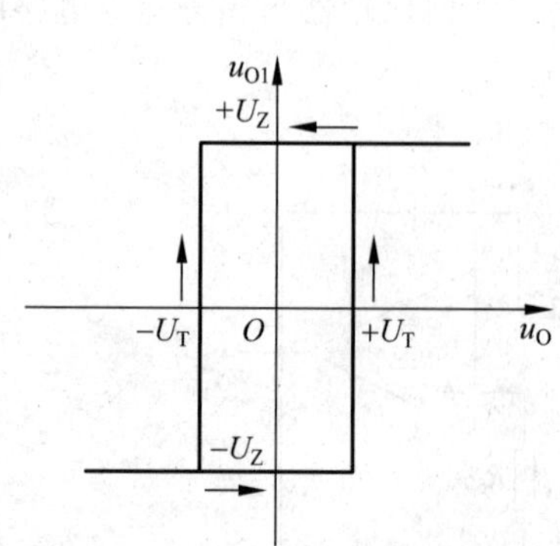

图 7-1-7 三角波电路中滞回比较器的电压传输特性

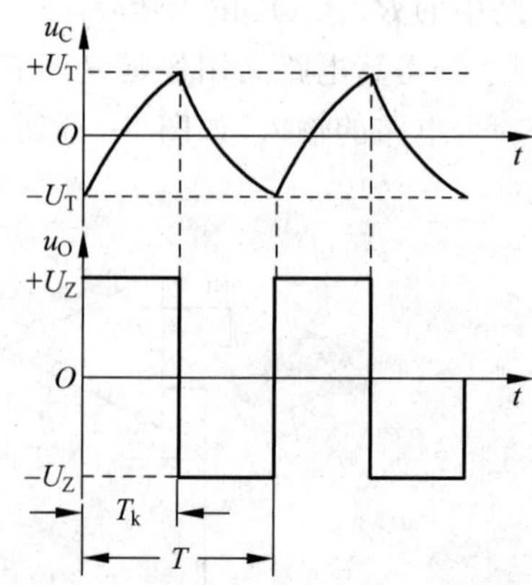

图 7-1-8 三角波-方波发生电路的波形图

2. 振荡频率

由于正向积分时间与反向积分时间相同，选取正向积分过程计算正向积分时间，将正向积分电路的起始值($-U_T$)、终止值($+U_T$)代入式(7-1-15)中，得出

$$+U_T=\frac{1}{R_3C}U_Z\frac{T}{2}+(-U_T)$$

$$+\frac{R_1}{R_2}U_Z=\frac{1}{R_3C}U_Z\frac{T}{2}+\left(-\frac{R_1}{R_2}U_Z\right)$$

再整理，求得振荡周期：

$$T=\frac{4R_1R_3C}{R_2} \tag{7-1-16}$$

振荡频率为

$$f=\frac{R_2}{4R_1R_3C} \tag{7-1-17}$$

7.1.3 锯齿波发生电路

1. 电路组成与工作原理

在三角波-方波发生电路的基础上，稍作改进就可以得到锯齿波电路。基本原理是积分电路正向积分的时间常数与反向积分的时间常数相差很大，就可以获得锯齿波。利用二极管的单向导电特性使积分电路两个方向的积分通路不同，就可得到锯齿波发生电路，如图 7-1-9(a)所示，且图中 R_3 的阻值远小于 R_w。

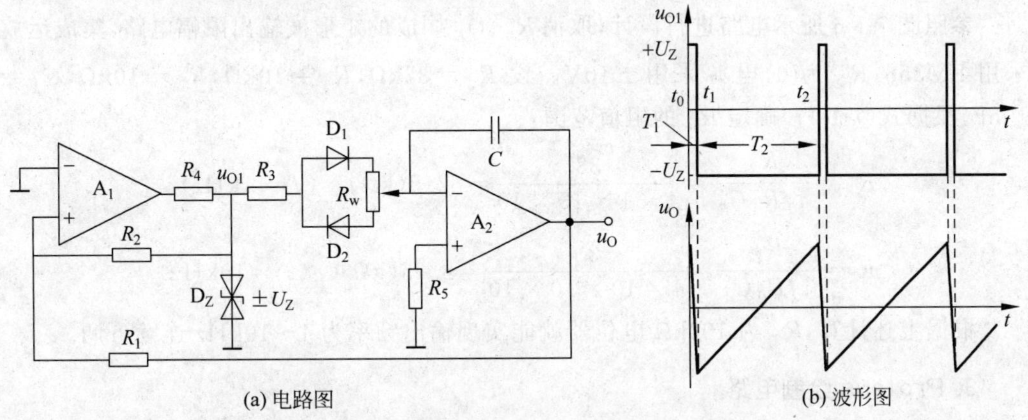

图 7-1-9 锯齿波发生电路与波形

2. 锯齿波的工作参数

如图 7-1-9(b)所示，设电位器的滑动端移到最上端，忽略二极管的导通电阻，根据三角波发生电路振荡周期的计算方法，可得出锯齿波的下降时间与上升时间，分别为

$$T_1\approx 2\frac{R_1}{R_2}R_3C$$

$$T_2 \approx 2\frac{R_1}{R_2}(R_3 + R_w)C$$

锯齿波振荡周期为

$$T = \frac{2R_1(2R_3 + R_w)C}{R_2} \tag{7-1-18}$$

矩形波占空比(锯齿波下降时间与周期之比)：

$$q = \frac{T_1}{T} = \frac{R_3}{2R_3 + R_w} \tag{7-1-19}$$

调整 R_1 和 R_2 的阻值可以改变锯齿波的幅值；调整 R_1、R_2 和 R_w 的阻值以及电容 C 的容量，可以改变振荡周期；调整电位器滑动端的位置可以改变矩形波的占空比，即改变锯齿波上升和下降的斜率。

7.1.4 非正弦波转正弦波

利用傅里叶变换可将周期性非正弦波转换为基波以及不同谐波分量的正弦波信号，再利用低通滤波器(或带通滤波器)可将周期性非正弦波转换成正弦波信号。

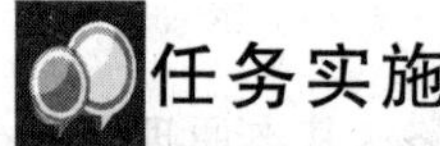

任务实施

1. 任务要求

设计一个振荡器，实现输出频率为1～10kHz连续可调的三角波和矩形波。

2. 电路设计

参照图7-1-6所示电路进行设计，取消 R_4、D_Z 构成的矩形波输出限幅电路，集成运放采用LM358，R_5 为0，电源采用±10V。设 $R_2 = 33\text{k}\Omega$，$R_1 = 10\text{k}\Omega$，$R_4 = 10\text{k}\Omega$，$C_1 = 10\text{nF}$，根据式(7-1-17)确定 R_3 的阻值范围：

$$R_3 = \frac{R_2}{4fR_1C_1} = \frac{33}{4\times1\times10\times10} = 82.5(\text{k}\Omega) \quad (f = 1\text{kHz})$$

$$R_3' = \frac{R_2}{4fR_1C_1} = \frac{33}{4\times10\times10\times10} = 8.25(\text{k}\Omega) \quad (f = 10\text{kHz})$$

根据上述计算，R_3 为100kΩ电位器就能实现输出频率为1～10kHz连续可调。

3. Proteus绘制电路

(1) 打开Proteus仿真软件，如图7-1-10所示(不同版本启动界面有所区别)。

(2) 选取元件。单击 P 按钮进入元件查找界面，如图7-1-11所示。在keywords对话框中输入元件的关键字或元件型号，如输入电阻的关键字res(字母不区分大小写)，查询结果框中就会显示跟输入关键字相关的元件，如图7-1-12所示。在需要的元件上双击，选中的元件即添加到元件库中，依次输入集成运放、电容、电位器的关键字LM358、CAP、POT，并选中对应的元件，双击，最后，关闭元件查找界面，就能在本工程的元件库中看到需要的元件，如图7-1-13所示。

图 7-1-10 Proteus 仿真软件的启动界面

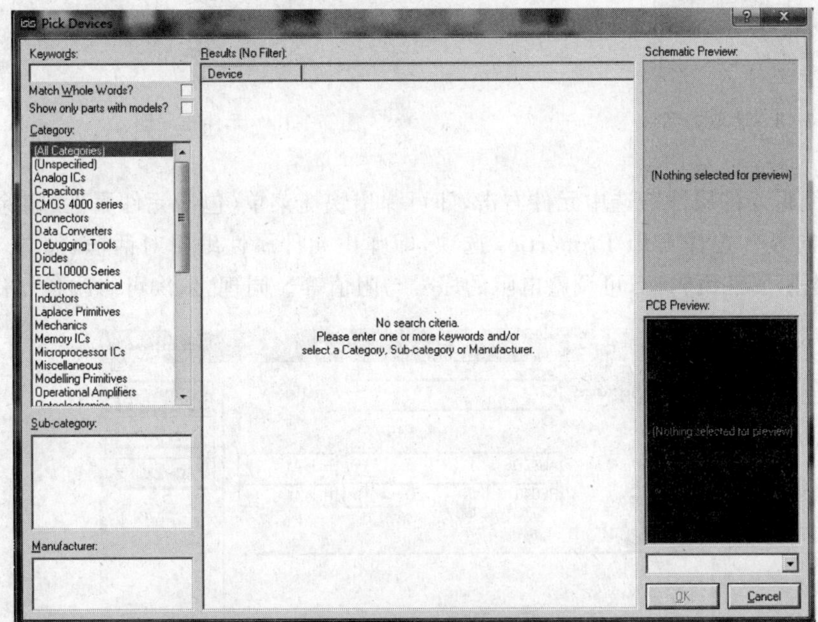

图 7-1-11 元件查找界面

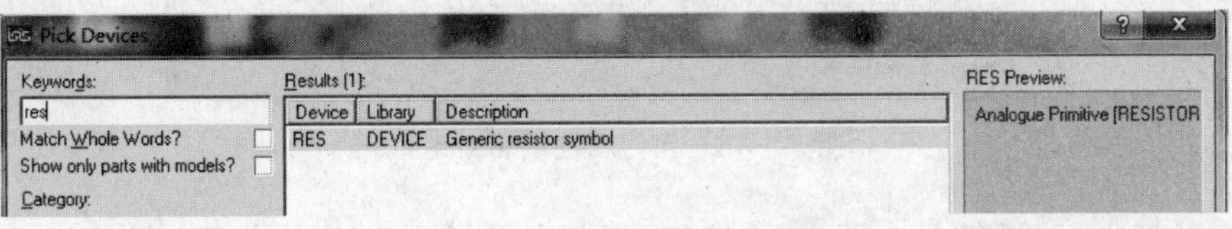

图 7-1-12 通过关键字搜索元件

(3) 根据电路，将选取的元件放置在画布中。单击元件库中的元件，对应的元件会出现在上方的浏览窗口中，通过图 7-1-13 左侧的方向按钮调整元件的方向，将鼠标移到画布合适的位置单击，对应的元件就会放在该位置，若需要多个相同的元件，可继续移到其他位置放置。依次放置各个元件，如图 7-1-14 所示。

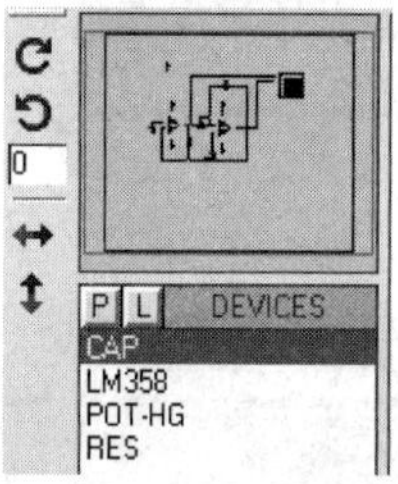

图 7-1-13 选取的元件

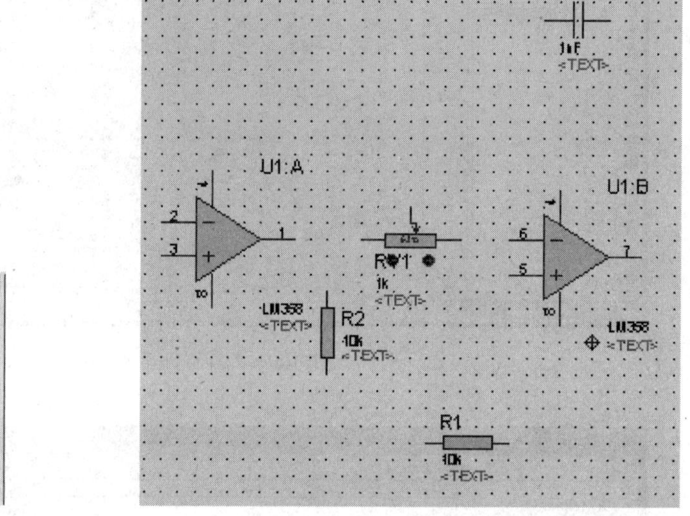

图 7-1-14 元件布局图

(4) 编辑元件属性。选中元件右击，即可弹出快捷菜单(包括元件属性、删除元件、调整元件方向等)，选择 Edit Properties 选项，即弹出元件属性编辑对话框，如图 7-1-15 所示为 R_2 电阻属性编辑框，可调整电阻的序号与阻值等。同理，依次可修改各元件参数。

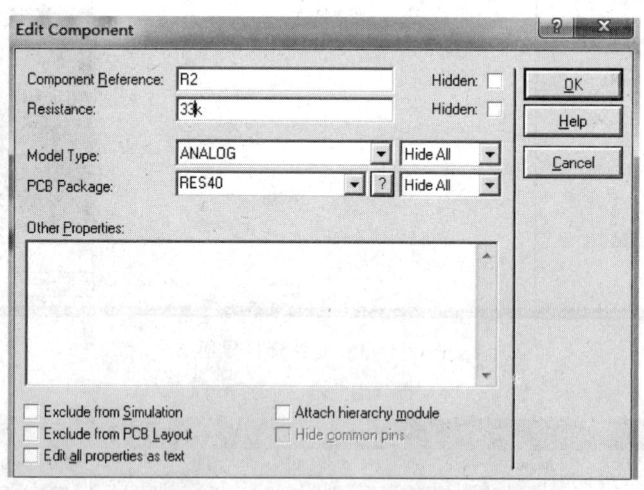

图 7-1-15 元件属性编辑对话框

(5) 放置电源、低符号。单击 按钮，即元件库窗口切换为电源、低等终端符号窗口，如图 7-1-16 所示；单击 按钮，又切换为元件库窗口。POWER 为电源符号，GROUND

为地符号。依照放置元件与编辑元件的方法放置电源符号与地符号,并编辑修改电源电压值。

(6) 连接电路。Proteus 软件具有自动布线功能,当 按钮被选中时,Proteus 软件处于自动布线状态,否则为手工布线状态。

当需要两个电气连接点时,将鼠标移至其中的一个电气连接点,到位时会自动显示 1 个红色方块,单击;再将鼠标移至另一个电气连接点,同样,到位时会自动显示 1 个红色方块,单击即完成该两个电气连接点的电气连接。

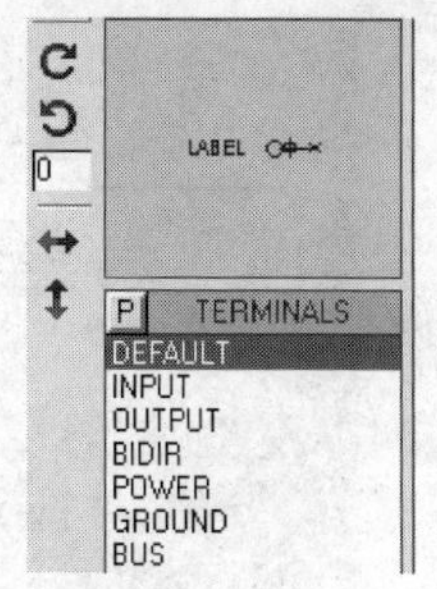

图 7-1-16 电源、地符号

Proteus 绘制的矩形波/三角波发生电路如图 7-1-17 所示。

4. 仿真

(1) 准备工作。本仿真中需要添加虚拟示波器来观测矩形波/三角波电路的输出波形,单击 按钮,元件库窗口切换为虚拟仪器窗口,如图 7-1-18 所示,OSCILLOSCOPE 为示波器,像放置元件将示波器放入画布电路中,示波器 A 通道连接矩形波输出端,B 通道连接三角波输出端,如图 7-1-19 所示。

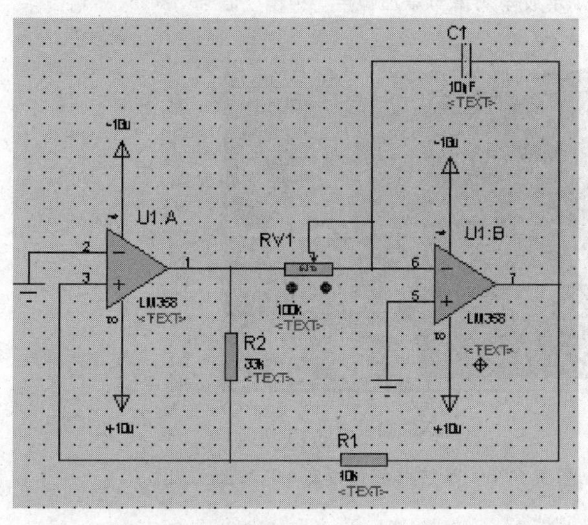

图 7-1-17 矩形波/三角波电路图

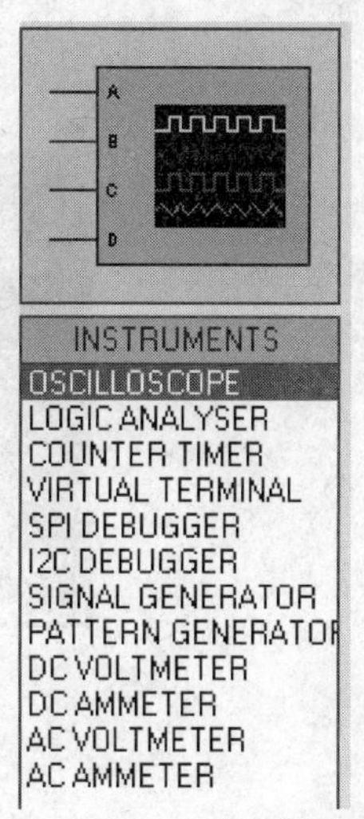

图 7-1-18 虚拟仪器库

此外,为了使电路起振,在电路中添加一个噪声"种子"信号(实际电路中不需要),即通过一个按键引入一个电源信号到比较器(矩形波信号)的输出端,如图 7-1-19 所示,即可让电路起振,产生矩形波/三角波信号。

(2) 启动仿真。单击左下角 按钮,即启动仿真。启动后会弹出示波器测试面板,因本电路是振荡器,无噪声信号,不能产生所需要的矩形波和三角波,示波器窗口无输出。单击 KEY 按钮,即可让电路起振,同时要调整示波器 X 扫描与 A、B 通道的 Y 轴灵敏度,在示波器窗口的 A、B 通道显示出合适的矩形波和三角波,如图 7-1-20 所示,单击电位器 RV1 的+、-图标,即可改变 RV1 在电路中的电阻值,从而改变矩形波与三角波信号的输出频率。单击左下角 按钮,即停止仿真。

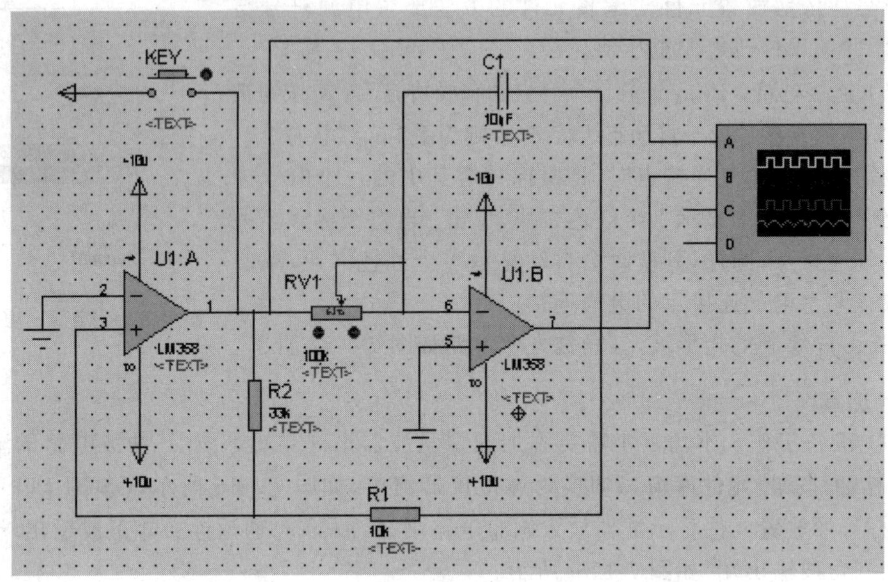

图 7-1-19 示波器测量与添加噪声“种子”信号

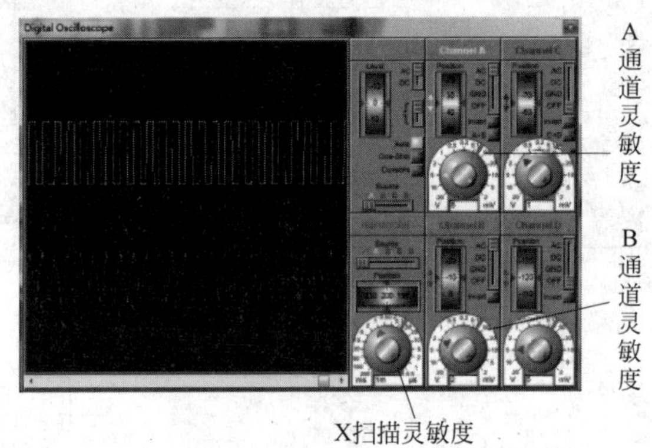

图 7-1-20 示波器测试面板

(3) 调试。按表 7-1-1 所示要求测试 RV1 电位器每挡对应输出信号的频率与对应输出信号的电压幅度。

表 7-1-1 调试表格

序号	RV1 的阻值(按 RV1 显示的百分比计算)	周期与频率				A 通道(矩形波)信号幅度			B 通道(矩形波)信号幅度		
		X 扫描(时间/格)	占用格数	周期(占用格数乘以每格对应的时间)	频率(周期的倒数)	A 灵敏度(电压值/格)	占用格数	电压幅度(占用格数乘以 A 通道 Y 轴灵敏度)	B 灵敏度(电压值/格)	占用格数	电压幅度(占用格数乘以 B 通道 Y 轴灵敏度)

5. 总结

根据仿真调试的数据，归纳与总结电路的仿真结果，包括电路输出信号的频率范围，以及输出波形形状完好性与幅度的情况，最后谈谈自己的学习体会与学习建议。

任务 7.2 基于 555 定时器的脉冲信号电路

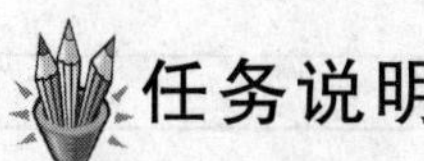

任务说明

555 定时器是一种将模拟电路和逻辑电路有机组合在一起的中规模集成电路。该电路使用灵活、方便，只要在外部配上几个适当的阻容元件，就可以构成多谐振荡器、单稳态触发器和施密特触发器，因而广泛应用于信号的产生、变换、控制与检测。本任务主要学习 555 定时器的内部结构与工作原理，以及 555 定时器构成的多谐振荡器、单稳态触发器和施密特触发器。

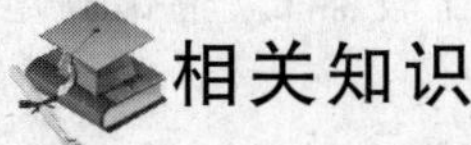

相关知识

7.2.1 555 定时器的内部结构与工作原理

图 7-2-1(a)所示为 555 定时器的内部结构图，图 7-2-1(b)所示为 555 定时器的芯片引脚图。它由 2 个电压比较器 C_1 和 C_2、3 个电阻组成的分压器、基本 RS 触发器、放电管 T_D 以及缓冲器 G_4 组成。

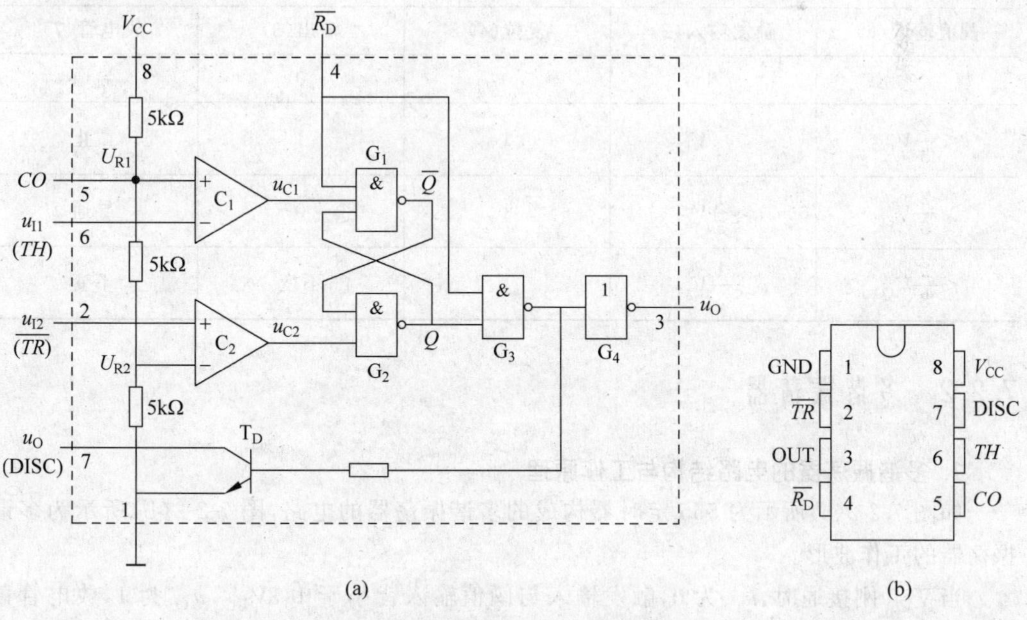

图 7-2-1　555 定时器的电路和引脚图

1. 555定时器的引脚功能

555定时器的引脚功能如表7-2-1所示。

表7-2-1 555定时器引脚功能表

引脚号	引脚名称	引脚功能	引脚号	引脚名称	引脚功能
1	GND	电源地	5	CO	比较电平控制电压输入端
2	$\overline{TR}$	触发输入端	6	TH	阈值输入端
3	OUT	输出端	7	DISC	放电端
4	$\overline{R_D}$	复位端,低电平有效	8	V_{CC}	电源正极

2. 555定时器的逻辑功能

当第5脚(CO)悬空时,比较器C_1和C_2的比较电压分别为$2/3V_{CC}$和$1/3V_{CC}$。

(1) 当$u_{I1}>2/3V_{CC}$,$u_{I2}<1/3V_{CC}$时,比较器C_1输出高电平,比较器C_2输出低电平,基本RS触发器被置0,放电三极管T_D导通,输出端u_O为低电平。

(2) 当$u_{I1}<2/3V_{CC}$,$u_{I2}<1/3V_{CC}$时,比较器C_1输出低电平,比较器C_2输出高电平,基本RS触发器被置1,放电三极管T_D截止,输出端u_O为高电平。

(3) 当$u_{I1}<2/3V_{CC}$,$u_{I2}>1/3V_{CC}$时,比较器C_1输出低电平,比较器C_2输出低电平,基本RS触发器的状态维持不变,放电三极管、输出端u_O也维持原状态不变。

综上所述,555定时器逻辑功能表如表7-2-2所示。

表7-2-2 555定时器逻辑功能表

输　入			输　出	
阈值输入(6)	触发输入(2)	复位(4)	输出(3)	放电管(7)
×	×	0	0	导通
$<\frac{2}{3}V_{CC}$	$<\frac{1}{3}V_{CC}$	1	1	截止
$>\frac{2}{3}V_{CC}$	$>\frac{1}{3}V_{CC}$	1	0	导通
$<\frac{2}{3}V_{CC}$	$>\frac{1}{3}V_{CC}$	1	不变	不变

7.2.2 多谐振荡器

1. 多谐振荡器的电路结构与工作原理

如图7-2-2(a)所示为555定时器构成的多谐振荡器的电路,图7-2-2(b)所示为多谐振荡器的工作波形。

当V_{CC}刚接通时,u_C为0,触发输入与阈值输入皆小于$1/3V_{CC}$,u_O为1,放电管截止。V_{CC}经R_1和R_2对电容C充电,当u_C上升到$2/3V_{CC}$,再稍增加时,触发输入与阈值输入皆大于$2/3V_{CC}$,u_O为0,放电管导通,电容C经电阻R_2和放电管放电,u_C下降;当

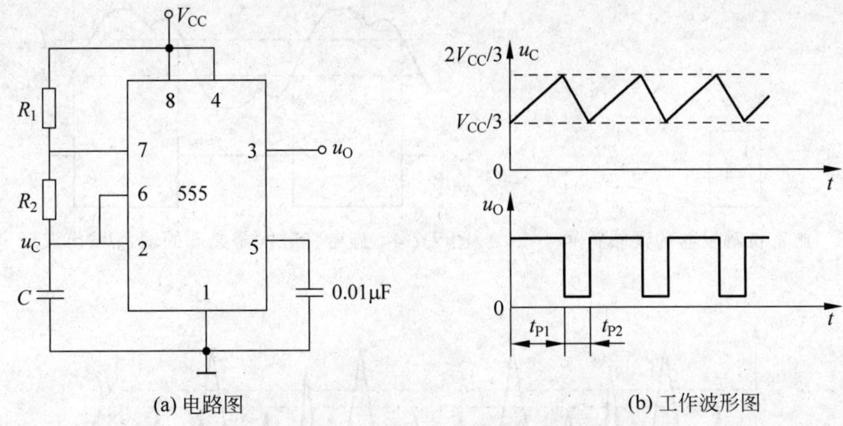

(a) 电路图　　(b) 工作波形图

图 7-2-2　555 定时器构成的多谐振荡器

u_C 下降到 $1/3V_{CC}$，再稍减小时，触发输入与阈值输入皆小于 $1/3V_{CC}$，u_O 为 1，放电管截止，V_{CC} 又经 R_1 和 R_2 对电容 C 充电。周而复始，在输出端 u_O 产生了连续的矩形波脉冲，如图 7-2-2(b)所示。

2. 多谐振荡器的振荡频率

如图 7-2-2(b)所示，多谐振荡器的振荡周期包括 t_{P1} 和 t_{P2} 两个部分，t_{P1} 是 u_C 从 $1/3V_{CC}$ 上升到 $2/3V_{CC}$ 所需时间，t_{P2} 是 u_C 从 $2/3V_{CC}$ 下降到 $1/3V_{CC}$ 所需时间。根据一阶 RC 电路的三要素可求出 t_{P1} 和 t_{P2}，进而求出振荡周期 T 和振荡频率 f 以及占空比 q。

$$t_{P1} \approx 0.7(R_1 + R_2)C$$

$$t_{P2} \approx 0.7R_2C$$

$$T = t_{P1} + t_{P2} \approx 0.7(R_1 + 2R_2)C \tag{7-2-1}$$

$$f = \frac{1}{T} = \frac{1}{0.7(R_1 + 2R_2)C} \tag{7-2-2}$$

$$q = \frac{t_{P1}}{T} = \frac{R_1 + R_2}{R_1 + 2R_2} \tag{7-2-3}$$

7.2.3 施密特触发器

1. 施密特触发器的概念与作用

施密特触发器有两个稳定状态，它是一种特殊的门电路，施密特触发器有 2 个触发阈值电压，分别称为正向阈值电压与负向阈值电压，正向阈值电压 U_{T+} 与负向阈值电压 U_{T-} 之差称为回差电压。实际上，施密特触发器的特性就是集成运放滞回比较器的滞回特性。施密特触发器主要用于不规则波形的整形以及脉冲鉴幅。

图 7-2-3 所示为施密特触发器的逻辑符号。

图 7-2-4 所示为施密特触发器整形的输入/输出波形图。

图 7-2-5 所示为施密特触发器脉冲鉴幅波形图，用于将幅值大于 U_{T+} 的脉冲选出来。

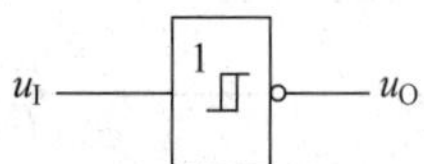

图 7-2-3 施密特触发器的逻辑符号

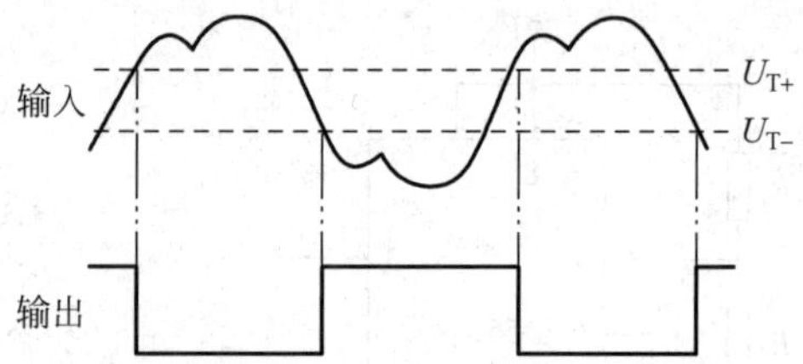

图 7-2-4 施密特触发器整形的输入/输出波形

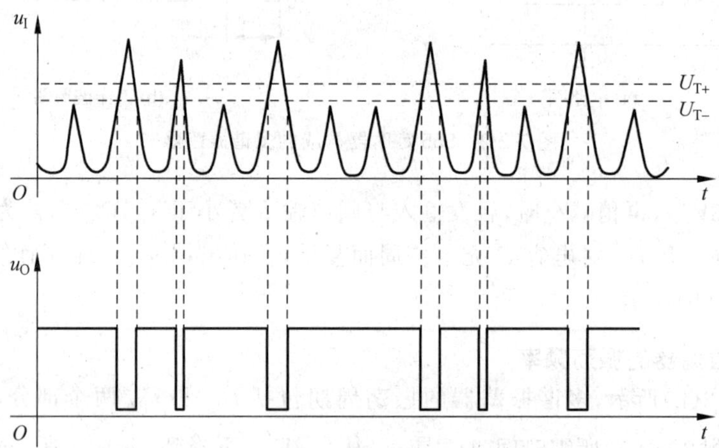

图 7-2-5 施密特触发器脉冲鉴幅波形

2. 555 定时器构成的施密特触发器

555 定时器构成的施密特触发器的电路图如图 7-2-6(a)所示。

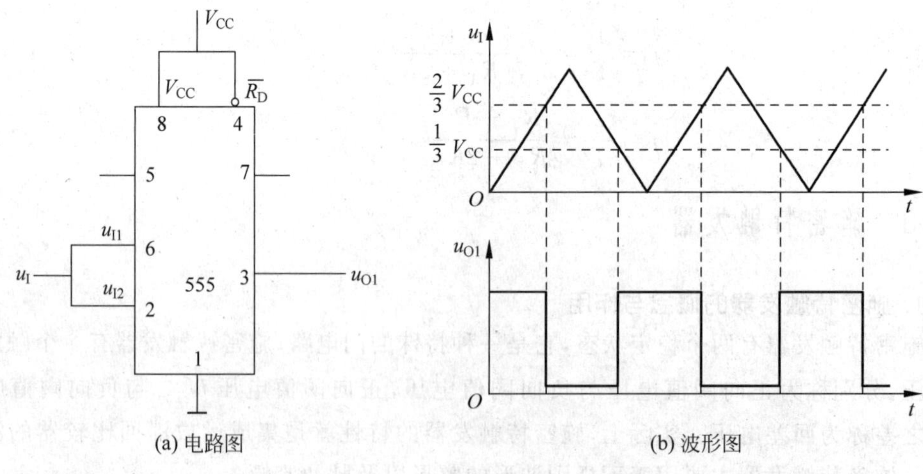

图 7-2-6 555 定时器构成的施密特触发器

电路分析如下。

(1) $u_I=0$ 时，u_{O1} 输出高电平。

(2) 当 u_I 上升到 $2/3V_{CC}$ 后，u_{O1} 输出低电平，即使继续上升至 V_{CC}，输出维持低电平不变。

(3) 当 u_I 下降到 $1/3V_{CC}$ 后，u_{O1} 又输出高电平，即使继续下降至 0，输出维持高电平不变。

施密特触发器输入/输出关系的波形如图 7-2-6(b)所示。

3. 施密特触发器的工作参数

正向阈值电压 $U_{T+}=2/3V_{CC}$，负向阈值电压 $U_{T-}=1/3V_{CC}$。

7.2.4 单稳态电路

1. 单稳态电路的概念与作用

单稳态电路有两个状态：一个稳态，一个暂稳态。在外来触发脉冲的作用下，电路可从稳态翻转为暂稳态；电路的暂稳态可在内部电路的作用下，自动返回到电路的稳定状态。

单稳态触发器在数字系统中，主要用于定时、整形与延时。

2. 555 定时器构成的单稳态触发器

555 定时器构成的单稳态触发器的电路图如图 7-2-7(a)所示。

电路分析如下。

(1) 稳定状态(稳态)

无触发信号时，即 u_I 为高电平时，电路工作在稳定状态，输出端 u_O 输出低电平，放电三极管导通，引脚 7 内接地，电容电压 u_C 为 0。

(2) 暂稳态

当 u_I 输入出现下降沿时，555 定时器触发输入端由高电平跃变为低电平(低于 $1/3V_{CC}$)，电路被触发，输出电压 u_O 由低电平跳变为高电平，放电三极管截止，电路由稳态转入暂稳态。

(3) 暂稳态→稳态

在暂稳态期间，V_{CC} 经电阻 R 向电容 C 充电，时间常数为 RC，电容电压 u_C 逐渐上升，当 u_C 上升到 $2/3V_{CC}$ 后，输出电压 u_O 由高电平跳变为低电平，放电三极管导通，电容 C 通过放电三极管快速放电，电路由暂稳态重新转入稳态。

555 定时器单稳态电路的输入/输出的波形图如图 7-2-7(b)所示。

3. 555 定时器单稳态电路的工作参数

555 定时器单稳态电路的工作频率一致，暂稳态的过渡时间取决于电阻 R 和电容 C，利用一阶 RC 电路的三要素法，可求出暂稳态的工作时间，也就是输出信号的脉宽 t_W。

$$t_W = 1.1RC \tag{7-2-4}$$

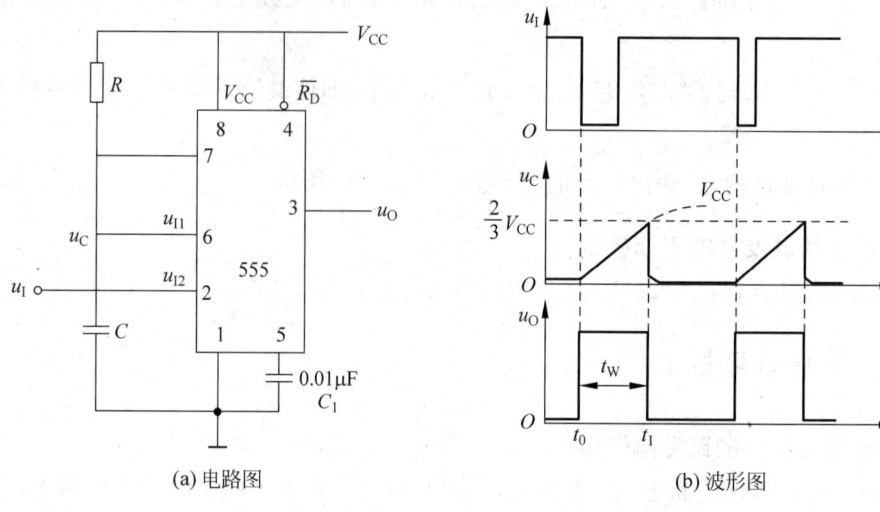

图 7-2-7 555 定时器构成的单稳态触发器

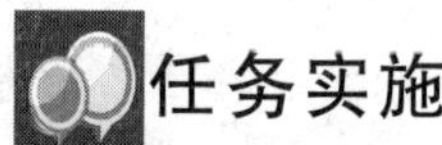

任务实施

1. 任务要求

应用 555 定时器设计一个振荡器,输出频率为 1～10kHz 连续可调的矩形波,并驱动扬声器发声。

2. 电路设计

参照图 7-2-2 所示电路进行设计,采用 12V 电源。设 $R_1=10\text{k}\Omega$,$C_1=10\text{nF}$,根据式(7-2-2)确定 R_2 的阻值范围:

$$R_2'=\frac{1-0.7R_1Cf}{2\times0.7Cf}=\frac{1-0.7\times10\times10^3\times10\times10^{-9}\times1\times10^3}{1.4\times10\times10^{-9}\times1\times10^3}=66.4(\text{k}\Omega)\quad(f=1\text{kHz})$$

$$R_2''=\frac{1-0.7R_1Cf}{2\times0.7Cf}=\frac{1-0.7\times10\times10^3\times10\times10^{-9}\times10\times10^3}{1.4\times10\times10^{-9}\times10\times10^3}=2.1(\text{k}\Omega)\quad(f=10\text{kHz})$$

根据上述计算和应用实践,R_2 可以选用一个 2kΩ 的固定电阻和一个 65kΩ 的电位器串联组成,用 Proteus 绘制的电路图如图 7-2-8 所示。

3. Proteus 绘制电路

应用 Proteus 仿真软件,按图 7-2-8 所示绘制 555 定时器构成的门铃电路。

4. 仿真

单击左下角 ▶ 按钮,即启动仿真。启动后扬声器 LS1 会发出声音,单击电位器 RV1 的+、-图标,即可改变 RV1 在电路中的电阻值,从而改变矩形波信号的输出频率,扬声器会发出不同的声音。单击左下角 ■ 按钮,即停止仿真。

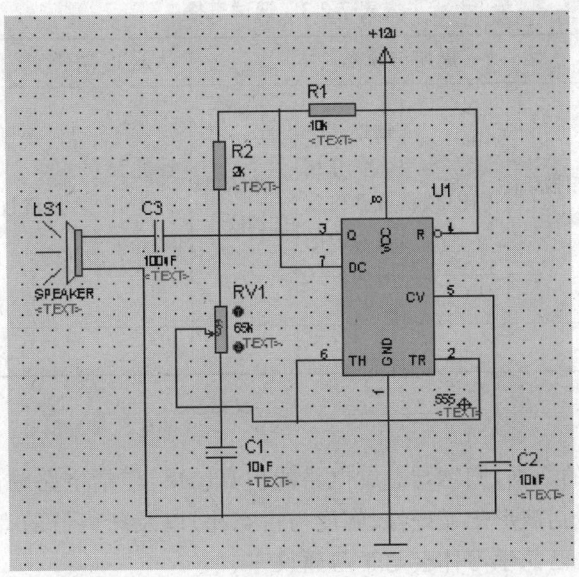

图 7-2-8 555 定时器构成的矩形波发生器(门铃)

5. 调试

用示波器测量输出矩形波的频率、占空比以及输出幅度,添加了示波器以及仿真波形如图 7-2-9 所示。

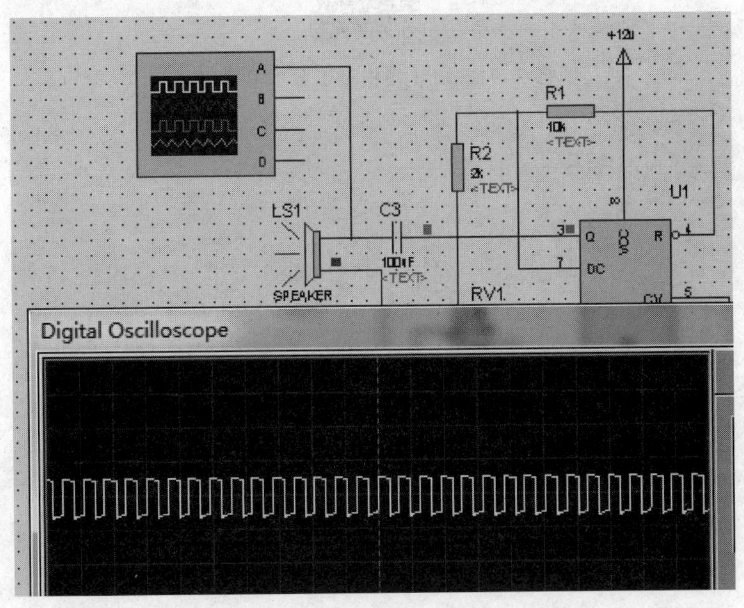

图 7-2-9 示波器测量与仿真波形

按表 7-2-3 所示要求测试 RV1 电位器每挡对应输出信号的频率与对应输出信号的电压幅度。

表 7-2-3 调试表格

<table>
<tr><th rowspan="2">序号</th><th rowspan="2">RV1 的阻值(按 RV1 显示的百分比计算)</th><th colspan="4">周期与频率</th><th colspan="3">A 通道(矩形波)信号幅度</th><th rowspan="2">占空比(高电平脉冲宽度与周期之比)</th></tr>
<tr><th>X 扫描(时间/格)</th><th>占用格数</th><th>周期(占用格数乘以每格对应的时间)</th><th>频率(周期的倒数)</th><th>A 灵敏度(电压值/格)</th><th>占用格数</th><th>电压幅度(占用格数乘以 A 通道 Y 轴灵敏度)</th></tr>
<tr><td></td><td></td><td></td><td></td><td></td><td></td><td></td><td></td><td></td><td></td></tr>
</table>

6. 总结

根据仿真调试的数据,归纳与总结电路的仿真结果,包括电路输出信号的频率范围、输出波形的情况(包括波形的完好性、幅度与占空比)以及扬声器的音响与输出信号频率的关系,最后谈谈自己的学习体会与学习建议。

习题

项目 7 习题.pdf(扫描可下载本项目习题)

Project 8

项目 8 模数与数模转换

数模(D/A)与模数(A/D)转换器是模拟信号与数字信号之间的接口电路。在现代控制、检测及通信领域中,对信号的处理广泛采用了数字计算机技术。由于系统的实际对象是一些模拟量(如温度、压力、湿度、位移、图像等),要使计算机系统能识别、处理这些信号,必须将这些模拟信号转换成数字信号;而经过计算机分析、处理后输出的数字信号往往也需要转换成相应的模拟信号才能被执行机构所接收。通常将实现模拟量变换为数字量的器件称为模数转换器(ADC),简称 A/D 转换器,实现数字量变换为模拟量的器件称为数模转换器(DAC),简称 D/A 转换器。

如图 8-0-1 所示为典型的过程控制的电原理框图。

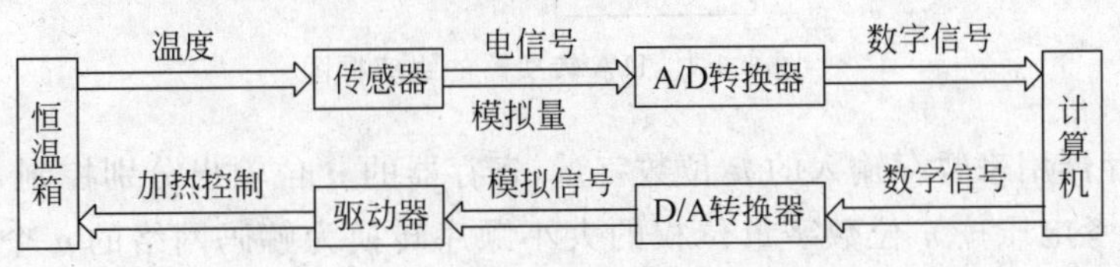

图 8-0-1 典型过程控制电原理框图

图 8-0-1 中,恒温箱的温度通过温度传感器转换为电信号,再经信号处理电路输入到 A/D 转换器,转换后的数字信号送到计算机中分析与处理,处理后数字信号再经 D/A 转换器转换,得到模拟信号,该模拟信号控制驱动器生成用于加热控制的 PWM 信号,对温度箱的加热装置进行控制。

知识点

◇ D/A 与 A/D 的基本组成与工作原理;
◇ D/A 与 A/D 的技术参数;
◇ D/A 与 A/D 的种类与工作特性。

技能点

◇ 模拟量与数字量之间的分析与计算;
◇ 集成 D/A 与 A/D 模块的分析;
◇ 应用 Proteus 对集成 D/A 与 A/D 模块进行功能测试。

任务 8.1　数模(D/A)转换器

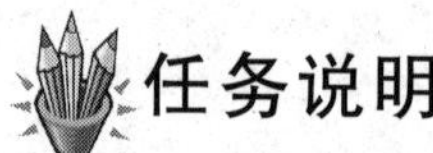

任务说明

在本任务中主要学习 D/A 转换器的基本组成与工作原理、D/A 转换器的种类与工作特性以及应用中 D/A 转换器的选择原则。

相关知识

8.1.1　D/A 转换器的基本组成

D/A 转换器的基本组成如图 8-1-1 所示，由数码寄存器、模拟开关、解码网络、求和电路以及基准电压组成。

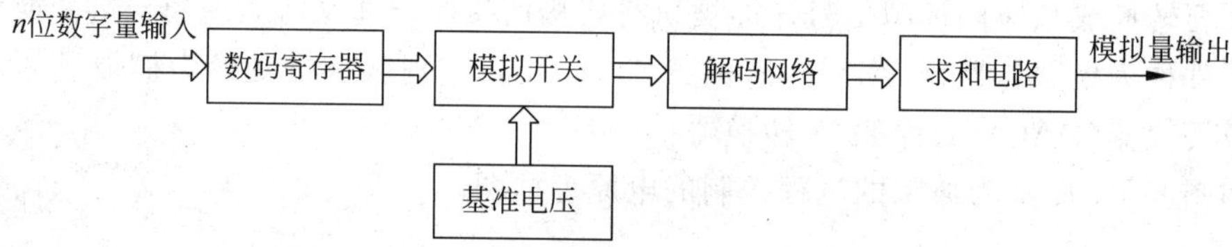

图 8-1-1　D/A 转换器的组成框图

数码寄存器用来暂存输入的 n 位数字量，寄存器的 n 位输出分别控制 n 个模拟开关的状态，将参考电压按 n 位数字量位权的大小顺序转换为解码网络的 n 个输入端，解码网络根据输入数字量各位的位权产生相应的权值电流，求和电路将各位的权值电流相加便得到与数字量对应的模拟量。

8.1.2　D/A 转换器的分类

1. 权电阻网络 D/A 转换器

如图 8-1-2 所示为 4 位权电阻网络 D/A 转换器，它由模拟电子开关 $S_0 \sim S_3$、权电阻网络、求和放大器 A、基准电压 V_{REF} 组成。

(1) 模拟输出与数字输入量的关系

$$v_O = -\frac{V_{REF}}{2^4}\sum_{i=0}^{3} D_i 2^i \tag{8-1-1}$$

对于 n 位权电阻网络 D/A 转换器，则有

$$v_O = -\frac{V_{REF}}{2^n}\sum_{i=0}^{n-1} D_i 2^i \tag{8-1-2}$$

(2) 优缺点

优点：电路结构简单。

缺点：各权电阻的阻值相差较大，难以保证电阻的精度，不便于集成化。

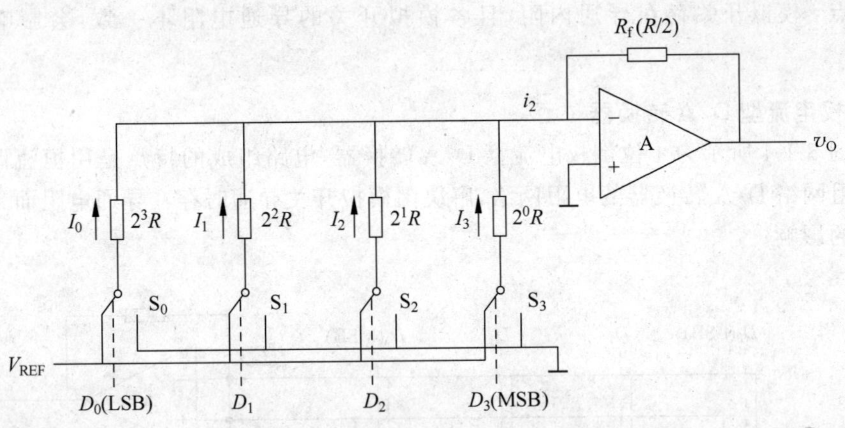

图 8-1-2 权电阻网络 D/A 转换器

2. 倒 T 形电阻网络 D/A 转换器

如图 8-1-3 所示为 4 位倒 T 形电阻网络 D/A 转换器,电路组成的特点是电路中只有两种阻值的电阻,便于集成化。

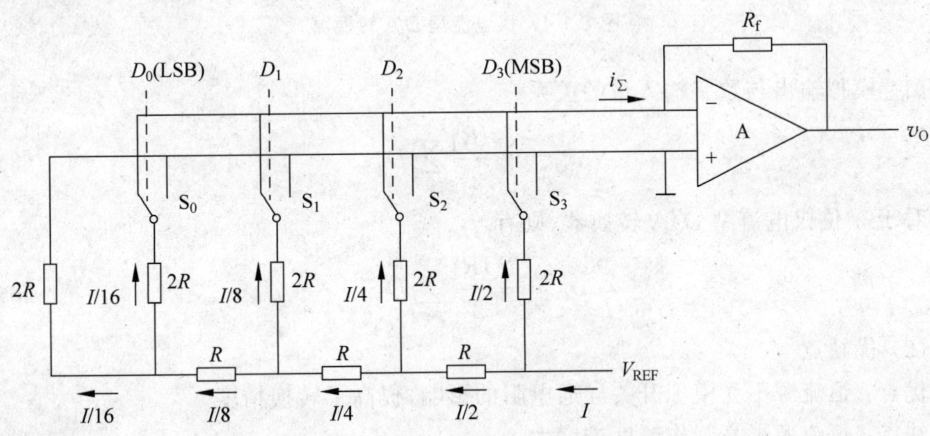

图 8-1-3 倒 T 形电阻网络 D/A 转换器

(1) 模拟输出与数字输入量的关系

$$v_O = -\frac{V_{REF}}{2^4}\sum_{i=0}^{3} D_i 2^i \tag{8-1-3}$$

对于 n 位倒 T 形电阻网络 D/A 转换器,则有

$$v_O = -\frac{V_{REF}}{2^n}\sum_{i=0}^{n-1} D_i 2^i \tag{8-1-4}$$

(2) 优缺点

优点:电路中只有两种阻值的电阻,便于集成化且容易保证精度;各支路电流直接流入放大器的输入端,不存在传输时间差,提高了转换速度,是 D/A 转换器中速度最快的一种。

缺点：模拟开关存在导通内阻，且各模拟开关的导通电阻不一致，会影响到转换精度。

3. 权电流型 D/A 转换器

如图 8-1-4 所示为 4 位倒权电流型 D/A 转换器，电路组成的特点是用恒流源代替倒 T 形电阻网络 D/A 转换器的电阻网络，解决因模拟开关导通时存在导通电阻而带来的转换精度的影响。

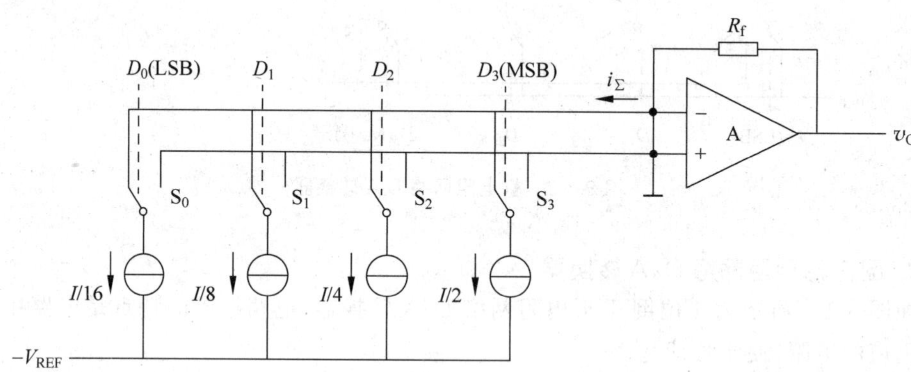

图 8-1-4　权电流型 D/A 转换器

(1) 模拟输出与数字输入量的关系

$$v_O = -\frac{IR_f}{2^4}\sum_{i=0}^{3} D_i 2^i \tag{8-1-5}$$

对于 n 位权电流型 D/A 转换器，则有

$$v_O = -\frac{IR_f}{2^n}\sum_{i=0}^{n-1} D_i 2^i \tag{8-1-6}$$

(2) 优缺点

优点：恒流源不受模拟开关导通电阻的影响，提高了转换精度。

缺点：恒流源提高制作精度难度大。

8.1.3 D/A 转换器的主要技术指标

有关 D/A 转换器的技术性能指标很多，例如绝对精度、相对精度、线性度、输出电压范围、温度系数、输入数字代码种类(二进制或 BCD 码)等。

1. 分辨率

分辨率是 D/A 转换器对输入量变化敏感程度的描述，与输入数字量的位数有关。如果数字量的位数为 n，则 D/A 转换器的分辨率为 2^{-n}。这就意味着数/模转换器能对满刻度的 2^{-n} 输入量做出反应。例如 8 位数的分辨率为 1/256，10 位数的分辨率为 1/1024 等。因此，数字量位数越多，分辨率也就越高，转换器对输入量变化的敏感程度也就越高。使用时，应根据分辨率的需要来选定转换器的位数。D/A 转换器常可分为 8 位、10 位、12 位三种。

2. 转换精度

绝对精度是指对于给定的满数字量，D/A 转换器的实际输出与理论值之间的误差。

相对精度是指任意数字量的模拟输出量与其理论值之差同满量程之比。

3. 建立时间与转换速率

建立时间是描述 D/A 转换速度快慢的一个参数，是将一个数字量转换为稳定的模拟信号所需的时间，其定义为输入的数字量从全 0 变为全 1 时，输出电压进入与满量程终值相差±1/2LSB(最低有效位)时所需的时间。有时也用 D/A 转换器每秒的最大转换次数来表示速率。转换器的输出形式为电流时，建立时间较短；而输出形式为电压时，由于建立时间要加上运算放大器的延迟时间，因此建立时间要长一点。总的来说，D/A 转换速度远高于 A/D 转换速度，例如快速的 D/A 转换器的建立时间可达 1μs。

4. 接口形式

D/A 转换器与单片机接口方便与否，主要取决于转换器本身是否带数据锁存器。总的来说有两类 D/A 转换器，一类是不带锁存器的，另一类是带锁存器的。对于不带锁存器的 D/A 转换器，为了保存来自单片机的转换数据，接口时要另加锁存器；而带锁存器的 D/A 转换器，可直接在数据总线上，而不需另加锁存器。

8.1.4 D/A 转换器的选择

选择 D/A 转换芯片时，主要考虑芯片的性能、结构及应用特性。在性能上必须满足 D/A 转换的技术要求；在结构和应用特性上应满足接口方便、外围电路简单、价格低廉等要求。

1. D/A 转换芯片主要性能指标的选择

上述 D/A 转换器的主要性能指标在芯片的器件手册上都会给出。在 D/A 接口及设计的实际应用中，用户在选择时主要考虑的是用位数(8 位、12 位)表示的转换精度和转换时间。

2. D/A 转换芯片的主要结构特性和应用特性的选择

(1) 数字输入特性。数字输入特性包括接收数据的码制、数据格式和逻辑电平。D/A 转换芯片一般只能接收自然二进制数字代码，因此，当输入数字代码为偏置码或二进制补码等双极性数码时，应外接适当的偏置电路后才能实现。

输入数据格式一般为并行码，对于芯片内部配置有移位寄存器的 D/A 转换器可以接收串行码输入。

对于不同的 D/A 转换芯片，输入逻辑电平要求也不同。对于固定阈值电平的 D/A 转换器一般只能和 TTL 或低压 CMOS 电路相连，而有些逻辑电平可以改变的 D/A 转换器可以满足与 TTL、高压 CMOS、PMOS 等各种器件直接连接的要求。不过需要注意的是，这些器件往往为此设置了“逻辑电平控制端”或者“阈值电平控制端”，用户要按手册规定，通过外电路给这一端以合适的电平才能工作。

(2) 数字输出特性。目前多数 D/A 转换器件均属于电流输出器件。芯片手册上通常给出在规定的输入参考电压及参考电阻之下的满码(全1)输出电流。另外,还给出最大输出短路电流以及输出电压允许范围。

对于输出特性具有电流源性质的D/A转换器,用输出电压允许范围来表示由输出电路(包括简单电阻负载或者运算放大器电路)造成的输出端电压的可变动范围。只要输出端的电压小于输出电压允许范围,输出电流和输入数字之间就能保持正确的转换关系,而与输出端的电压大小无关。对于输出特性为非电流源特性的D/A转换器,无输出电压允许范围指标,电流输出端应保持公共端电位或虚地,否则将破坏其转换关系。

3. 锁存特性及转换控制

D/A转换器对数字量输入是否具有锁存功能将直接影响与CPU的接口设计。如果D/A转换器没有输入锁存器,与CPU数据总线连接时必须外加锁存器,否则只能通过具有输出锁存功能的I/O口输出数字量给D/A转换器。

4. 参考电压源

在D/A转换中,参考电压源是唯一影响输出结果的模拟参量,对接口电路的工作性能、电路的结构有很大的影响。使用内部带有低漂移精密参考电压源的D/A转换器不仅能保证有较好的转换精度,而且可以简化接口电路。

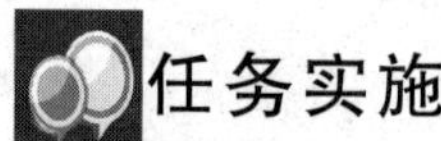

任务实施

1. 任务要求

应用DAC0832 8位D/A转换器和4位二进制计数器设计一个16个台阶的阶梯波,阶梯波周期由输入的时钟信号控制。

2. DAC0832 8位D/A转换器

DAC0832是一个8位D/A转换器,单电源供电,从+5～+15V均可正常工作。基准电压的范围为±10V,电流建立时间为1μs,CMOS工艺,低功耗20mW。

1) DAC0832转换器的引脚功能

DAC0832内部结构框图如图8-1-5所示,其引脚功能如表8-1-1所示。DAC0832转换器是电流型器件,需要外接运算放大器才能实现电压输出,连接电路如图8-1-6所示。

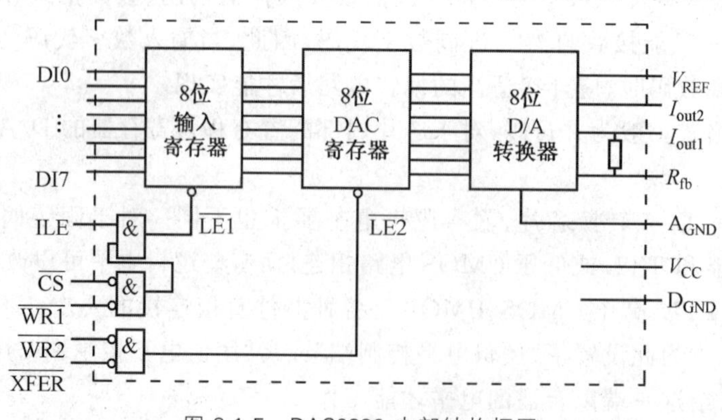

图8-1-5 DAC0832内部结构框图

表 8-1-1 DAC0832 引脚功能

引脚号	功能名称	说　明	引脚号	功能名称	说　明
1	$\overline{\mathrm{CS}}$	片选信号(输入),低电平有效	11	I_{out1}	电流输出 1,电压输出时需接运算放大器,接法如图 8-1-6 所示
2	$\overline{\mathrm{WR1}}$	第 1 写信号(输入),低电平有效	12	I_{out2}	电流输出 2,用法同上
3	$\mathrm{A_{GND}}$	模拟地	13～16	DI7～DI4	转换数据输入高 4 位
4～7	DI3～DI0	转换数据输入低 4 位	17	$\overline{\mathrm{XFER}}$	数据传送控制信号(输入),低电平有效
8	V_{REF}	基准电压,其电压可正可负,范围为－10V～＋10V	18	$\overline{\mathrm{WR2}}$	第 2 写信号(输入),低电平有效
9	R_{fb}	反馈电阻端。DAC 0832 是电流输出,为了取得电压输出,需在电压输出端接运算放大器,R_{fb} 即为运算放大器的反馈电阻端。运算放大器的接法如图 8-1-6 所示	19	ILE	数据锁存允许信号(输入),高电平有效
10	$\mathrm{D_{GND}}$	数字地	20	V_{CC}	电源输入端

2) DAC0832 的工作方式(与微机的接口方式)

(1) 单缓冲方式的接口

所谓单缓冲方式,就是使 DAC0832 的两个输入寄存器中有一个处于直通方式,而另一个处于受控的锁存方式,或者两个输入寄存器同时处于受控的方式。在实际应用中,如果只有一路模拟量输出或虽有几路模拟量但并不要求同步输出的情况,就可以采用单缓冲方式。单缓冲方式的两种连接方法如图 8-1-7 和图 8-1-8 所示。

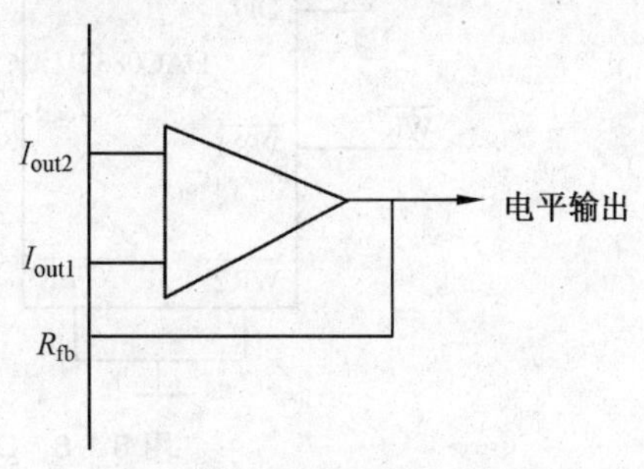

图 8-1-6 运算放大器接法

图 8-1-7 所示为两个输入寄存器同时受控的连接方法,$\overline{\mathrm{WR1}}$ 和 $\overline{\mathrm{WR2}}$ 一起接 DAC0832 的 $\overline{\mathrm{WR}}$,$\overline{\mathrm{CS}}$ 和 $\overline{\mathrm{XFER}}$ 共同连接在 P2.7,因此两个寄存器的地址相同。

图 8-1-8 中,$\overline{\mathrm{WR2}}$=0 和 $\overline{\mathrm{XFER}}$=0,因此 DAC 寄存器处于直通方式。而输入寄存器处于受控锁存方式,$\overline{\mathrm{WR1}}$ 接 8051 的 $\overline{\mathrm{WR}}$,ILE 接高电平,此外还应把 $\overline{\mathrm{CS}}$ 接高位地址或译码输出,以便为输入寄存器确定地址。

(2) 双缓冲方式的接口

双缓冲方式就是把 DAC0832 的两个锁存器都接成受控锁存方式。双缓冲 DAC0832 的双缓冲方式连接如图 8-1-9 所示。

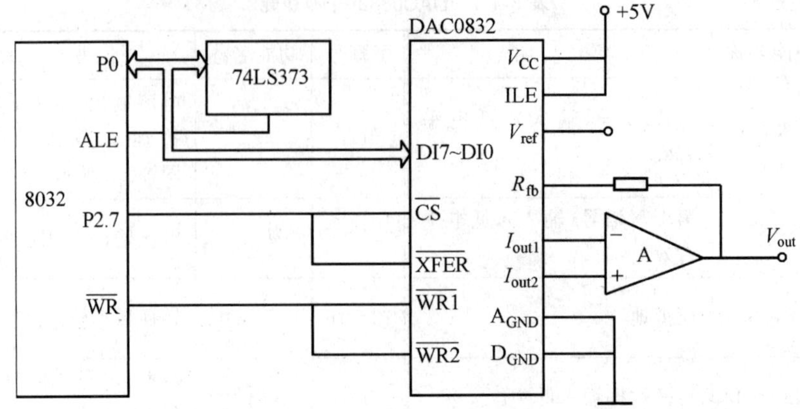

图 8-1-7 DAC0832 单缓冲方式接口(1)

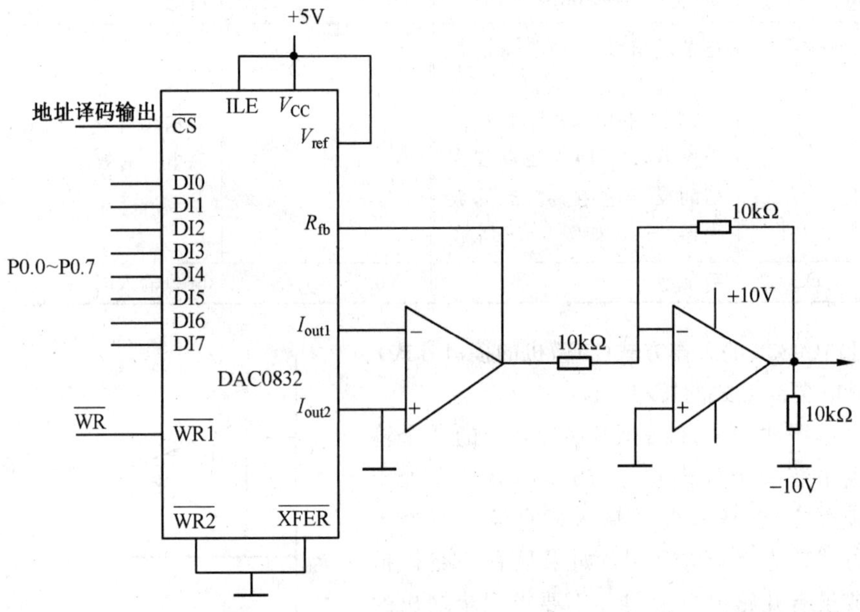

图 8-1-8 DAC0832 单缓冲方式接口(2)

3. 电路设计

一是选用集成运放(如 LM358)参照图 8-1-6 连接,实现 DAC 的电流输出转换为电压输出;二是将 DAC0832 处于直通方式,即所有的控制信号都处于有效电平:

$$\overline{CS}=\overline{XFER}=\overline{WR1}=\overline{WR2}=0,\quad ILE=1$$

此时,输入的数字信号有变化,输出即跟随变化。

三是选用 4 位二进制计数器(如 74LS161)作为 DAC 的数字信号输入,为了增加锯齿波的幅度,计数器输出与 DAC 输入的高 4 位相接,DAC 的低 4 位接地。用 Proteus 绘制电路的设计电路如图 8-1-10 所示。

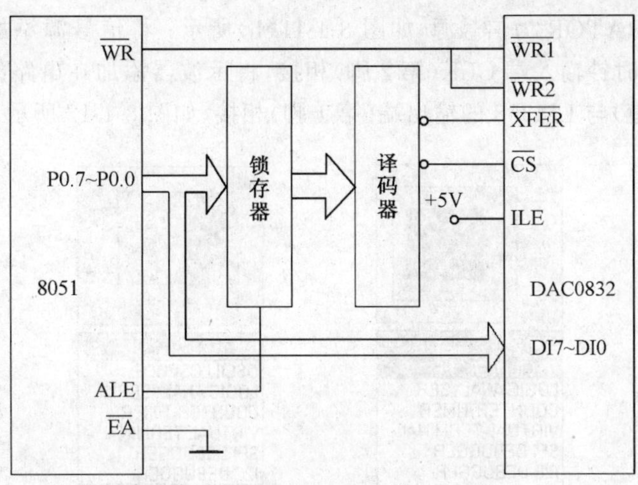

图 8-1-9　DAC0832 的双缓冲方式连接

4. Proteus 绘制电路

应用 Proteus 仿真软件，按图 8-1-10 所示绘制 DAC0832 与 74LS161 构成的阶梯波电路。

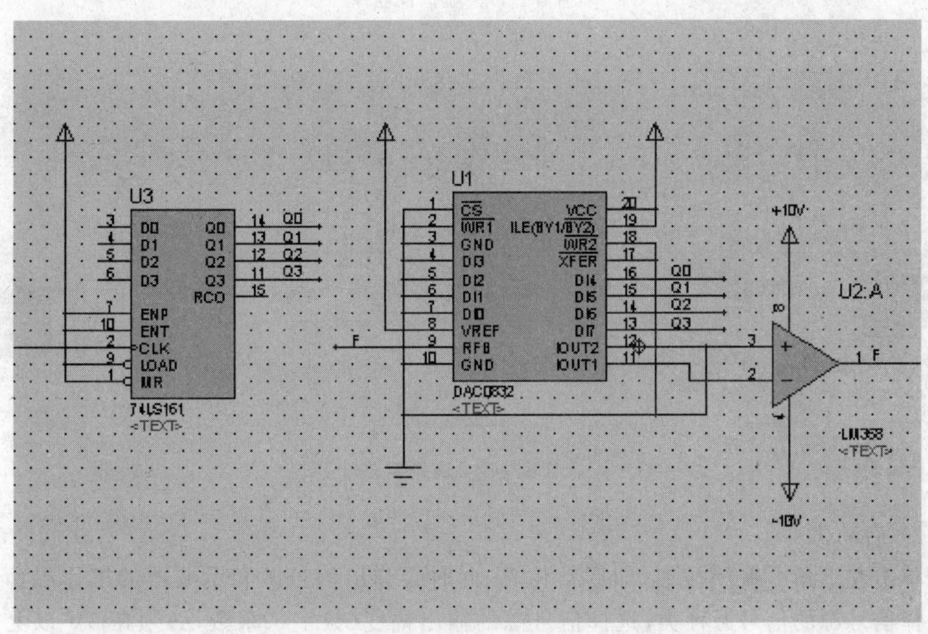

图 8-1-10　阶梯波信号电路

5. 仿真

1) 准备工作

本仿真中需要添加虚拟示波器来观测矩形波/三角波电路的输出波形，单击 按钮，元件库窗口切换为虚拟仪器窗口，OSCILLOSCOPE 为示波器，如图 8-1-11(a)所示，

SIGNAL GENERATOR 为信号源，如图 8-1-11(b)所示；将信号源添加在电路的左侧，并与 74LS161 的时钟输入端 CLK(第 2 脚)相接，将示波器添加在电路的右侧，并选择一个通道(如 A 通道)与 LM358 的输出端(第 1 脚)相接，如图 8-1-12 所示。

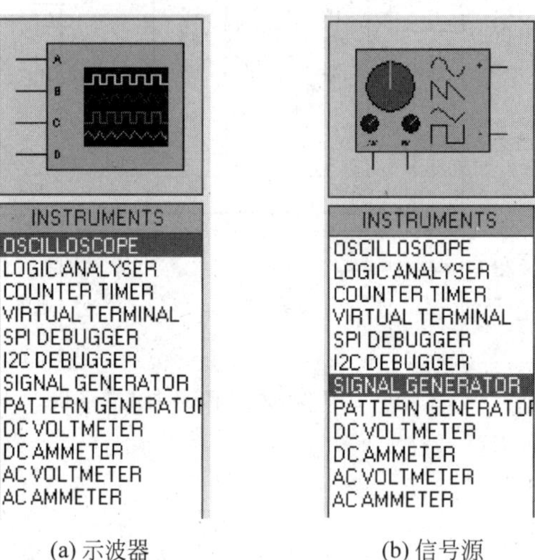

(a) 示波器　　(b) 信号源

图 8-1-11　虚拟仪器库

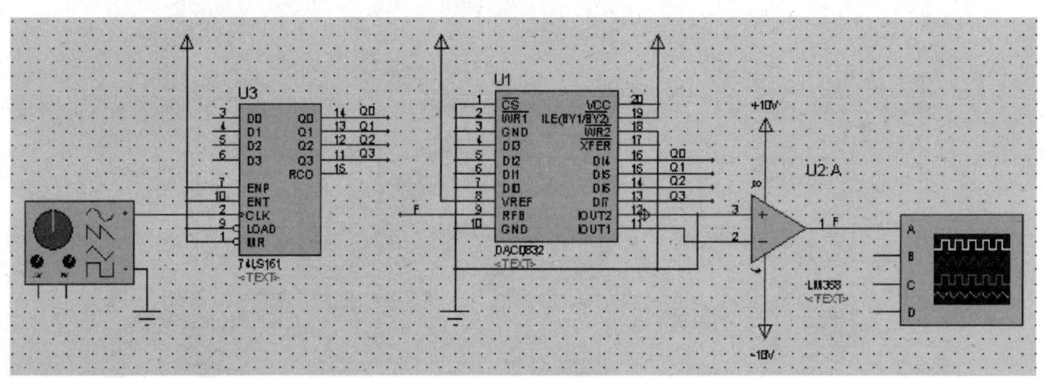

图 8-1-12　测试电路

2）启动仿真

单击左下角按钮，即启动仿真，此时会弹出信号源和示波器的工作界面。首先选择信号源的信号源种类，选择信号源的输出幅度(数字×系数，必须在 5V 以上)，选择输出频率(数字×系数)，再调节示波器的 X 轴扫描灵敏度与 A 通道的 Y 轴显示灵敏度，在示波器窗口显示一个合适的阶梯波形，如图 8-1-13 所示。单击左下角按钮，即停止仿真。

6. 调试

按表 8-1-2 所示要求测试阶梯波的周期以及阶梯波信号的幅度。

图 8-1-13 仿真结果

表 8-1-2 调试表格

序号	信号源输出时钟频率/kHz	周期与频率				A通道(阶梯波)信号幅度		
		X扫描(时间/格)	占用格数	周期(占用格数乘以每格对应的时间)	频率(周期的倒数)	A灵敏度(电压值/格)	占用格数	电压幅度(占用格数乘以A通道Y轴灵敏度)
1	1							
2	3							
3	5							
4	7							
5	9							
6	10							

7. 总结

根据仿真调试的数据,归纳与总结电路的仿真结果,包括电路输出信号的幅度与阶梯的阶数,理论输出信号频率与测试频率之间的误差情况。最后谈谈自己的学习体会与学习建议。

任务 8.2 模数(A/D)转换器

任务说明

本任务主要学习 A/D 转换器的工作原理、主要技术指标,以及如何认识与应用集成 A/D 转换器。

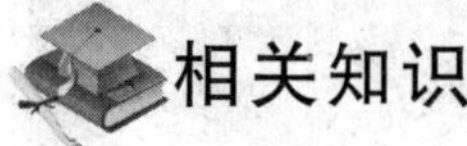

相关知识

8.2.1 A/D 转换器的工作原理

A/D 转换一般包括采样、保持、量化和编码 4 个过程。

1. 采样与保持

采样是将在时间上连续变化的模拟量转换成时间上离散的模拟量,采样通过一个采样开关来完成,如图 8-2-1(a)所示,图中 $v_I(t)$为模拟输入信号,$s(t)$为采样脉冲,$v_O(t)$为采样输出信号。在采样脉冲持续期(τ 时间内),采样开关导通,$v_O(t)=v_I(t)$;在采样脉冲休止期($T-\tau$ 时间内),$v_O(t)=0$,采样过程中各个信号的波形图如图 8-2-1(b)所示。

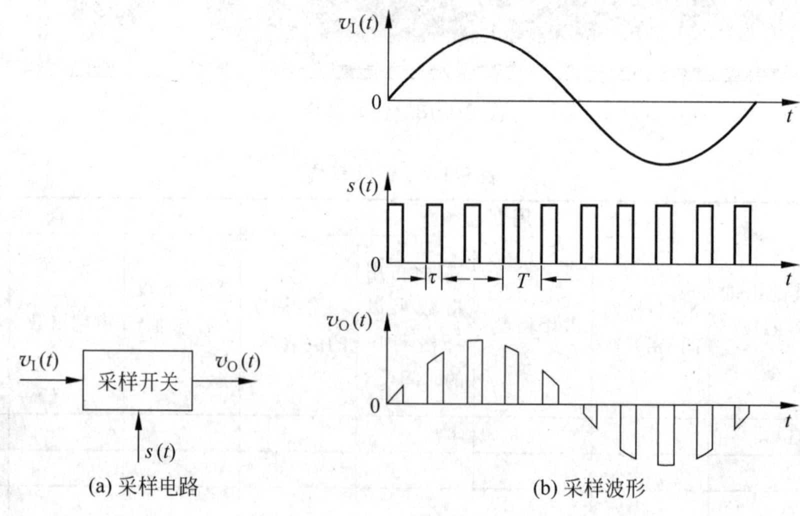

图 8-2-1 采样过程

为了能从采样输出信号 $v_O(t)$恢复出原输入信号 $v_I(t)$,采样脉冲信号 $s(t)$的频率必须满足采样定理,即 $f_S \geqslant 2f_{IMAX}$,f_{IMAX} 为输入信号中的最高频率。如对音频信号进行

A/D 转换,因音频信号中最高频率为 20kHz,因此,A/D 转换器的采样频率必须大于或等于 40kHz。

由于每次采样输出值转换为数字量都需要一定的时间,因此在两次采样期间应将采样的模拟信号存储起来以便进行量化与编码,这称为保持。

2. 量化与编码

模拟信号经采样-保持电路后虽变为阶梯状波形,但在幅值上仍然是连续的,而数字信号在数值上是离散的,为某一最小量值单位的整数倍。将采样-保持电路的输出电压归化到相应的离散电平上,这一过程称为量化。为使离散电平与数字量相对应,离散电平的幅值必须是某一最小量值单位的整数倍,这里的最小量值单位称为量化单位,离散电平称为量化电平。将量化后的数值用一个 n 位二进制代码表示,称为编码。编码后的二进制代码就是 A/D 转换器输出的数字量。

量化有以下两种方式。

(1) 只舍不入法

量化单位 $\Delta=\dfrac{V_m}{2^n}$,其中 V_m 为输入模拟电压的最大值,n 为数字量的位数。当模拟电压幅值为 $0\sim\Delta$ 时,量化为 0,量化数值为 0;当模拟电压幅值为 $\Delta\sim2\Delta$ 时,量化为 Δ,量化数值为 1。以此类推。

(2) 四舍五入法

量化单位 $\Delta=\dfrac{2V_m}{2^{n+1}-1}$,其中 V_m 为输入模拟电压的最大值,n 为数字量的位数。当模拟电压幅值为 $0\sim\dfrac{\Delta}{2}$时,量化为 0,量化数值为 0;当模拟电压幅值为$\dfrac{\Delta}{2}\sim\dfrac{3\Delta}{2}$时,量化为 Δ,量化数值为 1;模拟电压幅值为$\dfrac{3\Delta}{2}\sim\dfrac{5\Delta}{2}$时,量化为 2Δ,量化数值为 2。以此类推。

8.2.2 A/D 转换器的种类

A/D 转换器主要有并行比较型 A/D 转换器、双积分型 A/D 转换器和逐次逼近型 A/D 转换器 3 种。

1. 并行比较型 A/D 转换器

(1) 3 位并行比较型 A/D 转换器的电路如图 8-2-2 所示。

(2) 优缺点如下。

优点:转换速度快。

缺点:随着转换位数(分辨率)的增加,所需元器件急剧增加,且编码器变得相当复杂。

2. 双积分型 A/D 转换器

(1) 双积分型 A/D 转换器的电路框图如图 8-2-3 所示。

(2) 优缺点如下。

优点:转换精度高。

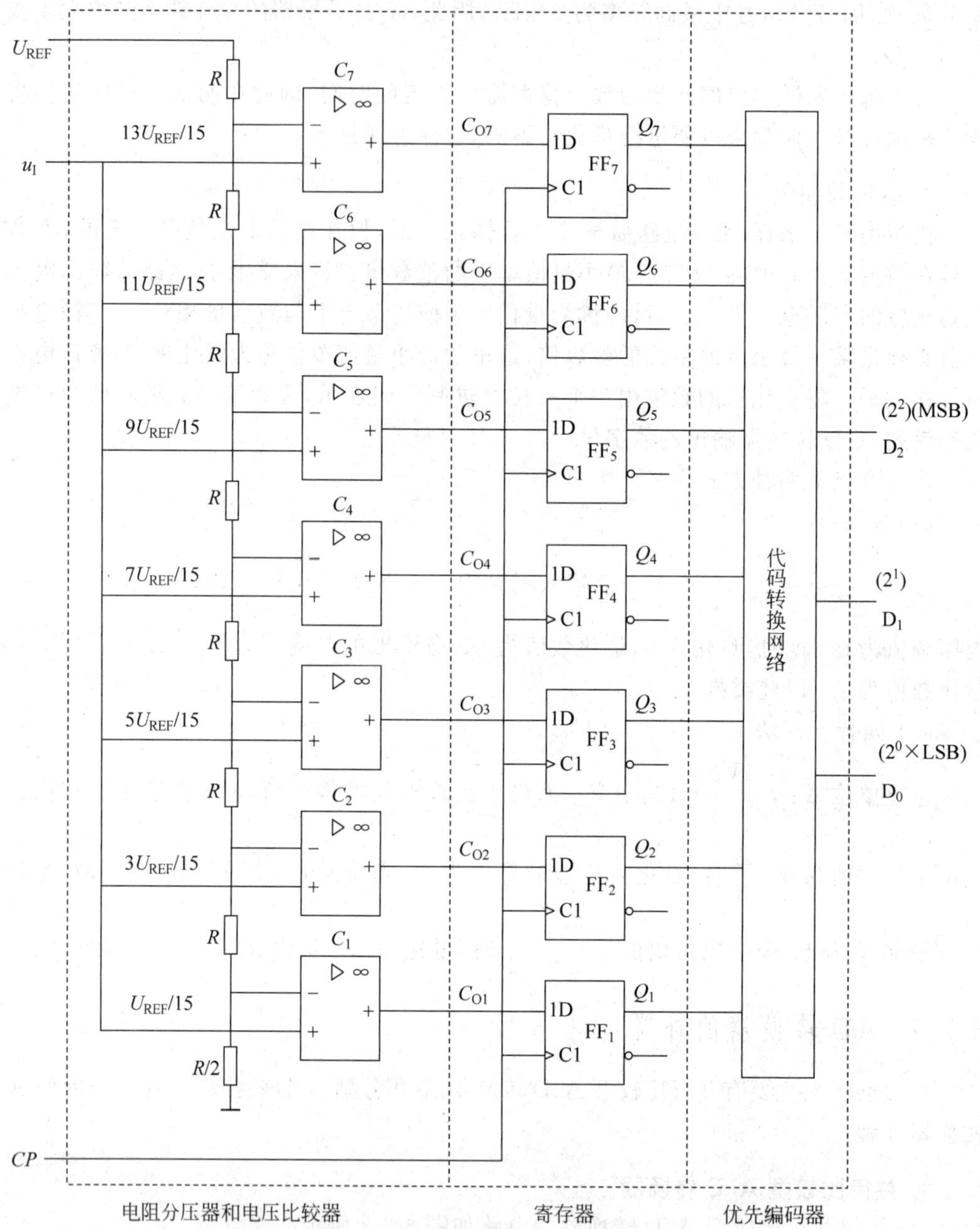

图 8-2-2 3 位并行比较型 A/D 转换器电路图

缺点：转换速度低。

3. 逐次逼近型 A/D 转换器

(1) 逐次逼近型 A/D 转换器的电路框图如图 8-2-4 所示。

(2) 转换速度比并行比较型低，但比双积分型高；转换精度介于并行比较型与双积分型之间。因此，逐次逼近型 A/D 转换器应用较广泛。

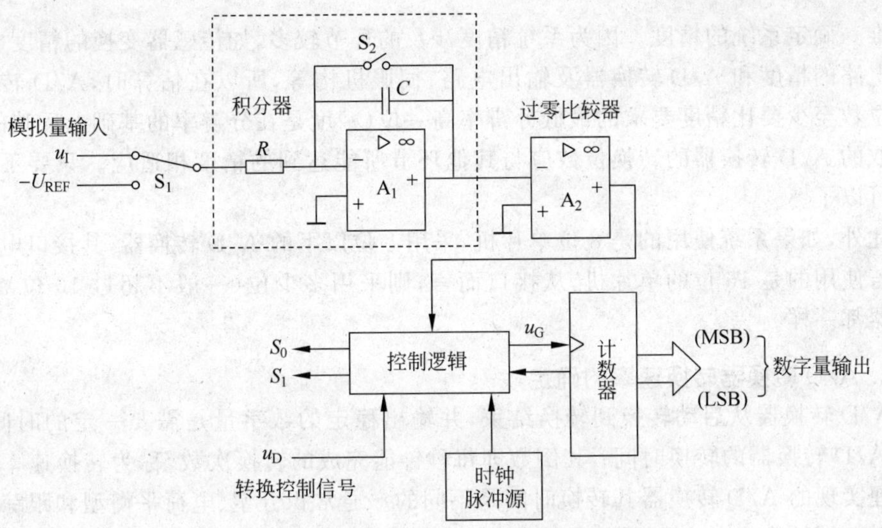

图 8-2-3 双积分型 A/D 转换器的电路框图

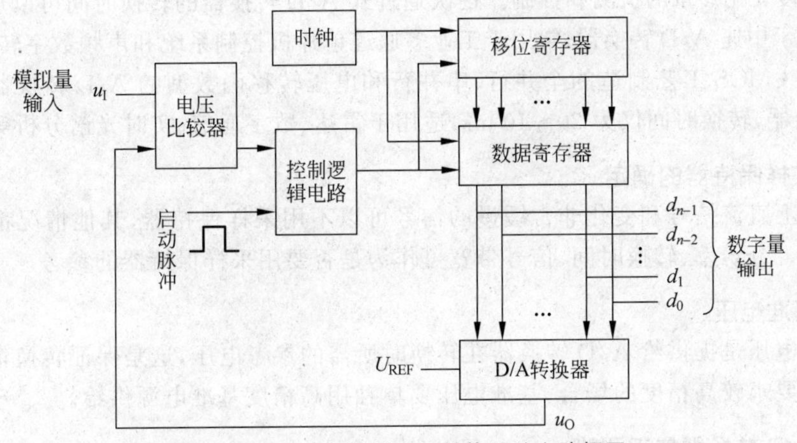

图 8-2-4 逐次逼近型 A/D 转换器的电路框图

8.2.3 A/D 转换器的主要技术指标

衡量 A/D 转换器性能的主要技术指标如下。

(1) 分辨率：输出的数字量变化一个 LSB(数字量的最低有效位)值的输入模拟量的变化值。一般用 A/D 转换器的位数描述，转换位数越多，分辨率越高。

(2) 量程误差：输出全为 1 时输入的电压与理想输入量之差。

(3) 转换速率：完成一次 A/D 转换时间的倒数。

(4) 转换精度：实际 A/D 结果与理想值之差。

(5) 与 CPU 之间的接口方式：有并行接口方式和串行接口方式。

8.2.4 A/D 转换器的选择

1. A/D 转换器转换位数的确定

A/D 转换器转换位数的确定与整个测量系统所要测量控制的范围和精度有关，但又不能唯一确定系统的精度。因为系统精度涉及的环节较多,如传感器变换的精度、信号预处理电路的精度和 A/D 转换器及输出电路、伺服机构等,所以在估算时,A/D 转换器的转换位数至少要比精度要求的最低分辨率高一位(精度是在分辨率的基础上反映的)。实际选取的 A/D 转换器的转换位数应与其他环节所能达到的精度相适应。只要不低于它们就可以了。

此外,如果系统使用的是 8 位单片机,采用 8 位以下的 A/D 转换器,其接口电路最简单。若使用的是 16 位的单片机,从接口而言,则采用多少位(一般不超过 16 位)的 A/D 转换器都一样。

2. A/D 转换器转换速率的确定

A/D 转换器从启动转换到转换结束,并输出稳定的数字量是需要一定的时间的,这就是 A/D 转换器的转换时间;其倒数即每秒钟能完成的转换次数,称为转换速率。用不同原理实现的 A/D 转换器其转换时间是不同的。通常积分型、电荷平衡型和跟踪比较型 A/D 转换器转换速度较慢,转换时间从几毫秒到几十毫秒,只能构成低速 A/D 转换器,一般用于对缓慢变化参量的检测和控制。逐次逼近式 A/D 转换器的转换时间可以从几毫秒到 100ms,属于中速 A/D 转换器,常用于工业多通道单片机控制系统和声频数字转换系统等。双极型或 CMOS 工艺制造的全并行、串并行和电压转移函数型的 A/D 转换器属于高速 A/D 转换器,转换时间仅为 20～100ns,适用于雷达、数字通信、实时光谱分析等系统。

3. 采样保持器的确定

原则上直流信号和变化非常缓慢的信号可以不用采样保持器,其他情况都需要用采样保持器。分辨率、转换时间、信号带宽可作为是否要用采样保持器的参考。

4. 基准电压

基准电压是提供给 A/D 转换器在转换时所需的参考电压,这是保证转换精度的基本条件。在要求较高精度的场合,基准电压要单独用高精度基准电源供给。

5. A/D 转换器量程引脚

A/D 转换器的模拟量输入有时需要的是双极性的,有时需要的是单极性的。输入信号最小值有从零开始的,也有从非零开始的。有的 A/D 转换器提供了不同量程的引脚,只有正确使用,才能保证转换精度。

任务实施

1. 任务要求

应用 ADC0809 8 位 A/D 转换器构建一个简易的数字表。

2. ADC0809 8 位 A/D 转换器

ADC0809 是典型的 8 位 8 通道逐次逼近式 A/D 转换器,CMOS 工艺。可实现 8 路模拟信号的分时采集,片内有 8 路模拟选通开关,以及相应的通道地址锁存与译码电路,其转换时间约为 100μs。下面介绍该芯片的结构及使用。

1) ADC0809 内部逻辑结构

ADC0809 内部逻辑结构如图 8-2-5 所示。

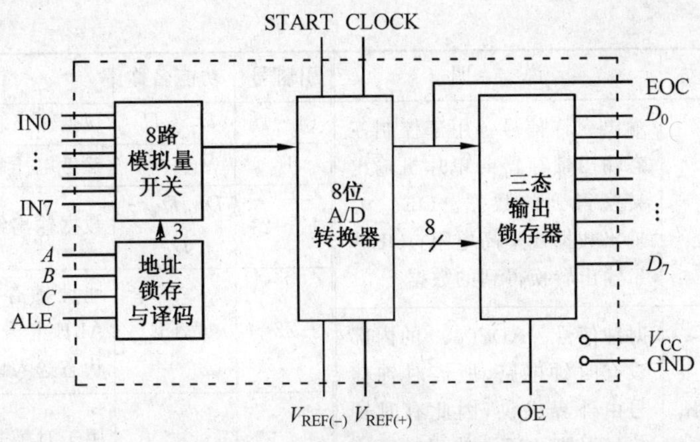

图 8-2-5 ADC0809 内部逻辑结构

(1) 8 路模拟量开关允许 8 路模拟量分时输入，共用一个 A/D 转换器进行转换。

(2) 地址锁存与译码电路完成对 A、B、C 三个地址位进行锁存和译码，其译码输出用于通道选择，如表 8-2-1 所示。

(3) 8 位 A/D 转换器是逐次逼近型 A/D 转换器，由控制与时序电路、逐次逼近寄存器、树状开关以及 256R 电阻阶梯网络等组成。

(4) 三态输出锁存器用于存放和输出转换得到的数字量。

表 8-2-1 通道选择表

C	B	A	选择通道
0	0	0	IN0
0	0	1	IN1
0	1	0	IN2
0	1	1	IN3
1	0	0	IN4
1	0	1	IN5
1	1	0	IN6
1	1	1	IN7

2) 信号引脚

ADC0809 芯片为 28 引脚双列直插式封装，其引脚功能如表 8-2-2 所示。

表 8-2-2 ADC0809 引脚功能

引脚号	功能名称	说 明	引脚号	功能名称	说 明
1～5	IN3～IN7	模拟量输入通道 IN3～IN7	7	EOC	转换结束状态信号。EOC=0,正在进行转换；EOC=1,转换结束。该状态信号既可作为查询的状态标志，又可作为中断请求信号使用
6	START	转换启动信号。START 上升沿时，所有内部寄存器清零；START 下降沿时，开始进行 A/D 转换；在 A/D 转换期间，START 应保持低电平	8	D_3	数据输出线 D3

续表

引脚号	功能名称	说　　明
9	OE	输出允许信号。用于控制三态输出锁存器向单片机输出转换得到的数据。OE＝0，输出数据线呈高电阻；OE＝1，输出转换得到的数据
10	CLOCK	时钟信号。ADC0809 的内部没有时钟电路，所需时钟信号由外界提供，因此有时钟信号引脚。通常使用频率为 500kHz 的时钟信号
11	V_{CC}	电源正极
12	$V_{REF(+)}$	参考电压正极
13	GND	模拟地
14～15	$D_1 \sim D_2$	数据输出线 $D_1 \sim D_2$
16	$V_{REF(-)}$	参考电压负极
17～21	D_0、$D_4 \sim D_7$	数据输出线 D_0、$D_4 \sim D_7$
22	ALE	地址锁存允许信号。对应 ALE 上升沿，A、B、C 地址状态送入地址锁存器中
23～25	C、B、A	用于对模拟通道进行选择，其地址状态与通道相对应关系如表 8-2-1 所示
26～28	IN0～IN2	模拟量输入通道 IN0～IN2

3）A/D 转换过程

当 START 输入一上升沿时，启动 A/D 转换，A/D 转换器对选定的模拟输入通道的信号进行转换，当转换结束时，EOC 输出端输出高电平，转换后的数字信号存储在 3 台输出锁存器中，当 OE 输入高电平时，转换数据出现在数字信号输出端。

3. 电路设计

模拟电压信号源用一个电位器对电源电压分压取得，从 INT0 通道输入，显示采用 10 位的 LED 显示柱，同时，因 Proteus 仿真软件中没有 ADC0809 模型，选用与 ADC0809 特性一致的 ADC0808 芯片进行仿真。根据选择 INT0 通道的要求，ADDC、ADDB、ADDA 地址选择端固定接低电平，OE 接高电平，三态输出锁存器始终处于正常工作状态，ALE 与 START 连接在一起，启动的同时，锁存地址选择信号，通过一个按键电路输入高电平脉冲，OUT1～OUT8 直接接 LED 显示柱，OUT1 为高位，OUT8 为低位，EOC 也接 LED 显示柱中的 1 位，便于观察转换结束状态，从 CLOCK 输入 500kHz 的时钟信号，A/D 转换基准电压直接用电源电压。用 Proteus 仿真软件绘制的设计电路如图 8-2-6 所示。

4. Proteus 绘制电路

应用 Proteus 仿真软件，按图 8-2-6 所示绘制 DAC0808 构成的简易数字电压表。

5. 仿真

单击左下角 ▶ 按钮，即启动仿真。第一次启动转换前，ADC0808 输出的数据为 00H，单击 KEY 按钮，即可观察到 EOC 对应的 LED 点亮，同时输出数据显示在 LED 显示柱上，如图 8-2-6 所示。再次测量时，先单击电位器 RV1 的＋、－图标，即可改变 RV1 在电路中的电阻值，从而改变模拟输入电压的大小，单击 KEY 按钮可以进行 A/D 转换，获得新的数据。模拟量与数字量的计算公式如下：

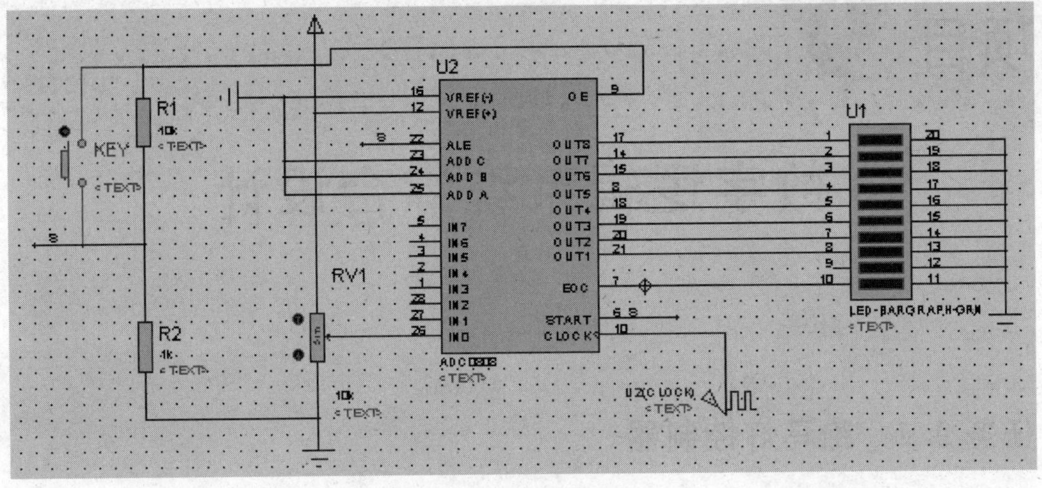

图 8-2-6 简易数字电压表

$$V(\text{模拟量})=\frac{V_{\text{REF}}}{2^8}\times D(\text{数字量})=\frac{5}{256}\times D(\text{V})$$

单击左下角 ■ 按钮，即停止仿真。

6. 调试

按表 8-2-3 所示要求与样例测量 RV1 电位器每挡对应 A/D 转换的数字。

表 8-2-3 调试表格

序号	模拟输入电压(RV1 的百分比乘以电源电压)/V	A/D 转换输出数字(从 LED 显示柱中读取)/B	换算的模拟电压/V
0	51%×5=2.55	10000010	2.53
1			
…			

7. 总结

根据仿真调试的数据，归纳与总结电路的仿真结果，包括 A/D 转换过程、A/D 转换模拟量与数字量之间的关系。最后谈谈自己的学习体会与学习建议。

习题

项目 8 习题.pdf（扫描可下载本项目习题）

Project 9

数字逻辑系统综合设计

任务 9.1 跑马灯控制器

9.1.1 跑马灯控制器的功能与设计要求

1. 跑马灯控制器的模块配置图

跑马灯控制器的电路模块配置图如图 9-1-1 所示，它由 3 部分组成：右边的 CPLD (EPM7064)及 8 个 LED(D2～D9)组成的主电路，10Hz 时钟脉冲产生电路和左、右移动控制开关电路。

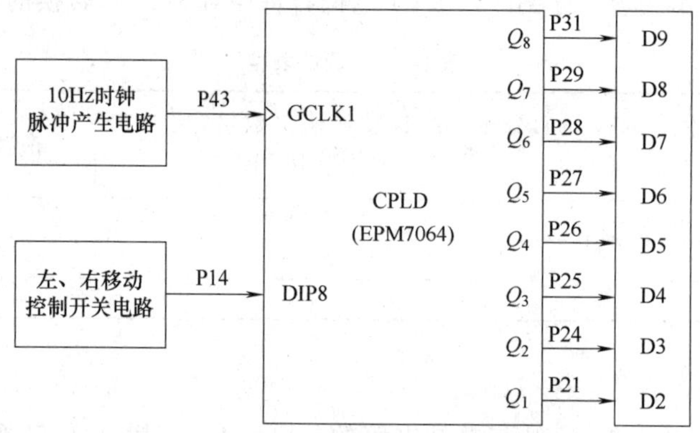

图 9-1-1 跑马灯控制器的电路模块配置图

2. 跑马灯控制器的功能描述

跑马灯控制器需要实现的功能：由指拨开关 DIP8(编号为 S7 最右边的开关)作为控制 8 个 LED 移动方向的跑马灯控制开关，当指拨开关 DIP8 在 ON 的位置时，LED 会由 D2 往 D9 方向进行依次点亮的跑马灯移动动作；当指拨开关 DIP8 在 OFF 的位置时，LED 会由 D9 往 D2 方向进行依次点亮的跑马灯移动动作，即反方向移动。在这一过程中，同一时间只能点亮一个 LED，点亮的时间间隔为 800ms。

3. 跑马灯控制器的 CPLD 参考电路图与设计要求

1) CPLD 参考电路图

根据跑马灯控制器的功能描述，图 9-1-2 所示为跑马灯控制器的系统框图，图 9-1-3

所示为跑马灯控制器的系统模块电路图。

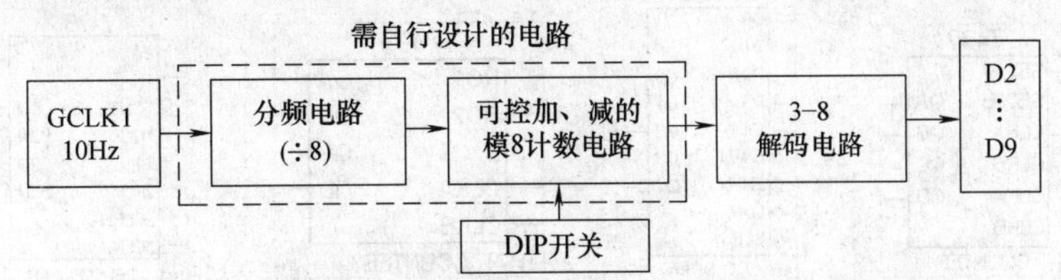

图 9-1-2　跑马灯控制器的系统框图

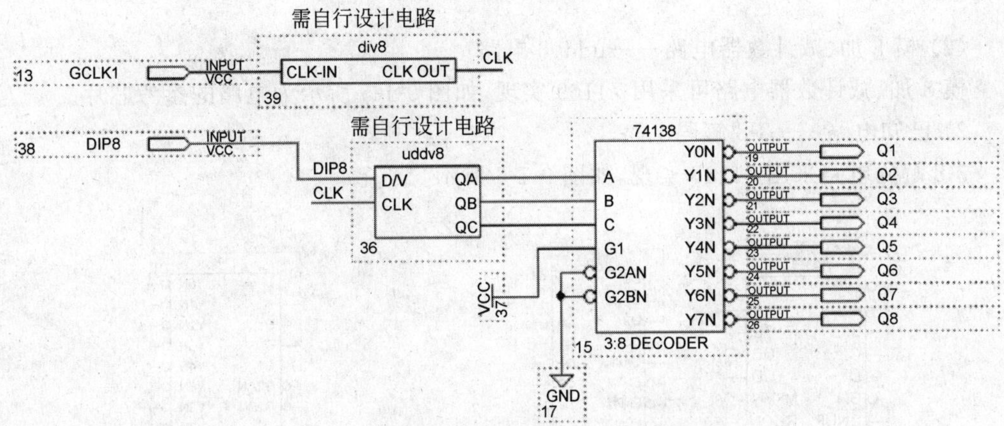

图 9-1-3　跑马灯控制器的系统模块电路图

2）设计要求

根据 CPLD 参考电路图，说明需要自行设计的电路与功能仿真。

根据对跑马灯控制器电路功能的分析，本任务的设计要求如下。

(1) 由于每个 LED 点亮的时间间隔为 800ms，也即每个 LED 依次轮流维持发光的时间为 800ms，根据硬件设计能力认证板上的资源，使用 10Hz 的时钟脉冲作为输入信号，需要设计一个 8 分频的电路产生 800ms 控制 LED 的间隔显示。

(2) 使用一个开关(指拨开关 DIP8)控制 8 个 LED(D2～D9)进行向左或向右的跑马灯显示，因此，需要设计一个可控加、减的模 8 计数电路，加、减信号由指拨开关 DIP8 控制。

(3) 需要一个 3-8 解码电路，把模 8 计数器的 8 个状态转换为对应的 8 个 LED 的"亮""灭"状态。

4. 需要的电路

综合上述的分析，在本任务中需要的电路如下所述。

1）需自行设计的电路

(1) 8 分频电路——div8 电路

实现 8 分频电路有多种方法，如图 9-1-4 所示的芯片均可实现。后面将采用 74169 实现 8 分频电路。

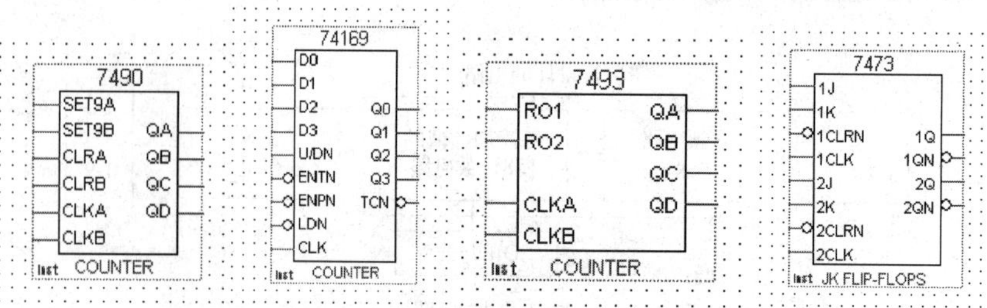

图 9-1-4 8 分频电路参考芯片

(2) 模 8 加、减计数器电路——uddv8 电路

模 8 加、减计数器电路可采用 74169 实现,如图 9-1-5 所示为电路的参考芯片。

2) 已知电路——3-8 解码电路

3-8 解码电路采用 74138 实现,如图 9-1-6 所示。

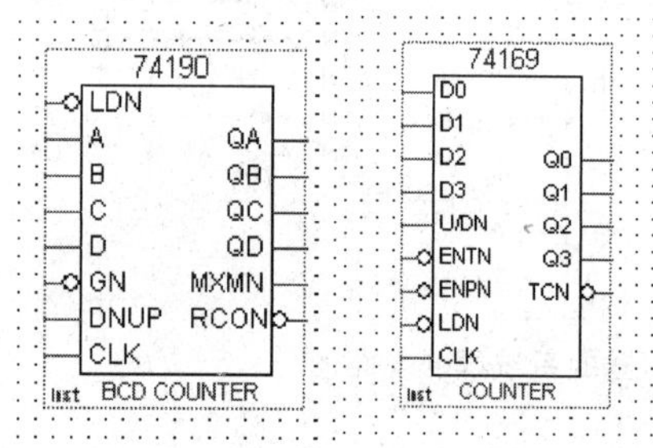

图 9-1-5 模 8 加、减计数电路参考芯片

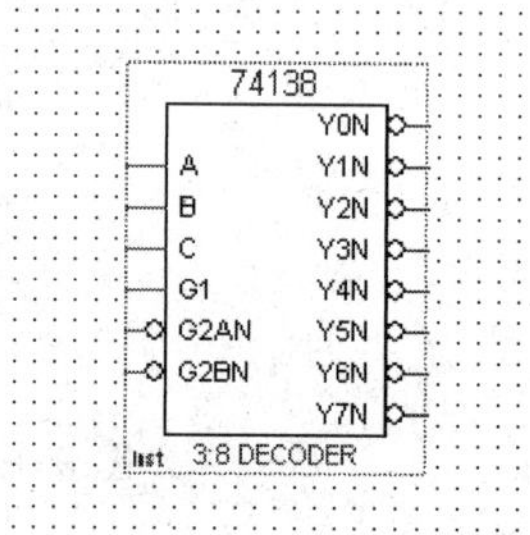

图 9-1-6 3-8 解码器

9.1.2 跑马灯控制器的逻辑电路设计

1. 8分频计数器电路的设计与功能仿真

1) 绘制 8 分频电路原理图

(1) 创建工程文件。首先创建一个用于存放工程文件的文件夹,如 F:\project9\work1\div8。打开 Quartus Ⅱ 软件创建工程,过程如下。

① 单击 File→New Project Wizard 打开“新建工程引导”对话框,在对话框中分别输入如图 9-1-7 所示的信息。在第一张视图中,输入工程文件的路径 F:\project9\work1\div8 与工程名称 div8。在第二张视图中,输入所使用 CPLD 芯片的类别(MAX7000S)与型号(EPM7064SLC44-10)。

② 单击 File→New 创建设计文件,在 Design File 中选择 Block Design/Schematic File,即原理图设计模式(.bdf),单击 OK 按钮。

③ 原理图文件的名称与工程文件名相同,如图 9-1-8 所示,单击 File→Save As 保存文件。

(2) 完成原理图绘制,步骤如下。

① 在元件库中调入 input、output、74169、V_{CC} 与 GND 等元件,按照图 9-1-9,绘制

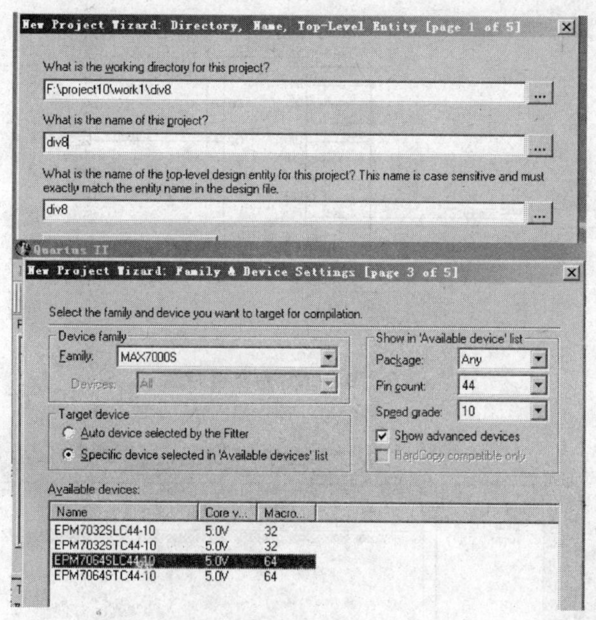

图 9-1-7　创建工程引导图

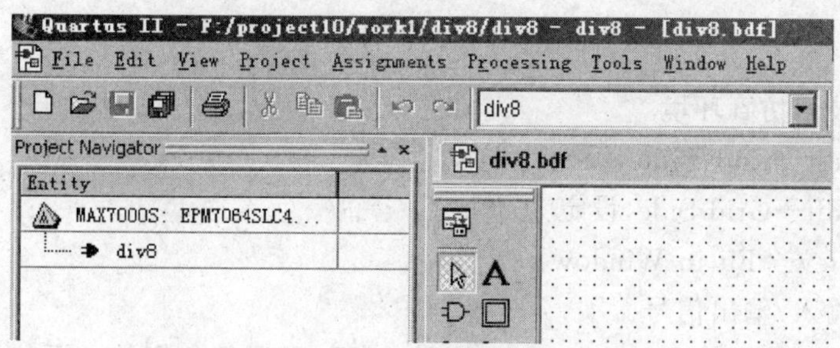

图 9-1-8　原理图编辑窗口

div8 完整电路图。

② 绘制完成后，先保存，再单击 Processing→Start Compilation 进行原理图编译，若编译结果有错误，需要修正错误，并重新编译，直到编译结果无错误为止。

2）8 分频电路波形功能仿真

（1）建立仿真波形文件

单击 File→New→Vector Waveform File 创建仿真波形文件(.vwf)。

（2）添加仿真波形的输入/输出引脚

单击 View→Utility Windows→Node Finder→Filter→All，再单击 List，屏幕 Node Found 区域会列出工程设计中所有的输入/输出引脚，选择需要的输入/输出引脚到 Selected Nodes 区域，单击 OK 按钮，添加的输入/输出引脚显示在波形编辑窗口中，如图 9-1-10 所示。

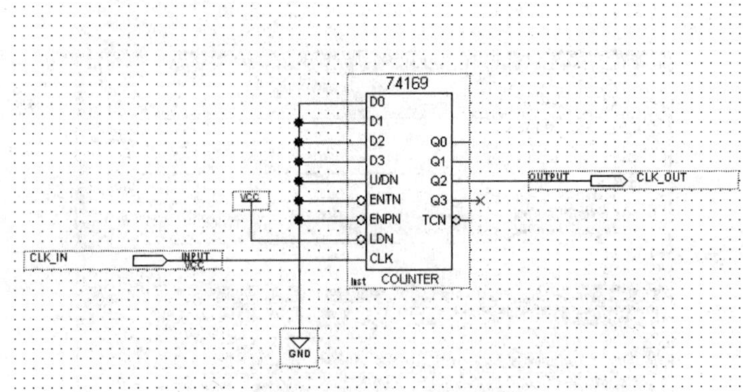

图 9-1-9 div8 完整电路图

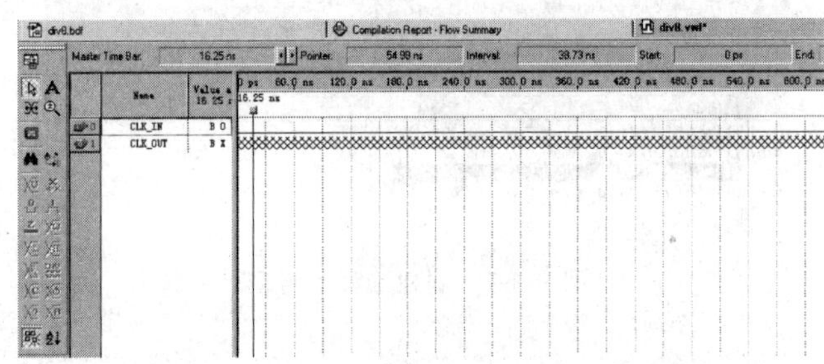

图 9-1-10 输入/输出引脚显示与波形仿真环境

(3) 设置波形仿真环境

① 选择 Edit→End Time,设定为 1μs。

② 选择 Edit→Grid Side,设定为 30ns。

③ 选择 View→Fit in Window。

(4) 编辑输入/输出信号

① 拖动输入/输出信号 CLK-IN 和 CLK-OUT,可调整它们的上下位置,以达到最佳的观察效果(后面章节不再复述)。

② 拖动选取预设定信号 CLK-IN,单击左边工具栏的波形编辑按钮 Clock,设定输入信号,CLK-IN 信号周期设定为 60ns,并保存编辑的输入信号,文件保存的路径和名称为 F:\project9\work1\div8\div8. vwf。

③ 编辑好输入信号后,单击 Processing→Start Simulation 进行功能仿真,仿真结果如图 9-1-11 所示,符合 8 分频的设计要求。若仿真结果不符合设计要求,则需要修改原理图,编译后再仿真,直到仿真结果符合设计要求。

3) 封装成 div8 IC 元件

8 分频电路——div8 是跑马灯控制器电路中的一个组成部分,对于整个控制电路来说,div8 是一个子电路或子模块。为了绘图的方便和电路的美观整洁,需要把 div8 电路封装成 IC 元件,能够被调用。方法如下:将工作视图切换至 div8. bdf 环境下,单击 File→Create/Update→Create Symbol Files for Current File,在 div8. bdf 环境下双击,可查看到 div8 的封装元件,如图 9-1-12 所示。

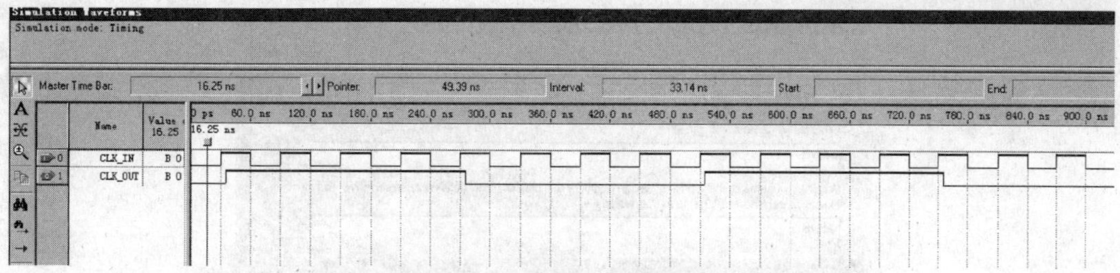

图 9-1-11　div8 波形仿真结果

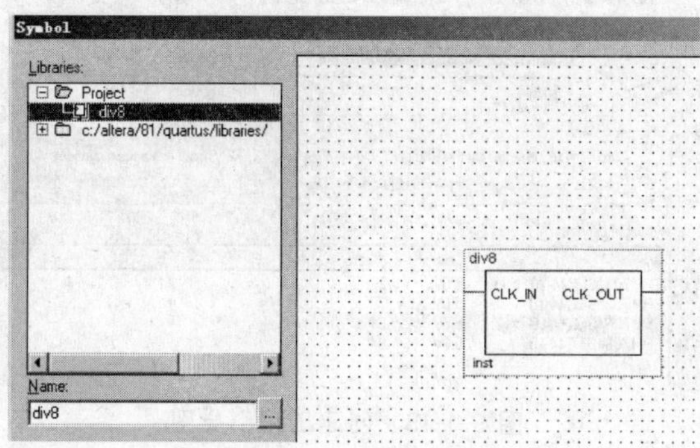

图 9-1-12　div8 IC 封装元件

2. 模 8 加、减计数器电路的设计与功能仿真

1）绘制模 8 加、减计数器电路原理图

（1）创建工程文件。打开 Quartus Ⅱ 软件创建工程文件，过程如下。

① 单击 File→New Project Wizard 打开“新建工程引导”对话框，在对话框中分别输入如图 9-1-13 所示的信息。在第一张视图中，输入工程文件的路径 F:\project9\work1\uddv8 与工程名称 uddv8。在第二张视图中，输入所使用 CPLD 芯片的类别(MAX7000S)与型号(EPM7064SLC44-10)。

② 单击 File→New 创建设计文件，在 Design File 中选择 Block Design/Schematic File，即原理图设计模式(.bdf)，单击 OK 按钮。

③ 原理图文件的名称与工程文件名相同，如图 9-1-14 所示，单击 File→Save As 保存文件。

（2）完成原理图绘制，步骤如下。

① 在元件库中调入 input、output、not、74169、V_{CC} 与 GND 等元件，按照图 9-1-15 绘制 uddv8 完整电路图。

② 绘制完成后，先保存，再单击 Processing→Start Compilation 进行原理图编译，若编译结果有错误，需要修正错误，并重新编译，直到编译结果无错误为止。

2）模 8 加、减计数电路波形功能仿真

（1）建立仿真波形文件

单击 File→New→Vector Waveform File 创建仿真波形文件(.vwf)。

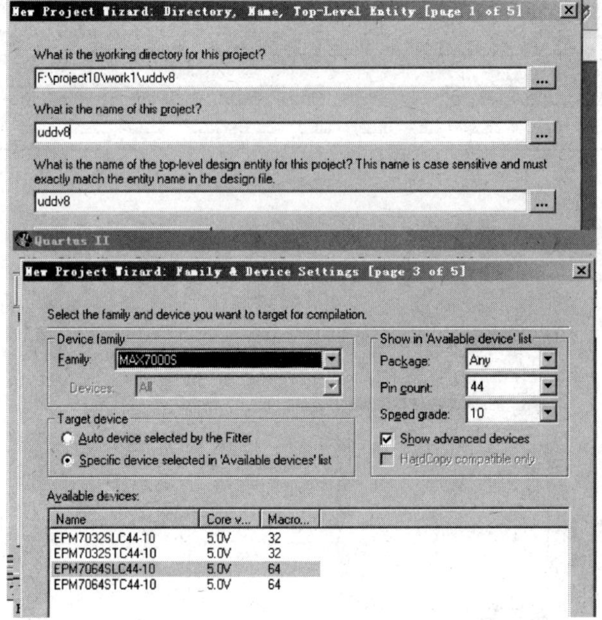

图 9-1-13 创建工程引导图

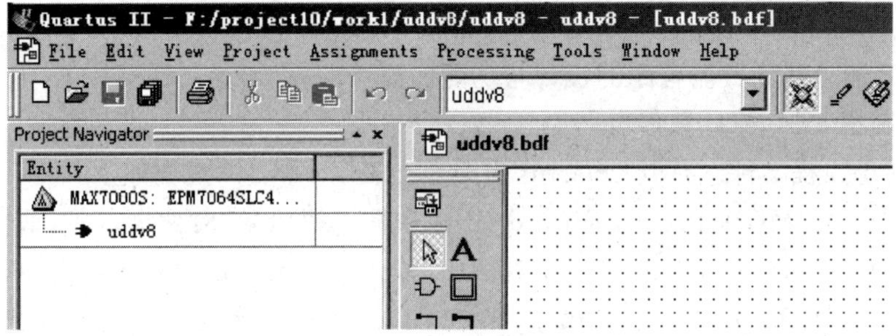

图 9-1-14 原理图编辑窗口

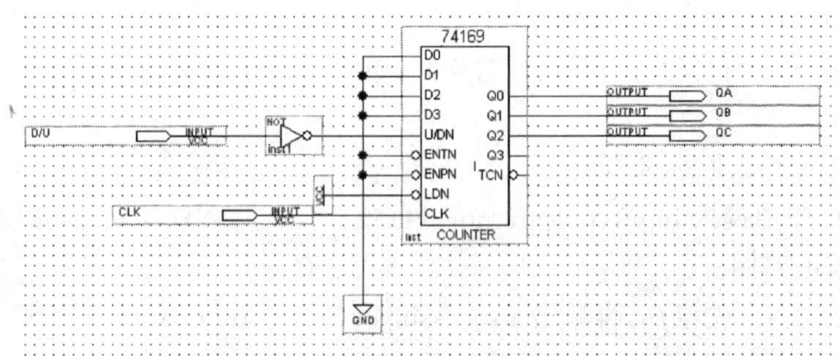

图 9-1-15 uddv8 完整电路图

(2) 添加仿真波形的输入/输出引脚

单击 View→Utility Windows→Node Finder→Filter→All,再单击 List,屏幕 Node

Found 区域会列出工程设计中所有的输入/输出引脚,选择需要的输入/输出引脚到 Selected Nodes 区域,单击 OK 按钮,添加的输入/输出引脚显示在波形编辑窗口中,如图 9-1-16 所示。

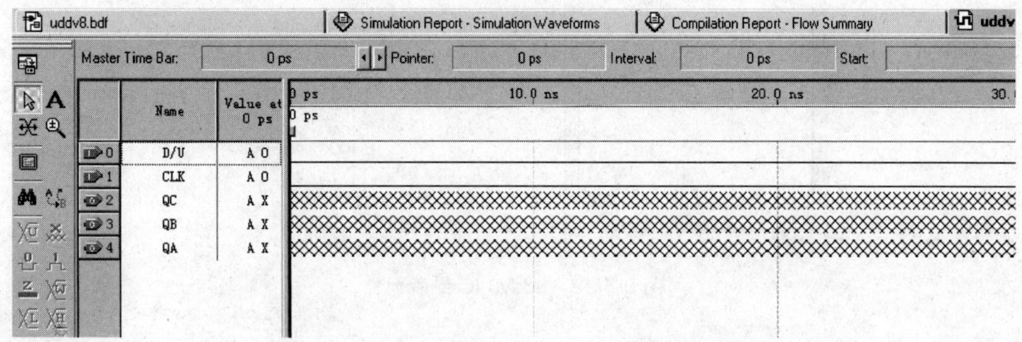

图 9-1-16 输入/输出引脚显示与波形仿真环境

(3) 设置波形仿真环境

① 选择 Edit→End Time,设定为 1μs。

② 选择 Edit→Grid Side,设定为 30ns。

③ 选择 View→Fit in Window。

(4) 编辑输入/输出信号

① 拖动选取预设定信号 D/U 与 CLK,单击左边工具栏的波形编辑按钮 0 与 1 以及 Clock 设定输入信号,CLK 信号周期设定为 60ns,并保存编辑的输入信号,文件保存的路径和名称为 F:\project9\work1\uddv8\uddv8. vwf。

② 编辑好输入信号后,单击 Processing→Start Simulation 进行功能仿真,仿真结果如图 9-1-17 所示。若仿真结果不符合设计要求,则需要修改原理图,编译后再仿真,直到仿真结果符合设计要求。

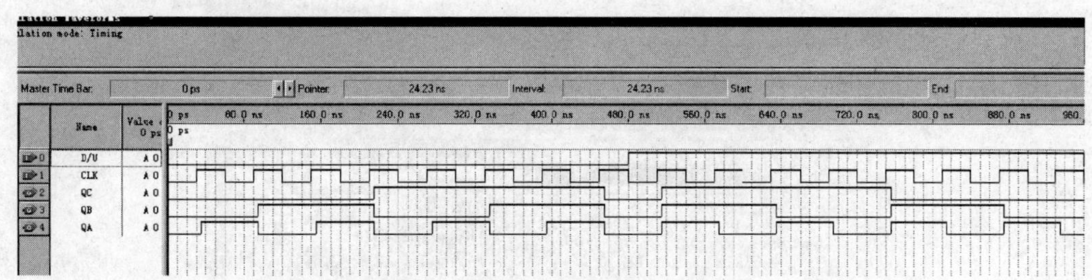

图 9-1-17 uddv8 波形仿真结果

3) 封装成 uddv8 IC 元件

将工作视图切换至 uddv8. bdf 环境下,单击 File→Create/Update→Create Symbol Files for Current File,在 uddv8. bdf 环境下双击,可查看到 uddv8 的封装元件,如图 9-1-18 所示。

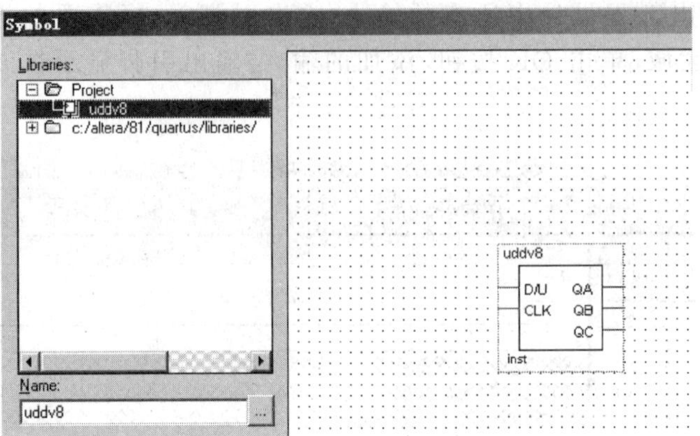

图 9-1-18 uddv8 IC 封装元件

3. 跑马灯控制器的设计与功能仿真

1) 绘制跑马灯控制器电路原理图

(1) 创建工程文件。打开 QuartusⅡ软件创建工程文件，过程如下。

① 单击 File→New Project Wizard 打开“新建工程引导”对话框，在对话框中分别输入如图 9-1-19 所示的信息。在第一张视图中，输入工程文件的路径 F:\project9\work1 与工程名称 pmd。在第二张视图中输入所使用 CPLD 芯片的类别(MAX7000S)与型号(EPM7064SLC44-10)。

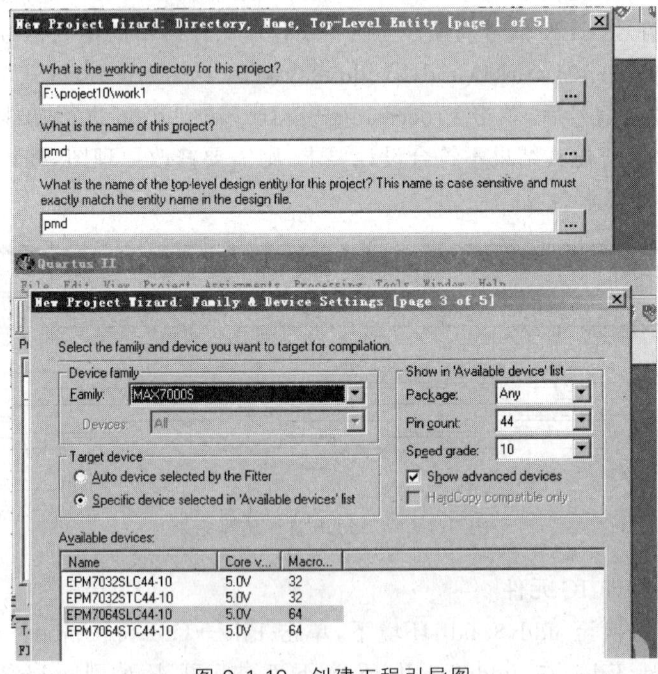

图 9-1-19 创建工程引导图

② 单击 File→New 创建设计文件，在 Design File 中选择 Block Design/Schematic File，即原理图设计模式(.bdf)，单击 OK 按钮。

③ 原理图文件的名称与工程文件名相同，单击 File→Save As 保存文件，如图 9-1-20 所示。

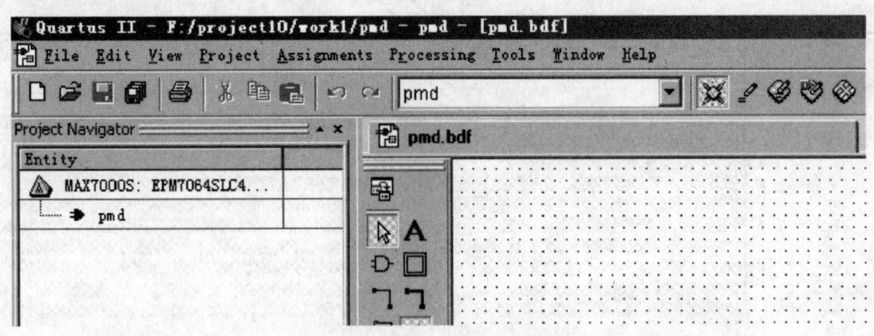

图 9-1-20　原理图编辑窗口

(2) 完成原理图绘制，步骤如下。

① 在元件库中调入 input、output、V_{CC}、GND、74138、div8 与 uddv8 元件，按照图 9-1-21 绘制跑马灯控制器完整电路图。在调用 div8 与 uddv8 元件时，需要先将 div8 工程文件中的 div8.bdf 和 div8.bsf 以及 uddv8 工程文件中的 uddv8.bdf 和 uddv8.bsf 总共 4 个文件复制到 pmd 工程所在的文件夹 work1 中，然后才可以进行封装元件的调用。若不能正确复制，则不能调用这些封装元件。注意图 9-1-21 中的 CLK 信号是用于仿真测试的中间信号，在实际电路中 CLK 信号是不需要输出的。

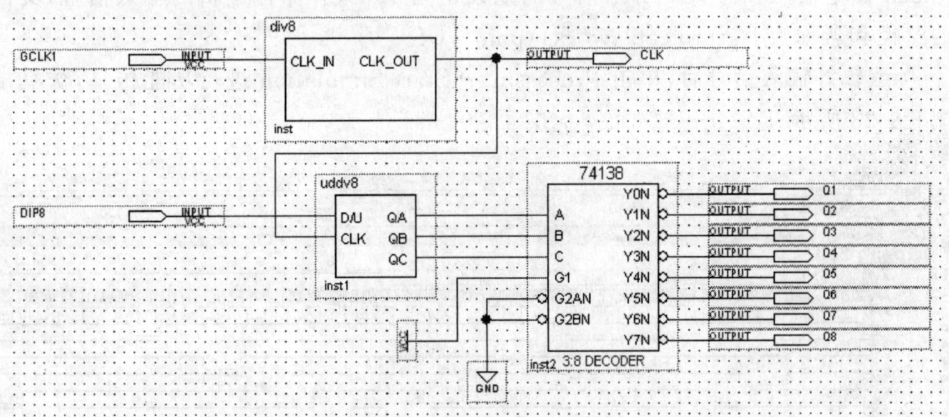

图 9-1-21　跑马灯控制器完整电路图

② 绘制完成后，先保存，再单击 Processing→Start Compilation 进行原理图编译，若编译结果有错误，需要修正错误，并重新编译，直到编译结果无错误为止。

2) 跑马灯控制器电路波形功能仿真

(1) 建立仿真波形文件。

单击 File→New→Vector Waveform File 创建仿真波形文件(.vwf)。

(2) 添加仿真波形的输入/输出引脚。

单击 View→Utility Windows→Node Finder→Filter→All，再单击 List，屏幕 Node Found 区域会列出工程设计中所有的输入/输出引脚，选择需要的输入/输出引脚到 Selected Nodes 区

域,单击 OK 按钮,添加的输入/输出引脚显示在波形编辑窗口中,如图 9-1-22 所示。

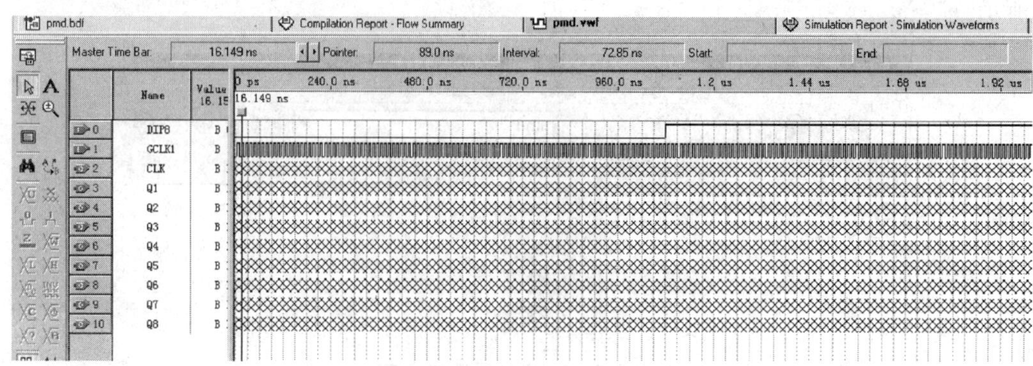

图 9-1-22 输入/输出引脚显示与波形仿真环境

(3) 设置波形仿真环境。

① 选择 Edit→End Time,设定为 1μs。

② 选择 Edit→Grid Side,设定为 30ns。

③ 选择 View→Fit in Window。

(4) 编辑输入/输出信号。

① 拖动选取预设定信号 DIP8 与 GCLK1,单击左边工具栏的波形编辑按钮 0 与 1 以及 Clock 设定输入信号,GCLK1 信号周期设定为 10ns,并保存编辑的输入信号,文件保存的路径和名称为 F:\project9\work1\pmd. vwf。

② 编辑好输入信号后,单击 Processing→Start Simulation 进行功能仿真,仿真结果如图 9-1-23 所示。

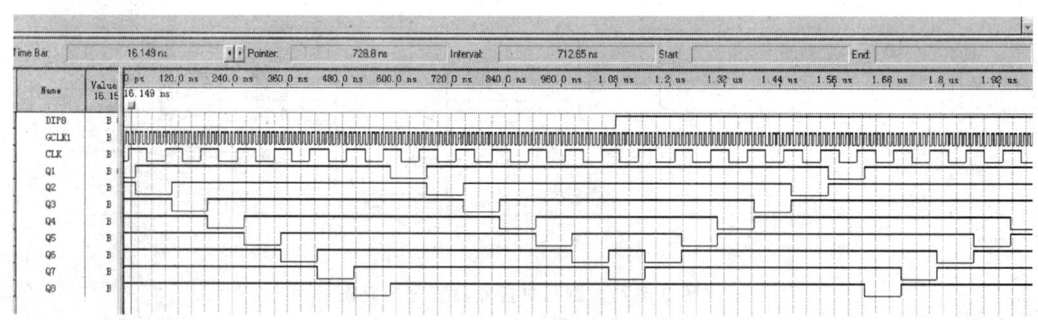

图 9-1-23 pmd 波形仿真结果

③ 对照跑马灯控制器的功能要求,验证仿真波形图。图中 CLK 是 8 分频后的时钟信号,输出符合要求,说明逻辑设计正确;否则,需要修改设计并仿真,直到正确为止。

9.1.3 跑马灯控制器 CPLD 电路的引脚分配、编译与程序下载

1. CPLD 元件的引脚配置

建立一个跑马灯控制器(见图 9-1-1)组合逻辑电路,硬件电路的引脚配置规则如下。

输入：GCLK1→P43、DIP8→P14。

输出：Q_1→P21、Q_2→P24、Q_3→P25、Q_4→P26、Q_5→P27、Q_6→P28、Q_7→P29、Q_8→P31。

引脚配置的方法如下。

（1）单击 Assignments→ Pins，检查 CPLD 元件型号是否为 MAS7000S、EPM7064SLC44-10，再将鼠标指针移到 All pins 视窗，选择每一端点（GCLK1、DIP8、Q_1、Q_2、Q_3、Q_4、Q_5、Q_6、Q_7、Q_8），再在其后的 Location 栏选择每个端点所对应的 CPLD 芯片上的引脚，如图 9-1-24 所示。CLK 是测试信号，在实际电路中没有输出，所以不需要进行引脚配置。

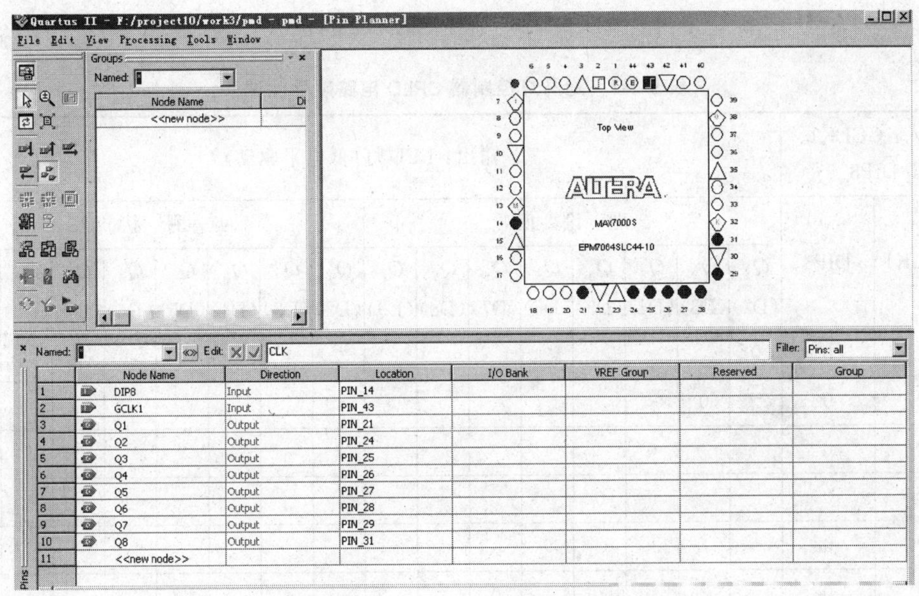

图 9-1-24 CPLD 元件引脚配置窗口

（2）引脚配置完成后，需要再次编译电路以存储这些引脚的锁定信息。

2. 程序下载

在程序下载前，首先要对硬件开发板上相关的信号进行设置。指拨开关 S2 上的 CPLD-EN、CPLD-OE、LEDs-EN 都要处在 ON 状态，这样才能进行下载，且 LED 处于可用状态。然后单击 Tools→Programmer，打开编程配置下载窗口，先单击 Hardware Setup 配置下载电缆，选择 USB-Blaster，下载电缆配置完成后，在 Mode 下拉列表中选择 JTAG，选中下载文件 pmd. pof 右侧第一个小方框（Program/Configure），打开目标板电源，再单击 Start 按钮，进行程序下载，当完成下载后，如图 9-1-25 所示。

9.1.4 跑马灯控制器 CPLD 电路的硬件测试

程序下载完成后，先关掉开发板上的电源，把编号 JP2 排针上的短路夹置于 10Hz 处，这样 10Hz 的时钟信号就与 GCLK1 连接上了。

按表 9-1-1，在 TEMI 数字逻辑设计能力认证开发板中进行测试。

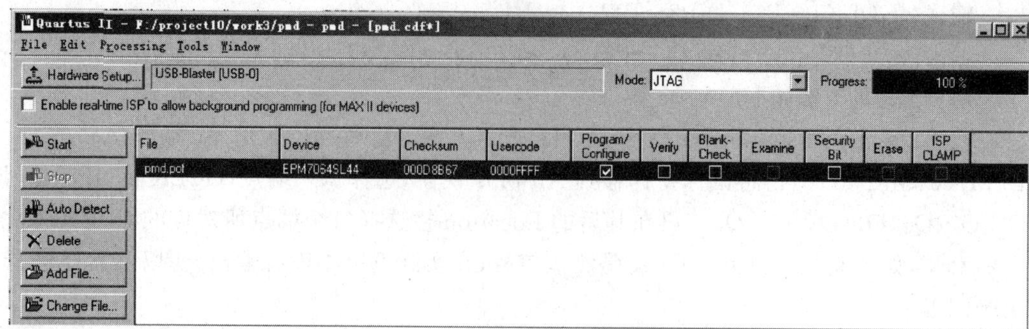

图 9-1-25 程序下载完成窗口

表 9-1-1 跑马灯控制器 CPLD 电路硬件测试表

输入：GCLK1、DIP8		输出：LED 灯(低电平驱动)															
GCLK1	DIP8	理论值								实测状态							
		Q_1 (D2)	Q_2 (D3)	Q_3 (D4)	Q_4 (D5)	Q_5 (D6)	Q_6 (D7)	Q_7 (D8)	Q_8 (D9)	Q_1 (D2)	Q_2 (D3)	Q_3 (D4)	Q_4 (D5)	Q_5 (D6)	Q_6 (D7)	Q_7 (D8)	Q_8 (D9)
↑	0	0															
↑	0		0														
↑	0			0													
↑	0				0												
↑	0					0											
↑	0						0										
↑	0							0									
↑	0								0								
↑	1								0								
↑	1							0									
↑	1						0										
↑	1					0											
↑	1				0												
↑	1			0													
↑	1		0														
↑	1	0															

注：↑代表时钟脉冲。

查看跑马灯控制器的硬件测试结果是否与理论值相符，即测试结果是否符合实际的功能要求。若不符合要求，找出问题所在，修改电路设计，重新测试，直到测试符合设计要求。

9.1.5 任务思考与总结

跑马灯控制器设计的关键在于 8 分频电路和模 8 可控加、减计数器的实现,文中给出的设计方案只是其中一种实现方法,可以考虑用其他芯片,如 7490、7493、74190 等,来实现 8 分频电路和模 8 加、减计数电路。

任务 9.2 电子骰子控制器

9.2.1 电子骰子控制器的功能与设计要求

1. 电子骰子控制器的模块配置图

电子骰子控制器的电路模块配置图如图 9-2-1 所示,由 5 个部分组成:右边的 CPLD (EPM7064)及 7 个 LED 组成的电子骰子显示电路、左边的 1kHz 时钟脉冲产生电路、CLK-PB1 按键开关电路和发声电路(蜂鸣器电路)。

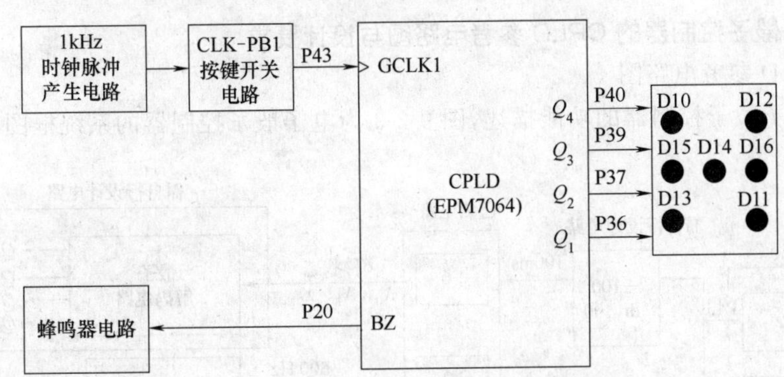

图 9-2-1　电子骰子控制器的电路模块配置图

2. 电子骰子控制器的功能描述

电子骰子控制器需要实现的功能如下。

(1) 骰子的触发由按键开关 CLK-PB1(编号 S8)控制,按住 CLK-PB1 按键时,CLK-PB1 产生的 1kHz 时钟脉冲输入 CLPD 的输入端 P43;放开 CLK-PB1 按键时,CLPD 的输入端 P43 则没有输入信号。

(2) 按住 CLK-PB1 按键时,由 D10～D16 组成的电子骰子以每隔 100ms 的时间显示 1～6 的点数,放开 CLK-PB1 按键时,D10～D16 显示的点数保持当前值不变。

(3) 按住 CLK-PB1 按键时,蜂鸣器(由 CPLD P20 控制)产生 500Hz 的声音,放开 CLK-PB1 按键停止发声。

(4) CPLD 输出控制引脚与电子骰子 7 个 LED 之间的关系:P36 同步控制 D10 和 D11;P37 同步控制 D12 和 D13;P39 控制 D14;P40 同步控制 D15 和 D16。

(5) 电子骰子的点数 1～6 的显示如图 9-2-2 所示。根据上述输出控制引脚与电子骰子 7 个 LED 之间的关系可知,1 点由 P39 控制;2 点由 P36 控制;3 点由 P39 与 P36 控制;4 点由 P36 与 P37 控制;5 点由 P36、P37 与 P39 控制;6 点由 P36、P37 与 P40 控制。

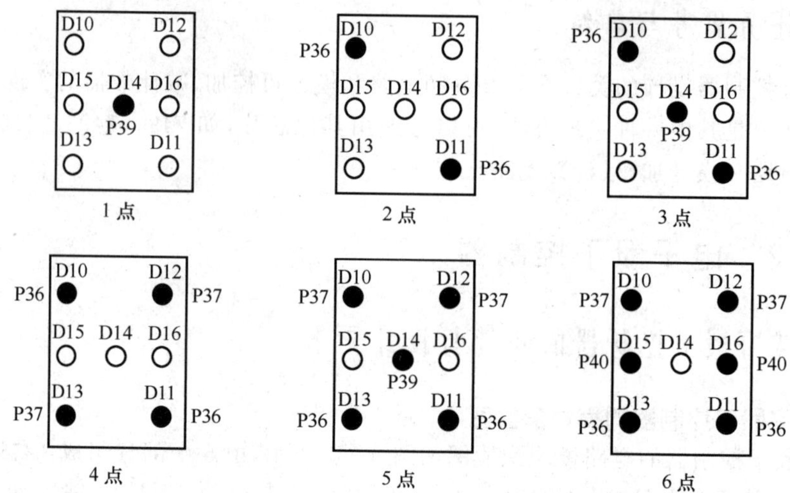

图 9-2-2　1～6 点数的输出显示

3. 电子骰子控制器的 CPLD 参考电路图与设计要求

1) CPLD 参考电路图

根据电子骰子控制器的功能描述,图 9-2-3 为电子骰子控制器的系统框图。

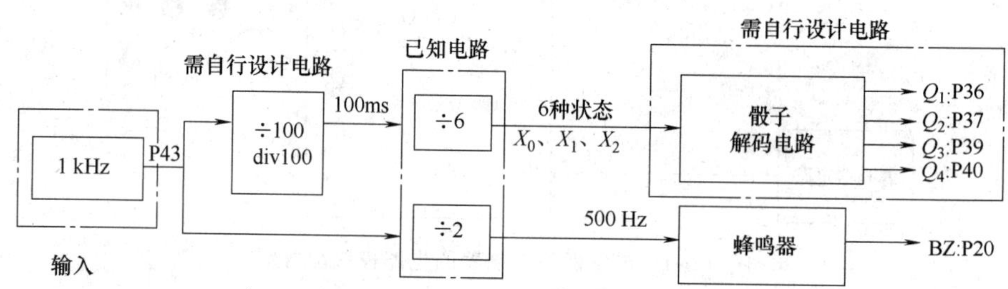

图 9-2-3　电子骰子控制器的系统框图

2) 设计要求

根据 CPLD 参考电路图,说明需要自行设计的电路与功能仿真。

由电子骰子控制器电路功能可知,输入信号以 1kHz 频率控制电子骰子的输出显示,当按住 CLK-PB1 按键时,电子骰子以每隔 100ms 的时间显示 1～6 的点数,同时在蜂鸣器上产生 500Hz 的声音。因此,由 f(频率)$=1/T$(时间),可以计算出所需要的分频器电路设计。本任务的设计要求如下。

(1) 已知 $T=100$ms,由 f(频率)$=1/T$(时间)$=1/0.1=10$Hz,由于按住 CLK-PB1 按键产生的是 1kHz 的时钟脉冲信号,需要进行分频才能获得 10Hz 时钟脉冲信号,所以需要设计一个 100 分频电路(÷100 电路)。

(2) 要显示 1～6 的点数,需要将 10Hz 时钟脉冲信号分成 6 种状态,因此需要设计一个模 6 计数器(或称为 6 分频电路,即÷6 电路)。

(3) 蜂鸣器上的 500Hz 声音也是由 1kHz 信号电路经分频产生的,所以需要一个

2 分频电路，即÷2 电路。

(4) 需要设计一个解码电路——骰子解码电路，把 1～6 这 6 种点数状态与 CLPD 输出控制端对应起来。

4. 需要的电路

综合上述分析，在本设计任务中需要的电路如下所述。

1) 已知的电路——6 分频电路、2 分频电路

分频电路也即计数电路，因此设计÷6 与÷2 的分频电路即是设计模 6 和模 2 计数器电路。芯片 7492 是一个模 12 的计数器，它内部有两个相对独立的模 6 和模 2 计数器，串接在一起就是模 12 计数器，不串接就是两个相对独立的模 6 和模 2 计数器。芯片 7492 的功能恰好可以满足功能要求，设计电路可参考图 9-2-4(a)。

2) 需自行设计的电路

(1) 100 分频电路

设计原理：采用芯片 74192 可以组建模 10 计数器，两个 74192 串接即可组成模 100 计数器，即÷100 电路。设计电路可参考图 9-2-4(b)。

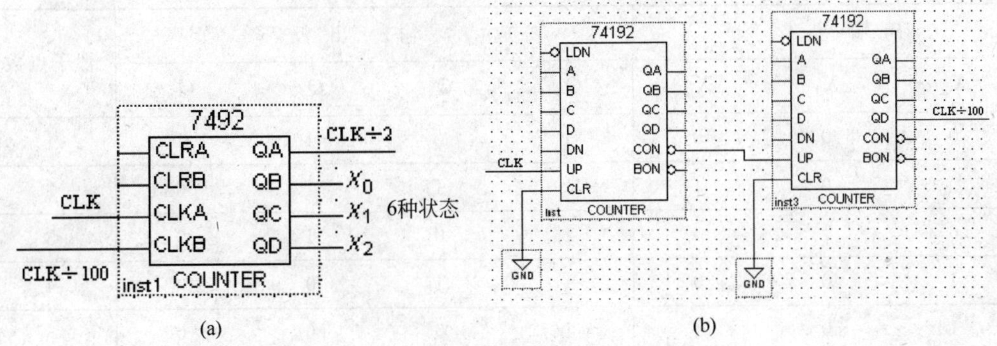

图 9-2-4　÷6 与÷2、÷100 的分频电路

(2) 电子骰子解码电路(见图 9-2-6)

图 9-2-5 为骰子解码电路的框图。由 7492 的逻辑功能表(见表 9-2-1)分析可知，Q_D、Q_C、Q_B 总共有(0、1、2、4、5、6)6 种状态，刚好可以与骰子的 6 个点数相对应，表 9-2-2 为低电平驱动的骰子解码电路的真值表。当输入 $X_2X_1X_0=000$ 时，解码骰子的点数为 1，因此输出端 Q_3(P39)=0(低电平驱动)；当输入 $X_2X_1X_0=001$ 时，解码骰子的点数为 2，因此输出端 Q_1(P36)=0；当输入 $X_2X_1X_0=010$ 时，解码骰子的点数为 3，因此输出端 Q_3(P39)与 Q_1(P36)=00；以此类推。

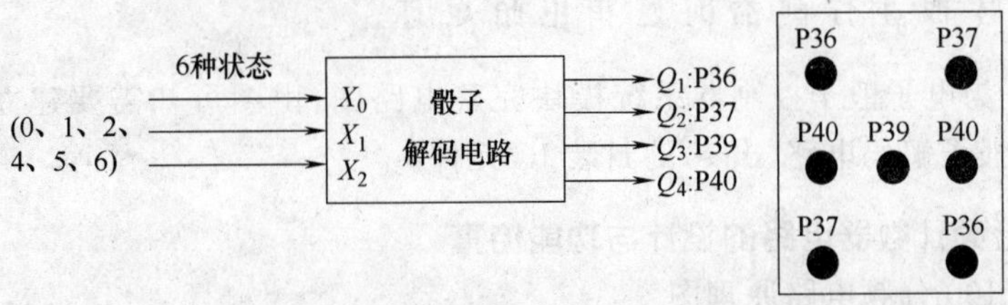

图 9-2-5　骰子解码电路框图

表 9-2-1 7492 逻辑功能表

输入				输出				说明
CLRA	CLRB	CLKA	CLKB	Q_D	Q_C	Q_B	Q_A	
1	1	×	×	0	0	0	0	异步置 0
CLRA·CLRB =0		↓	0	二进制计数				Q_A 输出
		0	↓	六进制计数(000、001、010、100、101、110)				Q_D、Q_C、Q_B 输出
		↓	Q_A	十二进制计数				Q_D、Q_C、Q_B、Q_A 输出

表 9-2-2 低电平驱动的骰子解码电路真值表

输入			输出				骰子点数
X_2	X_1	X_0	Q_4	Q_3	Q_2	Q_1	
0	0	0	1	0	1	1	1
0	0	1	1	1	1	0	2
0	1	0	1	0	1	0	3
1	0	0	1	1	0	0	4
1	0	1	1	0	0	0	5
1	1	0	0	1	0	0	6

注：3、7 为任意项，在进行化简时可作任意项处理。

根据骰子解码电路的真值表 9-2-2，用卡诺图进行化简，得到输出信号 Q_4、Q_3、Q_2、Q_1 与输入 X_2、X_1、X_0 之间的逻辑函数关系。再由逻辑函数画出逻辑电路图，如图 9-2-6 所示。

$$Q_1=\overline{X_2}\cdot\overline{X_1}\cdot\overline{X_0},\quad Q_2=\overline{X_2}$$

$$Q_3=\overline{X_2}X_0+X_2\overline{X_0}=X_2\oplus X_0,\quad Q_4=\overline{X_2X_1\overline{X_0}}=\overline{X}_2+\overline{X}_1+X_0$$

9.2.2 电子骰子控制器的逻辑电路设计

图 9-2-7 为电子骰子控制器系统模块完整电路图，由图可知需要建立两个模块化电路 div100 与骰子解码电路(dice)的封装 IC 元件。

1. 100 分频计数器电路的设计与功能仿真

1）绘制 100 分频电路原理图

(1) 创建工程文件。首先创建一个用于存放工程文件的文件夹 div100，存储路径为

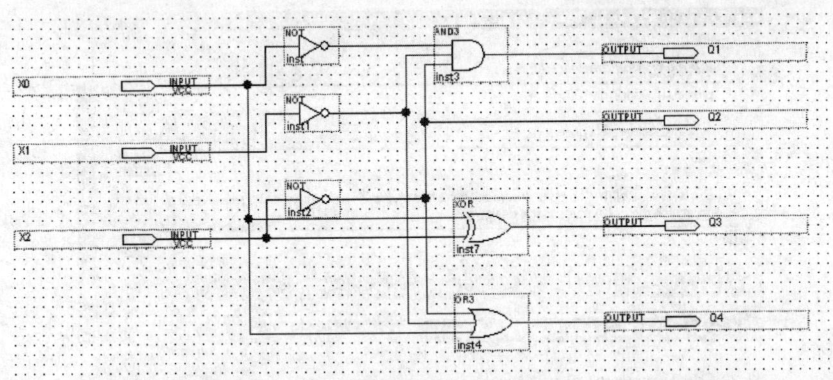

图 9-2-6 骰子解码电路的逻辑电路图

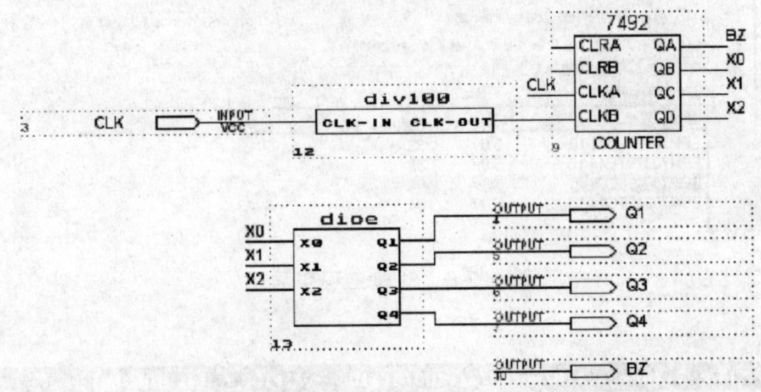

图 9-2-7 电子骰子控制器系统模块电路图

F:\project9\work2\div100。打开 QuartusⅡ软件,创建工程,过程如下。

① 单击 File→New Project Wizard 打开新建工程引导对话框,在对话框中分别输入如图 9-2-8 所示的信息。在第一张视图中,输入工程文件的路径 F:\project9\work2\div100 与工程名称 div100。在第二张视图中,输入所使用的 CPLD 芯片的类别(MAX7000S)与型号(EPM7064SLC44-10)。

② 单击 File→New 创建设计文件,在 Design File 中选择 Block Design/Schematic File,即原理图设计模式(.bdf),单击 OK 按钮。

③ 原理图文件的名称与工程文件名相同,如图 9-2-9 所示,单击 File→Save As,保存文件。

(2) 完成原理图绘制,步骤如下。

① 按照图 9-2-10,绘制 div100 完整电路图。

② 绘制完成后,先保存,再单击 Processing→Start Compilation 进行原理图编译,若编译结果有错误,需要修正错误,并重新编译,直到编译结果无错误为止。

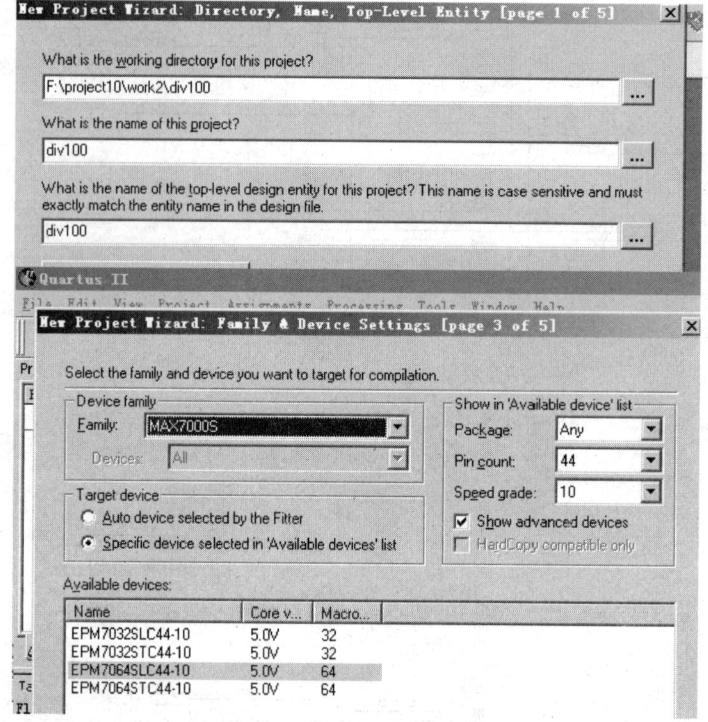

图 9-2-8　创建工程引导图

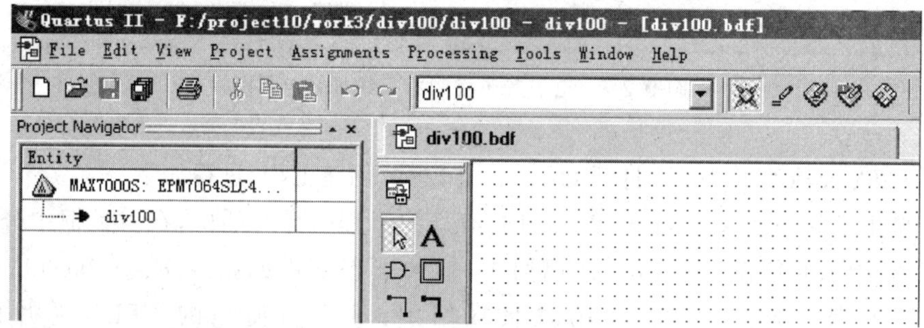

图 9-2-9　原理图编辑窗口

2) 100 分频电路波形功能仿真

(1) 建立仿真波形文件。

单击 File→New→Vector Waveform File 创建仿真波形文件(.vwf)。

(2) 添加仿真波形的输入/输出引脚。

单击 View→Utility Windows→Node Finder→Filter→All，再单击 List，屏幕 Node Found 区域会列出工程设计中所有的输入/输出引脚，选择需要的输入/输出引脚到 Selected Nodes 区域，单击 OK 按钮，添加的输入/输出引脚显示在波形编辑窗口中，如图 9-2-11 所示。

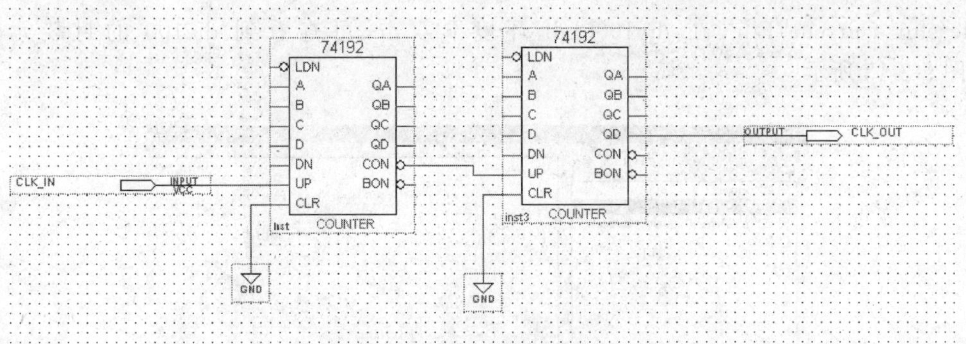

图 9-2-10 div100 完整电路图

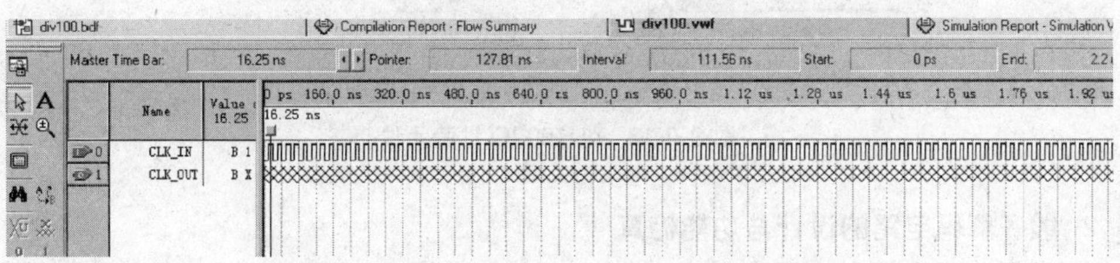

图 9-2-11 输入/输出引脚显示与波形仿真环境

(3) 设置波形仿真环境。

① 选择 Edit→End Time，设定为 2.2μs。

② 选择 Edit→Grid Side，设定为 10ns。

③ 选择 View→Fit in Window。

(4) 编辑输入/输出信号。

① 拖动选取预设定信号 CLK-IN，单击左边工具栏的波形编辑按钮 Clock，设定输入信号，CLK-IN 周期设定为 20ns，并保存编辑的输入信号，文件保存的路径和名称为 F:\project9\work2\div100\div100.vwf。

② 编辑好输入信号后，单击 Processing→Start Simulation 进行功能仿真，仿真结果如图 9-2-12 所示，符合 100 分频的设计要求。若仿真结果不符合设计要求，则需要修改原理图，编译后再仿真，直到仿真结果符合设计要求。

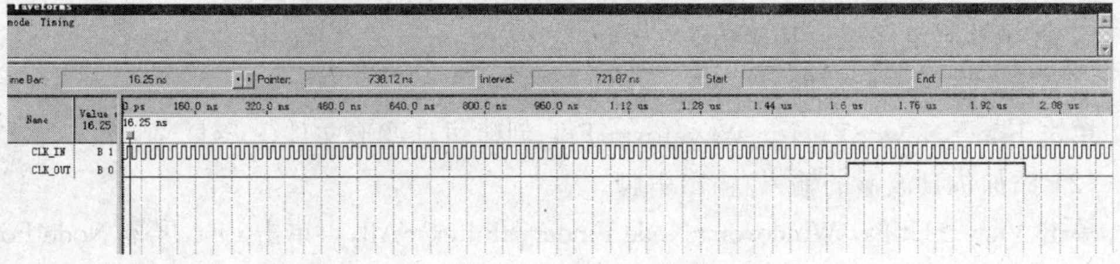

图 9-2-12 div100 波形仿真结果

3) 封装成 div100 IC 元件

将工作视图切换至 div100.bdf 环境下，单击 File→Create/Update→Create Symbol

Files for Current File,在 div100. bdf 环境下双击,可查看到 div100 的封装元件,如图 9-2-13 所示。

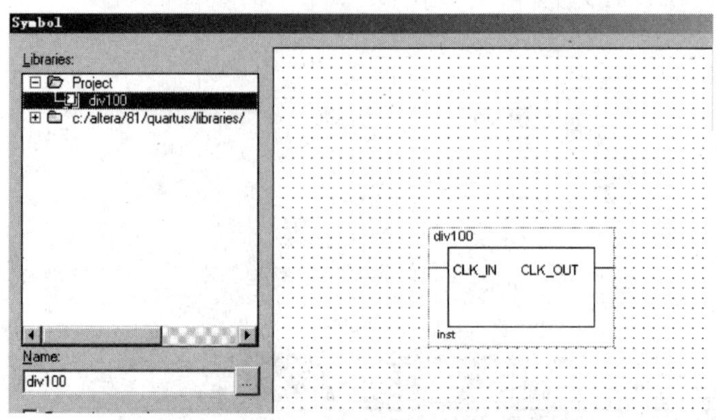

图 9-2-13 div100 IC 封装元件

2. 骰子解码电路的设计与功能仿真

1) 骰子解码电路原理图绘制

(1) 创建工程文件。打开 Quartus Ⅱ软件,创建工程文件,过程如下。

① 单击 File→New Project Wizard 打开新建工程引导对话框,在对话框中分别输入如图 9-2-14 所示的信息。在第一张视图中,输入工程文件的路径 F:\project9\work2\dice 与工程名称 dice。在第二张视图中,输入所使用的 CPLD 芯片的类别(MAX7000S)与型号(EPM7064SLC44-10)。

② 单击 File→New 创建设计文件,在 Design File 中选择 Block Design/Schematic File,即原理图设计模式(. bdf),单击 OK 按钮。

③ 原理图文件的名称与工程文件名相同,如图 9-2-15 所示,单击 File→Save As,保存文件。

(2) 完成原理图绘制,步骤如下。

① 按照图 9-2-16 绘制 dice 完整电路图。

② 绘制完成后先保存,再单击 Processing→Start Compilation 进行原理图编译,若编译结果有错误,需要修正错误,并重新编译,直到编译结果无错误为止。

2) 骰子解码电路波形功能仿真

(1) 建立仿真波形文件。

单击 File→New→Vector Waveform File 创建仿真波形文件(. vwf)。

(2) 添加仿真波形的输入/输出引脚。

单击 View→Utility Windows→Node Finder→Filter→All,再单击 List,屏幕 Node Found 区域会列出工程设计中所有的输入/输出引脚,选择需要的输入/输出引脚到 Selected Nodes 区域,单击 OK 按钮,添加的输入/输出引脚显示在波形编辑窗口中,如图 9-2-17 所示。

(3) 设置波形仿真环境。

① 选择 Edit→End Time,设定为 1μs。

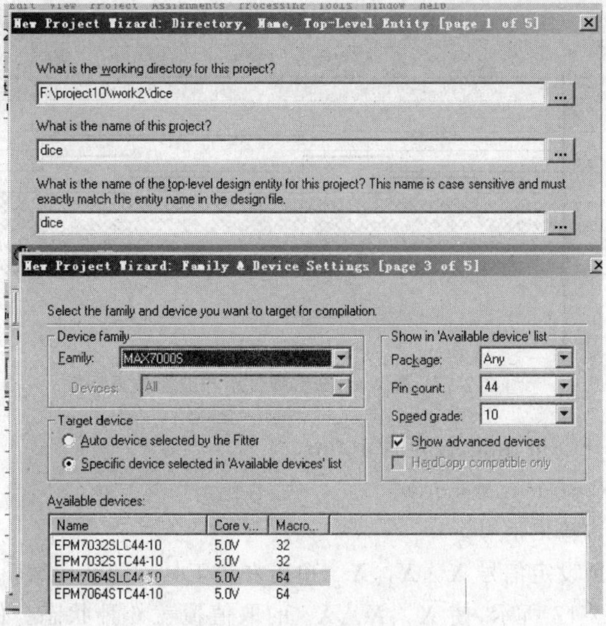

图 9-2-14　创建工程引导图

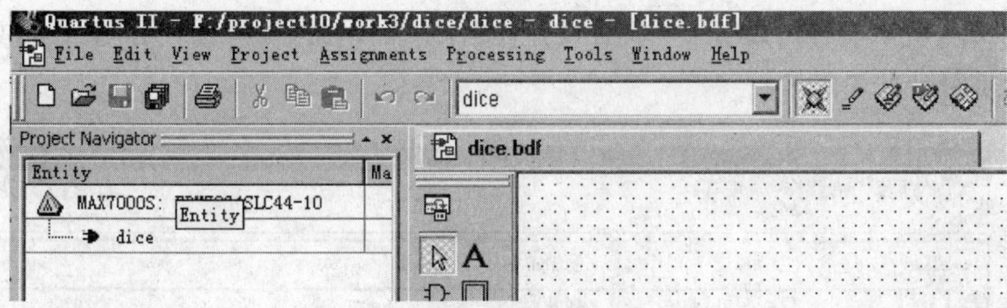

图 9-2-15　原理图编辑窗口

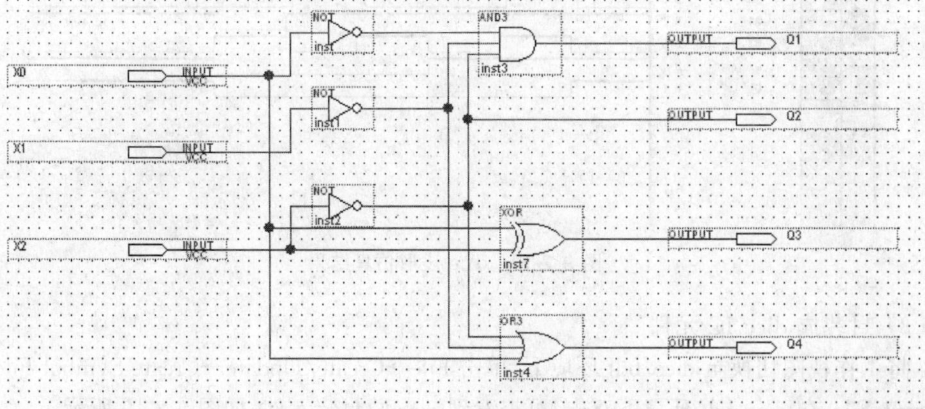

图 9-2-16　dice 完整电路图

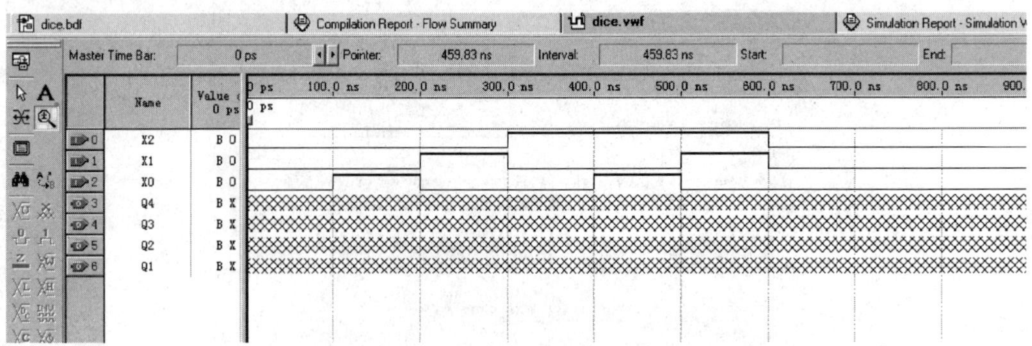

图 9-2-17 输入/输出引脚显示与波形仿真环境

② 选择 Edit→Grid Side,设定为 100ns。

③ 选择 View→Fit in Window。

(4) 编辑输入/输出信号。

① 拖动选取预设定信号 X_2、X_1、X_0,单击左边工具栏的波形编辑按钮 0 与 1 来设定输入信号,如图 9-2-17 所示,使 X_2、X_1、X_0 的取值覆盖 6 种状态。保存编辑的输入信号,文件保存的路径和名称为 F:\project9\work3\dice \dice. vwf。

② 编辑好输入信号后,单击 Processing→Start Simulation 进行功能仿真,仿真结果如图 9-2-18 所示。若仿真结果不符合设计要求,则需要修改原理图,编译后再仿真,直到仿真结果符合设计要求。

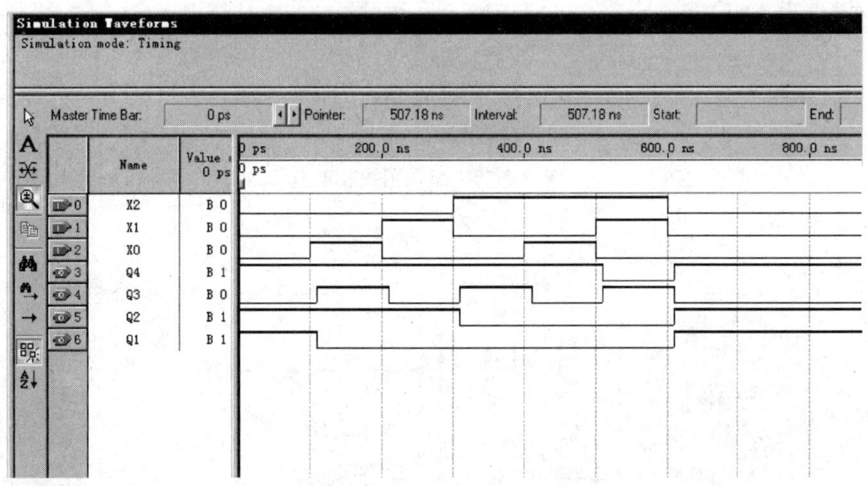

图 9-2-18 dice 波形仿真结果

3) 封装成 dice IC 元件

将工作视图切换至 dice. bdf 环境下,单击 File→Create/Update→Create Symbol Files for Current File,在 dice. bdf 环境下双击,可查看到 dice 的封装元件,如图 9-2-19 所示。

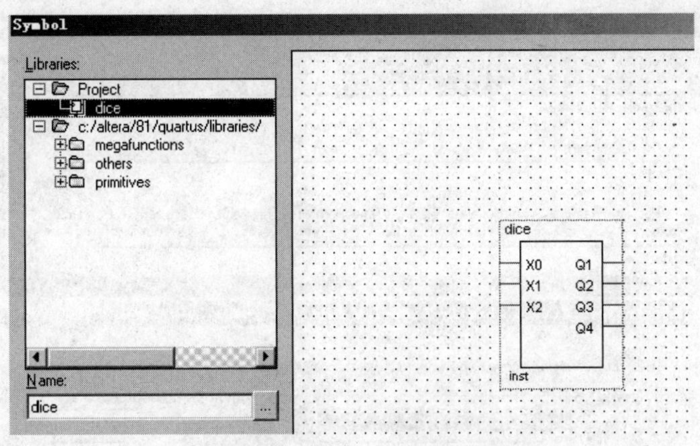

图 9-2-19　dice IC 封装元件

3. 电子骰子控制器的设计与功能仿真

1）绘制电子骰子控制器电路原理图

(1) 创建工程文件。打开 QuartusⅡ软件，创建工程文件，过程如下。

① 单击 File→New Project Wizard 打开新建工程引导对话框，在对话框中分别输入如图 9-2-20 所示的信息。在第一张视图中，输入工程文件的路径 F:\project9\work2 与工程名称 dsz。在第二张视图中，输入所使用的 CPLD 芯片的类别(MAX7000S)与型号(EPM7064SLC44-10)。

② 单击 File→New 创建设计文件，在 Design File 中选择 Block Design/Schematic File，即原理图设计模式(.bdf)，单击 OK 按钮。

③ 原理图文件的名称与工程文件名相同，如图 9-2-21 所示。单击 File→Save As，保存文件。

(2) 完成原理图绘制，步骤如下。

① 按照图 9-2-22 绘制电子骰子控制器完整电路图。在调用 div100 与 dice 元件时，需要先将 div100 工程文件中的 div100.bdf 和 div100.bsf 以及 dice 工程文件中的 dice.bdf 和 dice.bsf 总共 4 个文件复制到 dsz 工程所在的文件夹 work3 中，然后才可以进行封装元件的调用。若不能正确复制，则不能调用这些封装元件。注意图 9-2-22 中的 4 个输出信号：CLK_OUT、X2、X1、X0 是用于仿真测试的中间信号，在实际电路中，这些信号是不需要输出的，即不需要进行引脚配置。后面将利用 CLK、CLK_OUT、X2、X1、X0 以及 BZ 等信号，通过波形仿真来验证 7492 构成的 6 分频电路(÷6 电路)以及 2 分频电路(÷2 电路)是否正确。

② 绘制完成后，先保存，再单击 Processing→Start Compilation 进行原理图编译，若编译结果有错误，需要修正错误，并重新编译，直到编译结果无错误为止。

2）电子骰子控制器电路波形功能仿真

(1) 建立仿真波形文件。

单击 File→New→Vector Waveform File 创建仿真波形文件(.vwf)。

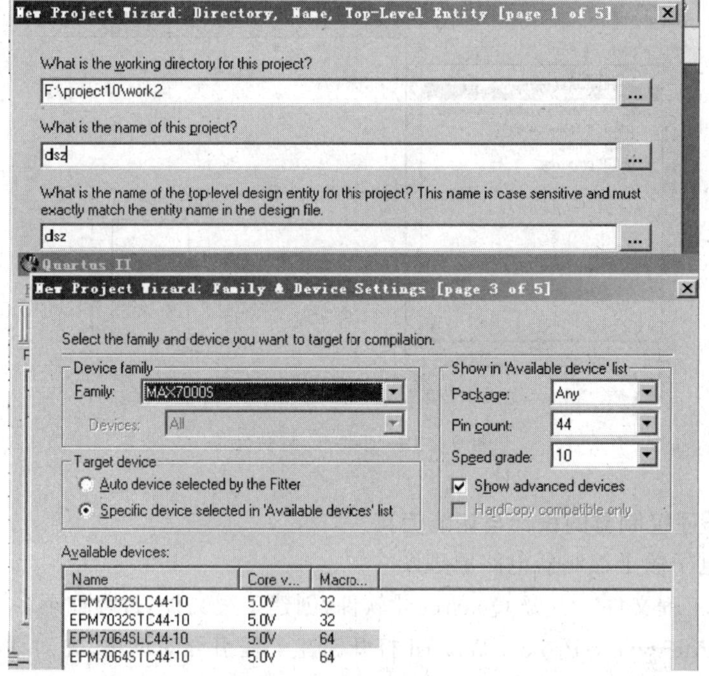

图 9-2-20 创建工程引导图

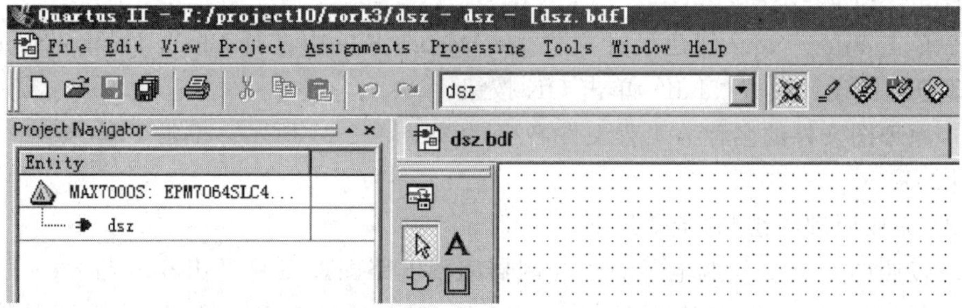

图 9-2-21 原理图编辑窗口

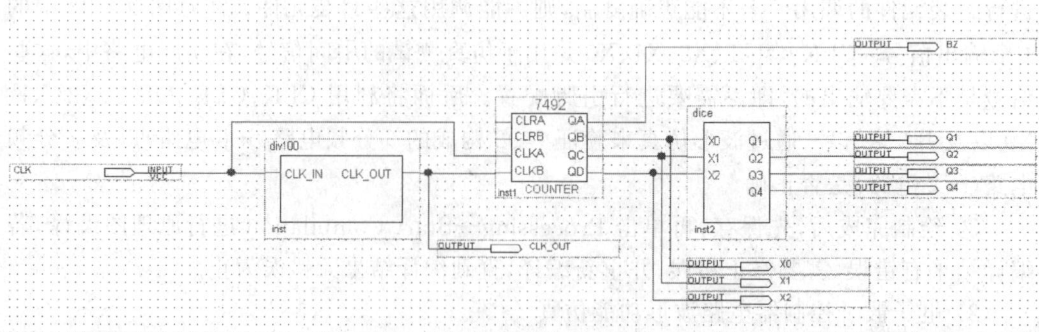

图 9-2-22 电子骰子控制器完整电路图

(2) 添加仿真波形的输入/输出引脚。

单击 View→Utility Windows→Node Finder→Filter→All，再单击 List，屏幕 Node Found 区域会列出工程设计中所有的输入/输出引脚，选择需要的输入/输出引脚到 Selected Nodes 区域，单击 OK 按钮，添加的输入/输出引脚显示在波形编辑窗口中，如图 9-2-23 所示。

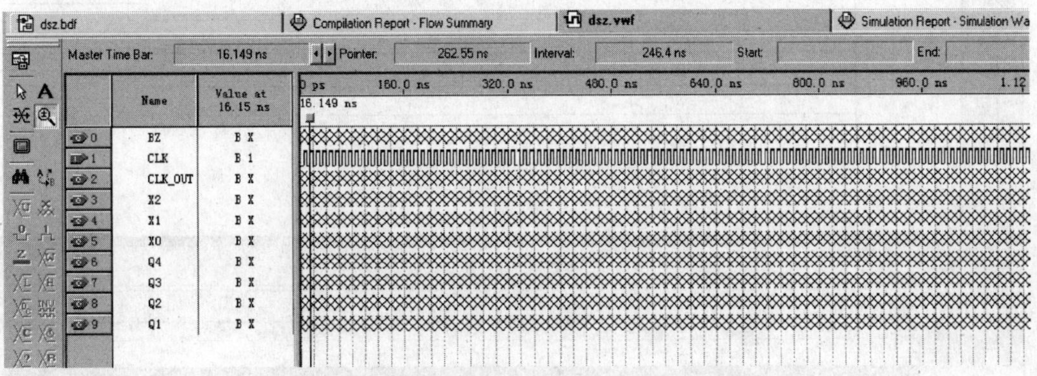

图 9-2-23　输入/输出引脚显示与波形仿真环境

(3) 设置波形仿真环境。

① 选择 Edit→End Time，设定为 20μs。

② 选择 Edit→Grid Side，设定为 10ns。

③ 选择 View→Fit in Window。

(4) 编辑输入/输出信号。

① 拖动选取预设定信号 CLK，单击左边工具栏的波形编辑按钮 Clock 设定输入信号，CLK 信号周期设定 10ns，保存编辑的输入信号如图 9-2-23 所示，文件保存的路径和名称为 F:\project9\work2\dsz. vwf。

② 编辑好输入信号后，单击 Processing→Start Simulation 进行功能仿真，对于波形仿真结果，将从不同的角度给出一些视图，如图 9-2-24～图 9-2-26 所示。

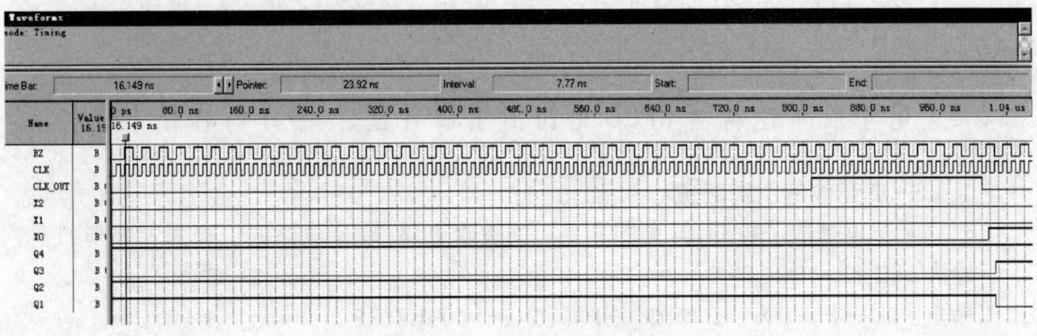

图 9-2-24　dsz 波形仿真结果 1

③ 对照电子骰子控制器的功能要求，验证仿真波形图。图 9-2-24 所示的仿真结果显示了 BZ 与 CLK 信号之间是 2 分频的关系，符合设计要求。从图 9-2-24 和图 9-2-25 可以

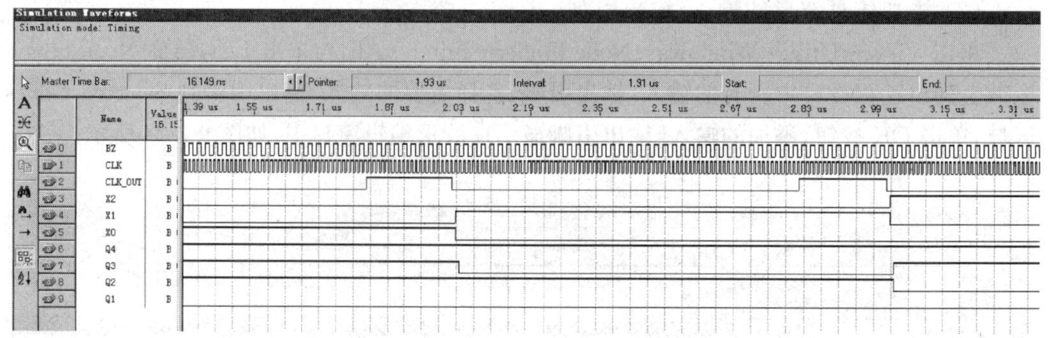

图 9-2-25 dsz 波形仿真结果 2

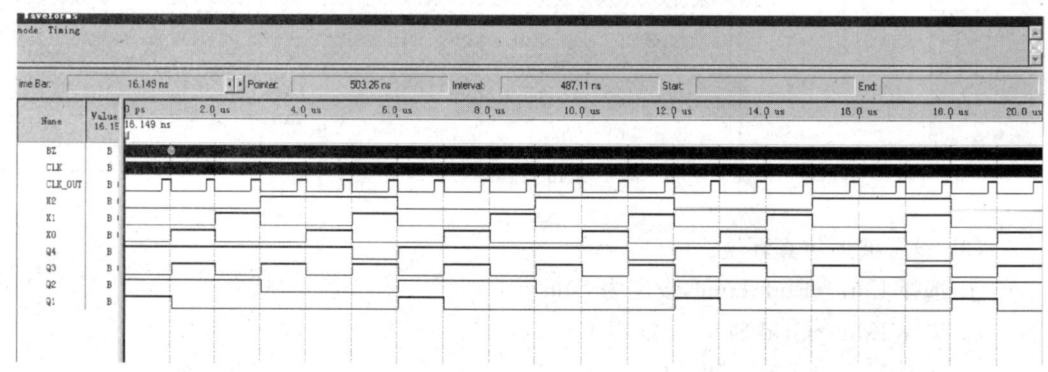

图 9-2-26 dsz 波形仿真结果 3

看出 CLK 与 CLK_OUT 信号之间是 100 分频的关系，符合设计要求。图 9-2-26 的 Grid Side 重新设定为 1000ns，这样显示效果更方便于信号的分析。从图 9-2-26 可以看出，CLK_OUT 信号作为 7492 的输入时钟信号，可以得出满足要求的 6 个状态，即 X_2、X_1、X_0 的状态为 000、001、010、100、101、110；并且输出控制端(Q_4、Q_3、Q_2、Q_1)的状态也符合骰子解码电路真值表。

以上分析过程说明整体逻辑设计正确，否则，需要修改设计并仿真，直到仿真验证正确为止。

9.2.3 电子骰子控制器 CPLD 电路的引脚分配、编译与程序下载

1. CPLD 元件的引脚配置

建立一个电子骰子控制器(见图 9-2-1)的逻辑电路，硬件电路的引脚配置规则如下。

输入：CLK→P43。

输出：Q_1→P36、Q_2→P37、Q_3→P39、Q_4→P40、BZ→P20。

引脚配置的方法如下。

(1) 单击 Assignments → Pins，检查 CPLD 元件型号是否为 MAS7000S、EPM7064SLC44-10，再将鼠标指针移到 All pins 视窗，选择每一端点(CLK、Q_1、Q_2、Q_3、Q_4、BZ)，再在其后的 Location 栏，选择每个端点所对应的 CPLD 芯片上的引脚，如

图 9-2-27 所示。用于测试的信号 CLK_OUT、X_2、X_1、X_0 等不需要进行引脚配置。

	Node Name	Direction	Location	I/O Bank	VREF Group	Reserved
1	BZ	Output	PIN_20			
2	CLK	Input	PIN_43			
3	CLK_OUT	Output				
4	Q1	Output	PIN_36			
5	Q2	Output	PIN_37			
6	Q3	Output	PIN_39			
7	Q4	Output	PIN_40			
8	TCK	Input				
9	TDI	Input				
10	TDO	Output				
11	TMS	Input				
12	X0	Output				

图 9-2-27 CPLD 元件引脚配置窗口

(2) 引脚配置完成后，需要再次编译电路以存储这些引脚的锁定信息。

2. 程序下载

在程序下载前，首先要对硬件开发板上相关的信号进行设置。指拨开关 S2 上的 CPLD-EN、CPLD-OE、LEDs-EN 都要处在 ON 状态，这样才能进行下载，且 LED 处于可用状态。然后单击 Tools→Programmer，打开编程配置下载窗口，先单击 Hardware Setup 配置下载电缆，选择 USB-Blaster，下载电缆配置完成后，在 Mode 下拉列表中选择 JTAG，选中下载文件 dsz. pof 右侧第一个复选框（Program/Configure），打开目标板电源，再单击 Start 按钮，进行程序下载，当完成下载后，如图 9-2-28 所示。

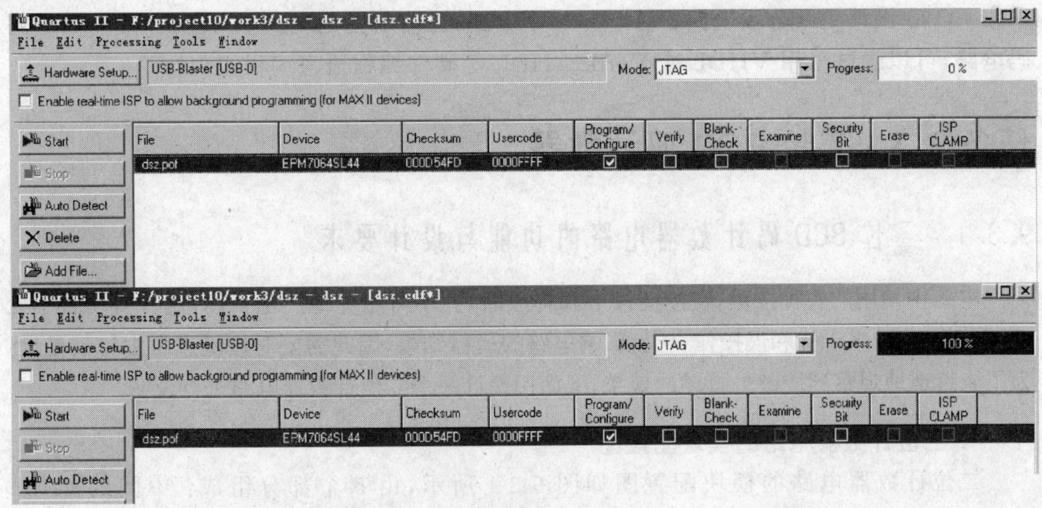

图 9-2-28 程序下载完成窗口

9.2.4 电子骰子控制器CPLD电路的硬件测试

程序下载完成后,先关掉开发板上的电源,把编号JP2排针上的短路夹置于最右边的CLK-PB1处,这样编号为S8的按键开关CLK-PB1才能控制1kHz信号的通断。

按表9-2-3,在TEMI数字逻辑设计能力认证开发板进行测试。

表9-2-3 电子骰子控制器CPLD电路硬件测试表

输入：S8(CLK-PB1)	输出：电子骰子LED灯组(低电平驱动)				
	实测状态				点数
	Q_1(P36)	Q_2(P37)	Q_3(P39)	Q_4(P40)	
每次按下S8后，再随机释放					

查看电子骰子控制器的硬件测试结果,看是否符合实际的功能要求。若不符合要求,找出问题所在,修改电路设计,重新测试,直到符合设计要求。

9.2.5 任务思考与总结

电子骰子控制器设计的关键在于几种不同分频电路和骰子解码电路的实现。请考虑采用74190设计100分频电路；对于6分频电路,还有哪些芯片可以实现？对于骰子解码电路,可以尝试采用VHDL或Verilog HDL等硬件编程语言编程实现。

任务9.3 二位BCD码计数器

9.3.1 二位BCD码计数器电路的功能与设计要求

电路中使用的各种按键,在按键按下和释放时,会不可避免地产生抖动,这种抖动若不处理,会给电路带来干扰和误操作,从而影响电路的运行结果,因此需要对按键进行去抖动处理。为了能直观地观察到按键去抖动的效果,下面用设计一个二位计数器电路进行说明。

1. 二位计数器电路的模块配置图

二位计数器电路的模块配置图如图9-3-1所示,由5个部分组成：中间的CPLD(EPM7064)主体、两个七段数码管、100Hz时钟脉冲产生电路、PB4-SW4按键开关电路

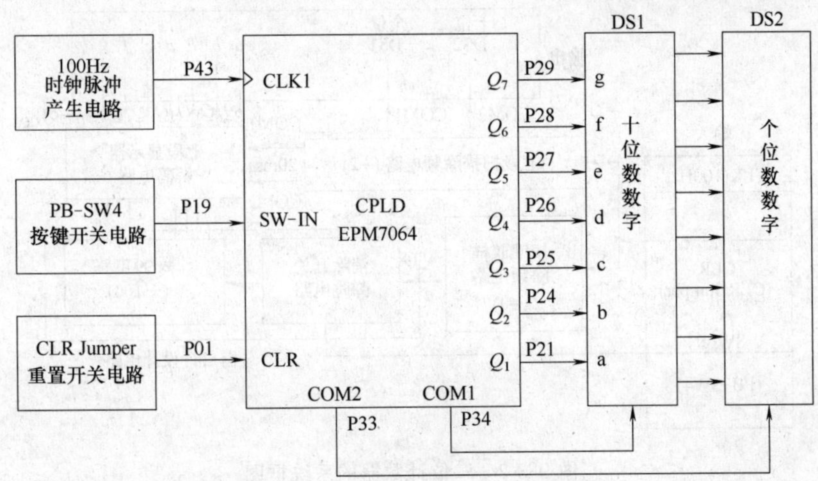

图 9-3-1　二位计数器电路模块配置图

和 CLR Jumper 重置开关电路。

2. 二位计数器的功能描述

二位计数器需要实现的功能如下。

(1) 电路的初始状态是两个共阳极七段数码管显示 00 的数字。

(2) 由按键开关 PB-SW4(编号 S6)控制二位计数电路。每按一下 PB-SW4 按键时,两个七段数码管显示的数字就会自动加 1,计数到数字 99 时,再按一下 PB-SW4 按键数字回到 00。

(3) 两个七段数码管的控制采取轮流点亮的方式,扫描时间间隔为 20ms。

(4) 正常工作时 CLR Jumper(编号 JP4)必须置于开发板上标志 V_{CC} 处,若将 CLR Jumper 置于 GND 时,两个七段数码管的数字会立刻归零,只显示 00。

3. 二位计数器的 CPLD 参考电路图与设计要求

1) CPLD 参考电路图

根据二位计数器的功能描述,图 9-3-2 为二位计数器的系统框图。

2) 设计要求

本任务的设计要求如下。

(1) 由二位计数器的电路功能可知,输入时钟信号使用 100Hz,要求两个七段数码管采用轮流点亮的方式,时间间隔为 20ms,由 f(频率)$=1/T$(时间),计算出 $f=50$Hz,因此需要设计一个÷2 电路。

(2) 使用按键开关 PB-SW4 控制计数功能,每按一下 PB-SW4 时,两个七段数码管的数字就要自动加 1。为防止按键误动作,需要设计一个按键去抖动电路。按键去抖动电路需要对按键信号进行采样,采样的时间间隔设置为 40ms(即 $f=25$Hz)(采样时间设置要合理,否则也会影响去抖动电路的效果)。因输入时钟信号使用 100Hz,所以这里还需要设计一个÷4 电路。

(3) 计数到数字 99,此时再来一个计数脉冲,数字又回到 00,因此需要设计一个模 100 的计数电路。

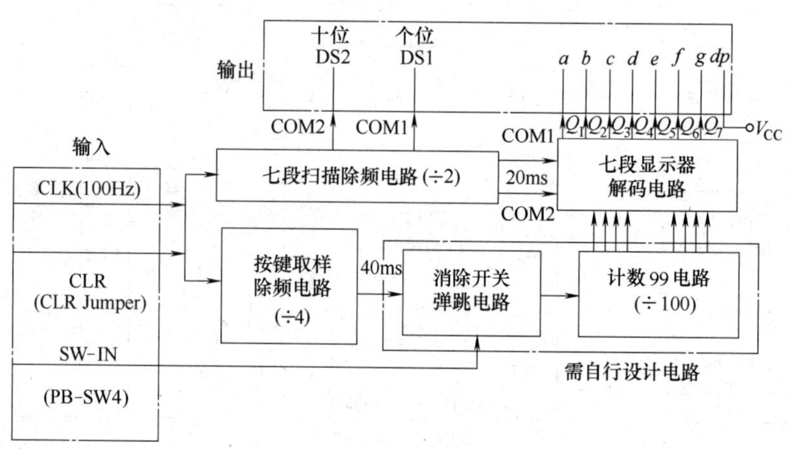

图 9-3-2 二位计数器的系统框图

(4) 使用一组七段数码管解码电路,让两个七段数码管正确显示计数数字。

4. 需要的电路

综合上述分析,在本设计任务中需要设计的电路如下所述。

1) 已知电路

(1) ÷2 与÷4 电路。

根据功能要求,正常工作时 CLR Jumper 必须置于 V_{CC} 处,若将 CLR Jumper 置于 GND 时,两个七段数码管的数字回归 0。因此选用具有低电平清除功能的 JK 触发器与芯片 7473(内含两个 JK 触发器),图 9-3-3 为÷2 与÷4 的电路图。

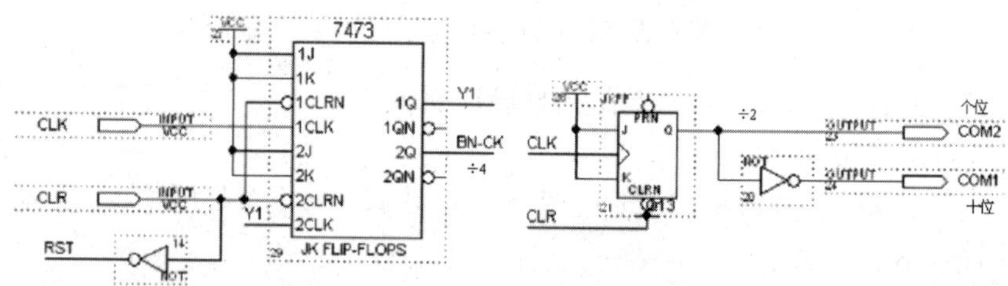

图 9-3-3 ÷2 与÷4 的电路图

为了使两个七段数码管的控制采取轮流点亮的方式,在 JK 触发器的输出端 Q 加了一个 not 反相器,以产生 COM1 与 COM2 控制信号。COM2 控制数码管"个位"的显示,COM1 控制数码管"十位"的显示。由 JK 触发器的真值表 9-3-1 得知,当有触发信号 CLK 输入且 JK=11 时,输出取反。所以 JK 触发器的输出 Q 端信号的频率是输入信号 CLK 的一半,即实现频率÷2 功能。此外,在此电路中,清零信号 CLR 输入端额外加一个 not 反相器,以产生一个 RST 高电平有效的清零信号。如此设计是因为在模 100 计数电路设计中所使用的 7490 芯片的清零引脚 CLRA 与 CLRB 为高电平有效,以符合设计要求,即 CLR Jumper=V_{CC}(1)时,CLRA=CLRB=0,正常计数;CLR Jumper=GND(0)时,

表 9-3-1 JK 触发器真值表

输入			输出
CLRN	J	K	Q
0	×	×	0
1	0	0	Q^n
1	0	1	0
1	1	0	1
1	1	1	$\overline{Q}^n$

CLRA＝CLRB＝1,清零。

(2) 七段数码管解码电路。

图 9-3-4 为七段数码管解码电路图。由 COM1 和 COM2 控制信号决定是个位数字还是十位数字的 BCD 码输出,再经由 7447 芯片(共阳极)将 BCD 码转化成七段显示码。根据功能要求,两个七段数码管的控制方式采取轮流点亮,因此使用一个 74244 缓冲器芯片,74244 芯片内部共有两个四位三态缓冲器,使用时可分别以 1GN 和 2GN 作为它们的选通工作信号。当 1GN 或 2GN 为低电平时,其对应输出端 Y 和输入端 A 状态相同;当 1GN 或 2GN 为高电平时,其对应输出呈高阻态。所以当 1GN 和 2GN 分别接 COM1 和 COM2 控制信号时,就可以实现对两个七段数码管的轮流点亮。芯片 7447 是共阳极的七段数码管解码器,为使其正常工作,将 LTN、RBIN、BIN 引脚接 V_{CC}。

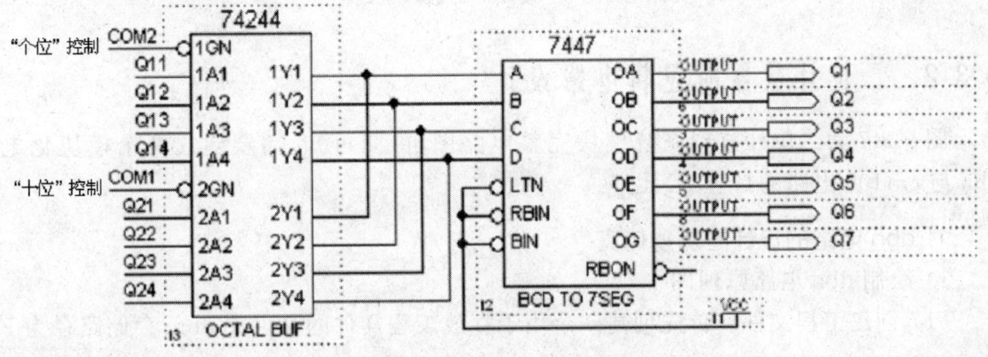

图 9-3-4 七段数码管解码电路图

2) 需自行设计的电路

(1) 按键去抖动电路——dbn。

图 9-3-5 为按键去抖动电路图。在电路图中,先以两个 D 触发器存储二次按键的取样值,再经由 AND、OR 与 JK 触发器构成的比较电路,滤除机械开关产生的抖动信号。

(2) 模 100 计数器电路——cnt100。

图 9-3-6 为模 100 计数器电路图。采用两个 7490 芯片串接组成的模 100 计数电路。

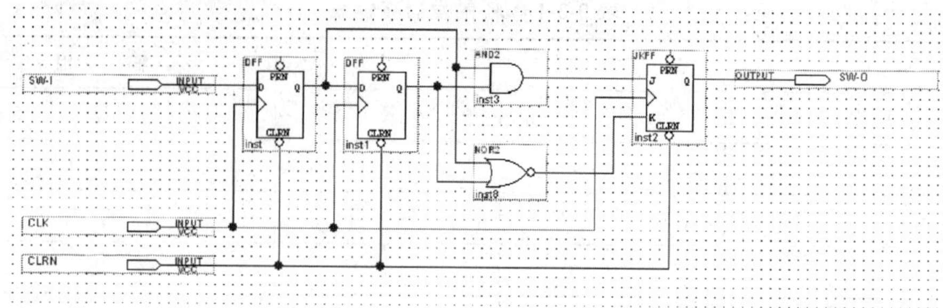

图 9-3-5 按键去抖动电路

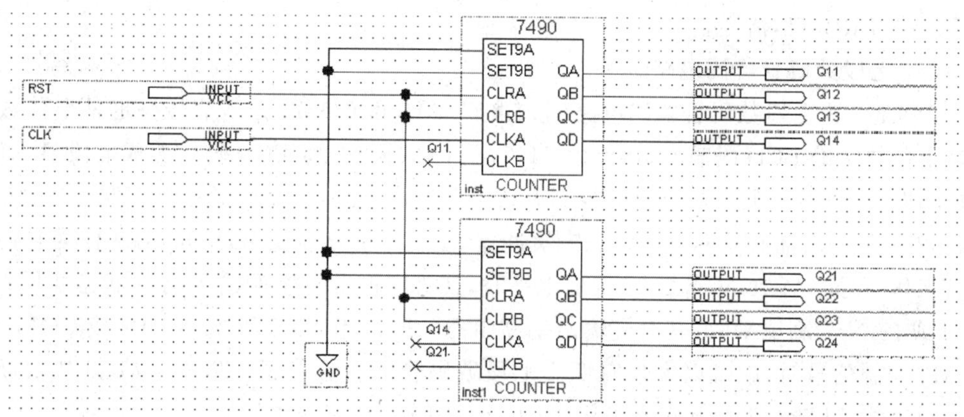

图 9-3-6 模 100 计数器电路图

9.3.2 二位计数器的逻辑电路设计

图 9-3-7 为二位计数器系统模块完整电路图，由图可知，需要建立两个模块化电路 dbn 与 cnt100 电路的封装 IC 元件。

1. dbn 电路的设计与功能仿真

1) 绘制 dbn 电路原理图

(1) 创建工程文件。首先创建一个用于存放工程文件的文件夹 dbn，存储路径为 F:\project9\work3\dbn。打开 QuartusⅡ软件，创建工程，过程如下。

① 单击 File→New Project Wizard，打开“新建工程引导”对话框，在对话框中分别输入如图 9-3-8 所示的信息。在第一张视图中输入工程文件的路径 F:\project9\work3\dbn 与工程名称 dbn。在第二张视图中输入所使用 CPLD 芯片的类别（MAX7000S）与型号（EPM7064SLC44-10）。

② 单击 File→New 创建设计文件，在 Design File 中选择 Block Design/Schematic File，即原理图设计模式(.bdf)，单击 OK 按钮。

③ 原理图文件的名称与工程文件名相同，单击 File→Save As，保存文件，如图 9-3-9 所示。

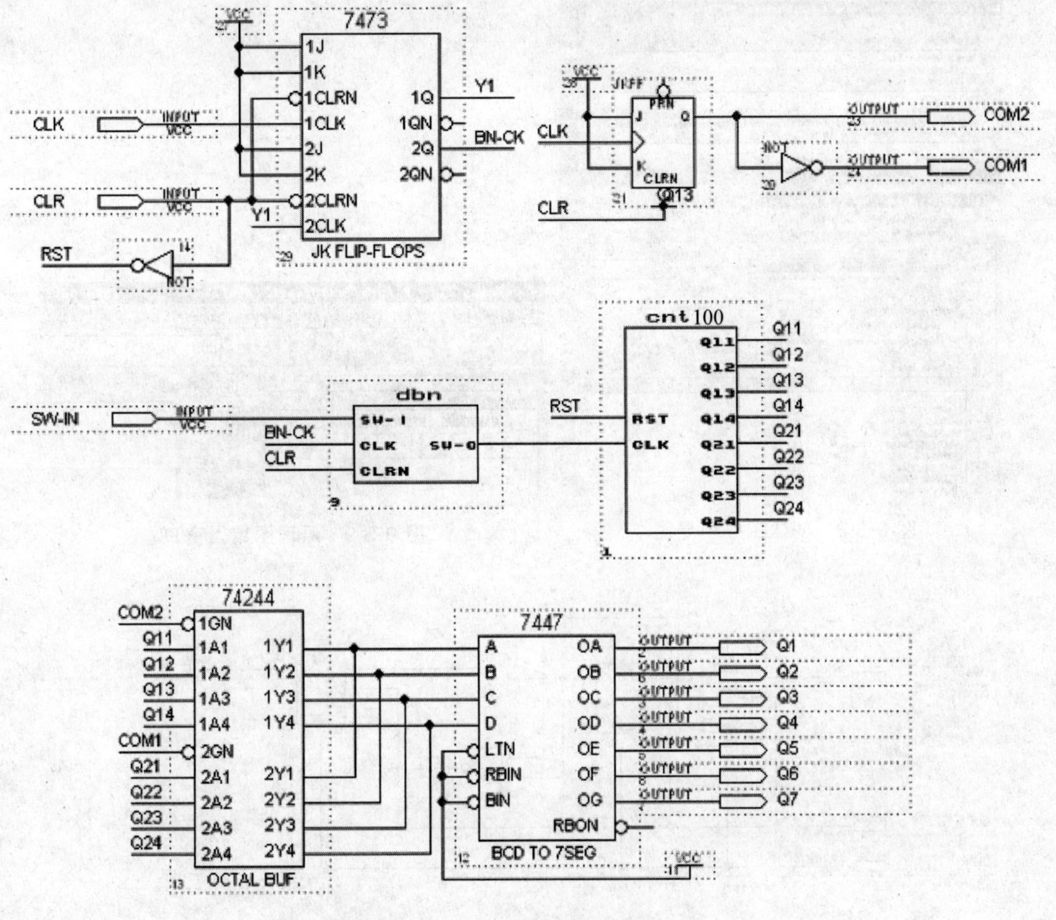

图 9-3-7　二位计数器系统电路图

(2) 完成原理图绘制,步骤如下。

① 按照图 9-3-10 绘制 dbn 完整电路图。

② 绘制完成后先保存,再单击 Processing→Start Compilation 进行原理图编译,若编译结果有错误,需要修正错误,并重新编译,直到编译结果无错误为止。

2) dbn 电路波形功能仿真

(1) 建立仿真波形文件。

单击 File→New→Vector Waveform File 创建仿真波形文件(. vwf)。

(2) 添加仿真波形的输入/输出引脚。

单击 View→Utility Windows→Node Finder→Filter→All,再单击 List,屏幕 Node Found 区域会列出工程设计中所有的输入/输出引脚,选择需要的输入/输出引脚到 Selected Nodes 区域,单击 OK 按钮,添加的输入/输出引脚显示在波形编辑窗口中,如图 9-3-11 所示。

(3) 设置波形仿真环境。

① 选择 Edit→End Time,设定为 500ms。

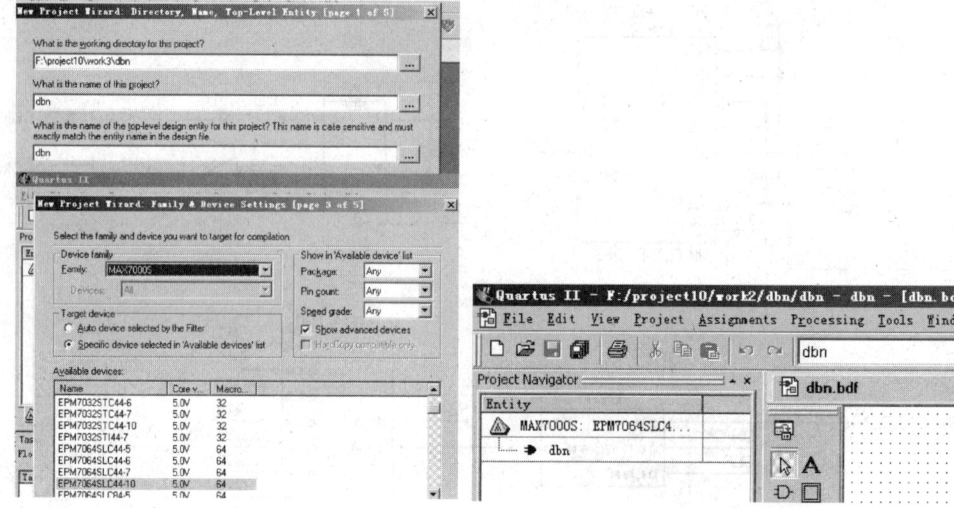

图 9-3-8 创建工程引导图　　　　图 9-3-9 原理图编辑窗口

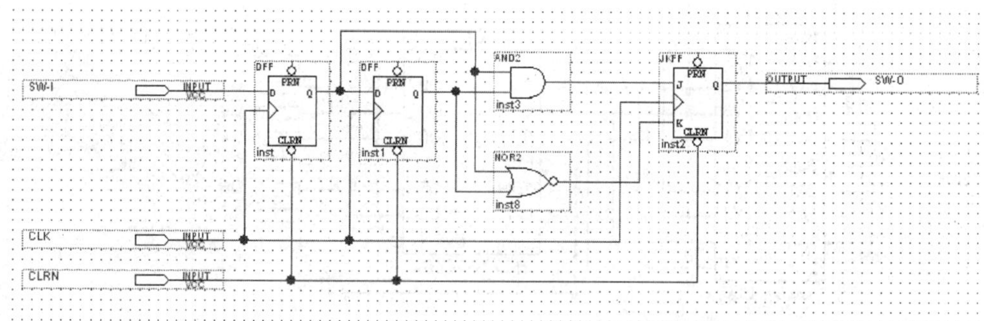

图 9-3-10 dbn 完整电路图

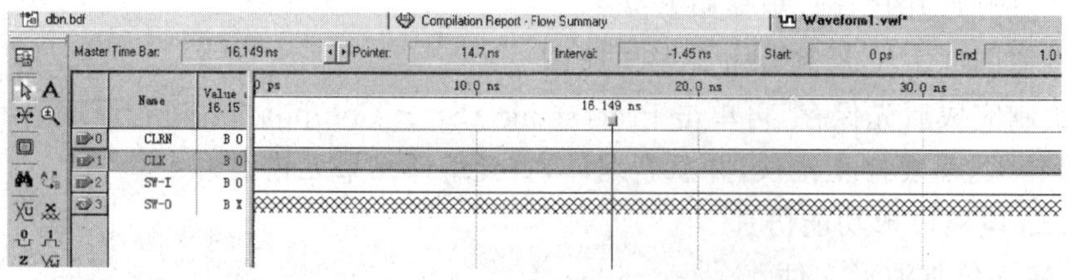

图 9-3-11 输入/输出引脚显示与波形仿真环境

② 选择 Edit→Grid Side,设定为 10ms。

③ 选择 View→Fit in Window。

(4) 编辑输入/输出信号。

① 拖动选取预设定信号 CLRN、CLK 与 SW-I,单击左边工具栏的波形编辑按钮 0 与 1 以及 Clock 来设定输入信号,CLK 周期设定为 40ms,SW-I 为按键输入信号,用波形编辑按钮进行按键有抖动信号的模拟设置,保存编辑的输入信号,如图 9-3-12 所示。文件保存的路径和名称为 F:\project9\work3\dbn\dbn.vwf。

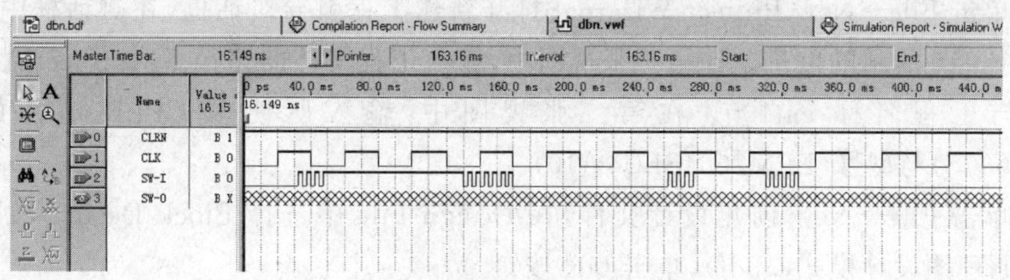

图 9-3-12 编辑并保存输入信号

② 编辑好输入信号后，单击 Processing→Start Simulation 进行功能仿真，仿真结果如图 9-3-13 所示，符合设计要求。若仿真结果不符合设计要求，则需要修改原理图，编译后再仿真，直到仿真结果符合设计要求。

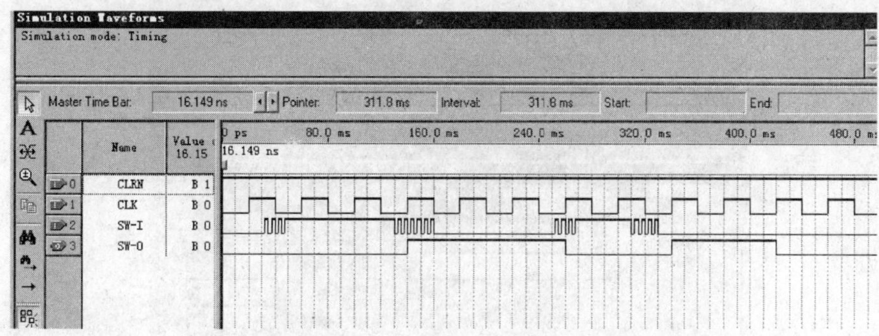

图 9-3-13 dbn 波形仿真结果

3）封装成 dbn IC 元件

将工作视图切换至 dbn. bdf 环境下，单击 File→Create/Update→Create Symbol Files for Current File，在 dbn. bdf 环境下双击，可查看到 dbn 的封装元件，如图 9-3-14 所示。

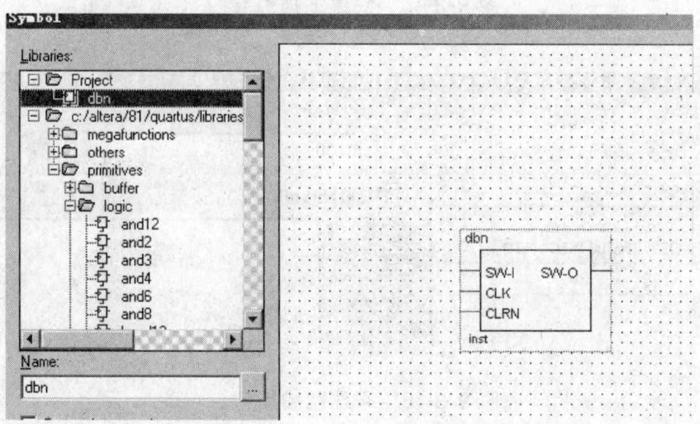

图 9-3-14 dbn IC 封装元件

2. cnt100 电路的设计与功能仿真

1）cnt100 电路原理图绘制

(1) 创建工程文件。打开 QuartusⅡ软件，创建工程文件，过程如下。

① 单击 File→New Project Wizard→打开新建工程引导对话框，在对话框中分别输入如图 9-3-15 所示的信息。在第一张视图中，输入工程文件的路径 F:\project9\work3\cnt100 与工程名称 cnt100。在第二张视图中，输入所使用 CPLD 芯片的类别(MAX7000S)与型号(EPM7064SLC44-10)。

② 单击 File→New 创建设计文件，在 Design File 中选择 Block Design/Schematic File，即原理图设计模式(.bdf)，单击 OK 按钮。

③ 原理图文件的名称与工程文件名相同，如图 9-3-16 所示。单击 File→Save As，保存文件。

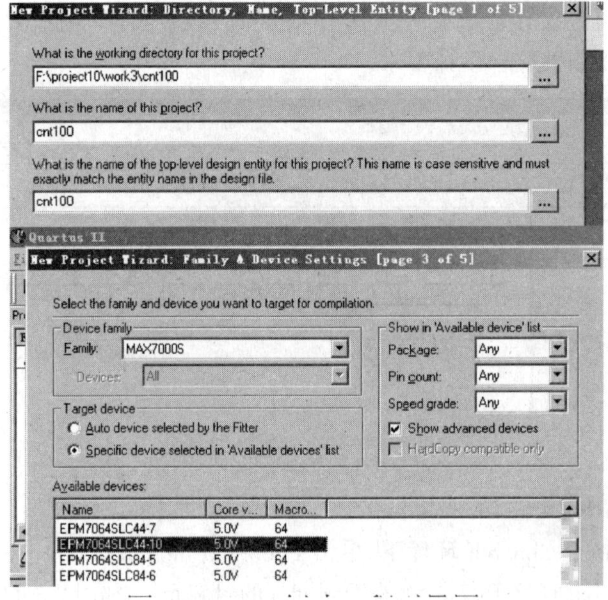

图 9-3-15 创建工程引导图

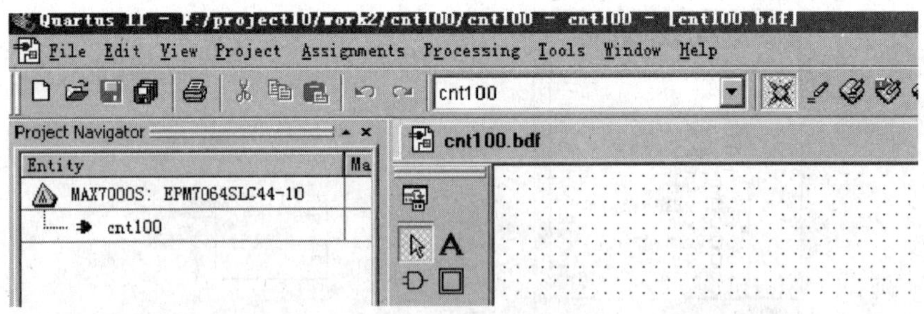

图 9-3-16 原理图编辑窗口

(2) 完成原理图绘制，步骤如下。

① 按照图 9-3-17 绘制 cnt100 完整电路图。

② 绘制完成后先保存，再单击 Processing→Start Compilation 进行原理图编译，若编译结果有错误，需要修正错误，并重新编译，直到编译结果无错误为止。

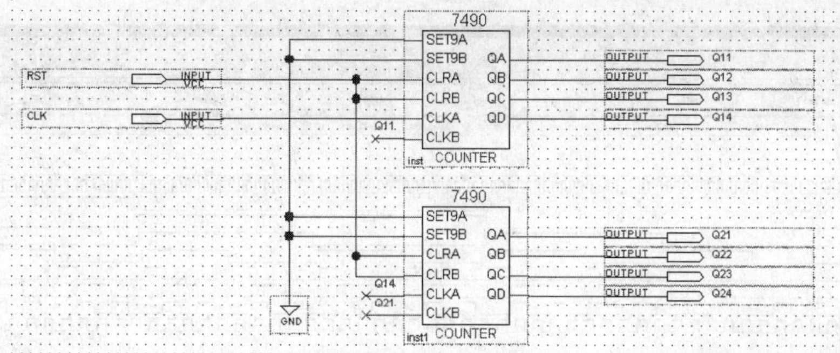

图 9-3-17 cnt100 完整电路图

2）cnt100 电路波形功能仿真

(1) 建立仿真波形文件。

单击 File→New→Vector Waveform File 创建仿真波形文件(.vwf)。

(2) 添加仿真波形的输入/输出引脚。

单击 View→Utility Windows→Node Finder→Filter→All，再单击 List，屏幕 Node Found 区域会列出工程设计中所有的输入/输出引脚，选择需要的输入/输出引脚到 Selected Nodes 区域，单击 OK 按钮，添加的输入/输出引脚显示在波形编辑窗口中，如图 9-3-18 所示。

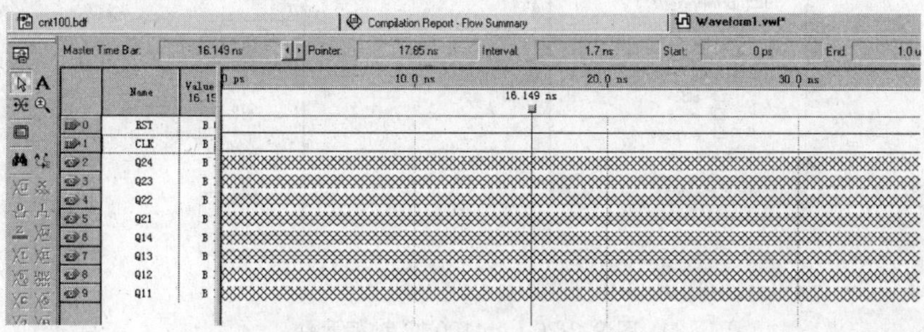

图 9-3-18 输入/输出引脚显示与波形仿真环境

(3) 设置波形仿真环境。

① 选择 Edit→End Time，设定为 2.2μs。

② 选择 Edit→Grid Side，设定为 10ns。

③ 选择 View→Fit in Window。

(4) 编辑输入/输出信号。

① 拖动选取预设定信号 CLK、RST，单击左边工具栏的波形编辑按钮 0 与 1，设定输入信号，CLK 信号周期设定为 20ns。保存编辑的输入信号，文件保存的路径和名称为 F:\project9\work3\cnt100\cnt100.vwf。

② 编辑好输入信号后，单击 Processing→Start Simulation 进行功能仿真，仿真结果如图 9-3-19 所示。若仿真结果不符合设计要求，则需要修改原理图，编译后再仿真，直到仿真结果符合设计要求。

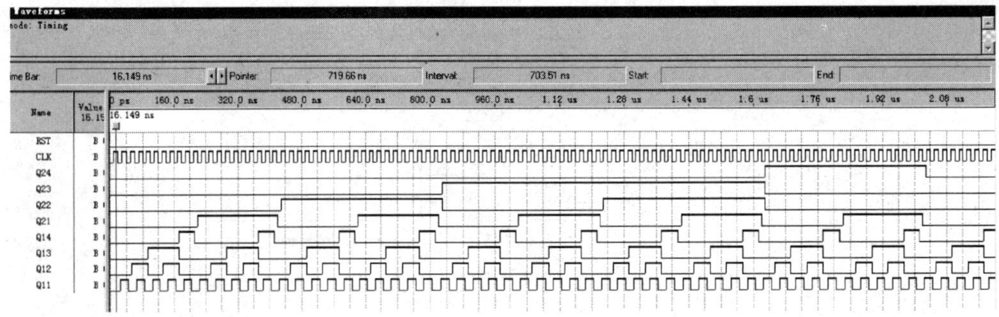

图 9-3-19 cnt100 波形仿真结果

3) 封装成 cnt100 IC 元件

将工作视图切换至 cnt100. bdf 环境下,单击 File→Create/Update→Create Symbol Files for Current File,在 cnt100. bdf 环境下双击,可查看到 cnt100 的封装元件,如图 9-3-20 所示。

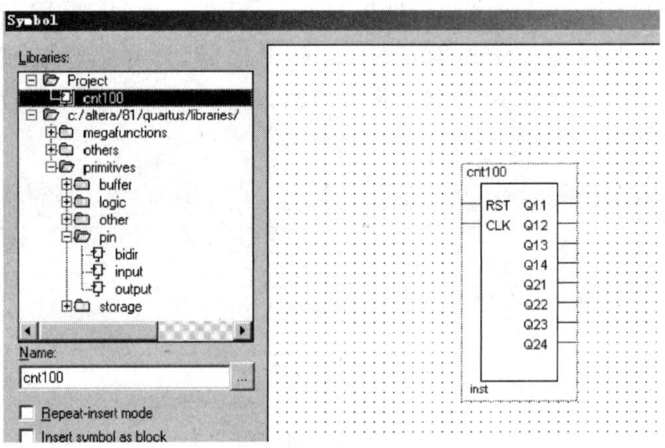

图 9-3-20 cnt100 IC 封装元件

3. 二位计数器的设计与功能仿真

1) 绘制二位计数器电路原理图

(1) 创建工程文件。打开 QuartusⅡ软件,创建工程文件,过程如下。

① 单击 File→New Project Wizard,打开"新建工程引导"对话框,在对话框中分别输入如图 9-3-21 所示的信息。在第一张视图中,输入工程文件的路径 F:\project9\work3 与工程名称 2wcnt。在第二张视图中,输入所使用 CPLD 芯片的类别(MAX7000S)与型号(EPM7064SLC44-10)。

② 单击 File→New 创建设计文件,在 Design File 中选择 Block Design/Schematic File,即原理图设计模式(. bdf),单击 OK 按钮。

③ 原理图文件的名称与工程文件名相同,如图 9-3-22 所示。单击 File→Save As,保存文件。

(2) 完成原理图绘制,步骤如下。

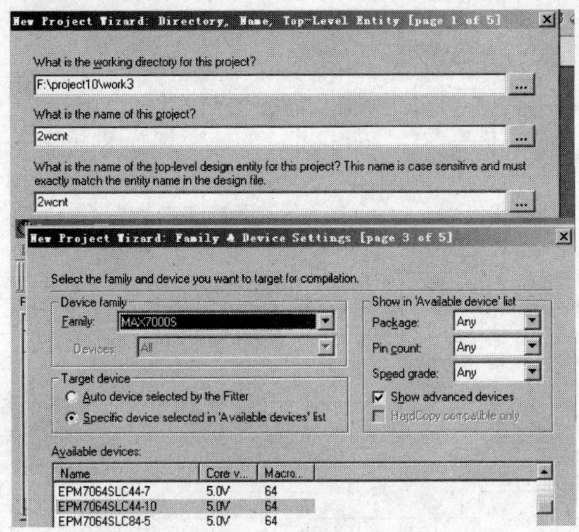

图 9-3-21　创建工程引导图

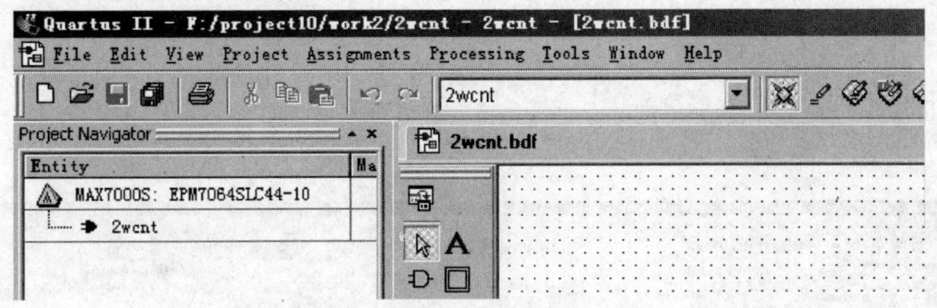

图 9-3-22　原理图编辑窗口

① 按照图 9-3-23 绘制二位计数器完整电路图。在调用 dbn 与 cnt100 元件时，需要先将 dbn 工程文件中的 dbn. bdf 和 dbn. bsf 以及 cnt100 工程文件中的 cnt100. bdf 和 cnt100. bsf 总共 4 个文件复制到 2wcnt 工程所在的文件夹 work3 中，然后才可以进行封装元件的调用。若不能正确复制，则不能调用这些封装元件。注意，图 9-3-23 中的 5 个输出信号 BN-CLK、Q_{11}、Q_{12}、Q_{13}、Q_{14} 是用于仿真测试的中间信号，在实际电路中这些信号是不需要输出的，即不需要进行引脚配置。

② 绘制完成后先保存，再单击 Processing→Start Compilation 进行原理图编译，若编译结果有错误，需要修正错误，并重新编译，直到编译结果无错误为止。

2）二位计数器电路波形功能仿真

(1) 建立仿真波形文件。

单击 File→New→Vector Waveform File 创建仿真波形文件(. vwf)。

(2) 添加仿真波形的输入/输出引脚。

单击 View→Utility Windows→Node Finder→Filter→All，再单击 List，屏幕 Node Found 区域会列出工程设计中所有的输入/输出引脚，选择需要的输入/输出引脚到 Selected Nodes 区域，单击 OK 按钮，添加的输入/输出引脚显示在波形编辑窗口中，如图 9-3-24 所示。注

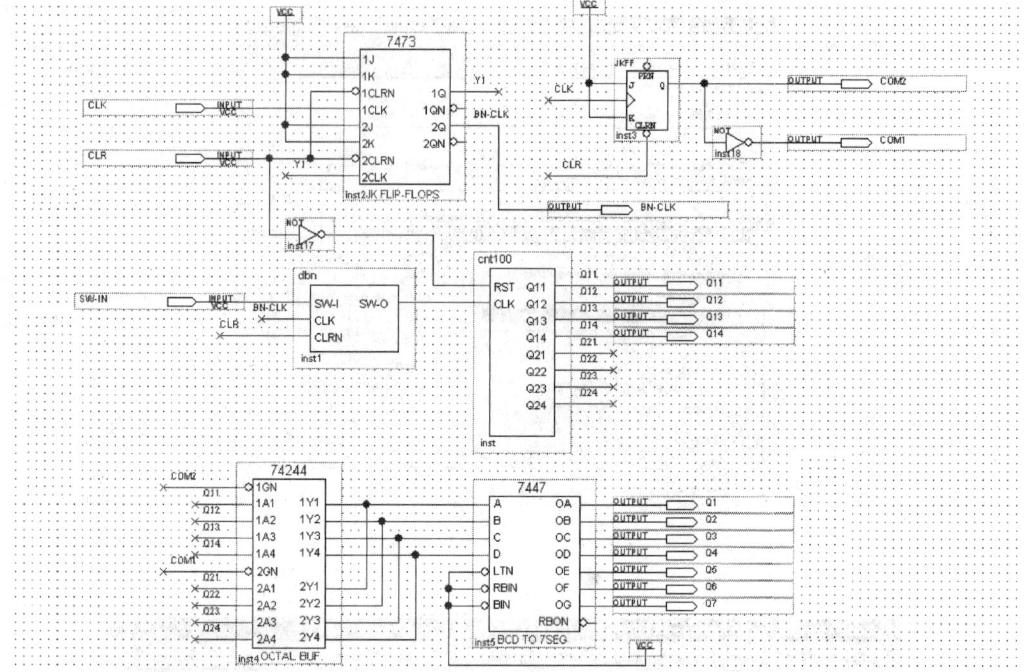

图 9-3-23 二位计数器完整电路图

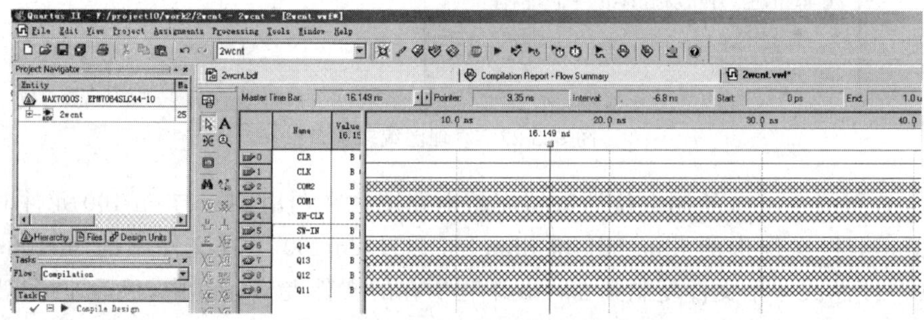

图 9-3-24 输入/输出引脚显示与波形仿真环境

意，图中并没有把接到七段数码管上的引脚 $Q_1 \sim Q_7$ 引入仿真的界面里，而是用到了中间的信号 $Q_{11} \sim Q_{14}$，因为在观察仿真结果时，$Q_1 \sim Q_7$ 的信号状态不易于观看到数字的值，采用 $Q_{11} \sim Q_{14}$(各位数字)比较容易观看到按键计数数值，因为在设置模拟按键信号 SW-IN 时，只设置几个有效的信号，所以计数值只观察个位数字就可以了。

(3) 设置波形仿真环境。

① 选择 Edit→End Time，设定为 500ms。

② 选择 Edit→Grid Side，设定为 5ms。

③ 选择 View→Fit in Window。

(4) 编辑输入/输出信号。

① 拖动选取预设定信号 CLR、CLK 与 SW-IN，单击左边工具栏的波形编辑按钮 0 与

1 以及 Clock,设定输入信号,CLK 信号周期设置为 1ms,SW-IN 为按键输入信号,用波形编辑按钮进行按键有抖动信号的模拟设置,保存编辑的输入信号如图 9-3-25 所示,文件保存的路径和名称为 F:\project9\work3\2wcnt. vwf。

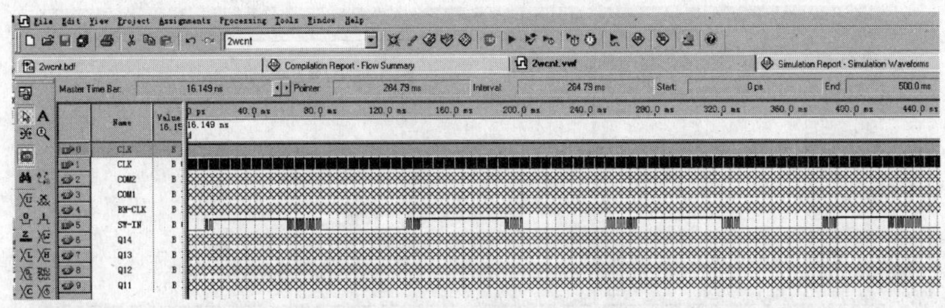

图 9-3-25 2wcnt 输入信号波形设置

② 编辑好输入信号后,单击 Processing→Start Simulation 进行功能仿真,对于波形仿真结果,如图 9-3-26 所示。

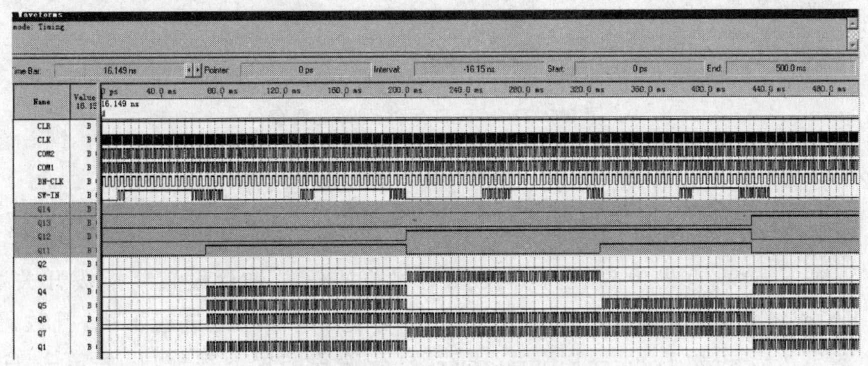

图 9-3-26 2wcnt 波形仿真结果

③ 对照二位计数器的功能要求,验证仿真波形图。观察图 9-3-26 所示的仿真结果显示 SW-IN 有 4 个按键信号,个位数字 $Q_{11} \sim Q_{14}$ 能够对按键信号进行准确计数。

以上分析过程说明整体逻辑设计正确,否则,需要修改设计并仿真,直到仿真验证正确为止。

9.3.3 二位计数器 CPLD 电路的引脚分配、编译与程序下载

1. CPLD 元件的引脚配置

建立一个二位计数器的逻辑电路如图 9-3-1 所示,硬件电路的引脚配置规则如下。

输入:CLK→P43、CLR→P01、SW-IN→P19。

输出:Q_1→P21、Q_2→P24、Q_3→P25、Q_4→P26、Q_5→P27、Q_6→P28、Q_7→P29、COM1→P34、COM2→P33。

引脚配置的方法如下。

(1) 单击 Assignments→Pins,检查 CPLD 元件型号是否为 MAS7000S、

EPM7064SLC44-10,再将鼠标移到 All pins 视窗,选择每一端点,在再其后的 Location 栏选择每个端点所对应的 CPLD 芯片上的引脚,如图 9-3-27 所示。用于测试的信号 BN-CLK、Q_{11}、Q_{12}、Q_{13}、Q_{14} 等不需要进行引脚配置。

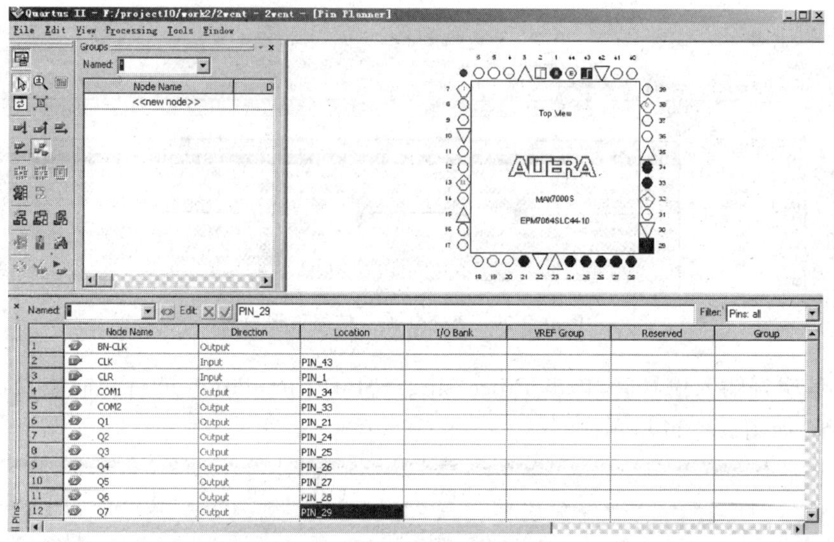

图 9-3-27 CPLD 元件引脚配置窗口

(2) 引脚配置完成后,需要再次编译电路以存储这些引脚的锁定信息。

2. 程序下载

在程序下载前,首先要对硬件开发板上相关的信号进行设置。指拨开关 S2 上的 CPLD-EN、CPLD-OE、7SEG-EN 都要处在 ON 状态,这样才能进行下载,且数码管处于可用状态。然后单击 Tools→Programmer,打开编程配置下载窗口,先单击 Hardware Setup 配置下载电缆,选择 USB-Blaster,下载电缆配置完成后,在 Mode 下拉列表中选择 JTAG,选中下载文件 2wcnt.pof 右侧第一个复选框(Program/Configure),打开目标板电源,再单击 Start 按钮,进行程序下载,当完成下载后,如图 9-3-28 所示。

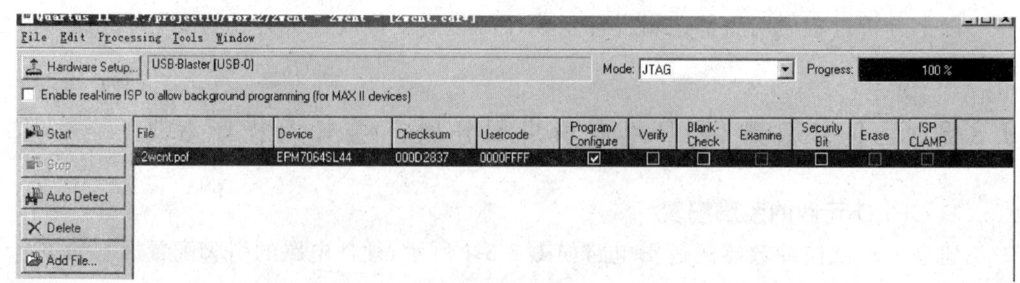

图 9-3-28 程序下载完成窗口

9.3.4 二位计数器 CPLD 电路的硬件测试

程序下载完成后,先关掉开发板上的电源,把编号 JP2 排针上的短路夹置于 100Hz

处，这样输入时钟信号就接到了 P43 引脚上。

按表 9-3-2 在 TEMI 数字逻辑设计能力认证开发板进行测试。

表 9-3-2　二位计数器 CPLD 电路硬件测试表

输入： S6(PB-SW4)	输出：两个 7 段数码管	
	实测状态	
	十位	个位
每按一次 S6 键		

查看二位计数器的硬件测试结果，测试结果是否符合实际的功能要求。若不符合要求，找出问题所在，修改电路设计，重新测试，直到测试符合设计要求。

9.3.5　任务思考与总结

二位计数器设计的关键在于按键去抖动电路的实现，掌握 D 触发器和 JK 触发器的各种应用。熟悉各种常用的 74 系列芯片，用这些芯片构建各种不同的计数器。了解常用的数据缓冲器和数码管解码芯片的使用。

任务 9.4　交通灯控制电路

9.4.1　交通灯控制电路的功能与设计要求

1. 交通灯控制电路的模块配置图

交通灯控制电路的模块配置图如图 9-4-1 所示，由 4 个部分组成：中间的 CPLD 主体、D9～D2 LED 灯组、10Hz 时钟脉冲产生电路、PB-SW3 按键开关电路。

2. 交通灯控制电路的功能描述

交通灯控制电路需要实现的功能如下所述。

电路上共有两组交通信号灯，分别为竖向信号灯：红灯 R1(编号 D9)、黄灯 Y1(编号 D8)、绿灯 G1(编号 D7)；横向信号灯：红灯 R2(编号 D4)、黄灯 Y2(编号 D3)、绿灯 G2(编号 D2)。交通信号灯的控制时序如下。

时序一：0～5s 期间，竖向红灯 R1 与横向绿灯 G2 点亮，其他信号灯全部熄灭。

时序二：5～7s 期间，竖向红灯 R1 点亮，横向绿灯 G2 必须闪烁 4 次(一亮一灭算一次)，其他信号灯全部熄灭。

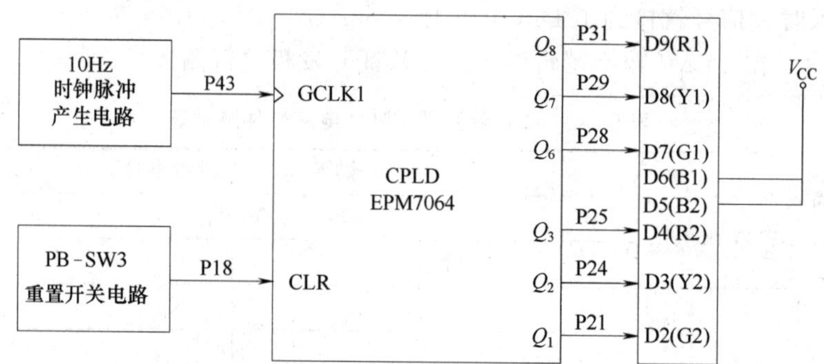

图 9-4-1 交通灯控制电路模块配置图

时序三：7～8s 期间，竖向红灯 R1 点亮，横向黄灯 Y2 点亮，其他信号灯全部熄灭。

时序四：8～13s 期间，横向红灯 R2 与竖向绿灯 G1 点亮，其他信号灯全部熄灭。

时序五：13～15s 期间，横向红灯 R2 点亮，竖向绿灯 G1 必须闪烁 4 次(一亮一灭算一次)，其他信号灯全部熄灭。

时序六：15～16s 期间，横向红灯 R2 点亮，竖向黄灯 Y1 点亮，其他信号灯全部熄灭。

这六个时序反复循环动作，当按下 PB-SW3(编号 S5)按键时，交通信号灯立刻重置回到时序一的状态。此外，为了避免干扰产生误动作，请将编号 D5 和 D6 两个 LED 的控制引脚连接到 V_{CC} 上。

3. 交通灯控制电路的 CPLD 参考电路图与设计要求

1) CPLD 参考电路图

根据交通灯控制电路的功能描述，图 9-4-2 为交通灯控制电路的系统方块图。

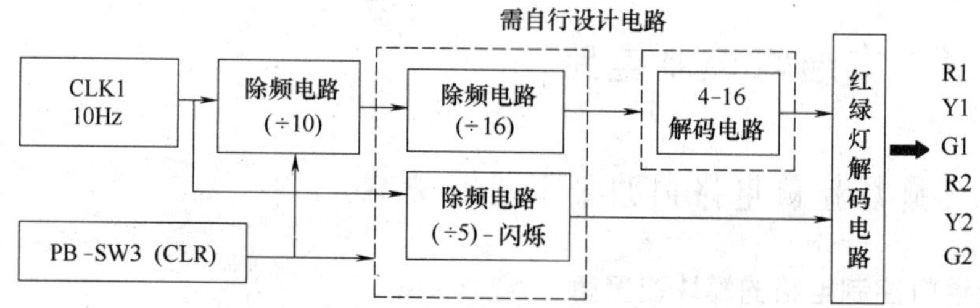

图 9-4-2 交通灯控制电路的系统方块图

2) 设计要求

本任务的设计要求如下。

(1) 由交通灯控制电路的电路功能可知，输入时钟信号使用 10Hz，要求当一组交通信号的绿灯要变黄灯时，绿灯在 2s 内要闪烁 4 次，即频率 $f=2$Hz。因此需要一个÷5 电路。

(2) 使用输入时钟信号 10Hz 以 16s 为一个控制单元(S0～S15 状态，每个状态时间为 1s)来控制两组交通信号灯。因此需要一个÷10 电路以产生 1Hz(1s)的时钟脉冲信号，还需要一个÷16 电路(模 16 计数器)以产生 S0～S15 状态。

(3) 需设计一个 4-16 的解码电路，把交通信号灯的六种时序(S0～S15 状态)与两组 LED 灯的亮、灭状态对应起来，具体见表 9-4-1 交通灯控制时序的功能分析真值表。

表 9-4-1　交通灯控制时序的功能分析真值表

状态	时序	R1	Y1	G1	R2	Y2	G2
S0	一	0	1	1	1	1	0
S1		0	1	1	1	1	0
S2		0	1	1	1	1	0
S3		0	1	1	1	1	0
S4		0	1	1	1	1	0
S5	二	0	1	1	1	1	*
S6		0	1	1	1	1	*
S7	三	0	1	1	1	0	1
S8	四	1	1	0	0	1	1
S9		1	1	0	0	1	1
S10		1	1	0	0	1	1
S11		1	1	0	0	1	1
S12		1	1	0	0	1	1
S13	五	1	1	*	0	1	1
S14		1	1	*	0	1	1
S15	六	1	0	1	1	1	1

4. 需要的电路

综合上述的分析，在本设计任务中需要设计的电路如下所述。

1）已知电路

（1）交通灯控制器模块电路设计

依据表 9-4-1 可以得出两组交通灯与 16 个状态 S0～S15 之间的逻辑关系。电路经化简后可表示为(取“0”项，因为“0”LED 亮，“1”不亮)：

R1＝S0 S1 S2 S3 S4 S5 S6 S7

R2＝S8 S9 S10 S11 S12 S13 S14 S15

Y1＝S15

Y2＝S7

G1＝S8 S9 S10 S11 S12 T13 T14(T 表示闪烁)

G2＝S0 S1 S2 S3 S4 T5 T6

由逻辑函数表达式，可得 6 个交通信号灯输出电路如图 9-4-3 所示。

（2）÷10 电路

图 9-4-4 为 10 分频电路图，采用 7490 芯片。

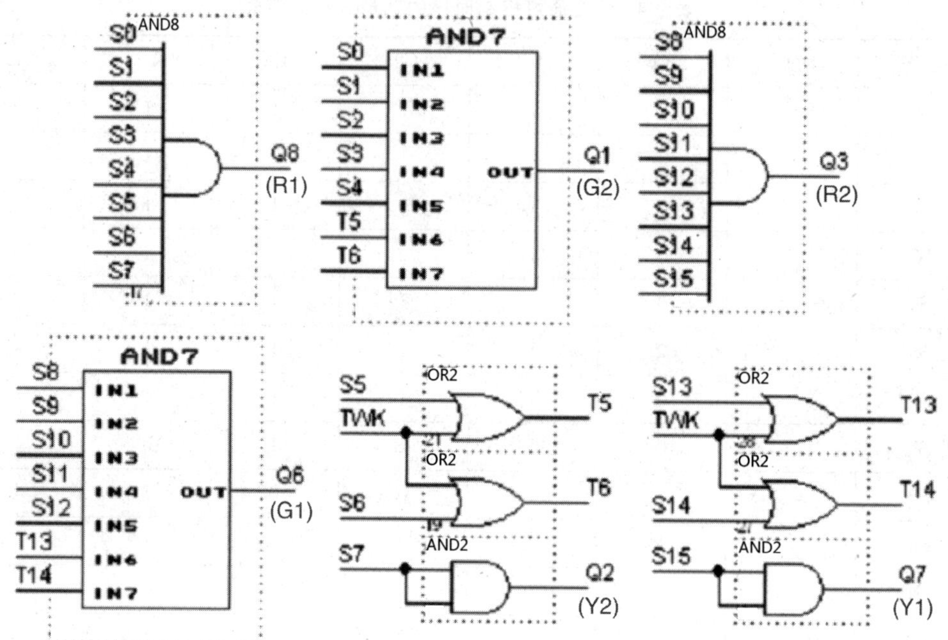

图 9-4-3 6 个交通信号灯输出电路图

2）需自行设计的电路

（1）÷5 与÷16 电路——div5-16。

图 9-4-5 为 div5-16 电路图，使用 7490 芯片构成÷5 电路，使用 7493 芯片构成÷16 电路。

（2）4-16 解码电路——decd4-16。

图 9-4-6 为使用 74154 芯片构成的 4-16 解码电路图。此电路的输入信号是由 div5-16 模块中模 16 计数器(即÷16 电路)产生的四位二进制信号；输出信号则是产生 16 种状态(S0～S15)的信号值(低电平输出)。

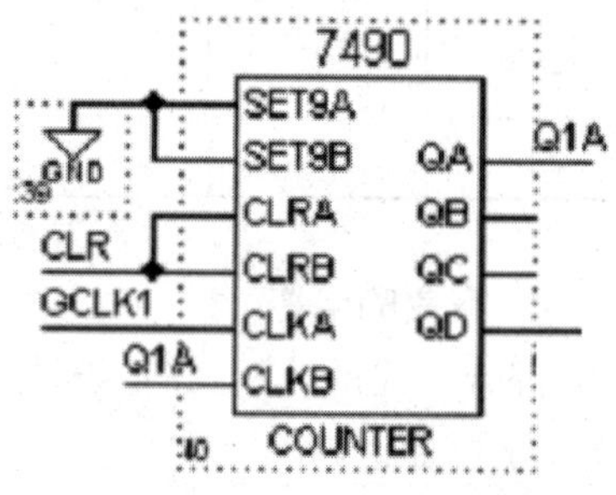

图 9-4-4 ÷10 电路图

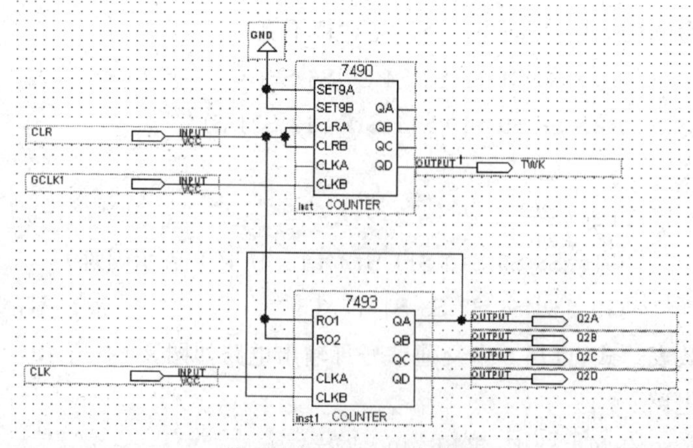

图 9-4-5 div5-16 电路图

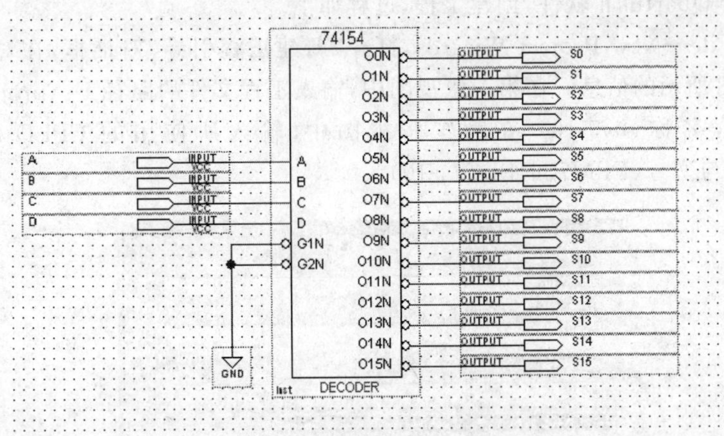

图 9-4-6 decd4-16 电路图

9.4.2 交通灯控制电路的逻辑电路设计

图 9-4-7 为交通灯控制电路系统模块完整电路图，由图可知需要建立两个模块化 div5-16 与 decd4-16 电路的封装 IC 元件。

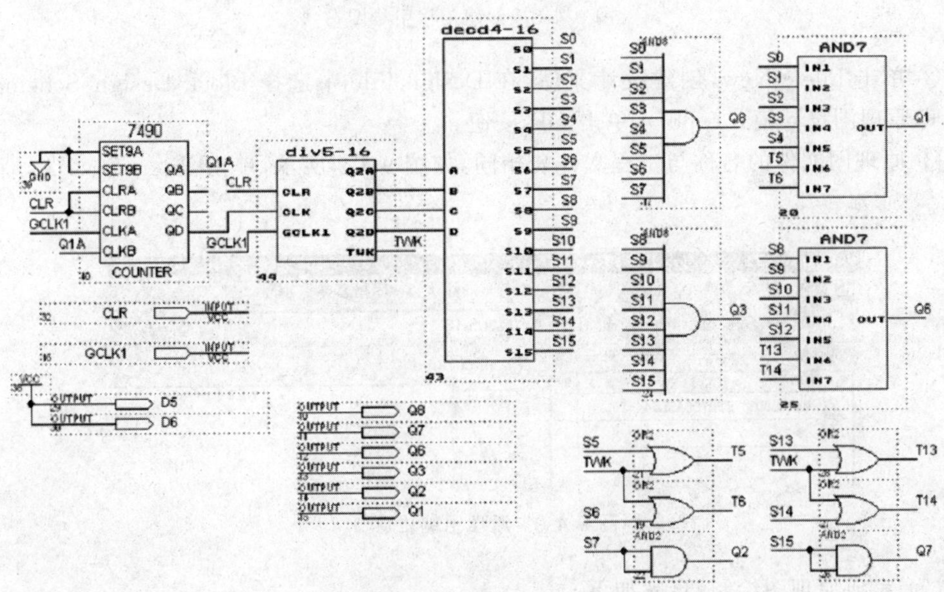

图 9-4-7 交通灯控制电路系统电路图

1. div5-16 电路的设计与功能仿真

1）绘制 div5-16 电路原理图

（1）创建工程文件。

首先创建一个用于存放工程文件的文件夹 div5-16，存储路径为 F:\project9\work4\

div5-16。打开 QuartusⅡ软件,创建工程,过程如下。

① 单击 File→New Project Wizards,打开"新建工程引导"对话框,在对话框中分别输入如图 9-4-8 所示的信息。在第一张视图中,输入工程文件的路径 F:\project9\work4\div5-16 与工程名称 div5-16。在第二张视图中,输入所使用的 CPLD 芯片的类别(MAX7000S)与型号(EPM7064SLC44-10)。

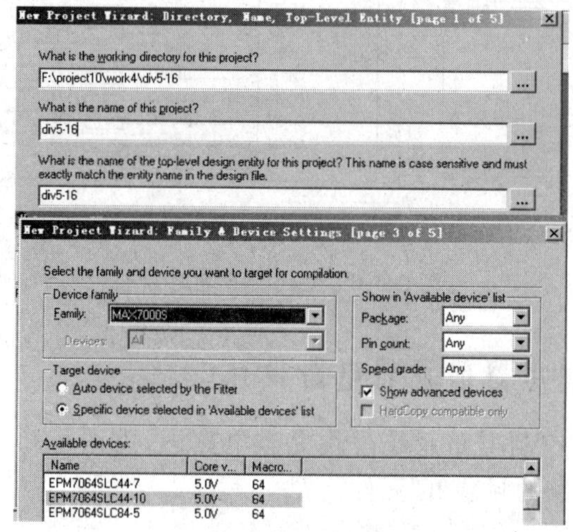

图 9-4-8 创建工程引导图

② 单击 File→New,创建设计文件,在 Design File 中选择 Block Design/Schematic File,即原理图设计模式(.bdf),单击 OK 按钮。

③ 原理图文件的名称与工程文件名相同,如图 9-4-9 所示,单击 File→Save As 保存文件。

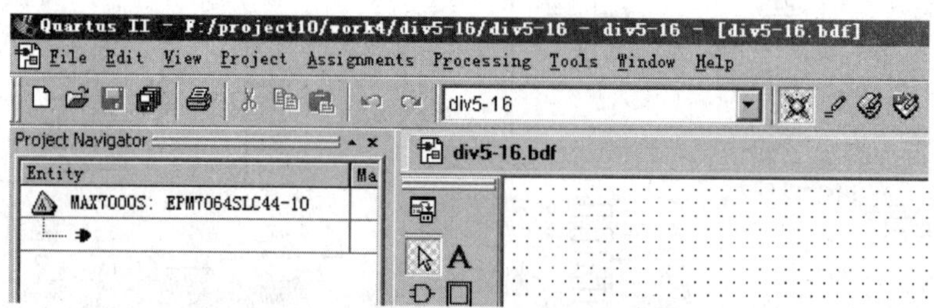

图 9-4-9 原理图编辑窗口

(2) 完成原理图绘制,步骤如下。

① 按照图 9-4-10 绘制 div5-16 完整电路图。

② 绘制完成后先保存,再单击 Processing→Start Compilation 进行原理图编译,若编译结果有错误,需要修正错误并重新编译,直到编译结果无错误为止。

2) div5-16 电路波形功能仿真

(1) 建立仿真波形文件。

单击 File→New→Vector Waveform File,创建仿真波形文件(.vwf)。

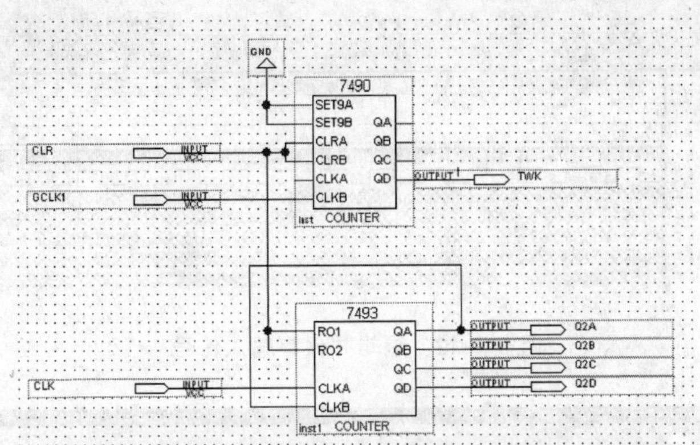

图 9-4-10 div5-16 完整电路图

(2) 添加仿真波形的输入/输出引脚。

单击 View→Utility Windows→Node Finder→Filter→All，再单击 List，屏幕 Node Found 区域会列出工程设计中所有的输入/输出引脚，选择需要的输入/输出引脚到 Selected Nodes 区域，单击 OK 按钮，添加的输入/输出引脚显示在波形编辑窗口中，如图 9-4-11 所示。

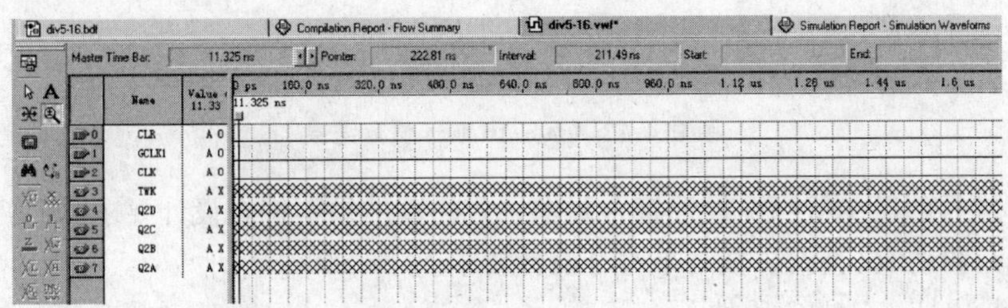

图 9-4-11 输入/输出引脚显示与波形仿真环境

(3) 设置波形仿真环境。

① 选择 Edit→End Time，设定为 3.5μs。

② 选择 Edit→Grid Side，设定为 10ns。

③ 选择 View→Fit in Window。

(4) 编辑输入/输出信号。

① 拖动选取预设定信号 CLR、CLK 与 GCLK1，单击左边工具栏的波形编辑按钮 0 与 1 以及 Clock 来设定输入信号，CLK 周期设定为 200ns，GCLK1 周期设定为 20ns，用波形编辑按钮进行按键有抖动信号的模拟设置，保存编辑的输入信号，如图 9-4-12 所示。文件保存的路径和名称为 F:\project9\work4\div5-16\div5-16. vwf。

② 编辑好输入信号后，单击 Processing→Start Simulation 进行功能仿真，仿真结果如图 9-4-13 所示。TWK 信号是对 GCLK1 信号的 5 分频(因在输入波形设置时 CLK 信号周期为 200ns，由图可见 TWK 信号为 CLK 信号的 2 分频，即周期为 100ns，所以是对输入信号 GCLK1 周期为 20ns 的 5 分频)；输出信号 Q2D、Q2C、Q2B、Q2A 也实现了对

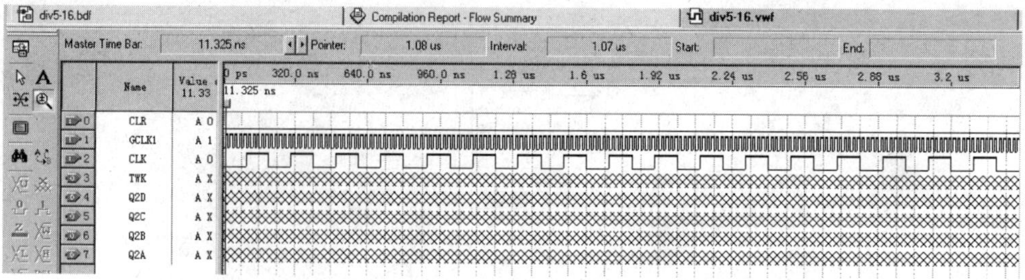

图 9-4-12 编辑并保存输入信号

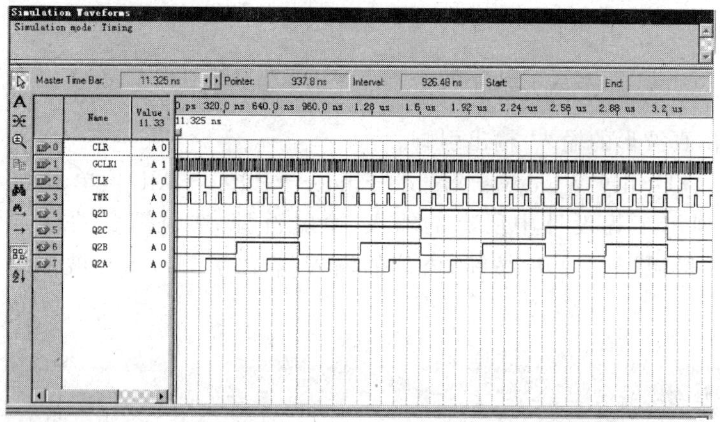

图 9-4-13 div5-16 波形仿真结果

信号 CLK 进行的模 16 计数，设计符合要求。若仿真结果不符合设计要求，则需要修改原理图，编译后再仿真，直到仿真结果符合设计要求。

3）封装成 div5-16 IC 元件

将工作视图切换至 div5-16. bdf 环境下，单击 File→Create/Update→Create Symbol Files for Current File，在 div5-16. bdf 环境下双击，可查看到 div5-16 的封装元件，如图 9-4-14 所示。

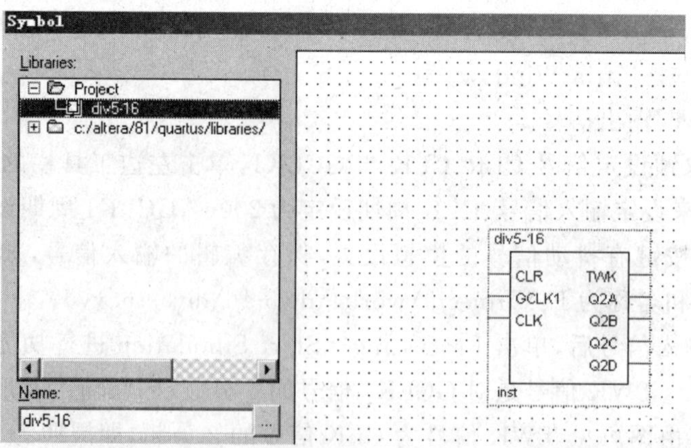

图 9-4-14 div5-16 IC 封装元件

2. decd4-16 电路的设计与功能仿真

1）decd4-16 电路原理图绘制

（1）创建工程文件。打开 QuartusⅡ软件，创建工程文件，过程如下。

① 单击 File→New Project Wizard，打开“新建工程引导”对话框，在对话框中分别输入如图 9-4-15 所示的信息。在第一张视图中，输入工程文件的路径 F:\project9\work4\decd4-16 与工程名称 decd4-16。在第二张视图中，输入所使用的 CPLD 芯片的类别（MAX7000S）与型号（EPM7064SLC44-10）。

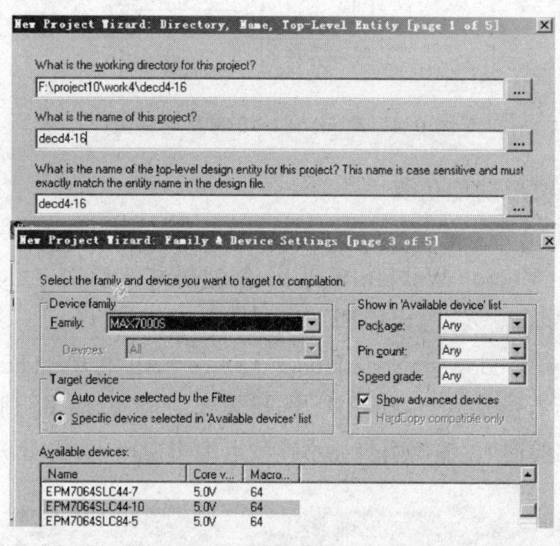

图 9-4-15 创建工程引导图

② 单击 File→New 创建设计文件，在 Design File 中选择 Block Design/Schematic File，即原理图设计模式(.bdf)，单击 OK 按钮。

③ 原理图文件的名称与工程文件名相同，如图 9-4-16 所示。单击 File→Save As，保存文件。

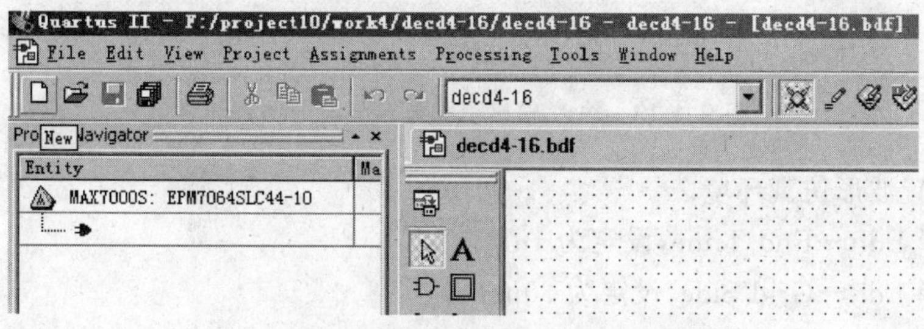

图 9-4-16 原理图编辑窗口

（2）完成原理图绘制，步骤如下。

① 按照图 9-4-17 绘制 decd4-16 完整电路图。

② 绘制完成后先保存，再单击 Processing→Start Compilation 进行原理图编译，若编译结果有错误，需要修正错误，并重新编译，直到编译结果无错误为止。

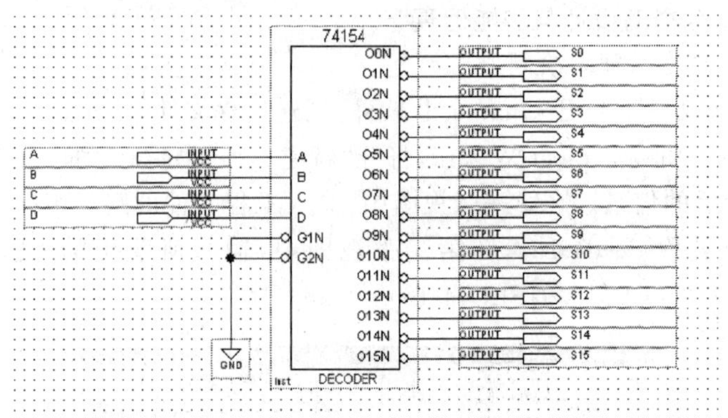

图 9-4-17　decd4-16 完整电路图

2) decd4-16 电路波形功能仿真

(1) 建立仿真波形文件。

单击 File→New→Vector Waveform File,创建仿真波形文件(.vwf)。

(2) 添加仿真波形的输入/输出引脚。

单击 View→Utility Windows→Node Finder→Filter→All,再单击 List,屏幕 Node Found 区域会列出工程设计中所有的输入/输出引脚,选择需要的输入/输出引脚到 Selected Nodes 区域,单击 OK 按钮,添加的输入/输出引脚显示在波形编辑窗口中,如图 9-4-18 所示。

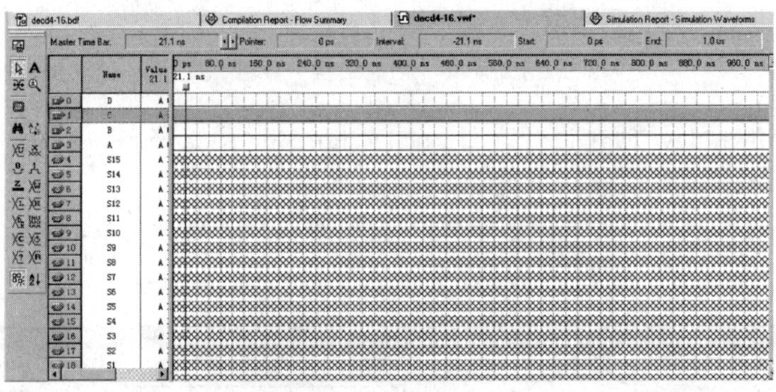

图 9-4-18　输入/输出引脚显示与波形仿真环境

(3) 设置波形仿真环境。

① 选择 Edit→End Time,设定为 1μs。

② 选择 Edit→Grid Side,设定为 30ns。

③ 选择 View→Fit in Window。

(4) 编辑输入/输出信号。

① 拖动选取预设定信号 A、B、C、D,单击左边工具栏的波形编辑按钮 0 与 1 来设定输入信号,A、B、C、D 信号设定要满足覆盖 0000～1111,如图 9-4-19 所示。保存编辑的输入信号,文件保存的路径和名称为 F:\project9\work4\decd4-16\decd4-16.vwf。

② 编辑好输入信号后,单击 Processing→Start Simulation 进行功能仿真,仿真结果

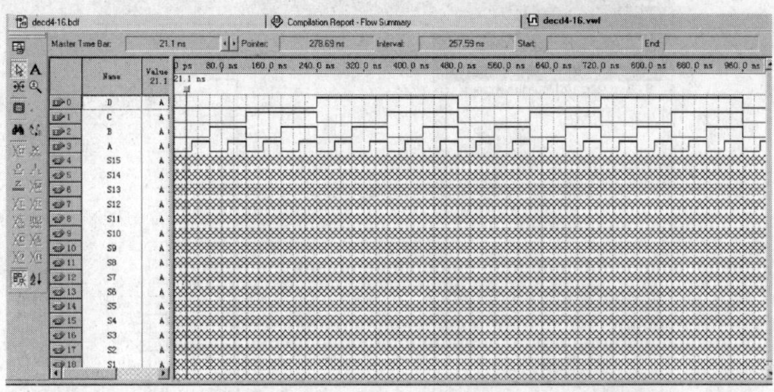

图 9-4-19　编辑并保存输入信号

如图 9-4-20 所示。若仿真结果不符合设计要求，则需要修改原理图，编译后再仿真，直到仿真结果符合设计要求。

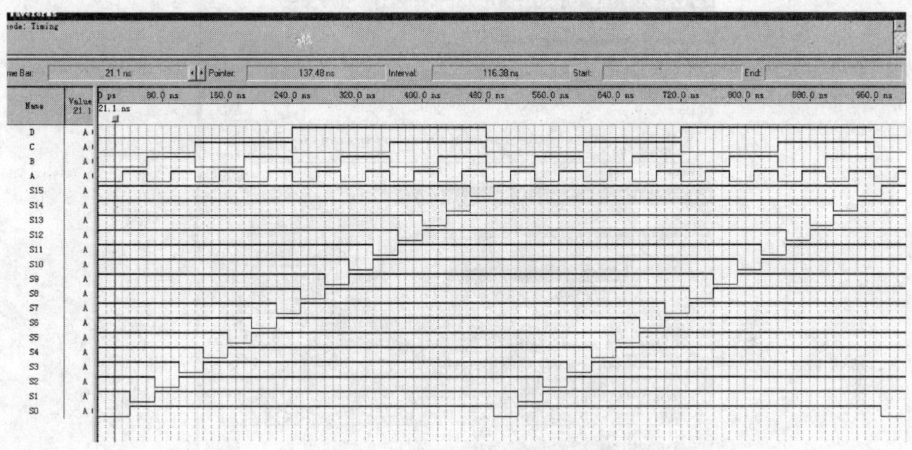

图 9-4-20　decd4-16 波形仿真结果

3）封装成 decd4-16 IC 元件

将工作视图切换至 decd4-16. bdf 环境下，单击 File→Create/Update→Create Symbol Files for Current File，在 decd4-16. bdf 环境下双击，可查看到 decd4-16 的封装元件，如图 9-4-21 所示。

3. 交通灯控制电路的设计与功能仿真

1）绘制交通灯控制电路原理图

（1）创建工程文件。打开 QuartusⅡ软件，创建工程文件，过程如下。

① 单击 File→New Project Wizard，打开新建工程引导对话框，在对话框中分别输入如图 9-4-22 所示的信息。在第一张视图中，输入工程文件的路径 F:\project9\work4 与工程名称 jtdcz。在第二张视图中，输入所使用的 CPLD 芯片的类别(MAX7000S)与型号(EPM7064SLC44-10)。

② 单击 File→New 创建设计文件，在 Design File 中选择 Block Design/Schematic

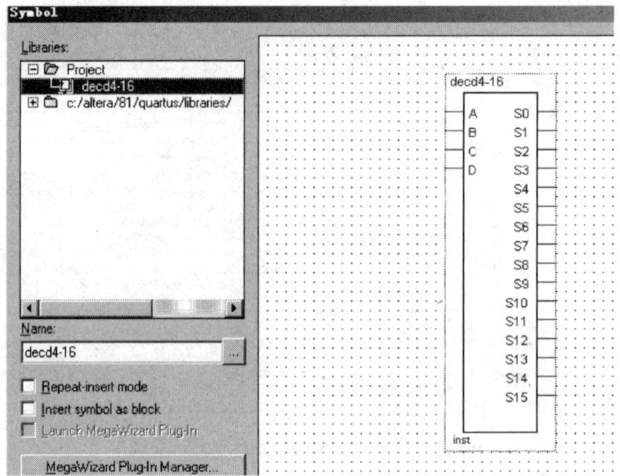

图 9-4-21 decd4-16 IC 封装元件

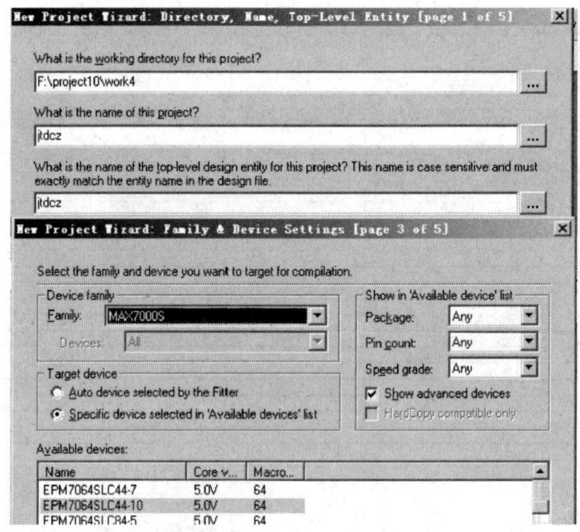

图 9-4-22 创建工程引导图

File,即原理图设计模式(.bdf),单击 OK 按钮。

③ 原理图文件的名称与工程文件名相同,如图 9-4-23 所示。单击 File→Save As,保存文件。

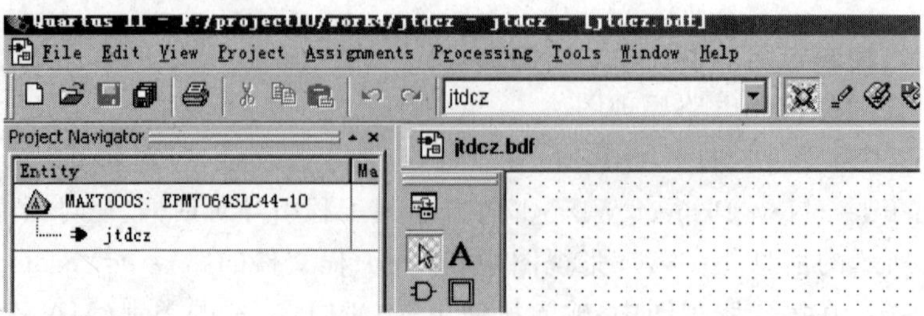

图 9-4-23 原理图编辑窗口

(2) 完成原理图绘制,步骤如下。

① 按照图 9-4-24,绘制交通灯控制电路完整电路图。在调用 div5-16 与 decd4-16 元件时,需要先将 div5-16 工程文件中的 div5-16. bdf 和 div5-16. bsf 以及 decd4-16 工程文件中的 decd4-16. bdf 和 decd4-16. bsf 总共 4 个文件复制到 jtdcz 工程所在的文件夹 work4 中,然后才可以进行封装元件的调用。若不能正确复制,则不能调用这些封装元件。

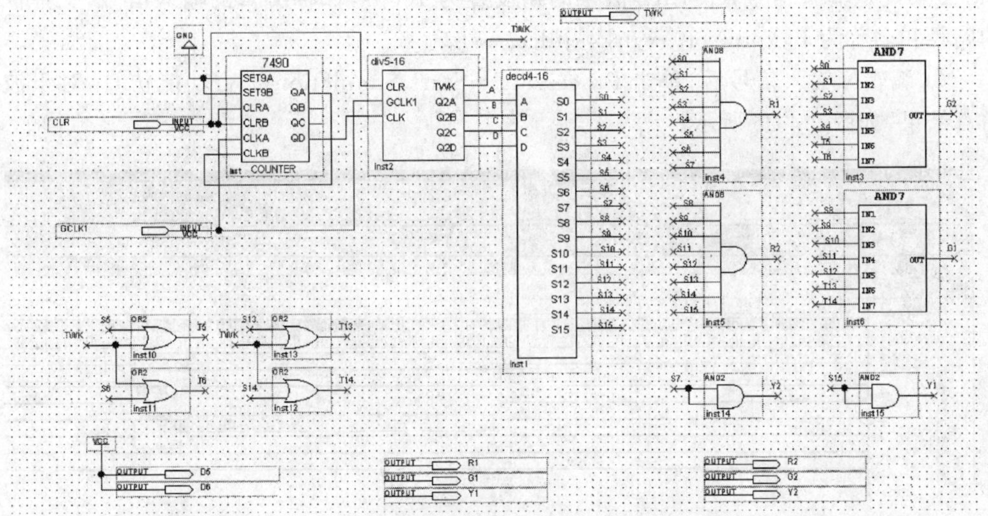

图 9-4-24 交通灯控制电路完整电路图

② 绘制完成后先保存,再单击 Processing→Start Compilation 进行原理图编译,若编译结果有错误,需要修正错误,并重新编译,直到编译结果无错误为止。

2) 交通灯控制电路波形功能仿真

(1) 建立仿真波形文件。

单击 File→New→Vector Waveform File,创建仿真波形文件(. vwf)。

(2) 添加仿真波形的输入/输出引脚。

单击 View→Utility Windows→Node Finder→Filter→All,再单击 List,屏幕 Node Found 区域会列出工程设计中所有的输入/输出引脚,选择需要的输入/输出引脚到 Selected Nodes 区域,单击 OK 按钮,添加的输入/输出引脚显示在波形编辑窗口中,如图 9-4-25 所示。

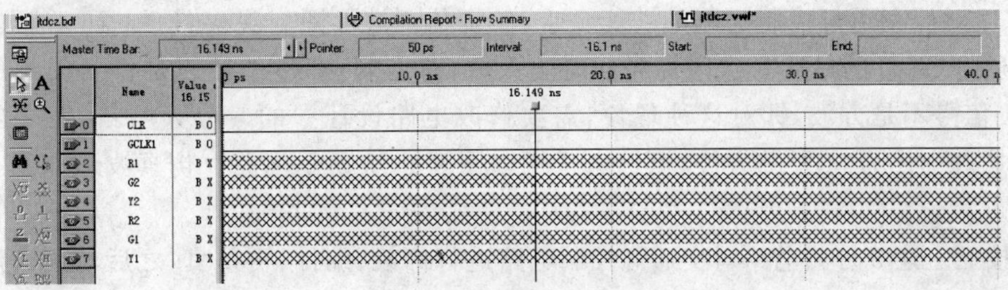

图 9-4-25 输入/输出引脚显示与波形仿真环境

(3) 设置波形仿真环境。

① 选择 Edit→End Time,设定为 20ms。

② 选择 Edit→Grid Side,设定为 100μs。

③ 选择 View→Fit in Window。

(4) 编辑输入/输出信号。

① 拖动选取预设定信号 CLR、GCLK1,单击左边工具栏的波形编辑按钮 0 与 1 以及 Clock 来设定输入信号,GCLK1 信号周期设置为 100μs,保存编辑的输入信号,文件保存的路径和名称为 F:\project9\work4\jtdcz. vwf。

② 编辑好输入信号后,单击 Processing→Start Simulation 进行功能仿真,对于波形仿真结果,如图 9-4-26 所示。

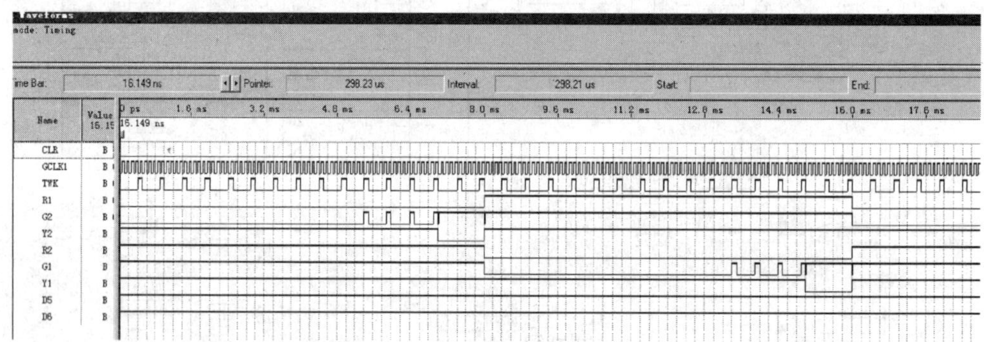

(a) 时序仿真

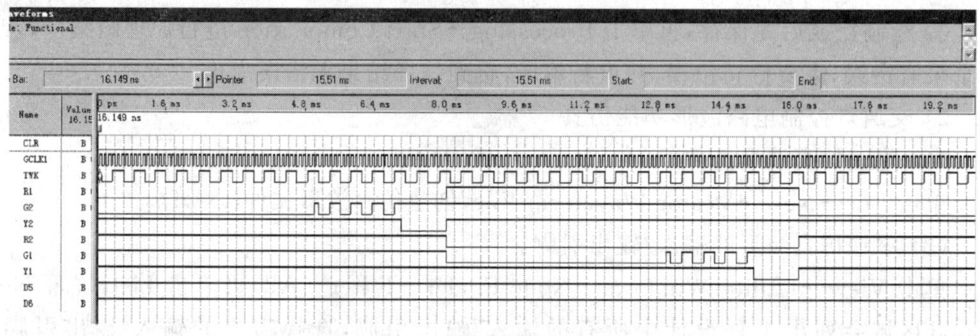

(b) 功能仿真

图 9-4-26 jtdcz 波形仿真结果

③ 对照交通灯控制电路的功能要求,验证仿真波形图。观察图 9-4-26 验证发现两组交通灯,绿灯的最后一次闪烁亮的时间太短,有毛刺,产生的原因是作为闪烁信号的 TWK 信号不是方波,针对这种现象,需要修改电路设计中的 5 分频电路,使之产生的信号是占空比为 50%的方波,可参考采用如图 9-4-27 所示电路。仿真波形如图 9-4-28 所示。

按照上述 5 分频电路对交通灯控制电路进行修改、编译、再仿真,之后得到波形仿真结果如图 9-4-29 所示,绿灯的 4 次闪烁效果比较理想,基本符合时序要求。

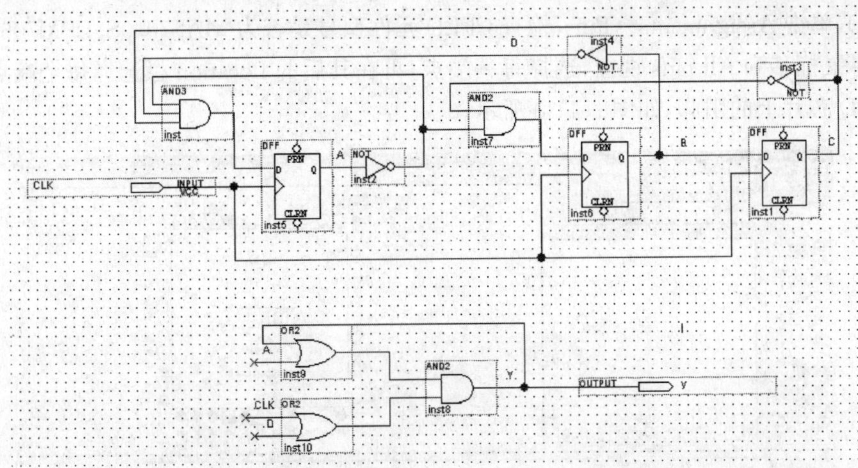

图 9-4-27 输出波形占空比为 50% 的 5 分频电路

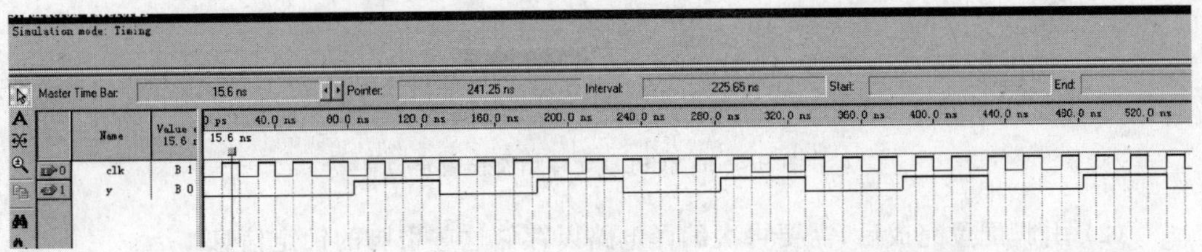

图 9-4-28 输出波形占空比为 50% 的 5 分频电路仿真波形图

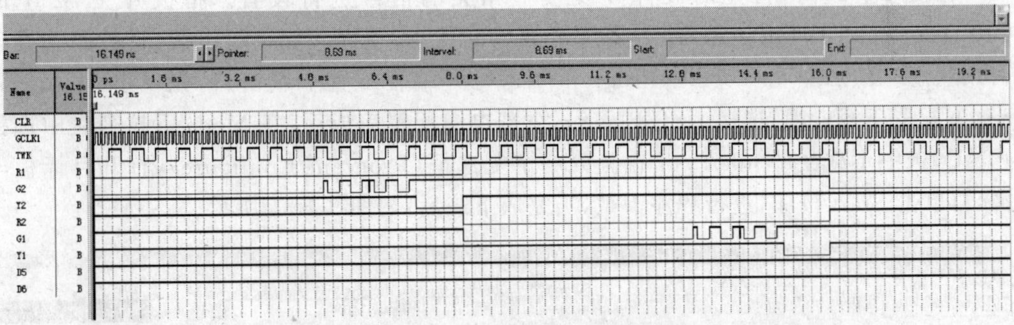

图 9-4-29 修改后的交通灯控制电路波形仿真图（时序仿真）

9.4.3 交通灯控制电路 CPLD 电路的引脚分配、编译与程序下载

1. CPLD 元件的引脚配置

建立一个交通灯控制逻辑电路(见图 9-4-1)，硬件电路的引脚配置规则如下。

输入：GCLK1→P43、CLR→P18(PB-SW3 编号为 S5 的开关按键，用于清零)。

输出：R1→P31、Y1→P29、G1→P28、D6→P27、D5→P26、R2→P25、Y2→P24、G2→P21。

引脚配置的方法如下。

(1) 单击 Assignments→Pins,检查 CPLD 元件型号是否为 MAS7000S、EPM7064SLC44-10,再将鼠标移到 All pins 视窗,选择每一端点,再在其后的 Location 栏选择每个端点所对应的 CPLD 芯片上的引脚,如图 9-4-30 所示。

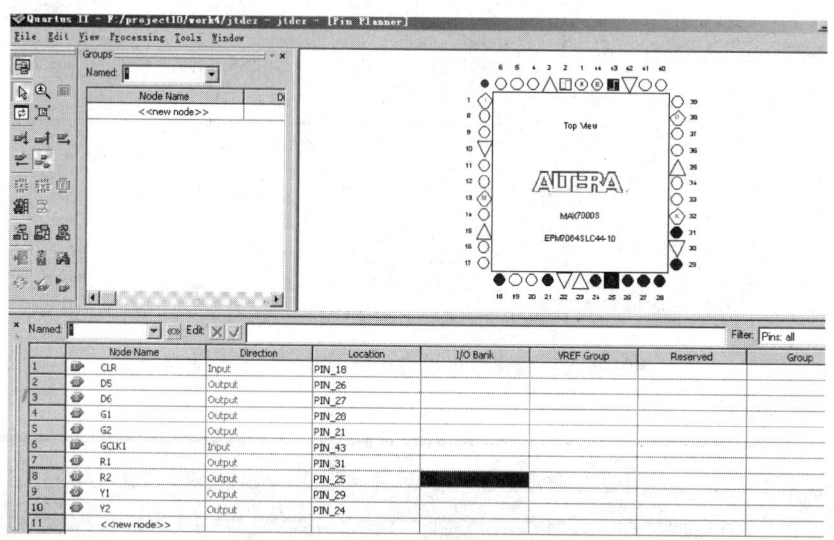

图 9-4-30 CPLD 元件引脚配置窗口

(2) 引脚配置完成后,需要再次编译电路以存储这些引脚的锁定信息。

2. 程序下载

在程序下载前,首先对硬件开发板上相关的信号进行设置。指拨开关 S2 上的 CPLD-EN、CPLD-OE、LEDs-EN 都要处在 ON 状态,这样才能进行下载,且数码管处于可用状态。然后单击 Tools→Programmer,打开编程配置下载窗口,先单击 Hardware Setup 配置下载电缆,选择 USB-Blaster,下载电缆配置完成后,在 Mode 下拉列表中选择 JTAG,选中下载文件 jtdcz. pof 右侧第一个复选框(Program/Configure),打开目标板电源,再单击 Start 按钮,进行程序下载,当完成下载后,如图 9-4-31 所示。

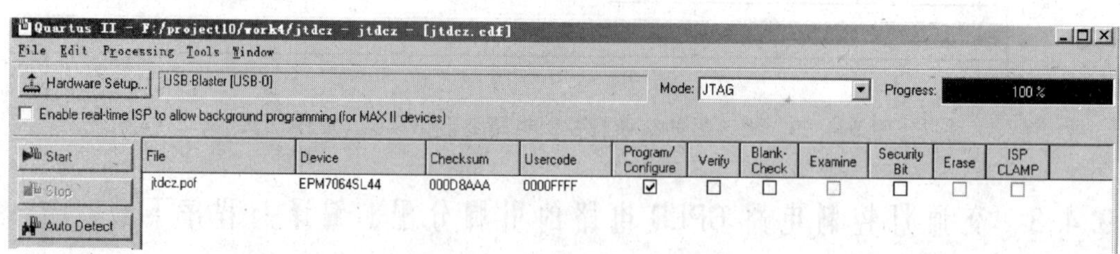

图 9-4-31 程序下载完成窗口

9.4.4 交通灯控制电路 CPLD 电路的硬件测试

程序下载完成后,先关掉开发板上的电源,把编号 JP2 排针上的短路夹置于 10Hz

处，这样输入时钟信号就接到了 P43 引脚上(GCLK1)。

打开电源，在 TEMI 数字逻辑设计能力认证开发板进行测试。查看交通灯控制电路的硬件测试结果，测试结果是否符合交通灯时序控制功能要求。若不符合要求，找出问题所在，修改电路设计，重新测试，直到测试符合设计要求。

9.4.5 任务思考与总结

交通灯控制电路设计的关键在于 5 分频电路和控制器时序功能解码电路的实现。本任务中的 5 分频电路使用基本的触发器和逻辑门电路构建，使用过程中会有毛刺产生，这种电路在低频时能够正常工作，但随着电路工作频率的增加，毛刺现象会变得越来越严重，从而导致电路工作失常。考虑采用其他的方法实现奇数分频电路的设计。

习题

项目 9 习题.pdf（扫描可下载本项目习题）

项目10 Project 10

有限状态机设计技术

知识点

◇ 有限状态机的基本概念和设计技术；
◇ 有限状态机的图形编辑设计技术；
◇ Moore 型状态机；
◇ Mealy 型状态机。

技能点

◇ 使用 QuartusⅡ的图形编辑器设计状态机；
◇ Moore 型状态机设计技术；
◇ Mealy 型状态机设计技术。

任务 10.1　有限状态机的基本概念和传统设计技术

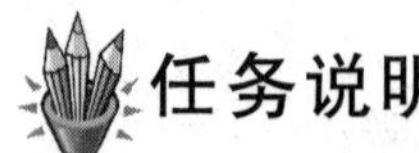

任务说明

有限状态机及其设计技术是数字电子系统中的重要组成部分，是实现高效率、高可靠性和高速逻辑控制电路的重要方法。本任务主要了解有限状态机的基本概念，并学习有限状态机的传统手工设计方法。

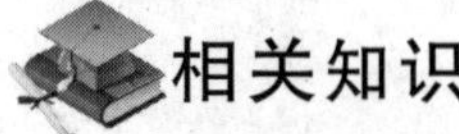

相关知识

1. 状态机的基本概念

有限状态机(Finite State Machine，FSM)实际上是一种依照不同的条件按照一定的步骤解决问题的方法。在日常生活中解决复杂问题的时候，我们经常将问题分成若干"步骤"来处理，根据收到的不同"条件"转向不同的处理步骤，同时在每个步骤下完成一定的"处理"，这样可以有条不紊地解决很复杂的事情。实际上，按步骤处理问题的这个过程就是利用状态机解决问题的过程。

有限状态机常常简称为"状态机"，不但是日常生活中常用的解决问题的方法，也是广泛应用于硬件控制电路和软件编程的设计方法。状态机把复杂的控制逻辑分解成有限个稳定状态(相当于解决问题时的"步骤"),在某一个状态下根据不同的"条件"转移到下一个状态中去,同时产生不同的"输出信号",执行不同的动作。

例如,日常生活中常见的全自动洗衣机的控制,实际上就是一种状态机的控制过程。简单来说,洗衣机具有不同的工作状态:关机状态、开机状态、注水状态、洗涤状态、甩干状态和结束洗涤状态。在某个状态下,如果检测到某个"事件"发生(这个事件作为一种输入信号作用于洗衣机的控制电路),则洗衣机转入另一个状态,同时在每一个状态下执行特定的动作。具体控制及状态转换过程如图 10-1-1 所示,我们分析其中的几个状态转换来说明洗衣机控制电路的工作过程。

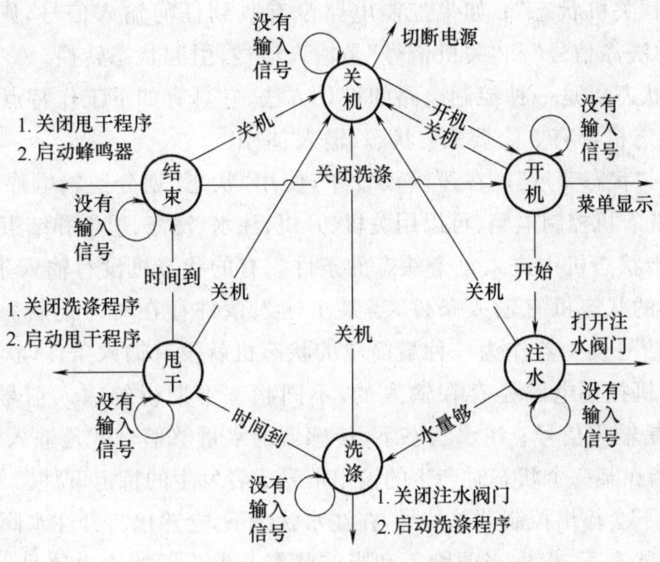

图 10-1-1　全自动洗衣机的控制流程图

(1) 在"关机状态"下,控制电路的动作就是"关闭一切其他信号,切断电源"。如果控制电路收到"用户开机信号",就转入"开机状态"。如果控制电路没有收到任何输入信号,则保持在"关机状态"。这里"用户开机信号"是输入信号,引起状态转换,进入"开机状态"。

(2) 在"开机状态"下,控制电路的动作就是"关闭一切其他信号,打开显示屏,并显示提示信息"。如果控制电路收到"开始洗涤信号",就转入"注水状态",同时打开注水阀门;如果控制电路收到"关机信号",就返回"关机状态",同时切断电源;如果控制电路没有收到任何输入信号,则保持在"开机状态"。这里"开始洗涤信号"和"关机信号"是输入信号,引起状态转换。

(3) 在"注水状态"下,控制电路的动作就是"打开注水阀门"。如果控制电路收到传感器发来的"水量够信号",就转入"洗涤状态";如果控制电路收到"关机信号",就返回"关机状态";如果控制电路没有收到任何输入信号,则保持在"注水状态"。这里"水量够信号"和"关机信号"是输入信号,引起状态转换。

(4) 在"洗涤状态"下,控制电路的动作就是"关闭注水阀门",同时"启动洗涤程序"。

如果控制电路收到定时器发来的“洗涤时间到信号”,就转入“甩干状态”;如果控制电路收到“关机信号”,就返回“关机状态”;如果控制电路没有收到任何输入信号,则保持在“洗涤状态”。这里“洗涤时间到信号”和“关机信号”是输入信号,引起状态转换。

(5) 在“甩干状态”下,控制电路的动作就是“关闭洗涤程序”,同时“启动甩干程序”。如果控制电路收到定时器发来的“甩干时间到信号”,就转入“结束状态”;如果控制电路收到“关机信号”,就返回“关机状态”;如果控制电路没有收到任何输入信号,则保持在“甩干状态”。这里“甩干时间到信号”和“关机信号”是输入信号,引起状态转换。

(6) 在“结束状态”下,控制电路的动作就是“关闭甩干程序”,同时“启动蜂鸣器”。如果控制电路收到用户发来的“关闭洗涤信号”,就转入“开机状态”;如果控制电路收到“关机信号”,就返回“关机状态”;如果控制电路没有收到任何输入信号,则保持在“结束状态”。这里“关闭洗涤信号”和“关机信号”是输入信号,引起状态转换。

总而言之,状态机是一种控制电路的设计方法,它具有如下工作特点。

(1) 任何状态机都有3个要素:状态、输入、输出。

① 状态也叫“状态变量”。在逻辑设计中,使用“状态”划分逻辑顺序和时序规律。例如,要设计一个洗衣机控制电路,可以用关机、开机、注水、洗涤、甩干和结束洗涤作为状态。

② 输入是指状态机中进入每个状态的条件。有的状态机没有输入条件,其中的状态转移较简单;有的状态机有输入条件,当某个输入条件存在时才能转移到相应的状态。例如,随机数字信号发生器作为一种最简单的状态机就没有输入条件,状态随着时钟信号自动跳转;洗衣机控制电路是存在输入的,不同状态下期待的输入信号不同,关机状态下,开机信号就是输入信号;注水状态下,传感器的水量够信号就是输入信号。

③ 输出是指在某一个状态时产生的输出信号或者发生的特定事件。例如,洗衣机控制电路在开机状态下会输出控制菜单信号,在注水状态下,会输出打开注水阀门的信号等。

(2) 在每个状态下,根据当前输入和当前状态产生不同的输出信号,并决定下一个状态。状态机的下一个状态及输出不仅与输入信号有关,还与寄存器当前状态有关。不同状态一般用不同编码表示,为了保存不同状态,电路一定需要触发器或者寄存器来存储不同状态。输出信号和下一个状态通过输入信号和当前状态的译码决定。由此可以知道,状态机是组合逻辑和寄存器逻辑的组合,寄存器用于存储状态,组合电路用于状态译码和产生输出信号。状态机的结构示意图如图10-1-2所示。可以看到状态机的结构与普通时序电路一样,或者说状态机是对时序电路设计思想的高度概括。一般把当前状态(Current State)简称为“现态”,下一个状态(Next State)简称为“次态”。

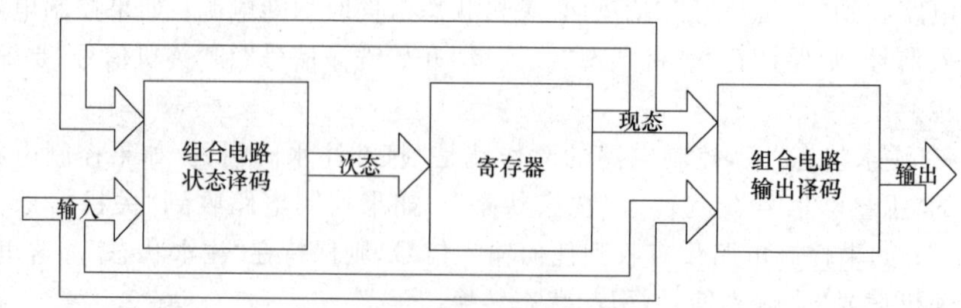

图10-1-2 状态机的结构示意图

(3) 在满足特定输入信号的条件下,当时钟信号的上升沿(也可以是下降沿)到来时,状态会转移到下一个状态。即特定输入信号是状态转移的条件。如果输入信号不满足特定的条件,状态不会自己转移。同时如果没有时钟信号的上升沿,状态机也不会转移。

2. 状态机的分类

根据输出是否与输入信号有关,状态机可以划分为 Moore 型和 Mealy 型状态机;根据状态是否与时钟信号同步变化,状态机可以划分为异步状态机和同步状态机。在异步状态机中,各个触发器采用不同的信号作为时钟触发状态不能与电路的输入时钟信号同步变化,容易导致时序问题。同步状态机中,各个触发器都采用同一个信号作为时钟触发,这个信号就是电路的输入时钟信号,所以状态跟时钟信号是同步变化的。由于目前电路设计以同步为主,因此本书主要介绍同步的 Moore 型状态机和 Mealy 型状态机。

1) Moore 型状态机

Moore 型状态机的输出仅仅依赖于当前状态,其逻辑结构示意图如图 10-1-3 所示。组合逻辑电路将输入和当前状态译码为适当的次态,作为寄存器的输入,并在下一个时钟周期的上升沿覆盖当前状态,使状态机状态发生变化。输出仅仅取决于当前状态,是通过对当前状态组合译码得到的,本质上是当前状态的函数。另外,Moore 型状态机的输出变化和状态变化都与时钟信号变化沿保持同步,属于同步时序电路。在实际应用中,大多数 Moore 状态机的输出逻辑都非常简单。

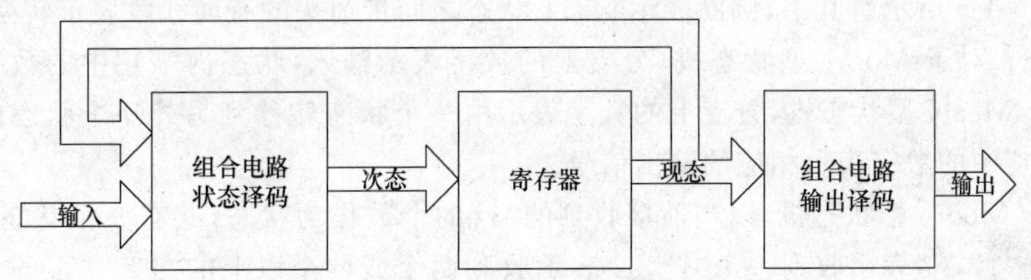

图 10-1-3 Moore 型状态机结构示意图

2) Mealy 型状态机

Mealy 状态机的输出同时依赖于当前状态和输入信号,其结构示意图如图 10-1-4 所示。次态取决于输入信号和当前状态的组合电路译码,在下一个时钟周期的上升沿覆盖当前状态,使状态机状态发生变化。输出也取决于输入信号和当前状态的组合电路译码,由于输出端没有寄存器,一旦输入发生改变,输出也立即改变,因而和时钟信号的上升沿不一定同步变化。因此,Mealy 型状态机是异步时序电路。

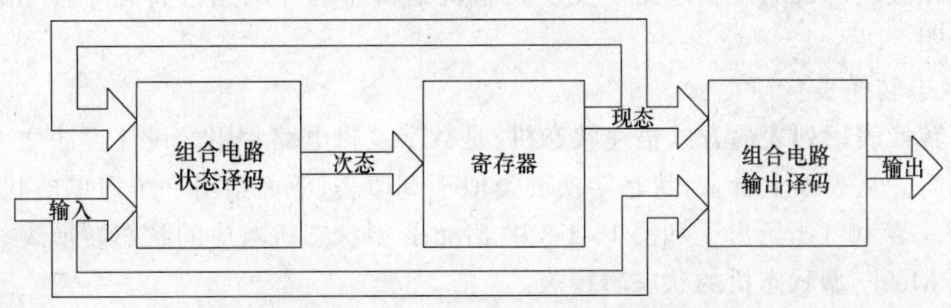

图 10-1-4 Mealy 型状态机结构示意图

由于Mealy型状态机的输出与输入和状态转换有关，因此，和Moore型状态机相比，只需要更少的状态就可以产生同样的输出序列。但是，由于Mealy型状态机的输出和时钟是异步的，而Moore型状态机输出却保持同步，所以在高速数字电路中，Mealy型状态机有可能产生问题，解决的办法可以将输入信号寄存后再输入，或者将输出信号寄存后再输出，但是会产生一个时钟周期的延时。

Moore型状态机和Mealy型状态机没有什么本质上的区别，它们都是时序电路的一种设计方法。Moore型状态机实际上是Mealy型状态机的一种特例。

3. 状态机描述方式

状态机有三种表示方法：状态转换图、状态转换表和HDL语言描述，这三种表示方法是等价的，相互之间可以转换。

1）状态转换图

状态转换图是状态机描述的最自然的方式，状态转换图是一个有向图，由一组结点和有向线段组成，结点代表状态，有向线段代表转移条件。状态转换图经常在设计规划阶段中定义逻辑功能时使用，通过图形化的方式帮助理解设计意图。类似图10-1-1，我们可以用状态转换图很好地说明全自动洗衣机的控制过程。

下面考虑这样的有限状态机，它具有单个输出，并且任何时候只要输入序列中含有连续的两个1时，则输出为1；否则输出为0，则其最简单的Moore型和Mealy型状态机分别如图10-1-5所示。其中，圆圈表示状态；状态之间带箭头的有向线段表示转换条件，也称作分支；对于Moore型状态机，分支上的数字表示输入，状态内“()”中的数字表示输出；对于Mealy型状态机，分支上的数字表示由一个状态转移到另外一个状态的输入信号，而“()”中的数字表示相应的输出信号。

对于Moore型状态机，以当前接收到的“1”的个数作为状态，共有3个状态，s0表示没有收到“1”，s1表示收到一个“1”，s2表示收到两个或两个以上的“1”，在不同状态输出不同的数值。

而对于Mealy型状态机，由于可以直接利用输入信号产生输出信号，则直接以上一次接收到的比特为状态，以当前接收到的比特为输入，则只需要两个状态。s0表示上一次接收到“0”，s1表示上一次接收到“1”。

值得一提的是，Altera公司的Quartus Ⅱ软件内嵌的状态机开发工具——状态机编辑器(State Machine Editor)就支持以状态转换图作为逻辑设计输入。设计者只要在其中画出状态转换图，状态机编辑器就能自动将状态转换图翻译成HDL语言代码，经过综合后生成相关状态机的控制电路。关于状态机编辑器的详细用法将在本项目任务10.2中进行说明。

2）状态转换表

状态转换表用列表的方式描述状态机，是数字逻辑电路常用的设计方法之一，经常用于状态化简。从表面上看来，状态转换表类似于真值表，下面给出一个简单的状态转换表表述实例。表10-1-1给出了和图10-1-5中Moore型状态机对应的状态转换表，读者可以自己完成Mealy型状态机的状态转换表。

传统设计状态机时，在得到状态转换表以后，要对状态指定编码，然后需要根据状态

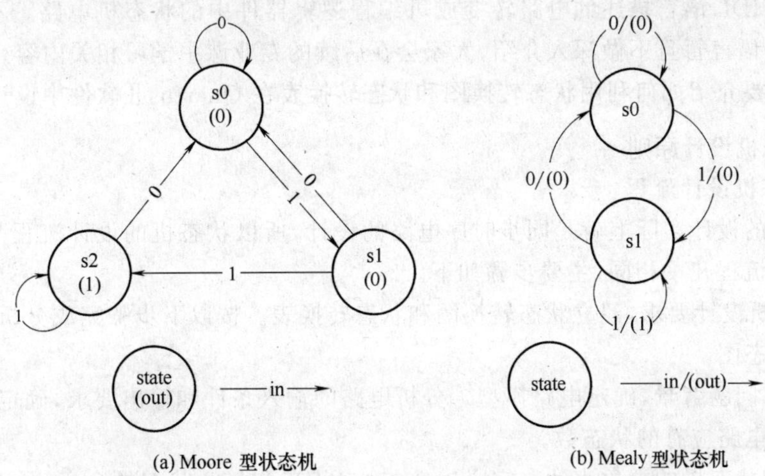

图 10-1-5　Moore 型和 Mealy 型状态机的状态转换图

表 10-1-1　Moore 状态机的状态转换表

输入	现态	输出	次态
0	s0	0	s0
1	s0	0	s1
0	s1	0	s0
1	s1	0	s2
0	s2	1	s0
1	s2	1	s2

转换表进行逻辑化简，最终得到次态和输出信号的逻辑表达式，最后使用相应器件实现电路。

基于类似 QuartusⅡ这样的 EDA 软件的状态机设计，主要采用原理图、状态机转换图或 HDL 语言描述状态机电路功能，然后利用 EDA 软件完成状态机电路的逻辑化简，并在 PLD(可编程逻辑器件，包括 FPGA 或者 CPLD)电路中进行布局、布线和仿真，最终完成电路的设计。设计过程不需要通过状态转换表手工简化、优化状态，大大减轻了设计人员的负担，提高了设计效率。

3) 使用 HDL 语言描述状态机

HDL 语言(Hardware Description Language，硬件描述语言)是进行高级数字电路设计的一种设计语言，可以用来描述数字电路的功能，借助类似 QuartusⅡ这样的 EDA 软件完成电路的设计和仿真，功能强大，可以大大提高电路的设计和仿真的效率，在集成电路设计中广泛应用。目前常用的 HDL 语言主要有 VHDL 语言、Verilog 语言、System Verilog 语言和 System C 语言。

常见的 HDL 语言都可以设计大型复杂的状态机，通过 if 语句描述寄存器，通过 case 语句描述状态转换和输出电路的组合译码电路，最后通过类似 QuartusⅡ这样的 EDA 软件,可以将 HDL 语言描述的电路转变成可编程逻辑器件中的状态机电路。不过在本书中,对 HDL 语言暂且不做深入介绍,大家会在后续的专业课中学习相关内容。

本章主要介绍如何利用状态转换图和状态转换表在 QuartusⅡ软件中设计状态机。

4. 状态机设计原则

1) 状态机设计流程

状态机的设计实际上就是同步时序电路的设计,所以状态机的设计流程与同步时序电路的设计流程几乎相同,主要步骤如下。

(1) 分析设计要求,建立状态转换图和状态转换表。按以下步骤完成分析设计要求,建立原始状态图。

① 理解问题背景,确定电路模型。分析电路的输入条件和输出要求,确定输入变量、输出变量和电路应有的状态数。

② 得到状态机的抽象表达。定义输入、输出状态和每个状态的含义,并对各状态按一定的规律编号。

③ 按设计要求画出电路的状态转换图和状态转换表。

(2) 状态化简。为了使所设计的电路使用尽量少的元件,必须对原始状态进行化简,消除多余的状态,保留有效状态。检查电路中是否存在等价状态,如果存在等价状态,则将其合并。

所谓等价状态,是指如果存在两个或两个以上电路状态,在相同的输入条件下不仅有相同的输出,而且转向同一个次态,则称这些电路状态为等价状态;或者有些情况下,在相同的输入条件下虽然有相同的输出,但是次态却不相同,只要这两个状态互为次态或者这两个状态的次态和各自的现态相同,这两个状态也是等价状态。

(3) 状态编码。状态编码就是为每一个电路状态确定一个代码。为了便于记忆,状态编码一般选用按一定规律变化的二进制编码(在现代数字技术中,触发器的个数与状态数间的关系与传统方法也有很大不同,注意区别),常用的状态编码主要有二进制编码、格雷码、独热码等(具体编码特点在下文介绍),不同编码主要会影响状态译码电路和输出译码电路的复杂度,同时影响电路运行速度和占用资源的数量。

不同的状态编码使用的触发器的个数也不同。如果选用二进制编码,若电路的状态数为 M,则触发器的个数 n 应满足 $n \geqslant \log_2 M$。在中小规模集成电路的设计中,触发器的类型通常可选 D 触发器、T 触发器或者 JK 触发器。但是在可编程逻辑器件(FPGA 或者 CPLD)中,虽然可以通过逻辑变换得到其他触发器,但因为器件内部真正集成的只有 D 触发器,所以只需要使用 D 触发器就可以了,使用其他型号的触发器一样需要耗费更多的资源。

(4) 求出相关触发器的状态方程、驱动方程和电路的输出方程。由状态图或状态转换表列出输出信号及次态的真值表。在此真值表中,将电路的输入信号和触发器的现态作为输入;电路的输出和触发器的次态作为输出;然后根据真值表(或状态转换表)画出相应的卡诺图;最后求出电路的输出方程和状态方程,并根据所选触发器的类型和对应的特性方程求出各触发器的驱动方程。

(5) 画出逻辑电路图并检查电路的自启动能力。根据状态方程、驱动方程和输出方程画出逻辑电路图。检查电路是否具有自启动能力，就是将无效状态代入状态方程依次计算次态，检验电路是否能够进入有效循环。如果不能自动进入有效循环，则应对设计进行修改。有两种解决方法：一种是通过预置的方法，在开始工作时将电路预置成某一个有效状态；另一种是修改设计，使电路能够自启动。

以上设计流程主要是传统手工设计状态机或时序电路的流程，步骤复杂，工作量大。利用现代EDA软件(类似QuartusⅡ)，状态机的设计步骤大大简化，设计者只需要画出状态转换图或者状态转换表，EDA软件可以完成状态化简、状态编码、逻辑化简、布线、仿真等处理，直到生成最终电路，大大提高了设计效率。

2）状态编码原则

状态编码又称状态分配。通常有多种编码方法，编码方案选择得当，设计的电路可以简单；反之，电路会占用过多的逻辑或速度降低。设计时，须综合考虑电路复杂度和电路性能两个因素。

常用的编码有one-hot(独热码)、gray(格雷码)、sequential(循序码，即二进制码)、Johnson、minimal bits。下面主要介绍二进制码、格雷码和独热码。

(1) 二进制码。二进制码就是按照自然二进制顺序排列的编码，所以也称为二进制顺序编码，例如，3位长的二进制编码：000、001、010、011、100、101、110、111。二进制编码的优点是编码位数最少，但从一个状态转换到相邻状态时，可能有多个比特位发生变化，瞬变次数多，易产生毛刺。二进制编码的表示形式比较通用，这里就不再给出。

(2) 格雷码。格雷码在相邻状态的转换中，每次只有1个比特位发生变化，这样可以消除竞争冒险现象，减少输出信号产生毛刺和一些暂态的可能。但如果状态图中有很多分支跳转的情况，那么格雷码也会出现竞争冒险现象，从而不能消除输出信号中的毛刺。表10-1-2给出了十进制数字0～9的格雷码表示形式。

表10-1-2 格雷码表

十进制数字码	格雷码	十进制数字码	格雷码
0	0010	5	1100
1	0110	6	1101
2	0111	7	1111
3	0101	8	1110
4	0100	9	1010

由于在有限状态机中，输出信号经常是通过状态的组合逻辑电路驱动，因此有可能由于状态编码中的各位不同时翻转而产生竞争冒险现象，导致输出信号产生毛刺。如果状态机的所有状态是顺序跳转，则可通过格雷码编码来消除毛刺，但对于时序逻辑状态机中的多分支复杂跳转，格雷编码也不能达到消除毛刺的目的。

(3) 独热码。独热码是指对任意给定的状态，状态向量中只有1位为1，其余位都为0，故而有此称谓。n状态的状态机需要n个触发器。这种状态机的译码逻辑简单，速度快。当状态机的状态增加时，如果使用二进制编码，由于译码逻辑比较复杂，所以状态机速度会明显下降。而采用独热码，虽然多用了触发器，但由于状态译码简单，节省和简化了组合逻辑电路。独热编码还具有设计简单、修改灵活、易于综合和调试等优点。表 10-1-3 给出了十进制数字 0～9 的独热码表示形式。

表 10-1-3　独热码表

十进制数字码	独热码	十进制数字码	独热码
0	000000000	5	000010000
1	000000001	6	000100000
2	000000010	7	001000000
3	000000100	8	010000000
4	000001000	9	100000000

对于寄存器数量多而门逻辑相对缺乏的 FPGA 器件，采用独热编码可以有效提高电路的速度和可靠性，也有利于提高器件资源的利用率。而对于寄存器数量少而门逻辑相对多的 CPLD 器件，适合采用二进制码和格雷码。独热码有很多无效状态，应该确保状态机一旦进入无效状态时，可以立即跳转到确定的已知状态。

3）状态机的容错处理

在状态机设计中，不可避免地会出现大量剩余状态，所谓的容错处理就是对剩余状态进行处理。若不对剩余状态进行合理的处理，状态机可能进入不可预测的状态(毛刺以及外界环境的不确定性所致)，出现短暂失控或者始终无法摆脱剩余状态以至于失去正常功能。因此，状态机中的容错技术是设计人员应该考虑的问题。

当然，对剩余状态的处理要不同程度地耗用逻辑资源，因此设计人员需要在状态机结构、状态编码方式、容错技术及系统的工作速度与资源利用率等诸多方面进行权衡，以得到最佳的状态机。常用的剩余状态处理方法如下。

(1) 转入空闲状态，等待下一个工作任务的到来。

(2) 转入指定的状态，执行特定任务。

(3) 转入预定义的专门处理错误的状态，如预警状态。

(4) 如果使用 EDA 软件设计状态机，可以通过设置 Safe State Machine 选项让 EDA 软件自动处理状态机的容错问题。

任务实施

1. 任务要求

在 TEMI 数字逻辑设计能力认证开发板上设计实现序列信号发生器，要求能够产生周期编码 10011011，并且驱动 8 个 LED 将信号移位显示出来，1s 右移一下。时钟选择 10Hz。

硬件电路引脚配置规则如下。

输入：clk10Hz→GCLK1(P43)。

输出：LED[0]→D2(P21)、LED[1]→D3(P24)、LED[2]→D4(P25)、LED[3]→D5(P26)、LED[4]→D6(P27)、LED[5]→D7(P28)、LED[6]→D8(P29)、LED[7]→D9(P31)。

2. CPLD序列信号发生器的软硬件实操

1）设计任务分析

序列信号发生器需要产生8位数字信号，需要一个信号发生器状态机电路；并且信号要在LED上移位显示出来，需要一个移位寄存器；由于时钟选择10Hz，信号发生器需要1s右移一下，所以还需要一个10分频电路。整个电路的原理图如图10-1-6所示。其中，信号发生器的设计是重点，我们将使用传统手工化简的方法实现。

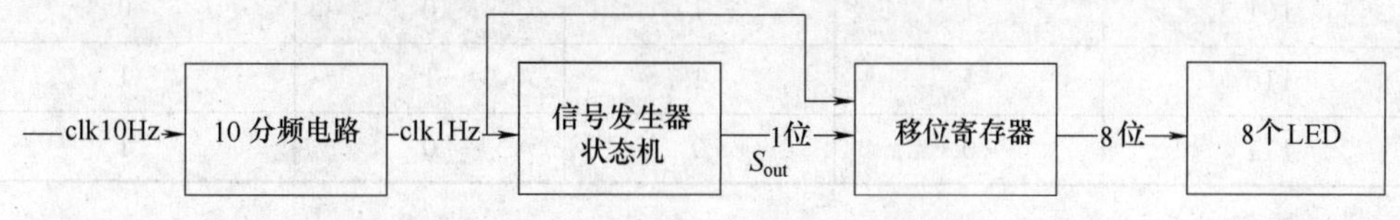

图10-1-6 序列信号发生器原理图

2）信号发生器状态机的设计

(1) 分析设计要求，绘制状态转换图。

信号发生器可以用Moore型状态机设计，需要产生8位数字信号10011011，因此可以设置8个状态(s0～s7)分别对应需要产生的8个比特，每个状态产生一个比特。状态之间顺序转换，只要出现时钟的上升沿，前一个状态就转换到下一个状态，并且转换不需要任何条件。其状态转换图如图10-1-7所示。从状态转换图可知，所有状态的次态都不一样，所以这已经是最简状态图，不需要状态化简。

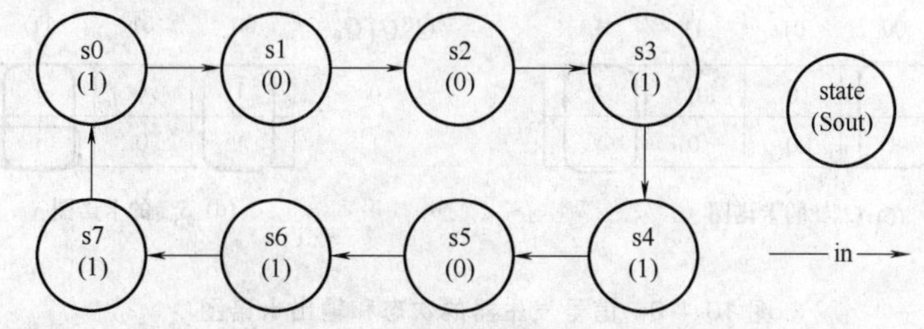

图10-1-7 信号发生器的状态转换图

(2) 状态编码。此状态图中的状态是顺序跳转，没有分支跳转，所以状态码可以使用二进制码或者格雷码。我们使用二进制码，格雷码电路的设计留给大家去完成。

$s_n = Q_2Q_1Q_0$，{s0,s1,s2,s3,s4,s5,s6,s7}={000,001,010,011,100,101,110,111}

可以看到，这时状态机相当于一个二进制计数器，8个计数值相当于8个状态，在每一个状态下对每一个计数值译码就可以得到所需信号S_{out}。

(3) 由状态转换表化简，求解状态方程、驱动方程和电路的输出方程。

首先根据状态转换图写出状态转换表兼真值表，如表10-1-4所示。

表 10-1-4 信号发生器的状态转换表兼真值表

现态 $Q_2^nQ_1^nQ_0^n$	次态 $Q_2^{n+1}Q_1^{n+1}Q_0^{n+1}$			输出 S_{out}
	Q_2^{n+1}	Q_1^{n+1}	Q_0^{n+1}	
000	0	0	1	1
001	0	1	0	0
010	0	1	1	0
011	1	0	0	1
100	1	0	1	1
101	1	1	0	0
110	1	1	1	1
111	0	0	0	1

根据采用器件的不同,电路的实现有两种不同的方法。

方法一:用门电路和D触发器实现电路。

a. 根据状态转换表画出次态卡诺图和输出信号卡诺图,如图 10-1-8 所示。

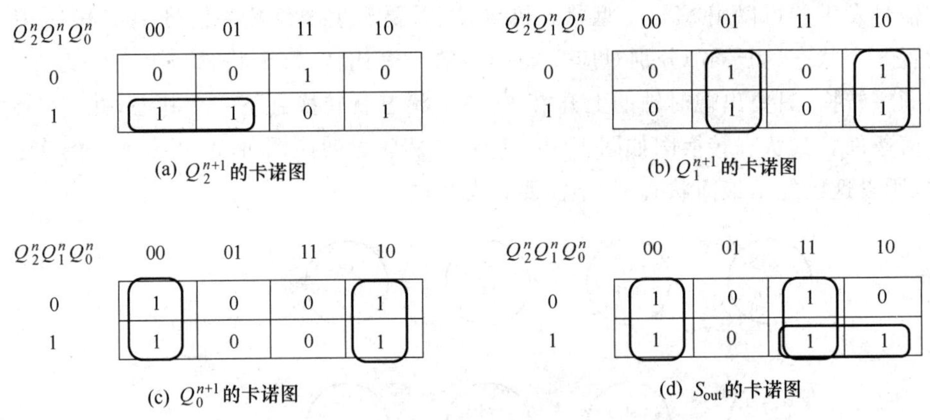

图 10-1-8 信号发生器的次态和输出卡诺图

b. 根据卡诺图求得各触发器的状态方程。

$$Q_2^{n+1}=\overline{Q}_2^nQ_1^nQ_0^n+Q_2^nQ_1^n\overline{Q}_0^n+Q_2^n\overline{Q}_1^n;\ Q_1^{n+1}=\overline{Q}_1^nQ_0^n+Q_1^n\overline{Q}_0^n;\ Q_0^{n+1}=\overline{Q}_0^n$$

c. D触发器的特性方程是 $Q^{n+1}=D$,因此可直接得到各触发器的驱动方程。

$$D_2=\overline{Q}_2^nQ_1^nQ_0^n+Q_2^nQ_1^n\overline{Q}_0^n+Q_2^n\overline{Q}_1^n;\ D_1=\overline{Q}_1^nQ_0^n+Q_1^n\overline{Q}_0^n;\ D_0=\overline{Q}_0^n$$

d. 根据卡诺图可求得输出方程。

$$S_{out}=Q_1^nQ_0^n+\overline{Q}_1^nQ_0^n+Q_2^nQ_1^n$$

根据驱动方程和输出方程可以画出状态机的逻辑图如图 10-1-9 所示。图中 74379 就是一个双边输出公共使能四D触发器。

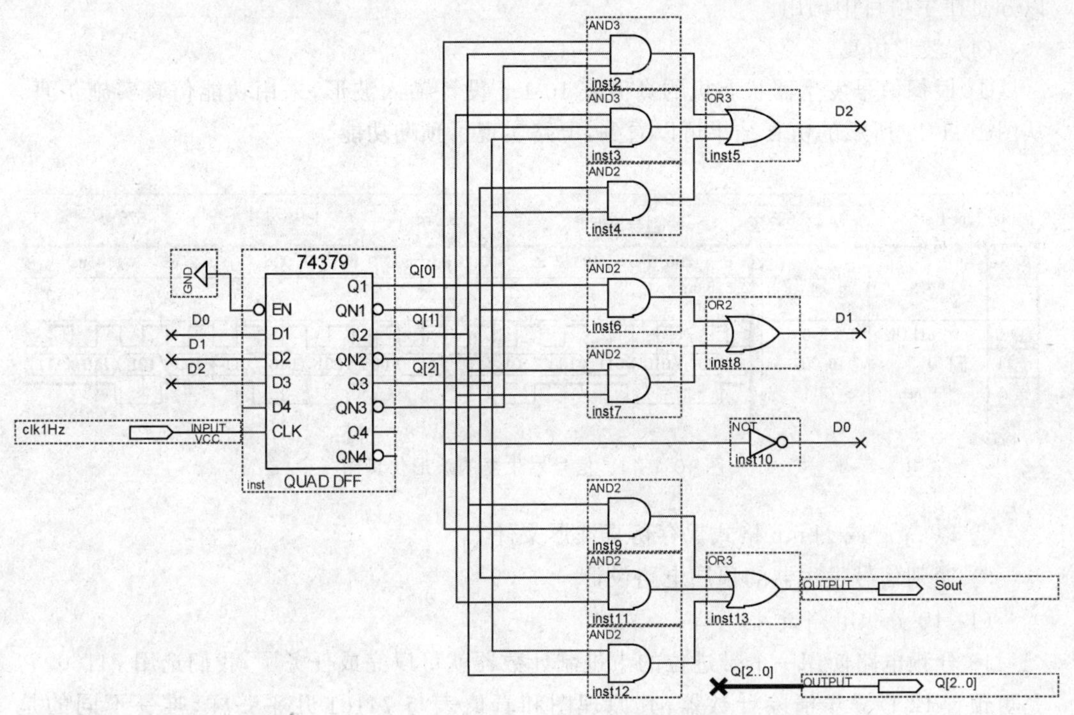

图 10-1-9 信号发生器状态机的原理图 1

方法二：用计数器和译码器实现电路。

在状态编码时，我们发现状态机的状态转换过程实际上就是一个计数器计数的过程，所以可以设计一个 0～7 计数的二进制计数器模拟状态转换并保存状态值，同时通过一个 3-8 线译码器实现对输出信号 S_{out} 的译码，这样可以省去大量卡诺图绘制和逻辑化简的工作，提高效率，同时大大简化电路结构。根据表 10-1-4 选择 3-8 线译码器相关最小项对应的输出，形成输出信号 S_{out}。具体电路图如图 10-1-10 所示。

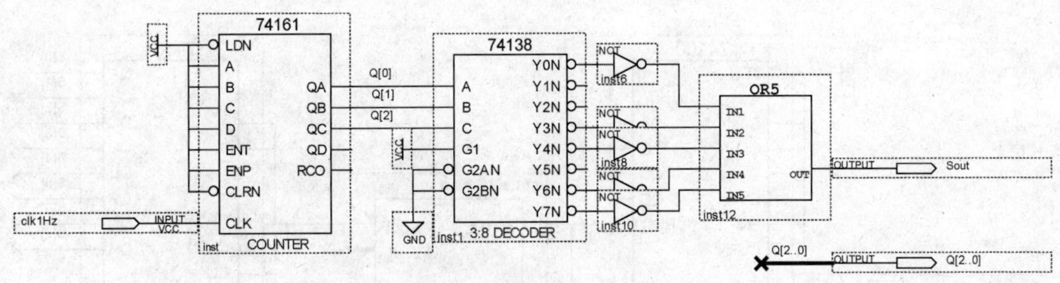

图 10-1-10 信号发生器状态机的原理图 2

计数器选用 74161，是可预置四位二进制异步清零计数器，只使用它的第 3 位；译码器选用 74138(3-8 线译码器)。

保存原理图为文件名 stateMachine. bdf，并创建项目。选择 File→Create/Update→Create Symbol Files for Current File，将状态机的原理图转变成符号文件 stateMachine. bsf，

以方便在主项目中调用。

(4) 波形仿真。

① 根据信号发生器状态机的真值表 10-1-4 设计输入波形,采用功能仿真实施仿真,从图 10-1-11 所示的仿真结果可以看到,电路实现了预期功能。

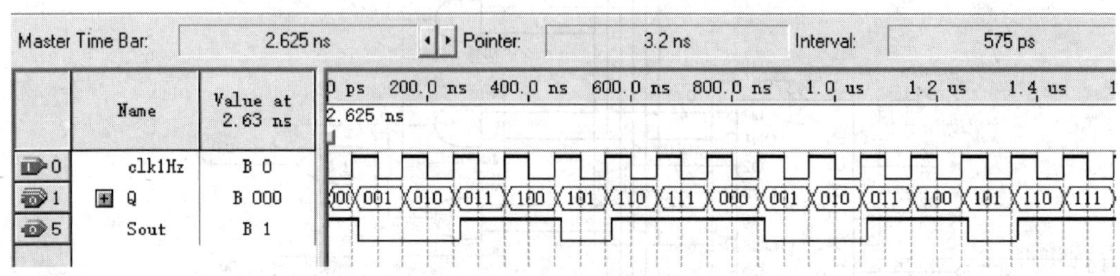

图 10-1-11　信号发生器的波形仿真图

② 以.jpg 或.bmp 格式保存仿真波形文件。

3) 序列信号发生器的顶层电路设计

(1) 10 分频电路设计。

10 分频电路使用一个带进位的十进制计数器就可以完成任务了,我们选用 74160,它是可预置 BCD 异步清除计数器,其原理图和真值表与 74161 几乎一样,唯一不同的是 74160 是十进制计数器,从 0 计数到 9 再返回 0,每当计数到 9,进位信号 RC 输出高电平。

(2) 移位寄存器。

移位寄存器使用 74164,它是一种八位串行输入/并行输出移位寄存器,适合需要。

(3) 组装顶层电路图。

新建一个项目文件夹,并新建一个项目,将前边保存的文件 stateMachine.bdf 和 stateMachine.bsf 复制到新的项目文件夹,新建原理图文件 signalGenerator.bdf,在原理图中调用状态机的模块,并连接 10 分频电路和移位寄存器,组装电路。电路如图 10-1-12 所示。

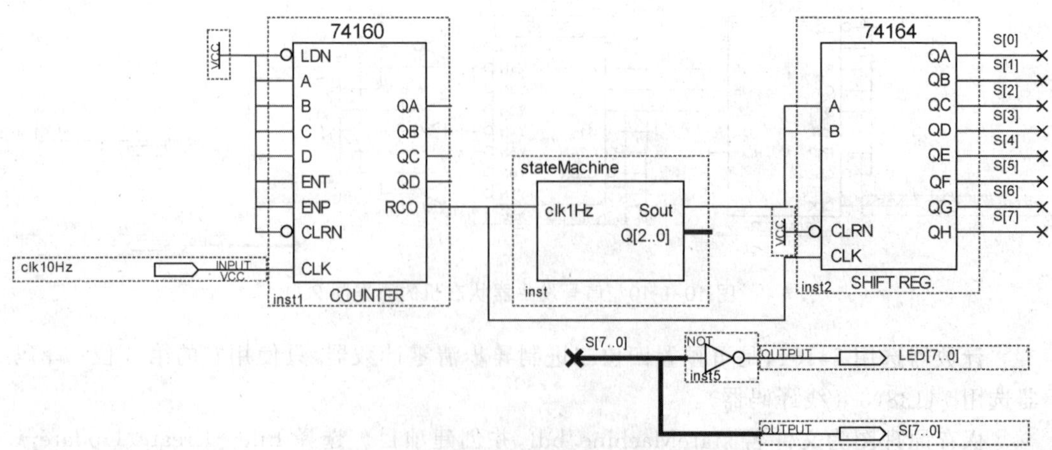

图 10-1-12　序列信号发生器的顶层原理图

选择 File→Create/Update→Create Symbol Files for Current File，将序列信号发生器的原理图转变成符号文件 signalGenerator. bsf，以方便在其他项目中调用。

(4) 波形仿真。

根据序列信号发生器的功能要求设计输入波形，采用功能仿真实施仿真，从图 10-1-13 所示的信号 S 的仿真结果可以看到，电路实现了预期功能。

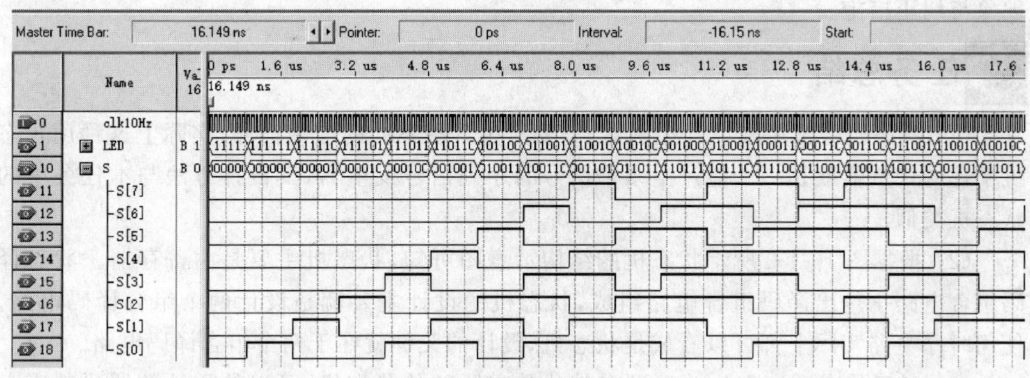

图 10-1-13 序列信号发生器顶层电路的波形仿真图

4) 引脚分配与再编译

(1) 根据序列信号发生器硬件电路引脚配置规则，查询 TEMI 数字逻辑设计能力认证开发板硬件引脚与 CPLD 引脚之间的关系，给序列信号发生器分配目标 CPLD 引脚。

(2) 序列信号发生器的引脚分配完成后重新编译。

5) 配置下载电缆

6) 下载编程文件(. pof)

7) 硬件测试

按表 10-1-5，在 TEMI 数字逻辑设计能力认证开发板进行测试。

表 10-1-5 序列信号发生器测试表

输入：clk10Hz→GCLK1(P43)	输出：LED0 灯 D_2(P21)(低电平驱动)
↑	
↑	
↑	
↑	
↑	
↑	
↑	
↑	
↑	

8) 总结测试结果

归纳硬件测试结果,判断测试结果是否符合设计要求。若不符合要求,找出问题所在,修改电路设计,重新测试,直至测试符合设计要求。

9) 撰写实操小结

总结实操中的收获与不足,归纳实操中遇到的问题以及解决方法,总结实操中的不良现象与纠正措施。

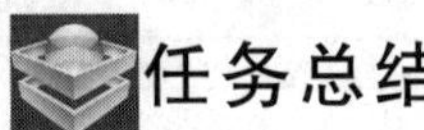

任务总结

(1) 状态机经常用来设计控制器,需要产生各种不同的控制信号,实际上这种用状态机实现的控制器就是一个能产生多个信号的序列信号发生器,其设计方法与本任务中的状态机类似。

(2) 根据图 10-1-2 所示状态机的结构示意图可知,状态机主要是由寄存器+状态译码组合电路+输出译码组合电路组成,状态机的设计主要就是设计两个组合译码电路。任何时序电路实际上都可以看成是状态机,设计的关键就在于两个组合译码电路。

(3) 对于状态顺序变化并且没有其他状态跳转的状态机,可以使用计数器代替寄存器+状态译码组合电路,输出译码组合电路可以使用译码器设计,电路设计简单,工作量小。

(4) 状态机的传统手工设计方法需要手工指定状态编码、进行状态化简和真值表化简,设计复杂,效率低下,没有很好地利用 EDA 软件的强大功能。

(5) 利用 EDA 软件的现代状态机设计方法,设计者只需根据需要解决的问题设计出状态图或状态表,剩余的工作可以完全交给 EDA 软件完成,效率高,工作量小,电路可靠。

在本项目任务 10.2 中,将向读者介绍利用 EDA 软件的现代状态机设计方法。

任务拓展

在 TEMI 数字逻辑设计能力认证开发板上实现序列信号发生器电路功能,其他要求不变,只是状态机编码使用格雷码。

任务 10.2 用状态机编辑器设计状态机

任务说明

本任务主要学习 QuartusⅡ内嵌的状态机编辑器(State Machine Editor)的使用方法,并学习调用状态机向导设计具有复杂转移条件的 Moore 型状态机的方法。

相关知识

QuartusⅡ内嵌的状态机开发工具——状态机编辑器支持以状态转移图作为逻辑设计输入。设计者只要在其中画出状态转移图,设定好状态转移条件和输出信号,状态机编辑器就能自动将状态转移图翻译成 HDL 语言代码，经过综合后生成相关状态机的控制电路。

下面将通过一个设计任务介绍使用状态机编辑器设计状态机的方法。

任务实施

1. 任务要求

在 TEMI 数字逻辑设计能力认证开发板上设计实现序列信号检测器，要求能够检测信号 10011011，当检测到这个信号时，就点亮一盏 LED 灯，如果没有检测到信号，则 LED 灯熄灭。时钟选择 10Hz。

可以使用任务 1 中的序列信号发生器来周期产生信号 10011011，并且驱动 8 个 LED 将信号移位显示出来，1s 右移一下。将序列信号发生器的输出信号连接到序列信号检测器的输入端检测。时钟也是 10Hz。

硬件电路引脚配置规则如下。

输入：clk10Hz→GCLK1(P43)、reset→S3(P16)。

输出：LED[0]→D2(P21)、LED[1]→D3(P24)、LED[2]→D4(P25)、LED[3]→D5(P26)、LED[4]→D6(P27)、LED[5]→D7(P28)、LED[6]→D8(P29)、LED[7]→D9(P31)、detect→D14(P39)。

2. 序列信号检测器的软硬件实操

1）设计任务分析

序列检测器需要正确检测信号 10011011，由于信号是一位一位进入检测器的，所以每检测一位都需要记住当前的检测状态——已经检测到第几位了，并且根据检测到的数据决定状态如何跳转，所以需要使用状态机来实现信号检测器。

由于时钟选择 10Hz，信号发生器的信号每一秒产生一位，所以还需要一个 10 分频电路。整个电路的原理图如图 10-2-1 所示。

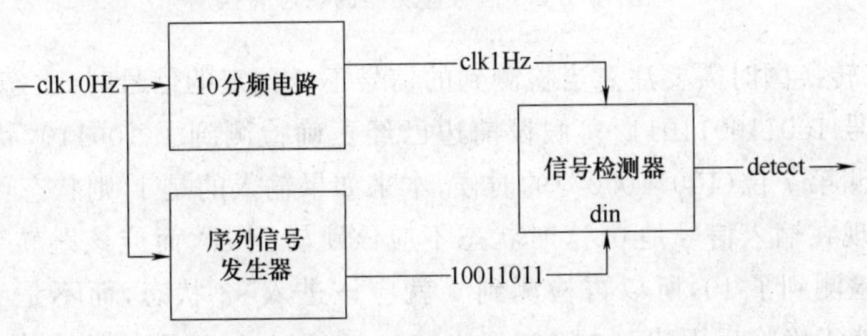

图 10-2-1 序列检测器原理图

2）信号检测器状态机的设计

因为开发板上的 LED 灯是低电平点亮，高电平熄灭，所以 detect＝0 代表点亮，detect＝1 代表熄灭。

根据信号检测器的检测要求，可以设置 9 个状态，{s0，s1，s2，s3，s4，s5，s6，s7，s8}，对应含义如下。

(1) 刚开始没检测到信号的时候状态设为 s0,检测灯熄灭,detect=1。

(2) 已检测到"1"对应状态 s1,检测灯熄灭,detect=1。

(3) 已检测到"10"对应状态 s2,检测灯熄灭,detect=1。

(4) 已检测到"100"对应状态 s3,检测灯熄灭,detect=1。

(5) 已检测到"1001"对应状态 s4,检测灯熄灭,detect=1。

(6) 已检测到"10011"对应状态 s5,检测灯熄灭,detect=1。

(7) 已检测到"100110"对应状态 s6,检测灯熄灭,detect=1。

(8) 已检测到"1001101"对应状态 s7,检测灯熄灭,detect=1。

(9) 已检测到"10011011"对应状态 s8,检测灯点亮,detect=0。

根据信号检测器要求画出状态转换图如图 10-2-2 所示。从状态转换图可知,所有状态的次态都不一样,所以这已经是最简状态图,不需要状态化简。

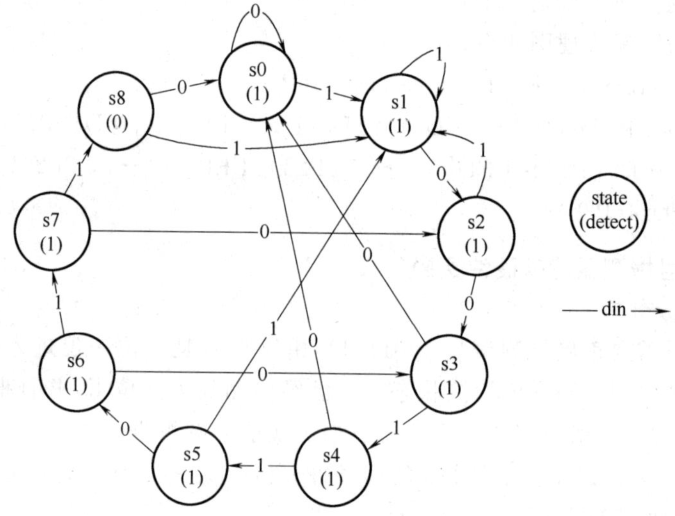

图 10-2-2 信号检测器的状态转换图

在画状态转换图时需要注意当检测到的信号不是预定的信号时,次态应该如何跳转。例如,输入信号 100110011011…,假设前边已经正确检测到了 100110,状态机已经进入 s6 状态,在检测第 7 位(100110"0")的时候,本来如果输入的是 1,则状态可以正常跳转到 s7 状态,但是现在输入信号是 0,这时状态不应该跳转到 s0,而应该跳转到 s3,因为在这位之前,已经检测到了 10,所以再检测到 0 就应该进入 s3 状态,而不是 s0,只有这样处理,状态机才能正确将后面出现的 10011011(1001"10011011")检测出来,而不会受到前边的 1001("1001"10011011)的影响。类似的,在 s1、s2、s5、s6、s7、s8 时都应该这样处理状态跳转的问题。

3) 利用 QuartusⅡ创建状态图

(1) 新建项目文件。

在 QuartusⅡ菜单栏中选择 File→New Project Wizard,创建一个新的项目,在弹出的对话框中输入新建工程所在的文件夹名称、项目名称(signalDetector)和顶层实体名称

(signalDetector),然后单击 Next 按钮,选择目标器件 EPM7064SLC44-10,其他取系统默认设置,完成项目文件的建立。

(2) 新建状态机文件。

在 Quartus Ⅱ菜单栏中选择 File→New,或单击工具栏中的□按钮,在弹出的新建文件对话框中选择 State Machine File,单击 OK 按钮,进入如图 10-2-3 所示的状态机编辑器窗口。

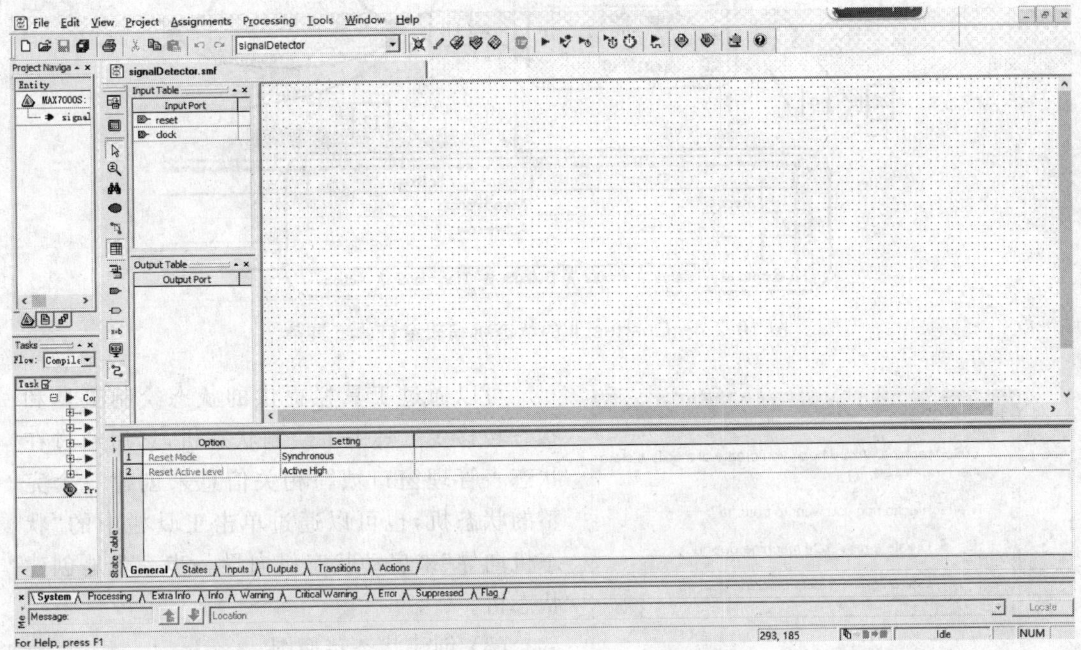

图 10-2-3　Quartus Ⅱ 的状态机编辑窗口

在图 10-2-4 中可以看到,状态机编辑器窗口左侧的工具条和小窗口提供了常用的小工具,作用如下。

① 1 号按钮是状态绘制工具,用来画状态图中的小圆圈。

② 2 号按钮是状态表工具,用来设置是否显示下方的状态表管理窗口。

③ 3 号按钮是状态转移线工具,用来画状态转移的有向线段。

④ 4 号按钮是状态机向导按钮,此按钮作用与 Quartus Ⅱ状态机编辑窗口的菜单 Tools→State Machine Wizard 的作用一致,都可以打开向导对话框设置状态机。

⑤ 5 号按钮是输入端口工具,用来给状态机增加一个输入端口。

⑥ 6 号按钮是输出端口工具,用来给状态机增加一个输出端口。

⑦ 7 号按钮是转化工具,用来将状态机转化为相应 HDL 语言描述的代码。

⑧ 8 号按钮是转移方程工具,用来在状态机的转移线上标注转移条件。

⑨ 9 号按钮是橡皮筋工具,用来实现转移线的自动布线。

⑩ 10 号是输入端口窗口,用来管理所有的输入端口,可以添加、删除输入端口。

⑪ 11 号是输出端口窗口,用来管理所有的输出端口,可以添加、删除输出端口。

⑫ 12 号是状态表管理窗口,用来管理状态机的所有特性。

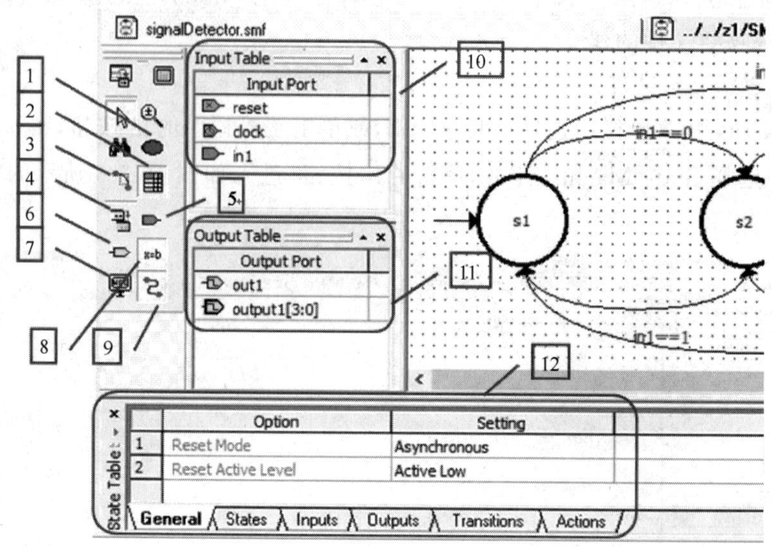

图 10-2-4 Quartus Ⅱ的状态机编辑窗口的工具条

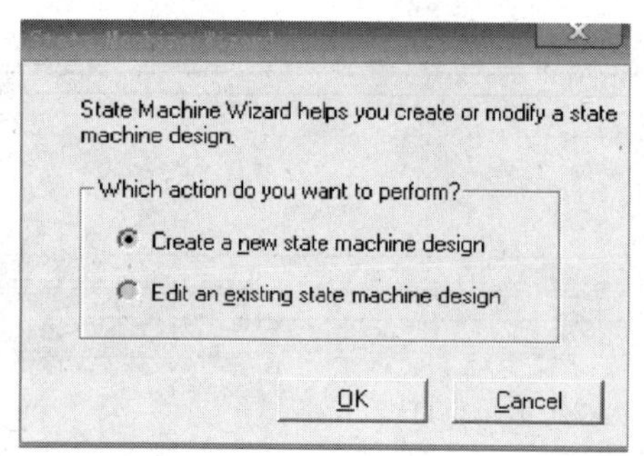

图 10-2-5 状态机创建向导选择对话框

可以通过工具栏提供的状态绘制工具和状态转移线工具手工绘制状态机,然后通过在状态表管理窗口填写相关信息来创建一个完整的状态机,也可以通过单击工具栏中的“状态机向导”来启动状态机向导一步一步地创建状态机。

(3) 创建状态转换图。

在 Quartus Ⅱ状态机编辑窗口的菜单栏中选择 Tools→State Machine Wizard,弹出如图 10-2-5 所示的状态机创建向导选择对话框。在该对话框中选择 Create a new state machine design,单击 OK 按钮,进入如图 10-2-6 所示的状态机向导 4 步中的步骤 1 对话框。

① 状态机向导步骤 1:常规设置。

在图 10-2-6 所示对话框中,选择复位 Reset 信号模式:同步(Synchronous)复位或者异步(Asynchronous)复位。

同步复位是指当复位端口出现有效电平后,必须等到下一个时钟上升沿(有时状态机也可以是下降沿工作)出现时,才执行复位动作,复位动作是与时钟上升沿同时出现的,所以称作同步复位。同步复位稳定可靠,不容易受到干扰影响,但是同步复位必须有时钟边沿出现才能复位,有时当电路设计有问题导致陷入死循环时,希望通过复位将电路恢复初始态,但是如果时钟电路也出现问题,没有时钟上升沿出现,这时同步复位就无法工作,所以从复位信号的“救急”性质来看,同步复位有时并不可靠。

异步复位是指当复位端口出现有效电平后,不管有没有时钟上升沿出现,也不管电路是什么状态,会立即执行复位动作,复位动作跟时钟上升沿不相关,所以称作异步复位。异步

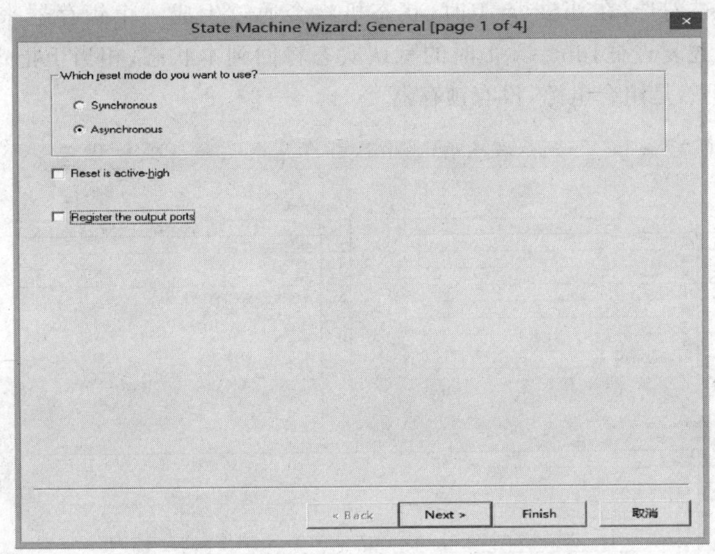

图 10-2-6 状态机向导步骤 1（常规设置）

复位容易受到干扰影响，一个小小的毛刺就会让异步复位电路意外复位，但是当电路掉入“陷阱”不能工作时，异步复位可以将电路立即恢复初始态，所以，从复位的功能来说，异步复位更保险。异步复位易受干扰的问题可以通过改进电路设计来解决，并且因为刚加电时，电路各处信号往往多是 0，所以异步复位信号多设置为低电平复位。

该序列检测器设计选择异步复位；“复位信号 Reset 高电平有效（Reset is active-high）”的复选框和“寄存输出端口（Register the output ports）”保持不选中状态。

Register the output ports 如果打钩，会在输出端口前加一级 D 触发器，输出信号会被寄存一下后再输出，好处是可以消除竞争冒险现象带来的毛刺，并可以提高电路的最高工作频率，坏处是信号输出时间会延迟一个时钟周期。此项保持不选中状态。

最后，单击 Next 按钮，进入状态机向导步骤 2 对话框，如图 10-2-7 所示。

② 状态机向导步骤 2：状态转换。

在图 10-2-7 所示的状态转换对话框中，在 States 栏中输入 10011011 序列检测器的状态名称 s0、s1、…、s8，在 Input ports 栏中输入该检测器状态机的输入时钟信号 clock、复位信号 reset 以及串行数据输入信号 din。在 State transitions（状态转换）栏中依据该序列检测器设计的状态图 10-2-2 依次输入各种状态转换条件。

对话框最下边有一个复选框 Transition to source state if not all transition conditions are specified，作用是如果没有将一个状态的所有转移条件指定出来，那么默认的次态将转向本状态。一般应该勾选，可以防止生成锁存器。

输入条件时要注意一点，因为序列信号检测器是根据输入信号 din 的取值决定每一个状态的转移的，din 取值只有 0 或者 1，所以每个状态的次态（Destination State）都有两个，需要输入两行。例如，假设当前状态是 s2，如果只输入 din==0 的转移条件并指定了次态是 s3，而没有输入 din==1 的转移条件和次态，就会导致 din==1 时的次态不明确。这时如果复选框 Transition to source state if not all transition conditions are specified 没有被勾选,在 din==1 时,状态机将会通过生成一个锁存器来保持该状态。如果勾选了上述复选框,din==1 时的默认次态将回到本状态,相当于指定 din==1 时 s2→s2,电路仍然是组合电路,没有锁存器。

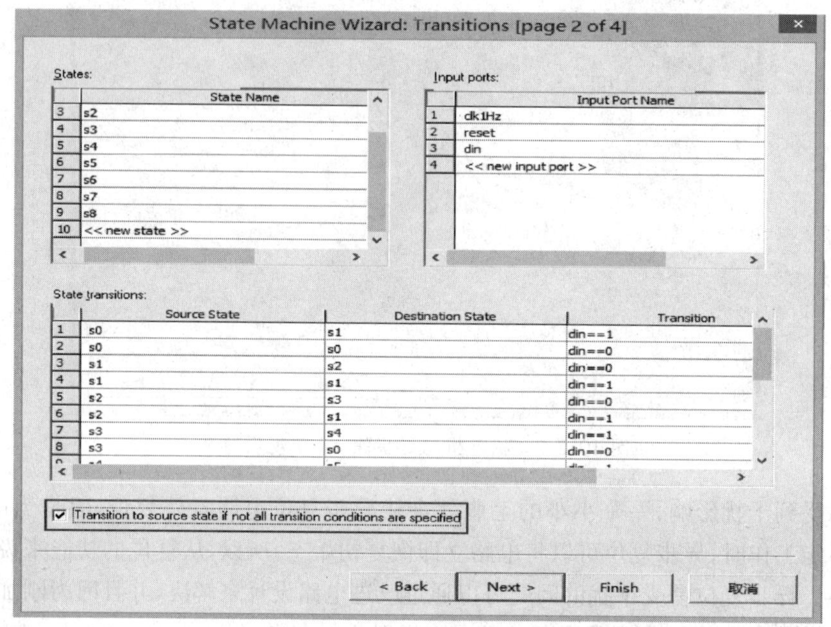

图 10-2-7　状态机向导步骤 2(状态转换)

设置完后单击 Next 按钮,进入状态机向导步骤 3 的对话框,如图 10-2-8 所示。

③ 状态机向导步骤 3:动作设置。

动作设置实际上就是设置在每一个状态下输出信号的取值。在图 10-2-8 所示对话框中,在 Output ports 栏下的 Output Port Name 中输入该序列检测器设计的输出信号 detect,detect=1 代表不亮灯,detect=0 代表亮灯。在 Output State 栏中选择 Current clock cycle; 在 Action condition 栏中输入在各个状态下输出信号 detect 的取值以及附加条件。有 9 个状态,所以需要输入 9 行。由于状态机是 Moore 型状态机,所以在附加条件(Addition Conditions)中不需要设置任何条件。

设置完后单击 Next 按钮,进入如图 10-2-9 所示的状态机向导步骤 4。

④ 状态机向导步骤 4:总结。

在图 10-2-9 所示对话框中显示出状态机设置的总体情况。单击 Finish 按钮,关闭状态机向导,生成所需的状态机,默认情况下 QuartusⅡ会将所有状态排成一排,为了美观,可将该状态机的各状态位置做适当调整(当然也可以不调整),得到所需的状态图,如图 10-2-10 所示。

(4) 保存文件。

单击菜单栏中的 ▣ 按钮,在弹出的"另存为"对话框中默认该设计文件为 signalDetector.smf,选中 Add file to current project,单击"保存"按钮,完成文件保存。

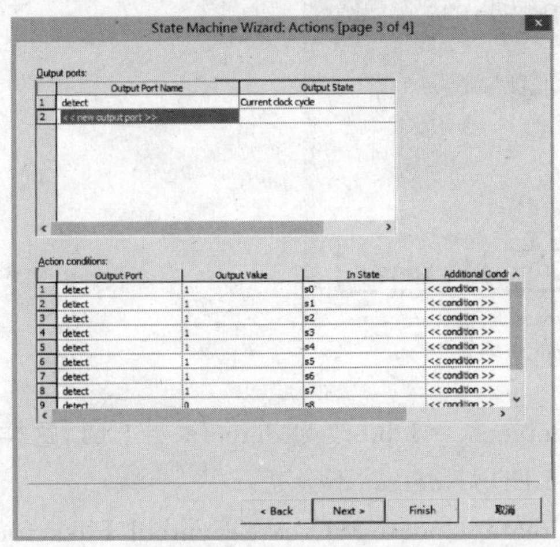

图 10-2-8　状态机向导步骤 3（动作设置）

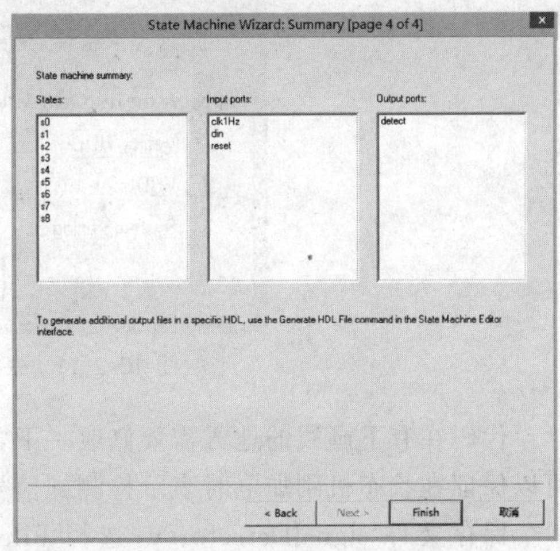

图 10-2-9　状态机向导步骤 4（总结）

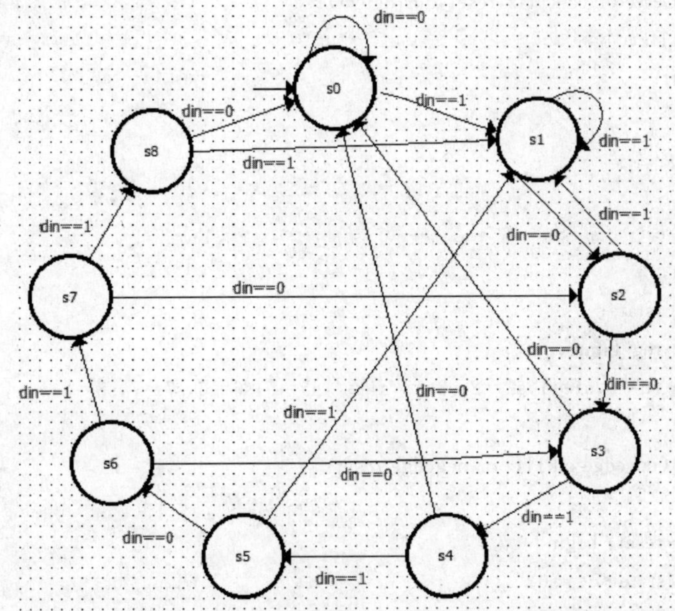

图 10-2-10　利用状态机向导完成的状态图

（5）生成对应的 HDL 文件。

选择 Tool→Generate HDL File，如图 10-2-11 所示，在弹出的对话框中选择产生程序代码 HDL 语言的种类，选择 Verilog HDL，单击 OK 按钮，则自动生成对应的与状态机文件名相同的 Verilog 文本文件 signalDetector. v，并在文本编辑窗口中打开该状态机的 Verilog 代码。

Verilog 语言语法类似 C 语言，代码含义不难理解，实际上生成的代码忠实地描述了整个状态机的转移条件和输出条件。

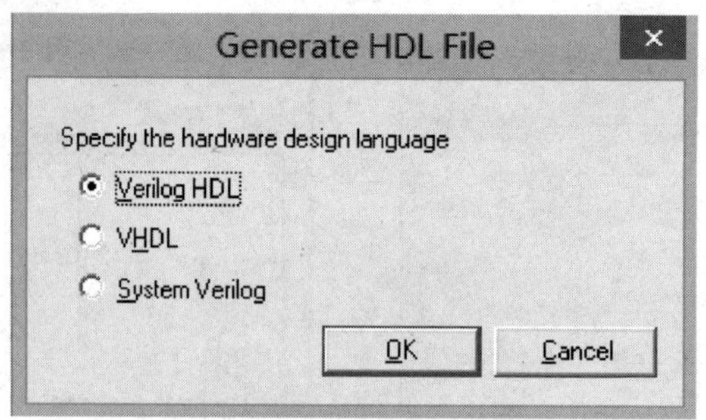

图 10-2-11 生成 HDL 文件对话框

代码在有下画线的地方需要修改一下,将 detect<=1'b0 改为 detect<=1'b1,这样可以保证在状态机刚加电时表示检测到信号的 LED 灯 detect 不会亮。

保存文件 signalDetector.v,选择 File→Create/Update→Create Symbol Files for Current File,将序列信号检测器的原理图转变成符号文件 signalDetector.bsf,以方便在主项目中调用。

```
module signalDetector (clk1Hz,reset,din,detect);
    input clk1Hz;
    input reset;
    input din;
    tri0 reset;
    tri0 din;
    output detect;
    reg detect;
    reg [8:0] fstate;
    reg [8:0] reg_fstate;
    parameter s0=0,s1=1,s2=2,s3=3,s4=4,s5=5,s6=6,s7=7,s8=8;

    always @(posedge clk1Hz or negedge reset)
    begin
        if (~reset) begin
            fstate <= s0;
        end
        else begin
            fstate <= reg_fstate;
        end
    end

    always @(fstate or din)
    begin
detect <= 1'b1;                                    //改为: detect <= 1'b1
        case (fstate)
```

```
s0: begin
    if ((din == 1'b1))
        reg_fstate <= s1;
    else if ((din == 1'b0))
        reg_fstate <= s0;
    //Inserting 'else' block to prevent latch inference
    else
        reg_fstate <= s0;
    detect <= 1'b1;
end
s1: begin
    if ((din == 1'b0))
        reg_fstate <= s2;
    else if ((din == 1'b1))
        reg_fstate <= s1;
    //Inserting 'else' block to prevent latch inference
    else
        reg_fstate <= s1;
    detect <= 1'b1;
end
s2: begin
    if ((din == 1'b0))
        reg_fstate <= s3;
    else if ((din == 1'b1))
        reg_fstate <= s1;
    //Inserting 'else' block to prevent latch inference
    else
        reg_fstate <= s2;
    detect <= 1'b1;
end
s3: begin
    if ((din == 1'b1))
        reg_fstate <= s4;
    else if ((din == 1'b0))
        reg_fstate <= s0;
    //Inserting 'else' block to prevent latch inference
    else
        reg_fstate <= s3;
    detect <= 1'b1;
end
s4: begin
    if ((din == 1'b1))
```

```
                reg_fstate <= s5;
            else if ((din == 1'b0))
                reg_fstate <= s0;
            //Inserting 'else' block to prevent latch inference
            else
                reg_fstate <= s4;
            detect <= 1'b1;
        end
        s5: begin
            if ((din == 1'b0))
                reg_fstate <= s6;
            else if ((din == 1'b1))
                reg_fstate <= s1;
            //Inserting 'else' block to prevent latch inference
            else
                reg_fstate <= s5;
            detect <= 1'b1;
        end
        s6: begin
            if ((din == 1'b1))
                reg_fstate <= s7;
            else if ((din == 1'b0))
                reg_fstate <= s3;
            //Inserting 'else' block to prevent latch inference
            else
                reg_fstate <= s6;
            detect <= 1'b1;
        end
        s7: begin
            if ((din == 1'b1))
                reg_fstate <= s8;
            else if ((din == 1'b0))
                reg_fstate <= s2;
            //Inserting 'else' block to prevent latch inference
            else
                reg_fstate <= s7;
            detect <= 1'b1;
        end
        s8: begin
            if ((din == 1'b0))
```

```
                reg_fstate <= s0;
            else if ((din == 1'b1))
                reg_fstate <= s1;
            //Inserting 'else' block to prevent latch inference
            else
                reg_fstate <= s8;
            detect <= 1'b0;
        end
        default: begin
            detect <= 1'b1;//将 detect<=1'bx;改为 detect<=1'b1;
            $display ("Reach undefined state");
        end
    endcase
  end
endmodule        //signalDetector
```

（6）将 Verilog 程序加入项目。

QuartusⅡ不能直接将状态图转化成对应的电路，必须借助 HDL 编写的程序才能最终转化成电路，所以需要将刚才生成的 Verilog 程序 signalDetector. v 加入项目中，并且设置成项目顶层文件。选择 Assignments→Settings，打开如图 10-2-12 所示的设置对话框，选择 Files 类，单击 Add All 按钮将文件 signalDetector. v 加入项目中。

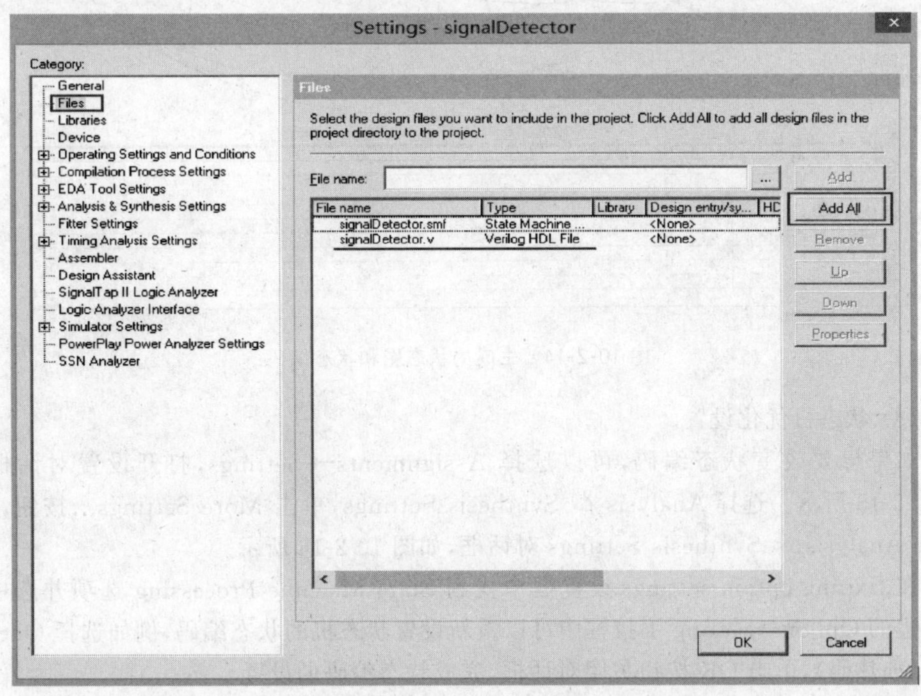

图 10-2-12 Settings-signalDetector 对话框中的 Files 类

(7) 编译综合出电路。

编译综合出电路，选择 Tools→Netlist Viewer→RTL Viewer，可以查看生成的电路，如图 10-2-13 所示。

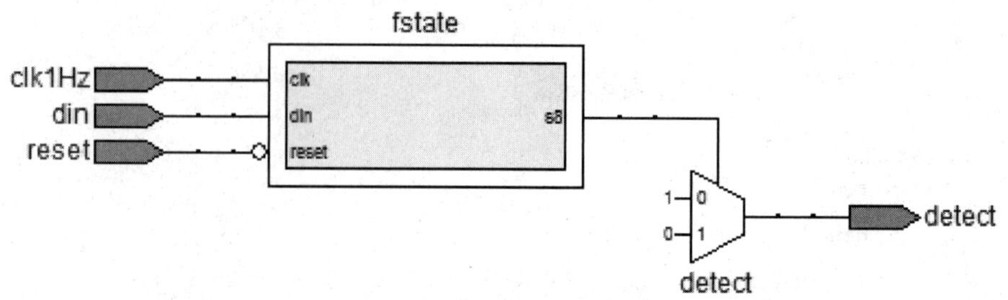

图 10-2-13 生成的电路图 (RTL Viewer)

双击状态机模块(fstate 模块)，可以打开状态机查看，上面是状态图，下面是状态转换条件和状态编码，如图 10-2-14 所示。可以看到，系统自动为状态机指定了编码。

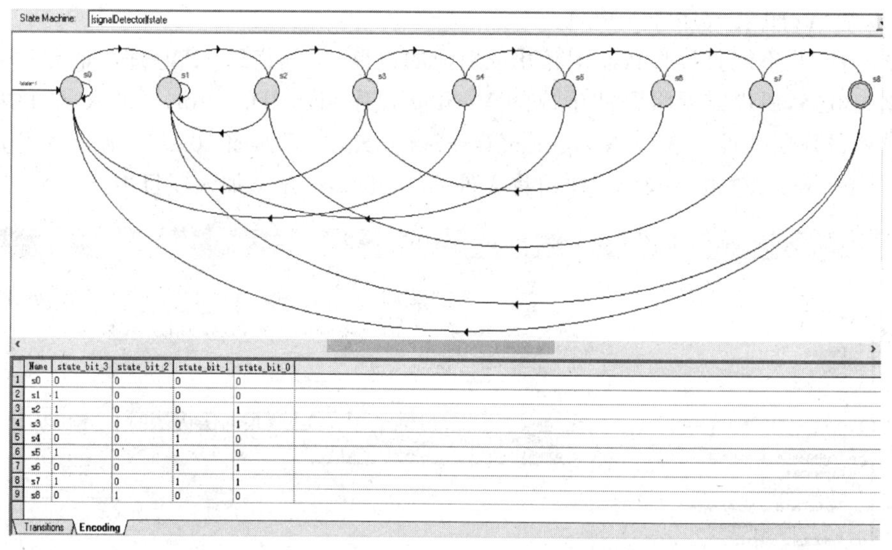

	Name	state_bit_3	state_bit_2	state_bit_1	state_bit_0
1	s0	0	0	0	0
2	s1	1	0	0	0
3	s2	1	0	0	1
4	s3	0	0	0	1
5	s4	0	0	1	0
6	s5	1	0	1	0
7	s6	0	0	1	1
8	s7	1	0	1	1
9	s8	0	1	0	0

图 10-2-14 生成的状态图和状态编码

(8) 状态机优化设置。

如果想要改变状态编码，可以选择 Assignments→Settings，打开设置对话框，如图 10-2-15 所示。选择 Analysis & Synthesis Settings，单击 More Settings...按钮，打开 More Analysis & Synthesis Settings 对话框，如图 10-2-16 所示。

在 Exiting option settings 设置框中找到 State Machine Processing 选项并选中它，在上边的 Option→Setting 下拉框中可以重新设置状态机的状态编码，例如选择 One-Hot 编码(独热码)，单击 OK 按钮关闭对话框，完成状态编码的设置。

回到 Quartus Ⅱ主界面，重新编译状态机，选择 Tools→Netlist Viewer→State Machine

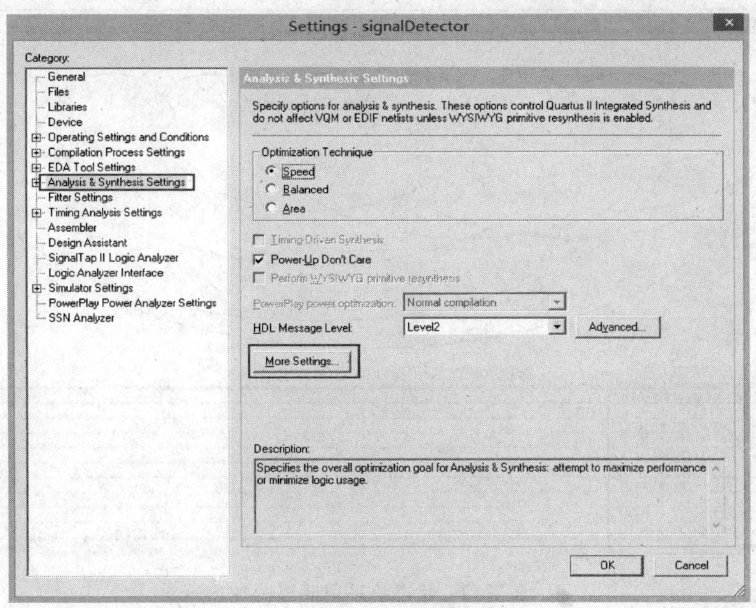

图 10-2-15　Settings-signalDetector 对话框

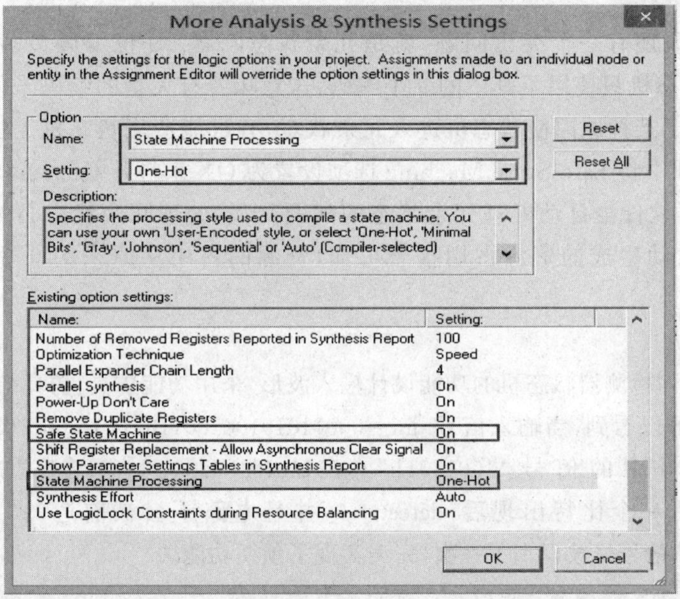

图 10-2-16　More Analysis & Synthesis Settings 对话框

Viewer，可以直接查看生成的状态机编码，如图 10-2-17 所示。可以看到，通过设定，系统为状态机指定了独热码，不过这是一种改进的独热码。

采用独热码的状态机运行速度较快，但是独热码占用编码位数也较多，因为状态机共有 9 个状态，所以独热码长度也为 9 位，每一位需要一个触发器保存，一共使用了 9 个触发器，消耗资源较多。如果要比较使用系统默认编码和使用独热码的资源占用差别，可以

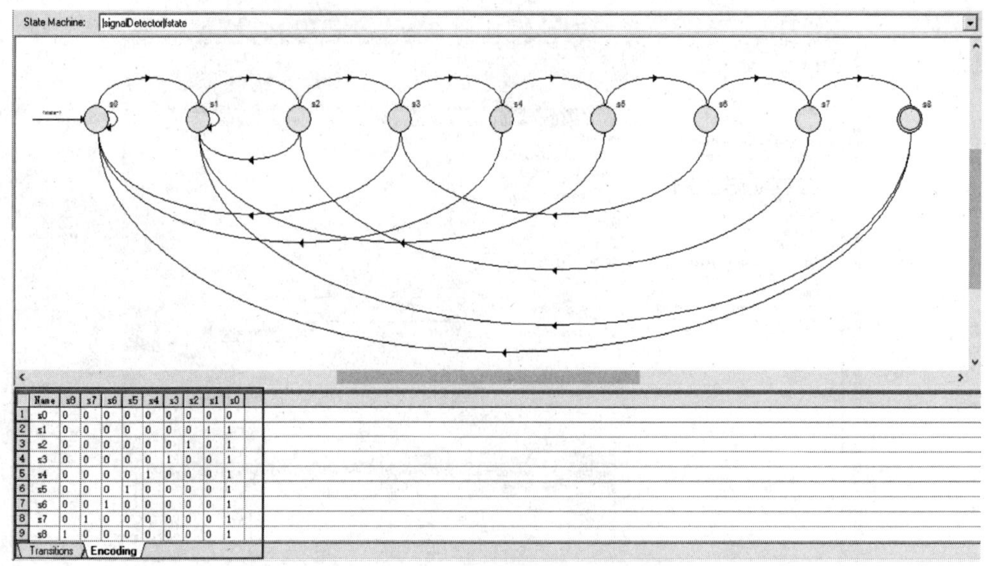

	Name	s8	s7	s6	s5	s4	s3	s2	s1	s0
1	s0	0	0	0	0	0	0	0	0	0
2	s1	0	0	0	0	0	0	0	1	1
3	s2	0	0	0	0	0	0	1	0	1
4	s3	0	0	0	0	0	1	0	0	1
5	s4	0	0	0	0	1	0	0	0	1
6	s5	0	0	0	1	0	0	0	0	1
7	s6	0	0	1	0	0	0	0	0	1
8	s7	0	1	0	0	0	0	0	0	1
9	s8	1	0	0	0	0	0	0	0	1

图 10-2-17 状态机采用改进的独热码

查看系统自动生成的资源占用报告，发现资源的占用从原来 5 个宏单元变成了 9 个宏单元。

采用独热码还有一个突出问题，就是冗余状态问题。9 位编码最多可以表示 $2^9=512$ 种状态，状态机只使用了其中的 9 个编码，这意味着有大量的编码未使用，成为“冗余状态”，一旦由于某种原因使状态机进入冗余状态，有可能造成状态机无法正常工作。可以在图 10-2-16 中将 Safe State Machine 选项设置为 OX 来打开 QuartusⅡ软件的安全状态机功能，这样软件会自动处理冗余状态的问题，当然处理冗余状态必然要耗费硬件资源，查看系统自动生成的资源占用报告可知，资源的占用从原来的 9 个宏单元变成了 11 个宏单元。

(9) 波形仿真。

① 根据序列检测器状态机的功能设计输入波形，采用功能仿真，仿真结果如图 10-2-18 所示。从图中可以看到，当输入信号 din＝000110101001001100110110011011100…时，电路可以识别信号中的信号“10011011”(000110101001001“10011011”0011011100)，在“10011011”最后一个比特出现后，detect＝0，并且电路不会被前边的“1001”和后边的“0011011”干扰，信号只被识别了一次，完美实现了预期功能。

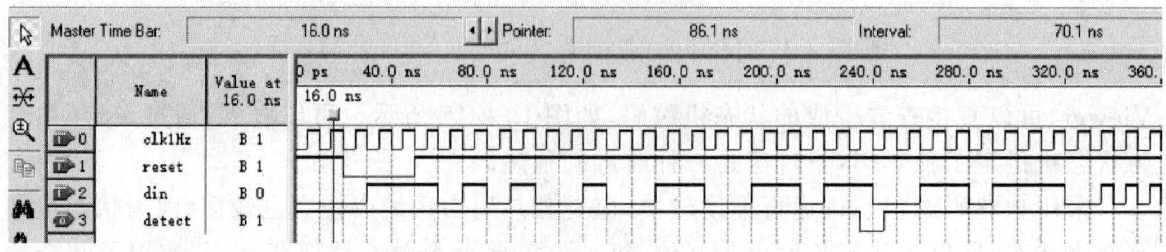

图 10-2-18 序列检测器的波形仿真图

② 以.jpg 或.bmp 格式保存仿真波形文件。

③ 下载硬件验证,观察实验结果并记录实验数据。

④ 实验数据记录:波形图、波形仿真参数设置、波形说明。

4) 序列信号检测器的顶层测试电路设计

新建一个项目文件夹,并新建一个项目,将任务 10.1 中保存的文件 stateMachine.bdf、stateMachine.bsf、signalGenerator.bdf 和 signalGenerator.bsf 复制到新的项目文件夹,将本任务前面保存的文件 signalDetector.v 和 signalDetector.bs 也复制到新的项目文件夹,新建原理图文件 signalDetectorTest.bdf,在原理图中调用信号发生器的模块,并连接 10 分频电路,10 分频电路使用与任务 10.1 一样的 74160 分频电路,组装电路。电路如图 10-2-19 所示。

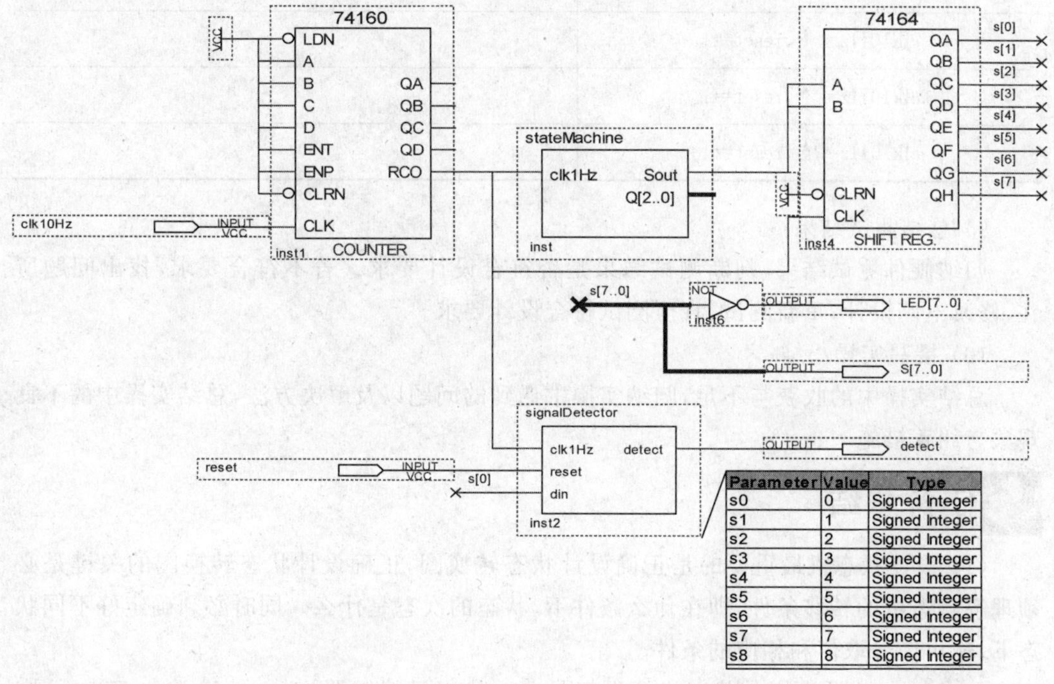

Parameter	Value	Type
s0	0	Signed Integer
s1	1	Signed Integer
s2	2	Signed Integer
s3	3	Signed Integer
s4	4	Signed Integer
s5	5	Signed Integer
s6	6	Signed Integer
s7	7	Signed Integer
s8	8	Signed Integer

图 10-2-19 序列检测器的测试电路图

5) 引脚分配与再编译

(1) 根据序列信号发生器硬件电路引脚配置规则,查询 TEMI 数字逻辑设计能力认证开发板硬件引脚与 CPLD 引脚之间的关系,给序列信号发生器分配目标 CPLD 引脚。

(2) 序列信号发生器的引脚分配完成后,重新编译。

6) 配置下载电缆

7) 下载编程文件(.pof)

8) 硬件测试

按表 10-2-1,在 TEMI 数字逻辑设计能力认证开发板进行测试。

表 10-2-1 序列信号检测器测试表

输入：clk10Hz→GCLK1(P43)、reset→s3(P16)	输出：detect 灯 D14(P39)(低电平驱动)
clk10Hz=↑,reset=0	
clk10Hz=↑,reset=1	
clk10Hz=↑,reset=1	
clk10Hz=↑,reset=1	
clk10Hz=↑,reset=1	
clk10Hz=↑,reset=1	
clk10Hz=↑,reset=1	
clk10Hz=↑,reset=1	
clk10Hz=↑,reset=1	

9) 总结测试结果

归纳硬件测试结果,判断测试结果是否符合设计要求。若不符合要求,找出问题所在,修改电路设计,重新测试,直至测试符合设计要求。

10) 撰写实操小结

总结实操中的收获与不足,归纳实操中遇到的问题以及解决方法,总结实操中的不良现象与纠正措施。

任务总结

(1) 设计状态机最重要的是正确设计状态转换图,正确设计状态转换图的关键是必须理解状态机的转移条件,即在什么条件下,状态的次态是什么。同时必须确定好不同状态下,输出信号取值和相应的条件。

(2) QuartusⅡ内嵌的状态机开发工具——状态机编辑器(State Machine Editor)支持以状态图作为逻辑设计输入。设计者只要在其中画出状态转移图,设定好状态转移条件和输出信号,状态机编辑器就能自动将状态转移图翻译成 HDL 语言代码,经过综合后生成相关状态机的控制电路。

(3) 通过状态机编辑器设计状态机时,不需要指定状态编码,不需要化简,设计过程简单,效率高,充分利用了 EDA 软件的强大功能。

(4) 如果想要改变状态编码,可以在 Assignments→Settings→More Settings 中修改状态机编码,常用的编码有 one-hot(独热码)、gray(格雷码)、sequential(循序码,即二进制码)、Johnson、minimal bits。

(5) 使用独热码时,状态冗余问题很严重,解决的方法是在 Assignments→Settings→More Settings 中将 Safe State Machine 选项设置为 On。

任务拓展

在 TEMI 数字逻辑设计能力认证开发板上实现序列信号检测器电路功能,其他要求不变,状态机编码使用独热码;并且请思考不同的编码对电路有什么不同影响。

任务 10.3 Moore 型状态机实例——步进电动机控制器的设计

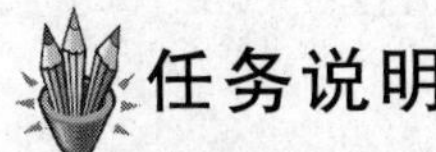

任务说明

本任务主要学习利用 QuartusⅡ内嵌的状态机编辑器(State Machine Editor)手工设计 Moore 型状态机的方法。

相关知识

步进电动机的工作原理如下。

步进电动机作为一种电脉冲-角位移的转换元件,由于具有价格低廉、易于控制、无积累误差和计算机接口方便等优点,在机械、仪表、工业控制等领域中获得了广泛应用。采用 PLD 控制步进电动机十分常用,也十分方便。利用 FPGA 或 CPLD 能同步产生多路控制脉冲,对多相步进电动机进行灵活控制。步进电动机的控制驱动是靠给步进电动机的各相励磁绕组轮流通以电流,实现步进电动机内部磁场合成方向的变化来使步进电动机转动的。设步进电动机有 A、B、C、D 四相励磁绕组,如图 10-3-1 所示,当同时有 4 个如图 10-3-2 所示的控制脉冲进入步进电动机时,使之产生旋转磁场,为步进电动机提供旋转动力。当步进电动机的 A、B、C、D 四相轮流通电时,其内部磁场的驱动方向就是 A→B→C→D→A,即磁场产生了旋转。当步进电动机的内部磁场变化一周(360°)时,电动机的转子转过一个齿距。反之,如果驱动次序变为 D→C→B→A→D,则步进电动机可以反向旋转。

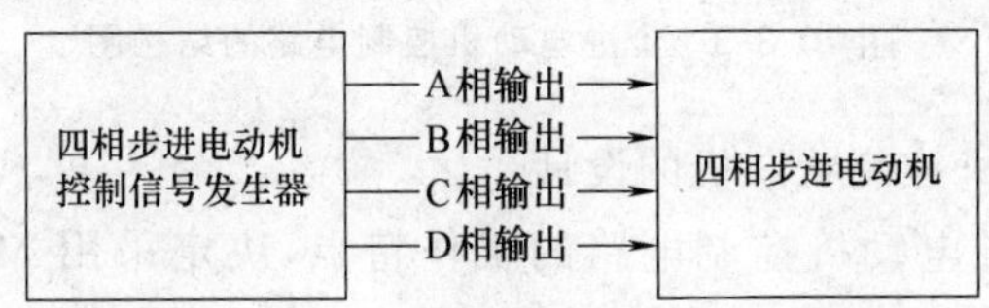

图 10-3-1 步进电动机控制原理图

现在的问题就是设置一个时序电路,能够同步生成如图 10-3-2 所示的阶梯状脉冲信号,当此脉冲信号以 A 相最先出现,其他各相依次出现,就能使电动机下一个方向连续旋转;反之,则反向旋转。

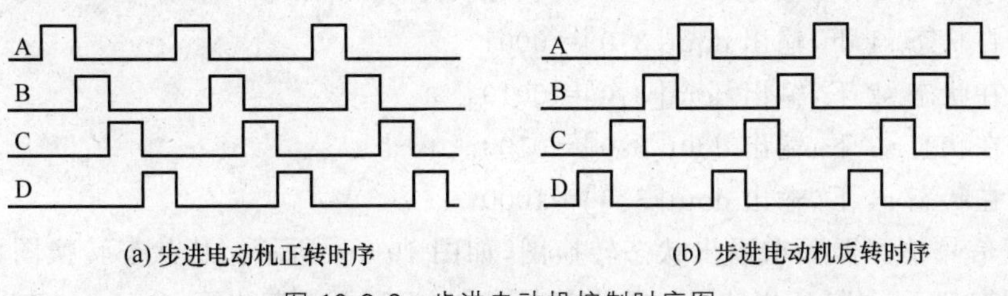

图 10-3-2 步进电动机控制时序图

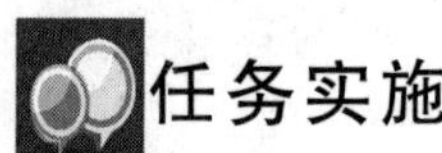

任务实施

1. 任务要求

在 TEMI 数字逻辑设计能力认证开发板上设计实现双向四相步进电动机控制电路，要求能够通过一个方向选择信号 dirSel 控制步进电动机正转或反转，“0”表示正转，“1”表示反转，同时使用一盏 LED 灯显示正转或反转的状态。4 个相位的输出信号 dout[3:0] 分别驱动 4 个 LED 灯，将信号变化显示出来，1s 变化一次，时钟选择 10Hz。

硬件电路引脚配置规则如下。

输入：clk10Hz→GCLK1(P43)、reset→S3(P16)、dirSel→S7.1(P4)。

输出：dout[0]→D2(P21)、dout[1]→D3(P24)、dout[2]→D4(P25)、dout[3]→D5(P26)、dirSelOut→D14(P39)。

2. 双向四相步进电动机控制电路的软硬件实操

1）设计任务分析

根据任务要求分析可知，整个电路需要两个模块，一个是 10 分频电路，用来产生 1Hz 的时钟信号，另一个是双向四相步进电动机的控制电路。整个电路结构如图 10-3-3 所示。

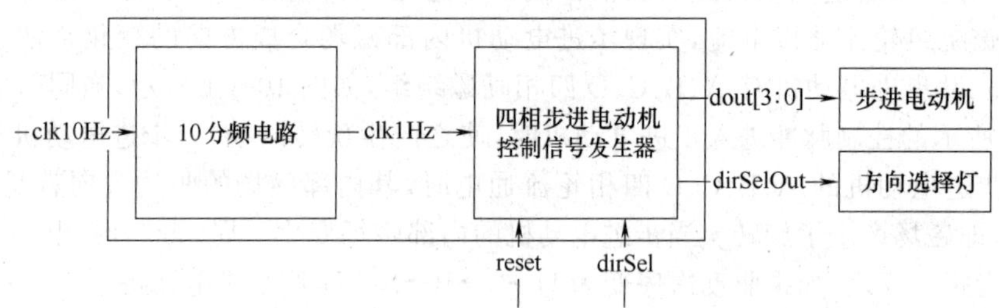

图 10-3-3 步进电动机控制电路的结构图

2）四相步进电动机控制状态机的设计

根据双向四相步进电动机控制电路的工作特点，决定采用 Moore 型状态机设计电路。根据任务要求，步进电动机正转时是 4 个状态循环，反转也是 4 个状态循环，所以可以设置 4 个状态，通过方向选择控制状态的转换方向，同时改变输出信号。此外，多设置一个初始状态 s0，当清零信号 reset=0 时，状态机进入初始状态。所以一共有 5 个状态{s0,s1,s2,s3,s4}，对应含义如下。

(1) 刚加电或清零信号 reset=0 时，状态设为 s0，输出 dout[3:0]=0000。

(2) 在状态 s1 下，输出 dout[3:0]=0001。

(3) 在状态 s2 下，输出 dout[3:0]=0010。

(4) 在状态 s3 下，输出 dout[3:0]=0100。

(5) 在状态 s4 下，输出 dout[3:0]=1000。

根据信号检测器要求画出状态转换图，如图 10-3-4 所示。从状态转换图可知，所有状态的次态都不一样，所以这已经是最简状态图，不需要状态化简。

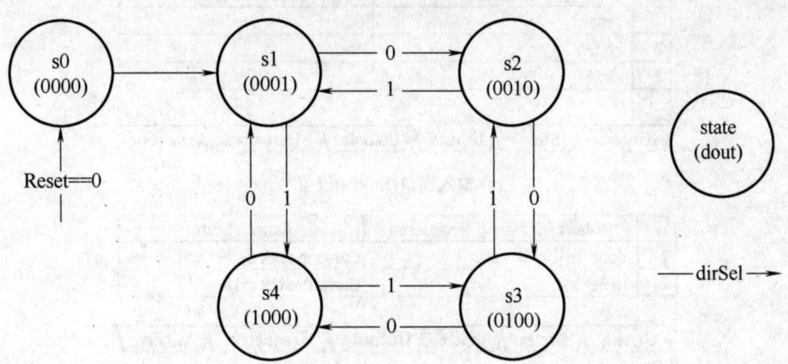

图 10-3-4 步进电动机控制电路的状态转换图

3）利用 QuartusⅡ创建状态图

（1）新建项目文件和状态机文件。

在 QuartusⅡ菜单栏中选择 File→New Project Wizard 创建一个新的项目，在弹出的对话框中输入新建工程所在的文件夹名称、项目名称（stepMotor）和顶层实体名称（stepMotor），然后单击 Next 按钮，选择目标器件 EPM7064SLC44-10，其他取系统默认设置，完成项目文件的建立。

在 QuartusⅡ菜单栏中选择 File→New 或单击工具栏中的按钮，在弹出的新建文件对话框中选择 State Machine File，单击 OK 按钮，进入状态机编辑器窗口。

（2）创建状态转换图。

利用状态机编辑窗口右侧的小工具和手工绘制状态图，分别将常规窗口（General）、状态窗口（States）、输入窗口（Inputs）、输出窗口（Outputs）、状态转移窗口（Transitions）和动作窗口（Actions）设置好，如图 10-3-5 所示为最终画好的状态机。

	Option	Setting
1	Reset Mode	Asynchronous
2	Reset Active Level	Active Low

General | States | Inputs | Outputs | Transitions | Actions

(a) 常规窗口 (General) 设置

	State	Reset
1	s0	Yes
2	s1	No
3	s2	No
4	s3	No
5	s4	No

General | States | Inputs | Outputs | Transitions | Actions

(b) 状态窗口 (States) 设置

图 10-3-5 步进电动机状态图和状态机参数设置

	Input Port	Controlled Signal
1	reset	Reset
2	clk1Hz	Clock
3	dirSel	No

General | States | **Inputs** | Outputs | Transitions | Actions

(c) 输入窗口(Inputs)设置

	Output Port	Registered	Output State
1	dout	No	Current clock cycle
2	dirSelOut	No	Current clock cycle

General | States | Inputs | **Outputs** | Transitions | Actions

(d) 输出窗口(Outputs)设置

	Source State	Destination State	Transition
1	s0	s1	
2	s1	s4	dirSel==1
3	s1	s2	dirSel==0
4	s2	s3	dirSel==0
5	s2	s1	dirSel==1
6	s3	s4	dirSel==0
7	s3	s2	dirSel==1
8	s4	s1	dirSel==0
9	s4	s3	dirSel==1

General | States | Inputs | Outputs | **Transitions** | Actions

(e) 状态转移窗口(Transitions)设置

	Output Port	Output Value	In State	Additional Conditions	Output State
1	dout[3:0]	0	s0		Current clock cycle
2	dirSelOut	0	s0		Current clock cycle
3	dout[3:0]	1	s1		Current clock cycle
4	dirSelOut	dirSel	s1		Current clock cycle
5	dout[3:0]	2	s2		Current clock cycle
6	dirSelOut	dirSel	s2		Current clock cycle
7	dout[3:0]	4	s3		Current clock cycle
8	dirSelOut	dirSel	s3		Current clock cycle
9	dout[3:0]	8	s4		Current clock cycle
10	dirSelOut	dirSel	s4		Current clock cycle

General | States | Inputs | Outputs | Transitions | **Actions**

(f) 动作窗口(Actions)设置

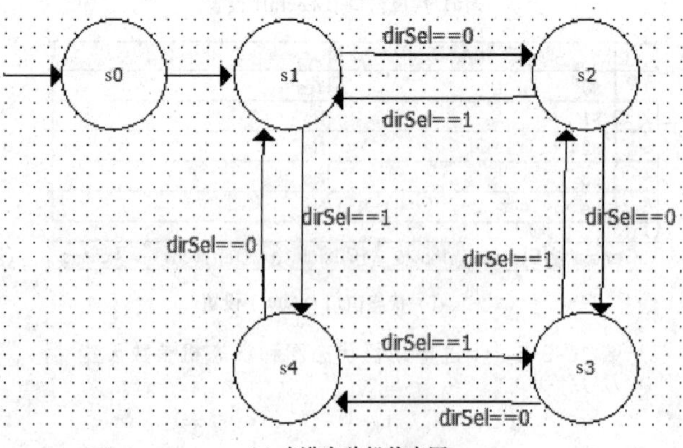

(g) 步进电动机状态图

图 10-3-5(续)

需要说明的有以下三点。

① 常规窗口(General)、状态窗口(States)、输入窗口(Inputs)、输出窗口(Outputs)可以直接通过双击设置信号属性,如果需要添加信号,可以在对应窗口中右击选择 Insert New 命令添加信号。

② 状态转移窗口(Transitions)必须先在状态图中使用工具绘制状态转移线段,然后在状态转移窗口中才能出现对应状态的转移条件,这时按照之前状态转换图的条件填入即可。

③ 动作窗口中是不可以直接添加输出信号的,必须在每个状态上右击,选择 Properties,在打开的对话框中选择 Actions 标签,在此窗口中才可以添加输出信号的取值。而且 Output Value 取值是以十进制的数字形式输入的,例如二进制的 1000 必须输入十进制数字 8。

(3) 保存文件。

单击菜单栏中的按钮,在弹出的"另存为"对话框中,默认该设计文件为 stepMotor. smf,选中 Add file to current project,单击"保存"按钮,完成文件保存。

(4) 生成对应的 HDL 文件。

选择 Tool→Generate HDL File,在弹出的对话框中选择产生程序代码 HDL 语言的种类,选择 Verilog HDL,单击 OK 按钮,则自动生成对应的与状态机文件名相同的 Verilog 文本文件 stepMotor. v,并在文本编辑窗口打开该状态机的 Verilog 代码。

保存文件 stepMotor. v,选择 File→Create/Update→Create Symbol Files for Current File,将步进电动机控制器的原理图转变成符号文件 stepMotor. bsf,以方便在主项目中调用。

程序中有下画线的部分需要修改一下,以便将其他冗余状态的次态都设置为初始状态 s0,并且冗余状态下的输出信号按照后面的注释修改。

```
module stepMotor (
    reset,clk1Hz,dirSel,
dout,dirSelOut);     //将 dout[3:0]改为 dout

    input reset;
    input clk1Hz;
    input dirSel;
    tri0 reset;
    tri0 dirSel;
    output [3:0] dout;
    output dirSelOut;
    reg [3:0] dout;
    reg dirSelOut;
    reg [4:0] fstate;
    reg [4:0] reg_fstate;
    parameter s0=0,s1=1,s2=2,s3=3,s4=4;

    always @(posedge clk1Hz or negedge reset)
```

```
begin
    if (~reset) begin
        fstate <= s0;
    end
    else begin
        fstate <= reg_fstate;
    end
end

always @(fstate or dirSel)
begin
    dout <= 4'b0000;
    dirSelOut <= 1'b0;
    case (fstate)
        s0: begin
            reg_fstate <= s1;

            dirSelOut <= 1'b0;

            dout <= 4'b0000;
        end
        s1: begin
            if ((dirSel == 1'b0))
                reg_fstate <= s2;
            else if ((dirSel == 1'b1))
                reg_fstate <= s4;
            //Inserting 'else' block to prevent latch inference
            else
                reg_fstate <= s1;

            dirSelOut <= dirSel;

            dout <= 4'b0001;
        end
        s2: begin
            if ((dirSel == 1'b1))
                reg_fstate <= s1;
            else if ((dirSel == 1'b0))
                reg_fstate <= s3;
            //Inserting 'else' block to prevent latch inference
            else
                reg_fstate <= s2;
            dirSelOut <= dirSel;

            dout <= 4'b0010;
        end
        s3: begin
            if ((dirSel == 1'b1))
                reg_fstate <= s2;
```

```
                else if ((dirSel == 1'b0))
                    reg_fstate <= s4;
                //Inserting 'else' block to prevent latch inference
                else
                    reg_fstate <= s3;

                dirSelOut <= dirSel;

                dout <= 4'b0100;
            end
            s4: begin
                if ((dirSel == 1'b0))
                    reg_fstate <= s1;
                else if ((dirSel == 1'b1))
                    reg_fstate <= s3;
                //Inserting 'else' block to prevent latch inference
                else
                    reg_fstate <= s4;

                dirSelOut <= dirSel;

                dout <= 4'b1000;
            end
            default: begin
                dirSelOut <= 4'b0000;              //改为 dirSelOut <= 4'b0000;
                dirSelOut <= 1'b0;                 //改为 dirSelOut <= 1'b0;
                reg_fstate <=s0;                   //改为 reg_fstate <= s0;

            end
        endcase
    end
endmodule          //stepMotor
```

(5) 将 Verilog 程序加入项目。

QuartusⅡ不能直接将状态图转化成对应的电路，必须借助 HDL 编写的程序才能最终转化成电路，所以需要将刚才生成的 Verilog 程序 stepMotor. v 加入项目中，并且设置成项目顶层文件。选择 Assignments→Settings，打开设置对话框，选择 Files 类，单击 Add All 按钮，将文件 stepMotor. v 加入项目。

(6) 编译综合出电路。

编译综合出电路，选择 Tools→Netlist Viewer→RTL Viewer，可以查看生成的电路，如图 10-3-6 所示。

双击状态机模块(fstate 模块)，可以打开状态机查看，上边是状态图，下边是状态转换条件和状态编码，如图 10-3-7 所示。可以看到，系统自动为状态机指定了编码。

(7) 波形仿真。

① 根据步进电动机控制器状态机的功能设计输入波形，采用功能仿真，仿真结果如图 10-3-8 所示。从图中可以看到状态机实现了预期功能。

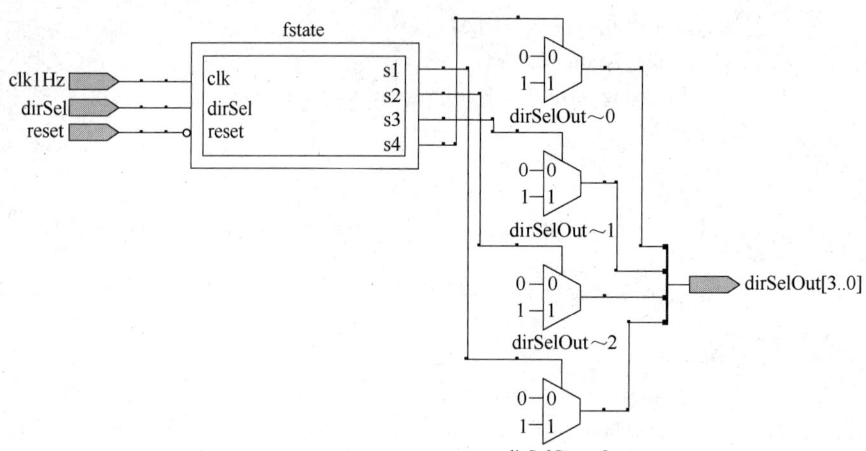

图 10-3-6 生成的电路图(RTL Viewer)

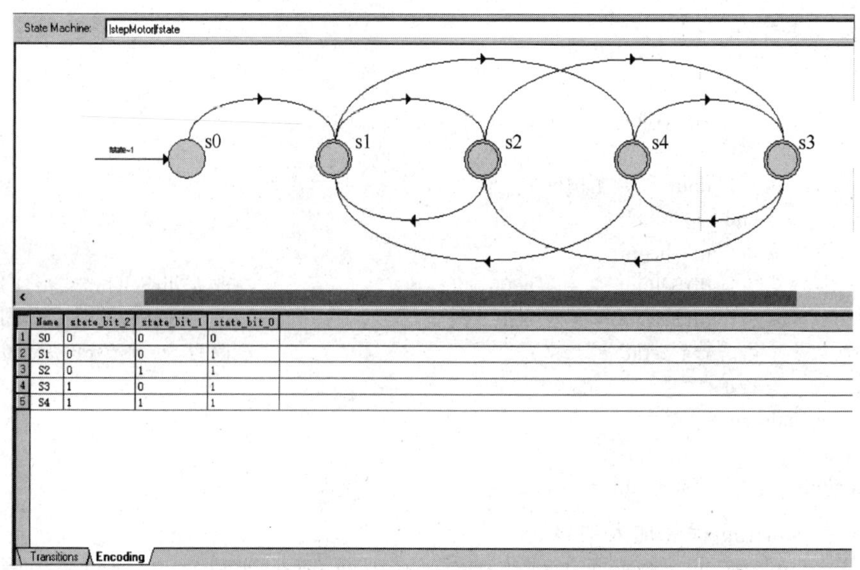

	Name	state_bit_2	state_bit_1	state_bit_0
1	S0	0	0	0
2	S1	0	0	1
3	S2	0	1	1
4	S3	1	0	1
5	S4	1	1	1

图 10-3-7 生成的状态图和状态编码

图 10-3-8 步进电动机控制器状态机的波形仿真图

② 以.jpg 或.bmp 格式保存仿真波形文件。

③ 下载硬件验证,观察实验结果并记录实验数据。

④ 实验数据记录:波形图、波形仿真参数设置、波形说明。

4）步进电动机控制器的顶层电路设计

新建一个项目文件夹，并新建一个项目，将本任务前面保存的文件 stepMotor. v 和 stepMotor. bsf 也复制到新的项目文件夹，新建原理图文件 stepMotorTop. bdf，在原理图中调用信号发生器的模块，并连接 10 分频电路，10 分频电路使用跟任务 1 一样的 74160 分频电路，组装电路。电路如图 10-3-9 所示。

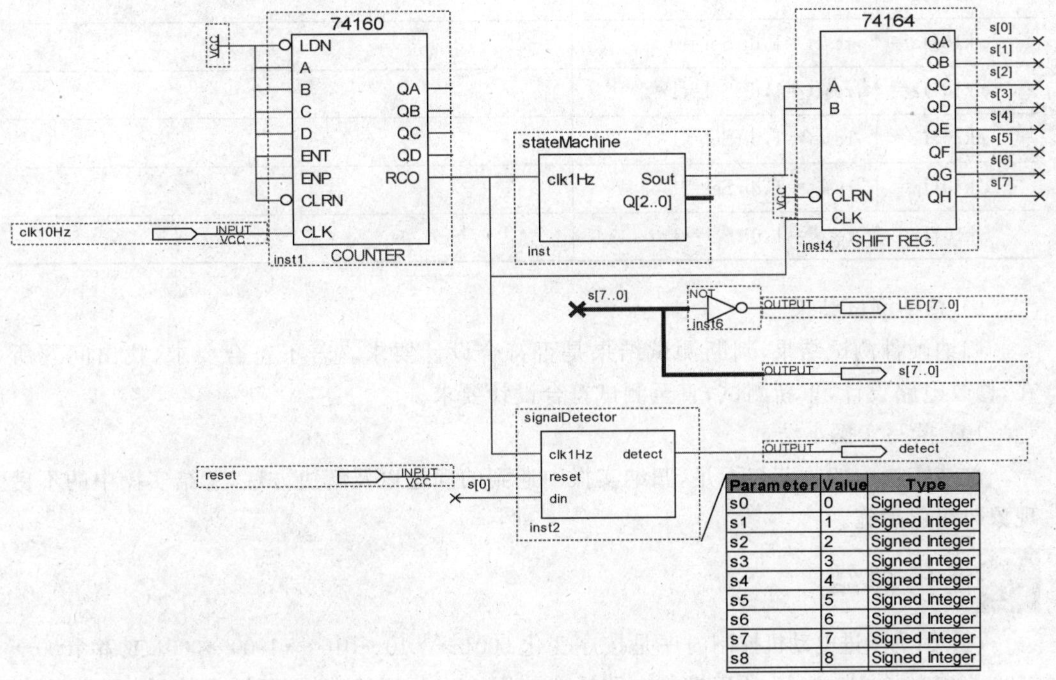

图 10-3-9 序列检测器的测试电路图

5）引脚分配与再编译

(1) 根据序列信号发生器硬件电路引脚配置规则，查询 TEMI 数字逻辑设计能力认证开发板硬件引脚与 CPLD 引脚之间的关系，给序列信号发生器分配目标 CPLD 引脚。

(2) 序列信号发生器的引脚分配完成后，重新编译。

6）配置下载电缆

7）下载编程文件(. pof)

8）硬件测试

按表 10-3-1，在 TEMI 数字逻辑设计能力认证开发板进行测试。

表 10-3-1 序列信号检测器测试表

输入：clk10Hz→GCLK1(P43)、reset→S3(P16)、dirSel→S7. 1(P4)	输出：dout[0]→D2(P21)、dout[1]→D3(P24)、dout[2]→D4(P25)、dout[3]→D5(P26)、dirSelOut→D14(P39)(低电平驱动)
clk10Hz=↑，reset=0，dirSel=0 或 1	
clk10Hz=↑，reset=1，dirSel=0	

续表

输入：clk10Hz→GCLK1(P43)、 reset→S3(P16)、 dirSel→S7.1(P4)	输出：dout[0]→D2(P21)、dout[1]→D3(P24)、 dout[2]→D4(P25)、dout[3]→D5(P26)、 dirSelOut→D14(P39)(低电平驱动)
clk10Hz=↑,reset=1,dirSel=0	
clk10Hz=↑,reset=1,dirSel=0	
clk10Hz=↑,reset=1,dirSel=0	
clk10Hz=↑,reset=1,dirSel=1	
clk10Hz=↑,reset=1,dirSel=1	
clk10Hz=↑,reset=1,dirSel=1	
clk10Hz=↑,reset=1,dirSel=1	

9）总结测试结果

归纳硬件测试结果，判断测试结果是否符合设计要求。若不符合要求，找出问题所在，修改电路设计，重新测试，直至测试符合设计要求。

10）撰写实操小结

总结实操中的收获与不足，归纳实操中遇到的问题以及解决方法，总结实操中的不良现象与纠正措施。

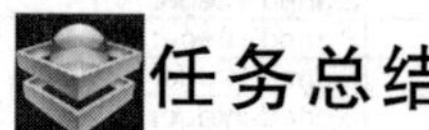

任务总结

(1) 因为步进电动机控制时序是按序变化 0001→0010→0100→1000→0001 或者 1000→0100→0010→0001→1000，所以控制电路适合使用 Moore 型状态机，不适合使用 Mealy 型状态机，Mealy 型状态机容易造成输出信号不能按顺序变化，导致步进电动机无法正常运行。

(2) 本任务中设计的步进电动机状态机控制电路是采用单 4 拍方式，即 0001→0010→0100→1000→0001。这种方式是通过步进电动机转子的惯性过渡到下一角度，在转换的间隙存在无磁场的情况，这对于有一定负载的情况将产生不稳定现象。为了排除这种不利情况，可以采用 4 相 8 拍方式驱动步进电动机。方法是加入过渡控制电平，即 0001→0011→0010→0110→0100→1100→1000→1001→0001。读者可以以此驱动方式重新设计以上任务。

任务拓展

在 TEMI 数字逻辑设计能力认证开发板上实现步进电动机控制器电路功能。

习题

项目 10 习题.pdf（扫描可下载本项目习题）

参考文献

[1] 赵芊逸.数位逻辑设计能力认证——实用级暨专业级[M].台北：碁峰资讯股份有限公司，2013.

[2] 余红娟.数字电子技术[M].北京：高等教育出版社，2013.

[3] 谢兰清，黎艺华.数字电子技术项目教程[M].北京：电子工业出版社，2010.

[4] 徐丽香.数字电子技术[M].北京：电子工业出版社，2010.

[5] 阎石.数字电子技术基础[M].4版.北京：高等教育出版社，1988.

[6] 胥勋涛.EDA技术项目化教程[M].北京：电子工业出版社，2011.

[7] 杨志忠.数字电子技术[M].4版.北京：高等教育出版社，2013.

[8] 李福军.数字电子技术项目教程[M].北京：清华大学出版社，2011.

[9] 刘守义，钟苏.数字电子技术基础[M].北京：清华大学出版社，2008.

[10] 张志良.数字电子技术基础[M].北京：机械工业出版社，2007.

[11] 宋烈武.EDA技术与实践教程[M].北京：电子工业出版社，2009.

[12] 童诗白，华英成.模拟电子技术[M].4版.北京：高等教育出版社，2006.

[13] 丁向荣，贾萍.单片机应用系统与开发技术[M].2版.北京：清华大学出版社，2015.

[14] 林涛，林杉，杨照辉.数字电子技术[M].3版.北京：清华大学出版社，2018.

[15] 杨泽林.现代数字电子技术[M].重庆：重庆大学出版社，2004.

[16] 杨欣，胡文锦，张延强.实例解读模拟电子技术[M].北京：电子工业出版社，2015.

附录

Appendix

附录 A　TTL 系列集成电路一览表

附录 B　CMOS 系列集成电路一览表

附录 C　Quartus Ⅱ 软件元件库常用元件调用索引

附录 D　中国台湾 TEMI 数字逻辑设计能力认证简介

扫描二维码，下载附录 A~附录 D